国家职业技能鉴定培训教程

焊工

（初级、中级）

主　编　王　波
参　编　朱　献　欧阳黎健　赵　卫
　　　　刘文强　周海华　黄家庆
　　　　刘昌盛　罗胜耀
主　审　尹子文　周培植

机械工业出版社

本书是根据《国家职业技能标准　焊工》（2009年修订）中的初级、中级知识要求和技能要求编写的。本书主要内容包括：焊接接头与坡口形式，焊缝符号、焊接方法代号与焊接位置，焊接材料，焊接作业准备，弧焊设备，焊条电弧焊，气焊与气割，火焰钎焊，碳弧气刨，埋弧焊，CO_2气体保护焊，手工钨极氩弧焊，等离子弧焊与切割，电阻焊。每章章首有理论知识要求，章末有复习思考题，便于企业培训和读者自查自测。

本书既可作为各级职业技能鉴定培训机构、企业培训部门的培训教材，又可作为职业技术院校和技工院校的专业课教材，还可作为读者考前复习用书。

图书在版编目（CIP）数据

焊工：初级、中级/王波主编. —北京：机械工业出版社，2017.3
国家职业技能鉴定培训教程
ISBN 978-7-111-56336-5

Ⅰ.①焊…　Ⅱ.①王…　Ⅲ.①焊接—职业技能—鉴定—教材
Ⅳ.①TG4

中国版本图书馆CIP数据核字（2017）第051204号

机械工业出版社（北京市百万庄大街22号　邮政编码100037）
策划编辑：侯宪国　责任编辑：侯宪国
责任校对：杜雨霏　张　薇
封面设计：张　静　责任印制：李　昂
三河市宏达印刷有限公司印刷
2017年6月第1版第1次印刷
169mm×239mm・26.5印张・579千字
0001—3000册
标准书号：ISBN 978-7-111-56336-5
定价：59.80元

凡购本书，如有缺页、倒页、脱页，由本社发行部调换

电话服务
服务咨询热线：010-88361066
读者购书热线：010-68326294
010-88379203
封面无防伪标均为盗版

网络服务
机 工 官 网：www.cmpbook.com
机 工 官 博：weibo.com/cmp1952
金 书 网：www.golden-book.com
教育服务网：www.cmpedu.com

前言

“十三五”是我国由制造大国向制造强国迈进的关键时期，要加快制造业的发展，当务之急是培养具有高素质的技能人才队伍。职业技能鉴定是促进劳动者按照一定目标提高职业素质、促进企业发展的重要手段，对于全面提高职工队伍的创新能力具有重要的作用，更是当前我国经济社会发展，特别是就业、再就业工作的迫切要求。

随着新技术的不断涌现，新的国家职业技能标准和行业技术标准相继颁布实施，培训和技能鉴定的要求也在不断变化。为了满足广大读者学习和职业技能鉴定的需要，我们特组织长期从事职业技能鉴定工作的专家编写了“国家职业技能鉴定培训教程”，以帮助培训人员提高相关理论知识水平和技能操作水平。

本套焊工培训教程是根据《国家职业技能标准 焊工》（2009年修订）中的知识要求和技能要求，按照“以职业标准为依据，以企业需求为导向，以职业能力为核心”的原则编写的。本书主要内容包括：焊接接头与坡口形式，焊缝符号、焊接方法代号与焊接位置，焊接材料，焊接作业准备，弧焊设备，焊条电弧焊，气焊与切割，火焰钎焊，碳弧气刨，埋弧焊，CO_2气体保护焊，手工钨极氩弧焊，等离子弧焊与切割，电阻焊。本书贯彻了“围绕考点，服务鉴定”的原则，图文并茂，知识讲解深入浅出，便于培训鉴定指导。本书既可作为各级职业技能鉴定培训机构、企业培训部门的培训教材，又可作为职业技术院校和技工院校的专业课教材，还可作为读者考前复习用书。

本书由王波任主编，欧阳黎健、朱献、刘昌盛、黄家庆、赵卫、刘文强、周海华、罗胜耀参与编写，全书由尹子文、周培植主审。本书在编写过程中参考了部分著作，在此向相关作者表示最诚挚的感谢。本书的编写还得到了中车株洲电力机车有限公司工会技师协会的大力支持和帮助，在此表示衷心的感谢。

由于时间仓促，编者水平有限，书中不足之处在所难免，恳请广大读者批评指正。

编 者

目录

第 1 章　焊接接头与坡口形式

☺ 理论知识要求

1. 金属连接的基本方法。
2. 焊接接头的组成。
3. 焊接接头的基本形式。
4. 焊件开坡口的目的。
5. 坡口形式的选用。
6. 坡口尺寸的基本知识。
7. 坡口常用的加工方法。
8. 焊缝的形状尺寸。
9. 焊缝成形系数的基本计算。

1.1　金属连接的方法

在工业生产中，经常需要将两个或两个以上的零件按一定形式和位置连接起来。根据这些连接的特点，可以将其分为两大类：一类是可拆卸连接，即不必毁坏零件就可以进行拆卸，如螺栓联接、键联接等，如图 1-1 所示；另一类是永久性连接，其拆卸只有在毁坏零件后才能实现，如铆接、焊接等，如图 1-2 所示。

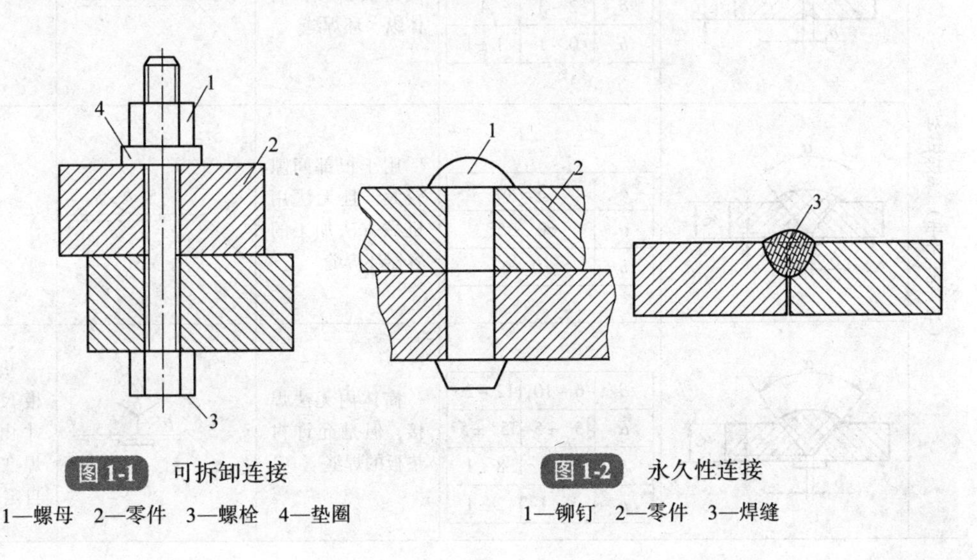

图 1-1　可拆卸连接

1—螺母　2—零件　3—螺栓　4—垫圈

图 1-2　永久性连接

1—铆钉　2—零件　3—焊缝

1.2 焊接接头与坡口形式

1.2.1 焊接接头的组成及形式

用焊接方法连接的接头称为焊接接头。它由焊缝、熔合区和热影响区三部分组成，如图1-3所示。在焊接结构中，焊接接头主要有两方面的作用：一是连接作用，即把焊件连接成一个整体；二是传递力的作用，即传递焊件所承受的载荷。

在焊接结构中，由于焊件的厚度、结构、形状及使用条件不同，其接头形式及坡口形式也不相同。焊接接头的基本形式可分为对接接头、T形接头、角接接头、搭接接头和端接接头五种基本类型。有时焊接结构中还有一些其他类型的接头形式，如十字接头（三个焊件装配成“十”字形的接头）、卷边接头、套管接头、斜对接接头、锁边对接接头等。

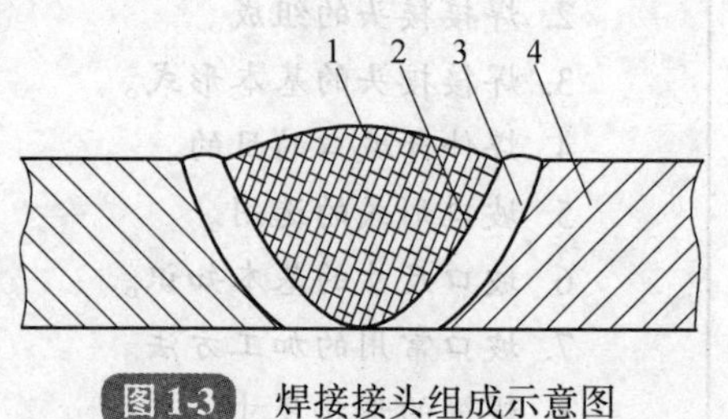

图1-3 焊接接头组成示意图

1—焊缝 2—熔合区 3—热影响区 4—母材

1.2.2 焊缝接头的形式和尺寸示例

焊缝接头的形式和尺寸示例见表1-1。

表1-1 焊缝接头的形式和尺寸示例 （单位：mm）

名称	接头形式	基本尺寸	适用范围	标准代号	备注
对接接头（手工电弧焊）	δ, b	δ: 2~3, 4 b: 0~1, 1±1	薄板拼接，筒体纵、环焊缝	b	
	α, δ, b, p	δ: 3~40 α: 60°±5° b: 0~6	用于根部间隙较大，且无法用机械方法加工的容器环焊缝	α, b	
	α, δ, b, p	δ: 6~10, 12~26 α: 45°±5°, 35°±5° b: 7±1, 8±1 p: 1±1, 2±1	筒体内无法焊接，但是允许衬垫板的焊缝	α, b, p	垫板尺寸由焊工自定

（续）

名称	接头形式	基本尺寸	适用范围	标准代号	备注
对接接头（手工电弧焊）		δ：16~60 α：55°±5° b：2±1 p：2±1	钢板拼接，筒体纵焊缝		
		δ：16~60	92~150 β：6°±2°	4°±2° b：1+1 p：2+1 R：6+1	钢板拼接，筒体纵焊缝		
对接接头（埋弧焊）		δ：16~30 α：45°~70° b：2+1 p：8±1	钢板拼接，筒体纵、环焊缝		
接管与壳体焊接接头		$\beta=45°\pm5°$ $b=1\pm0.5$ $H\geqslant\delta_1$ $K\geqslant6$	1. 壁厚较小的常压容器 2. 非特殊工况，如无疲劳、大的温度梯度、非低温及腐蚀介质 3. 一般用于 $\delta_1<\delta_s/2$		
角接接头		$\beta=55°\pm5°$ $b=2\pm1$ $p=2\pm1$ $K=\delta_s$ $\delta_s\geqslant3$ $\delta_h=3\sim16$	主要用于DN<600mm且内部无法施焊的管子或筒体与平盖的连接		本接头不推荐用于疲劳载荷的场合
搭接接头		$b=0+2$ $K=\delta_d+b$ $L\geqslant4\delta_s$ $\delta_s=3\sim16$	温度 $T=2\sim250$℃，主要用于大型立式储罐的壳体（包括底板、顶盖的连接）		本接头不得用于温度梯度大的场合

1.2.3 坡口的形式和尺寸

1. 坡口的基本形式

坡口是根据设计或工艺需要，在焊件的待焊部位加工并装配成一定几何形状的沟槽。利用机械（如刨削、车削等）、火焰或电弧（碳弧气刨）等加工坡口的过程叫作开坡口。

开坡口的目的是保证焊接接头的质量和方便施焊，使电弧能直接深入接头根部，同时保证焊缝根部焊透并便于清渣，以获得较好的焊缝成形，而且坡口还能起到调节焊缝金属中的母材金属与填充金属比例的作用。

坡口的形式很多，选用哪种坡口形式，主要取决于焊接方法、焊接位置、焊件厚度、焊缝熔透要求及经济合理性等因素。选择坡口时应注意以下问题：

1）是否具备坡口加工条件。

2）坡口在施工现场的可焊到性。

3）焊接材料的消耗是否大幅增加生产成本。

4）坡口在焊接施工中，焊接变形如何控制。

焊接接头的坡口根据其形状不同可分为基本型、组合型和特殊型三类［具体内容见《焊工（基础知识）》］。

2. 坡口的加工

坡口的加工可根据焊件被焊部分的尺寸、形状及可进行坡口加工的条件来进行，而加工坡口的方法需根据钢板厚度及接头形式而定，目前常用的加工方法有以下几种：

（1）剪切　I形坡口的板件，焊前在剪板机上进行剪切加工即可。

（2）刨（铣）削　利用刨边机或铣边机刨（铣）削加工形状复杂的坡口面，加工后的坡口面较平直，适用于较长的直线坡口面的加工。当加工不开坡口的边缘时，常将钢板层叠后再加工，效率很高。

（3）等离子弧切割　利用等离子弧切割机可以切割直线坡口或圆形坡口，切口平直光滑，质量较好。

（4）氧乙炔切割　可切割V形或双V形坡口，常用半自动切割或自动切割。

（5）车削或坡口机加工　主要加工圆形零件的环缝坡口，效率较高，坡口面加工质量好。

（6）碳弧气刨　主要加工U形坡口，缺点是需要直流电源，刨削时烟雾多、噪声大。

在以上的坡口加工方法中，剪切、刨（铣）削加工的坡口质量最好，坡口的各尺寸误差极小，机械化生产效率高，适合批量加工，但需要购置专用设备，投资大，不适宜施工现场加工坡口。热切割适宜在施工现场加工，但坡口尺寸的加工误差较大，加工机动性比剪切、刨（铣）削加工好。碳弧气刨主要用于焊接缺陷的返修开坡口，效率较高，但工人劳动条件较差，既有噪声又有气刨渣飞溅，容易伤人。

1.2.4 坡口的设计与选择原则

1. 坡口的设计原则

（1）保证焊接质量　保证焊接接头的焊接质量达到焊接结构制造规程或技术条件

的要求，例如，焊缝要求经X射线或超声波检测时，则必须将焊接坡口设计成可全焊透的形式。

(2) 坡口加工简易　在常用的焊接坡口形式中，V形或X形坡口的加工最简单，可以采用火焰切割或刨边机。边缘车床及铣边机等普通加工设备加工，加工成本低，可优先考虑选用，但其适用厚度有一定限制，因V形坡口的焊缝截面较大，焊材消耗量大，提高了焊接生产成本，并加剧焊接变形。为克服这一矛盾，在设计壁厚较大的接头坡口时应做必要的经济核算和综合技术分析。

(3) 便于焊接施工　焊接坡口要便于施焊，应有较好的可见度。当采用焊条电弧焊或埋弧焊时，坡口的形状和尺寸应易于脱渣，焊条在坡口中有一定的活动余地。当焊件在焊接过程中可能产生较大的变形时，则应采用X形或双U形坡口；当工件尺寸较大，不便于多次翻身时，则应采用不对称的X形或双U形坡口。

(4) 节省焊接材料　从经济角度出发，设计焊接坡口时，应尽量减小焊缝截面积，以节省焊接材料，减少焊接工作量，但这必须以保证焊接施工性为前提。一种最合理的解决办法是窄坡口或窄间隙接头。

(5) 焊接变形小　焊接变形量与焊缝金属的体积成正比关系。从控制焊接变形出发，应尽量减少焊缝金属的体积，采用小角度坡口和窄坡口；另一种控制变形方法是采用双面坡口，结合正确的焊接顺序，焊接变形可相互抵消。

2. 坡口的选择原则

选择坡口形式时，应尽量减少焊缝金属的填充量，便于装配和保证焊接接头的质量，因此应考虑下列几条原则：

(1) 保证焊接质量　满足焊接质量要求是选择坡口形式和尺寸首要考虑的原则，也是选择坡口的最基本要求。

(2) 便于焊接施工　对于不能翻转或内径较小的容器，为避免大量的仰焊工作和便于采用单面焊双面成形的工艺方法，宜采用V形或U形坡口。

(3) 坡口加工简单　由于V形坡口是加工最简单的一种坡口形式，因此应尽量采用V形坡口或双V形坡口。

(4) 坡口的截面积尽可能小　可以降低焊接材料的消耗，减少焊接工作量并节省电能。

(5) 便于控制焊接变形　不适当的坡口形式容易产生较大的焊接变形。采用双V形坡口比采用V形坡口可以减少焊缝金属量的一半，且焊接变形较小。

1.2.5　焊缝形式及形状尺寸

1. 焊缝形式

焊件经焊接后所形成的结合部分叫作焊缝。焊缝按不同分类方法可分为下列几种形式：

(1) 按焊缝结合形式分　焊缝可分为对接焊缝、角焊缝、塞焊缝、槽焊缝和端接焊缝五种形式。

1）对接焊缝。对接焊缝是在焊件的坡口面间或一零件的坡口面与另一零件表面间焊接的焊缝。

2）角焊缝。角焊缝是沿两直交或近直交焊件的交线所焊接的焊缝。

3）端接焊缝。端接焊缝是构成端接接头所形成的焊缝。

4）塞焊缝。塞焊缝是两零件相叠，其中一块开圆孔，在圆孔中焊接两板所形成的焊缝。只在孔内焊角焊缝者不称为塞焊。

5）槽焊缝。槽焊缝是两焊件相叠，其中一块开长孔，在长孔中焊接两板的焊缝。只焊角焊缝者不称为槽焊。

（2）按施焊时焊缝在空间所处位置分　焊缝可分为平焊缝、立焊缝、横焊缝及仰焊缝四种形式。

（3）按焊缝断续情况分　焊缝可分为连续焊缝、断续焊缝和定位焊缝三种形式。焊前为装配和固定构件接缝的位置而焊接的短焊缝为定位焊缝；连续焊接的焊缝为连续焊缝；焊接成具有一定间隔的焊缝为断续焊缝，如图 1-4 所示。断续角焊缝又分为交错断续角焊缝和并列断续角焊缝两种。断续焊缝只适用于对强度要求不高，以及不需要密闭的焊接结构。

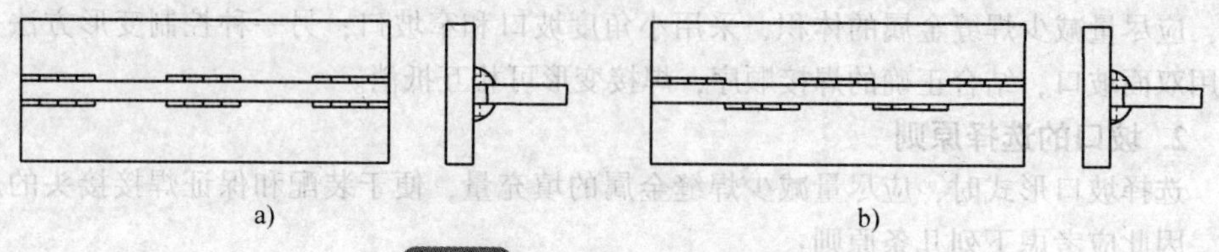

图 1-4　T 形接头断续角焊缝

a）并列断续角焊缝　b）交错断续角焊缝

2. 焊缝的形状尺寸

焊缝的形状可用一系列几何尺寸来表示，不同形式的焊缝，其形状尺寸也不一样。

（1）焊缝宽度　焊缝表面与母材的交界处叫作焊趾。焊缝表面两焊趾之间的距离叫作焊缝宽度，用符号 c 表示，如图 1-5 所示。

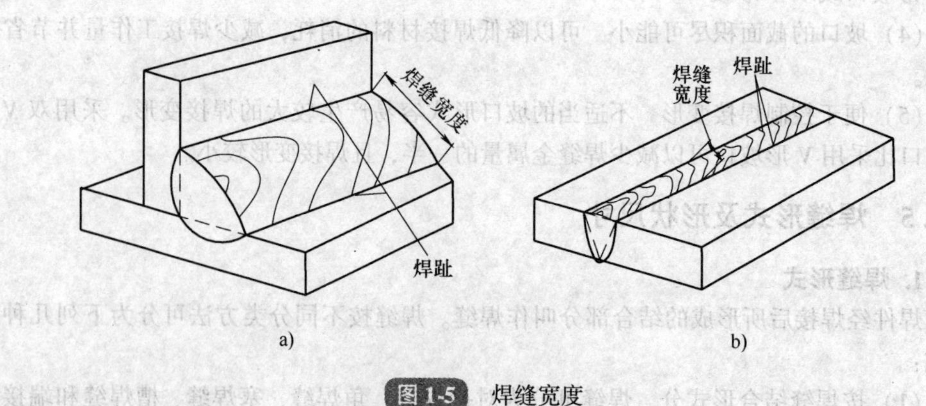

图 1-5　焊缝宽度

a）角焊缝焊缝宽度　b）对接焊缝焊缝宽度

（2）余高　超出母材表面连线上面的那部分焊缝金属的最大高度叫作余高，用 h 表示，如图1-6所示。适当的余高能增加X射线摄片的灵敏度。根据不同的板厚，可规定相应的余高值，通常当焊件板厚小于12mm时，焊条电弧焊的余高值一般为0～1.5mm；焊件板厚大于12mm时，焊条电弧焊的余高值为0～3mm。自动埋弧焊的余高均取0～4mm。在动载或交变载荷作用下，焊缝的余高非但不起加强作用，反而因焊趾处应力集中易于发生脆断，所以余高应等于零。

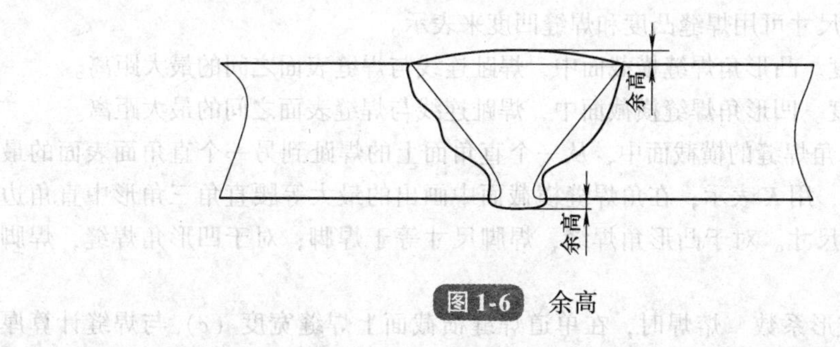

图1-6　余高

（3）熔深　在焊接接头横截面上，母材或前道焊缝熔化的深度叫作熔深，如图1-7所示。当填充金属材料（焊条或焊丝）一定时，熔深的大小决定了焊缝的化学成分。不同的焊接方法要求不同的熔深值。例如，堆焊时，为了保持堆焊层的硬度，减少母材对焊缝的稀释作用，在保证熔透的前提下，应要求较小的熔深。

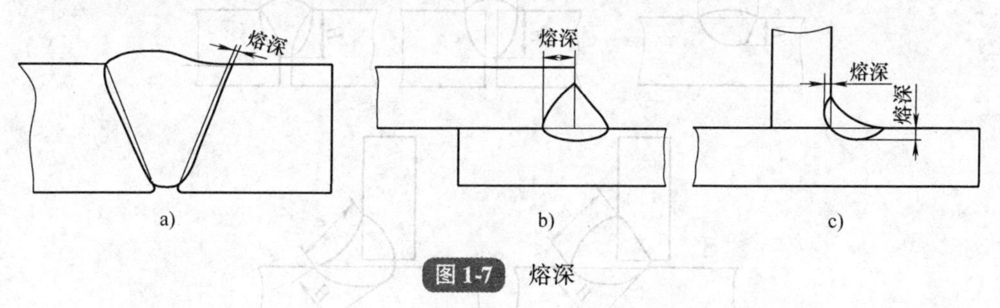

图1-7　熔深

（4）焊缝厚度　在焊缝横截面中，从焊缝正面到焊缝背面的距离叫作焊缝厚度，用 S 表示，如图1-8所示。

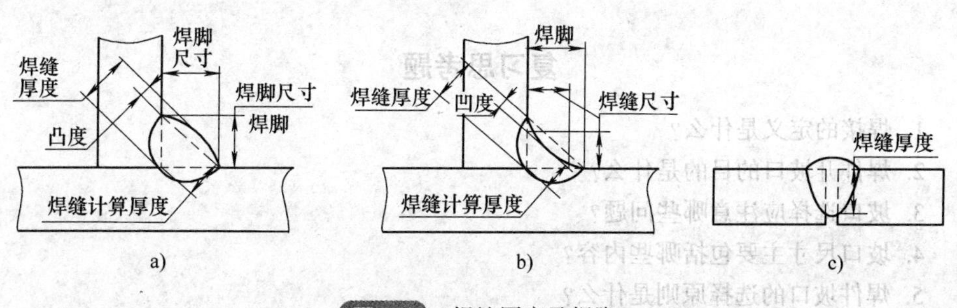

图1-8　焊缝厚度及焊脚

a）凸形角焊缝　b）凹形角焊缝　c）对接焊缝的焊缝厚度

1）焊缝计算厚度。焊缝计算厚度是指设计焊缝时使用的焊缝厚度。对接焊缝焊透时焊缝计算厚度等于焊件的厚度；角焊缝时焊缝计算厚度等于在角焊缝横截面内画出的最大直角等腰三角形中，从直角的顶点到斜边的垂线长度，习惯上也称喉厚。根据角焊缝的外表形状，可将角焊缝分成两类：凸形角焊缝是焊缝表面凸起的角焊缝，凹形角焊缝是焊缝表面下凹的角焊缝。如果角焊缝的断面是标准的等腰直角三角形，则焊缝计算厚度等于焊缝厚度；在凸形或凹形角焊缝中，焊缝计算厚度均小于焊缝厚度。角焊缝的形状和尺寸可用焊缝凸度和焊缝凹度来表示。

2）焊缝凸度。凸形角焊缝横截面中，焊趾连线与焊缝表面之间的最大距离。

3）焊缝凹度。凹形角焊缝横截面中，焊趾连线与焊缝表面之间的最大距离。

（5）焊脚　角焊缝的横截面中，从一个直角面上的焊趾到另一个直角面表面的最小距离叫作焊脚，用 K 表示；在角焊缝横截面中画出的最大等腰直角三角形中直角边的长度叫作焊脚尺寸。对于凸形角焊缝，焊脚尺寸等于焊脚；对于凹形角焊缝，焊脚尺寸小于焊脚。

（6）焊缝成形系数　熔焊时，在单道焊缝横截面上焊缝宽度（c）与焊缝计算厚度（H）之比值，即 $\varphi=c/H$，如图 1-9 所示。焊缝成形系数的大小对焊缝质量有较大影响，焊缝成形系数 φ 过小，焊缝窄而深，易产生气孔和裂纹，焊缝成形系数 φ 过大，焊缝宽而浅，易产生焊不透等现象，所以焊缝成形系数应该控制在合理的数值内。

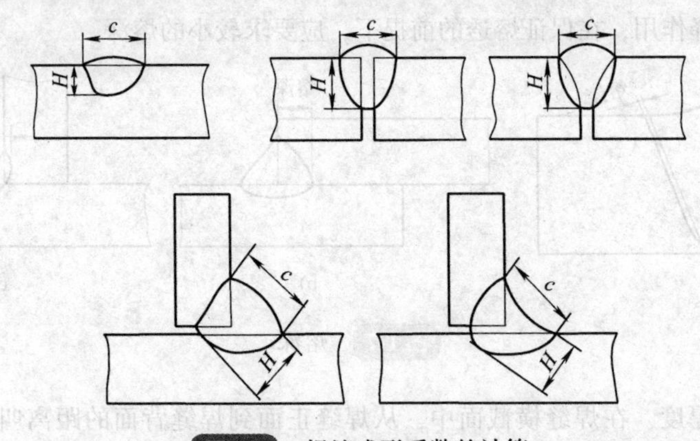

图 1-9　焊缝成形系数的计算

复习思考题

1. 焊接的定义是什么？
2. 焊件开坡口的目的是什么？
3. 坡口选择应注意哪些问题？
4. 坡口尺寸主要包括哪些内容？
5. 焊件坡口的选择原则是什么？
6. 焊缝成形系数如何计算？焊缝成形系数的大小对焊缝质量有何影响？

第2章　焊缝符号、焊接方法代号与焊接位置

☺ **理论知识要求**

1. 了解焊缝符号的基本组成方式。
2. 了解焊缝的基本符号和补充符号。
3. 熟练掌握常用的焊接方法代号。
4. 了解常用基本符号的画法。
5. 了解焊缝尺寸符号及数据的标注原则。
6. 了解板板、管管、管板的焊接位置。
7. 了解管板焊接的基本类型。

☺ **操作技能要求**

1. 能在产品图样上看懂焊缝符号。
2. 能画出任意焊缝的标注。
3. 能看懂产品装配图。

2.1　焊缝符号和焊接方法代号

焊缝符号和焊接方法代号是供焊接结构图样上使用的统一符号和代号，也是一种工程语言。由 GB/T 324—2008《焊缝符号表示法》（适用于金属熔焊和电阻焊）和 GB/T 5185—2005《焊接及相关工艺方法代号》进行了规定。通过焊缝符号与焊接方法代号配套使用就简单明了地在图样上表示焊缝的焊接方法、焊缝形式、焊缝尺寸、焊缝表面状态、焊缝位置等内容。

2.1.1　焊缝符号

焊缝符号是在图样上标注出焊缝形式、焊缝尺寸和焊接方法的符号。通过焊缝符号，可以简化焊接结构的产品图样。熟悉焊缝符号，可以根据图样要求制造出符合质量标准的产品。在技术图样中，焊缝符号一般由基本符号、指引线、补充符号、尺寸符号及数据等组成［具体内容见《焊工（基础知识)》］。

2.1.2　焊接方法代号

在焊接结构上，为了简化焊接方法的标注和文字说明，可采用国家标准 GB/T 5185—2005 规定的用阿拉伯数字表示的金属焊接及钎焊等各种焊接方法的代号。

1）焊缝横截面上的尺寸标注在基本符号的左侧，如钝边 p、坡口深度 H、焊脚尺寸 K、余高 h、焊缝有效厚度 S、根部半径 R、焊缝宽度 c、焊核直径 d。

2）在焊缝基本符号的右侧，标注焊缝长度方向的尺寸，如焊缝段数 n、焊缝长度 l、焊缝间距 e。如果基本符号右侧无任何标注又无其他说明时，表明焊缝在整个工件长度方向上是连续的。

3）坡口角度 α、坡口面角度 β、根部间隙 b 等尺寸标注在焊缝基本符号的上侧或下侧。

4）相同焊缝数量符号标注在尾部。

常见焊缝标注方法见表 2-1。

表 2-1　常见焊缝标注方法

名称	示意图	标注
对接焊缝	b	b
	α, p, b	p, α, b
断续角焊缝	l (e) l	K $n\times l(e)$
交错断续角焊缝	l (e) l (e) l；l (e) l	K $n\times l$ (e)
点焊缝	d d (e)	d $n\times(e)$
缝焊缝	c c l (e) l	c $n\times l(e)$
塞焊缝	c c l (e) l	c $n\times l(e)$

产品典型焊接标注示例见表 2-2。

表 2-2　产品典型焊接标注示例

序号	焊接标注示例	说　明
1	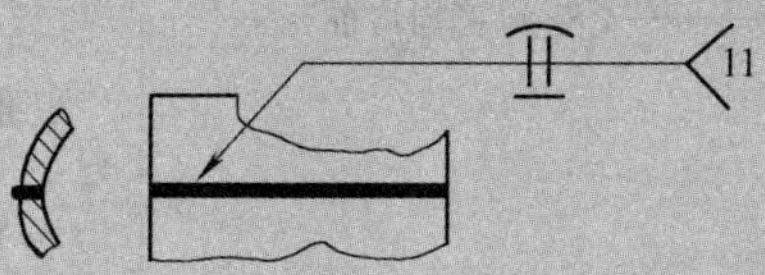	11 为无气体保护的电弧焊；焊缝截面形状为 I 形；焊缝填满，整个工件连续施焊，外表面凸起，内表面为圆面
2	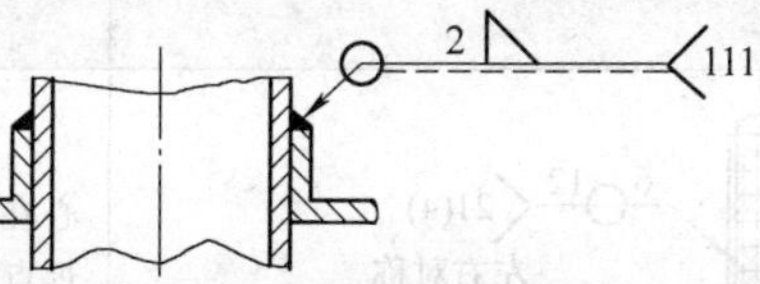	111 为焊条电弧焊；沿工件圆周施焊，焊脚尺寸为 2mm
3	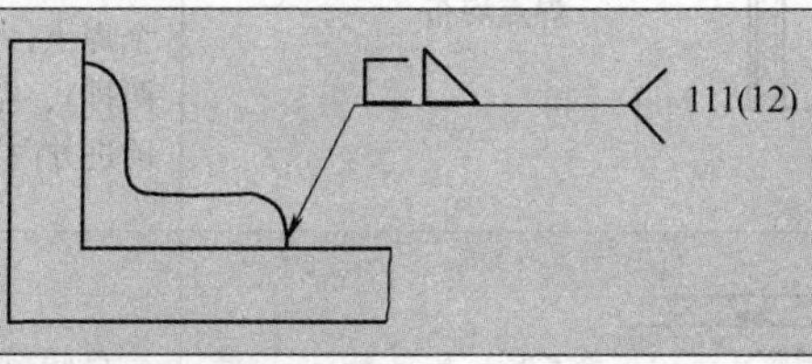	角焊缝，三面有焊缝，共 12 处；111 为焊条电弧焊，整个工件（接触）长度连续施焊 注：焊脚尺寸未做要求
4	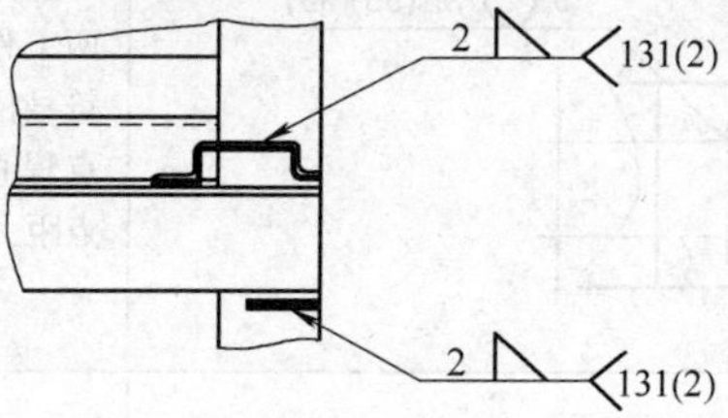	131 为钨极惰性气体保护焊 上：角焊缝，焊脚尺寸为 2mm，共 2 处，沿工件接触长度（共 5 段）连续施焊 下：角焊缝，焊脚尺寸为 2mm，共 2 处，沿工件长度（共 1 段）连续施焊
5	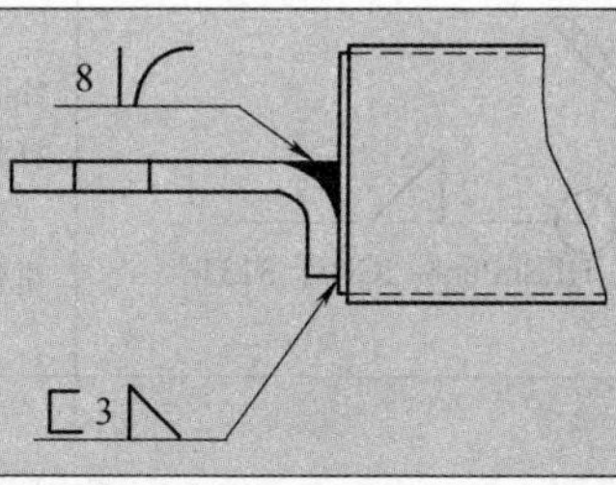	上：焊缝截面形状为单边喇叭形，焊脚尺寸为 8mm，整个工件长度连续施焊 下：角焊缝，焊脚尺寸为 3mm，三面有焊缝，整个工件长度连续施焊
6	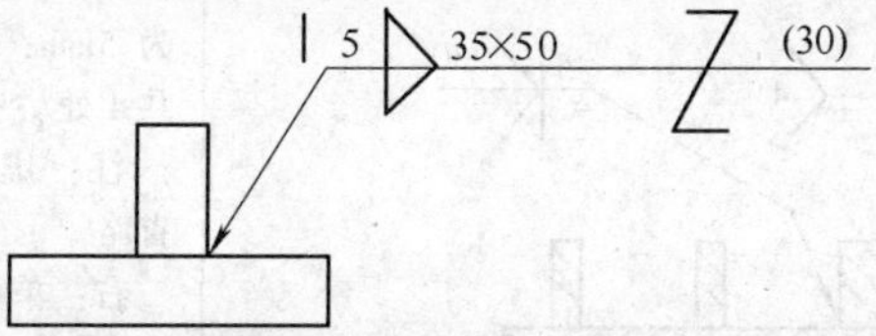	双面角焊缝，对称交错，焊脚尺寸为 5mm，焊缝段数为 35，焊缝长度为 50mm，焊缝间距为 30mm
7	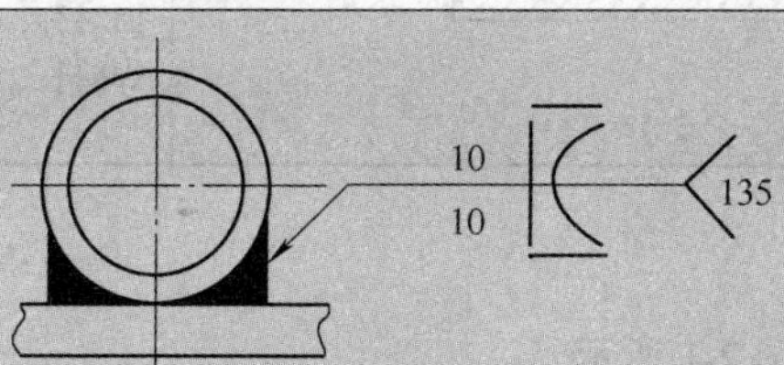	135 为熔化极非惰性气体保护电弧（MAG）焊。焊缝截面形状为单边喇叭形，焊缝对称，焊脚尺寸为 10mm，整个工件长度连续施焊，外表面为平面

（续）

序号	焊接标注示例	说　明
8	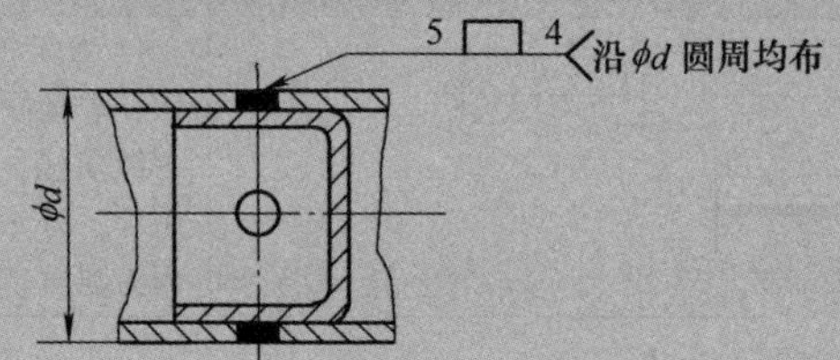 5 4 沿 ϕd 圆周均布 ϕd	焊缝截面形状为圆柱形塞焊，塞焊直径为 5mm，沿 ϕd 圆周均布 4 个
9	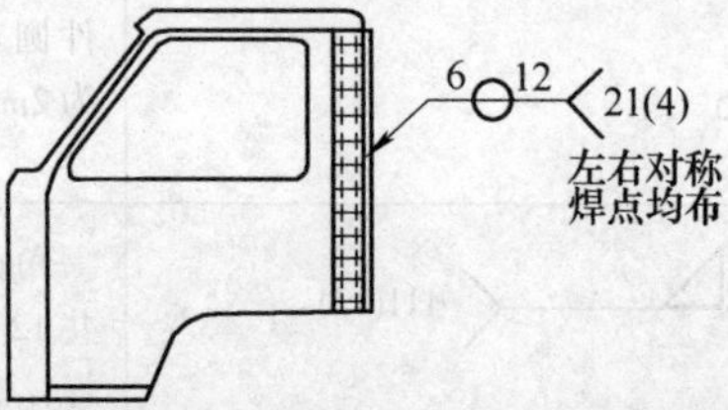 6 12 21(4) 左右对称 焊点均布	21 为电阻点焊，焊点中心在两工件的接触面上，焊点直径为 6mm，每排 12 个焊点，共 4 排（左右各两排），左右对称（沿汽车前进方向），焊点均布
10	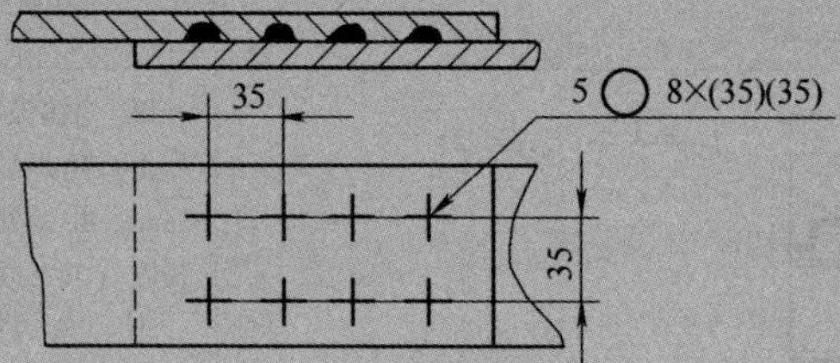 35 5 8×(35)(35) 35	点焊缝，焊点中心偏离两工件接触面位置（基本符号位置与偏离方向一致）。点焊直径为 5mm，共 8 点，点距、行距均为 35mm
11	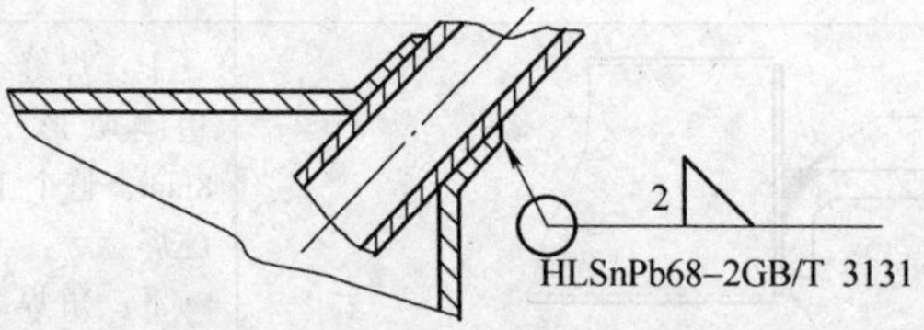 2 HLSnPb68-2GB/T 3131	角焊缝，焊脚尺寸为 2mm，沿工件圆周施焊。钎焊方法由工艺决定 注：基准线下方标注的是焊料牌号
12	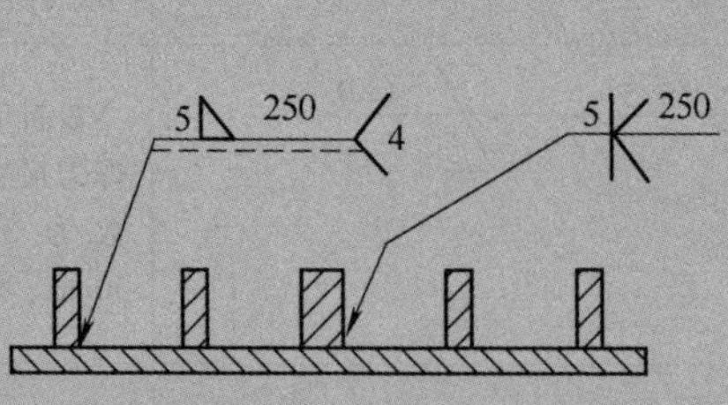 5 250 4 5 250	左：角焊缝，焊脚尺寸为 5mm，焊缝长 250mm，共 4 处 注：虚线基准线可以省略 右：单边 V 形焊缝，两面对称，焊缝厚度为 5mm，焊缝长 250mm

2.1.3 焊接装配图

识读容器的焊接装配图，如图 2-1 所示。

识读图 2-1 所示容器的焊接装配图，可以得知：

1）容器的直径为 ϕ2000mm，长度为 4200mm，在距封头与筒节焊缝 1800mm 处焊一个人孔，人孔直径为 ϕ400mm，人孔法兰盘与筒节圆心相距 1300mm。

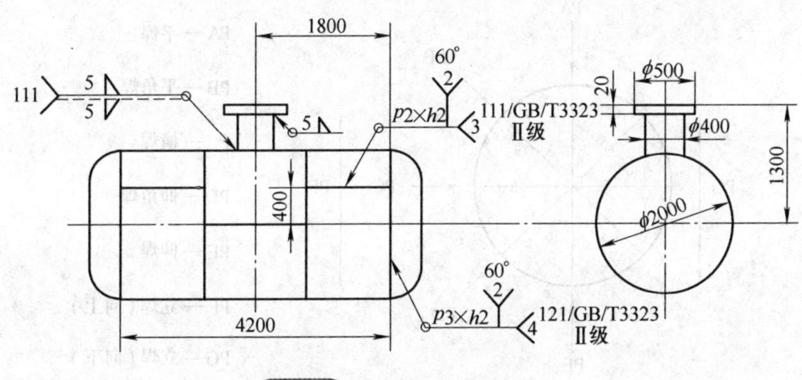

图 2-1　容器的焊接装配图

2）封头与筒节焊缝，用单丝埋弧焊焊接，V 形坡口，坡口根部间隙 2mm，坡口角度 60°，钝边 3mm，余高 2mm，共 4 条焊缝，焊缝经射线检测，达到 GB/T3323—2005 中的Ⅱ级为合格。

3）筒节纵焊缝，用焊条电弧焊焊接，焊缝开 60°坡口，坡口根部间隙为 2mm，钝边 2mm，余高 2mm，共 3 条纵缝，射线检测达到 GB/T 3323—2005 中的Ⅱ级为合格。

4）人孔与筒节焊缝，插入式正面、反面用焊条电弧焊焊接，角焊缝焊脚尺寸为 5mm。

5）埋弧焊用 H08A 焊丝，焊丝直径为 ϕ3mm，焊剂牌号为 HJ431。焊条电弧焊用焊条型号 E4303，焊条直径为 ϕ3. 2mm。

6）焊后水压试验 0. 1MPa，保持压力 10min。

2. 2　焊接位置

焊接位置是指熔焊时焊件接缝处的空间位置，可用焊缝倾角与焊缝转角对焊接位置来进行表示。

2. 2. 1　焊接位置的分类

1. 平焊位置

焊缝倾角为 0°，焊缝转角为 90°的焊接位置，如图 2-2 所示。

2. 横焊位置

焊缝倾角为 0°、180°，焊缝转角为 0°、180°的焊接位置，如图 2-2 所示。

3. 立焊位置

焊缝倾角为 90°（立向上），270°（立向下）的焊接位置，如图 2-2 所示。

4. 仰焊位置

对接焊缝倾角为0°、180°，焊缝转角为270°的焊接位置，如图2-2所示。

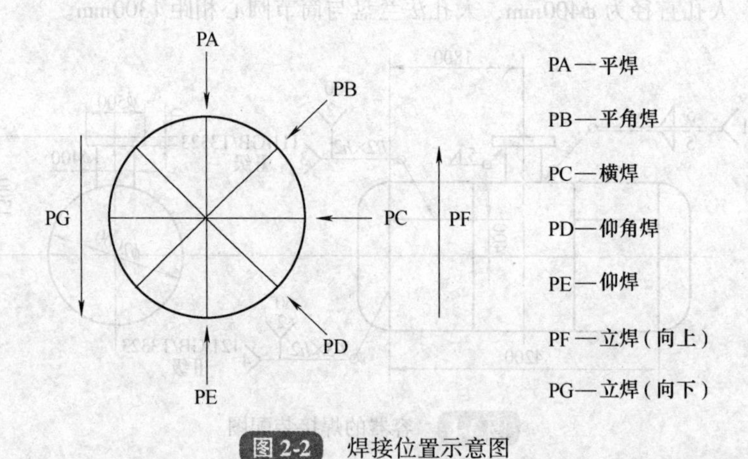

图2-2 焊接位置示意图

2.2.2 板板的焊接位置

板板的焊接位置有五种，实际生产作业过程中主要有板对接平焊、板对接立焊、板对接横焊、板对接仰焊和船形焊。板板焊接位置如图2-3所示。

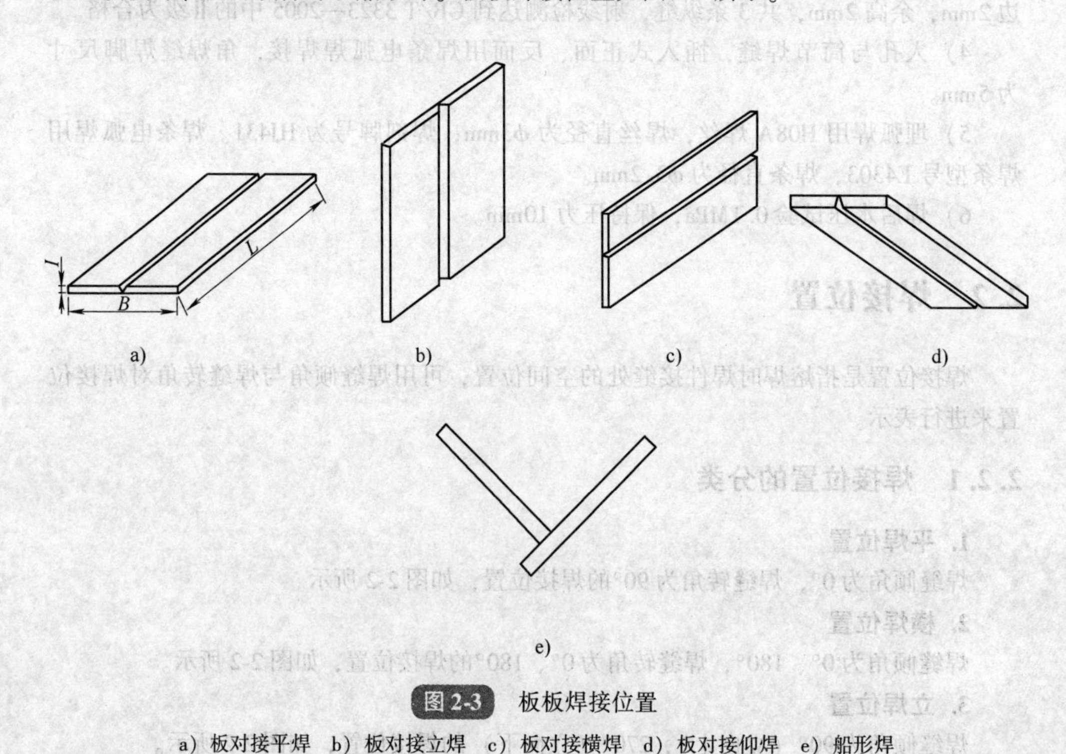

图2-3 板板焊接位置

a）板对接平焊 b）板对接立焊 c）板对接横焊 d）板对接仰焊 e）船形焊

2.2.3　管管的焊接位置

管管的焊接位置有四种，实际生产作业过程中主要有管管垂直固定焊、管管水平固定焊、管管水平转动焊和管管 45°固定焊。管管焊接位置如图 2-4 所示。

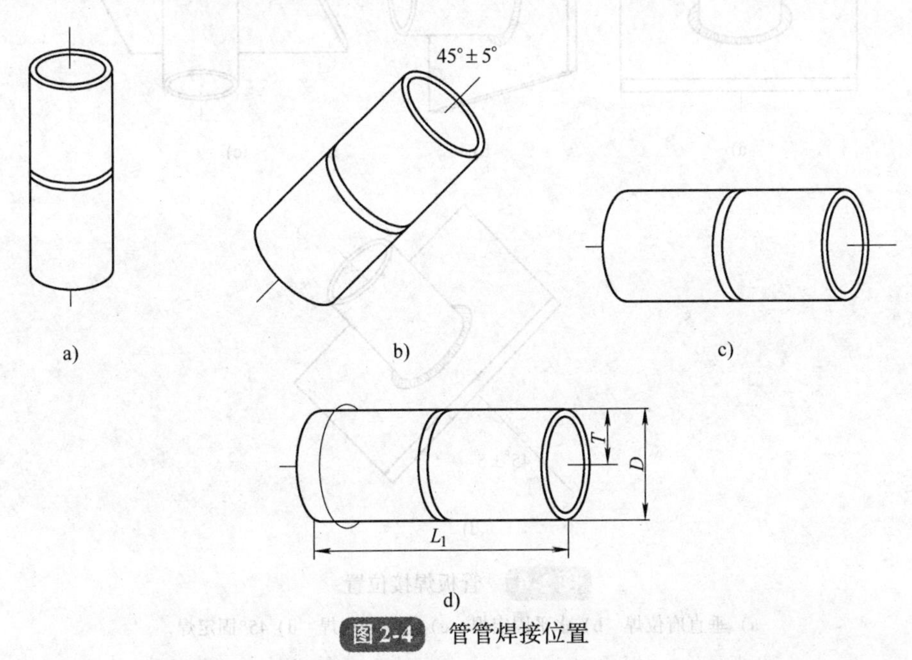

图 2-4　管管焊接位置

a）管管垂直固定焊　b）管管 45°固定焊　c）管管水平固定焊　d）管管水平转动焊

2.2.4　管板的焊接位置

管板接头方式有骑座式管板角焊缝和插入式管板角焊缝两种，管板角焊缝焊接位置有垂直府位焊、水平固定焊、垂直仰位焊及 45°固定焊四种焊接位置。管板接头方式如图 2-5 所示。管板焊接位置如图 2-6 所示。

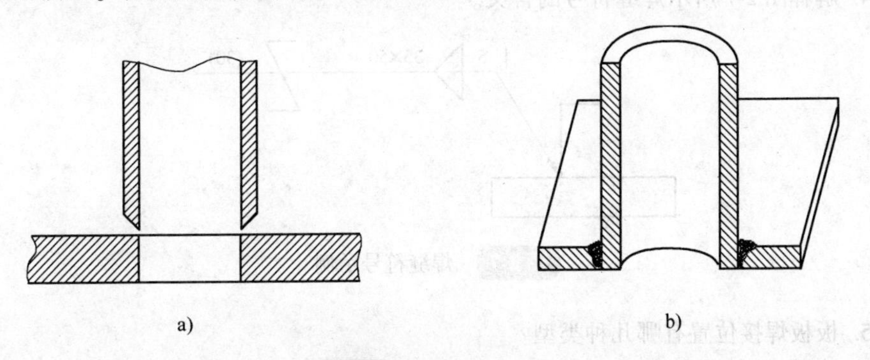

图 2-5　管板接头方式

a）骑座式管板角焊缝　b）插入式管板角焊缝

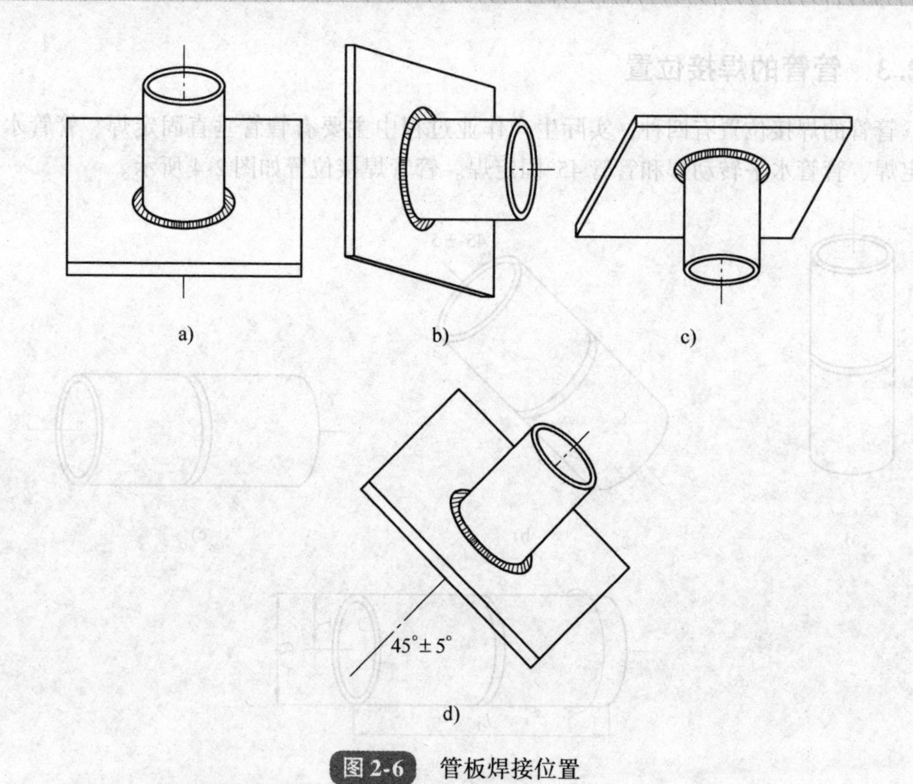

图 2-6　管板焊接位置

a）垂直府位焊　b）水平固定焊　c）垂直仰位焊　d）45°固定焊

复习思考题

1. 焊缝符号由哪几部分组成？
2. 什么是焊缝的基本符号？
3. 简述焊缝尺寸符号及数据的标注原则。
4. 解释图 2-7 所示焊缝符号的含义。

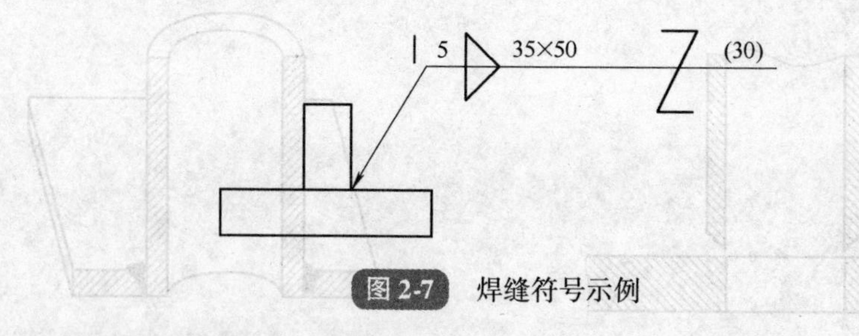

图 2-7　焊缝符号示例

5. 板板焊接位置有哪几种类型？
6. 管板焊接位置有哪几种类型？

第3章 焊接材料

☺ 理论知识要求

1. 了解焊条的组成及其作用。
2. 焊条的分类及型号和牌号知识。
3. 焊条消耗量计算方法。
4. 焊条、焊丝、焊剂的选用和保管方法。
5. 焊条、焊丝、焊剂的分类及型号和牌号。
6. 常用焊丝型号与牌号对照知识。
7. 了解焊剂的分类及作用。
8. 常用埋弧焊焊剂及焊丝配用。
9. 焊接用气体的分类及气体钢瓶颜色区分知识。

3.1 焊条

焊条就是涂有药皮的供焊条电弧焊用的熔化电极，它由药皮和焊芯两部分组成。近年来焊接技术迅速发展，各种新的焊接工艺方法不断涌现，焊接技术的应用范围也越来越广泛。但焊条电弧焊仍然是焊接工作中的主要焊接方法，根据资料及相关信息统计，手工电弧焊焊条用钢约占焊接材料用钢的65%～80%，充分说明焊条电弧焊在焊接工作中占有重要地位。

焊条电弧焊时，焊条作为电极在其熔化后可作为填充金属直接过渡到熔池，与液态的母材熔合后形成焊缝金属。因此，焊条不但影响电弧的稳定性，而且直接影响焊缝金属的化学成分和力学性能。为了保证焊缝金属的质量，必须对焊条的组成、分类、牌号及选用、保管知识有较深刻的了解。

3.1.1 焊条的组成及其作用

1. 焊条的组成

焊条是涂有药皮的用于焊条电弧焊的熔化极，它由焊芯（金属芯）和药皮组成，如图3-1所示。焊条药皮是压涂在焊芯表面的涂层。焊芯是焊条中被药皮包覆的金属芯，根据焊条药皮和焊芯的质量比即药皮的质量系数比K_b，K_b值一般在40%～60%之间，焊条可以分为厚皮焊条（K_b=30%～55%）和薄皮焊条（K_b=1%～2%）两大类。随着工业的发展，现在实际工作广泛应用优质厚药皮焊条；薄药皮焊条由于焊缝质量较差，目前很少采用。焊条前端药皮有45°左右的倒角，主要为了便于焊接引弧。在尾部有一段裸露焊芯，约占焊条总长度的1/16，便于焊钳夹持并有利于导电。焊条直径通常分为2mm、2.5mm、3.2mm、4mm、5mm和6mm等几种，常用的是ϕ2.5mm、ϕ3.2mm、ϕ4mm和ϕ5mm四种，其长度“L”一般为250~450mm。

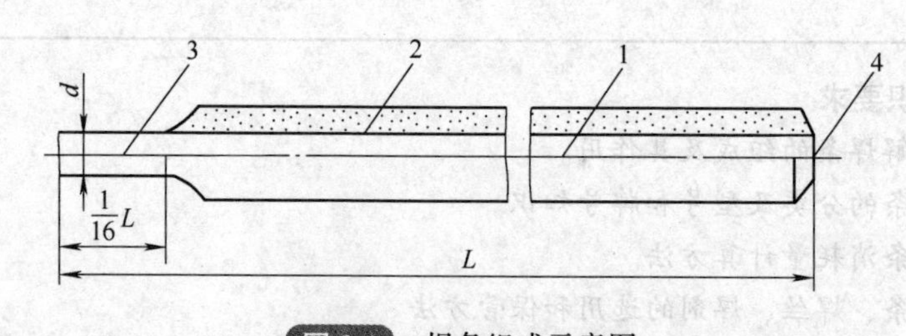

图3-1 焊条组成示意图

1—焊芯 2—药皮 3—夹持端 4—引弧端

2. 焊条药皮的组成

压涂在焊芯表面上的涂料层称为药皮。焊条药皮是由各种矿物类、铁合金和金属类、有机物类及化工产品等原料组成的。药皮组成物的成分相当复杂，一种焊条药皮的配方，一般都由八九种以上的原料组成。

焊条药皮组成物按其在焊接过程中的作用可分为：

（1）稳弧剂　可使焊条在引弧和焊接过程中起着改善引弧性能和稳定电弧燃烧的作用。主要的稳弧剂有水玻璃（含有钾、钠碱土金属的硅酸盐）、钾长石、纤维素、钛酸钾、金红石、还原钛铁矿、淀粉等。

（2）造渣剂　焊接时产生熔渣保护液态金属和改善焊缝成形。主要的造渣剂有大理石、白云石、菱苦土、氟石、硅砂、长石、白泥、白土、云母、钛白粉、金红石、还原钛铁矿等。

（3）脱氧剂　用于脱除熔化金属中的氧，以提高焊缝性能。常用的脱氧剂有锰铁、硅铁、钛铁、铝铁、铝粉、石墨等。

（4）造气剂　产生气体对液态的金属起机械保护作用。常见的造气剂有大理石、白云石、菱苦土、淀粉、木粉、纤维素、树脂等。

（5）稀渣剂　改善熔渣的流动性能，包括熔渣的熔点、黏度和表面张力等物理性能。主要稀渣剂有氟石、冰晶粉、钛铁矿等。

（6）合金剂　补偿焊接过程中的合金烧损和向焊缝过渡必需的合金元素。常用的合金剂有锰铁、硅铁、钼铁、钒铁、铬粉、镍粉、钨粉、硼铁等。

（7）粘结剂　用于粘结药皮涂料，使它能够牢固地涂压在焊芯上。主要的粘结剂有钠水玻璃、钾水玻璃和钾钠水玻璃三种。

3. 焊芯

焊条中被药皮包覆的金属芯称为焊芯。焊芯一般是一根具有一定长度及直径的钢丝。

（1）焊芯的作用　焊接时，焊芯有两个作用：一是传导焊接电流，产生电弧把电能

转换成热能；二是焊芯本身熔化作为填充金属与液体母材金属熔合形成焊缝。

焊条电弧焊时，焊芯金属占整个焊缝金属的50%~70%，所以焊芯的化学成分直接影响焊缝的质量。作为焊芯用的钢丝都是经特殊冶炼的，这种焊接专用钢丝用作制造焊条，就是焊芯。如果用于埋弧焊、气体保护电弧焊、电渣焊、气焊作为填充金属时，则称为焊丝。

焊芯的成分将直接影响熔敷金属的成分和性能，各类焊条所用的焊芯（钢丝）见表3-1。

表3-1 各类焊条所用的焊芯

序号	焊条种类	所用焊芯
1	低碳钢焊条	低碳钢焊芯（H08A等）
2	低合金高强钢焊条	低碳钢或低合金钢焊芯
3	低合金耐热钢焊条	低碳钢或低合金钢焊芯
4	不锈钢焊条	不锈钢或低碳钢焊芯
5	堆焊用焊条	低碳钢或合金钢焊芯
6	铸铁焊条	低碳钢、铸铁、非铁合金焊芯
7	有色金属焊条	有色金属焊芯

（2）焊芯中各合金元素对焊接的影响

1）碳（C）。碳是钢中的主要合金元素，当含碳量增加时，钢的强度、硬度明显提高，而塑性降低。在焊接过程中，碳是一种良好的脱氧剂，在电弧高温作用下与氧气发生化合作用，生成一氧化碳和二氧化碳气体，将电弧区和熔池周围的空气排除，防止空气中氧、氮及有害气体对熔池产生不良影响，减少焊缝金属中氧和氮的含量。若含碳量过高，还原作用剧烈，会引起较大的飞溅和气孔。为了考虑碳对钢的淬硬性及对裂纹敏感性增加的影响，故低碳钢焊芯的含碳量一般≤0.1%（质量分数）。

2）锰（Mn）。锰在钢中是一种较好的合金剂，随着锰的含量增加，其强度和韧性提高。在焊接过程中，锰也是一种较好的脱氧剂，能减少焊缝中氧的含量。锰和硫化合物形成硫化锰浮于熔渣中，从而减少焊缝热裂纹倾向。因此一般碳素结构钢焊芯的含锰量为0.30%~0.50%（质量分数），焊接某些特殊用途的钢丝，其含锰量高达1.7%~2.0%（质量分数）。

3）硅（Si）。硅在钢中也是一种较好的合金剂，在钢加入适量的硅能够提高钢的强度、弹性及抗酸性能；若含量过高，则降低塑性和韧性。在焊接过程中，硅具有比锰还强的脱氧能力，与氧化合形成二氧化硅，但它会提高渣的黏度，易促进非金属夹杂物生成。过多的二氧化硅还能增加焊接熔化金属的飞溅，因此焊芯中的含硅量越少越好，一般限制在0.30%（质量分数）以下。

4）铬（Cr）。铬对钢来说是一种重要的合金元素，用它来冶炼合金钢和不锈钢，能够提高钢的硬度、耐磨性和耐蚀性。对于低碳钢来说，铬便是一种偶然的杂质。铬的主要冶金特征是易于急剧氧化，形成难熔的氧化物三氧化二铬（Cr_2O_3），从而增加了焊缝金属夹杂物的可能性。三氧化二铬过渡到熔渣后，能使熔渣黏度提高，流动性降低，因此焊芯中含铬量应限制在0.20%（质量分数）以下。

5）镍（Ni）。镍对低碳钢来说，是一种杂质。因此焊芯中含镍量要求小于0.30%（质量分数）。镍对钢的韧性有比较显著的效果，一般低温冲击值要求较高时，适当添加一些镍元素。

6）硫（S）。硫是一种有害杂质，它能使焊缝金属的力学性能降低，硫的主要危害是随着硫含量的增加，将增大焊缝的热裂纹倾向，因此焊芯中硫的含量不得大于0.04%（质量分数）。在焊接重要结构件时，硫的含量不得大于0.03%（质量分数）。

7）磷（P）。磷是一种有害杂质，它能使焊缝金属的力学性能降低，磷的主要危害是使焊缝产生冷脆现象，随着磷含量的增加，将造成焊缝金属的韧性，特别是低温冲击韧性下降，因此焊芯中磷含量不得大于0.04%（质量分数）。在焊接重要结构件时，磷的含量不得大于0.03%（质量分数）。

（3）焊芯的分类及牌号　焊芯应符合GB/T 14957—1994《熔化焊用钢丝》和GB/T 17854—1999《埋弧焊用不锈钢焊丝和焊剂用》的规定，用于焊芯的专用金属丝（称焊丝）分为碳素结构钢、低合金结构钢和不锈钢三类。

焊芯的牌号编制方法为：字母“H”表示焊丝；“H”后的一位或两位数字表示碳的质量分数，化学元素符号及其后面的数字表示该元素的近似质量分数，当某合金元素的质量分数低于1%时，可省略数字，只记元素符号；尾部标有“A”或“E”时，分别表示为“优质品”或“高级优质品”，表明硫、磷等杂质的质量分数更低。例如：

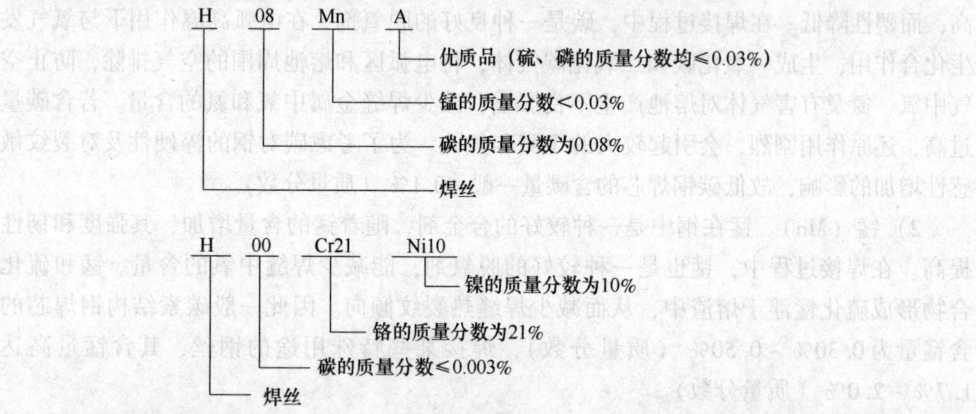

4. 焊条药皮的作用

（1）机械保护作用　在焊接时，焊条药皮熔化后产生大量的气体笼罩着电弧区和熔池，基本上把熔化金属与空气隔绝开来。这些气体中大部分为还原性气体（CO、H_2等），能在电弧区、熔池周围形成一个很好的保护层，防止空气中的氧、氮侵入，起到保护熔化金属的作用。同时，焊接过程中药皮由于被电弧焊的热作用使药皮熔化形成熔渣覆盖着熔滴和熔池金属，这样不仅隔绝了空气中的氧、氮，保护焊缝金属，而且还能减缓焊缝的冷却速度，促进焊缝金属中气体的排出，减少生成气孔的可能性，并能改善焊缝的成形和结晶，起到熔渣保护作用。

（2）冶金处理渗合金作用 在焊接过程中，由于药皮组成物质进行冶金反应，其作用是去除有害杂质（如O、N、H、S、P等），并保护和添加有益合金元素，使焊缝的抗气孔性及抗裂性能良好，使焊缝金属满足各种性能要求。

（3）改善焊接工艺性能 焊接工艺性能是指焊条使用和操作时的性能，它包括稳弧性、脱渣性、全位置焊接性、焊缝成形、飞溅大小等。好的焊接工艺性能使电弧稳定燃烧、飞溅少、焊缝成形好、易脱渣、熔敷效率高，适用全位置焊接等。

焊条药皮的熔点稍低于焊芯的熔点（低100～250℃），但因焊芯处于电弧的中心区，温度较高，所以，还是焊芯先熔化，药皮稍晚一点熔化。这样，在焊条端头形成不长的一小段药皮套管。套管使电弧热量更集中，能起到稳定电弧燃烧的作用，并可减少飞溅，有利于熔滴向熔池过渡，提高了熔敷效率。

总之，药皮的作用是保证焊缝金属获得具有合理的化学成分和力学性能，并使焊条具有良好的焊接工艺性能。

3.1.2 焊条的分类及型号和牌号

1. 焊条的分类

（1）按用途分类 通常焊条按用途可分为11大类，见表3-2。各大类按主要性能的不同还可以分为若干小类，如结构钢焊条，又可以分为低碳钢焊条、低合金高强度钢焊条等。有些焊条同时又有多种用途，其中不锈钢焊条如A102，既可以焊接不锈钢构件，又可以用作堆焊焊条，堆焊某些在腐蚀环境中工作的零件表面，此外还可以作为低温钢焊条，用于焊接某些低温下工作的结构。

表3-2 焊条分类

焊条分类	主要用途（用于焊接）	代号	
		拼音	汉字
结构钢焊条	碳钢和低合金钢	J	结
钼及铬钼耐热钢焊条	珠光体耐热钢	R	热
铬不锈钢焊条	不锈钢和热强钢	G	铬
铬镍不锈钢焊条		A	奥
堆焊焊条	用于堆焊，以获得较好的热硬性、耐磨性及耐蚀性的堆焊层	D	堆
低温钢焊条	用于低温下的工作结构	W	温
铸铁焊条	用于焊补铸铁构件	Z	铸
镍及镍合金焊条	镍及高镍合金及异种金属和堆焊	Ni	镍
铜及铜合金焊条	铜及铜合金，包括纯铜焊条和青铜焊条	T	铜
铝及铝合金焊条	铝及铝合金	L	铝
特殊用途焊条	水下焊接和水下切割等特殊工作	TS	特

（2）按熔渣酸碱性分类 根据熔渣的碱度将焊条分为酸性焊条和碱性焊条（又称低氢型焊条），即按熔渣中酸性氧化物和碱性氧化物的比例划分。当熔渣中酸性氧化物

的比例高时为酸性焊条，反之为碱性焊条。从焊接工艺性能来比较，酸性焊条电弧柔软，飞溅小，熔渣流动性和覆盖性较好，因此焊缝外观表面美观，波纹细腻，成形平滑；碱性焊条的熔滴过渡是短路过渡，电弧不够稳定，熔渣的覆盖性差，焊缝形状凸起，其焊缝外观波纹粗糙，但向立上焊时，操作相对较容易。

酸性焊条的药皮中含有较多的氧化铁、钛、硅等，氧化性较强，因此在焊接过程中使合金元素烧损较多，同时由于焊缝金属中的氧和氮含量较多，因而熔敷金属的塑性、韧性较低。酸性焊条一般可以交、直流两用。典型的酸性焊条是J422。

碱性焊条的药皮中含有很多大理石和萤石，并有较多的铁合金作为脱氧剂和合金剂。因此药皮具有足够的脱氧能力。另外，碱性焊条主要靠大理石等碳酸盐分解出二氧化碳作为保护气体，与酸性焊条相比，弧柱气氛中的氧分压较低，且萤石中氟化钙在高温时与氢结合成氟化氢（HF），从而降低了焊缝中的含氢量，故碱性焊条又称低氢型焊条。用碱性焊条焊接时，由于焊缝金属中氧和氢含量较少，非金属夹杂元素也少，故焊缝具有较高的塑性和冲击韧性。一般用于焊接重要结构（如承受动载荷的结构）或刚性较大的结构，以及焊接性较差的钢材，典型的碱性焊条是J507。采用甘油法测定时，每100mL熔敷金属中的扩散氢含量，碱性焊条为1～10mL，酸性焊条为17～50mL。

酸性焊条和碱性焊条由于药皮的组成物不同，焊条的工艺性能和焊缝金属的性能也不同，因而它们的应用也不同。酸性焊条和碱性焊条的比较见表3-3。

表3-3　酸性焊条与碱性焊条的比较

	酸性焊条	碱性焊条
工艺性能特点	容易引弧，电弧稳定，可用交、直流电源焊接，适用于各种位置的焊接 对铁锈、油污和水分的敏感性不大，抗气孔能力强，焊前使用前经75～150℃烘焙1h 飞溅小，脱渣性好，焊接时烟尘较少	由于药皮中含有的氟化物影响气体电离，电弧稳定性差，只能采用直流电源焊接 对油污、铁锈及水分等较敏感，使用前须经350～400℃烘焙1h 飞溅较大，脱渣性稍差，焊接时烟尘较多
焊缝金属性能	焊缝常、低温冲击性能一般 合金元素烧损较多 脱硫效果差，抗裂性差	焊缝常、低温冲击性能较好 合金元素过渡效果好，塑性和韧性好，特别是低温冲击韧度高 脱氧、硫能力强，焊缝含氢、氧、硫低，抗裂性能好

（3）按焊条药皮主要成分分类　焊条由多种原料组成，按药皮的主要成分可以确定焊条的药皮类型。如药皮中以钛铁矿为主的称为钛铁矿型；当药皮中含有30%（质量分数）以上的二氧化钛及20%（质量分数）以下的钙、镁的碳酸盐时称为钛钙型。唯有低氢型例外，虽然其药皮中主要成分为钙、镁的碳酸盐和萤石，但却以焊缝中含氢量最低作为主要特征而予以命名，对于有些药皮类型，由于使用的粘结剂分别是钾

水玻璃或钠水玻璃。因此，同一药皮类型又可以进一步划分为钾型和钠型，如低氢钾型和低氢钠型，前者可用于交、直流焊接电源，而后者只能使用直流电源。根据国家标准，常用药皮类型的主要成分、性能特点、适应范围见表3-4。

表3-4 常用药皮类型的主要成分、性能特点、适应范围

药皮类型	药皮主要成分	性能特点	适应范围
钛铁矿型	30%（质量分数）以上的钛铁矿	熔渣流动性良好，电弧吹力较大，熔深较深，熔渣覆盖良好，脱渣容易，飞溅一般，焊波整齐。焊接电流为交流或直流正、反接，适用于全位置焊接	用于焊接重要的碳钢结构及强度等级较低的低合金钢结构。常用焊条为E4301、E5001
钛钙型	30%（质量分数）以上的氧化钛和20%（质量分数）以下的钙或镁的碳酸盐矿	熔渣流动性良好，脱渣容易，电弧稳定，熔深适中，飞溅少，焊波整齐，成形美观。焊接电流为交流或直流正、反接，适用于全位置焊接	用于焊接较重要的碳钢结构及强度等级较低的低合金钢结构。常用焊条为E4303、E5003
高纤维素钠型	大量的有机物及氧化钛	焊接时有机物分解，产生大量气体，熔化速度快，电弧稳定，熔渣少，飞溅一般。焊接电流为直流反接，适用于全位置焊接	主要焊接一般低碳钢结构，也可打底焊及向下立焊。常用焊条为E4310、E5010
高钛钠型	35%以上的氧化钛及少量的纤维素、锰铁、硅酸盐和钠水玻璃等	电弧稳定，再引弧容易。脱渣容易，焊波整齐，成形美观。焊接电流为交流或直流反接	用于焊接一般低碳钢结构，特别适合薄板结构，也可用于盖面焊。常用焊条为E4312
低氢钠型	碳酸盐矿和萤石	焊接性一般，熔渣流动性好，焊波较粗，熔深中等，脱渣性较好，可全位置焊接，焊接电流为直流反接。焊接时要求焊条干燥，并采用短弧。该类焊条的熔敷金属具有良好的抗裂性能和力学性能	用于焊接重要的碳钢结构及低合金钢结构。常用焊条为E4315、E5015
低氢钾型	在低氢钠型焊条药皮的基础上添加了稳弧剂，如钾水玻璃等	电弧稳定，工艺性能、焊接位置与低氢钠型焊条相似，焊接电流为交流或直流反接，该类焊条的熔敷金属具有良好的抗裂性能和力学性能	用于焊接重要的碳钢结构，也可焊接相适用的低合金钢结构。常用焊条为E4316、E5016
氧化铁型	大量氧化铁及较多的锰铁	焊条熔化速度快，焊接生产率高，电弧燃烧稳定，再引弧容易，熔深较大，脱渣性好，焊缝金属抗裂性好。但飞溅稍大，不宜焊薄板，只适合平焊及平角焊，焊接电流为交流或直流	用于焊接重要的低碳钢结构及强度等级较低的低合金钢结构。常用焊条为E4320、E4322

2. 焊条型号及焊条牌号表示方法

（1）焊条型号　焊条型号是反映焊条主要特性的一种表示方法。焊条型号包括以下含义：焊条类别、焊条特点（如焊芯金属类型、使用温度、熔敷金属化学组成或抗拉强度）、药皮类型及焊接电源。不同类型焊条的型号表示方法也不同。非合金钢及细晶粒钢焊条型号以 GB/T 5117—2012《非合金钢及细晶粒钢焊条》为依据，规定焊条的表示方法。具体方法如下：

焊条型号由五部分组成：

1）第一部分用字母“E”表示焊条。

2）第二部分为字母“E”后面的紧邻两位数字，表示熔敷金属的最小抗拉强度代号，见表 3-5。

3）第三部分为字母“E”后面的第三和第四两位数字，表示药皮类型、焊接位置和电流类型，见表 3-6。

4）第四部分为熔敷金属的化学成分分类代号，可为“无标记”或短划“-”后的字母、数字或字母和数字的组合，见表 3-7。

5）第五部分为熔敷金属的化学成分代号之后的焊后状态代号，其中“无标记”表示焊态，“P”表示热处理状态，“AP”表示焊态和焊后热处理两种状态均可。

除以上强制分类代号外，根据供需双方协商，可在型号后依次附加可选代号：

1）字母“U”，表示在规定试验温度下，冲击吸收能量可以达到 47J 以上。

2）扩散氢代号“HX”，其中 X 代表 15、10 或 5，分别表示每 100g 熔敷金属中扩散氢含量的最大值（mL）。

示例 1：

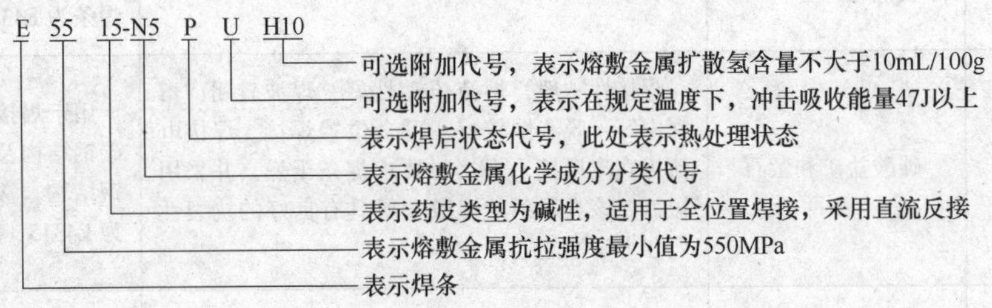

示例 2：

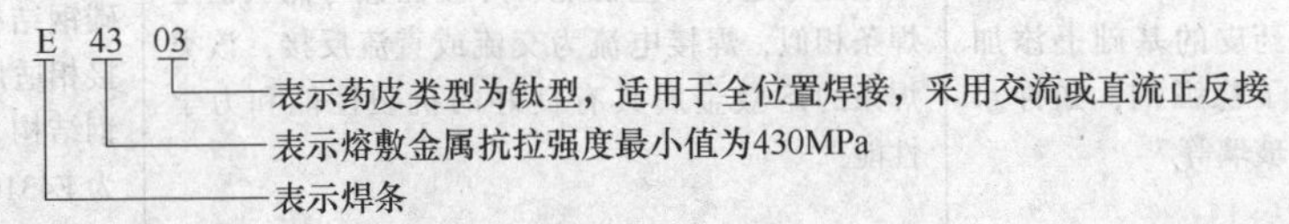

表 3-5　熔敷金属抗拉强度代号

抗拉强度代号	最小抗拉强度值/MPa
43	430
50	490
55	550
57	570

表3-6 药皮类型、焊接位置和电流类型

代号	药皮类型	焊接位置①	电流类型
03	钛型	全位置②	交流和直流正、反接
10	纤维素	全位置	直流反接
11	纤维素	全位置	交流和直流反接
12	金红石	全位置②	交流和直流正接
13	金红石	全位置②	交流和直流正、反接
14	金红石+铁粉	全位置②	交流和直流正、反接
15	碱性	全位置②	直流反接
16	碱性	全位置②	交流和直流反接
18	碱性+铁粉	全位置②	交流和直流反接
19	钛铁矿	全位置②	交流和直流正、反接
20	氧化铁	PA、PB	交流和直流正接
24	金红石+铁粉	PA、PB	交流和直流正、反接
27	氧化铁+铁粉	PA、PB	交流和直流正、反接
28	碱性+铁粉	PA、PB、PC	交流和直流反接
40	不做规定	由制造商确定	
45	碱性	全位置	直流反接
48	碱性	全位置	交流和直流反接

① 焊接位置见GB/T 16672—1996，其中PA=平焊、PB=平角焊、PC=横焊、PG=向下立焊。

② 此处“全位置”并不一定包含向下立焊，由制造商确定。

表3-7 熔敷金属化学成分分类代号

分类代号	主要化学成分的名义含量（质量分数，%）				
	Mn	Ni	Cr	Mo	Cu
无标记、-1、-P1、-P2	1.0	—	—	—	—
-1M3	—	—	—	0.5	—
-3M2	1.5	—	—	0.4	—
-3M3	1.5	—	—	0.5	—
-N1	—	0.5	—	—	—
-N2	—	1.0	—	—	—
-N3	—	1.5	—	—	—
-3N3	1.5	1.5	—	—	—
-N5	—	2.5	—	—	—
-N7	—	3.5	—	—	—
-N13	—	6.5	—	—	—
-N2M3	—	1.0	—	0.5	—
-NC	—	0.5	—	—	0.4
-CC	—	—	0.5	—	0.4
-NCC	—	0.2	0.6	—	0.5
-NCC1	—	0.6	0.6	—	0.5
-NCC2	—	0.3	0.2	—	0.5
-G	其他成分				

（2）焊条牌号　焊条牌号是根据焊条的主要用途及性能特点来命名的，焊条牌号通常以一个汉语拼音字母（或汉字）与三位数字表示。拼音字母（或汉字）表示焊条各大类，后面的三位数字中，前两位数字表示熔敷金属的最小抗拉强度代号，第三位数字表示焊条药皮类型及焊接电源种类。当熔敷金属含有某些主要元素时，也可以在焊条牌号后面加注元素符号；当焊条药皮中含有多量铁粉，熔敷效率大于105%时，在焊条牌号后面加注“Fe”；当熔敷效率为130%以上时，在“Fe”后还要加注两位数字(以熔敷效率的1/10表示)；对某些具有特殊性能的焊条，可在焊条牌号的后面加注拼音字母。焊条牌号中第三位数字的含义见表3-8；焊条牌号中具有某些特殊性能字母符号的意义见表3-9；焊缝金属抗拉强度等级见表3-10。

表3-8　焊条牌号中第三位数字的含义

焊条牌号	药皮类型	焊接电源种类	焊条牌号	药皮类型	焊接电源种类
□× ×0	不属于已规定的类型	不规定	□× ×5	纤维素型	直流或交流
□× ×1	氧化钛型	直流或交流	□× ×6	低氢钾型	
□× ×2	钛钙型		□× ×7	低氢钠型	直流
□× ×3	钛铁矿性		□× ×8	石墨型	直流或交流
□× ×4	氧化铁型		□× ×9	盐基型	直流

表3-9　焊条牌号中具有某些特殊性能字母符号的意义

字母符号	表示异议	字母符号	表示异议
D	底层焊条	RH	高韧性超低氢焊条
DF	低尘焊条	LMA	低吸潮焊条
Fe	高效铁粉焊条	SL	渗铝钢焊条
Fe15	高效铁粉焊条，焊条名义熔敷效率为150%	X	向下立焊用焊条
G	高韧性焊条	XG	管子用向下立焊焊条
GM	盖面焊条	Z	重力焊条
H	压力容器用焊条	Z16	重力焊条，焊条名义熔敷效率为160%
GR	高韧性压力容器用焊条	CuP	焊Cu和P的抗大气腐蚀焊条
H	超低氢焊条	CrNi	焊Cu和Ni的耐海水腐蚀焊条

表3-10　焊缝金属抗拉强度等级

焊条牌号	焊缝金属抗拉强度等级		焊条牌号	焊缝金属抗拉强度等级	
	MPa	kg/mm^2		MPa	kg/mm^2
J（结）42×	420	42	J（结）70×	690	70
J（结）50×	490	50	J（结）4275	740	75

（3）焊条型号与焊条牌号的对照　常用非合金钢及细晶粒钢焊条型号与焊条牌号的对照见表3-11。

表3-11　常用非合金钢及细晶粒钢焊条型号与牌号对照表

序　号	型　号	牌　号	序　号	型　号	牌　号
1	E4303	J422	5	E5003	J502
2	E4323	J422Fe	6	E5016	J506
3	E4316	J426	7	E5015	J507
4	E4315	J427			

3.1.3　焊条的性能

1. 工艺性能

焊条的工艺性能是指焊条能否容易地进行焊接作业。在评定焊条的工艺性能时，应固定焊工、电焊机、焊接工具、试验材料及焊接材料等因素。作为焊条本身的操作性能，应观察：

1）电弧的产生：开始引弧的难易程度，再引弧性。

2）电弧的状态：稳定性，包括连续性和集中性及电弧吹力的大小。

3）熔化状态：焊条端部套筒形状；药皮熔化的均匀性。

4）熔渣：流动性，清除的难易程度，覆盖的均匀性。

5）飞溅：发生的状态（飞溅颗粒的大小及数量），清除难易程度。

6）焊缝外观：焊缝波纹粗细，成形性。

7）气体和烟尘的发生状态（烟尘的成分）。

工艺性能的判断，除了受焊条的本身性能影响外，还受焊工的技术、电焊机的特性、焊接电流、焊接速度、焊接姿势及母材特性等因素的影响。

2. 焊接性

焊接时被焊件能否得到充分的连接，以及焊接接头满足结构使用要求的程度称为焊接性。即焊接时不产生气孔、凹痕、裂纹或焊接不良等缺陷，容易得到良好的焊接性。但各种焊接缺陷的产生及焊接接头的强度、塑性等性能，还受母材的材质与板厚、焊接接头的形式、焊接施工方法等因素的很大影响。

3. 效率

焊条的效率是在焊接施工中使人工和材料等费用降低的特别重要的问题。

3.1.4　焊条的选用和消耗量计算

1. 焊条的选用原则

焊条的种类很多，各有其应用范围，选用是否恰当将直接影响焊接质量、劳动生产率和产品成本。焊条的选用须在确保焊接结构安全、可靠使用的前提下，根据钢材的化学成分、力学性能、工作环境（有无腐蚀介质，高温或是低温）等要求，还应考虑焊接结构的状况（刚度大小）、受力情况、结构使用条件对焊缝性能的要求和设备条件（是否有直流电焊机）等因素进行综合考虑，以便做到合理地选用焊条，必要时还需进行焊接试验。选用焊条时应注意以下基本原则：

（1）等强度原则　一般用于焊接低碳钢和低合金钢。对于承受静载或一般载荷的工件或结构，通常选用抗拉强度与母材相等的焊条，这就是等强度原则。例如焊接20、Q235等低碳钢或抗拉强度在400MPa左右的钢就可以选用E43系列焊条。而焊Q345（16Mn）、等抗拉强度在500MPa范围的钢，选用E50系列焊条即可满足工艺要求。

有人认为选用抗拉强度高的焊条焊接抗拉强度低的材料好，这个观念是错误的，通常抗拉强度高的钢材的塑性指标都较差，单纯追求焊缝金属的抗拉强度，但降低了它的塑性，往往不一定有利。

（2）等同性原则　一般用于焊接耐热钢、不锈钢等金属材料。焊接在特殊环境下工作的工件或结构，如要求耐磨、耐腐蚀、在高温或低温下具有较高的力学性能，则应选用能保证熔敷金属的性能与母材相近或相近似的焊条，这就是等同性原则。如焊接不锈钢时应选用不锈钢焊条，焊接耐热钢时应选用耐热钢焊条。

（3）等条件原则　根据工件或焊接结构的工作条件和特点选择最多。例如焊接需承受动载或冲击载荷的工件，应选用熔敷金属冲击韧度较高的低氢型碱性焊条。反之，焊一般结构时，应选用酸性焊条。虽然选用焊条时还应考虑工地供电情况、工地设备条件、经济性及焊接效率等，但这都是比较次要的问题，应根据实际情况决定。

（4）抗裂纹原则　选用抗裂性好的碱性焊条，以免在焊接和使用过程中接头产生裂纹。一般用于焊接刚度大、形状复杂、使用中承受动载荷的焊接结构。

（5）抗气孔原则　受焊接工艺条件的限制，如对焊件接头部位的油污、铁锈等清理不便，应选用抗气孔能力强的酸性焊条，以免焊接过程中气体滞留于焊缝中，形成气孔。

（6）低成本原则　在满足使用要求的前提下，尽量选用工艺性能好、成本低和效率高的焊条。

（7）等韧性原则　即焊条熔敷金属和母材等韧性或相近，因为在实际中焊接结构的破坏大多不是因为强度不够，而是韧性不足。因此焊条选择时强度略低于母材，而韧性要相同或相近。这也是高强钢焊接时的低组配等韧性。

2. 同种钢材焊接时焊条的选用

（1）考虑力学性能和化学成分　对于普通结构钢，通常要求焊缝金属与母材等强度，应选用熔敷金属抗拉强度等于或稍高于母材的焊条。对于合金结构钢，有时还需要合金成分与母材相同或者相近。在焊接结构刚性大、接头应力高、焊缝容易产生裂纹的不利情况下，应考虑选用比母材强度低或不变的焊条。当母材中碳、硫、磷等元素的含量偏高时，焊缝中容易产生裂纹，应选用抗裂性能好的碱性低氢型焊条。

（2）考虑焊接构件的使用性能和工作条件　对承受动载荷和冲击载荷的焊件，除满足强度要求外，主要保证焊缝金属具有较高的冲击韧性和塑性，可选用塑性、韧性指标较高的低氢型焊条。对于接触腐蚀介质的焊件，应根据介质的性质及腐蚀特征选用不锈钢焊条或其他耐腐蚀焊条。在高温、低温、耐磨或者其他特殊条件下

工作的焊件，应选用相应的耐热钢、低温钢、堆焊或其他特殊用途焊条。

（3）考虑简化工艺、提高生产效率、降低生产成本　对于薄板焊接或点焊时宜采用“E4313”焊条，焊件不易烧穿且易引弧；在满足焊件使用性能和焊条操作性能的前提下，应选用规格大、效率高的焊条；在使用性能基本相同应尽量选择价格低的焊条，降低焊接生产成本。

3. 异种钢焊接时焊条的选用

（1）强度级别不同的碳钢与低合金钢（或低合金钢与低合金高强度钢）　一般要求焊缝金属或接头的强度不低于两种被焊金属的最低强度，选用的焊条熔敷金属的强度应保证焊缝及接头的强度不低于强度较低侧母材的强度，同时焊缝金属的塑性和冲击韧性应不低于强度较高而塑性较差侧母材的性能。因此，可按两者之中强度级别较低的钢材选用焊条。但是，为了防止焊接裂纹，应按强度级别较高、焊接性较差的钢种确定焊接工艺，包括焊接规范、预热温度及焊后热处理等。

（2）低合金钢与奥氏体不锈钢　应按照对熔敷金属化学成分限定的数值来选用焊条，一般选用铬、镍含量较高的塑性、抗裂性较好的 Cr25-Ni13 型奥氏体钢焊条，以避免因产生脆性淬硬组织而导致的裂纹。但应按焊接性较差的不锈钢确定焊接工艺及规范。

（3）不锈钢复合钢板　应考虑对基层、覆层、过渡层的焊接要求选用三种不同性能的焊条。对基层（碳钢或低合金钢）的焊接，选用相应强度等级的结构钢焊条；覆层直接与腐蚀介质接触，选用相应成分的奥氏体不锈钢焊条。关键是过渡层（即覆层与基层交界面）的焊接，必须考虑基体材料的稀释作用，应选用铬、镍含量较高、塑性和抗裂性好的 Cr25-Ni13 型奥氏体钢焊条。

4. 酸性焊条和碱性焊条的选用

在焊条的抗拉强度等级确定后，再决定选用酸性或碱性焊条时，一般要考虑以下因素：

1）当接头坡口表面难以清理干净时，应采用氧化性强，对铁锈、油污等不敏感的酸性焊条。

2）在容器内部或通风条件较差的条件下，应选用焊接时析出有害气体少的酸性焊条。

3）在母材中碳、硫、磷等元素含量较高时，且焊件形状复杂、结构刚度和厚度大时，应选用抗裂性好的碱性低氢型焊条。

4）当焊件承受振动载荷或冲击载荷时，除保证抗拉强度外，应选用塑性和韧性较好的碱性焊条。

5）在酸性焊条和碱性焊条均能满足性能要求的前提下，应尽量选用工艺性能较好的酸性焊条。

5. 按简化工艺、生产率和经济性来选用

1）薄板焊接或定位焊宜采用 E4313 焊条，焊件不宜烧穿且易引弧。

2）在满足焊件使用性能和焊条操作性能的前提下，应选用规格大、效率高的焊条。

3）在使用性能基本相同时，应尽量选用价格较低的焊条，降低焊接生产的成本。

焊条除根据上述原则选用外，有时为了保证焊件的质量，还需通过试验来最后确定，同时为了保证焊工的身体健康，在允许的情况下应尽量多采用酸性焊条。目前生产作业过程中常用的焊条与钢牌号匹配，见表 3-12。

表 3-12　常用钢牌号推荐选用的焊条

钢牌号	焊条型号	对应牌号	钢牌号	焊条型号	对应牌号
Q235AF Q235A、10、20	E4303	J422	12Cr1MoV	E5515-B2-V	R317
20R、20HP、20g	E4316	J426	12Cr2Mo	E6015-B3	R407
	E4315	J427	12Cr2Mo1		
25	E4303	J422	12Cr2Mo1R		
	E5003	J502	1Cr5Mo	E1-5MoV-15	R507
Q295（09Mn2V、09Mn2VD、09Mn2VDR）	E5515-Cl	W707Ni	1Cr18Ni9Ti	E308-16	A102
Q345（16Mn、16MnR、16MnRE）	R5003	J50Q		E308-15	A107
	E5016	J506		E347-16	A132
	E5015	J507		E347-15	A137
Q390（16MnD、16MnDR）	E5016-G	J506RH	022Cr19Ni10	E308-16	A102
				E308-15	A107
	E5015-G	J507RH	06Cr19Ni10	E347-16	A132
			06Cr18Ni11Ti	E347-15	A137

注：括号中为旧牌号。

6. 常用的焊条消耗量计算

在进行焊接施工时，正确地估算焊条的需用量这项工作非常重要，如果计算得出的数值过多，就会造成库存的积压；估算过少，将造成工程预算经费的不足，有时还会影响工程进度的正常进行和施工质量。焊条的消耗量主要由焊接结构的接头形式、坡口形式和焊缝长度等因素决定，下面列举一些相关的计算公式：

$$M = \frac{AL\rho(1 + K_b)}{K_n}$$

式中　M——焊条消耗量（g）；

A——焊缝横截面积（cm^2）；

L——焊缝长度（cm）；

ρ——熔敷金属的密度（g/cm^3）；

K_b——药皮质量系数；

K_n——金属由焊条到焊缝的转熔系数。

例：有一焊接产品为不开坡口的角焊缝，焊脚高度 K 为 10mm，凸度 C 为 1mm，母材为Q235A钢，采用焊条电弧焊工艺，工艺参数为：焊条型号为E5015，焊条直径3.2mm，焊接电流160A，焊缝长度为5m，焊条的转熔系数K_n为0.79，药皮质量系数K_b为0.32，钢的密度为7.8g/cm^3，试计算焊条用量。

解：焊条用量为

$$M=\frac{AL\rho(1+K_b)}{K_n}=\frac{(K^2/2+KC)L\rho(1+K_b)}{K_n}$$

$$=\frac{(1^2/2+1\times0.1)\times500\times7.8\times(1+0.32)}{0.79}\text{g}\approx3909.87\text{g}\approx3.91\text{kg}$$

3.1.5 焊条的使用和保管

1. 焊条的使用

焊条采购入库时，必须有焊条生产厂家的质量合格证，凡是无质量合格证或对其有怀疑时，应按批次抽查进行试验。特别对焊接重要的焊接结构件时，焊前应对所选用的焊条进行力学性能检验，对于长时间存放的焊条，焊前也要经过试验验证确定是否合格后再进行使用。

（1）焊条的外观检查　为了保证焊接质量，焊条在使用前须对焊条的外观进行检查以及烘干处理。对焊条进行外观检查是为了避免由于使用了不合格的焊条，而造成焊缝质量的不合格。外观检查包括：

1）偏心。偏心是指焊条药皮沿焊芯直径方向偏心的程度，如图3-2所示。焊条若偏心，则表明焊条沿焊芯直径方向的药皮厚度有差异。这样，焊接时焊条药皮熔化速度不同，无法形成正常的套筒，因而在焊接时产生电弧的偏吹，使电弧不稳定，造成母材熔化不均匀，影响焊缝质量，因此，应尽量不使用偏心的焊条。

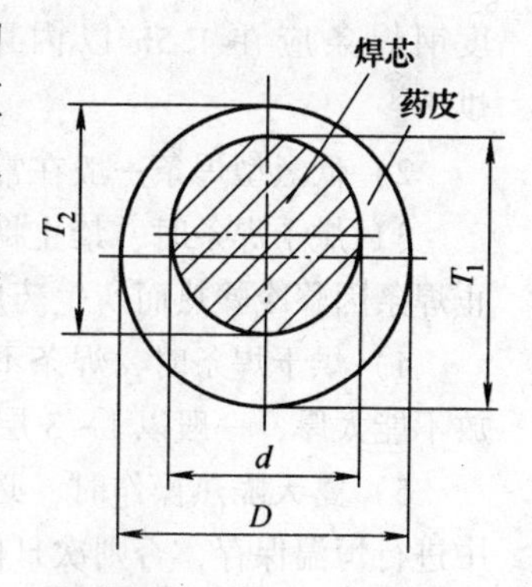

图3-2　焊条偏心示意图

焊条的偏心度可用下式计算：

$$\text{焊条偏心度}=\frac{2(T_1-T_2)}{T_1+T_2}\times100\%$$

式中　T_1——焊条断面药皮最大厚度+焊芯直径（mm）；

T_2——同一断面药皮最小厚度+焊芯直径（mm）。

根据国家标准规定：直径不大于2.5mm的焊条，偏心度不应大于7%；直径为3.2mm和4mm的焊条，偏心度不应大于5%；直径不小于5mm的焊条，偏心度不应大于4%。

2）弯曲度。焊条的弯曲度即最大挠度不得超过1mm。

3）尺寸偏差。焊芯直径允许偏差为±0.05mm，焊条长度允许偏差为±2mm。

4）锈蚀。锈蚀是指焊芯是否有锈蚀的现象。一般来说，若焊芯仅有轻微的锈迹，基本上不影响性能。但是如果焊接质量要求高时，就不宜使用。若焊条锈蚀严重就不宜使用，至少也应降级使用或只能用于一般结构件的焊接。

5）药皮裂纹及脱落。药皮在焊接过程中起着很重要的作用，如果药皮出现裂纹甚至脱落，则直接影响焊缝质量。因此，对于药皮脱落的焊条，则不应使用。

6）印字。每根焊条在靠近夹持端处应在药皮上印出焊条型号或牌号。

（2）焊条的正确使用

1）焊条在使用前，如焊条说明书无特殊规定时，一般应进行烘干。焊条烘干设备如图3-3所示。

酸性焊条由于药皮中含有结晶水物质和有机物，烘干温度不能太高，烘干温度一般为100～150℃，保温时间一般为1～2h。当焊条包装完好且贮存时间较短，用于一般的钢结构焊接时，焊条也可以不予以烘干。烘干后允许在大气中放置时间不超过6～8h，否则，必须重新烘干。

图3-3　焊条烘干设备

碱性焊条在空气中极易吸潮且药皮中没有有机物，因此，烘干温度较酸性焊条高些，烘干温度一般为350～450℃，保温时间一般为1～2h；烘干的焊条应放在100～150℃的保温筒内进行保温，以便随用随取。烘干后的焊条允许在大气中放置3～4h，对于抗拉强度在590MPa以上低氢型高强度钢焊条应在1.5h以内用完，否则必须重新烘干。

2）低氢型焊条一般在常温下超过4h应重新烘干，重复烘干次数不宜超过三次。

3）烘干焊条时，禁止将焊条突然放进高温炉内，或从高温炉中突然取出冷却，防止焊条因骤冷骤热而产生药皮开裂脱落现象。

4）烘干焊条时，焊条不应该成垛或成捆地进行堆放，应铺放成层状，每层焊条堆放不能太厚，一般以1～3层为宜。

5）露天隔热操作时，必须将焊条妥善保管，不允许露天进行存放，应在低温烘箱中进行恒温保存，否则次日使用前还要重新烘干。

6）焊条的烘干除上述通用规范外，还应根据产品药皮的类型及产品说明中的要求进行烘干处理。

2. 焊条的保管

1）进入公司的焊条必须按照国家标准要求进行工艺验证，只有检验合格后的焊条才能办理入库手续。焊条的生产厂家质量合格证及入库工艺验证合格报告必须妥善保管。

2）焊条必须在干燥通风良好的室内仓库存放；焊条贮存库内应设置温度计、湿度计；低氢焊条室内温度不低于5℃，相对空气湿度低于60%。

3）焊条应存放在架子上，架子离地面高度不小于300mm，离墙壁距离不小于300mm；架子下面应放置干燥剂等，严防焊条受潮。

4）焊条堆放时应按种类、牌号、批次、规格及入库时间分类存放；每堆应有明确的标记，避免混乱。

5）焊条在供给使用单位之后至少在6个月之内可保证继续使用；焊条发放应做到先入库的焊条先使用原则。

6）操作者领用烘干后的焊条，应将焊条放入焊条保温筒内进行保温，如图3-4所示；保温筒内只允许装一种型（牌）号的焊条，不允许多种型号装在同一保温筒内进行使用，以免在焊接施工中用错焊条，造成焊接质量事故发生。

图3-4　焊条保温筒

7）受潮或包装出现损坏的焊条未经处理以及复检不合格的焊条不允许入库。

8）对于受潮、药皮变色、焊芯有锈迹的焊条须经烘干后进行质量评定，各项性能指标合格后方可入库，否则不准入库。

9）存放一年以上的焊条，在发放前应重新做各种性能试验，符合要求时方可发放，否则不应出库使用。

3. 焊条受潮的影响

焊条受潮后，一般药皮颜色发深，焊条碰撞失去清脆的金属声，有的甚至返碱出现“白花”。

（1）受潮焊条对焊接工艺的影响

1）电弧不稳，飞溅增多，且颗粒过大。

2）熔深大，易咬边。

3）熔渣覆盖不好，焊波粗糙。

4）清渣较难。

（2）受潮焊条对焊接质量的影响

1）易造成焊接裂纹和气孔，尤其是碱性焊条。

2）各项力学性能值易偏低。

3.2 焊丝

3.2.1 焊丝的分类及型号和牌号

1. 焊丝的分类

焊丝的分类方法很多，常用的分类方法是：

（1）按焊接方法分类 可分为埋弧焊焊丝、气体保护焊用焊丝、钨极氩弧焊焊丝、熔化极氩弧焊焊丝、电渣焊焊丝以及自保护焊焊丝。

（2）按所配套的钢种分类 可分为碳钢焊丝、低合金钢焊丝、低合金耐热钢焊丝、不锈钢焊丝、低温钢焊丝、镍基合金焊丝、铝及铝合金焊丝、钛及钛合金焊丝等。

低碳钢焊丝：由于焊缝中合金成分不多，故可采用焊丝渗入合金，也可采用焊接渗合金，有如下三种搭配，低锰焊丝和高锰焊剂，中锰焊丝和中锰焊剂，高锰焊丝和低锰焊剂。通过焊剂向焊缝中过渡锰，有利于改善焊缝的抗热裂纹能力和抗气孔性能，通过焊丝向焊缝过渡锰，有利于提高焊缝的低温韧性。焊接低碳钢多采用低碳焊丝，当母材含碳量较高或强度要求较高，而对焊缝韧性要求不高时，也可采用含碳量较高的焊丝。

（3）按焊丝的形状结构分类 可分为实芯焊丝和药芯焊丝。

1）实芯焊丝的分类。实芯焊丝是热轧线材拉拔加工而成的，产量大且合金元素含量少的碳钢及低合金钢线材，常采用转炉冶炼，产量小且合金元素含量多的线材多采用电炉冶炼，分别经开坯、轧制而成。为了防止焊丝生锈，除不锈钢焊丝外都要进行表面处理，目前主要是渡钢处理，包括电镀、铜渡及化学镀铜等方法，不同的焊接方法应采用不同直径的焊丝，埋弧焊时电流大，要采用粗焊丝，焊丝直径为2.4～6.4mm；气体保护焊时，为了得到良好的保护效果，要采用细焊丝，焊丝直径多为1.2～1.6mm。

① 埋弧焊焊丝。埋弧焊时，焊缝成分和性能是由焊丝和焊剂共同决定的，另外，埋弧焊时电流大，熔深大，母材熔合比高，母材成分的影响也大，所有焊接规范变化时也会给焊缝成分和性能带来较大的影响，也要考虑母材的影响。为了达到所要求的焊缝成分，可以采用一种焊剂与几种焊丝配合，也可以采用一种焊丝与几种焊剂配合。对于给定的焊接结构，应根据钢种成分、对焊缝性能的要求指标及焊接规范大小的变化等进行综合分析之后，再决定所采用的焊丝和焊剂。

埋弧焊用实芯焊丝主要有低碳钢用焊丝、低合金钢用焊丝、低合金耐热钢用焊丝、不锈钢用焊丝、低温钢用焊丝、表面堆焊用焊丝等。

② 气体保护焊用焊丝。气体保护焊的焊接方法很多，主要有钨极惰性气体保护电弧焊（简称TIG焊接）、熔化极惰性气体保护电弧焊（简称MIG焊接）、熔化极活性气体保护电弧焊（简称MAG焊接），以及自保护焊接。

2）药芯焊丝的分类。药芯焊丝的截面结构分为有缝焊丝和无缝焊丝两种。有缝焊

丝又分为两种：一种是药芯焊丝的金属外皮没有进入到芯部粉剂材料的管状焊丝，也就是通常说的“O”形截面的焊丝；另一种是药芯焊丝的金属外皮进入到芯部粉剂材料的中间，并具有复杂的焊丝截面形状。药芯焊丝的截面形状如图3-5所示。

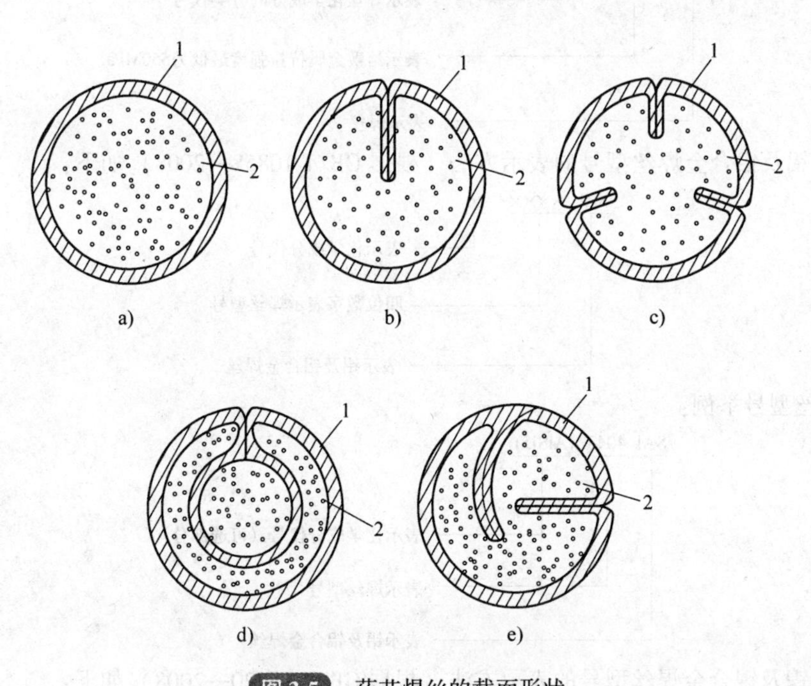

图3-5 药芯焊丝的截面形状

a) O形 b) T形 c) 梅花形 d) 中间填丝形 e) E形

1—钢带 2—药粉

2. 焊丝的型号、牌号

(1) 实芯焊丝的型号及牌号

1) 焊丝型号的表示方法。

① 气体保护焊用碳钢、低合金钢焊丝型号的表示方法（根据GB/T 8110—2008）如下：

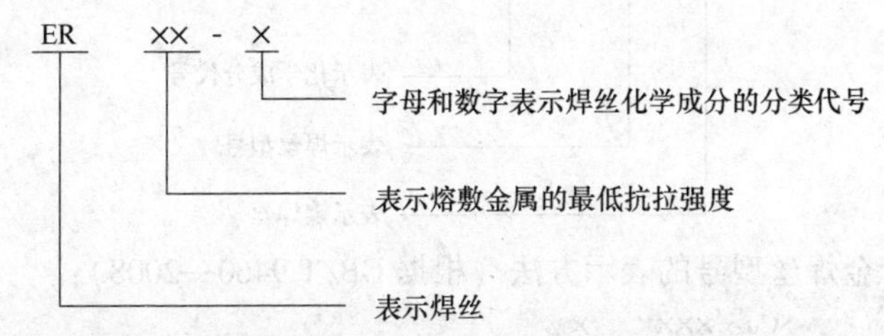

该标准适用于碳钢、低合金钢熔化极气体保护焊用的实芯焊丝，重点推荐用于钨极气体保护焊和等离子弧焊的填充焊丝。

焊丝型号举例：

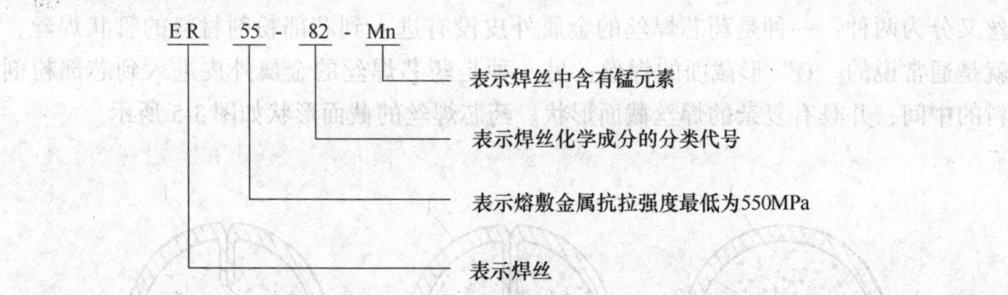

② 铝及铝合金焊丝型号的表示方法（根据 GB/T 10858—2008）如下：

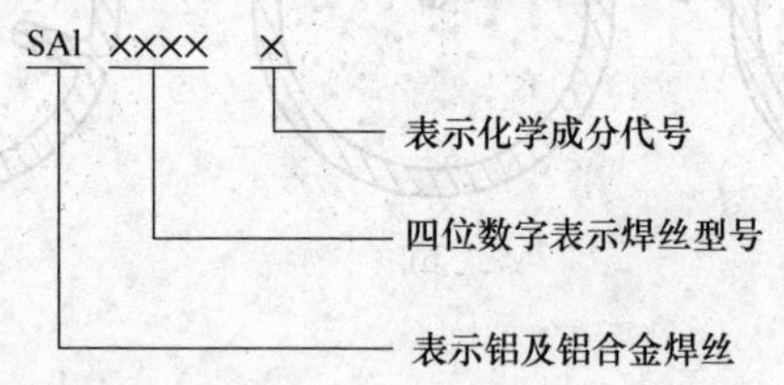

焊丝型号举例：

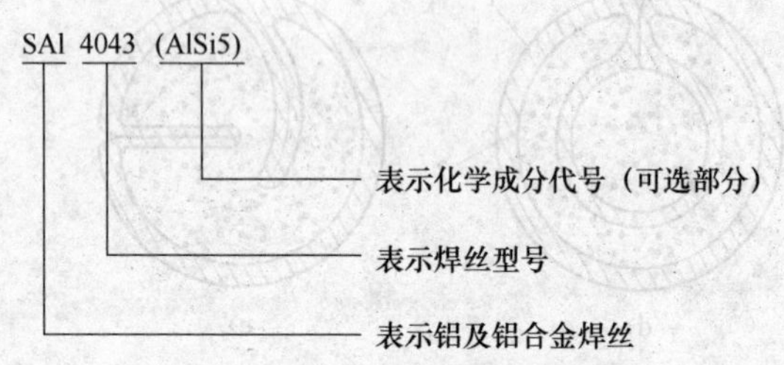

③ 镍及镍合金焊丝型号的表示方法（根据 GB/T 15620—2008）如下：

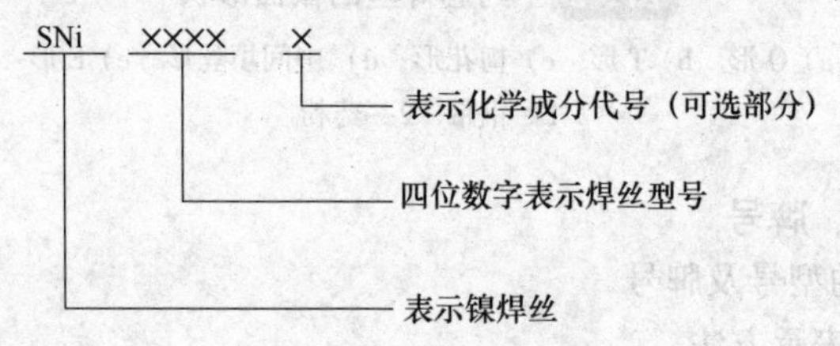

焊丝型号举例：

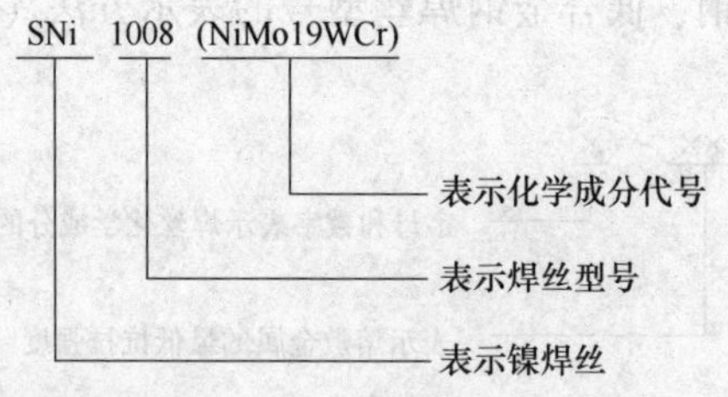

④ 铜及铜合金焊丝型号的表示方法（根据 GB/T 9460—2008）：

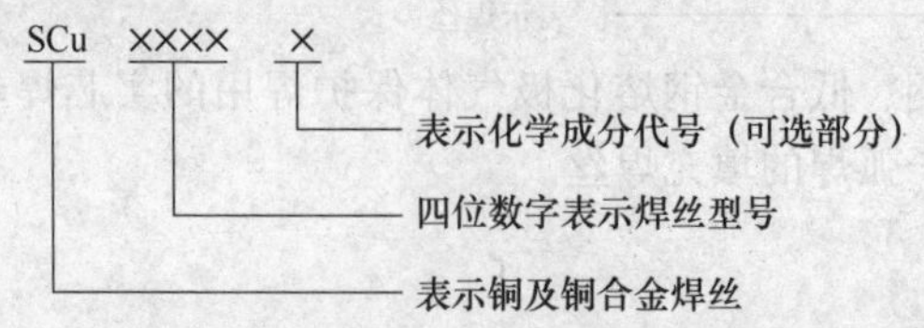

焊丝型号举例：

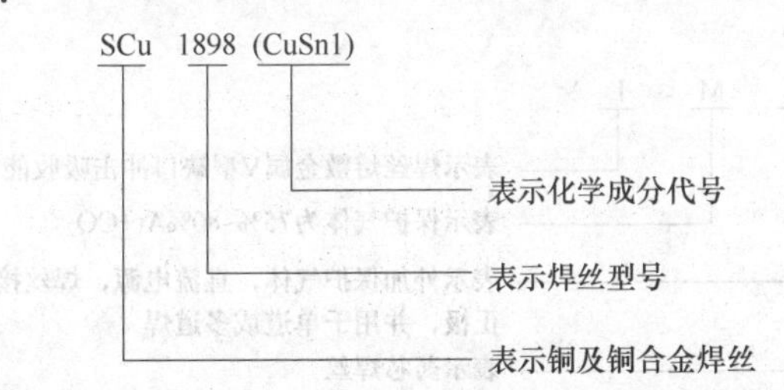

2）焊丝牌号的表示方法。除气体保护焊用到碳钢、低合金钢焊丝外，根据GB/T 14957—1994《熔化焊用钢丝》、GB/T 5293—1999《埋弧焊用碳钢焊丝和焊剂》、GB/T 17854—1999《埋弧焊用不锈钢焊丝和焊剂》及YB/T 5092—1996《焊接用不锈钢焊丝》的规定，实芯焊丝的牌号都以字母“H”开头，后面的符号及数字用来表示该元素的近似含量。具体表示方法如下：

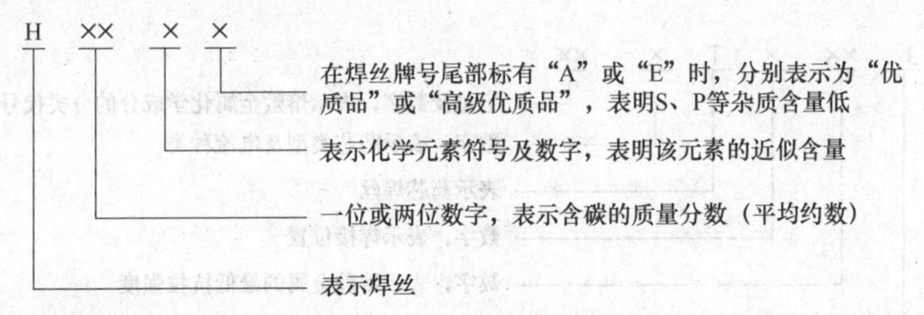

焊丝型号举例：

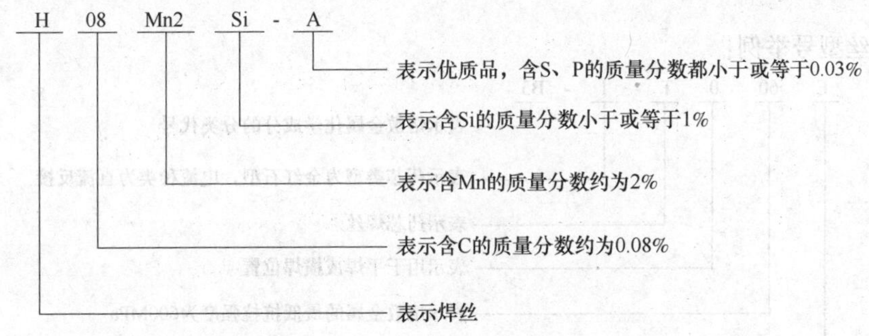

（2）药芯焊丝的型号及牌号

1）药芯焊丝型号的表示方法。

① 碳钢药芯焊丝型号的表示方法（根据GB/T 10045—2001）：

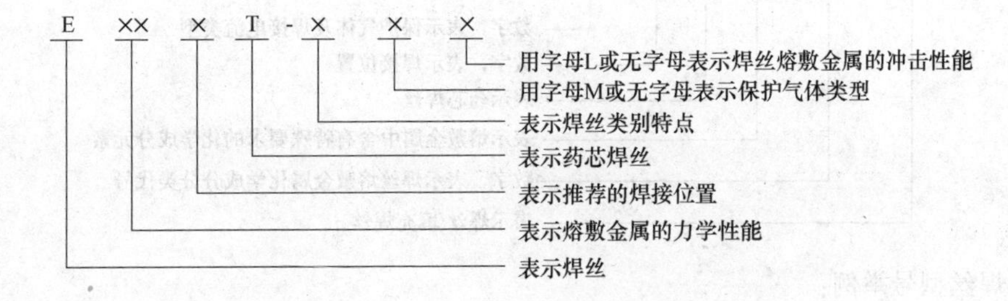

焊丝型号举例：

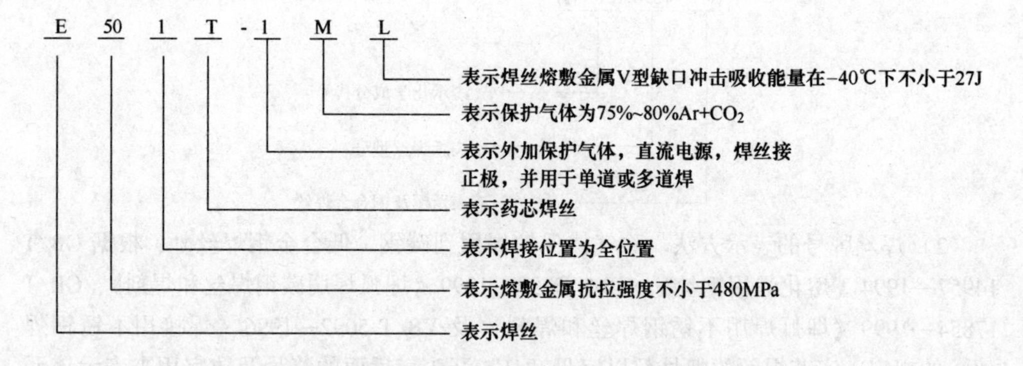

② 低合金钢药芯焊丝型号的表示方法（根据 GB/T 17493—2008）：

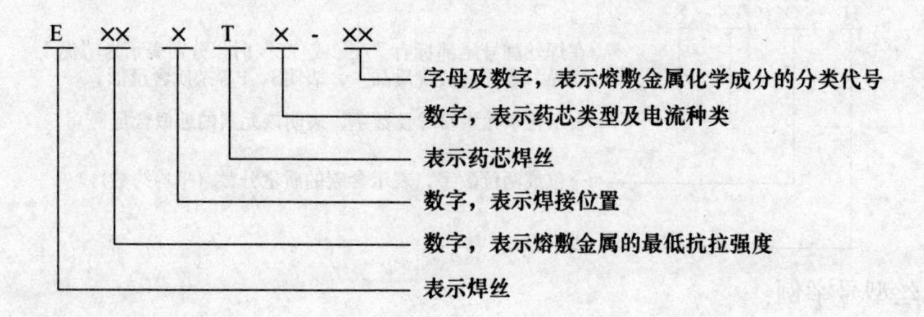

焊丝型号举例：

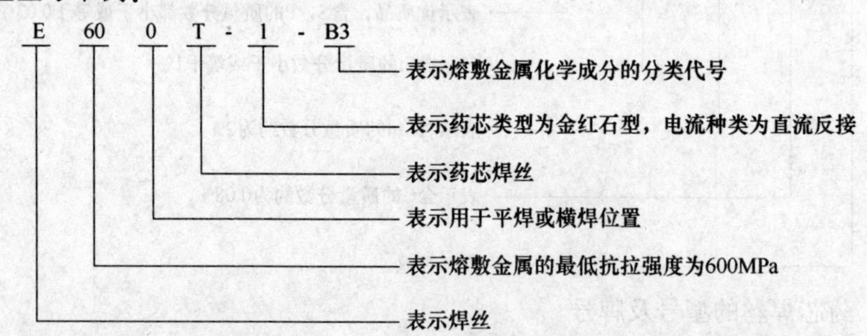

③ 不锈钢药芯焊丝型号的表示方法（根据 GB/T 17853—1999）：

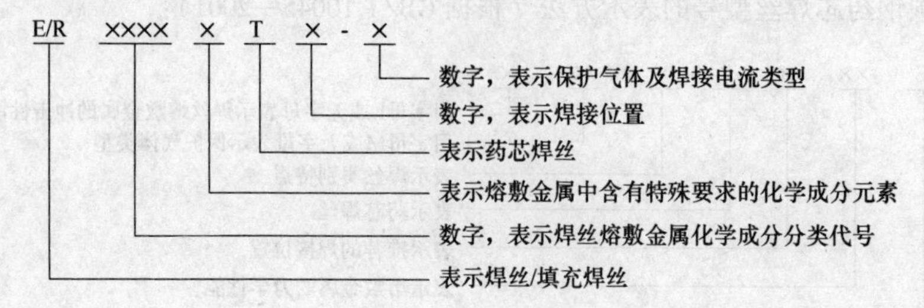

焊丝型号举例：

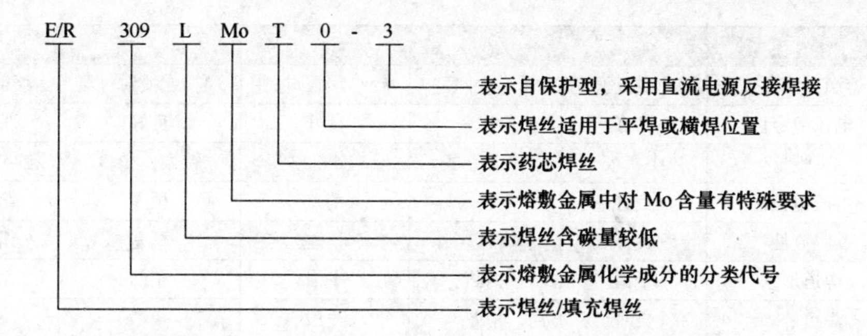

2）药芯焊丝牌号的表示方法。

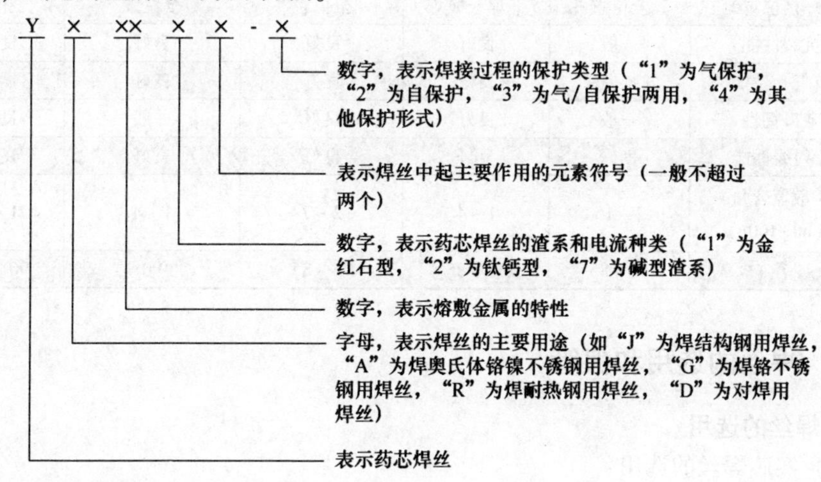

焊丝型号举例：

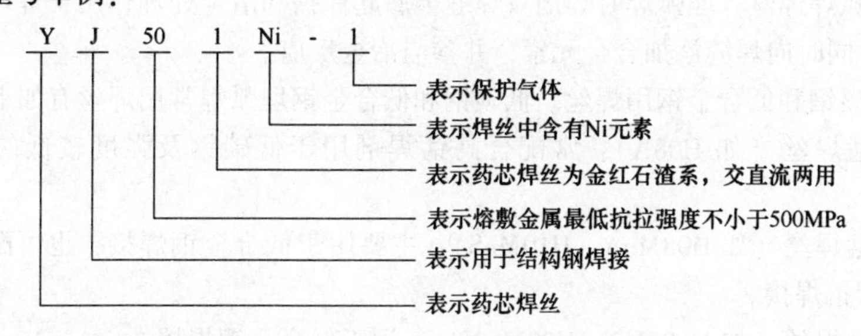

3.2.2 药芯焊丝的特性

各类药芯焊丝的特性见表3-13。

表3-13 各类药芯焊丝的特性

项目	钛型	钙型	钛钙型	自保护型	金属粉型
主要粉剂组成	TiO_2、SiO_2、MnO	CaF_2、$CaCO_3$	TiO_2、$CaCO_3$	Al、Mg、Br、F_2、CaF_2	Fe、Si、Mn

（续）

项目		钛型	钙型	钛钙型	自保护型	金属粉型
操作工艺性能	熔滴过渡形式	喷射过渡	颗粒过渡	较小颗粒过渡	颗粒或喷射过渡	喷射过渡
	电弧稳定性	良好	良好	良好	良好	良好
	飞溅量	粒小，极少	粒大，多	粒小，少	粒大，稍多	粒小，极少
	熔渣覆盖性	良好	差	稍差	稍差	渣极少
	脱渣性	良好	较差	稍差	稍差	稍差
	焊道形状	平滑	稍凸	平滑	稍凸	稍凸
	焊道外观	美观	稍差	一般	一般	一般
	烟尘量	一般	多	稍多	多	少
	焊接位置	全位置	平焊或横焊	全位置	全位置	全位置
焊缝金属特性	抗裂性能	一般	良好	良好	良好	良好
	抗气孔性能	稍差	良好	良好	良好	良好
	缺口韧性	一般	良好	良好	一般	良好
	X射线性能	良好	良好	良好	良好	良好
	扩散氢含量/(mL/100g)	2~15	1~4	2~7	1~4	1~3
熔敷金属率（%）		75~85	75~85	75~85	90	90~95

3.2.3 焊丝的选用和保管

1. 焊丝的选用

（1）实芯焊丝的选用

1）埋弧焊焊丝。埋弧焊时焊剂对焊缝金属起保护和冶金处理作用，焊丝主要作为填充金属，同时向焊缝添加合金元素，并参与冶金反应。

2）低碳钢和低合金钢用焊丝。低碳钢和低合金钢埋弧焊常用焊丝有如下三类。

① 低锰焊丝（如H08A）：常配合高锰焊剂用于低碳钢及强度较低的低合金钢焊接。

② 中锰焊丝（如H08MnA、H10MnS）：主要用于低合金钢焊接，也可配合低锰焊剂用于低碳钢焊接。

③ 高锰焊丝（如H10Mn2、H08Mn2Si）：用于低合金钢焊接。

3）CO_2焊焊丝。CO_2是活性气体，具有较强的氧化性，因此CO_2焊所用焊丝必须含有较高的Mn、Si等脱氧元素。CO_2焊通常采用C-Mn-Si系焊丝，如H08MnSiA、H08Mn2SiA、H04Mn2SiA等。CO_2焊焊丝直径一般是0.8mm、1.0mm、1.2mm、1.6mm、2.0mm等。焊丝直径≤1.2mm属于细丝CO_2焊，焊丝直径≥1.6mm属于粗丝CO_2焊。

H08Mn2SiA焊丝是一种广泛应用的CO_2焊焊丝，它有较好的工艺性能，适合于焊接500MPa级以下的低合金钢。对于强度级别要求更高的钢种，应采用焊丝成分中含有Mo元素的H10MnSiMo等牌号的焊丝。

4）高强钢用丝。这类焊丝含Mn的质量分数为1%以上，含Mo的质量分数为0.3%~0.8%，如H08MnMoA、H08Mn2MoA，用于强度较高的低合金高强钢焊接。此外，根据高强钢的成分及使用性能要求，还可在焊丝中加入Ni、Cr、V及Re等元素，提高焊缝性能。抗拉强度590MPa级的焊缝金属多采用Mn-Mo系焊丝，如H08MnMoA等。

5）不锈钢用焊丝。采用的焊丝成分要与被焊接的不锈钢成分基本一致，焊接铬不锈钢时，采用H12Cr13、H10Cr17等焊丝；焊接铬-镍不锈钢时，采用H06Cr19Ni10、H12Cr18Ni9、H06Cr18Ni11Ti等焊丝；焊接超低碳不锈钢时，应采用相应的超低碳焊丝，如H022Cr19Ni10等，焊剂可采用熔炼型或烧结型，要求焊剂的氧化性小，以减少合金元素的烧损。目前国外主要采用烧结焊剂焊接不锈钢，我国仍以熔炼焊剂为主，但正在研制和推广使用烧结焊剂。

6）TIG焊焊丝。TIG焊有时不加填充焊丝，被焊母材加热熔化后直接连接起来，有时加填充焊丝，由于保护气体为纯Ar，无氧化性，焊丝熔化后成分基本不发生变化，所以焊丝成分即为焊缝成分。也有的采用母材成分作为焊丝成分，使焊缝成分与母材一致。TIG焊时焊接能量小，焊缝强度和塑、韧性良好，容易满足使用性能要求。

7）MIG焊和MAG焊焊丝。MIG焊主要用于焊接不锈钢等高合金钢。为了改善电弧特性，在Ar气体中加入适量O_2或CO_2气体，即成为MAG焊。焊接合金钢时，采用Ar+5%CO_2可提高焊缝的抗气孔能力。但焊接超低碳不锈钢时不能采用Ar+5%CO_2混合气体，只可采用Ar+2%O_2混合气体，以防止焊缝增碳。目前低合金钢的MIG焊正在逐步被Ar+20%CO_2的MAG焊所取代。MAG焊时由于保护气体有一定的氧化性，应适当提高焊丝中Si、Mn等脱氧元素的含量，其他成分可以与母材一致，也可以有所差别。焊接高强钢时，焊缝中C的含量通常低于母材，Mn含量则应高于母材，这不仅是为了脱氧，也是焊缝合金成分的要求。为了改善低温韧度，焊缝中Si的含量不宜过高。

8）电渣焊焊丝。电渣焊适用于中板和厚板焊接。电渣焊焊丝主要起填充金属和合金化的作用。

9）有色金属及铸铁焊丝。牌号前两个字母“HS”表示有色金属及铸铁焊丝；牌号中第一位数字表示焊丝的化学组成类型，牌号中第二、三位数字表示同一类型焊丝的不同牌号。

10）堆焊焊丝。目前生产的堆焊用硬质合金焊丝主要有两类：高铬合金铸铁（索尔玛依特）和钴基（司太立）合金。高铬合金铸铁具有良好的抗氧化性和耐气蚀性能，硬度高、耐磨性好。而钴基合金则在650℃的高温下，也能保持高的硬度和良好的耐蚀性。其中低碳、低钨的韧性好；高碳、高钨的硬度高，但抗冲击能力差。

硬质合金堆焊焊丝可采用氧乙炔焊、气电焊等方法堆焊，其中氧乙炔焊虽然生产效率低，但设备简单，堆焊时熔深浅，母材熔化量少，堆焊质量高，因为应用较广泛。

11）铜及铜合金焊丝。铜及铜合金焊丝常用于焊接铜及铜合金，其中黄铜焊丝也广泛用于钎焊碳钢、铸铁及硬质合金刀具等。铜及铜合金的焊接，可以采用多种焊接方法，正确地选择填充金属是获得优质焊缝的必要条件。用氧乙炔焊时应配合气焊熔剂共同使用。

12）铝及铝合金焊丝。铝及铝合金焊丝用于铝合金氩弧焊及氧乙炔焊时作为填充材料。焊丝的选择主要根据母材的种类、对接接头抗裂性能、力学性能及耐蚀性等方面的要求综合考虑。一般情况下，焊接铝及铝合金都采用与母材成分相同或相近牌号的焊丝，这样可以获得较好的耐蚀性；但焊接热裂倾向大的热处理强化铝合金时，选择焊丝则主要从解决抗裂性入手，这时焊丝的成分与母材差别很大。

13）铸铁焊丝。铸铁焊丝主要用于气焊焊补铸铁。由于氧乙炔火焰温度（小于3400℃）比电弧温度（6000℃）低很多，而且热点不集中，较适于灰铸铁薄壁铸件的焊补。此外，气焊火焰温度低可减少球化剂的蒸发，有利于保证焊缝获得球墨铸铁组织。目前气焊用球墨铸铁焊丝主要有加稀土镁合金和钇基重稀土的两种，由于钇的沸点高，抗球化衰退能力比镁强，更有利于保证焊缝球化，故近年来应用较多。

（2）药芯焊丝的选用

1）药芯焊丝的种类与特性。根据焊丝的结构，药芯焊丝可分为有缝焊丝和无缝焊丝两种。根据是否有保护气体，药芯焊丝可分为气体保护焊丝和自保护焊丝；药芯焊丝芯部粉剂的成分与焊条药皮相似，含有稳弧剂、脱氧剂、造渣剂及合金剂等，根据药芯焊丝内层填料粉剂中有无造渣剂，可分为“药粉型”焊丝和“金属粉型”焊丝；按照渣的碱度，可分为钛型焊丝、钛钙型焊丝和钙型焊丝。

钛型渣系药芯焊丝的焊道成形美观，全位置焊接工艺性能好、电弧稳定、飞溅小，但焊缝金属的韧性和抗裂性能较差。与此相反，钙型渣系药芯焊丝的焊缝韧性和抗裂性能优良，但焊道成形和焊接工艺性能稍差。

“金属粉型”药芯焊丝的焊接工艺性能类似于实芯焊丝，其熔敷效率和抗裂性能优于“药粉型”焊丝。粉芯中大部分是金属粉（铁粉、脱氧剂等），还加入特殊的稳弧剂，可保证焊接时造渣少、效率高、飞溅小、电弧稳定，而且焊缝扩散氢含量低，抗裂性能得到改善。

药芯焊丝的截面形状对焊接工艺性能与冶金性能有很大影响。根据药芯焊丝的截面形状可分为简单的O形和复杂断面的折叠形两类，折叠形又可分为梅花形、T形、E形和中间填丝形等。药芯焊丝的截面形状越复杂、越对称，电弧越稳定，药芯的冶金反应和保护作用越充分。

药芯焊丝的焊接工艺性能好、焊缝质量好、对钢材的适应性强，可用于焊接各种类型的钢结构，包括低碳钢、低合金高强钢、低温钢、耐热钢、不锈钢及耐磨堆焊等。所采用的保护气体有 CO_2 和 $Ar+CO_2$ 两种，前者用于普通结构，后者有于重要结构。药芯焊丝适于自动或半自动焊接，直流或交流电弧均可。

2）低碳钢及高强钢用药芯焊丝。这类焊丝大多数为钛型渣系，焊接工艺性好、焊接生产率高，主要用于造船、桥梁、建筑、车辆制造等。低碳钢及高强钢用药芯焊丝品种较多，从焊缝强度级别上看，抗拉强度490MPa级和590MPa级的药芯焊丝已普遍使用；从性能上看，有的侧重于工艺性能，有的侧重于焊缝力学性能和抗裂性能，有的适用于包括向下立焊在内的全位置焊，也有的专用于角焊缝。

3）不锈钢用药芯焊丝。不锈钢药芯焊丝的品种已有20余种，除铬镍系不锈钢药

芯焊丝外，还有铬系不锈钢药芯焊丝。焊丝直径有0.8mm、1.2mm、1.6mm等，可满足不锈钢薄板、中板及厚板的焊接需要。所采用的保护气体多数为CO_2，也可采用Ar+(20%~50%)CO_2的混合气体。

4）耐磨堆焊用药芯焊丝。为了增加耐磨性或使金属表面获得某些特殊性能，需要从焊丝中过渡一定量的合金元素，但是焊丝因含碳量和合金元素较多，难以加工制造。随着药芯焊丝的使用，这些合金元素可加入药芯中，且加工制造方便，故采用药芯焊丝进行埋弧堆焊耐磨表面是常用的方法，并已得到广泛应用。此外，在烧结焊剂中加入合金元素，堆焊后也能得到相应成分的堆焊层，它与实芯焊丝或药芯焊丝相配合，可满足不同的堆焊要求。

常用药芯焊丝CO_2堆焊和药芯焊丝埋弧堆焊方法如下：

① 细丝CO_2药芯焊丝堆焊。该方法焊接效率高，生产效率为焊条电弧焊的3~4倍；焊接工艺性能优良，电弧稳定、飞溅小、脱渣容易、堆焊成形美观。这种方法只能通过药芯焊丝过渡合金元素，多用于合金成分不太高的堆焊层。

② 药芯焊丝埋弧堆焊。该方法采用大直径（3.2mm、4.0mm）的药芯焊丝，焊接电流大，焊接生产率明显提高。当采用烧焊剂时，还可通过焊剂过渡合金元素，使堆焊层得到更高的合金成分，其合金含量可在14%~20%（质量分数）之间变化，以满足不同的使用要求。该方法主要用于堆焊轧制辊、送进辊、连铸辊等耐磨耐蚀部件。

5）自保护药芯焊丝。自保护焊丝是指不需要保护气体或焊剂就可进行电弧焊，从而获得合格焊缝的焊丝，自保护药芯焊丝是把作为造渣、造气、脱氧作用的粉剂和金属粉置于钢皮之内或涂在焊丝表面的，焊接时粉剂在电弧作用下变成熔渣和气体，起到造渣和造气保护作用，不用另加气体保护。

自保护药芯焊丝的熔敷效率明显比焊条高，野外施焊的灵活性和抗风能力优于气体保护焊，通常可在四级风力下施焊。因为不需要保护气体，适于野外或高空作业，故多用于安装现场和建筑工地。

自保护焊丝的焊缝金属塑、韧性一般低于采用保护气体的药芯焊丝。自保护焊丝目前主要用于低碳钢焊接结构，不宜用于焊接高强度钢等重要结构，此外，自保护焊丝施焊时烟尘较大，在狭窄空间作业时要注意加强通风换气。

2. 焊丝的选用原则

焊丝的选择要根据被焊钢材种类、焊接部件的质量要求、焊接施工条件（板厚、坡口形状、焊接位置、焊接条件、焊后热处理及焊接操作等）、成本等综合考虑。焊丝的选用原则要注意以下几点：

（1）根据被焊结构的钢种选择焊丝　对于碳钢及低合金金高强钢，主要是按“等强匹配”的原则，选择满足力学性能要求的焊丝。对于耐热钢和耐候钢，主要是侧重考虑焊缝金属与母材化学成分的一致或相似，以满足对耐热性和耐蚀性等方面的要求。

（2）根据被焊部件的质量要求（特别是冲击韧性）选择焊丝　与焊接条件、坡口形状、保护气体混合比等工艺条件有关，要在确保焊接接头性能的前提下，选择达到最大焊接效率及降低焊接成本的焊接材料。

（3）根据现场焊接位置 对应于被焊工件的板厚选择所使用的焊丝直径，确定所使用的电流值，参考各生产厂的产品介绍资料及使用经验，选择适合于焊接位置及使用电流的焊丝牌号。

3. 焊丝存放保管

1）存放焊丝的仓库应具备干燥通风环境，避免潮湿，空气相对湿度应控制在60%以下；拒绝水、酸、碱等液体及易挥发有腐蚀性的物质存在，更不宜与这些物质共存同一仓库。

2）焊丝应放在木托盘上，不能将其直接放在地板或紧贴墙壁，码放时离地和墙壁保持30cm的距离。

3）搬运过程要避免乱扔乱放，防止包装破损，特别是内包装“热收缩膜”，一旦包装破损，可能会引起焊丝吸潮、生锈。

4）分清型号和规格存放，不能混放，防止错用。

5）焊丝码放不宜过高。

6）一般情况下，药芯焊丝无需烘干，开封后应尽快用完。当焊丝没用完，需放在送丝机内过夜时，要用帆布、塑料布或其他物品将送丝机（或焊丝盘）罩住，以减少与空气中的湿气接触。按照“先进先出”的原则发放焊丝，尽量减少产品库存时间。

7）对于桶装焊丝，搬运时切勿滚动，容器也不能放倒或倾斜，以避免筒内焊丝缠绕，妨碍使用。

3.2.4 常用各种类焊丝型号、牌号对照

焊接结构在生产制造过程中，采用焊丝作为焊缝填充金属的比例越来越多，为了便于广大焊接操作者及时有效地查找、选用合理的焊丝，现将常用的焊丝型号、牌号对照进行如下汇总。埋弧焊常用的焊丝牌号对照见表3-14；低碳钢及低合金钢气体保护焊常用的焊丝型号对照见表3-15；碳钢、低合金钢药芯焊丝的型号、牌号对照见表3-16；不锈钢药芯焊丝牌号对照见表3-17。

表3-14 埋弧焊常用的焊丝牌号对照

类别	中国 GB/T 14957—1994	德国 DIN 8557	英国 BS 4165	日本 JIS Z 3351—1999	美国 AWS A5.23—1997
碳钢及低合金钢用焊丝	H08A	S1	S1	YS-S1	EL12
	H15Mn	S2	S2	YS-S3	EM12
	H08MnA	S2	S2	YS-S2	EM12
	H10Mn2	S4	S4	YS-S4	EH14
	H08MnMoA	S2Mo	S2Mo	YS-M3	EA2
	H08Mn2MoA	S4Mo	S4Mo	YS-M4	EA3
	H10MoGrA	—	—	YS-CM1	EB1
	H13CrMoA	UPS2CrMo1	—	YS-CM2	EB2
	H08CrNi2MoA	—	S2-NiCrMo	—	—

（续）

类别	中国 GB/T 14957—1994	德国 DIN 8557	英国 BS 4165	日本 JIS Z 3351—1999	美国 AWS A5.23—1997
不锈钢用焊丝	H08Cr21Ni10	×5CrNi19 9	308 S 96	YS308	ER308
	H06Cr21Ni10	×2CrNi19 9	308 S 92	YS308L	ER308J
	H12Cr24Ni13	×12CrNi22 12	309 S 94	YS309	ER309
	H12Cr24Ni13Mo2	—	—	YS309Mo	ER309Mo
	H12Cr26Ni21	×12CrNi25 20	310 S 94	YS310	ER310
	H08Cr19Ni12Mo2	×5CrMo19 11	316 S 92	YS316	ER316

表 3-15　低碳钢及低合金钢气体保护焊常用的焊丝型号对照

中国 GB/T 8810—1995	德国 DIN 8575. I—1983	英国 BS 2901. I—1983	日本 JIS Z 3316—1999	美国 AWS A5. 18—1993 A5. 28—1996
ER50-3	SG1	A15	YGT50	ER70S. 3
ER50-4	SG2	A18	YGT50	ER70S. 4
ER50-6	SG2	A18	YGT50	ER70S. 6
ER69-1	—	—	YGT70	ER100S. 1
ER76-1	—	—	YGT80	ER110S. 1
ER55-D2	SG Mo	A30 A31	YGTM	ER70S. A1
ER55-B2	SG CrMo2	A32	YGT1 CM	ER80S. B2

表 3-16　碳钢、低合金钢药芯焊丝型号、牌号对照

类型	中国 GB/T 型号（AWS）	中国统一牌号	瑞典 ESAB	俄　罗　斯	美国 AWS
自保护	E500T-4	YJ507-2	CS 40	II-AH3C	E70T-4
	E500T-8	YJ507G-2	CS 8	IIBC-1C	E71T-8E
	E501T-8	YJ507R-2	—	—	—
	E500T-GS	YJ507D-2	CS15	II-AH11	E71T-GS

表 3-17　不锈钢药芯焊丝牌号对照

类型	中国统一牌号	瑞典 ESAB	法国 SAF	日本 TASETO	美国 AWS
气保护	YA102. 1	S. B 308H	—	CFW308	I. F 308T1
	YA002. 1	S. B 308L	SD 650P	CFW308L	I. F 308LT1
	YA062. 1	S. B 309L	SD 654P	CFW309L	I. F 309LT1
	YA022. 1	S. B 316L	SD 652P	CFW316L	I. F 306LT1
	YA132. 1	S. B 347	—	CFW347	I. F 347LT1
自保护	YA002. 1	S. B 308L	—	—	I. F 308L-0

3.3 焊剂

3.3.1 焊剂概述

1. 焊剂的定义

焊剂是指焊接时，能够熔化形成熔渣和气体，对熔化金属起保护和冶金处理作用的一种物质。

焊剂由大理石、石英、萤石等矿石和钛白粉、纤维素等化学物质组成。焊剂主要用于埋弧焊和电渣焊，用以焊接各种钢材和有色金属时，必须与相应的焊丝合理配合使用，才能得到满意的焊缝。

2. 焊剂的分类

焊剂的分类方法很多，有按照用途、制造方法、化学成分及性质、颗粒结构、焊接冶金性能等分类的，也有按照焊剂的酸碱度、焊剂的颗粒度分类的。

（1）按焊剂用途分类　根据被焊材料，焊剂可分为钢用焊剂和有色金属用焊剂。钢用焊剂又可分为碳钢、合金结构钢及高合金钢用焊剂。

根据焊接工艺方法，焊剂可分为埋弧焊焊剂和电渣焊焊剂。

（2）按焊剂制造方法分类

1）熔炼焊剂。熔炼焊剂是将各种矿物的原料按照给定的比例混合后，加热到1300℃以上，熔化搅拌均匀后出炉，再在水中急冷以使其粒化。再经过烘干、粉碎、过筛、包装使用。国产熔炼焊剂牌号采用“HJ”表示，其后面第一位数字表示MnO的含量，第二位数字表示SiO_2和CaF_2的含量，第三位数字表示同一类型焊剂的不同牌号。

熔炼焊剂的特点是：成分均匀、颗粒强度高、吸水性小、易储存，目前是国内应用最多的焊剂。其缺点是：焊剂中无法加入脱氧剂和铁合金，因为熔炼过程中烧损十分严重。

2）非熔炼焊剂。非熔炼焊剂又可分为烧结焊剂及粘结焊剂。

① 烧结焊剂。烧结焊剂是指按照给定的比例配料后进行干混合，然后加入粘结剂（水玻璃）进行湿混合，然后造粒，再送入干燥炉固化、干燥，最后经500℃左右烧结而成的焊剂。国产烧结焊剂的牌号用“SJ”表示，其后的第一位数字表示渣系，第二位和第三位数字表示同一渣系焊剂的不同牌号。

烧结焊剂的特点是：因设有高温熔炼过程，焊剂中可以加入脱氧剂和铁合金，向焊缝过渡大量合金成分，补充焊丝中合金元素的烧损，常用来焊接高合金钢或进行堆焊。另外，烧结焊剂脱渣性能好，所以大厚度焊件窄间隙埋弧焊时均用烧结焊剂。

② 粘结焊剂。粘结焊剂通常是指以水玻璃作为粘结剂，经过350～500℃低温烘焙或烧结后得到的焊剂。

粘结焊剂的特点是：烧结温度低，具有吸潮倾向大、颗粒强度低的缺点，目前在我国作为产品供应使用较少。

(3) 按焊剂化学成分分类

1) 根据所含主要氧化物性质分为酸性焊剂、中性焊剂和碱性焊剂。

根据国际焊接学会推荐的公式

$$B=\frac{CaO+MgO+BaO+Na_2O+K_2O+CaF_2+0.5(MnO+FeO)}{SiO_2+0.5(Al_2O_3+TiO_2+ZrO_2)}$$

式中，各氧化物及氟化物的含量是按质量百分数计算的，根据计算结果做如下分类：

① $B<1.0$ 为酸性焊剂，具有良好的工艺性能，焊缝成形美观，但焊缝金属含氧量高，冲击韧度较高。

② $B=1.0\sim1.5$ 为中性焊剂，熔敷金属的化学成分与焊丝的化学成分相近，焊缝含氧量较低。

③ $B>1.5$ 为碱性焊剂，采用碱性焊剂得到的熔敷金属含氧量低，可以获得较高的焊缝冲击韧度，抗裂性能好，但焊接工艺较差。随碱度的提高，焊缝形状变得窄而高，并容易产生咬边、夹渣等缺陷。

按照国际焊接学会推荐公式计算的部分国产焊剂碱度值见表3-18。

表3-18 国产焊剂的碱度值

焊剂牌号	130	131	150	172	230	250	251	260	330	350	360	430	431	433
碱度值	0.78	1.46	1.30	2.68	0.80	1.75	1.68	1.11	0.81	1.0	0.94	0.78	0.79	0.67

2) 根据 SiO_2 含量（质量分数）分为高硅焊剂（$SiO_2>30\%$）、中硅焊剂（$SiO_2=10\%\sim30\%$）、低硅焊剂（$SiO_2<10\%$）。

高硅焊剂在焊接碳钢方面有重要的地位，在焊接合金钢方面仅用于对冷脆性无特殊要求的结构。这类钢具有良好的焊接性，适用于交流电源，电弧稳定，容易脱渣，焊缝美观，对铁锈敏感性小，焊缝扩散氢含量低。与高硅焊剂相比较，低硅焊剂的焊缝金属的低温韧性较好，焊接过程中合金元素烧损较少，而且具有良好的脱渣性能。

① 高硅型熔炼焊剂。由于 SiO_2 含量高大于30%（质量分数），可通过焊剂向焊缝中过渡硅，其中含 MnO 高的焊剂有向焊缝金属过渡锰的作用。当焊剂中的 SiO_2 和 MnO 含量（质量分数）加大时，硅、锰的过渡量增加。硅的过渡与焊丝的含硅量有关。当焊剂中含 MnO<10%（含 SiO_2 为42%～48%）时，锰会烧损。当 MnO 从10%增加到25%～35%时，锰的过渡量显著增大。但当 MnO>25%～30%后，再增加的 MnO 对锰的过渡影响不大。锰的过渡量不但与焊剂中 SiO_2 含量有关，而且与焊丝的含锰量也有很大关系。焊丝含锰量越低，通过焊剂过渡锰的效果越好。因此，要根据高硅焊剂含 MnO 量的多少选择不同含锰量的焊丝。

② 中硅型熔炼焊剂。由于这类焊剂含酸性氧化物 SiO_2 数量较低，而碱性氧化物 CaO 或 MgO 数量较多，故碱度较高。大多数中硅焊剂属弱氧化性焊剂，焊缝金属含氧量较低，因而韧性较高。这类焊剂配合适当焊丝可焊接合金结构钢。为了减少焊缝金属的含氢量，以提高焊缝金属的抗冷裂的能力，可在这类焊剂中加入一定数量的 FeO。

这样的焊剂成为中硅氧化性焊剂，是焊接高强钢的一种新型焊剂。

③ 低硅型熔炼焊剂。它由 CaO、Al_2O_3、MgO、CaF_2 等组成。这种焊剂对焊缝金属基本上没有氧化作用，配合相应焊丝可焊接高合金钢，如不锈钢、热强钢等。

3）根据 MnO 含量（质量分数）分为高锰焊剂（MnO＞30%）、中锰焊剂（MnO＝15%～30%）、低锰焊剂（MnO＝2%～15%）、无锰焊剂（MnO≤2%）。

4）根据 CaF_2 含量（质量分数）分为高氟焊剂（CaF_2＞30%）、中氟焊剂（CaF_2＝10%～30%）、低氟焊剂（CaF_2≤10%）。

（4）按焊剂化学性质分类

1）氧化性焊剂：焊剂对焊缝金属有较强的氧化作用。有两种类型的氧化性焊剂，一种是含有大量 SiO_2、MnO 的焊剂，另一种是含有 FeO 较多的焊剂。

2）弱氧化性焊剂：焊剂含 SiO_2、MnO、FeO 等活性氧化物较少。焊剂对焊缝金属有较弱的氧化作用，焊缝金属含氧量较低。

3）惰性焊剂：焊剂中基本上不含 SiO_2、MnO、FeO 等活性氧化物，焊剂对焊缝金属基本上没有氧化作用。惰性焊剂由 CaO、Al_2O_3、MgO 及 CaF_2 等组成。

（5）按焊剂中添加脱氧剂、合金剂分类　按焊剂中添加脱氧剂、合金剂可分为中性焊剂、活性焊剂和合金焊剂。

1）中性焊剂。中性焊剂是指在焊接后，熔敷金属化学成分与焊丝化学成分不产生明显变化的焊剂。中性焊剂用于多道焊，特别适用于焊接厚度大于 25mm 的母材。中性焊剂有以下特点：

① 焊剂里基本不含 SiO_2、MnO、FeO 等氧化物。

② 焊剂对焊缝金属基本没有氧化作用。

③ 焊接氧化严重的母材时，会产生气孔和焊道裂纹。

2）活性焊剂。活性焊剂指加入少量的 Mn、Si 脱氧剂的焊剂。活性焊剂能提高抗气孔能力和抗裂纹能力。活性焊剂有以下特点：

① 由于含有脱氧剂，熔敷金属中 Mn、Si 含量将随电弧电压的变化而变化。由于 Mn、Si 含量增加将提高熔敷金属的强度，降低冲击韧性，因此，多道焊时，应严格控制电弧电压。

② 活性焊剂具有较强的抗气孔能力。

3）合金焊剂。合金焊剂中添加较多的合金成分，用于过渡合金元素，多数合金焊剂为烧结焊剂。合金焊剂主要用于低合金钢和耐磨堆焊的焊接。

（6）按焊剂颗粒结构分类　按焊剂颗粒结构可分为玻璃状焊剂（呈透明状颗粒）、结晶状焊剂和浮石状焊剂三种。

3. 焊剂的作用

（1）机械保护　焊剂在电弧作用下熔化为表层的熔渣，保护焊缝金属在液态时不受周围大气中气体侵入熔池，从而避免焊缝出现气孔夹杂。

（2）向熔池过渡必要的金属元素　利用焊剂中的铁合金（非熔炼焊剂）或金属氧化物（熔炼焊剂）可以直接或通过置换反应向熔池金属过渡所需的合金元素。

(3) 改善焊缝表面成形 焊剂熔化后成为熔渣覆盖在熔池表面，熔池即在熔渣的内表面进行凝固，使焊缝表面成形光滑美观。

(4) 促进焊缝表面光洁平直 成形良好钎剂的熔点应该低于钎料熔点10～30℃，特殊情况下也可使钎剂的熔点高于钎料。钎剂的熔点若过度低于钎料的熔点，则钎剂会过早熔化，钎剂的成分由于蒸发、与母材作用等原因使钎料熔化时钎剂已经失去活性。

此外，焊剂还具有防止飞溅、提高熔敷系数等作用。

4. 焊剂的质量要求

1）焊剂应具有良好的冶金性能。焊剂应配以适宜的焊丝，选用合理的焊接规范。焊缝金属应具有适宜的化学成分和良好的力学性能，在满足焊接产品设计要求的同时还应具有较强的抗气孔和抗裂纹能力。

2）焊剂应具有良好的工艺性能。熔渣应具有适宜的熔点、黏度和表面张力，在规定工艺参数下焊接时，能保证焊接过程中电弧燃烧稳定，熔合良好，过渡平滑，焊缝成形良好，脱渣容易等，焊接过程中产生的有害气体较少。

3）焊剂颗粒度应符合要求。焊剂应有一定的颗粒度，并且应有一定的颗粒强度，以利于多次回收使用。焊剂的颗粒一般分为两种：一种是普通颗粒度为0.45～2.5mm（40～8目），主要用于普通埋弧焊和电渣焊；另一种是细粒度为0.28～1.25mm（60～14目），主要用于半自动或细丝埋弧焊。小于规定粒度的细粉一般不大于5%，大于规定的粗粉不大于2%。

4）焊剂应具有较低的含水量和良好的抗潮性。出厂焊剂含水的质量分数不得大于0.20%；焊剂在温度为25℃、相对湿度为70%的环境条件下，放置24h，吸潮率不应大于0.15%。

5）焊剂中机械夹杂物（铁屑、碳粒、原料颗粒及其他杂物）的质量分数不应大于0.3%。

6）焊剂应有较低的S、P含量，含硫量一般不得大于0.06%（质量分数），含磷量一般不得大于0.08%（质量分数）。

3.3.2 焊剂的牌号和型号

1. 焊剂的牌号

(1) 熔炼焊剂

1）牌号前“HJ”表示埋弧焊及电渣焊用熔炼焊剂。

2）牌号的第一位数字表示焊剂中氧化锰的含量，见表3-19。

表3-19 熔炼焊剂牌号中第一位数字的含义

牌号	焊剂类型	氧化锰含量（质量分数，%）
HJ1××	无锰	≤2
HJ2××	低锰	2～15
HJ3××	中锰	16～30
HJ4××	高锰	>30

3）牌号的第二位数字表示焊剂中二氧化硅、氟化钙的含量，见表 3-20。

表 3-20　熔炼焊剂牌号中第二位数字的含义

牌　号	焊剂类型	二氧化硅含量（质量分数,%）	氟化钙含量（质量分数,%）
HJ×1×	低硅低氟	≤10	≤10
HJ×2×	中硅低氟	10~30	<10
HJ×3×	高硅低氟	>30	<10
HJ×4×	低硅中氟	<10	10~30
HJ×5×	中硅中氟	10~30	10~30
HJ×6×	高硅中氟	>30	10~30
HJ×7×	低硅高氟	≤10	≥30
HJ×8×	中硅高氟	10~30	>30
HJ×9×	其他		

4）牌号的第三位数字表示同一类型焊剂的不同牌号，按 01、02、03、…、09 的顺序排列。

5）对同一牌号熔炼焊剂生产两种颗粒时，在细颗粒焊剂牌号后加“X”区分（焊剂颗粒度一般分为两种：普通颗粒度焊剂为 40~80，细颗粒度焊剂的粒度为60~14目）。

应用举例：

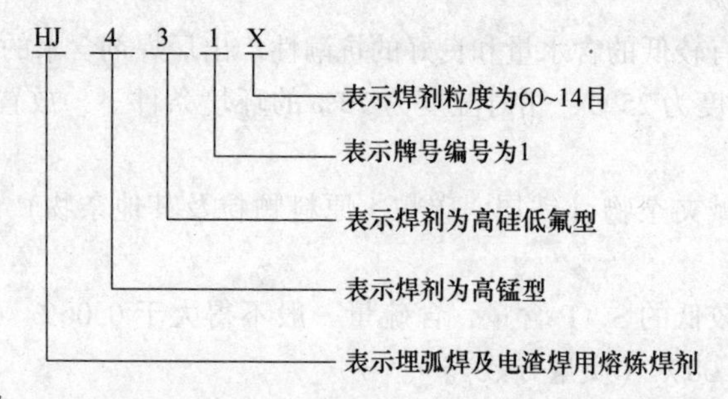

（2）烧结焊剂

1）牌号前“SJ”表示埋弧焊用烧结焊剂。

2）牌号中第一位数字表示焊剂熔渣的渣系类型，见表 3-21。

表 3-21　烧结焊剂牌号中第一位数字的含义

焊剂牌号	熔渣渣系类型	主要组分范围（质量分数）
SJ1××	氟碱型	$CaO + MgO + MnO + CaF_2 > 50\%$，$SiO_2 = 20\%$，$CaF_2 \geq 15\%$
SJ2××	高铝型	$Al_2O_3 + CaO + MgO > 45\%$，$Al_2O_3 \geq 20\%$
SJ3××	硅钙型	$CaO + MgO + SiO_2 > 60\%$
SJ4××	硅锰型	$MnO + SiO_2 > 50\%$
SJ5××	硅铝型	$MnO + SiO_2 > 50\%$
SJ6××	其他型	不规定

3）牌号中第二位、第三位数字表示同一渣系类型焊剂中的不同牌号焊剂，按01、02、03、…、09的顺序排列。

应用举例：

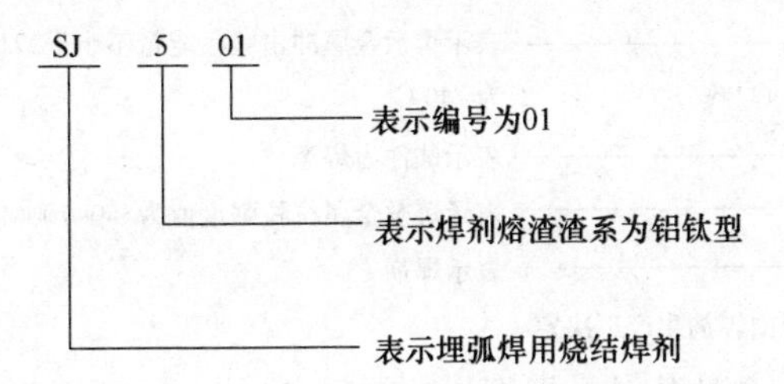

2. 焊剂的型号

目前，我国有关焊剂型号的国家标准有GB/T 5293—1999《埋弧焊用碳钢焊丝和焊剂》、GB/T 12470—2003《埋弧焊用低合金钢焊丝和焊剂》和GB/T 17854—1999《埋弧焊用不锈钢焊丝和焊剂》三种。

（1）埋弧焊用碳钢焊剂　在GB/T 5293—1999《埋弧焊用碳钢焊丝和焊剂》中，型号分类根据焊丝-焊剂组合的熔敷金属力学性能、热处理进行划分。焊丝-焊剂组合的型号编制方法为：字母“F”表示焊剂；第一位数字表示焊丝-焊剂组合的熔敷金属抗拉强度的最小值；第二位数字表示试件的热处理状态，“A”表示焊态，“P”表示焊后热处理状态；第三位数字表示熔敷金属冲击吸收能量不小于27J时的最低试验温度，“-”后面表示焊丝牌号，焊丝牌号按GB/T 14957—1994《熔化焊用钢丝》规定。

应用举例：

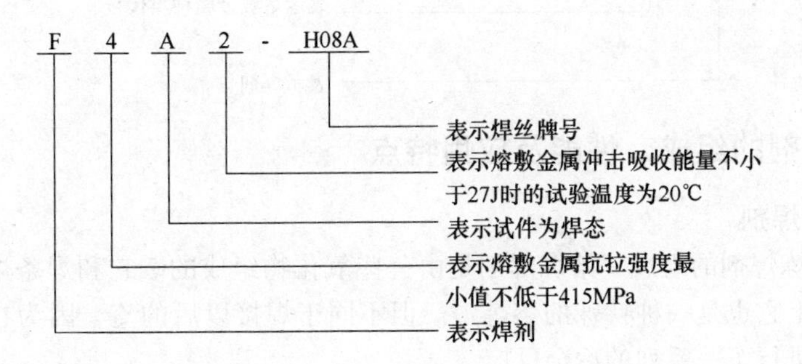

（2）埋弧焊用低合金钢焊丝和焊剂　根据GB/T 12470—2003《埋弧焊用低合金钢焊丝和焊剂》的规定，其型号根据焊丝-焊剂组合的熔敷金属力学性能、热处理状态进行划分。焊丝-焊剂组合的型号编制方法为F××××-H×××。其中字母“F”表示焊剂；“F”后面的两位数字表示焊丝-焊剂组合的熔敷金属抗拉强度的最小值；第二位字母表示试件的状态，“A”表示焊态，“P”表示焊后热处理状态；第三位数字表示熔敷金属冲击吸收能量不小于27J时的最低试验温度；“-”后面表示焊丝的牌号，焊丝的牌号按GB/T 14957—1994和GB/T 3429—2015。如果需要标注熔敷金属中扩散氢含量时，可用后缀“H×”表示。

完整的焊丝-焊剂型号示例如下：

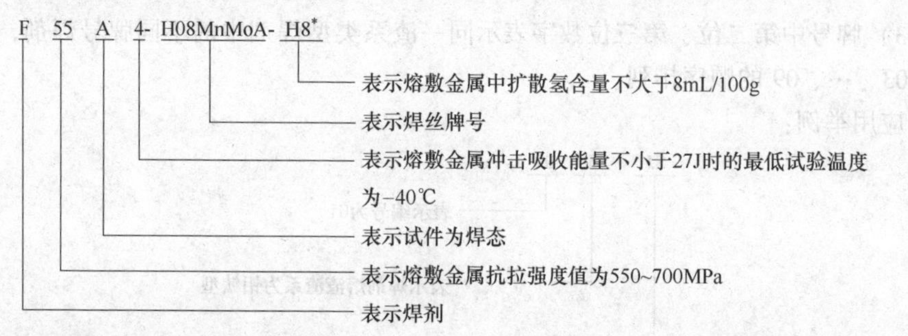

*此代号标注与否由焊剂生产厂决定。

（3）埋弧焊用不锈钢焊剂　根据 GB/T 17854—1999《埋弧焊用不锈钢焊丝和焊剂》的规定，埋弧焊用不锈钢焊丝-焊剂组合的型号分类根据焊丝-焊剂组合的熔敷金属化学成分、力学性能进行划分。焊丝-焊剂组合的型号编制方法为：字母“F”表示焊剂；“F”后面的数字表示熔敷金属种类代号，如有特殊要求的化学成分，该化学成分用元素符号表示，放在数字的后面；“-”后面表示焊丝的牌号，焊丝的牌号按 YB/T 5092—2005。

完整的焊丝-焊剂型号举例如下：

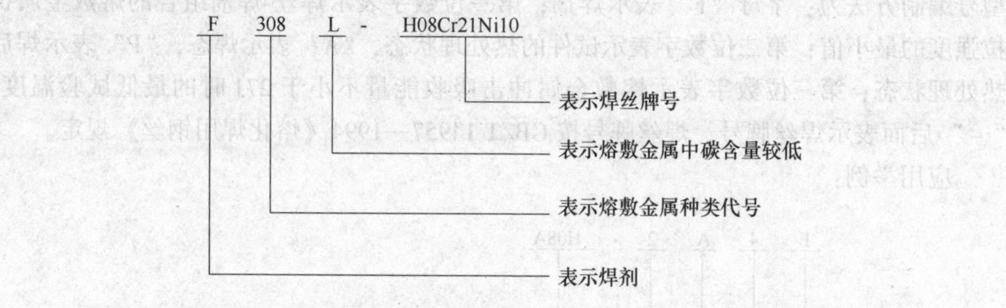

3.3.3　焊剂的组成、性能及应用特点

1. 熔炼焊剂

（1）熔炼焊剂的组成　熔炼焊剂是由一些氧化物组成的。它和焊条熔渣的成分相类似，实际上它也是一种特殊的熔炼渣。但不同于焊接以后的渣，因为在焊接过程中焊剂与金属进行了一系列的冶金反应。

（2）熔炼焊剂的性能及用途

1）高硅焊剂。焊剂中含 $SiO_2>30\%$（质量分数），主要以硅酸盐为主，有向焊缝里过渡硅的作用。焊剂中 SiO_2 含量越高，熔敷金属的含硅量就越多。

用高硅焊剂焊接时，焊缝金属的硅一般是通过焊剂过渡的，不必选用含硅量高的焊丝。高硅焊剂应按下列原则选配焊丝焊接低碳钢或某些低合金结构钢。

① 高硅无锰或低锰焊剂应配合高锰焊丝（Mn 的质量分数为 1.5%～1.9%）。

② 高硅中锰焊剂应配合中锰焊丝（Mn 的质量分数为 0.8%～1.5%）。

③ 高硅高锰焊剂应配合低碳钢或含锰焊丝，是目前国内应用最为广泛的配合方式，多用于焊接低碳钢结构。

总之，高硅焊剂具有良好的焊接工艺性能，适于用交流焊接电源，电弧稳定性能好，脱渣容易，焊缝成形较美观，对铁锈的敏感性较小，焊缝的扩散氢含量低，抗裂性能好。

2）中硅焊剂。由于焊剂中含 SiO_2 量较少，含 CaO 和 MgO 较多，焊剂的碱度较高。多数中硅焊剂属于弱氧化性焊剂，焊缝金属含氧量较低，与高硅焊剂相比较，焊缝金属的低温韧性有一定程度的提高。焊接过程中合金元素烧损较少，与适当的焊丝配合焊缝金属可获得要求的强度。因此中硅焊剂主要用于焊接低合金钢和高强度钢。

总之，中硅焊剂也具有较好的电弧稳定性和脱渣性，但焊缝成形及抗气孔、抗冷冷裂能力不如高硅焊剂好。为了消除由氢引起的焊接裂纹，通常采用焊剂在高温下进行烘焙，同时施焊时采用直流反接的方式进行焊接。

3）低硅焊剂。低硅焊剂主要由 CaO、Al_2O_3、MgO 及 CaF_2 等成分组成。该焊剂中含 SiO_2 量很少，焊接时合金元素几乎不被氧化，焊缝中氧的含量低，配合不同成分的焊丝焊接高强度钢时，可以得到强度高、塑性好、低温下具有良好冲击韧度的焊缝金属。此焊剂的缺点是：焊接性较差，焊缝中扩散氢含量高，抗冷裂能力较差。为了有效降低焊缝中的含氢量，焊剂必须在高温下进行长时间烘焙。为了改善焊接性，可在焊剂中加入钛、锰和硅的氧化物。但随着氧化物的增加，焊剂的氧化性也随之提高。采用此焊剂必须使用直流焊接电源。

2. 烧结焊剂

（1）烧结焊剂的组成　烧结焊剂的组成不同于熔炼焊剂。它和焊条药皮的组成极其相似，通常由三种物质组合而成，即铁合金、矿物及化工产品。与焊条药皮不同的是在烧结焊剂中不需有机造气。焊剂与焊条药皮的作用相似，具有起弧稳定、造渣、脱氧及合金化等作用。

（2）烧结焊剂的特点

1）烧结焊剂的优点：

① 可以连续进行生产，不经过高温熔炼，劳动条件较好，成本较低，一般为熔炼焊剂的30%～50%。

② 在烧结焊剂中可以加脱氧剂及其他合金成分，脱氧充分，而熔炼焊剂不能加脱氧剂，同时具有比熔炼焊剂更好的抗锈能力。

③ 烧结焊剂可以加合金剂，合金化作用强，用普通的低碳钢焊丝配合适当的焊剂可以方便地对焊缝金属合金化。而熔炼焊剂只能配一定成分的焊丝才能对焊缝金属合金化。

④ 烧结焊剂的碱度调节范围大，当焊剂碱度大于3.5时，仍可具有较好的电弧稳定性、脱渣性及焊接性，可采用交直流两用，焊接烟尘较小。目前发展的窄间隙埋弧焊接都是采用高碱度烧结焊剂的。

⑤ 由于烧结焊剂碱度较高，冶金效果好，故焊缝金属能得到较好的强度、塑性和韧性配合。

2）烧结焊剂的缺点：

① 对焊接参数的变动过于敏感，当焊接参数发生变化时，焊接熔化量也发生变化，因此会造成焊缝金属化学成分不均匀。

② 烧结焊剂吸湿性较大，易增加焊缝金属中扩散氢含量，也给贮存、保管带来一定困难。

（3）烧结焊剂的性能及用途

1）氟碱型烧结焊剂属于碱性焊剂，其特点是 SiO_2 含量低，可以限制硅向焊缝中过渡，能得到冲击韧度高的焊缝金属。该焊剂配合适当的焊丝，可以焊接低合金结构钢，可用于多丝埋弧焊及大直径容器的双面单焊道。

2）硅钙型烧结焊剂属于中性焊剂，由于焊剂中含有较多的 SiO_2，即使采用含硅量低的焊丝，仍可得到含硅量较高的焊缝金属。该焊剂适用于多丝快速焊，特别适用于双面单道焊。

3）硅锰型烧结焊剂属于酸性焊剂，主要由 MnO 和 SiO_2 组成。此焊剂焊接性良好，具有较高的抗气孔能力。该焊剂配合适当的焊丝，可焊接低碳钢及某些低合金钢。

3.3.4 焊剂的选用及原则

1. 焊剂的选用

焊缝要想获得高质量的焊接接头，焊剂除符合通常要求外，还必须针对不同的钢种选择合适牌号的焊剂和配用焊丝。

1）低碳钢和低合金高强度钢的焊接，应选用与母材强度相匹配的焊丝。

2）堆焊时应根据对堆焊层的技术要求、使用性能、耐蚀性等，选择合金系统及相近成分的焊丝并选用合适的焊剂。

3）此外，还应根据所焊产品的技术要求（如坡口、接头形式和焊后加工工艺等）和生产条件，选择合适的焊剂和焊丝组合，必要时应进行焊接工艺评定，检测焊缝金属的力学性能、耐蚀性、抗裂性以及焊剂的工艺性能，以考核所选焊材是否合适。

2. 焊剂选择的影响因素

1）按产品对焊缝性能要求选择焊剂与焊丝组合。如高强度钢焊接时，一般应选择与母材强度相当的焊接材料，必须综合考虑焊缝金属的韧性、塑性及强度。只要焊缝金属或焊接接头的实际强度不低于产品要求即可。

2）选择焊剂时，还要考虑工艺条件的影响。

① 坡口和焊接接头形式的影响。当采用同一焊剂焊接同一钢种时，如果坡口形式不同，则焊接性能各异。

② 焊后加工工艺的影响。对于焊后经受热卷或热处理的工件，必须考虑焊缝金属经受高温热处理后对其性能的影响，应保证焊缝金属经受高温处理后仍具有要求的强度、塑性和韧性。

对于厚板、拘束度较大及冷裂倾向大的焊接结构，应选用超低氢焊剂，以提高抗裂性能，降低预热温度。厚板和大拘束度焊件，第一层打底焊缝容易产生裂纹，此时可选用强度稍低、塑性和韧性良好的低氢或超低氢焊剂。

对于重要的焊接产品，焊缝应具有良好的低温冲击韧性和断裂韧度，如压力容器、船舶及采油平台等，应选用高韧性焊剂。

3）从生产效率上考虑，可选用高速焊剂，如在焊接大口径管接头时使用。

3. 焊剂的选用原则

（1）低碳钢埋弧焊焊剂的选用原则

1）在采用沸腾钢焊丝进行埋弧焊时，为了保证焊缝金属能通过冶金反应得到硅锰渗合金，形成致密且具有足够强度和韧性的焊缝金属，同时必须配用高锰高硅焊剂。如焊接过程中采用H08A或H08MnA焊丝进行焊接产品时，必须采用HJ43X系列的焊剂。

2）在焊接中厚板对接大电流单面开I形坡口埋弧焊时，为了有效地提高焊缝金属的抗裂性能，应该尽量降低焊缝金属的含碳量，同时需要选用氧化性较高的高锰高硅焊剂配用H08A或H08MnA焊丝进行焊接。

3）在焊接厚板埋弧焊时，为了得到冲击韧度较高的焊缝金属，应该选用中锰中硅焊剂（如HJ301、HJ350等牌号）配用H10Mn2高锰焊丝，直接由焊丝向焊缝金属进行渗透锰元素，同时通过焊剂中的SiO_2进行还原，向焊缝金属渗透硅元素。

（2）低合金钢埋弧焊焊剂的选用原则

1）低合金钢埋弧焊时，首先应该选用碱度较高的低氢型HJ25X系列焊剂，此焊剂属于低锰中硅型焊剂，在焊接过程中，由于Si和Mn还原渗合金的作用不够强，所以必须选用Si、Mn含量适中的合金焊丝，可有效防止冷裂纹及氢致延迟裂纹的产生，如H08MnMo、H08Mn2Mo、H08CrMoA等。

2）低合金钢埋弧焊时，HJ250和HJ101属于硅锰还原反应较弱的高碱度焊剂，使用此焊剂进行焊接产品，焊缝金属非金属杂物较少，焊缝金属纯度较高，可以有效保证焊接接头的强度和韧性不低于母材的相应指标。

3）由于高碱度烧结焊剂的脱渣性比高碱度熔炼焊剂好，所以低合金钢厚板多层多道埋弧焊时，基本选用烧结焊剂进行焊接。

（3）不锈钢埋弧焊焊剂的选用原则

1）不锈钢埋弧焊时，应该选用氧化性较低的焊剂，主要为了防止合金元素在焊接过程中的过量烧损。

2）HJ260为低锰高硅中氟型熔炼焊剂，具有一定的氧化性。埋弧焊时，对防止合金元素的烧损不利，故需要配用铬、镍含量较高的铬镍钢焊丝，补充焊接过程中合金元素的烧损。

3）SJ103氟碱型烧结焊剂，不仅脱渣性能良好、焊缝成形美观，具有良好的焊接性，而且还能保证焊缝金属具有足够的Cr、Mo和Ni元素的含量，可有效满足不锈钢焊件的技术要求。

3.3.5 焊剂的使用

1）当焊剂回收重复使用时，应过筛清除渣壳、氧化皮、灰尘、碎粉及其他杂物，并且要与新焊剂混合均匀后使用。

2）为防止产生气孔，焊接前坡口及其附近20mm的焊件表面应清除铁锈、油污及水分等。

3）用直流电源的焊剂，一般采用直流反接，即焊丝接正极。

4）由于熔炼焊剂有颗粒的分类，须根据所使用的电流大小选择合适的颗粒度。焊剂颗粒度粗使用大电流，会影响焊道的成形；而颗粒度细小采用小电流，往往因排气效果不好而产生麻点等现象。

3.3.6 焊剂的烘干和储存

1. 焊剂的烘干

焊剂在使用前必须进行烘干，清除焊剂中的水分。操作时，先将焊剂平铺放在干净的铁盒内，再放入电炉或烘烤箱内进行烘干，烘干炉内的焊剂堆放高度一般不要超过50mm。

常见熔炼焊剂和烧结焊剂的再烘干规范见表3-22。

表3-22 常见熔炼焊剂和烧结焊剂的再烘干规范

焊剂牌号	焊剂类型	焊前烘干温度/℃	保温时间/h
HJ130	无锰高硅低氟	250	2
HJ131			
HJ150	无锰中硅中氟	300～450	2
HJ172	无锰低硅高氟	350～400	2
HJ251	低锰中硅中氟	300～350	2
HJ351	中锰中硅中氟	300～400	2
HJ360	中锰高硅中氟	250	2
HJ431	高锰高硅低氟	200～300	2
SJ101	氟碱型（碱度值：1.8）	300～350	2
SJ102	氟碱型（碱度值：1.8）		2
SJ105	氟碱型（碱度值：1.8）		2
SJ402	锰硅型 酸性（碱度值：1.8）		2
SJ502	铝钛型 酸性	300	1
SJ601	专用碱性焊剂	300～350	2

2. 焊剂的储存

1）储存焊剂的环境，室温最好控制在10～25℃，相对湿度应小于50%。

2）储存焊剂的环境应通风良好，应摆放在距离地面高度500mm、墙壁距离400mm的货架上进行存放。

3）焊剂使用原则应该本着“先进先出”的原则进行发放使用。

4）回收后的焊剂，如果准备再次进行使用，应及时存放在保温箱内进行保温处理。

5）对进入保管库的焊剂，要求对入库的焊剂质量保证书、焊剂的发放记录等妥善保管好。

6）不合格、报废的焊剂要妥善处理，不得与库存待用焊剂混淆存放。

7）刚采购进的新焊剂，要进行产品质量验证；在验证结果未出来之前，必须与验证合格的焊剂分开存放。

8）每种焊剂储存前，都应有相应的焊剂标签，标签应注明焊剂的型号、牌号、生产日期、有效日期、生产批号、生产厂家及购入日期等信息。

3.3.7 常用埋弧焊焊剂和焊丝匹配及用途

常用埋弧焊焊剂和焊丝匹配及用途见表3-23。

表3-23 常用埋弧焊焊剂和焊丝的匹配及用途

焊剂牌号	配用焊丝	用途	焊剂颗粒度/mm	焊接电源
HJ130	H10Mn2	低碳钢、低合金钢	0.45~2.5	交、直流
KII31	Ni 基焊丝	Ni 基合金	0.3~2	交、直流
HJ150	20Cr13、3Cr2W8	轧辊堆焊	0.45~2.5	直流
HJ172	相应钢种焊丝	离 Cr 铁索体钢	0.3~2	直流
HJ173	相应钢种焊丝	Mn-Al 高合金钢	0.25~2.5	直流
S-U230	H08MiA、H10Mn2	低碳钢、低合金钢	0.45~2.5	交、直流
HJ250	相应钢种焊丝	低合金离强钢	0.3~2	直流
HJ251	Cr-Mo 钢焊丝	珠光体射热钢	0.3~2	直流
HJ260	不锈钢焊丝	不锈钢、轧辊堆焊	0~3~2	直流
HJ330	H08MnA、H10Mn2	低碳钢及低合金钢的重要结构	0.45~2.5	交、直流
HJ350 KJ430	Mn-Mo，Mn-Si 及含 Ni 高强钢用焊丝	低合金高强钢的重要构件	0.45~2.5 0.2~1.4	交、直流
	H08A、H08MnA	低碳钢及低合金钢 重要构件	0.45~2.5	交、直流
Hj431	H08A、H08MnA	低碳钢及低合金钢重要构件	0.45~2.5	交、直流
HJ432	H08A	低碳钢及低合金钢重要构件（薄板）	0.2~1.4	交、直流
HJ433	H08A	低碳钢	0.45~2.5	交、直流
SJ101	H08MnA、H08Mn MoA、H08Mn2MoA、H10Mn2	低合金钢	0.3~2	交、直流
SJ301	H08MnA、TH08Mn MoA、H10Mn2	结构钢	0.3~2	交、直流
SJ401	H08A	低碳钢、低合金钢	0.3~2	交、直流
SJ501	H08A、H08MnA	低碳钢、低合金钢	0.3~2	交、直流
SJ502	H08A	重要低碳钢及低合金钢构件	0.3~1.4	交、直流

3.3.8 常用埋弧焊焊剂和焊丝配用

常用埋弧焊焊剂和焊丝配用见表3-24。

表3-24 常用埋弧焊焊剂和焊丝配用

类别	屈服强度/MPa	焊接材料	焊剂牌号	配用焊丝
碳素结构钢	—	Q235	HJ431、HJ430、HJ401、HJ403	H08A
		Q255		H08E
		Q275		H08MnA
		20g、22g	HJ330、HJ430、HJ431、SJ301、SJ501、SJ503	H08MnA、H08MnSi、H10Mn2
		20R		H08MnA
热轧正火钢	295	09Mn2Si	HJ430	H08A
		09MnV	HJ431	H08E
		09Mn2	SJ301	H08MnA
	345	16Mn	HJ430、HJ431、SJ301、SJ501、SJ502	I形坡口对接：H08A、H08E 开坡口对接：H10Mn2、H10MnSi
		16MnCu		
		14MnNb	HJ350	深坡口：H10Mn2
	390	15MnV	HJ430	I形坡口对接：H08MnA 开坡口对接：H10Mn2、H10MnSi、H08Mn2Si
		15MnVCu	HJ431	
		16MnNb	SJ101	
		15MnVRE	HJ250、HJ350、SJ101	深坡口：H08MnMoA

3.4 焊接用气体

焊接用气体主要是指气体保护焊（二氧化碳气体保护焊、惰性气体保护焊）中所用的保护性气体和气焊、切割时用的气体，包括二氧化碳（CO_2）、氩气（Ar）、氦气（He）、氧气（O_2）、可燃气体、混合气体等。焊接时保护气体既是焊接区域的保护介质，也是产生电弧的气体介质；气焊和切割主要依靠气体燃烧时产生的热量集中的高温火焰完成，因此气体的特性（如物理特性和化学特性等）不仅影响保护效果，也影响电弧的引燃及焊接、切割过程的稳定性。

3.4.1 焊接用气体的分类

根据各种气体在工作过程中的作用，焊接用气体主要分为保护气体和气焊、切割时所用的气体。

1. 保护气体

保护气体主要包括二氧化碳（CO_2）、氩气（Ar）、氦气（He）、氧气（O_2）和氢气（H_2）。国际焊接学会指出，保护气体统一按氧化势进行分类，并确定分类指标的简单计算公式为：分类指标 = $O_2\% + 1/2CO_2\%$。在此公式的基础上，根据保护气体的氧化势可将保护气体分成五类。I类为惰性气体或还原性气体，M_1类为弱氧化性气体，M_2类为中等氧化性气体，M_3和C类为强氧化性气体。保护气体各类型的氧化势指标见表3-25。焊接黑色金属时保护气体的分类见表3-26。

表3-25 保护气体各类型的氧化势指标

类型	I	M_1	M_2	M_3	C
氧化势指标	<1	1~5	5~9	9~16	>16

表3-26 焊接黑色金属时保护气体的分类

分类	气体数目	混合比（以体积百分比表示）（%）					类型	焊缝金属中的含氧量（质量分数,%）
		氧化性		惰性		还原性		
		CO_2	O_2	Ar	He	H_2		
I	1	—	—	100	—	—	惰性	<0.02
	1	—	—	—	100	—		
	2	—	—	27~75	余	—		
	2	—	—	85~95	—	余	还原性	
	1	—	—	—	—	100		
M_1	2	2~4	—	余	—	—	弱氧化性	0.02~0.04
	2	—	1~3	余	—	—		
M_2	2	15~30	—	余	—	—	中等氧化性	0.04~0.07
	3	5~15	1~4	余	—	—		
	2	—	4~8	余	—	—		
M_3	2	30~40	—	余	—	—	强氧化性	>0.07
	2	—	9~12	余	—	—		
	3	5~20	4~6	余	—	—		
C	1	100	—	—	—	—		
	2	余	<20	—	—	—		

2. 气焊、切割用气体

根据气体的性质，气焊、切割用气体又可以分为两类，即助燃气体（O_2）和可燃气体。

可燃气体与氧气混合燃烧时，放出大量的热，形成热量集中的高温火焰（火焰中的最高温度一般可达2000~3000℃），可将金属加热和熔化。气焊、切割时常用的可燃气体是乙炔，目前推广使用的可燃气体还有丙烷、丙烯、液化石油气（以丙烷为主）、天然气（以甲烷为主）等。几种常用可燃气体的物理和化学性能见表3-27。

表3-27 几种常用可燃气体的物理和化学性能

气体	乙炔（C_2H_2）	丙烷（C_3H_8）	丙烯（C_3H_6）	丁烷（C_4H_{10}）	天然气（CH_4）	氢气（H_2）
相对分子质量	26	44	42	58	16	2
密度（标准状态下）/$kg \cdot m^{-3}$	1.17	1.85	1.82	2.46	0.71	0.08

（续）

气体		乙炔（C_2H_2）	丙烷（C_3H_8）	丙烯（C_3H_6）	丁烷（C_4H_{10}）	天然气（CH_4）	氢气（H_2）
15.6℃时相对于空气质量比（空气=1）		0.906	1.52	1.48	2.0	0.55	0.07
着火点/℃		335	510	455	502	645	510
总热值	kJ/m^3	52963	85746	81182	121482	37681	10048
	kg/m^3	50208	51212	49204	49380	56233	—
理论需氧量（氧-燃气体积比）		2.5	5	4.5	6.5	2.0	0.5
实际耗氧量（氧-燃气体积比）		1.1	3.5	2.6	—	1.5	0.25
中性焰温度/℃	氧气中燃烧	3100	2520	2870	—	2540	2600
	空气中燃烧	2630	2116	2104	2132	2066	2210
火焰燃烧速度 $/m \cdot s^{-1}$	氧气中燃烧	8	4	—	—	5.5	11.2
	空气中燃烧	5.8	3.9	—	—	5.5	11.0
爆炸范围（可燃气体的体积分数，%）	氧气中	2.8～93	2.3～55	2.1～53	—	5.5～62	4.0～96
	空气中	2.5～80	2.5～10	2.4～10	1.9～8.4	5.3～14	4.1～74

3.4.2 焊接用气体的特性

不同焊接或切割过程中气体的作用也有所不同，并且气体的选择还与被焊材料有关，这就需要在不同的场合选用具有某一特定物理或化学性能的气体甚至多种气体的混合。焊接和切割中常用气体的主要性质和用途见表 3-28。不同气体在焊接过程中的特性见表 3-29。

表 3-28 焊接和切割中常用气体的主要性质和用途

气体	符号	主要性质	在焊接中的应用
二氧化碳	CO_2	化学性质稳定，不燃烧、不助燃，在高温时能分解为 CO 和 O，对金属有一定的氧化性。能液化，液态 CO_2 蒸发时吸收大量热，能凝固成固态二氧化碳，俗称干冰	焊接时配用焊丝可作为保护气体，如 CO_2 气体保护焊和 CO_2+O_2、CO_2+Ar 等混合气体保护焊
氩气	Ar	惰性气体，化学性质不活泼，常温和高温下不与其他元素起化学作用	在氩弧焊、等离子焊接及切割时作为保护气体，起机械保护作用
氧气	O_2	无色气体，助燃，在高温下很活泼，与多种元素直接化合。焊接时，氧进入熔池会氧化金属元素，起有害作用	与可燃气体混合燃烧，可获得极高的温度，用于焊接和切割，如氧-乙炔火焰、氢-氧焰。与氩、二氧化碳等按比例混合，可进行混合气体保护焊
乙炔	C_2H_2	俗称电石气，少溶于水，能溶于酒精，大量溶于丙酮，与空气和氧混合形成爆炸性混合气体，在氧气中燃烧发出 3500℃高温和强光	用于氧-乙炔火焰焊接和切割

（续）

气 体	符 号	主 要 性 质	在焊接中的应用
氢气	H_2	能燃烧，常温时不活泼，高温时非常活泼，可作为金属矿和金属氧化物的还原剂。焊接时能大量熔于液态金属，冷却时析出，易形成气孔	焊接时作为还原性保护气体。与氧混合燃烧，可作为气焊的热源
氮气	N_2	化学性质不活泼，高温时能与氢氧直接化合。焊接时进入熔池起有害作用。与铜基本上不反应，可作为保护气体	氮弧焊时，用氮作为保护气体，可焊接铜和不锈钢。氮也常用于等离子弧切割，作为外层保护气

表3-29 不同气体在焊接过程中的特性

气体	成分	弧柱电位梯度	电弧稳定性	金属过渡特性	化学性能	焊缝熔深形状	加热特性
CO_2	纯度99.9%	高	满意	满意，但有些飞溅	强氧化性	扁平形熔深较大	—
Ar	纯度99.995%	低	好	满意	—	蘑菇形	—
He	纯度99.99%	高	满意	满意	—	扁平形	对焊件热输入比纯Ar高
N_2	纯度99.9%	高	差	差	在钢中产生气孔和氮化物	扁平形	—

3.4.3 氩气

1. 氩气的性质

氩气是空气中除氮、氧之外，含量最多的一种稀有气体，其体积分数约为0.935%。氩气无色无味，在0℃和1atm（101325Pa）下，密度是1.78g/L，约为空气的1.25倍。氩气的沸点为-186℃，介于氧气（-183℃）和氮气（-196℃）的沸点之间。分馏液态空气制取氧气时，可同时制取氩气。

氩气是一种惰性气体，焊接时既不与金属起化学反应，也不溶解于液态金属中，因此可以避免焊缝中金属元素的烧损和由此带来的其他焊接缺陷，使焊接冶金反应变得简单并容易控制，为获得高质量的焊缝提供了有利条件。由于氩气的热导率最小，又属于单原子气体，高温时不会因分解而吸收热量，所以在氩气中燃烧的电弧热量损失较小。氩气的密度较大，在保护时不易漂浮散失，保护效果良好。焊丝金属很容易呈稳定的轴向射流过渡，飞溅极小。

2. 氩气的存储

氩气可在低于-184℃下以液态形式储存和运输，但焊接时多使用钢瓶装的氩气，氩气钢瓶规定漆成银灰色，上写绿色“氩”字。目前我国常用氩气钢瓶的容积为33L、40L、44L，在20℃以下，满瓶装氩气压力为15MPa。氩气钢瓶在使用中严禁敲击、碰撞；瓶阀冻结时，不得用火烘烤；不得用电磁超重搬运机搬运氩气钢瓶；夏季要防日光暴晒；瓶内气体不能用尽；氩气钢瓶一般应直立放置。

3. 焊接用氩气的纯度

氩气是制氧的副产品，因为氩气的沸点介于氧和氮之间，差值很小，所以在氩气中常残留一定数量的其他杂质。按我国现行规定，焊接用氩气的纯度应达到99.99%。氩气的技术指标按GB/T 4842—2006的规定（见表3-30）执行。不同材质焊接时所使用的氩气纯度见表3-31。

表3-30 氩气的技术指标

纯氩技术指标		
项　目		指　标
氩气（Ar）纯度（体积分数）（%）	≥	99.99
氢（H_2）含量（体积分数）（10^{-4}%）	≤	5
氧（O_2）含量（体积分数）（10^{-4}%）	≤	10
氮（N_2）含量（体积分数）（10^{-4}%）	≤	50
甲烷（CH_4）含量（体积分数）（10^{-4}%）	≤	5
一氧化碳（CO）含量（体积分数）（10^{-4}%）	≤	5
二氧化碳（CO_2）含量（体积分数）（10^{-4}%）	≤	10
水分（H_2O）含量（体积分数）（10^{-4}%）	≤	15
高纯氩技术指标		
项　目		指　标
氩气（Ar）纯度（体积分数）（%）	≥	99.999
氢（H_2）含量（体积分数）（10^{-4}%）	≤	0.5
氧（O_2）含量（体积分数）（10^{-4}%）	≤	1.5
氮（N_2）含量（体积分数）（10^{-4}%）	≤	4
甲烷（CH_4）含量+一氧化碳（CO）含量+二氧化碳（CO_2）含量（体积分数）（10^{-4}%）	≤	1
水分（H_2O）含量（体积分数）（10^{-4}%）	≤	3

注：甲烷（CH_4）含量、一氧化碳（CO）含量、二氧化碳（CO_2）含量可单独测量。

表3-31 不同材质焊接时所使用的氩气纯度

被焊材料	各气体含量（%）			
	Ar	N_2	O_2	H_2O
钛、锆、钼、铌及其合金	≥99.98	≤0.01	≤0.005	≤0.07
铝、镁及其合金、铬镍耐热合金	≥99.9	≤0.04	≤0.05	≤0.07
铜及铜合金、铬镍不锈钢	≥99.7	≤0.08	≤0.015	≤0.07

焊接中如果氩气的杂质含量超过规定标准，在焊接过程中不但影响对熔化金属的保护，而且极易使焊缝产生气孔、夹渣等缺陷，影响焊接接头质量，加剧钨极的烧损量。

3.4.4 氦气

1. 氦气的性质

氦气也是一种无色、无味的惰性气体，与氩气一样也不和其他元素组成化合物，不易溶于其他金属，是一种单原子气体，沸点为-269℃。氦气的电离电位较高，焊接时引弧困难。与氩气相比其热导率较大，在相同的焊接电流和电弧强度下电压高，电弧温度高，因此母材输入热量大，焊接速度快，弧柱细而集中，焊缝有较大的熔透率。这是利用氦气进行电弧焊的主要优点，但电弧相对稳定性稍差于氩弧焊。

氦气的原子质量轻，密度小，要有效地保护焊接区域，其流量要比氩气大得多。由于价格昂贵，只在某些具有特殊要求的场合下应用，如核反应堆的冷却棒、大厚度的铝合金等关键零部件的焊接。氩气和氦气在焊接过程中的特性比较见表3-32。

表3-32 氩气和氦气在焊接过程中的特性比较

气　体	符　号	特　性
氩气	Ar	1. 电弧电压低：产生的热量少，适用于薄金属的钨极氩弧焊 2. 良好的清理作用：适合焊接形成难熔氧化皮的金属，如铝、铝合金及含铝量高的铁基合金 3. 容易引弧：焊接薄件金属时特别重要 4. 气体流量小：氩气比空气密度大，保护效果好，比氦气受空气的流动性影响小 5. 适合立焊和仰焊：氩气能较好地控制立焊和仰焊时的熔池，但保护效果比氦气差 6. 焊接异种金属：一般氩气优于氦气
氦气	He	1. 电弧电压高：电弧产生的热量大，适合焊接厚金属和具有高热导率的金属 2. 热影响区小：焊接变形小，并能得到较高的力学性能 3. 气体流量大：氦气比空气密度小，气体流量比氩气大20%～200%，氦气对空气流动性比较敏感，但氦气对仰焊和立焊的保护效果好 4. 自动焊速度高：焊接速度大于66mm/s时，可获得气孔和咬边较小的焊缝

由于氦气电弧不稳定，阴极清理作用也不明显，钨极氦弧焊一般采用直流正接，即使对于铝、镁及其合金的焊接也不采用交流电源。氦弧发热量大且集中，电弧穿透力强，在电弧很短时，正接也有一定的去除氧化膜效果。直流正接氦弧焊焊接铝合金时，单道焊接厚度可达12mm，正反面焊可达20mm。与交流氩弧焊相比，熔深大、焊道窄、变形小、软化区小、金属不易过烧。对于热处理强化铝合金，其接头的常温及低温力学性能均优于交流氩弧焊。

2. 焊接用氦气的纯度

作为焊接用保护气体，一般要求氦气的纯度为99.9%～99.999%，此外还与被焊母材的种类、成分、性能及对焊接接头的质量要求有关。一般情况下，焊接活泼金属时，为防止金属在焊接过程中氧化、氮化，降低焊接接头质量，应选用高纯度氦气。根据GB/T 4844—2011，氦气的技术要求见表3-33。

表 3-33　氦气的技术要求

项　　目		指　　标			
		纯　　氦		高纯氦	超纯氦
氦气（He）纯度（体积分数）（%）	≥	99.99	99.995	99.999	99.9999
氖气（Ne）含量（体积分数）（10^{-4}%）	<	40	15	4	1
氢气（H_2）含量（体积分数）（10^{-4}%）	<	7	3	1	0.1
氧气（O_2）+氩（Ar）含量（体积分数）（10^{-4}%）	<	5	3	1	0.1
氮气（N_2）含量（体积分数）（10^{-4}%）	<	25	10	2	0.1
一氧化碳（CO）含量（体积分数）（10^{-4}%）	<	1	1	0.5	0.1
二氧化碳（CO_2）含量（体积分数）（10^{-4}%）	<	1	1	0.5	0.1
甲烷（CH_4）含量（体积分数）（10^{-4}%）	<	1	1	0.5	0.1
水分（H_2O）含量（体积分数）（10^{-4}%）	<	20	10	3	0.2
总杂质含量（体积分数）（10^{-4}%）	≤	100	50	10	1

3.4.5　二氧化碳气体

1. CO_2气体的性质

CO_2气体是氧化性保护气体，CO_2有固态、液态、气态三种状态。纯净的CO_2气体无色、无味。CO_2气体在0℃和1atm（101325Pa）下，密度是1.9768g/L，是空气的1.5倍。CO_2易溶于水，当溶于水后略有酸味。

CO_2气体在高温时发生分解（$CO_2 \rightarrow CO + O$，－283.24kJ），由于分解出原子态氧，因而使电弧气氛具有很强的氧化性。在高温的电弧区域里，因CO_2气体的分解作用，高温电弧气氛中常常是三种气体（CO_2、CO和O_2）同时存在。CO_2气体的分解程度与焊接过程中的电弧温度有关，随着温度的升高，CO_2气体的分解反应越剧烈，当温度超过5000K时，CO_2气体几乎全部发生分解。

液态CO_2是无色液体，其密度随温度变化而变化，当温度低于－11℃时比水密度大，高于－11℃则比水密度小，饱和压力CO_2气体的性能见表3-34。CO_2由液态变为气态的沸点很低（－78℃），所以工业用CO_2一般都是使用液态的，常温下即可汽化。在0℃和1atm下，1kg液态CO_2可汽化成509L CO_2气体。

表 3-34　饱和压力CO_2气体的性能

温度/℃	压力/MPa	密度/kg·L^{-1}		质量比热容/10^5J·kg^{-1}·K^{-1}	
		液　体	气　体	液　体	气　体
+31	7.32	2.16	2.16	5.59	5.59
+30	7.18	1.63	3.00	5.27	5.9
+20	5.72	1.30	5.29	4.77	6.3
+10	4.40	1.17	7.52	4.46	6.47

（续）

温度/℃	压力/MPa	密度/kg · L^{-1}		质量比热容/10^5J · kg^{-1} · K^{-1}	
		液　体	气　体	液　体	气　体
0	3.48	1.08	10.4	4.19	6.54
-10	2.58	1.02	14.2	3.94	6.56
-20	1.96	0.971	19.5	3.72	6.56
-30	1.42	0.931	27.0	3.52	6.55
-40	1.0	0.897	38.2	3.33	6.54
-50	0.67	0.867	55.4	3.14	6.5

2. CO_2气体的存储

焊接用的CO_2气体常为装入钢瓶的液态CO_2，既经济又方便。CO_2钢瓶规定漆成黑色，上写黄色“液化二氧化碳”字样。焊接常用气体的钢瓶颜色标记见表3-35。

表3-35　焊接常用气体的钢瓶颜色标记

气　体	符　号	瓶　色	字　样	字　色	色　环
氢	H_2	淡绿	氢	大红	淡黄
氧	O_2	淡蓝	氧	黑	白
空气	—	黑	空气	白	白
氮	N_2	黑	氮	淡黄	白
乙炔	C_2H_2	白	乙炔不可近火	大红	—
二氧化碳	CO_2	黑	液化二氧化碳	黄	黑
甲烷	CH_4	棕	甲烷	白	淡黄
丙烷	C_3H_8	棕	液化丙烷	白	—
丙烯	C_3H_6	棕	液化丙烯	淡黄	—
氩	Ar	银灰	氩	深绿	白
氦	He	银灰	氦	深绿	白
液化石油气	—	银灰	液化石油气	大红	—

CO_2气体标准钢瓶通常容量为40kg，可灌装25kg的液态CO_2。25kg液态CO_2约占钢瓶容积的80%，其余20%左右的空间则充满了汽化的CO_2。钢瓶压力表上所指示的压力值就是这部分气体的饱和压力。此压力大小和环境温度有关，温度升高，饱和气压增大；温度降低，饱和气压减小。只有当钢瓶内液态CO_2已全部挥发成气体后，瓶内气体的压力才会随着CO_2气体的消耗而逐渐下降。

一标准钢瓶中所盛的液态CO_2可以汽化成12725L CO_2气体，根据焊接时CO_2气体流量的选择（见表3-36），若焊接时CO_2气体平均消耗量为10L/min，则一瓶液态CO_2可连续使用约24h。

表3-36　焊接时CO_2气体流量的选择

焊接方法	细丝CO_2焊	粗丝CO_2焊	粗丝大电流CO_2焊
CO_2气体流量/L · min^{-1}	5~15	15~25	25~50

标准 CO_2 钢瓶满瓶时的压力为5.0～7.0MPa，随着使用中瓶内压力的降低，溶于液态 CO_2 中水分的汽化量也随之增多。经验表明，当瓶中气体压力低于0.98MPa时（温度为20℃），钢瓶中的 CO_2 不宜再继续使用，因为此时液态 CO_2 已基本挥发完，如继续使用，焊缝金属将产生气孔等焊接缺陷，此时必须重新灌装 CO_2 气体。

3. 焊接用 CO_2 气体的纯度

液态 CO_2 中可溶解质量分数为0.05%的水，多余的水则成自由状态沉于瓶底。这些水在焊接过程中随 CO_2 一起挥发并混入 CO_2 中，直接进入焊接区。因此水分是 CO_2 气体中最主要的有害杂质。CO_2 气体湿度不同时焊缝金属的含氢量见表3-37。

表3-37　CO_2 气体湿度不同时焊缝金属的含氢量

CO_2 气体的湿度/$g \cdot m^{-3}$	每1kg焊缝金属中的含氢量/mg	CO_2 气体的湿度/$g \cdot m^{-3}$	每1kg焊缝金属中的含氢量/mg
0.85	29	1.92	47
1.35	45	15.00	55

随着 CO_2 气体中水分的增加（即露点温度的提高），焊缝金属中含氢量逐渐升高，塑性下降，甚至产生气孔等缺陷，因此焊接用的 CO_2 气体必须具有较高的纯度。工业液体 CO_2 的技术要求见表3-38。

表3-38　焊接用液体 CO_2 的技术要求（GB/T 6052—2011）

项　目		指　标		
二氧化碳含量①（体积分数）（%）	≥	99	99.5	99.9
油分		按4.4检验合格	按4.4检验合格	按4.4检验合格
一氧化碳、硫化氢、磷化氢及有机还原物②		—	按4.6检验合格	按4.6检验合格
气味		无异味	无异味	无异味
水分露点/℃	≤	—	-60	-65
游离水		无	—	—

① 焊接用二氧化碳含量应≥99.5%。

② 焊接用二氧化碳应检验该项目；工业用二氧化碳可不检验该项目。

如果在生产现场使用的市售 CO_2 气体水分含量较高、纯度偏低时，应该做提纯处理，经常采用的方法如下：

1）将新灌 CO_2 气体钢瓶倒立静置1～2h，使水分沉积在底部，然后打开倒置钢瓶的气阀，根据瓶中含水量的不同，一般放水2次或3次，每次放水间隔约30min，放水结束后将钢瓶放正。

2）经放水处理后的钢瓶在使用前先放气2～3min，因为上部的气体一般含有较多的空气和水分，而这些空气和水分主要是灌瓶时混入瓶内的。

3）在 CO_2 供气管路中串接高压干燥器和低压干燥器，干燥剂可采用硅胶、无水氯化钙或脱水硫酸铜，以进一步减少 CO_2 气体中的水分，用过的干燥剂烘干后可重复

使用。

4）当瓶中气压降低到0.98MPa时，不再使用。

当通风不良或狭窄空间内采用CO_2作为保护气体施焊时，须加强通风措施，以免因CO_2浓度超过国家规定的允许浓度（30kg/m^2）而影响焊工的身体健康。

3.4.6 氮气

氮气在空气中体积含量约为78%，沸点为-196℃，氮气的电离势较低，相对原子质量较氩气小，氮气分解时吸收热量较大。氮气可用作焊接时的保护气体；由于氮气导热及携热性较好，也常用作等离子弧切割的工作气体，有较长的弧柱，又有分子复合热能，因此可以切割厚度较大的金属板。但因原子相对质量较氩气小，因此用于等离子弧切割时，要求电源有很高的空载电压。

氮气在高温时能与金属发生反应，等离子弧切割时，对电极的侵蚀作用较强，尤其是在气体压力较高的情况下，宜加入氩或氢。另外，用氮气作为工作气体时，会使切割表面氮化，切割时产生较多的氮氧化物。

用作焊接或等离子弧切割的氮气的纯度应符合GB/T 3864—2008的规定，见表3-39。

表3-39 工业氮的技术指标

项 目		指 标
氮气（N_2）纯度（体积分数）（%）	≥	99.2
氧气（O_2）含量（体积分数）（%）	≤	0.8
游离水		无

3.4.7 混合气体

1. 混合气体的性质

焊接时，用纯CO_2作为保护气体，电弧稳定性较差，熔滴呈非轴向过渡，飞溅大，焊缝成形较差。用纯Ar焊接低合金钢时，阴极斑点飘移大，也易造成电弧不稳。向Ar中加入少量氧化性气体，如O_2和CO_2等，可显著提高电弧稳定性，使熔滴细化，增加过渡效率，有利于改善焊缝成形和提高抗气孔能力。气体保护焊常用的混合气成分及特性见表3-40。可燃混合气体的某些物理和化学性能见表3-41。

表3-40 气体保护焊常用的混合气成分及特性

气体组合	气体成分（体积分数）	弧柱电位梯度	电弧稳定性	金属过渡特性	化学性能	焊缝熔深形状	加热特性
Ar + He	He≤75%	中等	好	好	—	扁平形，熔深较大	—
Ar + H_2	H_2为5%～15%	中等	好	—	还原性，H_2 > 5%会产生气孔	熔深较大	对焊件热输入比纯Ar高

（续）

气体组合	气体成分（体积分数）	弧柱电位梯度	电弧稳定性	金属过渡特性	化学性能	焊缝熔深形状	加热特性
$Ar+CO_2$	CO_2 为5%	低至中等	好	好	弱氧化性	扁平形，熔深较大（改善焊缝成形）	—
	CO_2 为20%				中等氧化性		
$Ar+O_2$	O_2 为1%~5%	低	好	好	弱氧化性	蘑菇形，熔深较大（改善焊缝成形）	—
$Ar+CO_2+O_2$	CO_2 为20%，O_2 为5%	中等	好	好	中等氧化性	扁平形，熔深较大（改善焊缝成形）	—
CO_2+O_2	O_2 ≤20%	高	稍差	满意	弱氧化性	扁平形，熔深大	—

表3-41　可燃混合气体的某些物理和化学性能

主要气体	组成（体积分数）（%）	相对分子质量	密度（标准状态下）/$kg \cdot m^{-3}$	总发热量/$MJ \cdot kg^{-1}$	火焰温度/℃	最大燃烧速度/$m \cdot s^{-1}$	着火点（空气中）/℃	爆炸范围（空气中可燃气体体积分数）（%）
乙炔	乙炔70+丙烯30	31	1.3	47.9	3200	—	491	2.5~19
	乙炔85+丙烯和乙烯15	—	—	—	—	—	—	—
乙烯	乙烯80+乙炔20	27.6	1.242	50.3	3150	—	453	2.7~35
丙烯	丙烯45~50+丁二烯20+丙炔30~35	—	—	48.5	3300	—	—	2.5~10.5
氢	氢	2	0.08	—	2600	11.2	580~590	4.0~74.2
	氢45~50+丙烷20~30+丙烯20~30	—	—	60.0	—	—	—	2.8~15.6
	氢45~50+丙炔10~16+丁二烯10~14+丙烯20~30	—	—	57.6	—	—	—	2.6~17.1
	氢50+石油气50	—	1.07~1.12	—	3100	7.5~11	459~494	2.6~17.1
天然气	甲烷88+（丙烯+丙烷+丁烷）12	—	—	50.0	1900	—	—	5.3~14
丙炔	丙炔35+乙炔1+丁二烯1+丙二烯31+丁烯2+丙烯12+丙烷18	—	1.812	49	2930	—	—	3.4~10.8

2. 混合气体的选用

混合气体一般也是根据焊接方法、被焊材料以及混合比对焊接工艺的影响等进行选用的。如焊接低合金高强钢时，从减少氧化物夹杂和焊缝含氧量出发，希望采用纯

Ar作为保护气体；从稳定电弧和焊缝成形出发，希望向Ar中加入氧化性气体。综合考虑，以采用弱氧化性气体为宜。对于惰性气体氩弧焊射流过渡推荐采用Ar+（1%~2%）O_2的混合气体；而对短路过渡的活性气体保护焊采用20% CO_2 +80% Ar的混合气体应用效果最佳。

从生产效率方面考虑，钨极氩弧焊时在Ar气中加入He、N_2、H_2、CO_2或O_2等气体可增加母材的热量输入，提高焊接速度。例如，焊接大厚度铝板，推荐选用Ar+He混合气体；焊接低碳钢或低合金钢时，在CO_2气体中加入一定量的O_2，或者在Ar中加入一定量的CO_2或O_2，可产生明显效果。此外，采用混合气体进行保护，还可增大熔深，消除未焊透、裂纹及气孔等缺陷。不同材料焊接用混合气体及适用范围见表3-42。

表3-42 不同材料焊接用混合气体及适用范围

被焊材料	保护气体	混合比（体积分数）（%）	化学性质	焊接方法	主要特性
铝及铝合金	Ar+He	He 10（MIG） He 10~90 （TIG焊）	惰性	TIG MIG	He的传热系数大，在相同电弧长度下，电弧电压比用Ar时高。电弧温度高，母材热输入大，熔化速度较高。适于焊接厚铝板，可增大熔深，减少气孔，提高生产效率。但如加入He的比例过大，则飞溅较多
钛、锆及其合金	Ar+He	75/25	惰性	TIG MIG	可增加热量输入。适用于射流电弧、脉冲电弧及短路电弧，可改善熔深及焊缝金属的润湿性
铜及铜合金	Ar+He	50/50或30/70	惰性	TIG MIG	可改善焊缝金属的润温性，提高焊接质量。输入热量比纯Ar大
	Ar+N_2	80/20	—	熔化极气保焊	输入热量比纯Ar大，但有一定飞溅和烟雾，成形较差
不锈钢及高强度钢	Ar+O_2	O_2 1~2	氧化性	熔化极气保焊（MAG）	细化熔滴，降低射流过渡的临界电流，减小液体金属的黏度和表面张力，从而防止产生气孔和咬边等缺陷。焊接不锈钢时加入O_2的体积分数不宜超过2%，否则焊缝表面氧化严重，会降低焊接接头质量。用于射流电弧及脉冲电弧
	Ar+N_2	N_2 1~4	惰性	TIG	可提高电弧刚度，改善焊缝成形
	Ar+O_2+CO_2	O_2 2 CO_2 5	氧化性	MAG	用于射流电弧、脉冲电弧及短路电弧
	Ar+CO_2	CO_2 2.5	氧化性	MAG	用于短路电弧。焊接不锈钢时加入CO_2的体积分数最大量应小于5%，否则渗碳严重
	Ar+O_2	O_2 1~5或20	氧化性	MAG	生产率较高，抗气孔性能优。用于射流电弧及对焊缝要求较高的场合

（续）

被焊材料	保护气体	混合比（体积分数）（%）	化学性质	焊接方法	主要特性
碳钢及低合金钢	$Ar + CO_2$	70（80）/30（20）	氧化性	MAG	有良好的熔深，可用于短路过渡及射流过渡电弧
	$Ar + O_2 + CO_2$	80/15/5	氧化性	MAG	有较佳的熔深，可用于射流、脉冲及短路电弧
镍基合金	Ar + He	He 20 ~ 25	惰性	TIG MIG	热输入量比纯 Ar 大
	$Ar + H_2$	H_2 <6	还原性	非熔化极	可以抑制和消除焊缝中的 CO 气孔，提高电弧温度，增加热输入量

近年来还推广应用了粗 Ar 混合气体，其成分（体积分数）为 Ar = 96%、O_2 ≤4%、H_2O≤0.0057%、N_2≤0.1%。粗 Ar 混合气体不但能改善焊缝成形，减少飞溅，提高焊接效率，而且用于焊接抗拉强度为 500 ~ 800MPa 的低合金高强钢时，焊缝金属力学性能与使用高纯 Ar 时相当。粗 Ar 混合气体价格便宜，经济效益好。

3.4.8 氧气

1. 氧气的性质

氧气在常温常压下是一种无色、无臭、无味、无毒的气体。在 0℃ 和 1atm（101325Pa）下氧气密度为 1.43kg/m³，比空气密度大。氧的液化温度为 -182.96℃，液态氧呈浅蓝色。常温时，氧则以化合物和游离态大量存在于空气和水中。

氧气本身并不能燃烧，但它是一种化学性质极为活泼的助燃气体，能与很多元素化合，生成氧化物。通常情况下把激烈的氧化反应称为燃烧。气焊和切割正是利用可燃气体和氧燃烧所放出的热量作为热源的。

2. 氧气的制取

制取氧气的方法很多，如化学法、电解水法及液化空气法等。但在工业上大量制取氧气时，都采用液化空气法。就是将空气压缩，并且冷却到 -196℃以下，使空气变成液体，然后再升高温度，当液体空气的温度上升到 -196℃时，空气中的氮则蒸发变成气体，当温度继续升高到 -183℃时，氧开始气化。再用压缩机将气体氧压缩到 120 ~ 150atm，装入专用的氧气瓶中，以便使用和储存。

3. 氧气的存储

氧气的存储和运输一般都将氧气装在专用的氧气瓶中，并且氧气瓶外部应涂上天蓝色油漆，用黑色油漆写上“氧气”两字以作为标志。氧气瓶应在使用过程中每隔 3 ~ 5 年应在充气工厂进行检验，即检查气瓶的容积、质量，查看气瓶的腐蚀和破裂程度。常用氧气瓶的尺寸和装气量见表 3-43。工作过程中氧气的供气量主要靠气瓶上的减压器进行调节，气瓶用减压器的主要技术参数见表 3-44。减压器常见故障及防止措施见表 3-45。

表3-43 常用氧气瓶的尺寸和装气量

外形尺寸/mm		内容积/L	瓶重/kg	瓶阀型号	装气量/m^3（20℃，14.7MPa条件下）
外径	高度				
219	1150±20	33	47	QF-2铜阀	5
	1250±20	36	53		5.5
	1370±20	40	57		6
	1480±20	44	60		6.5
	1570±20	47	63		7

表3-44 气瓶用减压器的主要技术参数

减压器型号		QD-1	QD-2A	QD-3A	DJ-6	SJ7-10	QD-20	QW2-16/0.6
名称		单级氧气减压器				双级氧气减压器	单级乙炔减压器	单级丙烷减压器
压力表规格/MPa	高压表	0~24.5	0~24.5	0~24.5	0~24.5	0~24.5	0~24.5	0~24.5
	低压表	0~3.92	0~1.568	0~0.392	0~3.92	0~3.92	0~0.245	0~0.157
最高工作压力/MPa	进气侧	14.7	14.7	14.7	14.7	14.7	1.96	1.96
	工作侧	2.45	0.98	0.196	1.96	1.96	0.147	0.059
工作压力调节范围/MPa		0.1~2.45	0.1~0.98	0.01~0.2	0.1~2.0	0.1~1.96	0.01~0.05	0.02~0.05
最大供气能力/$m^3\cdot h^{-1}$		80	40	12	180	—	9	—
出气口孔径/mm		6	5	3	—	5	4	—
安全阀泄气压力/MPa		2.8~3.8	1.1~1.6	—	2.16	2.16	0.2~0.3	0.07~0.1
质量/kg		4	2	2	2	3	2	2
外形尺寸/（mm×mm×mm）		200×200×210	165×170×160	165×170×160	170×200×142	200×170×220	170×185×315	165×190×160

表3-45 减压器常见故障及防止措施

常见故障	故障部位及原因	防止措施及修理
减压器漏气	减压器连接部分漏气，螺纹配合松动或垫圈损坏	拧紧螺钉；更新垫圈或加石棉绳
	安全阀漏气；活门垫料损坏或弹簧变形	调整弹簧；更换新活门垫料（青钢纸和石棉绳）
	减压器上盖薄膜损坏或拧不紧，造成漏气	更换橡胶薄膜或拧紧螺钉
减压表针爬高（自流），调节螺钉松开后，气体流出（低压表针继续上升）	活门或门座上有污物，活门密封垫或活门座不平；回动弹簧损坏，压紧力不足	将活门污物去净，将活门不平处用细砂布磨平，如有裂纹，更换新的，调整弹簧长度
氧气瓶阀打开时，高压表表针指示有氧，但低压表不动作或动作不灵敏	调节螺钉已拧到底，但工作压力不升或升得很少，其原因是主弹簧损坏或传动杆弯曲	拆开减压器盖，更换主弹簧和传动杆

（续）

常见故障	故障部位及原因	防止措施及修理
氧气瓶阀打开时，高压表表针指示有氧，但低压表不动作或动作不灵敏	工作时氧气压力下降，或表针有剧烈跳动，原因为减压器内部冻结	用热水加热解冻后，把水分吹干
	低压表已指示工作压力，但使用时突然下降，原因是氧气瓶阀门没有完全打开	进一步打开氧气阀门

与气态氧相比，液态氧具有耗能低、供给的氧气纯度高（可达99.9%以上）、运输效率高等优点。因此工业用氧有时也以液态氧方式供应。向使用单位或现场供应液态氧的方式如下：

1）在使用部门设置气态氧储罐，由装备汽化装置和压缩装置的液态运输槽车向储罐充装气态氧。

2）在使用部门设置液态储罐和汽化装置，由液氧运输槽车向储罐充装液态氧。

3）将小型液氧容器和相应的汽化器装在推车上，配置在使用现场，并按使用需要在现场随时移动，这种方式只限于用氧量不大的工厂和现场。

液态氧储罐有移动式和固定式两种。移动式液氧容器的规格和主要技术参数见表3-46。固定式液氧容器的规格和主要技术参数见表3-47。

表3-46 移动式液氧容器的规格和主要技术参数

型号		CD4-50	CD4-100	CD4-175
技术参数	容器内容积/L	50	100	175
	工作压力/MPa	1.372	1.372	1.372
	日蒸发率（%）	2.5	2.3	1.2～1.6
	空容器质量/kg	60	90	115
	高度/mm	1160	1150	1535
	外径/mm	322	505	505
	推车质量/kg	45	81	117

表3-47 固定式液氧容器的规格和主要技术参数

<table>
<tr><th colspan="2">型号</th><th colspan="3">CF-2000</th><th colspan="3">CF-3500</th><th colspan="3">CF-5000</th><th colspan="3">CF-10000</th></tr>
<tr><td rowspan="9">技术参数</td><td>几何容积/m³</td><td colspan="3">2.10</td><td colspan="3">3.68</td><td colspan="3">5.25</td><td colspan="3">10.5</td></tr>
<tr><td>有效容积/m³</td><td colspan="3">2</td><td colspan="3">3.5</td><td colspan="3">5</td><td colspan="3">10</td></tr>
<tr><td>内筒内径/mm</td><td colspan="3">1200</td><td colspan="3">1400</td><td colspan="3">1400</td><td colspan="3">2000</td></tr>
<tr><td>外筒内径/mm</td><td colspan="3">1700</td><td colspan="3">2000</td><td colspan="3">2000</td><td colspan="3">2600</td></tr>
<tr><td>日蒸发率（%）</td><td colspan="3">0.9</td><td colspan="3">0.55</td><td colspan="3">0.45</td><td colspan="3">0.4</td></tr>
<tr><td>供气能力/m³·h⁻¹</td><td colspan="12">按用户需求选配</td></tr>
<tr><td>（外径×长度）/（mm×mm）</td><td colspan="3">1712×3245</td><td colspan="3">2016×3800</td><td colspan="3">2024×5000</td><td colspan="3">2620×4318</td></tr>
<tr><td>公称压力/MPa</td><td>0.196</td><td>0.784</td><td>1.568</td><td>0.196</td><td>0.784</td><td>1.568</td><td>0.196</td><td>0.784</td><td>1.568</td><td>0.196</td><td>0.784</td><td>1.568</td></tr>
<tr><td>空容器质量/kg</td><td>1.9</td><td>2.0</td><td>2.3</td><td>4.4</td><td>4.6</td><td>5.0</td><td>5.3</td><td>5.6</td><td>6.0</td><td>7.8</td><td>7.8</td><td>9.0</td></tr>
</table>

由于氧气是一种助燃气体，性质极为活泼，当气瓶装满时，压力高达150atm。在使用过程中，如不谨慎就有发生爆炸的危险，因此，在使用和运输氧气的过程中，应特别注意以下几点：

1）防油。禁止戴着沾有油渍的手套去接触氧气瓶及其附属设备；运输时，绝对不能和易燃物和油类放在一起。

2）防振动。氧气瓶必须牢固放置，防止受到振动，引起氧气爆炸。竖立时，应用铁箍或链条固定好；卧放时，应用垫木支撑防止滚动，瓶体上最好套上两个胶皮减振圈。运输时，应用专车进行运送。

3）防高温。氧气瓶无论是放置还是运输时，都应离开火源不少于10m。离开热源不少于1m。夏天，在室外阳光下工作，必须用帆布等遮盖好，以防爆炸。

4）防冻。冬季使用氧气瓶时，如果氧气瓶开关冻结了，应用热水浸过的抹布盖上使其解冻。绝对禁止用火去加热解冻，以免造成爆炸事故。

5）开启氧气瓶开关前，检查压紧螺母是否拧紧。旋转手轮时，必须平稳，不能用力过猛，人应站在出氧口一侧。使用氧气时，不能把瓶内的氧气全部用完，至少剩余1~3atm 的氧气。

6）氧气瓶不使用时，必须将保护罩罩在瓶口上，以防损坏开关。

7）修理氧气瓶开关时，应特别注意安全，防止氧气瓶爆炸。

4. 焊接用氧气的纯度

由于工业用氧气通常都是采用液化空气法制取的，所以在氧气中常含有氮，焊接和切割时有氮气的存在，不但使火焰温度降低，影响生产效率，而且氮气还会与熔化的铁液化合，使之变成氮化铁，降低焊缝的强度。因此氧气的纯度对气焊、切割的效率和质量有很大影响，用于气焊和切割的氧气纯度越高越好，尤其是切割时，为实现切口下缘无黏渣，氧气纯度至少在99.6%以上。

氧气也常用作惰性气体保护焊时的附加气体，以起到细化熔滴、克服电弧阴极斑点的飘移、增加母材热量输入、提高焊接速度等作用。气态氧的技术要求见表3-48。

表3-48 焊接用气态氧的技术要求

项目	指标	
氧气（O_2）含量（体积分数）（%） ≥	99.5	99.2
水（H_2O）	无游离水	

3.4.9 可燃气体

焊接用可燃性气体种类繁多，但目前在气焊、切割中应用最多的是乙炔气（C_2H_2），其次是石油气。也有根据本地区的条件或所焊（割）材料采用氢气、天然气或煤气等作为可燃气体的。在选用可燃性气体时应考虑以下因素：

1）发热量要大，也就是单位体积可燃气体完全燃烧放出的热量要大。

2）火焰温度要高，一般是指在氧气中燃烧的火焰最高温度要高。

3）可燃气体燃烧时所需要的氧用量要少，以提高其经济性。

4）爆炸极限范围要小。

5）运输相对方便。

1. 乙炔（C_2H_2）

（1）乙炔的性质

1）乙炔是未饱和的碳氢化合物（C_2H_2），在常温和1atm（101325Pa）下是无色气体。一般情况下焊接用乙炔因含有H_2S及PH_3等杂质而有一种特殊的气味。

2）乙炔在纯氧中燃烧的火焰温度可达3150℃左右，热量比较集中，是目前在气焊和切割中应用最为广泛的一种可燃性气体。

3）乙炔的密度为1.17kg/m^3。乙炔的沸点为-82.4℃，温度在-83.6℃时成为液体，温度低于-85℃时成为固体。气体乙炔可溶于水、丙酮等液体中。在15℃和1atm下，1L丙酮中能溶解23L乙炔，压力越大，乙炔在丙酮中的溶解度越大。当压力增加到1.42MPa时，1L丙酮中能溶解约400L乙炔。

4）乙炔属于易爆炸气体，其爆炸特性如下：

① 纯乙炔当压力达0.15MPa、温度达580~600℃时，遇火就会发生爆炸，发生器和管路中乙炔的压力不得大于0.13MPa。

② 乙炔与空气或氧气混合时，爆炸性会大大增加。乙炔与空气混合，按体积计算，乙炔占2.2%~81%时；乙炔与氧气混合，按体积计算，乙炔占2.8%~93%时，混合气体达到自燃温度（乙炔和空气混合气体的自燃温度为305℃，乙炔与氧气混合气体的自燃温度为300℃）或遇到火星时，在常压下也会发生爆炸。乙炔与氯气、次氯酸盐等混合，受日光照射或受热就会发生爆炸。乙炔与氮、一氧化碳、水蒸气混合会降低爆炸的危险性。

③ 乙炔如与铜、银等长期接触也能生成乙炔铜和乙炔银等爆炸物质。

④ 乙炔溶解在液体中，会大大降低爆炸性。

⑤ 乙炔的爆炸性与储存乙炔的容器形状和大小有关。容器直径越小，越不容易发生爆炸。乙炔储存在有毛细管状物质的容器中，即使压力增加到2.65MPa时也不会发生爆炸。

（2）乙炔的制取　工业用乙炔主要采用乙炔发生器由水分解工业用电石得到。

制取乙炔常用的乙炔发生器种类很多，按压力可以分为中压乙炔发生器（产生表压力为0.0069~0.127MPa乙炔气体的乙炔发生器）和低压乙炔发生器（产生表压力低于0.0069MPa乙炔气体的乙炔发生器）；按照电石与水接触方式的不同，可分为排水式、电石入水和排水联合式；按位置形式不同，可分为移动式和固定式。中压乙炔发生器的种类及技术性能见表3-49。

表3-49　中压乙炔发生器的种类及技术性能

型　号	Q3-0.5	Q3-1	Q3-3	Q4-5	Q4-10
正常生产率/(m^3/h)	0.5	1	3	5	10
乙炔工作压力/MPa	0.045~0.1	0.045~0.1	0.045~0.1	0.1~0.12	0.045~0.1

（续）

型号		Q3-0.5	Q3-1	Q3-3	Q4-5	Q4-10
安全阀漏气压力/MPa		0.115	0.115	0.115	0.15	0.15
防爆膜爆破压力/MPa		0.18～0.28	0.18～0.28	0.18～0.28	0.18～0.28	0.18～0.28
发气室乙炔最高温度/℃		90	90	90	90	90
电石一次装入量/kg		2.4	5.0	13.0	12.5	25.5
电石允许颗粒度/mm		25×50 50×80	25×50 50×80	25×50 50×80	15×25	15×25 25×50 50×80
发生器水容量/L		30	65	330	338	818
结构形式		排水式	排水式	排水式	联合式	联合式
安装形式		移动式	移动式	固定式	固定式	固定式
外形尺寸	长/mm	515	1210	1050	1450	1700
	宽/mm	505	675	770	1370	1800
	高/mm	930	1150	1755	2180	2690
净重（不含水和电石）/kg		45	115	260	750	980

对于质量要求高的气焊，应采用经过净化和干燥处理的乙炔。工业用电石是由生石灰和焦炭在电炉中熔炼而成的。乙炔气焊和切割用的电石质量等级与性能应符合表3-50中规定的要求。

表3-50 乙炔气焊和切割用的电石质量等级与性能

指标名称			指标			
			一级品	二级品	三级品	四级品
电石粒度/mm	80～200	发气量/(L/kg)	305	285	265	235
	50～80		305	285	255	235
	50～80		300	280	250	230
乙炔中PH_3含量（体积分数）(%)			0.08	0.08	0.08	0.08
乙炔中H_2S含量（体积分数）(%)			0.15	0.15	0.15	0.15

（3）乙炔的存储

1）由于乙炔受压时容易引起爆炸，因此不能采取加压直接装瓶的方法来储存。工业上通常利用其在丙酮中溶解度大的特性，将乙炔灌装在盛有丙酮或多孔物质的容器中，通常称为溶解乙炔或瓶装乙炔。

2）乙炔瓶体通常被漆成白色，并漆有“乙炔”红色字样。瓶内装有浸满丙酮的多孔性填料，可使乙炔以1.5MPa的压力安全地储存在瓶内。使用时，必须使用乙炔减压器将乙炔压力降低到低于0.103MPa方可使用。多孔性填料通常用质轻而多孔的活性炭、木屑、浮石和硅藻土等混合制作。

3）焊接时，一般要求乙炔的纯度大于98%，规定的灌装条件是：温度为15℃时，充装压力不得大于1.55MPa。瓶装乙炔由于具有安全、方便、经济等优点，是目前大力推广应用的一种乙炔供给方法。

2. 石油气

石油气是石油加工过程中的产品或副产品。切割中使用的石油气有单质气体，如丙烷、乙烯；也有炼油的副产品——多组分混合气，通常为丙烷、丁烷、戊烷和丁烯等混合物。

（1）丙烷（C_3H_8） 丙烷是切割中常用的燃气，其相对分子质量为44.094。总热值比乙炔高，但单位质量分子的燃烧热低于乙炔，火焰温度较低，且火焰热量比较分散。丙烷在纯氧中完全燃烧时的化学反应式为 $C_3H_8+5O_2 \rightarrow 3CO_2+4H_2O$。由该反应式可知，1个体积丙烷完全燃烧的理论耗氧量为5个体积。当丙烷在空气中燃烧时，实际耗氧量3.5个体积即形成中性火焰，火焰的温度为2520℃。而氧化焰的最高温度约为2700℃。

氧-丙烷中性火焰的燃烧速度为3.9m/s，回火的危险性较小，爆炸范围较窄，在氧气中为23%～95%。但耗氧量比乙炔高，因着火点高，不容易着火。

（2）丙烯（C_3H_6） 丙烯的相对分子质量为42.078，总热值比丙烷低，但火焰温度较高。丙烯在纯氧中完全燃烧的化学反应式为 $C_3H_6+4.5O_2 \rightarrow 3CO_2+3H_2O$。由该反应式可知，1个体积丙烷完全燃烧的理论耗氧量为4.5个体积。在空气中燃烧时形成中性火焰的实际耗氧量为2.6个体积。中性火焰的温度为2870℃。当丙烯与氧的混合比为1∶3.6时即成氧化焰，可获得较高的火焰温度。

由于丙烯的耗氧量低于丙烷，而火焰温度又较高，国外曾一度用作切割气体。

（3）丁烷（C_4H_{10}） 丁烷的相对分子质量为58.12，其总热值高于丙烷。丁烷在纯氧中完全燃烧的化学反应式为 $C_4H_{10}+6.5O_2 \rightarrow 4CO_2+5H_2O$。由该反应式可知，1个体积丁烷完全燃烧的理论耗氧量为6.5个体积。在空气中燃烧时形成中性火焰的实际耗氧量为4.5个体积，比丙烷高。丁烷与氧或空气的混合气体爆炸范围窄（体积分数为1.5%～8.5%），不易发生回火。但因其火焰温度低，因此不能单独用作切割的燃气。

（4）液化石油气 液化石油气是石油工业的一种副产品，主要成分为丙烷（C_3H_8）、丁烷（C_4H_{10}）、丙烯（C_3H_6）、丁烯（C_4H_8）和少量的乙炔（C_2H_2）、乙烯（C_2H_4）、戊烷（C_5H_{12}）等碳氢化合物。液化石油气在普通温度和大气压下，组成液化石油气的这些碳氢化合物以气态存在，但只要加上0.8～1.5MPa的压力就会变为液体以便于瓶装存储和运输。

工业上一般使用气态的石油气。气态石油气是一种略带臭味的无色气体，在标准状态下，石油气比空气密度大，其密度为1.8～2.5kg/m³。液化石油气的几种主要成分均能与空气或氧气构成具有爆炸性的混合气体，但爆炸混合比值范围较小，与使用乙炔相比价格便宜，比较安全，不会发生回火。液化石油气安全燃烧所需氧气量比乙炔大，火焰温度较乙炔低，燃烧速度也较慢，故液化石油气的割炬也应做相应的改制，要求割炬有较大的混合气体喷出截面，以降低流出速度，保证良好的燃烧。

采用液化石油气切割，必须注意调节液化石油气的供气压力，一般是通过液化石油气的供气设备来调节的。液化石油气的供气设备主要包括气体钢瓶、汽化器和调节器。

1）气体钢瓶。根据用户用量及使用方式，钢瓶容量也有所不同。工业上常采用30kg容量钢瓶，如果单位液化石油气用量较大，还可制造1.5t和3.5t的大型储气罐。

钢瓶的制造材料可采用Q345（16Mn）钢、甲类钢Q235或20优质碳素钢等。钢瓶最大工作压力为1.6MPa，水压试验为3MPa。液化石油气钢瓶外表涂银灰色，并标明“液化石油气”字样。常用液化石油气钢瓶的规格见表3-51。钢瓶经试验鉴定后，固定在瓶体上的金属牌应注明制造厂商、编号、质量、容量、制造日期、试验日期、工作压力、试验压力等，并标有制造厂检查部门的钢印。

表3-51 常用液化石油气钢瓶的规格

类别	容积/L	外径/mm	壁厚/mm	全高/mm	自重/kg	材质	耐压试验水压/MPa
12～12.5kg	29	325	2.5	—	11.5	Q345（16Mn）	3
15kg	34	335	2.5	645	12.8	Q345（16Mn）	3
20kg	47	380	3	650	20	Q235	3

2）汽化器。又称蛇管式换热器。管内通液化石油气，管外通40～50℃的热水，以供给液化石油气蒸发所需要的热量。

管外所通热水可由外部供给，也可以用本身的液化石油气燃烧来加热。加热水所消耗的燃料仅占整个石油气汽化量的2.5%左右。通常在用户量较大、液化石油气中丁烷含量大、饱和蒸气压低、冬季在室外作业等情况下才要考虑使用汽化器。

3）调压器。调压器有两个作用：一是将钢瓶内的压力降至工作时所需要的压力，二是稳定输出压力并保证供气量均匀。

调压器的最大优点在于其输出气体的压力可在一定范围内调节。一般民用调压器用于切割一般厚度的钢板，其输出压力为2～3MPa。民用调压器只要通过更换弹簧，其输出压力就可提高至25MPa左右。但在改制时必须保证安全阀弹簧处不漏气，具体的办法是拧紧安全阀弹簧。如果液化石油气的用量太大，则应使用大型调压器，如果用乙炔瓶罐装液化石油气，则可使用乙炔调压器。

对于切割一般厚度的钢板，减压器的输出压力：手工切割时为2.5MPa左右，自动切割时为10～30MPa。必须用明火点燃，点燃后再增加氧气和石油气量，需调至火焰最短，呈蓝色，伴有呜呜声响时火焰温度最高，方可进行预热和切割。

（5）天然气　天然气是油气田的产物，其成分随产地而异，主要成分是甲烷（CH_4），也属于碳氢化合物。甲烷在常温下为无色、有轻微臭味的气体，其液化温度为-162℃，与空气或氧气混合时也会发生爆炸，甲烷与氧的混合气体爆炸范围为5.4%～59.2%（体积分数）。甲烷在氧气中燃烧速度为5.5m/s。甲烷在纯氧中完全燃烧时的化学反应式为$CH_4+2O_2 \rightarrow CO_2+2H_2O$。由该反应式可知，其理论耗氧量为1∶2，空气中燃烧时形成中性火焰的实际耗氧量为1∶1.5，火焰温度约为2540℃，比乙炔低得多，因此切割时需要预热较长的时间。通常在天然气丰富的地区用作切割的燃气。

（6）氢气（H_2）　氢气是无色无味的可燃性气体，氢的相对原子质量最小，可溶于水。氢气具有最大的扩散速度和很高的导热性，其热导率比空气大7倍，极易泄漏，点火能量低，是一种最危险的易燃易爆气体。在空气中的自燃点为560℃，在氧气中的自燃点为450℃，氢氧火焰温度可达2660℃（中性焰）。氢气具有很强的还原性，在高温下，它可以从金属氧化物中使金属还原。制备氢气的常用方法有分解粗汽油法、分解氨水法和电解水法。氢气可以加压装入钢瓶中，在温度21℃时充气压力为14MPa（表压）。

氢气常被用于等离子弧的切割和焊接，有时也用于铅的焊接。在熔化极气体保护焊时在Ar中加入适量H_2，可增大母材的输入热量，提高焊接速度和效率。气焊或切割时氢气的使用技术要求见表3-52。

表3-52 气焊或切割时氢气的使用技术要求

指标名称（体积分数）	超纯氢	高纯氢	纯氢
氢含量（≥）（%）	99.9999	99.999	99.99
氧含量（≤）（10^{-4}%）	0.2	1	5
氮含量（≤）（10^{-4}%）	0.4	5	60
CO含量（≤）（10^{-4}%）	0.1	1	5
CO_2含量（≤）（10^{-4}%）	0.1	1	5
甲烷含量（≤）（10^{-4}%）	0.2	1	10
水含量（质量分数≤）（10^{-4}%）	1.0	3	30

注：超纯氢、高纯氢中氧含量指氧和氩的总量；超纯氢指管道氢，不包括瓶装氢。

3.4.10 焊接用气体的选用

CO_2气体保护焊、惰性气体保护焊、混合气体保护焊、等离子弧焊、保护气氛中的钎焊以及氧乙炔焊、切割等都要使用相应的气体。焊接用气体的选择主要取决于焊接、切割方法，除此之外，还与被焊金属的性质、焊接接头质量要求、焊件厚度和焊接位置及工艺方法等因素有关。

1. 根据焊接方法选用气体

根据在施焊过程所采用的焊接方法不同，焊接、切割或气体保护焊用的气体也不相同。焊接方法与焊接用气体的选用见表3-53。保护气体中钎焊常用气体的选用见表3-54。各种气体在等离子弧切割中的适用性见表3-55。

表3-53 焊接方法与焊接用气体的选用

焊接方法		焊接气体				
气焊		$C_2H_2+O_2$		H_2		
气割		$C_2H_2+O_2$	液化石油气$+O_2$	煤气$+O_2$	天然气$+O_2$	
等离子弧切割		空气	N_2	$Ar+N_2$	$Ar+H_2$	N_2+H_2
钨极惰性气体保护焊（TIG）		Ar	He	Ar+He		
实芯焊丝焊接	熔化极惰性气体保护焊（MIG）	Ar	He	Ar+He		
	熔化极活性气体保护焊（MAG）	$Ar+O_2$	$Ar+CO_2$	$Ar+CO_2+O_2$		
	CO_2气体保护焊	CO_2	CO_2+O_2			
药芯焊丝焊接		CO_2	$Ar+O_2$	$Ar+CO_2$		

表3-54 保护气体中钎焊常用气体的选择

气体	性质	化学成分及纯度要求（体积分数）	用途
氩气	惰性	氩 >99.99%	合金钢、热强合金、铜及铜合金
氢气	还原性	氢 100%	合金钢、热强合金及无氧铜
分解氨	还原性	氢 75%，氮 25%	碳钢、低合金钢及无氢铜
非充分压缩的分解氨	还原性	氢（7~20）%，其余氮	低碳钢
氮气	相对于铜是惰性	氮 100%	铜及铜合金

表3-55 各种气体在等离子弧切割中的适用性

气体	主要用途	备注
Ar、$Ar+H_2$、$Ar+N_2$、$Ar+H_2+N_2$	切割不锈钢、有色金属或合金	Ar 仅用于切割较薄金属
N_2、N_2+H_2		N_2作为水再压缩等离子弧的工作气体，也可用于切割碳素钢
O_2、空气	切割碳素钢和低合金钢，也用于切割不锈钢和铝	重要的铝合金结构件一般不用

2. 根据被焊材料选用气体

在气体保护焊中，除了自保护焊丝外，无论是实芯焊丝还是药芯焊丝，均有一个与保护气体（介质）适当组合的问题。这一组合带来的影响比较明确，没有焊丝-焊剂组合那样复杂，因为保护气体只有惰性气体与活性气体两类。

惰性气体（Ar）保护焊时，焊丝成分与熔敷金属成分相近，合金元素基本没有什么损失；而活性气体保护焊时，由于CO_2气体的强氧化作用，焊丝合金过渡系数降低，熔敷金属成分与焊丝成分产生较大差异。保护气氛中CO_2气体所占比例越大，氧化性越强，合金过渡系数越低。因此，采用CO_2作为保护气体时，焊丝中必须含有足够量的脱氧合金元素，满足Mn、Si联合脱氧的要求，以保护焊缝金属中合适的含氧量，改善焊缝的组织和性能。

保护气体须根据被焊金属性质、接头质量要求及焊接工艺方法等因素选用。对于低碳钢、低合金高强钢、不锈钢和耐热钢等，焊接时宜选用活性气体（如CO_2、$Ar+CO_2$或$Ar+O_2$）保护，以细化过渡熔滴，克服电弧阴极斑点飘移及焊道边缘咬边等缺陷。有时也可采用惰性气体保护。但对于氧化性强的保护气体，须匹配高锰高硅焊丝，而对于富Ar混合气体，则应匹配低硅焊丝。保护气体必须与焊丝相匹配。含较高Mn、Si含量的CO_2焊焊丝用于富氩条件时，熔敷金属合金含量偏高，强度增高；反之，富氩条件所用的焊丝用CO_2气体保护时，由于合金元素的氧化烧损，合金过渡系数低，焊缝性能下降。

对于铝及铝合金、钛及钛合金、铜及铜合金、镍及镍合金、高温合金等容易氧化或难熔的金属，焊接时应选用惰性气体（如Ar或Ar+He混合气体）作为保护气体，以获得优质的焊缝金属。

保护气体的电离势（即电离电位）对弧柱电场强度及母材热输入等影响轻微，起保护作用的是保护气体的传热系数、比热容和热分解等性质。熔化极反极性焊接时，保护气体对电弧的冷却作用越大，母材输入热量也越大。

不同材料焊接时保护气体的适用范围见表3-56。熔化极惰性气体保护焊时不同被焊材料适用的保护气体见表3-57。大电流等离子弧焊用保护气体的选用见表3-58。小电流等离子弧焊用保护气体的选用见表3-59。

表3-56　不同材料焊接时保护气体的适用范围

被焊材料	保护气体	化学性质	焊接方法	主要特性
铝及铝合金	Ar	惰性	TIG MIG	TIG焊采用交流。MIG焊采用直流反接，有阴极破碎作用，焊缝表面光洁
钛、锆及其合金	Ar	惰性	TIG MIG	电弧稳定燃烧，保护效果好
铜及铜合金	Ar	惰性	TIG MIG	产生稳定的射流电弧，但板厚大于5~6mm时需预热
	N_2	—	熔化极气保焊	输入热量大，可降低或取消预热，有飞溅及烟雾，一般仅在脱氧铜焊接时使用氮弧焊，氮气来源方便，价格便宜
不锈钢及高强度钢	Ar	惰性	TIG	适用于薄板焊接
碳钢及低合金钢	CO_2	氧化性	MAG	适于短路电弧，有一定飞溅
镍基合金	Ar	惰性	TIG MIG	对于射流、脉冲及短路电弧均适用，是焊接镍基合金的主要气体

表3-57　熔化极惰性气体保护焊时不同被焊材料适用的保护气体

保护气体	被焊材料	保护气体	被焊材料
Ar	除钢材外的一切金属	Ar + CO_2(1~3)%	铝合金
Ar + He	一切金属，尤其适用于铜和铝的合金的焊接	Ar + $N_2$0.2% Ar + $H_2$6%	铝合金 镍及镍合金
He	除钢材外的一切金属	Ar + N_2(15~20)%	铜
Ar + O_2 (0.5~1)%	铝	N_2	铜
Ar + $O_2$1%	高合金钢	CO_2	非合金钢
Ar + O_2 (1~3)%	合金钢	CO_2 + O_2(15~20)%	非合金钢
Ar + O_2 (1~5)%	非合金钢及低合金钢	水蒸气	非合金钢
Ar + $CO_2$25%	非合金钢	Ar + O_2(3~7)% + CO_2(13~17)%	非合金钢及低合金钢

表 3-58 大电流等离子弧焊用保护气体的选用

被焊材料	板厚/mm	保护气体	
		小孔法	熔透法
碳钢	<3.2	Ar	Ar
	>3.2	Ar	Ar
低合金钢	<3.2	Ar	Ar
	>3.2	Ar	He75% +Ar25%
不锈钢	<3.2	Ar 或 Ar92.5% +He7.5%	Ar
	>3.2	Ar 或 Ar95% +He5%	He75% +Ar25%
铜	<2.4	Ar	He 或 He75% +Ar25%
	>2.4	—	He
镍合金	<3.2	Ar 或 Ar92.5% +He7.5%	Ar
	>3.2	Ar 或 Ar95% +He5%	He75% +Ar25%
活性金属	<6.4	Ar	Ar
	>6.4	Ar+He (50~75)%	He75% +Ar25%

表 3-59 小电流等离子弧焊用保护气体的选用

被焊材料	板厚/mm	保护气体	
		小孔法	熔透法
铝	<1.6	—	Ar, He
	>1.6	He	He
碳钢	<1.6	—	Ar, He25% +Ar75%
	>1.6	Ar, He75% +Ar25%	Ar, He75% +Ar25%
低合金钢	<1.6	—	Ar, He, Ar+H_2 (1~5)%
	>1.6	He75% +Ar25%, Ar+H_2 (1~5)%	Ar, He, Ar+H_2 (1~5)%
不锈钢	所有厚度	Ar, He75% +Ar25%, Ar+H_2(1~5)%	Ar,He,Ar+H_2(1~5)%
铜	<1.6	—	He25% +Ar75%
	>1.6	He75% +Ar25%, He	Ar, He75% +Ar25%
镍合金	所有厚度	Ar, He75% +Ar25%,Ar+H_2(1~5)%	Ar,He,Ar+H_2(1~5)%
活性金属	<1.6	Ar, He75% +Ar25%, HeAr	Ar
	>1.6	He75% +Ar25%, He	Ar, He75% +Ar25%

3.5 钨电极

钨电极是用具有熔点高、耐腐蚀、高密度，良好的导热和导电性材料制成的。由于其属性，钨电极广泛用于焊接。钨电极研磨或抛光后，其最终的颜色不同，可以分辨差异，如图3-6所示。更重要的是，其最终颜色不同，钨的含量也不同。焊接时，选择正确的钨电极，会使焊接更容易，获得高品质的焊接件。选择钨极要考虑的因素有电源（逆变器或变压器）、焊接材料（钢、铝或不锈钢）和材料厚度的类型。

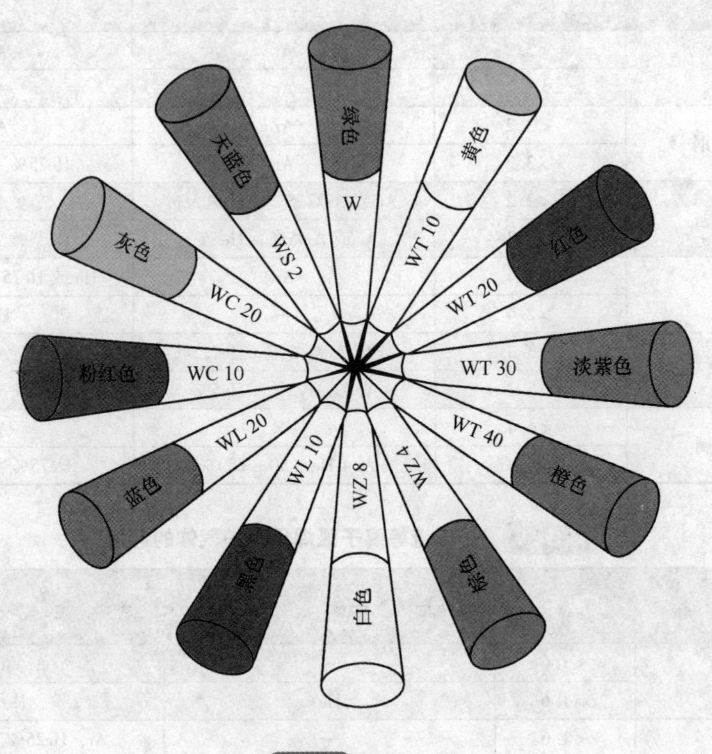

图 3-6 钨电极

钨电极主要用于 TIG 焊，在钨基体中通过粉末冶金的方法掺入 0.3% ~5% 的稀土元素（如铈、钍、镧、锆、钇等）而制作的钨合金条，再经过压力加工而成，直径为 0.25 ~6.4mm，标准长度为 75 ~600mm，而最常使用的直径规格为 1.0mm、1.6mm、2.4mm 和 3.2mm，电极端的形状对 TIG 焊而言是一项重要因素，当使用直流正接时，电极端需磨成尖状，且其尖端角度随着应用范围、电极直径和焊接电流而改变，窄的接头需要一较小的尖端角，当焊接非常薄的材料时，需以低电流、似针状的最小电极来进行，以稳定电弧，而适当的接地电极可确保容易引弧，获得良好的电弧稳定度及适当的焊道宽度。当以交流电源来焊接时，不必磨电极端，因为使用适当的焊接电流时，电极端会形成一半球状，假如增加焊接电流，则电极端会变为灯泡状及可能熔化而污染熔金。

钍钨电极操作简便，即使在超负荷的电流下也能很好地运作，仍然有很多人使用这种材料，它被看作是高质量焊接的一部分。虽然如此，人们还是逐渐地将目光转到其他类型的钨电极，例如铈钨电极和镧钨电极。由于钨钍电极中的氧化钍会产生微量的辐射，使得部分焊接人员不愿意靠近它们。

3.5.1 钨电极的种类

气体保护焊专用电极按化学成分进行分类，主要有纯钨电极、铈钨电极、钍钨电极、锆钨电极、锆钨电极、镧钨电极及复合电极等。对钨极的要求是：电流容量大、施焊烧损小、引弧性能好、电弧稳定。钨电极的种类、化学成分及特点见表3-60。

表3-60 钨电极的种类、化学成分（质量分数,%）及特点

电极名称	牌号	添加的氧化物		杂质含量	钨含量
		种类	含量		
铈钨电极	WCe20	CeO_2	1.8~2.2	<0.20	余量
	铈钨电极特点及应用				
	铈钨电极电子逸出功低，化学稳定性高，而且允许的电流密度大，没有放射性污染，属于绿色环保产品。只需使用较小电流即可实现轻松的引弧，而且维弧电流也相当小，在直流小电流的焊接条件下，铈钨电极使用较为广泛，尤其适宜于管道、细小部件的焊接				
钍钨电极	WTh20	ThO_2	1.7~2.2	<0.20	余量
	钍钨电极特点及应用				
	钍钨电极电子放射能力强，电弧燃烧较稳定，综合性能优良，尤其是能承受过载电流。但是钍钨电极有轻微的放射性，所以在某些场合应用受到限制。钍钨电极通常用于碳钢、不锈钢、镍及镍合金、钛及钛合金的直流电源焊接				
锆钨电极	WZ3	ZrO_2	0.2~0.4	<0.20	余量
	WZ8		0.7~0.9		
	锆钨电极特点及应用				
	锆钨电极在交流电源条件下使用表现较好，在焊接过程中，电极端部能保持圆球状而且电弧比纯钨电极更稳定，尤其体现在高载荷条件下的优越表现，更是其他电极所不能替代的。锆钨电极同时还具有良好的耐蚀性。锆钨电极主要适用于铝、镁及合金的交流电源焊接				
镧钨电极	WL10	La_2O_3	0.8~1.2	<0.20	余量
	WL15		1.3~1.7		
	WL20		1.8~2.2		
	镧钨电极特点及应用				
	镧钨电极焊接性能优良，导电性能接近钍钨电极（WTh20），焊接过程中没有放射性元素对人体造成伤害。同时焊工不需要改变任何焊接操作程序，即可快速方便地用此电极替代钍钨电极。镧钨电极主要用于直流电源焊接				
纯钨电极	WP	—	—	<0.20	余量
	纯钨电极特点及应用				
	在所有的钨电极中价格最便宜，适用于交流电源焊接铝、镁及其合金				

3.5.2 钨电极的选用

1. 根据承载电流选择钨电极直径

钨电极的焊接电流承载能力与钨电极直径有较大的关系，焊接工件时，可根据焊

接电流选择合适的钨电极直径，见表3-61。

表3-61 根据焊接电流大小选择钨电极直径

钨电极直径/mm	直流电流/A		交流电流/A
	电极接正极（+）	电极接负极（-）	
1.0	—	15~80	10~80
1.6	10~19	60~150	50~120
2.0	12~20	100~200	70~160
2.4	15~25	150~250	80~200
3.2	20~35	220~350	150~270
4.0	35~50	350~500	220~350
4.8	45~65	420~650	240~420
6.4	65~100	600~900	360~560

2. 根据电极材料的不同选择钨电极

目前实际工作中使用较多的钨电极主要有纯钨电极、铈钨电极和钍钨电极等，应根据电极材料的不同选择合适的电极。钨电极的性能对比见表3-62。

表3-62 钨电极的性能对比

名称	空载电压	电子逸出功	小电流断弧间隙	弧压	许用电流	放射性计量	化学稳定性	大电流烧损	寿命	价格
纯钨电极	高	高	短	较高	小	无	好	大	短	低
铈钨电极	较低	较低	较长	较低	较大	小	好	较小	较长	较高
钍钨电极	低	低	长	低	大	无	较好	小	长	较高

3.5.3 钨电极端部的形状

钨电极端部的形状分为平端部、锥形、半圆形和球形。在焊接过程中钨电极端部的形状对电弧的稳定性有很大的影响，常用钨电极端部形状与电弧稳定性的关系见表3-63。

表3-63 常用钨电极端部形状与电弧稳定性的关系

钨电极端部形状	钨电极种类	电流极性	适用范围	电弧燃烧情况
90°	铈钨或钍钨电极	直流正接	大电流	稳定

（续）

钨电极端部形状	钨电极种类	电流极性	适用范围	电弧燃烧情况
30°	铈钨或钍钨电极	直流正接	小电流薄板焊接	稳定
D R d	铈钨或钍钨电极	直流正接	直径小于1mm的细钨丝电极连续焊	良好
D R d	纯钨电极	交流	铝、镁及其合金焊接	稳定

3.5.4 钨电极的工作原理

钨极气体保护电弧焊所需热量，由非熔化电极和被焊部件间的电弧供给。用来传输电流的电极是一种纯钨棒或钨合金棒。通过焊枪供给的惰性气体层保护加热了的焊接区熔融金属和钨极不受空气污染，利用电弧作用来焊接焊缝，相邻的工件和填充金属被熔化，并随着焊缝金属的凝固而连接在一起。电流通过被电离的惰性气体使之产生电弧。气体的正离子从电弧的正极流向电弧的负极，电子从负极移向正极。在钨电极与工件之间引燃电弧进行焊接。

3.5.5 钨电极的正确使用

1）钨电极的形状选用：

① 尖锥形：适用于小电流焊接薄板和弯边对接焊缝。

② 圆弧形：适用于交流电源焊接，但直流正接时，电弧不稳。

③ 圆柱形：适用于焊接铝、镁及其合金，但直流正接方法不可用。

④ 平底形：适用于直流正接，电弧较集中，燃烧稳定，焊缝成形良好。

2）钨电极伸出长度。钨电极伸出越长，保护效果越差；伸出过小，影响视线，操作不方便。一般喷嘴内径为8mm时，钨电极伸出2~4mm为宜；喷嘴内径为10mm时，伸出4~6mm为宜。

3）针对钨电极尺寸选择合适的焊接电流。电流过大将引起钨电极尖端过快熔化滴落或汽化。

4）仔细检查钨电极是否夹紧，并尽可能得保持清洁。

5）不管是在焊接过程中，还是电弧熄灭后直到钨电极冷却，应始终保持有保护气体。

6）如果使用过程中钨电极受到飞溅的污染，则要求重新打磨电极尖端。

3.5.6 钨电极的修磨

钨电极磨锥后，尖端直径应适当，太大时，电弧不稳定；太小时，容易熔化。一般要根据焊接电流的大小来决定。磨修的长度一般为钨电极直径的3~5倍，末端的最小直径应为钨极直径的1/2。

1）TIG焊时，钨电极要及时、正确地修磨，否则将影响钨电极的许用电流、引弧及稳弧性能。一般锥面光滑、尖端有细小台阶的，不容易秃，且稳弧效果好些。

2）对于焊接材料中含有低电离能物质（比如表面镀锌），会造成钨电极易熔化，加速烧损，所以使用时应注意材料表面的清洁。

3）小电流焊接时，选用小直径钨电极和小的端部角度，可使电弧容易引燃和稳定；大电流焊接时，增大钨电极端部的角度可避免端部过热熔化，减少损耗，并防止电弧往上扩展而影响阴极斑点的稳定性。

4）当采用交流电源时，应选择球形端部，如图3-7c所示；当采用直流正接时，选择圆台形端部，如图3-7b所示。采用锥形时，尖端角度 α 的大小及端部直径的选择选择有关，见表3-64。一般选择30°的锥角，高度不超过3mm，尖端直径为0.5~1.0mm。

5）磨钨电极时，电极接负极时端部是尖圆锥形，而接正极时端部为半球形。电极端部不得磨偏，即有中心线误差。刃磨后应抛光表面。

表3-64 钨极端头形状及电流范围（直流正接）

钨电极直径/mm	尖端直径/mm	尖端角度/（°）	恒定电流/A	脉冲电流/A
1	0.13	12	2~15	2~25
1	0.25	20	5~30	5~60
1.6	0.5	25	8~50	8~100
1.6	0.8	30	10~70	10~140
2.4	0.8	35	12~90	12~180
2.4	1.1	45	15~150	15~250

（续）

钨电极直径/mm	尖端直径/mm	尖端角度/（°）	恒定电流/A	脉冲电流/A
3.2	1.1	60	20～200	20～300
3.2	1.5	90	25～250	25～350

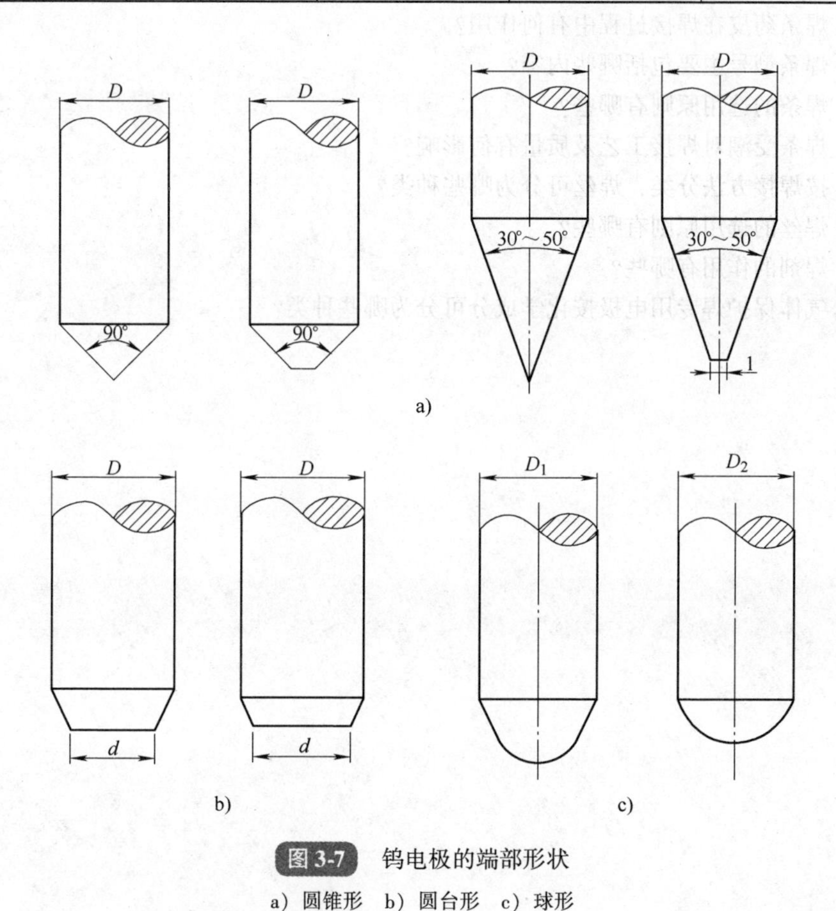

图3-7 钨电极的端部形状

a）圆锥形 b）圆台形 c）球形

3.5.7 钨电极预防放射线伤害的措施

1）钍钨电极应有专用的贮存设备，大量存放时应藏于铁箱里，并安装排气管。

2）采用密闭罩施焊时，在操作中不应打开罩体，手工操作时，必须戴送风防护头盔或采用其他有效措施。

3）应备有专门砂轮来磨削钍钨电极，砂轮机要安装除尘设备，砂轮机地面上的磨屑要经常做湿式扫除，并做集中深埋处理。

4）磨削钍钨电极时应戴防尘口罩。接触钍钨电极后应以流动水和肥皂洗手，并经常清洗工作服和手套等。

5）焊割时应选择合理的规范，避免钍钨电极的过量烧损。

6）尽可能不用钍钨电极而用铈钨电极或镧钨电极，因后两者无放射性。

复习思考题

1. 焊接时，焊芯在焊接过程中有何作用？
2. 焊条药皮在焊接过程中有何作用？
3. 焊条型号主要包括哪些内容？
4. 焊条的选用原则有哪些？
5. 焊条受潮对焊接工艺及质量有何影响？
6. 按焊接方法分类，焊丝可分为哪些种类？
7. 焊丝的选用原则有哪些？
8. 焊剂的作用有哪些？
9. 气体保护焊专用电极按化学成分可分为哪些种类？

第4章　焊接作业准备

☺ 理论知识要求

1. 了解焊件坡口的形状知识。
2. 了解开坡口的含义及主要目的。
3. 了解坡口的加工方法。
4. 了解焊件坡口的选择原则。
5. 了解坡口的几何尺寸。
6. 了解焊前预热的主要目的及预热方法。
7. 了解焊件焊前装配检查的主要内容。

☺ 操作技能要求

1. 能对板材焊件进行装配及定位焊，并保证定位焊质量。
2. 能对管材焊件进行装配及定位焊，并保证定位焊质量。

4.1　焊件坡口准备

焊件坡口是根据设计或工艺需要，在工件的待焊部位加工成一定几何形状并经装配后构成的沟槽，用机械、火焰或电弧加工坡口的过程称为开坡口。开坡口的目的是为保证电弧能深入到焊缝根部使其焊透，并获得良好的焊缝成形以及便于清渣。对于合金钢来说，坡口还能起到调节母材金属和填充金属比例的作用。

4.1.1　焊件坡口的形状

根据坡口形状的不同，坡口可分成I形（不开坡口）、Y形、双Y形、V形、双V形、U形、双U形、单边V形、K形、J形等形式，如图4-1所示。

1. V形坡口

V形坡口为最常用的坡口形式。这种坡口便于加工，焊接时为单面焊，不用翻转焊件，但焊后焊件容易产生变形。

2. 双V形坡口

双V形坡口是在单V形坡口的基础上发展起来的一种坡口形式，当焊件厚度增大时，V形坡口的空间面积随之加大，因此大大增加了填充金属（焊条或焊丝）的消耗量和焊接作业时间。采用双V形坡口后，在同样的厚度下，能减少焊缝金属量约1/2，并且是对称焊接的，所以焊后焊件的残余变形也比较小。其缺点是焊接时需要翻转焊件，或需要在圆筒形焊件的内部进行焊接，劳动条件较差。

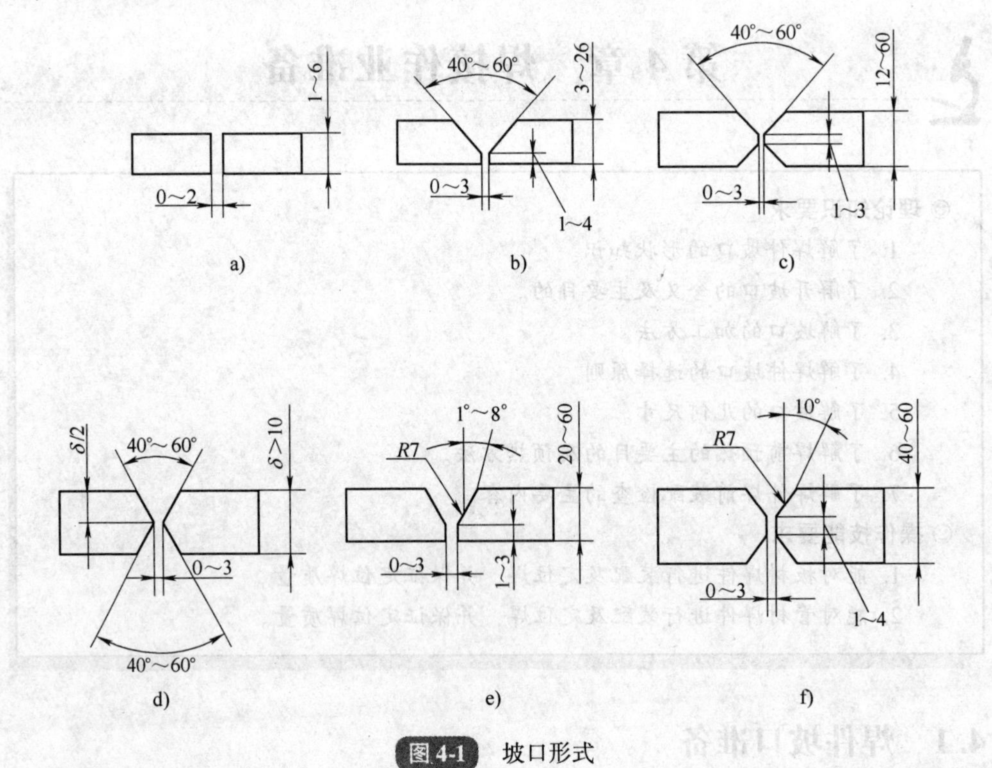

图 4-1　坡口形式

a) I 形坡口　b) Y 形坡口　c) 双 Y 形坡口　d) 双 V 形坡口　e) 带钝边 U 形坡口　f) 带钝边双 U 形坡口

3. U 形坡口

U 形坡口的空间面积在焊件厚度相同的条件下比 V 形坡口小得多，所以当焊件厚度较大、只能单面焊接时，为提高焊接生产率，可采用 U 形坡口。但是由于这种坡口有圆弧，所以加工比较复杂，特别是在圆筒形焊件的筒壳上加工更加困难。

当工艺上有特殊要求时，生产中还经常采用各种比较特殊的坡口。例如，焊接厚壁圆筒形容器时，为减少容器内部的焊接工作量，可采用双单边 V 形坡口，即内浅外深。厚壁圆筒形容器的终接环缝采用较浅的 V 形坡口，而外壁为减少埋弧焊的工作量，可采用 U 形坡口，于是形成一种组合坡口。

4. 1. 2　坡口的几何尺寸

根据设计或工艺需要，在焊件的待焊部位加工成一定几何形状的沟槽叫作坡口。

（1）坡口面　焊件上的坡口表面叫作坡口面，如图 4-2 所示。

（2）坡口面角度和坡口角度　待加工坡口的端面与坡口面之间的夹角叫作坡口面角度；两坡口面之间的夹角叫作坡口角度，如图 4-2 所示。开单面坡口时，坡口角度等于坡口面角度；开双面对称坡口角度时，坡口角度等于两倍的坡口面角度。

(3) 根部间隙 焊前在接头根部之间预留的空隙叫作根部间隙，如图 4-2 所示。根部间隙的作用在于焊接打底焊道时，能保证根部可以焊透。

(4) 钝边 焊件开坡口时，沿焊件接头坡口根部的端面直边部分叫作钝边，如图 4-2 所示。钝边的作用是防止根部焊穿。

(5) 根部半径 在 J 形、U 形坡口底部的圆角半径叫作根部半径，如图 4-2 所示。根部半径的作用是增大坡口根部的空间，使焊条能够深入根部，以促使根部焊透。

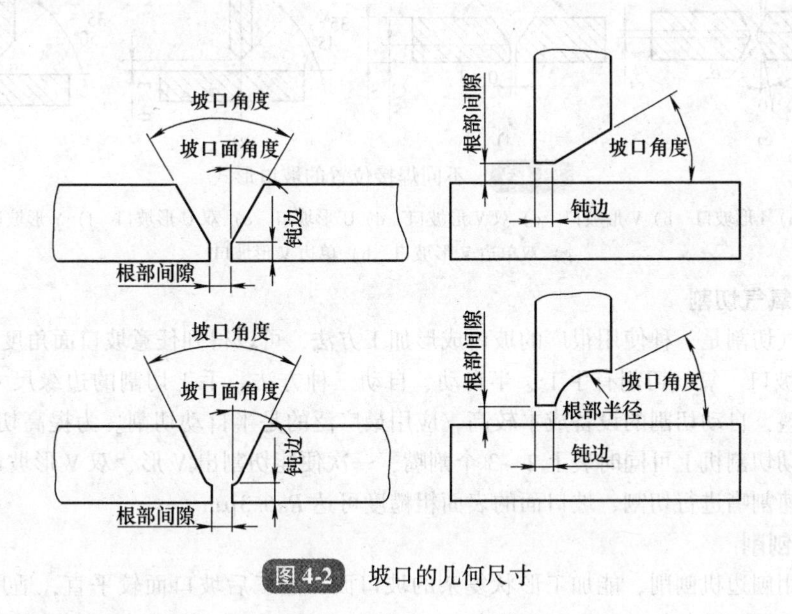

图 4-2 坡口的几何尺寸

4.1.3 焊件坡口的选择原则

1) 能够保证工件焊透（焊条电弧焊熔深一般为 2 ~ 4mm），且便于焊接操作，如在容器内部不便焊接的情况下，要采用单面坡口在容器的外面焊接。

2) 坡口形状应容易加工。

3) 尽可能提高焊接生产率和节省焊条。

4) 尽可能减小焊后工件的变形。

4.1.4 不同焊接位置的坡口选择

不同焊接位置的坡口形式如图 4-3 所示。

4.1.5 坡口的加工方法

坡口成形的加工方法需根据钢板厚度及接头形式而定，目前常用的加工方法有以下几种：

1. 剪切

对于采用 I 形接头的较薄钢板，可用剪板机剪切。

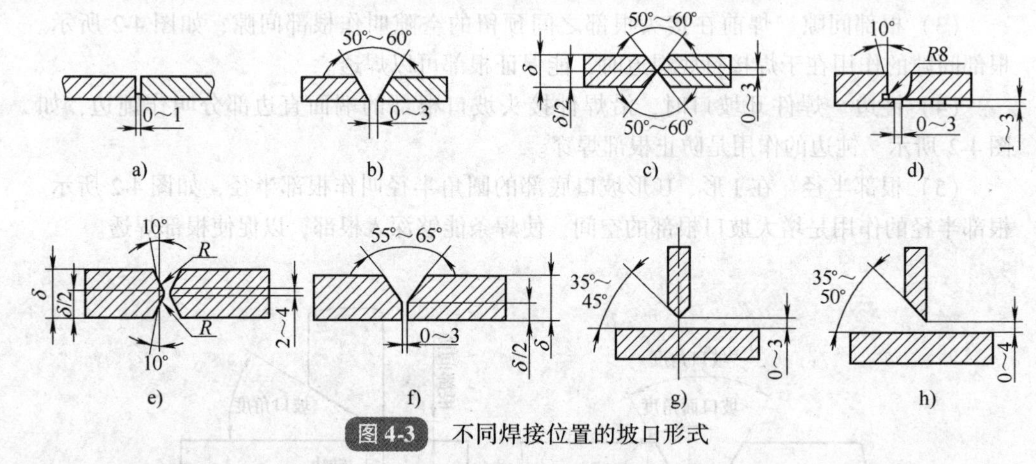

图 4-3　不同焊接位置的坡口形式

a）I 形坡口　b）V 形坡口　c）双 V 形坡口　d）U 形坡口　e）双 U 形坡口　f）Y 形坡口
g）双单边 V 形坡口　h）单边 V 形坡口

2. 氧气切割

氧气切割是一种使用很广的坡口成形加工方法，可以得到任意坡口面角度的 V 形、双 V 形坡口。氧气切割有手工、半自动、自动三种方法。手工切割的边缘尺寸及角度不太平整，自动切割的设备成本较高，应用最广泛的是半自动切割。为提高切割效率，在半自动切割机上可同时装上 2～3 个割嘴，一次便能切割出 V 形、双 V 形坡口，目前采用高速割嘴进行切割，坡口面的表面粗糙度可达 $Ra6.3\mu m$。

3. 刨削

利用刨边机刨削，能加工形状复杂的坡口面，加工后坡口面较平直，适用于较长的直线形坡口面的加工。这种方法加工不开坡口的边缘时，可一次刨削成叠钢板，效率很高。

4. 车削

对于圆筒形零件的环缝，可利用立式车床进行车削坡口面。这种方法效率高，坡口面的加工质量好。

5. 碳弧气刨

利用碳弧气刨枪对焊件坡口加工或挑焊根，与风铲相比，能改善劳动条件且效率较高，特别是在开 U 形坡口时更为显著。其缺点是要用直流电源，刨割时烟雾大，应注意通风。

4.2　焊前预热

4.2.1　焊前预热的目的

焊前预热就是焊前将焊件局部或整体进行适当加热的工艺措施，其目的主要有以下几方面：

1）预热可有效降低焊接接头的冷却速度，有利于焊缝金属中扩散氢逸出，可避免氢致裂纹。

2）预热可延长热影响区800～500℃温度区间的冷却时间。焊接接头从刚刚凝固的高温向室温冷却过程中，金相组织将发生变化，奥氏体从800℃开始发生转变，当冷却较慢时，就转变成铁素体和珠光体或屈氏体，这样就避免出现马氏体淬硬组织，提高了焊接接头抗裂性，从而避免焊接裂纹。

3）预热可降低焊接应力。预热（局部预热或整体预热）可减小焊接区与焊件整体温度之间温差值（也称温度梯度），此温差值越小，焊接区与焊件结构间温度不均匀性也越小，其结果，一方面降低了焊接应力，另一方面降低了焊接应变速率，有利于避免焊接裂纹。

4）预热可降低焊接结构的拘束度，对降低角接拘束度尤为明显，随着预热温度的提高，裂纹率下降。

4.2.2　焊前预热的方法

焊前预热的方法一般采用火焰加热、炉内整体加热、红外线加热和工频感应加热等。

1. 火焰加热

采用氧乙炔焰或城市煤气或液化石油气作为燃料形成的火焰加热焊件，是普遍使用的局部预热方法。根据焊件需要预热部位的形状，可制成环形、直线形、扇形等各种形状的加热炬。

2. 炉内整体加热

当焊件特厚，局部加热需要时间长，或者形状复杂时，可将焊件整体放在加热炉内进行加热，如锅炉汽包筒体与管座焊接，高压加热器厚壁水室锻件与水管焊接都采用了炉内整体加热的方法。

由于大型焊件的整体加热给装配及焊接工作带来恶劣条件，因此只有在不得已的情况下才采用。

3. 红外线加热

红外线加热的原理是利用燃料燃烧或电能加热一个特殊处理的表面后，产生波长为0.7～20μm的远红外线，这是一种较强的热源，可用来加热焊件。

1）利用燃料燃烧产生远红外线的装置称气远红外加热器。使用时，内网温度达900～1200℃，外网温度达550～870℃。

2）利用电能产生远红外线的装置称电远红外加热器。根据被预热焊件的形状，可将一组或几组由加热器组装成相应的装置固定在支架上，或用电磁铁直接吸在焊件上。电远红外加热器不受焊件内、外和上、下位置的限制，均可安放。

4. 工频感应加热

利用工业频率50Hz的交流电流在焊件上造成交变磁场，形成涡流，产生热量来加热焊件。由于集肤效应，热量趋向集中在焊件外层，所以适用于中、薄焊件的预热。加热时，利用铜合金的空心导管作为加热元件，先在被加热焊件上局部包上石棉布，再在石棉布外缠上纯铜管，铜管中间通入冷却水，保证铜管外面再包上石棉布，将导管接通电源变压器即可加热。工频加热不需要用变频设备，工厂供电即可直接使用，但因是感性负载，降低了网络的功率因数。

4.3 焊前装配及定位焊

4.3.1 焊件焊前装配的检查

焊件焊前装配的检查主要包括以下几点：

1）检查焊接结构件的外形尺寸是否符合图样要求。

2）组装结构件的板材厚度和材质是否符合技术要求。

3）被焊表面是否有锈迹、油污、氧化皮等。

4）检查焊缝坡口形式是否与设计相符合。

5）检查坡口尺寸是否正确。

6）检查装配间隙、坡口钝边。

7）检查接头装配是否对准。

4.3.2 定位焊

焊前为固定焊件的相对位置进行的焊接操作叫作定位焊。定位焊形成的短小而断续的焊缝叫作定位焊缝。通常定位焊缝都比较短小，焊接过程中都不去掉，而成为正式焊缝的一部分保留在焊缝中，因此定位焊缝的质量好坏，位置、长度和高度等是否合适，将直接影响正式焊缝的质量及焊件的变形。生产中发生的一些重大质量事故，如结构变形大、出现未焊透及裂纹等缺陷，往往是定位焊不合格造成的，因此对定位焊必须引起足够的重视。

焊接定位焊缝时应注意以下几方面：

1）必须按照焊接工艺规定的要求焊接定位焊缝。如采用与工艺规定的同牌号、同直径的焊条，用相同的焊接参数施焊；若工艺规定焊前需预热，焊后需缓冷，则焊定位焊缝前也要预热，焊后也要缓冷。

2）定位焊缝必须保证熔合良好，焊道不能太高。起头和收尾处应圆滑不能太陡，防止焊缝接头时两端焊不透。

3）定位焊缝的长度、高度、间距见表4-1和表4-2。

4）定位焊缝不能焊在焊缝交叉处或焊缝方向发生急剧变化的地方，通常至少应离开这些地方50mm才能焊定位焊缝。

5）为防止焊接过程中工件裂开，应尽量避免强制装配，必要时可增加定位焊缝的长度，并减小定位焊缝的间距。

6）定位焊后必须尽快焊接，避免中途停顿或存放时间过长，定位焊用电流可比焊接电流大10%～15%。

4.3.3　板材焊件的装配及定位焊

1. 板材焊件的装配

板材焊件的装配是为了保证板材焊件外形尺寸和焊缝坡口间隙，通常用焊条电弧焊进行定位焊缝的焊接，如图 4-4 所示。

2. 定位焊

定位焊是正式焊缝的组成部分，它的质量会直接影响正式焊缝的质量，定位焊缝不得有裂纹、夹渣、焊瘤等焊接缺陷。板材焊件定位焊如图 4-5 所示。

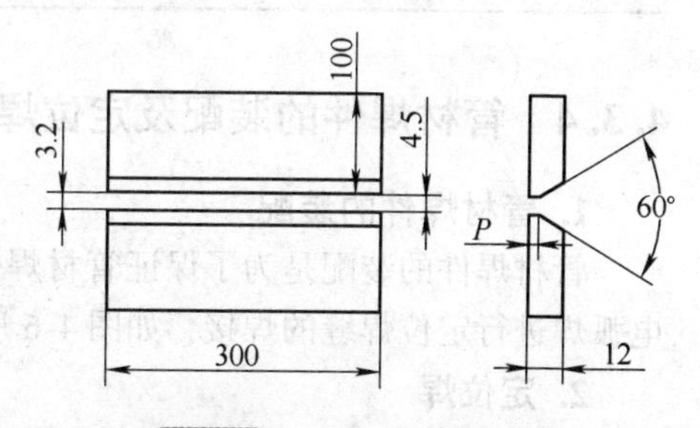

图 4-4　板材焊件的装配

板材焊件的定位焊应注意以下事项：

1）定位焊的引弧和收弧都应在坡口内，如图 4-5 所示。

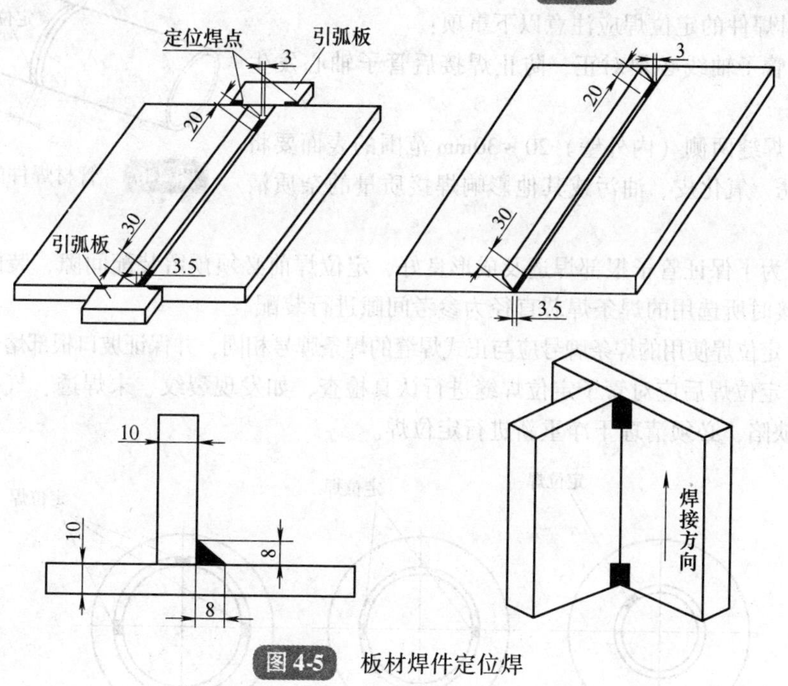

图 4-5　板材焊件定位焊

2）对于双面焊且背面需要清根的焊缝，定位焊最好在坡口背面。

3）当焊接结构件形状对称时，定位焊缝应对称分布。

4）角焊缝定位焊缝的角焊尺寸不得大于设计焊脚尺寸的 1/2。

5）定位焊时，工件温度比正常焊接时要低，由于热量不足而容易产生未焊透，故焊接电流应比正常焊接电流大 10% ~15%，同时收弧时应及时填满弧坑，防止弧坑产生焊接裂纹。

6）定位焊缝的尺寸一般根据工件大小、钢材厚度来决定，见表 4-1。

表 4-1　板材定位焊缝的参考尺寸

焊件厚度/mm	定位焊缝高度/mm	焊缝长度/mm	间距/mm
≤4	<3	5～10	50～100
4～12	3～6	10～20	100～200
>12	6	15～30	100～300

4.3.4　管材焊件的装配及定位焊

1. 管材焊件的装配

管材焊件的装配是为了保证管材焊件的外形尺寸和焊缝坡口间隙，通常采用焊条电弧焊进行定位焊缝的焊接，如图 4-6 所示。

2. 定位焊

管材焊件定位焊缝的数量和位置如图 4-7 所示。

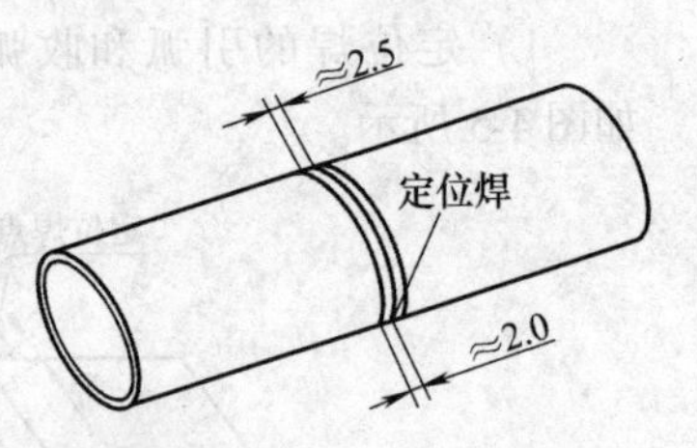

图 4-6　管材焊件的装配

管材焊件的定位焊应注意以下事项：

1）管子轴线必须对正，防止焊接后管子轴心发生偏斜。

2）焊缝两侧（内外壁）20～30mm 范围的表面要将水、铁锈、氧化皮、油污或其他影响焊接质量的杂质清理干净。

3）为了保证管子根部焊透及成形良好，定位焊前必须预留装配间隙，装配间隙可根据焊接时所选用的焊条焊芯直径为参考间隙进行装配。

4）定位焊使用的焊条牌号应与正式焊缝的焊条牌号相同，并保证坡口根部熔合良好。

5）定位焊后应对管子定位焊缝进行认真检查，如发现裂纹、未焊透、气孔、夹渣等焊接缺陷，必须清理干净重新进行定位焊。

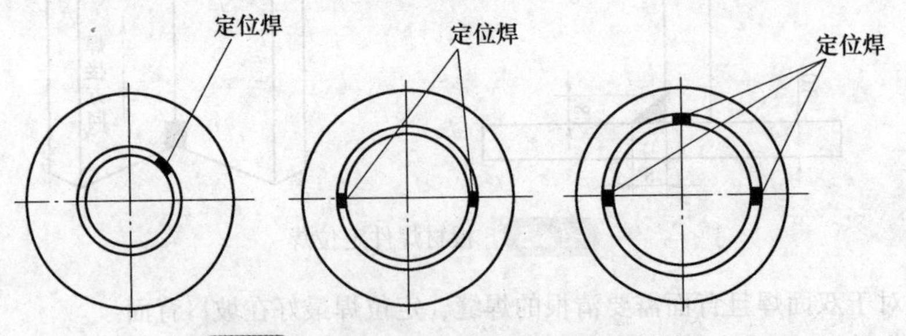

图 4-7　管材焊件定位焊缝的数量和位置

6）定位焊的焊渣、飞溅必须清理到位，并将定位焊两端修磨成斜坡状。

7）小口径管（DN < 50mm）的定位采用定位焊，焊点对称布置；大口径管（DN >125mm）的定位焊缝不少于 4 处，焊缝长度为 15～30mm，如图 4-7 所示。

8）管材定位焊缝长度和点数见表 4-2。

表 4-2 管材定位焊缝长度和点数

公称管径/mm	定位焊缝长度/mm	点数/处
DN≤50	10	1~2
50 < DN≤200	15~30	3
200 < DN≤300	40~50	4
300 < DN≤500	50~60	5
500 < DN≤700	60~70	6
DN > 700	80~90	7

4.3.5 管板材焊件的装配及定位焊

1. 管板材焊件的装配

管板材焊件的装配是为了保证管板材焊件的外形尺寸、焊缝坡口间隙及相对位置，通常采用焊条电弧焊进行定位焊缝的焊接，如图 4-8 所示。

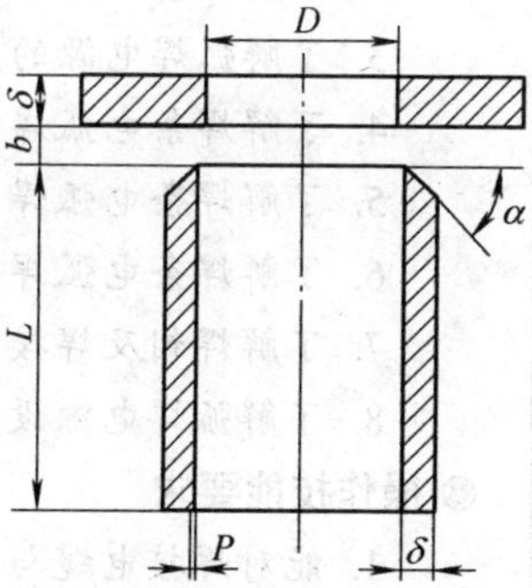

图 4-8 管板材焊件装配

2. 定位焊

管板材焊件定位焊如图 4-9 所示。

管板材焊件装配定位焊应注意以下事项：

1）管板材定位焊缝两端应尽可能呈斜坡状，以方便焊缝的接头。

2）焊缝两侧（内外壁）20~30mm 范围的表面要将水、铁锈、氧化皮、油污或其他影响焊接质量的杂质清理干净。

3）为了保证管板材根部焊透及成形良好，定位焊前必须预留装配间隙。

4）定位焊使用的焊条牌号应与正式焊缝的焊条牌号相同，并保证坡口根部熔合良好。

5）定位焊后应对管板材定位焊缝进行认真检查，如发现裂纹、未焊透、气孔、夹渣等焊接缺陷，必须清理干净，重新进行定位焊。

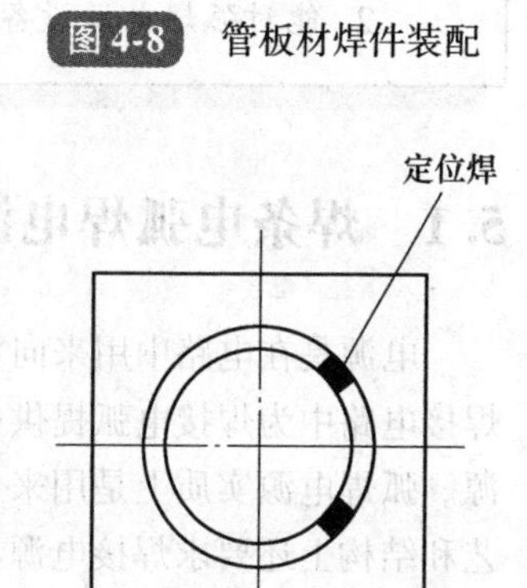

图 4-9 管板材焊件定位焊

6）定位焊的焊渣、飞溅必须清理到位，并将定位焊缝两端修磨成斜坡状。

7）定位焊应沿圆周均匀分布，同时定位焊点数根据管径的大小进行确定。

复习思考题

1. 开坡口的含义是什么？焊件开坡口的主要目的是什么？
2. 焊件坡口的选择原则主要包括哪些？
3. 焊前预热的主要目的有哪些？
4. 焊件焊前装配的检查主要包括哪些内容？

第5章 弧焊设备

☺ 理论知识要求

1. 了解弧焊电源的分类知识。
2. 了解焊条电弧焊电源的具体要求。
3. 了解弧焊电源的主要技术参数。
4. 了解焊条电弧焊电源的型号。
5. 了解焊条电弧焊电源的铭牌相关知识。
6. 了解焊条电弧焊电源的选择及使用知识。
7. 了解焊钳及焊接电缆的选用知识。
8. 了解弧焊电源设备安全操作规程及注意事项。

☺ 操作技能要求

1. 能对焊接电缆与焊机进行连接安装。
2. 能对弧焊电源设备进行基本的维护。

5.1 焊条电弧焊电源简介

电源是在电路中用来向负载供给电能的装置，而焊条电弧焊的焊接电源，即是在焊接电路中为焊接电弧提供电能的设备。为区别于其他的电源，这类电源称为弧焊电源。弧焊电源实质上是用来进行电弧放电的电源，弧焊电源必须具有各种外特性。工艺和结构上还要求焊接电源具有适当的空载电压，容易引弧，同时根据不同直径的焊条、不同的焊接位置来调节焊接电流，并保证短路电流不大于额定电流的1.5倍。此外，还能维持不同功率的电弧稳定燃烧，满足消耗电能少、使用安全、容易维护等要求。

5.1.1 弧焊电源的分类

按弧焊电源电路结构原理来分析，弧焊电源可分为弧焊变压器、弧焊整流器和弧焊逆变器等，对应的焊机被称为交流弧焊机、直流弧焊机及逆变弧焊机。

1. 交流弧焊机

交流弧焊机是由变压器和电抗器两部分组成的，一般接单相电源。其基本原理是通过变压器达到焊接所需要的空载电压，并经过电抗器来获得下降的外特性。交流弧焊机有串联电抗器式和增强漏磁式两种结构。

2. 直流弧焊机

交流弧焊机比直流弧焊机经济，但在电弧稳定性方面不如直流弧焊机，因而限制了它的应用范围。在焊接较重要的焊接构件时，多采用直流弧焊机。直流弧焊机按变流的方式不同分为弧焊整流器、直流发电机（现已淘汰）和逆变整流器。

1）直流弧焊机多采用硅整流和晶闸管整流两种电路处理方式，具有外特性好，调节能力强等优点。

2）逆变整流器是由电子电路控制可调外特性和工艺参数的弧焊直流电源。与硅整流器比较最突出的优点是：高效节能、质量小、体积小和具有良好的弧焊工艺性能等。

逆变整流器的基本原理是把网路工频（50Hz）交流电变换成中频（几百到几万赫兹）交流电后，再降压和整流以获得直流电输出。

3. 各种弧焊电源的特点及应用

各种弧焊电源的特点及应用见表5-1。

表5-1 各种弧焊电源的特点及应用

名称	特点及应用
交流弧焊电源	交流弧焊电源一般指的是弧焊变压器，其作用是把网路电压的交流电变成适宜于电弧焊的低压交流电。它具有结构简单、易造易修、成本低、磁偏吹小、噪声小、效率高等优点，但电弧稳定性较差，功率因数较低。一般应用于焊条电弧焊、埋弧焊和钨极氩弧焊等方法
直流弧焊电源	直流弧焊发电机是由直流发电机和原动机（电动机、柴油机、汽油机）组成的。其特点是坚固耐用、电弧燃烧稳定，但损耗较大、效率低、噪声大、成本高、质量大、维修难。电动机驱动的直流弧焊发电机属于国家规定的淘汰产品
	弧焊整流器是把交流电经降压整流后获得直流电的电气设备。它具有制造方便、价格较低、空载损耗小和噪声小等优点，且大多数可以远距离调节焊接参数，能自动补偿电网电压波动对输出电压、电流的影响。可用作各种弧焊方法的电源
弧焊逆变器	弧焊逆变器是把单相或三相交流电经整流后，由逆变器转变为几千至几万赫兹的中频交流电，经降压后输出交流电或直流电。它具有高效、节能、质量小、体积小、功率因素高和焊接性能好等优点。可用于各种弧焊方法，是一种最有发展前途的新型弧焊电源
脉冲弧焊电源	脉冲弧焊电源提供的电流是周期性脉冲式的。它具有效率高、热输入①较小，可在较大范围内调节热输入等优点。它特别适合于对热输入较敏感的高合金材料、薄板和全位置焊接

① 热输入是指熔焊时，由焊接热源输入给单位长度焊缝上的热量。

5.1.2 对焊条电弧焊电源的要求

弧焊电源是为电弧提供电能的装置，因此其特性和结构与一般电力电源比较，有着显著的区别，这是弧焊工艺的特点所决定的。在电弧焊中，焊接电弧是焊接回路中的负载，它将电能转换成热能以作为焊接工作的热源。弧焊电源是为电弧负载提供电能并保证焊接工艺过程稳定的装置。焊条电弧焊电源是一种利用焊接电弧所产生的热量来熔化焊条和焊件的电气设备。为了有效保证获得优质的焊接接头主要因素是电弧能否稳定燃烧，而决定电弧稳定燃烧的首要因素则是弧焊电源。因此，对弧焊电源应具有以下基本要求：引弧容易；保证电弧稳定燃烧；保证焊接参数稳定（主要指焊接电流和电压）；可调节焊接参数。为了达到上述的具体要求，就必须要求弧焊电源具有一定的电气性能。

1. 弧焊电源的外特性要求

1）电弧的稳定燃烧，一般是指在电弧电压和电流给定时，电弧放电处在长时间内连续进行的状态。电弧焊时，弧焊电源和焊接电弧组成了一个供电和用电系统，在稳定状态下，也即电源在其他参数不变的情况下，弧焊电源的输出电压与输出电流之间的关系，称为弧焊电源的外特性。弧焊电源的外特性也称弧焊电源的伏安特性或静特性。它可用关系式表示：

$$U_{输}=f(I_{输})$$

在以电压为纵轴、电流为横轴的直角坐标系中，弧焊电源的外特性可表示为一条曲线，这条曲线称为弧焊电源的外特性曲线，如图 5-1 所示。

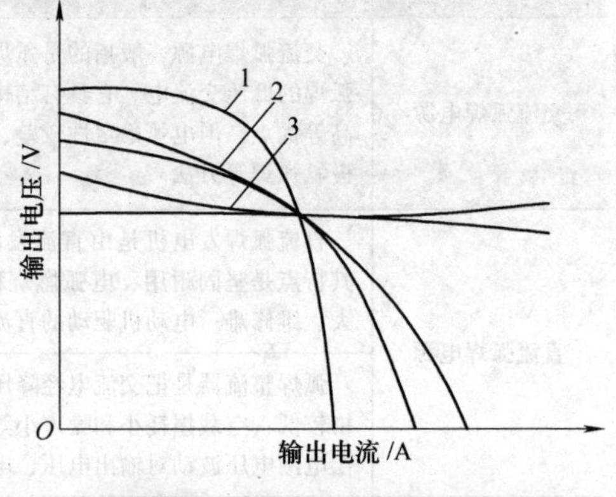

图 5-1　弧焊电源的外特性曲线

1—陡降（恒流）特性　2—缓降特性

3—平（低压）特性

2）弧焊电源的外特性基本可分为两种类型：

① 下降特性，即随着输出电流的增加，输出电压降低。下降特性分为三种类型：陡降（恒流）特性，适于钨极氩弧焊和等离子弧焊，在电弧电压（弧长）变化时电流几乎不变；曲线缓降特性适于一般焊条电弧焊和埋弧焊，电压（弧长）变化时电流也变化，但变化不大；近直线缓降特性适于粗丝 CO_2 焊和一般焊条电弧焊、埋弧焊，特别适于立位和仰位的焊接。

② 平外特性，即输出电流变化时，输出电压基本不变。

③ 上升外特性，即随着输出电流增大，输出电压随之上升。

平特性分为两种类型：平或稍下降的外特性适于等速送丝的粗丝气体保护焊；上升特性适于等速送丝的细丝气保焊。对平特性电源，弧长变化电压变化极小而电流变化显著，可加强电弧自调节作用，保持焊接规范稳定。

电源外特性曲线和电弧静特性曲线的交点才是电弧燃烧工作点。在电流、电压偏离工作点时能自动修正回复到原工作点的才是稳定工作点。

3）弧焊电源外特性曲线形状的选择。焊条电弧焊时，在焊接回路中，弧焊电源与电弧构成供电用电系统。为了保证电弧稳定燃烧和焊接参数稳定，电源外特性曲线与电弧静特性曲线必须相交。因为在交点，电源供给的电压和电流与电弧燃烧所需要的

电压和电流相等，电弧才能燃烧。由于焊条电弧焊电弧静特性曲线的工作段在平特性区，所以只有陡降外特性曲线才与其有交点，如图5-2中的A点，此时电弧可以在电压U_A和焊接电流I_A的条件下稳定燃烧。因此，具有陡降外特性曲线的电源能满足焊条电弧焊电弧的稳定燃烧。

不同下降度的弧焊电源外特性曲线对焊接电流的影响情况如图5-3所示。从图5-3中可以看出，当弧长变化相同时，陡降外特性曲线1引起的电流偏差ΔI_1明显小于缓降外特性曲线2引起的电流偏差ΔI_2。因此当电弧长度变化时，陡降外特性电源引起的电流偏差小，电弧较稳定，缓降外特性电源引起的电流偏差大，不利于焊接参数的稳定。因此，焊条电弧焊应采用陡降外特性电源。

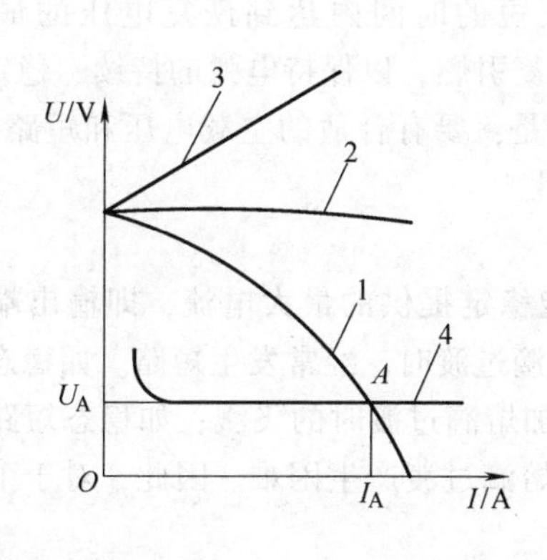

图5-2 弧焊电源外特性与电弧静特性的关系

1—下降外特性 2—平外特性

3—上升外特性 4—电弧静特性

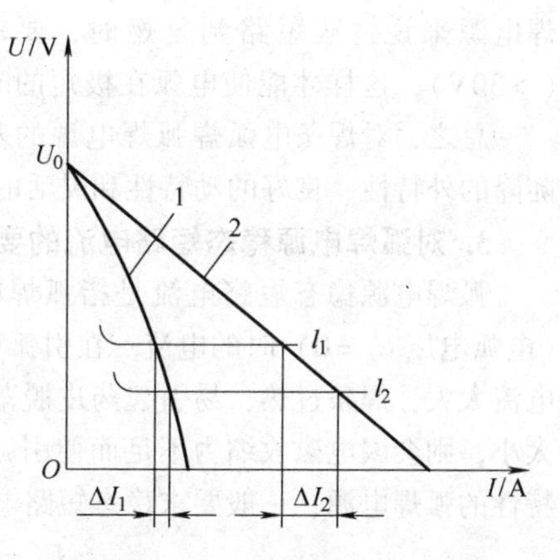

图5-3 不同下降度外特性曲线

2. 对弧焊电源动特性的要求

弧焊电源的动特性是指弧焊电源对焊接电弧的动态负载所输出的电流、电压对时间的关系，它表示弧焊电源对动态负载瞬间变化的反应能力。焊接电弧在焊接电路中作为一个负载，但不同于一般电路中的负载。例如，焊条电弧焊时，焊条与工件相碰，焊接电源要迅速提供合适的短路电流；焊条抬起时，焊接电源要很快达到空载电压。焊接时，熔滴从焊条过渡到熔池，也频繁地发生上述的短路和重新引弧的过程。如果焊接电源输出的电流和电压不能很快地适应电弧焊这些过程中的变化，电弧就不能稳定燃烧甚至熄灭。因此，动特性好的电源，按弧长的变化能很快地提供所需要的电流与电压，使电弧从一个稳定工作点过渡到另一个稳定工作点；电源的动特性好时，引弧容易，即使弧长有变化，电弧仍能稳定燃烧，焊接飞溅小，焊缝成形好。弧焊电源动特性是衡量弧焊电源质量的一个重要指标。

焊条电弧焊要求其焊接电源有较合适的动特性，这样才能获得预期有规则的熔滴过渡、稳定电弧、较小的飞溅和良好的焊缝成形。对动特性的具体要求，主要有以下几点：

(1) 合适的瞬时短路电流峰值　电弧焊时，由于引弧和熔滴过渡等均会造成焊接电路的短路现象。为了有利于引弧，加速金属的熔化和过渡，同时，为了缩短电源处于短路状态的时间，因此应当适当增大瞬时短路电流。但是过高的短路电流，会导致焊条与焊件的过热，甚至使焊件烧穿，还会增加飞溅以及电源过载。所以，必须要有合适的瞬时短路电流峰值，即限制短路电流的特性，通常规定短路电流不大于工作电流的1.5倍，具有陡降外特性的电源是能满足这一要求的。

（2）合适的短路电流上升速度　短路电流的上升速度是否合适，对焊条电弧焊或其他熔化极电弧焊的引弧和熔滴过渡均有一定的影响。一般要求有较快的短路电流上升速度，它也是标志弧焊电源动特性的一个主要指标。

（3）达到恢复电压最低值的时间应适当　为了保持焊接电弧的稳定燃烧，对弧焊电源来说，从短路到复燃时，要求能在较短的时间内达到恢复电压的最低值（>30V），这样才能使电弧在极短的时间内重复引燃，以保持电弧的持续、稳定。

总之，对焊条电弧焊弧焊电源的基本要求是：要有合适的空载电压和短路电流、陡降的外特性、良好的动特性和灵活的调节特性。

3. 对弧焊电源稳态短路电流的要求

弧焊电源稳态短路电流是指弧焊电源所能稳定提供的最大电流，即输出端短路（电弧电压 $U_h=0$）时的电流。在引弧和金属熔滴过渡时，经常发生短路。如稳态短路电流太大，焊条过热，易引起药皮脱落，并增加熔滴过渡时的飞溅；如稳态短路电流太小，则会因电磁收缩力不足而使引弧和焊条熔滴过渡产生困难。因此，对于下降外特性的弧焊电源，一般要求稳态短路电流

$$I_{wd}=(1.25\sim2.0)I_h$$

式中　I_{wd}——稳态短路电流（A）；

I_h——焊接电流（A）。

4. 对弧焊电源空载电压的要求

所谓空载电压就是当弧焊电源接通电网而焊接回路为开路时（没有接负载，焊接电流为零），弧焊电源输出端的电压，常用 U_0 表示。

在确定空载电压数值时，应遵循以下几项原则：

（1）电弧的稳定燃烧　为保证引弧容易，需要较高的空载电压，才能使两极间高电阻的接触处击穿。空载电压太低，引弧将发生困难，电弧燃烧也不够稳定。

（2）安全性　电源空载电压越高，对焊工越不安全。因此从保证焊工人身安全的角度出发，空载电压低些为好。

（3）经济性　弧焊电源的额定容量与焊接电流和焊接电压的乘积成正比，焊接电压与空载电压也有一定关系，即空载电压越高，焊接电压也越高，则电源的容量越大，制造电源所消耗的硅钢片和铜材也就越多。同时，对于弧焊变压器来说，空载电压越高，效率和功率因素就越低，使耗电费用增加。所以从降低制造成本出发，应采用较低的空载电压。

为保证顺利引弧和电弧稳定，要求电源有较高的空载电压，一般选 $U_{空}\geqslant(1.5\sim2.4)U_{工}$。但为保障焊工人身安全和焊机容量设计不太大，希望 $U_{空}$ 尽量低，一般不超过100V。

各种弧焊电源的空载电压要求见表5-2。

表5-2 各种弧焊电源的空载电压要求 （单位：V）

<table>
<tr><td rowspan="4">焊条电弧焊</td><td>变压器</td><td colspan="2">≤80</td><td rowspan="4">钨极氩弧焊</td><td rowspan="2">手工</td><td>交流70～90</td><td rowspan="4">CO_2焊及半自动焊</td><td rowspan="4">≤90</td></tr>
<tr><td>整流器</td><td colspan="2">≤85</td><td>直流65～80</td></tr>
<tr><td rowspan="2">发电机</td><td>单头</td><td>≤100</td><td rowspan="2">自动</td><td>交流70～100</td></tr>
<tr><td>双头</td><td>60</td><td>直流65～100</td></tr>
</table>

5. 对弧焊电源调节特性的要求

在焊接中，根据焊件的材质、厚度、焊接接头的形式、位置及焊条、焊丝直径等不同，需要选择不同的焊接参数，如焊接电流。要求弧焊电源能在一定范围内对焊接电流做均匀、灵活的调节，以便有利于保证焊接接头的质量。

对焊条电弧焊来说，弧焊电源的下降外特性曲线与电弧静特性曲线的交点中，只有一个电弧稳定燃烧点。因此，为了获得一定范围所需的焊接电流，就必须要求弧焊电源具有很多条可以均匀改变的外传性曲线簇，以便与电弧静特性曲线相交，得到一系列的稳定工作点，这就是弧焊电源的调节特性。最理想的弧焊电源调节特性是可改变其空载电压。焊条电弧焊的焊接电流变化范围一般为100～400A，如图5-4所示。

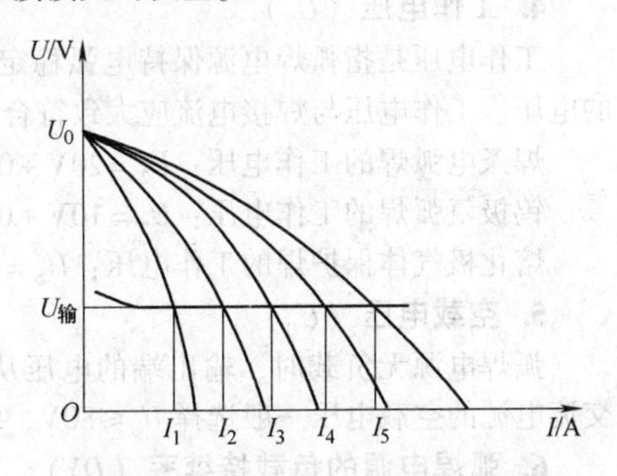

图5-4 焊条电弧焊电源的调节特性

6. 对弧焊电源结构的要求

对弧焊电源的结构，要求简单轻巧，制造容易，消耗材料少，成本低；同时，又要求它牢固，使用方便、可靠、安全和维护容易。在结构上，还要求在特殊环境下具备相应的适应性（如在高原、水下、野外焊接等）。

5.1.3 弧焊电源的主要技术参数

弧焊变压器主要技术参数包括额定电流、工作电流、额定工作电压、工作电压、空载电压、负载持续率等。

1. 弧焊电源的额定电流（I_e）

额定电流就是弧焊电源在负载持续率条件下，允许输出的最大电流。在不同负载持续率条件下，允许使用的输出电流可按下式计算：

$$额定电流=\frac{\sqrt{额定负载持续率}}{实际负载持续率}\times 实际负载持续率时的允许使用电流$$

即

$$I_e=\frac{\sqrt{DY_Y}}{DY}I_Y$$

式中　DY_Y——额定负载持续率；

DY——实际负载持续率；

I_Y——实际负载持续率时的允许使用电流。

例如，当 $DY_Y=60\%$，$I_Y=300A$，$DY=100\%$ 时，则 $I_e=\frac{\sqrt{0.6}}{1}\times 300A=232A$。

2. 工作电流调节范围（I_2）

弧焊电源在焊接电弧稳定燃烧时，能调节的输出电流范围用最大焊接电流 I_{max} 和最小焊接电流 I_{min} 对额定焊接电流 I_e 之比表示。一般要求 $I_{max}/I_e \geqslant 1$，对于钨极氩弧焊机 $I_{min}/I_e \leqslant 10\%$，对其他焊机 $I_{min}/I_e \leqslant 20\%$。

3. 额定工作电压（U_e）

与额定焊接电流相适应的工作电压被称为额定工作电压。

4. 工作电压（U_2）

工作电压是指弧焊电源保持电弧稳定燃烧时，所输出的端电压，即电源有负载时的电压。工作电压与焊接电流应大致符合如下关系：

焊条电弧焊的工作电压：$U_2=20V+0.04I_2$

钨极氩弧焊的工作电压：$U_2=10V+0.04I_2$

熔化极气体保护焊的工作电压：$U_2=14V+0.05I_2$

5. 空载电压（U_0）

弧焊电源无负载时，输出端的电压从既易引弧焊稳，又经济、安全的角度出发，交流电源的空载电压一般选择 $U_0 \leqslant 80V$，整流电源的空载电压一般选择 $U_0 \leqslant 90V$。

6. 弧焊电源的负载持续率（DY）

弧焊电源工作持续的时间与周期时间的比值，称为负载持续率。它用符号“DY”表示。全周期时间称为工作周期，包括负载持续时间与休息时间。在 GB/T 8118—2010《电弧焊机通用技术条件》中规定，工作周期为 10min 或连续。

负载持续率是在设计焊机时，用以表示某种工作类型的重要参数，它用百分数表示。在 GB/T 8118—2010 中规定，额定负载持续率有 20%、35%、60%、80%、100% 五种。

5.1.4　焊条电弧焊电源的型号

焊机型号根据 GB/T 10249—2010《电焊机型号编制办法》的规定，电焊机产品型号的编制方法由汉语拼音及阿拉伯数字组成。

1. 产品型号的编排及含义

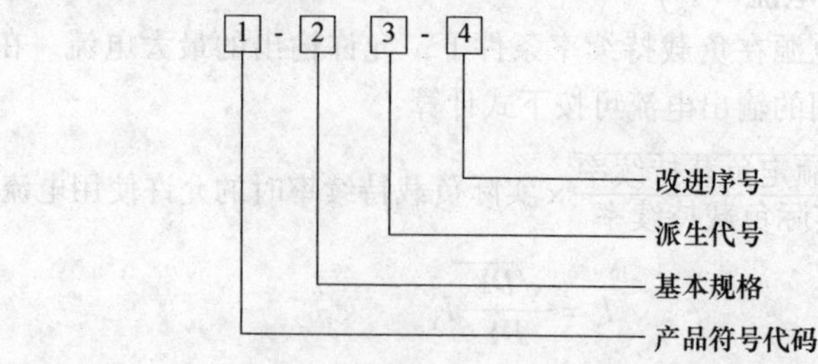

1）型号中2、4各项用阿拉伯数字表示。

2）型号中3项用汉语拼音字母表示。

3）型号中3、4项若不用时，可空缺。

4）改进序号按产品改进程序用阿拉伯数字连续编号。

2. 产品符号代码的编排及含义

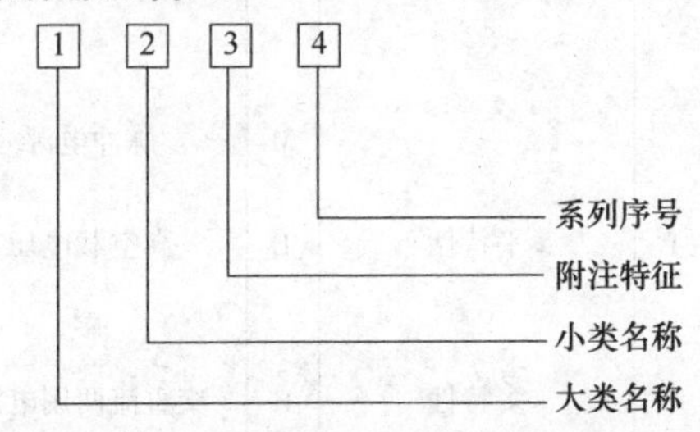

1）产品符号代码中1、2、3各项用汉语拼音字母表示。

2）产品符号代码中4项用阿拉伯数字表示。

3）附注特征和系列序号用于区别同小类的各系列和品种，包括通用和专用产品。

4）产品符号代码中3、4项若不需表示时，可以只用1、2项。

5）可同时兼作几大类焊机使用时，其大类名称的代表字母按主要用途选取。

6）如果产品符号代码的1、2、3项的汉语拼音字母表示的内容，不能完整表达该焊机的功能或有可能存在不合理的表述时，产品的符号代码可以由该产品的产品标准规定。

3. 部分产品的符号代码

部分产品符号代码的举例见表5-3。

表5-3 部分产品符号代码的举例

产品名称	第一字母		第二字母		第三字母		第四字母	
	代表字母	大类名称	代表字母	小类名称	代表字母	附注特征	数字序号	系列序号
电弧焊机	B	交流弧焊机（弧焊变压器）	X	下降特性	L	高空载电压	省略	磁放大器或饱和电抗器式
							1	动铁心式
							2	串联电抗器式
			P	平特性			3	动圈式
							4	
							5	晶闸管式
							6	变换抽头式
	A	机械驱动的弧焊机（弧焊发电机）	X	下降特性	省略	电动机驱动	省略	直流
					D	单纯弧焊发电机	1	交流发电机整流
			P	平特性	Q	汽油机驱动	2	交流
					C	柴油机驱动		
			D	多特性	T	拖拉机驱动		
					H	汽车驱动		

（续）

产品名称	第一字母		第二字母		第三字母		第四字母	
	代表字母	大类名称	代表字母	小类名称	代表字母	附注特征	数字序号	系列序号
电弧焊机	Z	直流弧焊机（弧焊整流器）	X	下降特性	省略	一般电源	省略	磁放大器或饱和电抗器式
							1	动铁心式
					M	脉冲电源	2	
							3	动线圈式
			P	平特性	L	高空载电压	4	晶体管式
							5	晶闸管式
							6	变换抽头式
			D	多特性	E	交直流两用电源	7	逆变式
	M	埋弧焊机	Z	自动焊	省略	直流	省略	焊车式
							1	横臂式
			B	半自动焊	J	交流	2	机床式
			U	堆焊	E	交直流	3	焊头悬挂式
			D	多用	M	脉冲		
	N	MIG/MAG 焊机（熔化极惰性气体保护弧焊机/活性气体保护弧焊机）	Z	自动焊	省略	直流	省略	焊车式
							1	全位置焊车式
			B	半自动焊			2	横臂式
					M	脉冲	3	机床式
			D	点焊			4	旋转焊头式
			U	堆焊			5	台式
					C	二氧化碳保护焊	6	焊接机器人
			G	切割			7	变位式
	W	TIG 焊机	Z	自动焊	省略	直流	省略	焊车式
							1	全位置焊车式
			S	手工焊	J	交流	2	横臂式
							3	机床式
			D	点焊	E	交直流	4	旋转焊头式
							5	台式
			Q	其他	M	脉冲	6	焊接机器人
							7	变位式
							8	真空充气式
	L	等离子弧焊机/等离子弧切割机	G	切割	省略	直流等离子	省略	焊车式
					R	熔化极等离子	1	全位置焊车式
			H	焊接	M	脉冲等离子	2	横臂式
					J	交流等离子	3	机床式
			U	堆焊	S	水下等离子	4	旋转焊头式
					F	粉末等离子	5	台式
			D	多用	E	热丝等离子	8	手工等离子
					K	空气等离子		

（续）

产品名称	第一字母		第二字母		第三字母		第四字母	
	代表字母	大类名称	代表字母	小类名称	代表字母	附注特征	数字序号	系列序号
电渣焊接设备	H	电渣焊机	S	丝板				
			B	板极				
			D	多用极				
			R	熔嘴				
	H	钢筋电渣压力焊机	Y		S	手动式		
					Z	自动式		
					F	分体式		
					省略	一体式		
电阻焊机	D	点焊机	N	工频	省略	一般点焊	省略	垂直运动式
			R	电容储能	K	快速点焊	1	圆弧运动式
			J	直流冲击波			2	手提式
			Z	次级整流			3	悬挂式
			D	低频				
			B	逆变	W	网状点焊	6	焊接机器人
	T	凸焊机	N	工频			省略	垂直运动式
			R	电容储能				
			J	直流冲击波				
			Z	次级整流				
			D	低频				
			B	逆变				
电弧焊机	F	缝焊机	N	工频	省略	一般缝焊	省略	垂直运动式
			R	电容储能	Y	挤压缝焊	1	圆弧运动式
			J	直流冲击波	P	垫片缝焊	2	手提式
			Z	次级整流			3	悬挂式
			D	低频				
			B	逆变				
	U	对焊机	N	工频	省略	一般对焊	省略	固定式
			R	电容储能	B	薄板对焊	1	弹簧加压式
			J	直流冲击波	Y	异形截面对焊	2	杠杆加压式
			Z	次级整流	G	钢窗闪光对焊	3	悬挂式
			D	低频	C	自行车轮圈对焊		
			B	逆变	T	链条对焊		
	K	控制器	D	点焊	省略	同步控制	1	分立元件
			F	缝焊	F	非同步控制	2	集成电路
			T	凸焊	Z	质量控制	3	微机
			U	对焊				

（续）

产品名称	第一字母		第二字母		第三字母		第四字母	
	代表字母	大类名称	代表字母	小类名称	代表字母	附注特征	数字序号	系列序号
螺柱焊机	R	螺柱焊机	Z S	自动 手工	M N R	埋弧 明弧 电容储能		
摩擦焊接设备	C	摩擦焊机	省略 C Z	一般旋转式 惯性式 振动式	省略 S D	单头 双头 多头	省略 1 2	卧式 立式 倾斜式
	搅拌摩擦焊机		产品标准规定					
电子束焊机	E	电子束焊枪	Z D B W	高真空 低真空 局部真空 真空外	省略 Y	静止式电子枪 移动式电子枪	省略 1	二极枪 三极枪
光束焊接设备	G	光束焊机	S	光束			1 2 3 4	单管 组合式 折叠式 横向流动式
	G	激光焊机	省略 M	连续激光 脉冲激光	D Q Y	固体激光 气体激光 液体激光		
超声波焊机	S	超声波焊机	D F	点焊 缝焊			省略 2	固定式 手提式
钎焊机	Q	钎焊机	省略 Z	电阻钎焊 真空钎焊				
焊接机器人	产品标准规定							

5.1.5 焊条电弧焊电源的铭牌

焊机除了有规定的型号外，在其外壳均标有铭牌，铭牌的内容主要有焊机的名称、型号、主要技术参数、绝缘等级、焊机制造厂、生产日期和焊机出厂编号等。其中，焊机铭牌中的主要技术参数主要记载着额定工作情况下的一些技术数据，如额定值、负载持续率等，是焊接生产中选用焊机的主要依据。

1. 额定值

额定值是对焊接电源规定的使用限额，如额定电压、额定电流和额定功率等。额

定焊接电流是焊条电弧焊电源在额定负载持续率条件下允许使用的最大焊接电流。负载持续率越大，表明在规定的工作周期内，焊接工作时间延长了，焊机的温升就要升高，为了不使焊机绝缘破坏，就要减小焊接电流。当负载持续率变小时，表明在规定的工作周期内，焊接工作的试件减少了，此时，可以短时提高焊接电流。当实际负载持续率与额定负载持续率不同时，焊条电弧焊机的许用电流就会变化，可按下式计算：

$$许用焊接电流=额定焊接电流\times\sqrt{\frac{额定负载持续率}{实际负载持续率}}$$

焊机铭牌上列出了几种不同负载持续率所允许的焊接电流。焊条电弧焊焊机都是以额定焊接电流表示其基本规格的。

按额定值使用弧焊电源，应是最经济合理、安全可靠的，既充分利用了设备，又保证了设备的正常使用寿命。超过额定值工作称为过载，严重过载将会损坏设备。

2. 负载持续率

负载持续率是指弧焊电源负载的时间占选定工作周期的百分率。它是用来表示弧焊电源工作状态的参数。其计算公式为

$$负载持续率=\frac{在选定的工作周期内焊机的负载时间}{选定的工作周期}\times100\%$$

我国标准规定，对于容量在500A以下的弧焊电源，以5min为一个工作周期计算负载持续率。例如，焊条电弧焊时只有电弧燃烧时才有负载，在更换焊条、清渣时电源没有负载。如果5min内有2min用于换焊条和清渣，那么负载时间只有3min，负载持续率则等于60%。焊机技术标准规定，焊条电弧焊电源的额定负载持续率为60%，轻便型电弧焊电源额定负载持续率可取15%、25%、35%。

对于任何一台电源，负载持续率越高，则允许使用的焊接电流越小。反之，负载持续率减小，允许使用的电流就增加。如BX3—300焊机，负载持续率为60%时，允许使用的焊接电流为300A，即为额定焊接电流。负载持续率增加为100%时，则允许使用的焊接电流为232A。而当负载持续率为35%时，则允许使用的焊接电流为400A。

对于一台弧焊电源来说，随着实际焊接（负载）时间的增多，间歇时间减少，负载持续率会不断增高，弧焊电源就会更容易发热、升温，甚至烧毁。因此，焊工必须按规定的额定负载持续率来使用。

焊机铭牌上还有一次电压、一次电流、相数、功率等参数，这是该弧焊电源对电网的要求，弧焊电源在接入电网时，这些参数都必须与电网的参数相符，只有这样才能保证弧焊电源安全正常地工作。

5.2 焊条电弧焊电源的选择及使用

5.2.1 弧焊电源的选择

1. 根据焊条药皮种类和性质选择电源种类

焊条电弧焊时，凡低氢型焊条应选用直流电源，如E5015应选用直流电源反接法，

可以选择硅整流式弧焊整流器，如ZXG-160、ZXG-400等；也可选用三相动圈式弧焊整流器，如ZX3-160、ZX3-400等；还可选用晶闸管式弧焊整流器，如ZX5-250、ZX5-400等。而E5016则可选择交流电源。对于直流弧焊电源来说，焊条电弧焊一般选用弧焊整流器，有条件的可以选择逆变电源。

对于酸性焊条应选用交流电源，一般选择弧焊变压器，如BX1-160、BX1-400、BX2-125、BX2-400、BX3-400、BX6-160、BX6-400等。

2. 根据焊接现场条件选择焊接电源种类

当焊接现场用电方便时，可以根据焊件的材质、焊件的重要程度选用弧焊变压器或各类弧焊整流器。当在野外作业用电不方便时，应选用柴油机驱动直流弧焊发电机，如AXC-160、AXC-400等；或越野汽车焊接工程车，如AXH-200、AXH-400等。这两种焊机在野外作业很方便，焊机随车行走，特别适合野外长距离架设管道的焊接。

3. 根据额定负载持续率和额定焊接电流选择电源容量

按照所需要的电流大小，对照焊接电源型号后的数字选择即可。但是如果使用负载持续率较高，如碳弧气刨，则应选择使用容量较大的焊机。

总之，焊条电弧焊选用焊接电源时，应根据产品的重要程度，使用焊条的酸、碱性，各类焊机的功能、特点，以及焊机的价格综合考虑选用。若长期使用酸性焊条，则可选用弧焊变压器；若必须使用碱性焊条焊接焊件时，则应选用弧焊整流器；一般选用硅整流焊机，也可选用性能较好的晶闸管焊机，条件许可时，可选用逆变式焊机。如果生产中既要用酸性焊条，又要用碱性焊条，则可选择ZXE1系列交、直流两用硅整流焊机，也可根据碱性焊条使用情况适当配备一定数量的弧焊整流器。

5.2.2 弧焊电源的使用

1. 弧焊发电机

弧焊发电机也称直流弧焊机，由直流发电机和原动机两部分组成，所以也称弧焊发电机组。

原动机可分为电动机、柴油机或汽油机。常用的弧焊发电机组是以三相异步电动机作为原动机，带动一台直流弧焊发电机组成的，电动机与发电机同轴同壳，组成一体式结构。AX-320型弧焊发电机的构造如图5-5所示。常用的发电机是指具有陡降外特性的弧焊发电机，根据发电机获得陡降外特性的方法不同，弧焊发电机可分为裂极式、差复励式和换向极式等几种。

（1）弧焊发电机的一般原理　弧焊发电机是一种特殊的直流发电机。它的发电原理与普通直流发电机不同，由于它使用在弧焊这样一种特殊场合，因此，要对它提出陡降的外特性，具有一定范围、均匀的调节特性和良好的动特性等特殊要求。

1）直流发电机的电动势。直流发电机电动势的产生如图5-6所示，当电枢绕组的线圈*abcd*在磁极之间匀速转动时，线圈的*ab*、*cd*边将切割磁力线，从而产生感应电势。由于*ab*、*cd*运动方向与磁力线之间的夹角成正弦规律变化，所以*ab*、*cd*切割磁力线的速度也成正弦规律变化，因此*ab*、*cd*导线中的感应电势也成正弦规律变化。对于

线圈的一条边 ab 或 cd，每转一周经过N极及S极各转换一次，产生的感应电动势就改变一次方向。因此，电枢绕组中的感应电势是一种正弦交变电势。为得到直流电势，必须对它进行整流，这就需要通过换向器来实现。图5-6中所示的换向器是由两片换向片组成的，经换向（整流）之后，电刷 A、B 两端输出的电动势（电压）和电流是一种脉动很大的波形状直流电。由于电枢绕组的线圈边数很多，换向器的片数也很多，而且电枢的转速又较高，所以最终能得到较为平直的直流电动势和直流电波形。

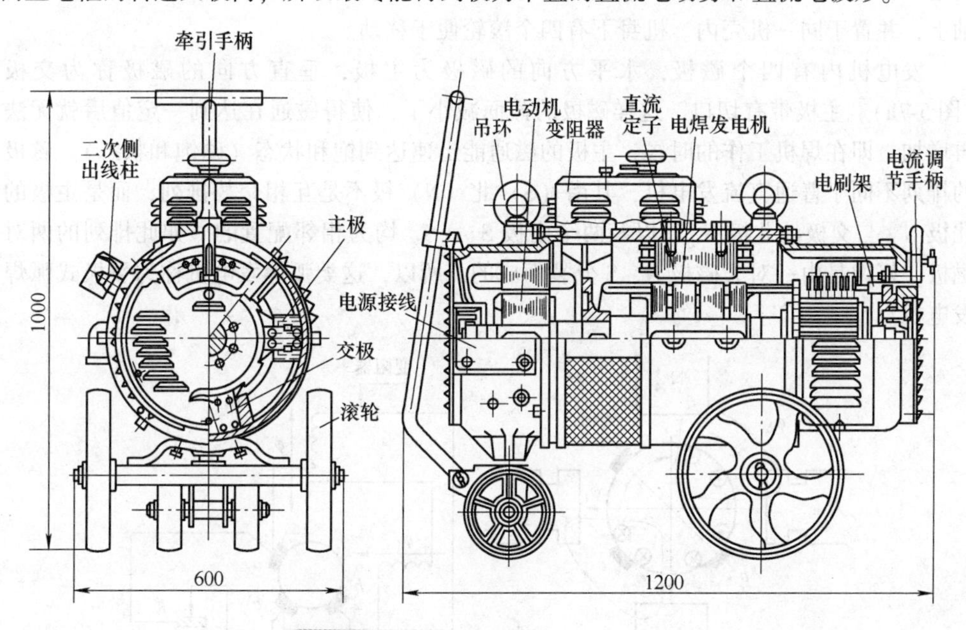

图5-5 AX-320型弧焊发电机的构造

2）电枢反应。直流发电机在空载时，发电机中的工作磁通（主磁通 ϕ 是主磁极通过励磁绕组的励磁电流产生的。当发电机处于负载运行时，电枢绕组中便有负载电流通过，产生了由电枢电流形成的磁通，即电枢反应磁通。电枢反应磁通的大小与电枢电流成正比。

由于电枢反应磁通的存在，对发电机的工作磁通带来较大的影响。当主磁通 ϕ 与电枢反应磁通 $\phi_{枢}$ 合成以后形成工作磁通，一是使工作磁通发生歪扭，即此时由合成磁通形成的物理中性面与发电机的几何中性面之间产生偏角；二是使工作磁通相对减弱为 ϕ'，即 $\phi' < \phi$，这种现象称为电枢反应。由此可知，随着电枢电流的增加，电枢反应使工作磁通相对减

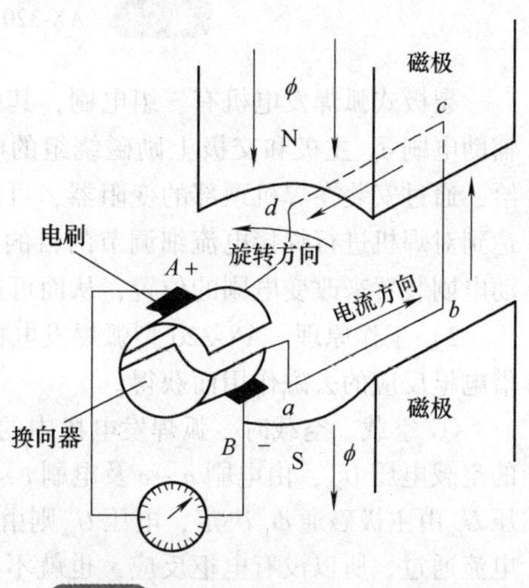

图5-6 直流发电机的工作原理

弱加剧，这就是弧焊发电机能获得下降外特性的一个基本依据。

（2）裂极式弧焊发电机　裂极式弧焊发电机采用并励绕组励磁，依靠电枢反应获得陡降外特性。现以AX-320型焊机为例说明。AX-320型弧焊发电机是较常用的直流弧焊机，其空载电压为50～80V，工作电压为30V，电流调节范围为45～320A。

1）焊机构造。AX-320型弧焊发电机的构造如图5-5所示，由一台14kW的三相感应电动机和一台裂极式直流弧焊发电机组成。电动机的转子与发电机的电枢在同一根轴上，并置于同一机壳内。机身下有四个滚轮便于移动。

发电机内有四个磁极，水平方向的磁极为主极，垂直方向的磁极称为交极（图5-7a）。主极带有切口，这样磁极的截面减小了，使得磁通在达到一定值后就无法再增加，即在焊机工作的时候，主极的磁通能迅速达到饱和状态（磁饱和状态）。磁极的排列不同于普通直流发电机，其南（S）北（N）极不是互相交替排列，而是主极的北极$N_{主}$与交极的北极$N_{交}$，以及两个南极$S_{主}$、$S_{交}$均为相邻配置的。如此排列的两对磁极，好像是由一对大磁极N、S分裂而成的，所以，这类弧焊发电机称为裂极式弧焊发电机。

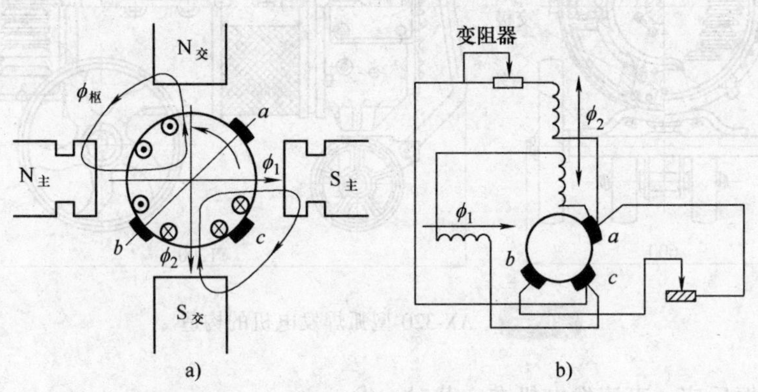

图5-7　AX-320型弧焊发电机的工作原理

裂极式弧焊发电机有三组电刷，其中两组主电刷a与b供电弧用电，中间为一组辅助电刷c。主极和交极上励磁绕组的电流（励磁电流）由电刷a与c两端的电压供给。通过安装在焊机顶部的变阻器，可以改变交极上一部分励磁绕组的励磁电流，以达到对焊机进行焊接电流细调节的目的。焊机的一端还装有电流调节手柄，通过它带动电刷装置来改变电刷的位置，从而可进行焊接电流的粗调节。

2）工作原理。AX-320型弧焊发电机工作原理如图5-7所示。焊机的下降外特性，借电枢反应的去磁作用而获得。

① 空载。空载时，弧焊发电机内的工作磁通有主极磁通ϕ_1和交极磁通ϕ_2。焊机的空载电压U_{ab}，由电刷$a \sim c$及电刷$c \sim b$之间的电压组成，即$U_{ab}=U_{ac}+U_{cb}$。其中电压U_{ac}由主极磁通ϕ_1决定，电压U_{cb}则由交极磁通ϕ_2决定。由于空载时电枢中没有焊接电流通过，所以没有电枢反应，也就不产生去磁作用，从而使焊机能保持较高的空载电压，以便引弧和保证焊接电弧的稳定。

② 焊接。焊接时，由于电枢中有焊接电流通过，便产生了电枢反应，如图5-7b所示。用右手定则可以确定电枢绕组在磁场中各不同位置和感应电流的流向，然后以右手螺旋定则，便可确定由电枢反应产生的电枢反应磁通的方向。

由图5-7可见，电枢反应磁通 $\phi_{枢}$ 与主极磁通 ϕ_1 的方向相同，而与交极磁通 ϕ_2 的方向相反。由于主极铁心开有切口，早已达到磁饱和状态，因此电枢反应磁通 $\phi_{枢}$ 尽管与主极反应磁通 ϕ_1 方向相同，也无法使主极磁通 ϕ_1 增加，而只能使交极磁通 ϕ_2 减少，削弱了发电机内部的总磁通，这种现象是电枢反应的去磁作用造成的。电枢反应的去磁作用，随着焊接电流的增加而增大，随着焊接电流的减小而减小。当焊接电流增加时，电枢反应的去磁作用促使总磁通减小，使发电机的输出电压降低；电枢反应的去磁作用越大，输出电压就越低，这样就使弧焊发电机获得了下降外特性。

③ 短路。焊接短路时，由于短路电流突然增大，由此而产生的电枢反应磁通 $\phi_{枢}$ 剧烈地增加，它不但完全抵消了交极磁通 ϕ_2，而且还形成与交极磁通 ϕ_1 方向相反的磁通，就使电刷 $c \sim b$ 间产生了与原来方向相反的感应电动势（电压）$-U_{cb}$，而且在数值上接近于由主极磁通 ϕ_1 决定的 U_{ac}，即 $|-U_{cb}| \approx U_{ac}$。这样，焊机的输出电压 U_{ab}。接近于零，这就限制了短路电流，以免损坏焊机。

3）焊接电流的调节。AX-320型弧焊发电机有两种电流调节方法，即粗调节和细调节。

① 粗调节。焊接电流的粗调节是用改变电刷位置来实现的。当电刷位置顺电枢旋转方向移动时，焊机的输出电压降低，焊接电流便随之减小；相反，逆电枢旋转方向移动时，焊接电流增大。粗调节共有三档，电刷在第一档位置时电流最小，在第三档位置时电流最大。电刷位置的移动由调节手柄来实现。

② 细调节。焊接电流的细调节，用变阻器来改变流经交极的部分励磁绕组中的励磁电流，使交极磁通 ϕ_2 发生变化，从而使发电机的总磁通增大或减小，这样就改变了发电机的感应电动势，达到电流细调节的目的。

2. 弧焊变压器

弧焊变压器一般也称交流弧焊电源，它在所有弧焊电源中应用最广。其主要特点是在焊接回路中增加阻抗，阻抗上的压降随焊接电流的增加而增加，以此获得陡降外特性。按获得陡降外特性的方法不同，弧焊变压器可分为串联电抗器式弧焊变压器和增强漏磁式弧焊变压器两大类。弧焊变压器的分类及常用型号见表5-4。常用的弧焊变压器技术数据见表5-5。

表5-4 弧焊变压器的分类及常用型号

类　型	结构形式	国产常用型号
串联电抗器式弧焊变压器	分体式	BP-3×500，BN-300，BN-500
	同体式	BX-500，BX2-500，BX2-1000
增强漏磁式弧焊变压器	动铁心式	BX1-135，BX1-300，BX1-500
	动圈式	BX3-300，BX3-500，BX3-1-300，BX3-1-500
	抽头式	BX6-120-1，BX6-160，BX6-120

表5-5　常用的弧焊变压器技术数据

主要技术数据	动铁心式			动圈式			
	BX1-160	BX1-250	BX1-400	BX3-250	BX3-300	BX3-400	BX3-500
额定焊接电流/A	160	250	400	250	300	400	500
电流调节范围/A	32~160	50~250	80~400	36~360	40~400	50~500	60~612
一次电压/V	380	380	380	380	380	380	380
额定空载电压/V	80	78	77	78/70	75/60	75/70	73/66
额定工作电压/V	21.6~27.8	22.5~32	24~39.2	30	22~36	36	40
额定一次电流/A	—	—	—	48.5	72	78	101.4
额定输入容量/kVA	13.5	20.5	31.4	18.4	20.5	29.1	38.6
额定空载持续率（%）	60	60	60	60	60	60	60
质量/kg	93	116	144	150	190	200	225
外形尺寸（长/mm×宽/mm×高/mm）	587×325×680	600×380×750	640×390×780	630×480×810	580×600×800	695×530×905	610×666×970
用途	适用于1~8mm厚低碳钢板的焊接。焊条电弧焊电源	适用于中等厚度低碳钢板的焊接。焊条电弧焊电源	适用于中等厚度低碳钢板的焊接。焊条电弧焊电源	适用于3mm厚度以下的低碳钢板焊接。焊条电弧焊电源	焊条电弧焊电源，电弧切割电源	焊条电弧焊电源	手工钨极氩弧焊、焊条电弧焊、电弧切割电源

（1）动铁心式弧焊变压器　动铁心式弧焊变压器由一个口字形固定铁心和一个活动铁心组成，活动铁心构成了一个磁分路，以增强漏磁，使焊机获得陡降外特性。

国产动铁心式弧焊变压器目前有BX1系列，常用的BX1-300型弧焊变压器是梯形动铁心式的弧焊变压器，它的一次侧绕组和二次侧绕组各自分成两半分别绕在变压器固定铁心上，一次侧绕组两部分串联连接电源，二次侧绕组两部分并联连接焊接回路。BX1-300型焊机的焊接电流调节方便，仅需移动铁心就可满足电流调节要求，其调节范围为75~400A，调节范围广。当活动铁心由里向外移动而离开固定铁心时，漏磁减少，则焊接电流增大；反之，焊接电流减小。

（2）动圈式弧焊变压器　动圈式弧焊变压器是一种常用的增强漏磁式弧焊变压器，国产产品属BX3系列。动圈式弧焊变压器属于BX3系列，产品有BX3-120、BX3-120-1、BX3-300、BX3-300-2、BX3-500型等。现以BX3-300型弧焊变压器为例说明，该焊机的空载电压为60~75V，工作电压为30V，电流调节范围为40~400A。

1）动圈式弧焊变压器的构造。BX3-300型弧焊变压器是一台动圈式单相焊接变压器，变压器的一次侧绕组分成两部分，固定在口形铁心两芯柱的底部，铁心的宽度较小，而叠厚较大。二次侧绕组也分成两部分，装在两铁心柱的上部并固定于可动的支架上，通过丝杠连接，经手柄转动可使二次侧绕组上下移动，以改变一、二次绕组间的距离，调节焊接电流的大小。一、二次侧绕组可分别接成串联（接法Ⅰ）和并联（接法Ⅱ），使之得到较大的电流调节范围。

2）动圈式弧焊变压器的工作原理。动圈式弧焊变压器属于增强漏磁式类，它是利用有一次漏磁通和二次侧漏磁通的存在而获得下降外特性，当变压器在工作时，铁心内除存在着由一次电流所励磁的磁通外，还有一小部分经过空气闭合，且仅与一次或二次侧绕组发生关系的磁通，它们被称为漏磁通。漏磁通分别在一次侧绕组和二次侧绕组内感应出一个电动势，这个电动势对电路的作用，相当于在该电路串联了一个电抗线圈。由此可见，如增大一、二次侧绕组的漏磁，即相当于该电路上串联电抗线圈所产生的电压降增大，这样，便可获得陡降外特性。

① 空载。在空载时，由于一次侧绕组无焊接电流流过，因此不存在一次漏磁通，则无降压现象，故能保持原始较高的空载电压，有利于引弧。

② 焊接。焊接时，由于焊接电流的存在，使漏磁通随着焊接电流的增大而增大（一次漏磁通也可折合成二次漏磁通），使焊机获得下降的外特性。其外特性曲线如图5-8所示，图中曲线1为接法Ⅰ，动圈在最高位置，曲线2也为接法Ⅰ，动圈在最低位置。曲线3为接法Ⅱ，动圈在最高位置，曲线4为接法Ⅱ，动圈在最低位置。

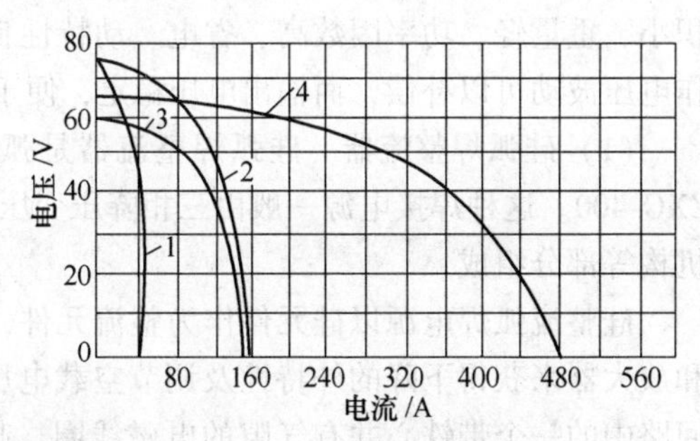

图5-8 BX3-300型弧焊变压器的外特性曲线

③ 短路。焊接短路时，由于短路电流很大，由此而产生的漏磁造成更大的电压降，从而限制了短路电流的增长。

3）动圈式弧焊变压器焊接电流的调节。动圈式弧焊变压器通过改变一、二次侧绕组的匝数进行粗调节，改变一、二次侧绕组的距离来进行细调节。

① 粗调节。电流的粗调节是先将电源切断，按图5-9所示进行转换，然后再将电源转换开关转至相应的接法（Ⅰ或Ⅱ）。由图可知：当一、二次侧绕组接成接法Ⅰ时，一、二次侧绕组均为串联，使焊机总的漏磁通增大，焊机的外特性便处于图5-8中曲线1和曲线2的范围内，接成接法Ⅱ时，一、二次侧绕组均为并联，使焊机的漏磁减小，外特性便处于曲线3和曲线4的范围内。

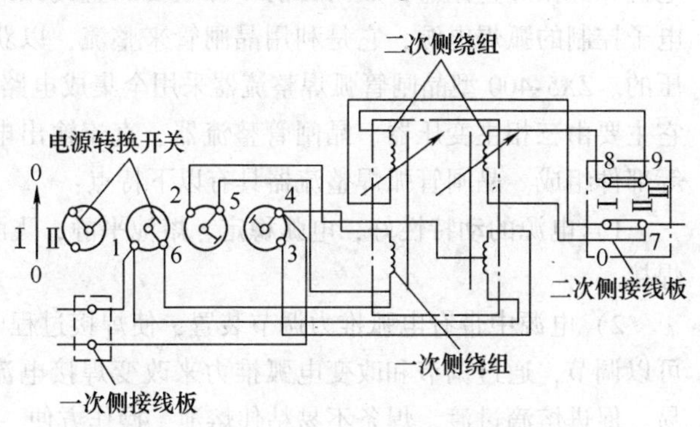

图5-9 BX3-300型弧焊变压器的电流粗调节

Ⅰ位置时，空载电压为75V，焊接电流调节范围为40～125A；Ⅱ位置时，空载电压为60V，焊接电流调节范围为115～400A。

② 细调节。在上述两种接法中，都可用改变一、二次侧绕组之间的距离进行电流

细调节。这是因为改变了两绕组间的距离，而使得一、二次侧绕组间空气漏磁通发生变化的缘故。当距离增大，漏磁增大，焊接电流就减小；反之，焊接电流增大。

接法Ⅰ时，减小两绕组间的距离，外特性曲线由1移到2；接法Ⅱ时，减小两线组间的距离，外特性曲线由3移到4。故一般称接法Ⅰ为小档，接法Ⅱ为大档。

3. 弧焊整流器

弧焊整流器是一种直流弧焊电源，用交流电经过变压、整流后而获得直流电。根据整流元件的不同，弧焊整流器有硅弧焊整流器、晶闸管式弧焊整流器及逆变式弧焊整流器三种。硅弧焊整流器常用的有ZXG型，即下降特性硅弧焊整流器。随着国内、外焊接事业的发展，逆变式弧焊整流器的优点逐渐被显现，其优点是消耗材料少、体积小、重量轻、功率因数高、省电、动特性良好，且调节性能好，电网电压波动和工作电压波动可以补偿，而输出电压稳定，便于一机多用和实现自动化焊接等。

（1）硅弧焊整流器　硅弧焊整流器是弧焊整流器的基本形式之一，国产型号为ZXG-400。这种焊接电源一般由三相降压变压器、硅整流器、输出电抗器和外特性调节机构等部分组成。

硅整流弧焊电源以硅元件作为整流元件，通过增大降压变压器的漏磁或通过磁饱和放大器来获得下降的外特性及调节空载电压和焊接电流。输出电抗器是串联在直流回路中的一个带铁心并有气隙的电磁线圈，起改善焊机动特性的作用。这种焊机的优点是：电弧稳定、耗电少、噪声小、制造简单、维护方便、防潮、抗振、耐候力强。其缺点是：由于没有采用电子电路进行控制和调节，焊接过程中可调的焊接参数多，不够精确，受电网电压波动的影响较大。这种焊机用于要求一般质量的焊接产品的焊接。

（2）晶闸管弧焊整流器　晶闸管弧焊整流器以其优异的性能已逐步代替了弧焊发电机和硅弧焊整流器，成为目前一种主要的直流弧焊电源。晶闸管弧焊整流器是一种电子控制的弧焊电源，它是利用晶闸管来整流，以获得所需的外特性及调节电流、电压的。ZX5-400型晶闸管弧焊整流器采用全集成电路控制电路、三相全桥式整流电源。它主要由三相主变压器、晶闸管整流器、直流输出电抗器、控制电路、电源控制开关等部件组成。晶闸管弧焊整流器具有以下特点：

1）电源的动特性好，电弧稳定、熔池平静，飞溅小，焊缝成形好，有利于全位置焊接。

2）电源中带有电弧推力调节装置，使焊接过程中电弧吹力大，而且电弧吹力强度可以调节，通过调节和改变电弧推力来改变焊接电流穿透力，在施焊时可保证引弧容易，促进熔滴过渡，焊条不易粘住熔池，操作方便，可远距离调节电流。

3）电源中加有连弧操作和灭弧操作选择装置，以调节电弧长度。当选择连弧操作时，可以保证电弧拉长不熄弧；当选择灭弧操作时，配以适当的推力电流，可以保证焊条一接触焊件就引燃电弧，电弧拉到一定长度就熄弧，当焊条与焊件短路时，“防粘”功能可迅速将焊接电流减小而使焊条端部脱离焊件，进行再引弧。

4）电源控制板全部采用集成电路元件，出现故障时，只需更换备用板，焊机就能正常使用，维修很方便。

常用国产晶闸管弧焊整流器技术参数见表5-6。

表5-6 常用国产晶闸管弧焊整流器技术参数

产品型号	额定输入容量/kW	一次侧电压/V	工作电压/V	额定焊接电流/A	焊接电流调节范围/A	负载持续率（%）	质量/kg	主要用途
ZX5-250	14	380	21~30	250	25~250	60	150	适用于焊条电弧焊及氩弧焊
ZX5-400	24	380	21~36	400	40~400	60	200	
ZX5-630	48	380	44	630	130~630	60	260	
ZX5-800	—	380	—	800	100~800	60	300	

（3）逆变式弧焊整流器　将直流电变换成交流电称为逆变，实现这种变换的装置叫作逆变器。为焊接电弧提供电能，并具有弧焊方法所要求性能的逆变器，即为弧焊逆变器或称为逆变式弧焊电源。目前，各类逆变式弧焊电源已应用于多种焊接方法，逐步成为焊机更新换代的重要产品。

弧焊逆变器通常采用三相交流电供电，经整流和滤波后变成直流电，然后借助大功率电子开关元件（晶闸管、晶体管、场效应管或绝缘栅双极晶体管IGBT），将其逆变成几千到几万赫兹的中频交流电，再经中频变压器降至适合焊接的几十伏电压。通常弧焊逆变器需获得的是直流电，故常把弧焊逆变器称为逆变弧焊整流器，弧焊逆变器采用了复杂的变流顺序，即：工频交流→整流滤波→直流→逆变→中频交流→降压→低压交流（直流）。

弧焊逆变器主要由输入整流器、电抗器、逆变器、中频变压器、输出整流器、电抗器及电子控制电路等部件组成。弧焊逆变器具有以下特点：

1）高效节能。弧焊逆变器的效率可达80%~90%，空载损耗极小，一般只有数十瓦至一百余瓦，节能效果显著。

2）质量和体积小。中频变压器的质量只为传统弧焊电源降压变压器的几十分之一，整机质量仅为传统弧焊电源的1/10~1/5。

3）具有良好的动特性和弧焊工艺性能，如引弧容易，电弧稳定，焊缝成形美观，飞溅少等。

4）调节速度快。所有焊接参数均可无级调整。

5）具有多种外特性，能适应各种弧焊方法，并适合于与机器人结合组成自动焊接生产线。

常用国产ZX7系列逆变式弧焊整流器的技术参数见表5-7。

表5-7 常用国产ZX7系列逆变式弧焊整流器的技术参数

主要技术数据	晶闸管		场效应管		IGBT管		
	ZX7-300S/ST	ZX7-630S/ST	ZX7-315	ZX7-400	ZX7-160	ZX7-315	ZX7-630
电源	三相、380V、50Hz		三相、380V、50Hz		三相、380V、50Hz		
额定输入功率/kVA	—	—	11.1	16	4.9	12	32.4

（续）

主要技术数据	晶闸管		场效应管		IGBT 管		
	ZX7-300S/ST	ZX7-630S/ST	ZX7-315	ZX7-400	ZX7-160	ZX7-315	ZX7-630
额定输入电流/A	—	—	17	22	7.5	18.2	49.2
额定焊接电流/A	300	630	315	400	160	315	630
额定负载持续率（%）	60	60	60	60	60	60	60
最高空载电压/V	70～80	70～80	65	65	75	75	75
焊接电流调节范围/A	Ⅰ档：60～210 Ⅱ档：90～300	Ⅰ档：60～210 Ⅱ档：180～630	50～315	60～400	16～160	30～315	60～630
效率（%）	83	83	90	90	≥90	≥90	≥90
外形尺寸（长/mm×宽/mm×高/mm）	640×355×470	720×400×560	450×200×300	560×240×355	500×290×390		550×320×390
质量/kg	58	98	25	30	25	35	45
用途	“S”为焊条电弧焊电源；“ST”为焊条电弧焊、氩弧焊两用电源		具有电流响应速度快，静、动特性好，功率因数高，空载电流小，效率高等优点。适用于各种低碳钢、低合金钢及不同类型结构钢的焊接		采用脉冲宽度调制（PWM），20kHz 绝缘栅双极晶体管（IGBT）模块逆变技术。具有引弧迅速可靠、电弧稳定、飞溅小、高效节能、焊缝成形好并可“防粘”等特点。用于焊条电弧焊、碳弧气刨电源		

5.3 焊钳及焊接电缆的选用

5.3.1 焊钳的选用

焊钳是焊条电弧焊用于夹持焊条并把焊接电流传输至焊条进行电弧焊的工具，如图 5-10 所示。按焊钳允许使用的电流值分类，常用的焊钳有 300A、500A 两种。焊钳技术参数见表 5-8。

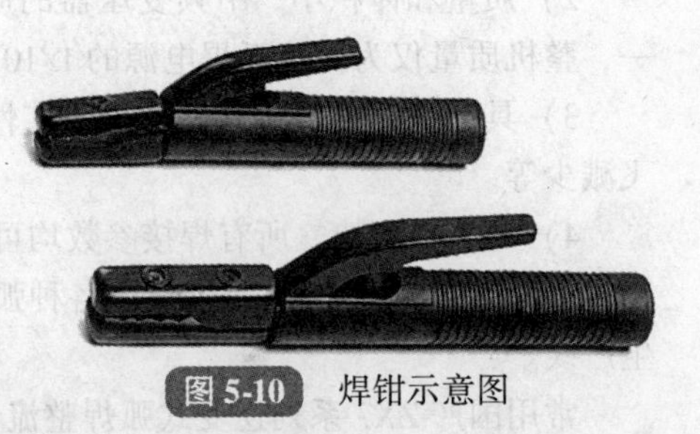

图 5-10 焊钳示意图

表 5-8 焊钳技术参数

型号	额定电流/A	焊接电缆孔径/mm	适用焊条直径/mm	质量/kg	外形尺寸长/mm×宽/mm×高/mm
G352	300	14	2～5	0.5	250×80×40
G582	500	18	4～8	0.7	290×100×45

1. 焊钳的要求

焊钳的钳口既要夹住焊条又要把焊接电流传输给焊条，对于钳口材料要求有高的导电性和一定的机械强度，采用铜合金制造。为了保证导电能力，要求焊钳与焊接电缆的连接必须紧密牢固。对夹紧焊条的弹簧压紧装置要有足够的夹紧力，并且操作方便。焊工手握的绝缘柄及钳口外侧的耐热绝缘保护片，要求有良好的绝缘性能和强度。焊钳还应安全、轻便、耐用。

2. 焊钳使用中的注意事项

电弧焊电源配套的焊钳规格是按照电源的额定焊接电流大小选定的。需要更换焊钳时，也应按照焊接电流及焊条直径的大小选择适用的焊钳。焊钳与焊接电缆的连接必须紧密牢固，保证通电良好，操作方便。使用中，要防止焊钳和焊件或焊接工作台发生短路。焊接工作中，注意焊条尾端剩余长度不宜过短，防止电弧烧坏焊钳。使用焊钳要避免受重力撞击而损坏。

5.3.2 焊接电缆的选用

1. 对焊接电缆的要求

焊接电缆的作用是传导焊接电流，它是弧焊电源和焊钳及焊条之间传输焊接电流的导线。对焊接电缆有如下要求：

1）焊接电缆要有良好的导电性，柔软且易弯曲，绝缘性能好，耐磨损。

2）专用焊接软电缆是用多股纯铜细丝制成导线，并外包橡胶绝缘。电缆的导电截面分为几个等级。电弧焊机按照额定焊接电流选择焊接电缆截面积。

3）焊接电缆长度一般不宜超过20～30m，确实需要加长时，可将焊接电缆分成两节，连接焊钳的一节用细电缆，另一节按长度及使用的焊接电流选择粗一些的电缆，两节用电缆快速接头连接。

2. 焊接电缆型号

焊接电缆有YHH型电焊橡胶套电缆和YHHR型电焊橡胶特软电缆两种。各种焊接电缆技术数据见表5-9。

表5-9 焊接电缆技术数据

电缆型号	截面面积/mm^2	线芯直径/mm	电缆外径/mm	电缆质量/（kg/km）	额定电流/A
YHH型焊接用橡胶电缆	16	6.23	11.5	282	120
	25	7.50	12.6	397	150
	35	9.23	15.5	557	200
	50	10.50	17.0	737	300
	70	12.95	20.6	990	450
	95	14.70	22.8	1339	600
	120	17.15	25.6	—	—
	150	18.90	27.3	—	—

（续）

电缆型号	截面面积/mm²	线芯直径/mm	电缆外径/mm	电缆质量/（kg/km）	额定电流/A
YHHR 型焊接用橡胶软电缆	6	3.96	8.5	—	35
	10	4.89	9.0	—	60
	16	6.15	10.8	282	100
	25	8.00	13.0	397	120
	35	9.00	14.5	557	200
	50	10.60	16.5	737	300
	70	12.95	20	990	450
	95	14.70	22	1339	600

3. 焊接电缆的选择

焊机技术标准规定了焊接电缆的长度。如果有特殊需要加长焊接电缆的长度，则应采用较大导电截面积的电缆，以免电流损失过大；反之，缩短电缆长度，则可用较小的截面积以增加电缆的柔软性。焊接电缆截面面积与最大焊接电流和电缆长度的关系见表5-10。

表5-10 焊接电缆截面面积与最大焊接电流和电缆长度的关系

最大焊接电流/A	电缆长度/m		
	15	30	45
	电缆截面面积/mm²		
200	30	50	60
300	50	60	80
400	50	80	100
500	60	100	—

4. 焊接电缆使用中的注意事项

1）焊接电缆和焊钳、电缆接头等的连接必须紧密可靠。要防止损坏、划破电缆外包绝缘。如果有损伤必须及时处理，保证绝缘效果不降低。

2）焊机电缆线应使用整根电缆线，中间不应该有连接接头，当电缆线需要接长时，应使用接头连接器连接，连接处应保持绝缘良好，而且接头不宜超过两个。

3）焊接电缆使用时不可盘绕成圈状，以防产生感抗影响焊接电流。

4）停止焊接时，应将电缆收放妥当。

5. 焊接电缆与焊机的连接

焊接电缆与电源的连接要求导电良好、工作可靠、装拆方便。常用连接方法有使用快速接头连接和利用螺纹接线柱紧固连接两种。

（1）使用快速接头连接　使用快速接头连接，装拆方便，接头两端分别装于焊机输出端和焊接电缆的一端。使用焊机时再把快速接头两端都旋紧，就可以把电缆和焊机连接。

（2）利用螺纹接线柱紧固连接　把电缆接头和电缆线紧固连接好，使用焊机时用螺栓把线接头与焊机输出接线片固定在一起。这种连接方法较为落后，装拆不便且连接处绝缘防护不好。

5.4 弧焊电源设备安全操作规程及注意事项

弧焊电源是供电设备，在使用过程中一定要注意保证操作者自身的安全，同时要注意保证焊机的正常运行，及时维护保养。

1）焊机必须装有独立的专用电源开关，其容量应符合要求，控制开关应选用封闭式的断路器或封闭式开关熔断器组。当焊机超负荷时，应能自动切断电源。禁止多台焊机共用一个电源开关。电源控制装置应置于焊机附近人手便于操作的地方，周围应有安全通道，以便能迅速开关电源控制装置。采用起动器起动焊机时，必须先合上电源开关，再起动焊机。

2）焊机外壳必须可靠接地（或接零）保护，当接地电阻小于4Ω时，接地线固定螺栓直径不得小于M8。

3）焊机接入电网时，必须使电网电压与焊机铭牌上的电压相符。

4）焊机的一次电源线的截面面积要足够大，且长度为2~3m，当需要接长电源线时，应沿墙或立柱用瓷瓶隔离布设，其高度必须距地面2.5m以上，不允许将一次电源线拖在地上。

5）焊机的二次输出线必须使用焊接电缆线，其长度为20~30m，严禁用其他金属管、棒等代替。禁止用建筑物上的金属构架和设备作为焊接电源回路。

6）弧焊电源安装使用前应清除灰尘，检查绝缘电阻，确保绝缘良好，并有良好的接地装置。

7）电弧焊电源的接线柱等带电部分不得外露，应有良好的安全防护。

8）设备安放要平稳，使用环境要干燥，若有粉尘、腐蚀性气体、易导电的气体，必须做好隔离防护。

9）设备在使用、运输中要注意防止碰撞、剧烈振动。露天放置的焊机，必须有遮阳和防止尘砂、雨、雪的安全措施。

10）弧焊电源壳体上禁止放置工具和其他物品。

11）焊钳不得放置于焊件或电源上，以防起动电源时发生短路。

12）禁止将正在工作中的热焊钳放入水中冷却；焊接操作结束时，焊钳应有固定的存放位置，不得随意摆放。

13）焊机应按额定负载持续率和额定电流使用，严禁超载运行，以避免绝缘烧损。

14）工作完毕或焊工临时离开焊接现场时，必须切断电源。

15）注意周围环境，防止焊接时的飞溅和电源漏电引起的火灾。

16）焊机应定期检查保养。

17）电源安装、检修应由专门的电工负责，焊工不得擅自拆修。

18）直流弧焊发电机使用时，应注意：

① 当起动手柄在Δ位置时，不得合闸起动。

② 并励式直流弧焊发电机起动时，电枢不能反转。

③ 要经常检查直流弧焊机的电刷和换向片的接触情况，若电刷磨损或损坏时，要及时更换。

5.5 弧焊电源设备的基本维护

弧焊电源设备的维护是保证安全生产和焊接质量的重要手段，因此必须重视焊机的日常维护工作。同时，对于一个熟练的焊工来说，也应该懂得自己所使用弧焊电源常见故障产生的原因和处理这些故障的基本方法，这对于提高焊工的技术素质、焊接质量和焊接生产率都具有十分重要的意义。

对焊机的合理使用和正确维护，能保持弧焊设备工作性能的稳定和延长使用期限，并保证生产的正常进行。弧焊设备的维护应由电工和焊工共同负责，焊工在维护方面应注意以下问题：

1）弧焊电源应尽可能放在通风良好而又干燥的地方，不应靠近高热地区，并应保持平稳。硅弧焊整流器要特别注意对硅整流器的保护和冷却，严禁在不通风情况下进行焊接工作，以免烧坏硅整流器。

2）焊机接入网路时，焊机电压须与之相符，以防烧坏设备并注意焊机的可靠接地。

3）焊钳不能与焊机接触，防止发生短路。

4）必须按照设备的要求，在空载或切断电源的情况下改变极性接法和调整焊接电流。

5）应按照焊机的额定焊接电流和额定负载持续率使用，不要使设备过载而遭破坏。

6）焊接过程中，焊接回路的短路时间不宜过长，特别是硅弧焊整流器用大电流工作时更应注意，否则易烧坏硅整流器。

7）应经常注意焊接电缆与焊机接线柱的接触情况是否良好，及时紧固螺母。

8）经常检查弧焊发电机的电刷与换向片的接触情况，要求电刷在换向片表面有适当的均匀压力，以使所有电刷都能承受到等荷的电流。若电刷火花过大易烧坏换向片，应视实际情况调换电刷或用蘸有汽油的布揩去换向片上的碳屑，也可用木块衬着玻璃砂纸对换向片表面进行研磨，但切不可用手指压着砂纸研磨，严禁用金刚砂砂纸。

9）应防止焊机受潮，保持焊机内部清洁，定期用干燥的压缩空气吹净内部的灰尘，对硅弧焊整流器尤为注意。

10）发生故障、工作完毕及临时离开工作场地时，应及时切断焊机的电源。

复习思考题

1. 弧焊电源应具有哪些基本要求？
2. 弧焊电源外特性的含义是什么？
3. 弧焊变压器主要技术参数包括哪些？
4. 焊条电弧焊电源的铭牌主要包括哪些内容？
5. 弧焊电源主要根据哪些要求进行选择？
6. 焊接电缆有哪些具体要求？

第 6 章　焊条电弧焊

☺ 理论知识要求

1. 了解焊接电弧产生的条件。
2. 了解电弧静特性曲线的含义。
3. 了解影响电弧燃烧稳定性因素。
4. 了解影响焊接电弧磁偏吹的因素及防止磁偏吹的方法。
5. 了解焊条电弧焊的工艺特点。
6. 了解焊条运条方法的相关知识。
7. 了解各种焊接位置上的操作要点知识。
8. 了解焊条电弧焊的安全操作规程相关知识。

☺ 操作技能要求

1. 掌握焊条电弧焊最基本操作引弧、运条、焊道连接和收尾操作方法。
2. 掌握低碳钢板 I 形坡口对接平焊双面焊焊接方法。
3. 掌握低碳钢板 Y 形坡口对接平焊单面焊双面成形焊接方法。
4. 掌握 T 形接头角接立焊焊接方法。
5. 掌握低碳钢管板（骑座式）垂直俯位焊焊接方法。
6. 掌握低碳钢大管径水平固定焊焊接方法。

6.1　焊接电弧

由焊接电源供给的具有一定电压的两电极间或电极与母材间，在气体介质中产生的强烈而持久地放电现象，称为焊接电弧。图 6-1 所示为焊条电弧焊电弧示意图。焊接电弧是一种特殊的气体放电现象，它产生强烈的光和大量的热。电弧焊就是依靠焊接电弧把电能转变为焊接过程所需的热能来熔化金属的，从而达到连接金属的目的。

图 6-1　焊条电弧焊电弧示意图

6.1.1　焊接电弧的分类

1）按电流种类可分为交流电弧、直流电弧和脉冲电弧。

2）按电弧状态可分为自由电弧和压缩电弧（如等离子弧）。

3）按电极材料可分为熔化极电弧和非熔化极电弧。

6.1.2 焊接电弧的产生

1. 焊接电弧产生的条件

在常态下，气体的分子和原子是呈中性的，气体中没有带电粒子（电子、正离子），因此，气体不能导电，电弧也不能自发地产生。要使电弧产生和连续燃烧，两电极（或电极与母材）之间的气体中就必须要有导电的带电粒子，这是电弧产生和维持的重要条件。

当电极与工件短路接触时，由于电极和工件表面都不是绝对平整的，所以只是在少数突出点上接触（见图6-2），通过这些点的短路电流比正常的焊接电流要大得多，这就产生了大量的电阻热，使接触部分的金属温度剧烈地升高而熔化，甚至汽化。同时受热的阴极发射出大量电子。由阴极发射出的电子，在电场力的作用下，快速地向阳极运动，在运动中与中性气体分子相撞，并使其电离成电子和正离子，电子被阳极吸收，而正离子向阴极运动，形成电弧的放电现象。因此，气体的电离和阴极电子发射是电弧产生和维持的必要条件。

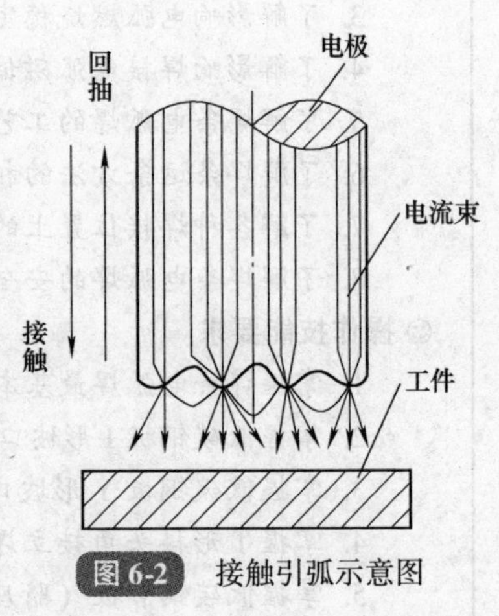

图6-2 接触引弧示意图

焊接电弧引燃得顺利与否，与焊接电流、电弧中的电离物质、电源的空载电压及其特性有关。如果焊接电流大，电弧中有存在容易电离的元素，电源的空载电压又较高时，则电弧的引燃就容易。

2. 焊接电弧的引燃

把造成两电极间气体发生电离和阴极发射电子而引起电弧燃烧的过程称为焊接电弧的引燃（引弧）。焊接电弧的引燃一般有两种方式，即接触引弧和非接触引弧。电弧的引燃过程如图6-3所示。

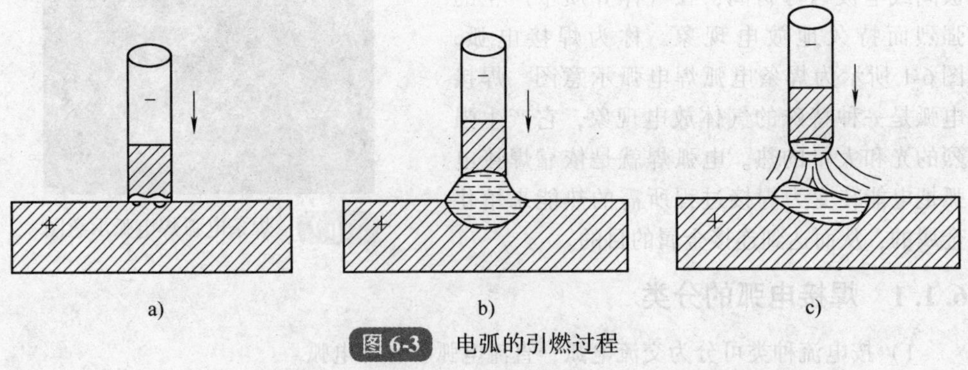

图6-3 电弧的引燃过程

a）焊条与工件接触短路 b）接触处受电阻热作用而熔化 c）电弧产生

(1) 接触引弧　弧焊电源接通后，将电极（焊条或焊丝）与工件直接短路接触，并随后拉开焊条或焊丝而引燃电弧，称为接触引弧。接触引弧是一种最常用的引弧方式。

在焊接过程中，电弧电压由短路时的零值增高到引弧电压值所需要的时间称为电压恢复时间。电压恢复时间对于焊接电弧的引燃及焊接过程中电弧的稳定性具有重要的意义。电压恢复时间的长短，是由弧焊电源的特性决定的。在电弧焊接时，对电压恢复时间要求越短越好，一般不超过0.05s。如果电压恢复时间太长，则电弧就不容易引燃，造成焊接过程不稳定。

接触引弧方法主要应用于焊条电弧焊、埋弧焊、熔化极气体保护焊等。对于焊条电弧焊，接触引弧又可分为划擦法引弧和直击法引弧两种，如图6-4和图6-5所示。划擦法引弧相对比较容易掌握。

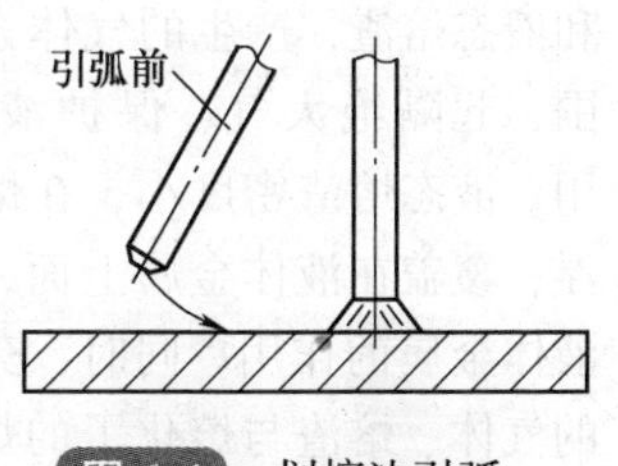

图6-4　划擦法引弧

(2) 非接触引弧　引弧时电极与工件之间保持一定间隙，然后在电极和工件之间施以高电压击穿间隙使电弧引燃，这种方式称为非接触引弧。

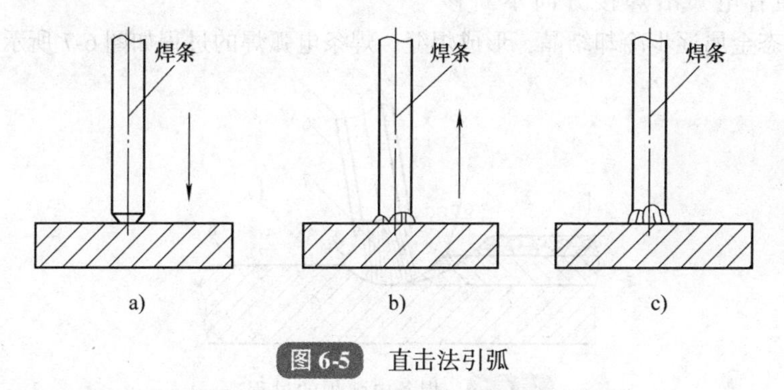

图6-5　直击法引弧

a) 直击短路　b) 拉开焊条点燃　c) 电弧正常燃烧

非接触引弧需利用引弧器才能实现。根据工作原理不同，非接触引弧可分为高压脉冲引弧和高频高压引弧。高压脉冲引弧需高压脉冲发生器，频率一般为50～100Hz，电压峰值为3～10kV。高频高压引弧需用高频振荡器，频率为150～260kHz，电压峰值为2～3kV。

这种引弧方式主要应用于钨极氩弧焊和等离子弧焊。由于引弧时电极无须和工件接触，这样不仅不会污染工件上的引弧点，而且也不会损坏电极端部的几何形状，有利于电弧燃烧的稳定性。

6.1.3　焊条电弧焊的焊接过程

焊条电弧焊的焊接回路是由弧焊电源、焊接电缆、焊钳、焊条、电弧和焊件组成的，如图6-6所示。焊条电弧焊主要设备是弧焊电源，它的作用是为焊接电弧稳定燃烧提供所需要的合适的电流和电压。焊接电弧是负载，焊接电缆连接电源、焊钳和焊件。

开始焊接时，将焊条与焊件接触短路，立即提起焊条，然后引燃电弧。电弧的高温将焊条与焊件局部熔化，熔化了的焊芯以熔滴的形式过渡到局部熔化的焊件表面，熔合在一起形成熔池。焊条药皮在熔化过程中产生一定量的气体和液态熔渣，产生的气体充满在电弧周围，起隔绝大气、保护液体金属的作用。液态熔渣密度小，在熔池中不断上浮，覆盖在液体金属上面，也起着保护液体金属的作用。同时，药皮熔化产生的气体、熔渣与熔化了的焊芯、焊件发生一系列冶金反应，保证了所形成的焊缝性能。随着电弧沿焊接方向不断移动，熔池液态金属逐步冷却结晶，形成焊缝。焊条电弧焊的过程如图 6-7 所示。

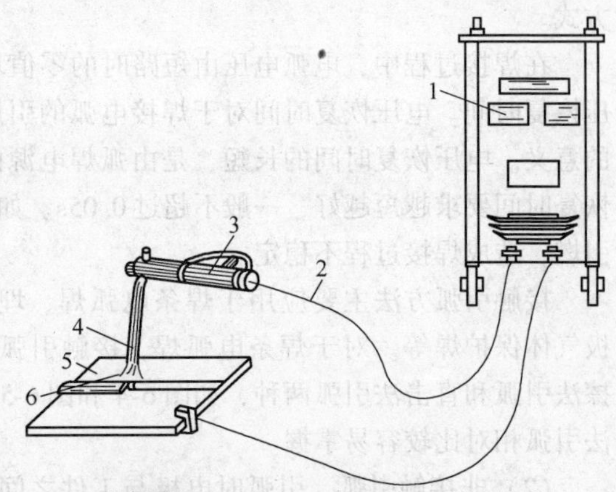

图 6-6　焊条电弧焊焊接回路示意图

1—弧焊电源　2—电缆　3—焊钳
4—焊条　5—焊件　6—电弧

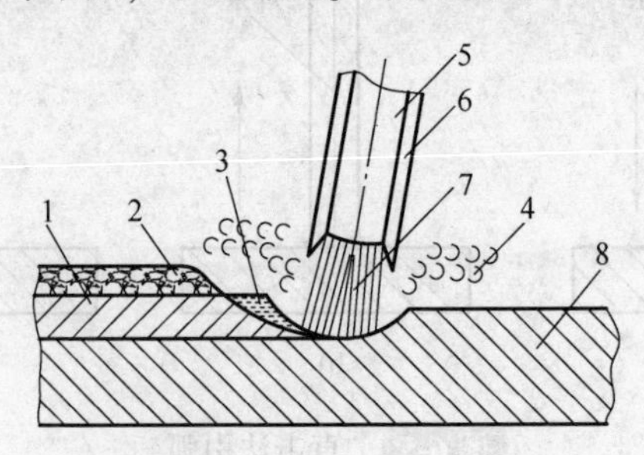

图 6-7　焊条电弧焊的过程

1—焊件　2—熔渣　3—熔池　4—保护气体　5—焊芯　6—药皮　7—熔滴　8—焊件

6.1.4　焊接电弧的构造及温度分布

1. 焊接电弧的构造

焊接电弧按其构造可分为阴极区、阳极区和弧柱区三部分，如图 6-8 所示。

(1) 阴极区　电弧紧靠负电极（直流正接）的区域称为阴极区，阴极区很窄，为 10^{-6} ~ 10^{-5} cm。在阴极区的阴极表面有一个明亮的斑点，称为阴极斑点。它是阴极表面上电子发射的发源地，也是阴极区温度最高的地方，具有主动寻找氧化膜、

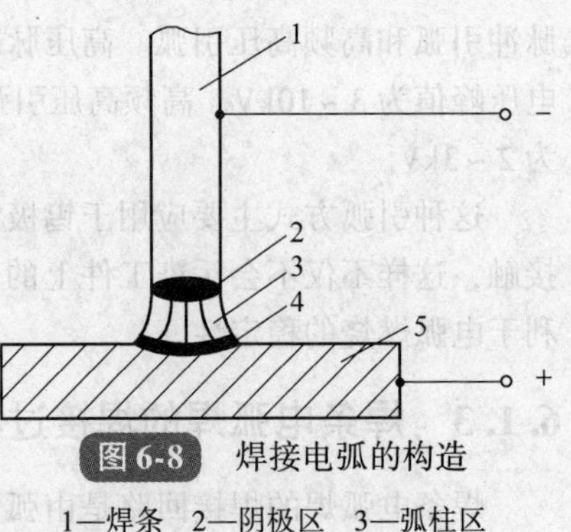

图 6-8　焊接电弧的构造

1—焊条　2—阴极区　3—弧柱区
4—阳极区　5—焊件

破碎氧化膜的特点，把焊件接在负极上就是利用阴极斑点的这个特性。由于阴极表面堆积一批正离子，所以形成一个电压降，称为阴极电压降。

（2）阳极区 电弧紧靠正电极（直流正接）的区域称为阳极区，阳极区较阴极区宽，为$10^{-4}\sim10^{-3}$cm，在阳极区的阳极表面也有光亮的斑点，称为阳极斑点。它是电弧放电时，正电极表面上集中接收电子的微小区域，阳极区电场强度比阴极区小得多。

（3）弧柱区 电弧阴极区和阳极区之间的区域称为弧柱区。由于阴极区和阳极区都很窄，因此，电弧的主要组成部分是弧柱区。弧柱的长度基本上等于电弧长度。在弧柱的长度方向带电质点的分布是均匀的，所以弧柱的电压降也是均匀的。在弧柱区里充满了电子、正离子、负离子和中性的气体分子和原子，并伴随着激烈的电离反应。

2. 焊接电弧的温度分布

焊接电弧三个区域的温度分布是不均匀的，由于阳极不发射电子，消耗能量少，因此，当阳极与阴极材料相同时，阳极区的温度要高于阴极区。阳极区的温度一般为2330～3930℃，放出热量占焊接电弧总热量的43%左右。

阴极区的温度一般为2130～3230℃，放出的热量占焊接电弧总热量的36%左右。阴极区和阳极区的温度主要取决于电极材料，而且一般阴极区的温度都低于阳极区的温度，且低于材料的沸点。

弧柱中心温度可达5370～7730℃，离开弧柱中心，温度逐渐降低。弧柱放出热量占焊接电弧总热量的21%左右。弧柱的温度与弧柱气体介质和焊接电流大小等因素有关；焊接电流越大，弧柱中电离程度也越大，弧柱温度也越高。

不同的焊接方法，其阳极区、阴极区温度的高低并不一致。各种焊接方法的阴极区与阳极区温度的比较见表6-1。

表6-1 各种焊接方法的阴极区与阳极区温度的比较

焊接方法	焊条电弧焊	钨极氩弧焊	熔化极氩弧焊	CO_2气体保护焊	埋弧自动焊
温度比较	阳极区温度＞阴极区温度		阴极区温度＞阳极区温度		

当焊接电源为交流电时，由于电源的极性是周期性地改变的，所以两个电极区的温度趋于一致，近似于它们的平均值。

3. 电弧电压

电弧两端（两电极）之间的电压降称为电弧电压。当弧长一定时，电弧电压分布如图6-9所示。电弧电压（U）由阴极压降（U_i）、阳极压降（U_y）和弧柱压降（U_z）组成。即

$$U_h = U_i + U_y + U_z = U_i + U_y + BL_z$$

式中 U_h——电弧电压（V）；

U_i——阴极压降（V）；

U_y——阳极压降（V）；

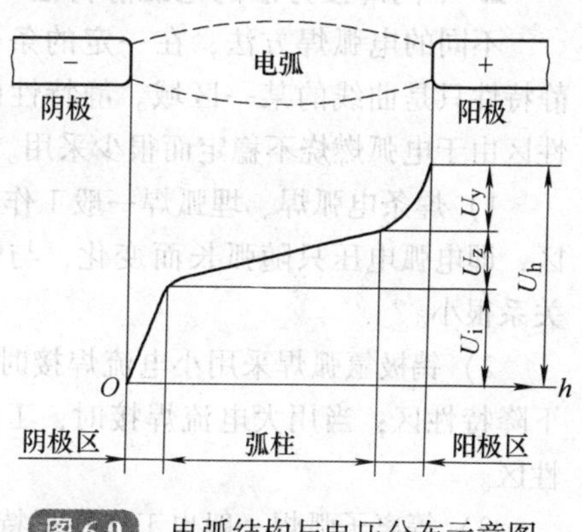

图6-9 电弧结构与电压分布示意图

U_z——弧柱压降（V）；

B——单位长度的弧柱压降（V/cm）；

L_z——电弧长度（cm）。

6.1.5 焊条电弧焊的静特性

在电极材料、气体介质和弧长一定的情况下，焊接电弧稳定燃烧时，焊接电流与电弧电压之间有一定的匹配关系，称为焊接电弧的静特性，一般也称伏-安特性。

1. 焊接电弧的静特性曲线

焊接电流和电弧电压之间的关系常用一条曲线形象地表示出来，称这样的曲线为焊接电弧的静特性曲线，如图 6-10 所示。

从图 6-10 中可以看出，该曲线呈 U 形，分三个区。

（1）Ⅰ区称为下降电弧静特性曲线 在该区内，焊接电流增加时，电弧电压则逐渐降低。此段相当于小电流焊接时的情况，生产实际上很少采用该区所包括的电流电压值。

（2）Ⅱ区称为平直电弧静特性曲线 在该区内，电弧长度不变时电弧焊、非熔化极气体保护焊的正常焊接参数都在此区内。

（3）Ⅲ区称为上升电弧静特性曲线 在该区内，电流非常大，电弧电压随焊接电流的增加而增加。熔化极气体保护焊的正常焊接参数在此区内。

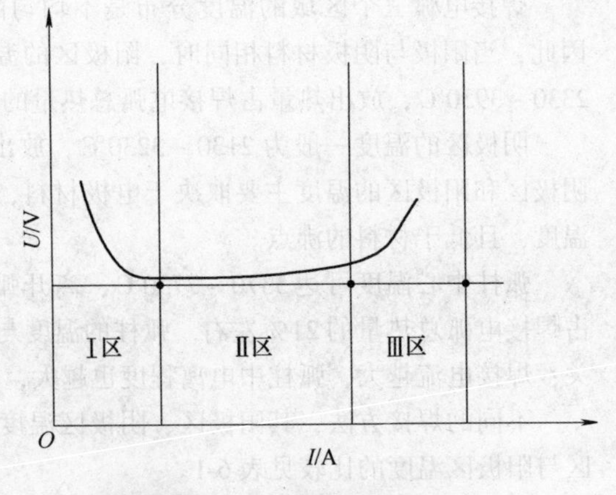

图 6-10 焊接电弧的静特性曲线

电弧静特性曲线与电弧长度密切相关，当电弧长度增加时，电弧电压升高，其静特性曲线的位置也随之上升，如图 6-11 所示。

2. 不同焊接方法的电弧静特性

不同的电弧焊方法，在一定的条件下，其静特性只是曲线的某一区域。静特性的下降特性区由于电弧燃烧不稳定而很少采用。

1）焊条电弧焊、埋弧焊一般工作在平特性区，即电弧电压只随弧长而变化，与焊接电流关系很小。

2）钨极氩弧焊采用小电流焊接时，工作在下降特性区；当用大电流焊接时，工作在平特性区。

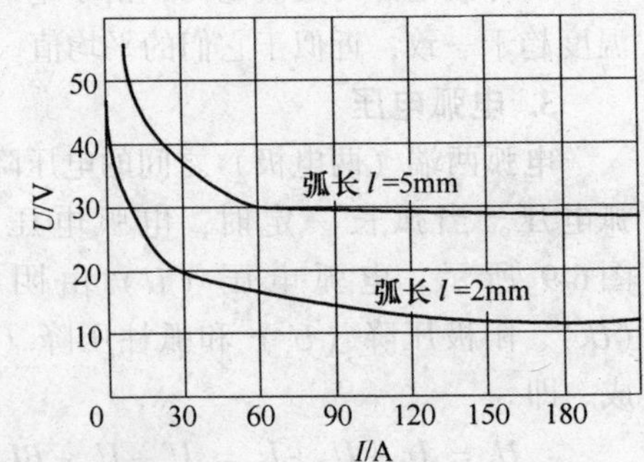

图 6-11 不同电弧长度的静特性

3）等离子弧焊一般也工作在平特性区，当焊接电流较大时才工作在上升特性区。

4）熔化极氩弧焊、CO_2气体保护焊和熔化极活性气体保护焊（MAG焊）基本上工作在上升特性区。

5）埋弧焊采用正常的焊接电流焊接时，工作在平特性区；当采用大电流焊接时，工作在上升特性区。

3. 影响焊接电弧静特性的因素

（1）电弧长度的影响　在一般情况下，电弧电压总是和电弧长度成正比地变化，不同的电弧长度，电弧静特性曲线的位置不同。当电弧长度增加时，电弧电压升高，其静特性曲线的位置也随之上升。反之，电弧长度缩短时，电弧静特性曲线将下移，如图6-12所示。从图6-12中可见，每个弧长都对应一条电弧静特性曲线，曲线的基本形状不变，只是曲线在坐标内上下移动。弧长越长，电弧电压越高。所以，同一种焊接方法，电弧静特性曲线有无数条。

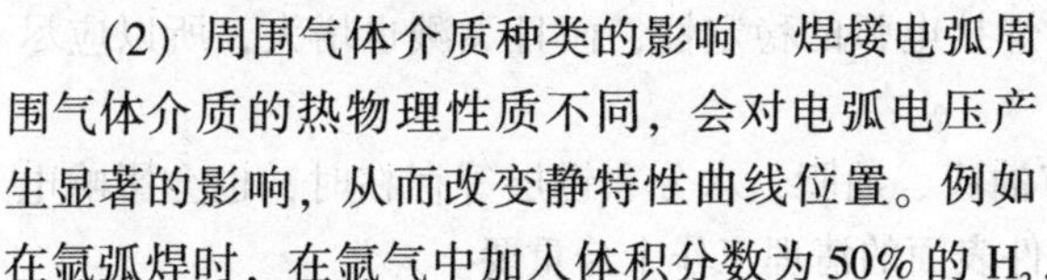

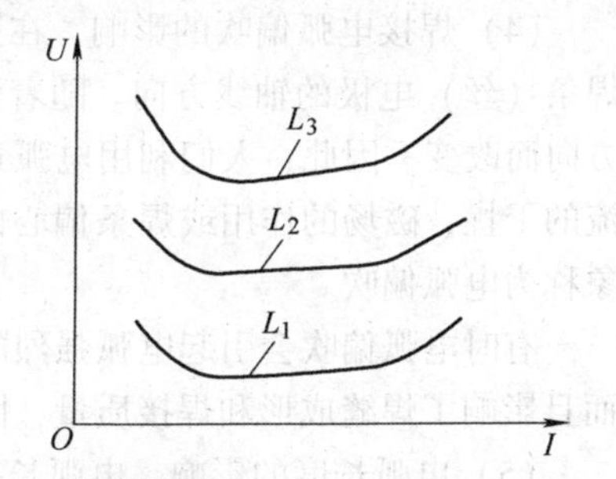

图6-12　电弧长度对电弧静特性曲线的影响（电弧长度$L_1 > L_2 > L_3$）

（2）周围气体介质种类的影响　焊接电弧周围气体介质的热物理性质不同，会对电弧电压产生显著的影响，从而改变静特性曲线位置。例如在氩弧焊时，在氩气中加入体积分数为50%的H_2，则其电弧电压要比纯氩高出很多，电弧静特性曲线上移。

（3）周围气体介质压力的影响　气体介质压力越大，对电弧的冷却作用越强，结果使电弧电压升高，静特性曲线随之上升。

6.1.6　焊接电弧的稳定性

焊接电弧的稳定性是指电弧保持稳定燃烧（不产生断弧、飘移和偏吹等）的程度。电弧的稳定燃烧是保证焊接质量的一个重要因素，因此，维持电弧稳定性是非常重要的。

1. 影响焊接电弧稳定性的因素

电弧不稳定的原因除焊工操作技能不熟练外，还与下列因素有关：

（1）弧焊电源的影响

1）弧焊电源的特性。弧焊电源的特性是焊接电源以哪种形式向电弧供电，若焊接电源的特性符合电弧燃烧的要求，则电弧燃烧稳定；反之，则电弧燃烧不稳定。

2）焊接电流的种类。采用直流电源焊接时，电弧燃烧比交流电源稳定。

3）焊接电源的空载电压。具有较高空载电压的焊接电源不仅引弧容易，而且电弧燃烧也稳定。这是因为焊接电源的空载电压较高，电场作用强，电离及电子发射强烈，所以电弧燃烧稳定。

（2）焊接电流的影响　焊接电流越大，电弧的温度就越高，则电弧气氛中的电离程度和热发射作用就越强，电弧燃烧也就越稳定。通过试验测定电弧稳定性的结果表明：随着焊接电流的增大，电弧的引燃电压就降低；同时随着焊接电流的增大，自然断弧的最大弧长也增大。所以焊接电流越大，电弧燃烧越稳定。

（3）焊条药皮或焊剂的影响　焊条药皮或焊剂中加入K、Ni、Ca等元素的氧化物，能增加电弧气氛中带电粒子，这样就可以提高气体的导电性，从而提高电弧燃烧的稳定性。如果焊条药皮或焊剂中含有不易电离的氟化物、氯化物时，会降低电弧气氛的电离程度，使电弧燃烧不稳定。

（4）焊接电弧偏吹的影响　在正常情况下焊接时，电弧的中心轴线总是保持着沿焊条（丝）电极的轴线方向。随着焊条（丝）变换倾斜角度，电弧也跟着电极轴线的方向而改变。因此，人们利用电弧这一特性来控制焊缝成形。但在焊接过程中，因气流的干扰、磁场的作用或焊条偏心的影响，使电弧中心偏离电极轴线的方向，这种现象称为电弧偏吹。

有时电弧偏吹会引起电弧强烈的摆动，甚至发生熄弧，不仅使焊接过程发生困难，而且影响了焊缝成形和焊接质量，因此，焊接时应尽量减少或防止电弧偏吹。

（5）电弧长度的影响　电弧长度对电弧的稳定性也有较大的影响，如果电弧太长，电弧就会发生剧烈摆动，从而破坏了焊接电弧的稳定性，而且飞溅也增大，所以应尽量采用短弧焊接。

（6）其他影响因素　焊接处若有油漆、油脂、水分和锈层等存在时，也会影响电弧燃烧的稳定性，因此，焊前做好焊件表面的清理工作十分重要。

焊条受潮或焊条药皮脱落也会造成电弧燃烧不稳定。

2. 焊接电弧的偏吹

（1）焊接电弧产生偏吹的原因

1）焊条偏心度过大。焊条偏心度是指焊条药皮沿焊芯直径方向偏心的程度。焊条偏心度过大，使焊条药皮厚薄不均匀，药皮较厚的一边比药皮较薄的一边熔化时需吸收更多的热量，因此，药皮较薄的一边很快熔化而使电弧外露，迫使电弧往外偏吹，如图6-13所示。因此，为了保证焊接质量，在焊条生产中对焊条偏心度有一定的限制。

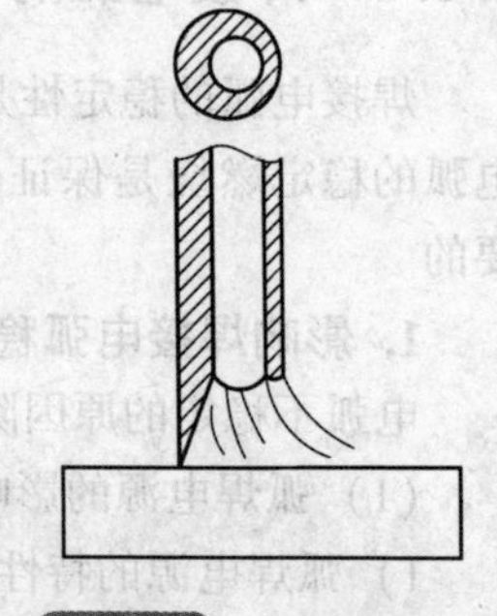

图6-13　焊条药皮偏心引起的偏吹

2）电弧周围气流的干扰。电弧周围气体的流动会把电弧吹向一侧而造成偏吹。造成电弧周围气体剧烈流动的因素很多，主要是大气中的气流和热对流的影响。如在露天大风中操作时，电弧偏吹状况很严重；在进行管子焊接时，由于空气在管子中流动速度较大，形成所谓“穿堂风”，使电弧发生偏吹；在开坡口的对接接头第一层焊缝的焊接时，如果接头间隙较大，在热对流的影响下也会使电弧发生偏吹。

3）焊接电弧的磁偏吹。直流电弧焊时，因受到焊接回路所产生的电磁力的作用而产生的电弧偏吹称为磁偏吹。它是由于直流电所产生的磁场在电弧周围分布不均匀而引起的电弧偏吹，如图6-14所示。造成电弧产生磁偏吹的因素主要有下列几种：

① 接地线位置不正确引起的磁偏吹，如图 6-15 所示。接地线接在焊件一侧接“+”焊接时电弧左侧的磁力线由两部分组成：一部分是电流通过电弧产生的磁力线，另一部分是电流流经焊件产生的磁力线。而电弧右侧仅有电流通过电弧产生的磁力线，从而造成电弧两侧的磁力线分布极不均匀，电弧左侧的磁力线比右侧的磁力线密集，电弧左侧的电磁力大于右侧的电磁力，使电弧向右侧偏吹。

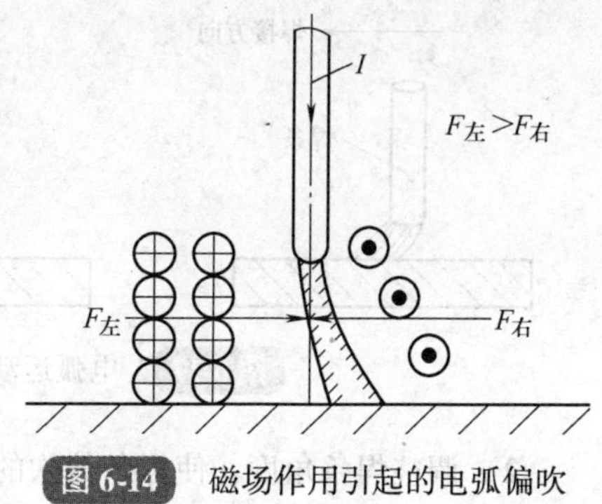

图 6-14　磁场作用引起的电弧偏吹

反之，如果接点“+”是接在右边，则电弧右侧的磁力线就比左侧的磁力线密集，则电弧偏向磁场较小的左侧。

如果把图 6-15 中的正极性改为反极性后，则使焊接电流方向和相应的磁力线方向都同时改变，但作用于电弧左、右两侧上的电磁力方向不变，即磁偏吹方向不变。因此，磁偏吹的方向与焊件上的接地线位置有关，而与电源的极性无关。

② 铁磁物质引起的磁偏吹，如图 6-16 所示。由于铁磁物质（如钢板、铁块等）的导磁能力远远大于空气，因此，当焊接电弧周围有铁磁物质存在时，在靠近铁磁物质一侧的磁力线大部分都通过铁磁物质形成封闭曲线，使电弧同铁磁物质之间的磁力线变得稀疏，而电弧另一侧磁力线就显得密集，造成电弧两侧的磁力线分布极不均匀，电弧向铁磁物质一侧偏吹。

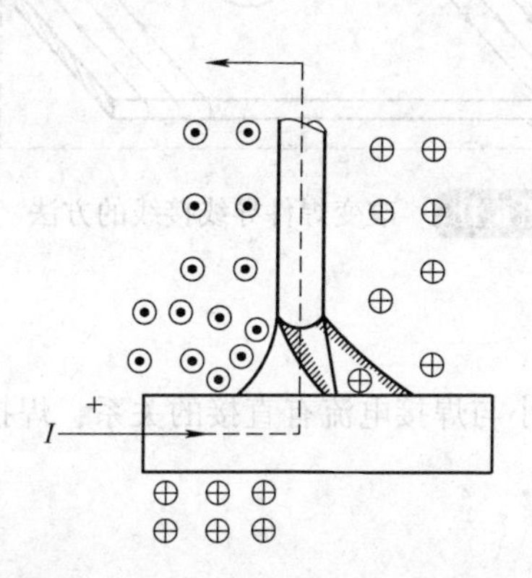

图 6-15　接地线位置不正确引起的磁偏吹

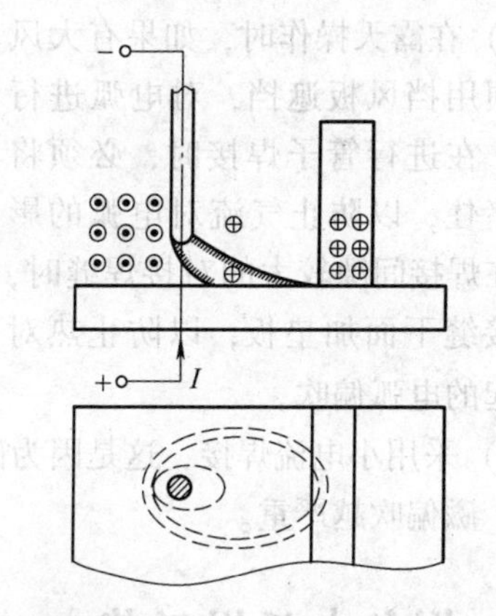

图 6-16　铁磁物质引起的磁偏吹

③ 电弧运动至焊件端部焊接时引起的磁偏吹，如图 6-17 所示。当在焊件边缘处开始焊接或焊接至焊件端部时，经常会发生电弧偏吹，而逐渐靠近焊件的中心时，则电弧的偏吹现象就逐渐减小或没有。这是由于电弧运动至焊件端部时，导磁面积发生变化，引起空间磁力线在靠近焊件边缘的地方密度增加，产生了指向焊件内部的磁偏吹。

(2) 防止或减少焊接电弧偏吹的措施

1）焊接时，在条件许可的情况下尽量使用交流电源焊接。

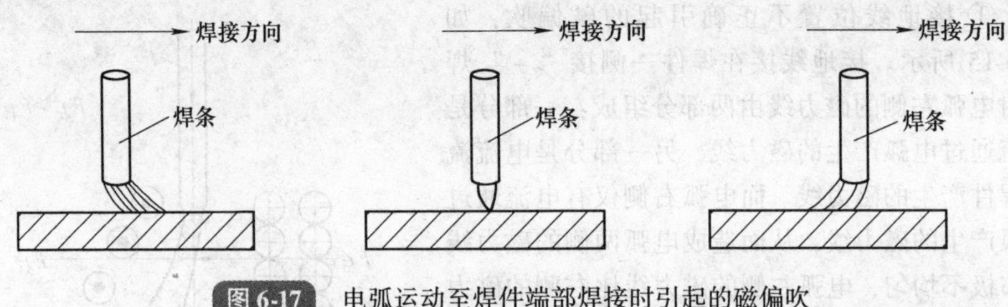

图 6-17　电弧运动至焊件端部焊接时引起的磁偏吹

2）调整焊条角度，使焊条偏吹的方向转向熔池，即将焊条向电弧偏吹方向倾斜一定角度，这种方法在实际焊接中应用得较广泛。

3）采用短弧焊接，因为短弧时受气流的影响较小，而且在产生磁偏吹时，如果采用短弧焊接，也能减小磁偏吹程度，因此，采用短弧焊接是减少电弧偏吹的较好方法。

4）改变焊件上接地线的位置或在焊件两侧同时接地线，可减少因接地线位置不正确引起的磁偏吹，如图 6-18 所示。图中虚线表示克服磁偏吹的接线方法。

5）在焊缝两端各加一小块附加钢板（引弧板及引出板），使电弧两侧的磁力线分布均匀并减少热对流的影响，以克服电弧偏吹。

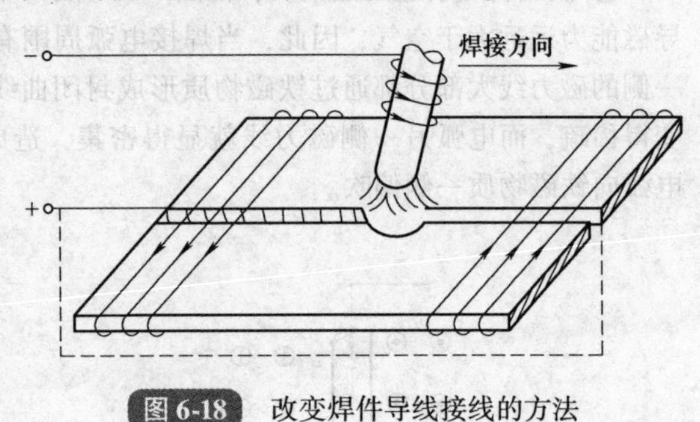

图 6-18　改变焊件导线接线的方法

6）在露天操作时，如果有大风则必须用挡风板遮挡，对电弧进行保护。在进行管子焊接时，必须将管口堵住，以防止气流对电弧的影响。在焊接间隙较大的对接焊缝时，可在接缝下面加垫板，以防止热对流引起的电弧偏吹。

7）采用小电流焊接，这是因为磁偏吹的大小与焊接电流有直接的关系，焊接电流越大，磁偏吹越严重。

6.2　焊条电弧焊工艺

6.2.1　焊条电弧焊的工艺特点

1. 焊条电弧焊的优点

1）工艺灵活、适应性强。对于不同的焊接位置、接头形式、焊件厚度的焊缝，只要焊条所能达到的任何位置，均能进行方便的焊接。对一些单件、小件、短的、不规则的空间任意位置的焊缝以及不易实现机械化焊接的焊缝，更显得机动灵活，操作方便。

2）应用范围广。焊条电弧焊的焊条能够与大多数的焊件金属性能相匹配，因而，接头的性能可以达到被焊金属的性能。焊条电弧焊不但能焊接碳钢、低合金钢、不锈钢及耐热钢，对于铸铁、高合金钢及有色金属等也可以用焊条电弧焊焊接。此外，还可以进行异种钢焊接和各种金属材料的堆焊等。

3）易于分散焊接应力和控制焊接变形。由于焊接是局部的不均匀加热，所以焊件在焊接过程中都存在着焊接应力和变形。对于结构复杂而焊缝又比较集中的焊件、长焊缝和大厚度焊件，其应力和变形问题更为突出。采用焊条电弧焊，可以通过改变焊接工艺，如采用跳焊、分段退焊、对称焊等方法，来减少变形和改善焊接应力的分布。

4）设备简单、成本较低。焊条电弧焊使用的交流焊机和直流焊机，其结构都比较简单，维护保养也较方便；设备轻便，易于移动，且焊接中不需要辅助气体保护，并具有较强的抗风能力；投资少，成本相对较低。

2. 焊条电弧焊的缺点

1）焊接生产率低，劳动强度大。由于焊条的长度是一定的，因此，每焊完一根焊条后必须停止焊接，更换新的焊条，而且每焊完一焊道后要求清渣，焊接过程不能连续地进行，所以生产率低，劳动强度大。

2）焊缝质量依赖性强。由于采用手工操作，焊缝质量主要靠焊工的操作技术和经验来保证，所以，焊缝质量在很大程度上依赖于焊工的操作技术及现场发挥，甚至焊工的精神状态也会影响焊缝质量。

6.2.2 焊条电弧焊的焊接参数

焊接参数是指焊接时为保证焊接质量而选定的各物理量（焊条直径、焊接电流、电弧电压、焊接速度、焊接层道数、电源种类、电源极性和焊接热输入等）的总称。焊接参数选择正确与否，直接影响焊缝的形状、尺寸、焊接质量和生产率。因此，选择焊接参数是焊接生产中十分重要的一个环节。

1. 焊条直径

在实际生产过程中为了提高生产率，应尽可能选用较大直径的焊条，但是用直径过大的焊条焊接，会造成未焊透或焊缝成形不良的缺陷。因此必须正确选择焊条的直径。焊条直径的选择主要是根据被焊工件的厚度、接头形状、焊接位置和预热条件来确定的。

(1) 焊件的厚度　焊条直径可根据焊件厚度进行选择。厚度较大的焊件应选用直径较大的焊条；反之，薄焊件焊接则应选用小直径焊条。焊条直径的选择见表6-2。

表6-2　焊条直径的选择

板厚/mm	1~2	2~2.5	2.5~4	4~6	6~10	>10
焊条直径/mm	1.6~2.0	2.0~2.5	2.5~3.2	3.2~4.0	4.0~5.0	5.0~5.8

(2) 焊缝位置　在板厚相同的条件下焊接平焊缝用的焊条直径应比其他位置大一些，立焊最大不超过5mm，而仰焊、横焊最大直径不超过4mm，这样可形成较小的熔

池，减少熔化金属的下淌。

(3) 焊接层次　进行多层焊时，如果第一层焊缝所采用的焊条直径过大，会造成因电弧过长而不能焊透，因此为了防止根部焊不透，对多层焊的第一层焊道，应选用直径较小的焊条进行焊接，以后各层可以根据焊件厚度，选用较大直径的焊条。

(4) 接头形式　搭接接头、T形接头因不存在全焊透问题，所以应选用较大的焊条直径，以提高生产率。

(5) 电源种类和极性的选择　电源的种类和极性主要取决于焊条的类型。直流电源的电弧燃烧稳定，焊接接头的质量容易保证；交流电源的电弧稳定性差，接头质量也较难保证。

2. 电源种类和极性

电源种类和极性主要取决于焊条的类型。

(1) 电源种类　焊条电弧焊采用的电源有交流和直流两大类，根据焊条的性质进行选择。直流电源的电弧燃烧稳定，焊接接头的质量容易保证；交流电源的电弧稳定性差，接头质量也较难保证。通常，酸性焊条可同时采用交、直流两种电源，由于交流弧焊机构造简单、造价低、使用及维护方便，所以优先采用交流弧焊机。但交流电源焊接时，电弧稳定性差。采用直流电源焊接时，电弧稳定，飞溅少，但电弧磁偏吹较严重。碱性低氢型焊条稳弧性差，通常必须采用直流弧焊机。如药皮中含有较多稳弧剂的焊条，也可使用交流弧焊机，但此时电源的空载电压应较高些。用小电流焊接薄板时，也常用直流电源，这样引弧较容易，电弧也较稳定。

(2) 电源极性　从电弧的构造及温度可知，当焊件或焊钳所接的正、负极不同，则温度也相应不同。因此，使用直流焊机时，应考虑选择电源的极性问题，以保证电弧稳定燃烧和焊接质量。

1）极性。极性是指在直流电弧焊或电弧切割时焊件的极性。焊件与电源输出端正、负极的接法分为正接和反接两种。正接就是焊件接电源正极、电极接电源负极的接线法，也称正极性；反接就是焊件接电源负极、电极接电源正极的接线法，也称反极性。对于交流电源来说，由于电源的极性是交变的，所以不存在正接和反接。

2）极性的应用。焊接电源极性的选用主要应根据焊条的性质和焊件所需的热量来决定。同时，利用不同的极性可焊接不同要求的焊件，如采用酸性焊条焊接厚度较大的焊件时，可采用直流正接法（即焊条接负极、焊件接正极），以获得较大的熔深，而在焊接薄板焊件时，则采用直流反接，可防止烧穿。若酸性焊条采用交流电源焊接时，其熔深介于直流正接和反接之间。

3. 焊接电流

焊接时流经焊接回路的电流称为焊接电流。焊接电流的大小直接影响焊接质量和焊接生产率。增大焊接电流能提高生产率，但电流过大易造成焊缝咬边、烧穿等缺陷，同时增加了金属飞溅，也会使接头的组织产生过热而发生变化；而电流过小也易造成夹渣、未焊透等缺陷，降低焊接接头的力学性能，所以应适当地选择焊接电流。焊接时决定电流强度的因素很多，如焊条类型、焊条直径、焊件厚度、接头形式、焊缝位置和层次等。焊接电流的选择主要取决于焊条的类型、焊件材质、焊条直径、焊件厚度、接头形式、焊接位置以及焊接层数等。

(1) 焊条直径　焊条直径越大，熔化焊条所需要的电弧热量越多，焊接电流也越大。碳钢酸性焊条焊接电流大小与焊条直径的关系，一般可根据下面的经验公式来选择：

$$I_h = (35 \sim 55)d$$

式中　I_h——焊接电流（A）；

d——焊条直径（mm）。

根据以上公式所求得的焊接电流，只是一个大概数值。对于同样直径的焊条焊接不同材质和厚度的工件，焊接电流也不同。一般板越厚，焊接热量散失得越快，应取电流值的上限值；对焊接热输入要求严格控制的材质，应在保证焊接过程稳定的前提下，取下限值。对于横、立、仰焊时所用的焊接电流，应比平均的数值小 10% ~20%。焊接中碳钢或普通低合金钢时，其焊接电流应比焊接低碳钢时小 10% ~20%，碱性焊条比酸性焊条小 20%。而在锅炉和压力容器的实际焊接生产中，焊工应按照焊接工艺文件规定的参数施焊。

(2) 焊缝位置　相同焊条直径的条件下，在焊接平焊缝时，由于运条和控制熔池中的熔化金属都比较容易，因此可以选择较大的电流进行焊接。但在其他位置焊接时，为了避免熔化金属从熔池中流出，要使熔池尽可能小些。通常立焊、横焊的焊接电流比平焊的焊接电流小 10% ~15%，仰焊的焊接电流比平焊的焊接电流小 15% ~20%。

(3) 焊条类型　当其他条件相同时，碱性焊条使用的焊接电流应比酸性焊条小 10% ~15%，否则焊缝中易形成气孔。不锈钢焊条使用的焊接电流比碳钢小 15% ~20%。

(4) 焊接层次　焊接打底层时，特别是单面焊双面成形时，为保证背面焊缝质量，常使用较小的焊接电流；焊接填充层时为提高效率，保证熔合良好，常使用较大的焊接电流；焊接盖面层时，为防止咬边和保证焊缝成形，使用的焊接电流应比填充层稍小些。

在实际生产中，焊工一般可根据焊接电流的经验公式先算出一个大概的焊接电流，然后在钢板上进行施焊调整，直至确定合适的焊接电流。在试焊过程中，可根据下列几点来判断选择的电流是否合适。

1) 观察飞溅。电流过大时，电弧吹力大，可看到较大颗粒的铁液向熔池外飞溅，焊接时爆裂声大；电流过小时，电弧吹力小，熔渣和铁液不易分清。

2) 观察焊缝成形。电流过大时，熔深大，焊缝余高低，两侧易产生咬边；电流过小时，焊缝窄而高，熔深浅，且两侧与母材金属熔合不好；电流适中时，焊缝两侧与母材金属熔合得很好，呈圆滑过渡。

3) 观察焊条熔化情况。电流过大时，当焊条熔化了大半根时，其余部分均已发红；电流过小时，电弧燃烧不稳定，焊条容易粘在焊件上。

4. 电弧电压

焊条电弧焊的电弧电压主要由电弧长度来决定。焊接过程中，要求电弧长度不宜过长，否则电弧燃烧会出现下列几种不良现象：

1）电弧燃烧不稳定，易摆动，电弧热能分散，飞溅增多，造成金属和电能的浪费。

2）焊缝厚度小，容易产生咬边、未焊透、焊缝表面高低不平、焊波不均匀等缺陷。

3）对熔化金属的保护差，空气中氧、氮等有害气体容易侵入，使焊缝产生气孔的可能性增加，使焊缝金属的力学性能降低。

因此，在焊接时应力求使用短弧焊接，相应的电弧电压为16～25V。在立、仰焊时弧长应比平焊时更短一些，以利于熔滴过渡，防止熔化金属下淌。碱性焊条焊接时应比酸性焊条弧长短些，以利于防止气孔。短弧一般认为电弧长度是焊条直径的50%～100%。

5. 焊接速度

单位时间内完成的焊缝长度称为焊接速度。焊接速度应该均匀适当，既要保证焊透又要保证不烧穿，同时还要使焊缝宽度和高度符合图样设计要求。

当焊接速度过慢时，焊缝高温停留时间增长，热影响区宽度增加，焊接接头的晶粒变粗，力学性能降低，同时使变形量增大，但是会造成熔池满溢、夹渣、未熔合等缺陷。当采用较大的焊接速度时，易获得较高的焊接生产率，但是，焊接速度过大，会造成咬边、未焊透、气孔等缺陷。

焊接速度直接影响焊接生产率，所以应该在保证焊缝质量的基础上，采用较大的焊条直径和焊接电流，同时根据具体情况适当加快焊接速度，以保证在获得焊缝的高低和宽窄一致的条件下，提高焊接生产率。

6. 焊接层道数

在中厚板焊接时，一般要开坡口并采用多层多道焊。多层多道焊有利于提高焊接接头的塑性和韧性，对于低碳钢和强度等级低的普通低合金钢多层多道焊时，每道焊缝厚度不宜过大，过大时对焊缝金属的塑性不利，因此对质量要求较高的焊缝，每层厚度最好不大于4～5mm。同样每层焊道厚度不宜过小，过小时焊接层次增多不利于提高劳动生产率。根据实际经验，每层厚度等于焊条直径的80%～120%时，生产率较高，并且比较容易保证质量和便于操作。

6.3 焊条电弧焊操作技术

6.3.1 焊条电弧焊的基本操作

焊条电弧焊最基本的操作是引弧、运条、焊道连接和收尾。

1. 引弧

引弧即产生电弧。焊条电弧焊是采用低电压、大电流放电产生电弧，依靠焊条瞬时接触工件实现的。引弧时必须将焊条末端与焊件表面接触形成短路，然后迅速将焊条向上提起 2 ~ 4mm 的距离，此时电弧即引燃。引弧的方法有碰击法和划擦法两种，如图 6-19 所示。

(1) 碰击法　碰击法是将焊条与工件保持一定距离，然后垂直落下，使之轻轻敲击工件，发生短路，再迅速将焊条提起，产生电弧的引弧方法。此种方法适用于各种位置的焊接。

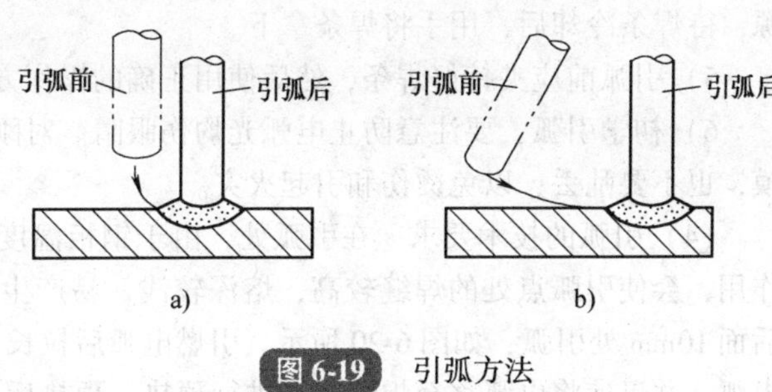

图 6-19　引弧方法
a) 碰击法　b) 划擦法

1) 优点：直击法是一种理想的引弧方法，适用于各种位置引弧，不易碰伤工件。

2) 缺点：受焊条端部清洁情况限制，用力过猛时药皮易大块脱落，造成暂时性偏吹，操作不熟练时易粘于工件表面。

3) 操作要领：焊条垂直于焊件，使焊条末端对准焊缝，然后将手腕下弯，使焊条轻碰焊件，引燃后，手腕放平，迅速将焊条提起，使弧长约为焊条外径的 1.5 倍，做“预热”后，压低电弧，使弧长与焊条内径相等，且焊条横向摆动，待形成熔池后向前移动，如图 6-19a 所示。

(2) 擦划法　擦划法是将焊条在坡口上滑动，成一条线，当端部接触时，发生短路，因接触面很小，温度急剧上升，在未熔化前，将焊条提起，产生电弧的引弧方法。

1) 优点：易掌握，不受焊条端部清洁情况（有无熔渣）限制。

2) 缺点：操作不熟练时，易损伤焊件。

3) 操作要领：类似划火柴。先将焊条端部对准焊缝，然后将手腕扭转，使焊条在焊件表面上轻轻划擦，划的长度以 20 ~ 30mm 为佳，以减少对工件表面的损伤，然后将手腕扭平后迅速将焊条提起，使弧长约为所用焊条外径的 1.5 倍，做“预热”动作（即停留片刻），其弧长不变，预热后将电弧压短至与所用焊条直径相符。在始焊点做适量横向摆动，且在起焊处稳弧（即稍停片刻）以形成熔池后进行正常焊接，如图 6-19b 所示。

上述两种引弧方法应根据具体情况灵活应用。擦划法引弧虽比较容易，但这种方法使用不当时，会擦伤焊件表面。为尽量减少焊件表面的损伤，应在焊接坡口处擦划，擦划长度以 20 ~ 25mm 为宜。在狭窄的地方焊接或焊件表面不允许有划伤时，应采用碰击法引弧。碰击法引弧较难掌握，焊条的提起动作太快并且焊条提得过高，电弧易熄灭；动作太慢，会使焊条粘在工件上。当焊条一旦粘在工件上时，应迅速将焊条左右摆动，使之与焊件分离；若仍不能分离时，应立即松开焊钳、切断电源，以免短路时间过长而损坏焊机。

(3) 引弧注意事项

1) 注意清理工件表面，以免影响引弧及焊缝质量。

2) 引弧前应尽量使焊条端部焊芯裸露，若不裸露可用锉刀轻锉，或轻击地面。

3）焊条与焊件接触后提起时间应适当。

4）引弧时，若焊条与工件出现粘连，应迅速使焊钳脱离焊条，以免烧损弧焊电源，待焊条冷却后，用手将焊条拿下。

5）引弧前应夹持好焊条，然后使用正确的操作方法进行焊接。

6）初学引弧，要注意防止电弧光灼伤眼睛。对刚焊完的焊件和焊条头不要用手触摸，也不要乱丢，以免烫伤和引起火灾。

（4）引弧的技术要求　在引弧处，由于钢板温度较低，焊条药皮还没有充分发挥作用，会使引弧点处的焊缝较高，熔深较浅，易产生气孔，所以通常应在焊缝起始点后面10mm处引弧，如图6-20所示。引燃电弧后拉长电弧，并迅速将电弧移至焊缝起点进行预热。预热后将电弧压短，酸性焊条的弧长约等于焊条直径，碱性焊条的弧长应为焊条直径的一半左右，进行正常焊接。采用上述引弧方法即使在引弧处产生气孔，也能在电弧第二次经过时，将这部分金属重新熔化，使气孔消除，并且不会留引弧伤痕。为了保证焊缝起点处能够焊透，焊条可做适当的横向摆动，并在坡口根部两侧稍加停顿，以形成一定大小的熔池。

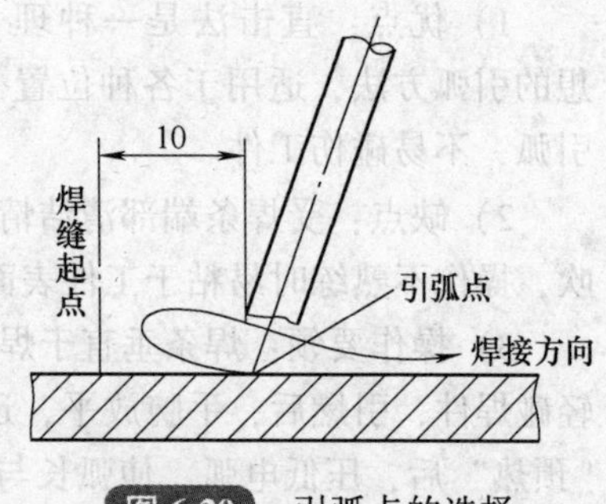

图6-20　引弧点的选择

引弧对焊接质量有一定的影响，经常因为引弧不好而造成始焊的缺陷。综上所述，在引弧时应做到以下几点：

1）工件坡口处无油污、锈斑，以免影响导电能力和防止熔池产生氧化物。

2）在接触时，焊条提起时间要适当。太快，气体未电离，电弧可能熄灭；太慢，则使焊条和工件粘合在一起，无法引燃电弧。

3）焊条的端部要有裸露部分，以便引弧。若焊条端部裸露不均，则应在使用前用锉刀加工，防止在引弧时，碰击过猛使药皮成块脱落，引起电弧偏吹和引弧瞬间保护不良。

4）引弧位置应选择适当，开始引弧或因焊接中断重新引弧，一般均应在离始焊点后面10～20mm处引弧，然后移至始焊点，待熔池熔透再继续移动焊条，以消除可能产生的引弧缺陷。

2. 运条

电弧引燃后，就开始正常的焊接过程。为获得良好的焊缝成形，焊条得不断地运动。焊条的运动称为运条。运条是焊工操作技术水平的具体表现。焊缝质量的优劣、焊缝成形的好坏主要由运条来决定。

运条由三个基本运动合成，分别是焊条的送进运动、焊条的横向摆动运动和焊条的沿焊缝移动运动，如图6-21所示。

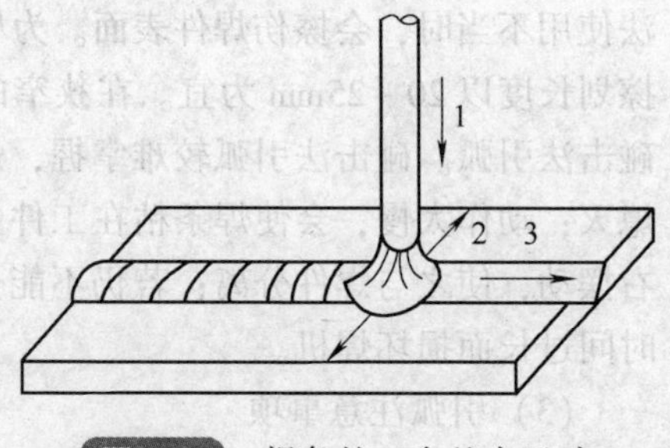

图6-21　焊条的三个基本运动
1—焊条送进　2—焊条摆动　3—沿焊缝移动

（1）焊条的送进运动　焊条的送进运动主

要是用来维持所要求的电弧长度。由于电弧的热量熔化了焊条端部，电弧逐渐变长，有熄弧的倾向。要保持电弧继续燃烧，必须将焊条向熔池送进，直至整根焊条焊完为止。为保证一定的电弧长度，焊条的送进速度应与焊条的熔化速度相等，否则会引起电弧长度的变化，影响焊缝的熔宽和熔深。

（2）焊条的摆动和沿焊缝移动 焊条的摆动和沿焊缝移动这两个动作是紧密相连的，而且变化较多、较难掌握。通过两者的联合动作可获得一定宽度、高度和一定熔深的焊缝。图6-22所示为焊接速度对焊缝成形的影响。焊接速度太慢，会焊成宽而局部隆起的焊缝；焊接速度太快，会焊成断续细长的焊缝；焊接速度适中时，才能焊成表面平整、焊波细致而均匀的焊缝。

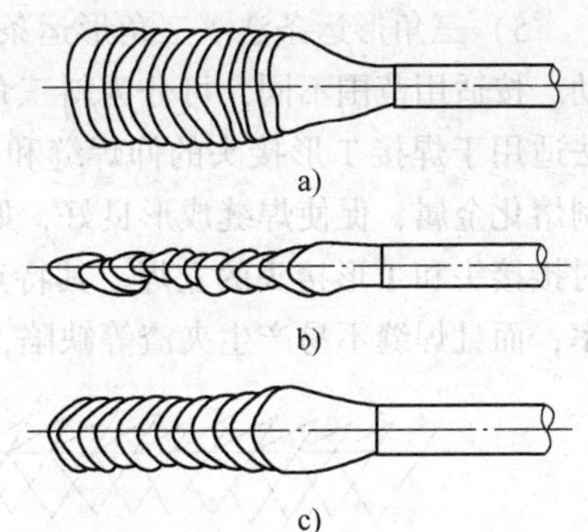

图6-22 焊接速度对焊缝成形的影响

a）太慢 b）太快 c）适中

（3）运条手法 为了控制熔池温度，使焊缝具有一定的宽度和高度，在生产中经常采用以下几种运条手法。

1）直线形运条法。直线形运条法是指焊接时，应保持一定的弧长，焊条不摆动并沿焊接方向移动。由于此时焊条不做横向摆动，所以熔深较大，且焊缝宽度较窄，如图6-23所示。在正常的焊接速度下，焊波饱满平整。此方法适用于板厚3～5mm的不开坡口的对接平焊、多层焊的第一层焊道和多层多道焊。

图6-23 直线形运条法

2）直线往返形运条法。直线往返形运条法是指焊条末端沿焊缝的纵向做来回直线形摆动，如图6-24所示。该方法主要适用于薄板焊接和接头间隙较大的焊缝。其特点是焊接速度快，焊缝窄，散热快。

3）锯齿形运条法。锯齿形运条法是指焊条末端做锯齿形连续摆动并向前移动，在两边稍停片刻，以防产生咬边缺陷，如图6-25所示。这种方法操作容易、应用较广，多用于比较厚的钢板的焊接，适用于平焊、立焊、仰焊的对接接头和立焊的角接接头。

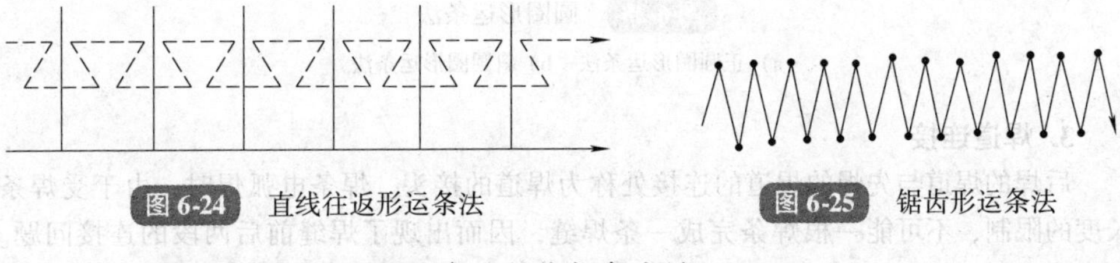

图6-24 直线往返形运条法

图6-25 锯齿形运条法

4）月牙形运条法。月牙形运条法是指焊条末端沿着焊接方向做月牙形的左右摆动，并在两边的适当位置做片刻停留，以使焊缝边缘有足够的熔深，防止产生咬边缺陷，如图6-26所示。此方法适用于仰、立、平焊位置以及需要比较饱满焊缝的地方。其适用

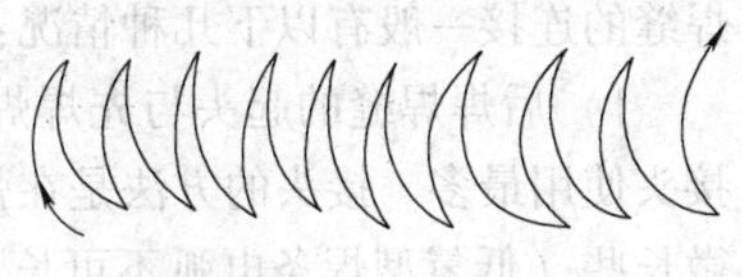

图6-26 月牙形运条法

范围和锯齿形运条法基本相同，但用此方法焊出来的焊缝余高较大。其优点是，能使金属熔化良好，而且有较长的保温时间，熔池中的气体和熔渣容易上浮到焊缝表面，有利于获得高质量的焊缝。

5）三角形运条法。三角形运条法是指焊条末端做连续三角形运动，并不断向前移动。按适用范围不同，可分为斜三角形和正三角形两种运条方法。其中斜三角形运条法适用于焊接T形接头的仰焊缝和有坡口的横焊缝。其特点是能够通过焊条的摆动控制熔化金属，促使焊缝成形良好，如图6-27a所示。正三角形运条法仅适用于开坡口的对接接头和T形接头的立焊。其特点是一次能焊出较厚的焊缝断面，有利于提高生产率，而且焊缝不易产生夹渣等缺陷，如图6-27b所示。

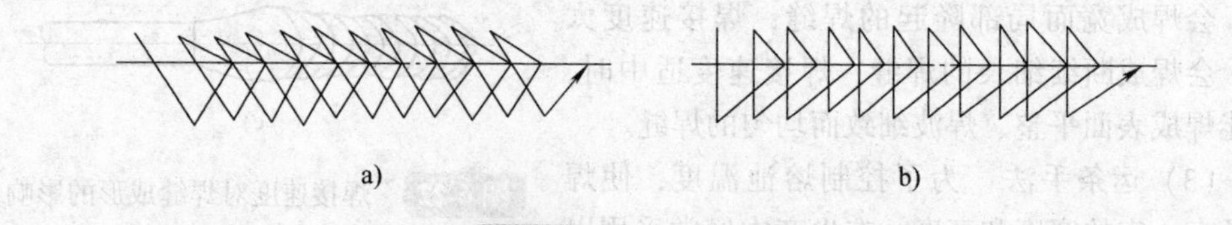

图 6-27 三角形运条法

a）斜三角形运条法 b）正三角形运条法

6）圆圈形运条法。圆圈形运条法是指焊条末端连续做圆圈运动，并不断前进。这种运条方法又分正圆圈形运条法和斜圆圈形运条法两种。正圆圈形运条法只适于焊接较厚工件的平焊缝，其优点是能使熔化金属有足够高的温度，有利于气体从熔池中逸出，可防止焊缝产生气孔，如图6-28a所示。斜圆圈形运条法适用于T形接头的横焊（平角焊）和仰焊以及对接接头的横焊缝，其特点是可控制熔化金属不受重力影响，能防止金属液体下淌，有助于焊缝成形，如图6-28b所示。

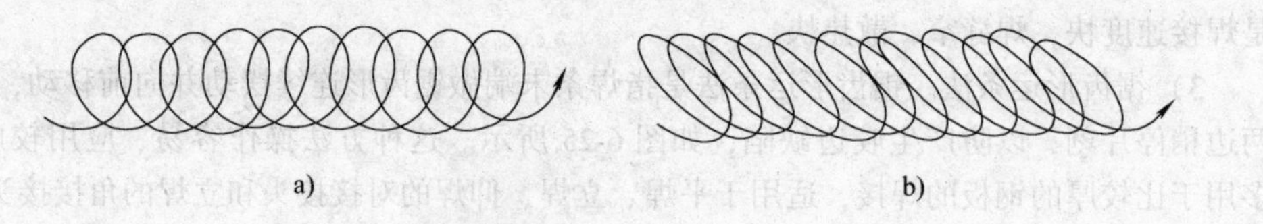

图 6-28 圆圈形运条法

a）正圆圈形运条法 b）斜圆圈形运条法

3. 焊道连接

后焊的焊道与先焊的焊道的连接处称为焊道的接头。焊条电弧焊时，由于受焊条长度的限制，不可能一根焊条完成一条焊缝，因而出现了焊缝前后两段的连接问题。焊缝的连接一般有以下几种情况：

1）后焊焊缝的起头与先焊焊缝的结尾相接（尾头相接），如图6-29a所示。这种接头使用最多。接头的方法是在弧坑稍前（约10mm）处引弧，电弧可比正常焊接时略微长些（低氢型焊条电弧不可长，否则易产生气孔），然后将电弧后移到原弧坑的2/3处，填满弧坑后即向前进入正常焊接，如图6-30a所示。操作时应注意后移量，如果电

弧后移太多，则可能造成接头过高，后移太少将造成接头脱节，产生弧坑未填满的缺陷。此种接头适用于单层焊及多层焊的盖面层接头。

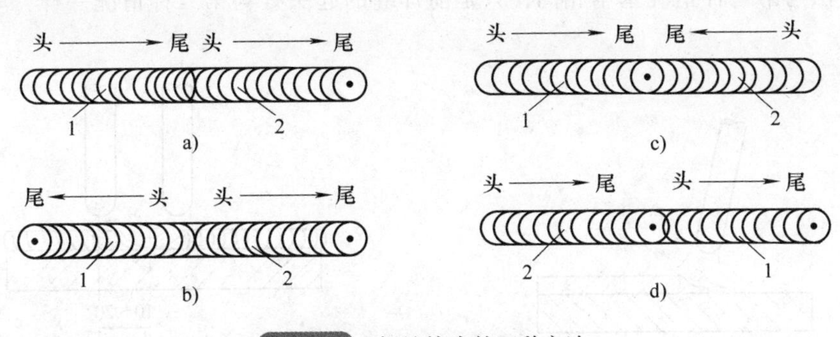

图 6-29　焊缝接头的四种方法

1—先焊焊缝　2—后焊焊缝

多层焊根部焊接时，有时为了保证根部接头处能焊透，常采用如下的接头方法：当电弧引燃后，将电弧移至图 6-30b 中 1 的位置，这样电弧一半的热量将一部分弧坑重新熔化，电弧另一半的热量将弧坑前方（即坡口的钝边部分）的坡口熔化，从而形成一个新的熔池。这种方法有利于根部接头处的焊透。

当弧坑存在缺陷时，在电弧引燃后应将电弧移至图 6-30b 中 2 的位置进行接头，这样，由于整个弧坑重新熔化，因而有利于消除弧坑中存在的缺陷。用这种方法接头处焊缝较高，但对保证焊缝质量是有利的。

接头时，更换焊条的动作越快越好，因为在熔池尚未冷却时进行接头（热接法），不仅能保证接头质量，而且可使焊缝外表成形美观。

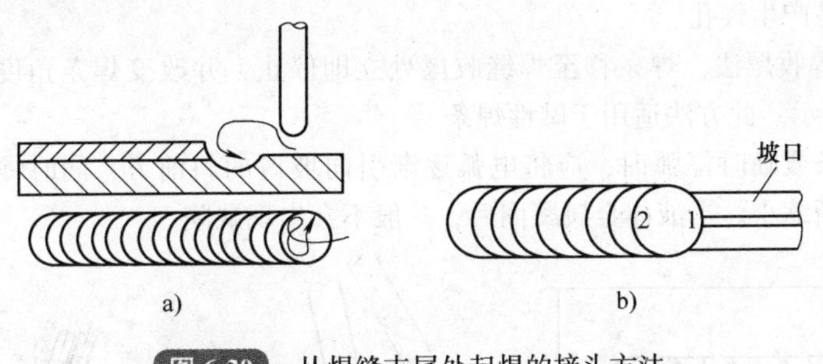

图 6-30　从焊缝末尾处起焊的接头方法

2）后焊焊缝的起头与先焊焊缝的起头相接（头头相接），如图 6-29b 所示。在先焊焊缝的起头处要略低些，这样接头时，在先焊焊缝的起头的略前处引弧，并稍微拉长电弧，将电弧引向接头处，并覆盖前焊缝的端头处，待起头处焊缝焊平后，再向焊接方向移动，如图 6-31 所示。

3）后焊焊缝的结尾与先焊焊缝的结尾相接（尾尾相接），如图 6-29c 所示。后焊焊缝焊到先焊焊缝的收弧处时，焊接速度应略慢些，以填满前焊缝的弧坑，然后以较快的焊接速度再略向前焊一些熄弧，如图 6-32 所示。

4）后焊焊缝的结尾与先焊焊缝的起头相接（头尾相接），如图 6-29d 所示。这种接头方法与第三种情况基本相同，只是前焊缝的起头处与第二种情况一样，应略为低些。

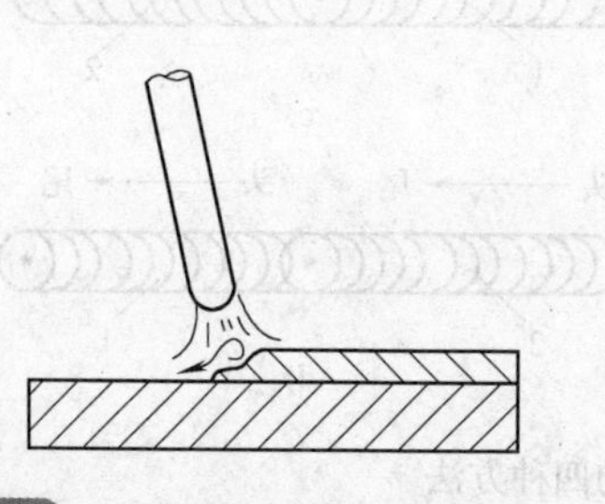

图 6-31　从焊缝端头处起焊的接头方法

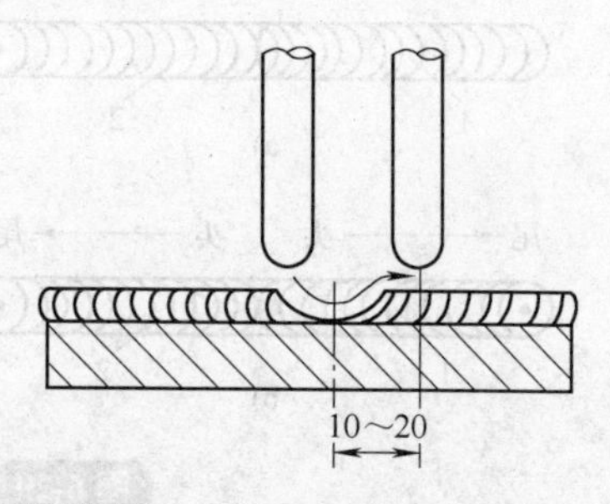

图 6-32　焊缝接头处的熄弧方法

4. 收尾（熄弧）

焊缝的收尾是指一条焊缝焊完后如何收弧（熄弧）。电弧中断和焊接结束时，应把收尾处的弧坑填满。若收尾时立即拉断电弧，则会形成比焊件表面低的弧坑。在弧坑处常出现疏松、裂纹、气孔、夹渣等现象，因此焊缝完成时的收尾动作不仅是熄灭电弧，而且要填满弧坑。收尾动作有以下几种：

（1）划圈收尾法　焊条移至焊缝终点时，做圆圈运动，直到填满弧坑再拉断电弧，如图 6-33a 所示。该方法主要适用于厚板焊接的收尾。

（2）反复断弧收尾法　收尾时，焊条在弧坑处反复熄弧、引弧数次，直到填满弧坑为止，如图 6-33b 所示。此方法一般适用于薄板和大电流焊接，但碱性焊条不宜采用，因其容易产生气孔。

（3）回焊收尾法　焊条移至焊缝收尾处立即停止，并改变焊条角度回焊一小段，如图 6-33c 所示。此方法适用于碱性焊条。

当换焊条或临时停弧时，应将电弧逐渐引向坡口的斜前方，同时慢慢抬高焊条，使得熔池逐渐缩小。当液体金属凝固后，一般不会出现缺陷。

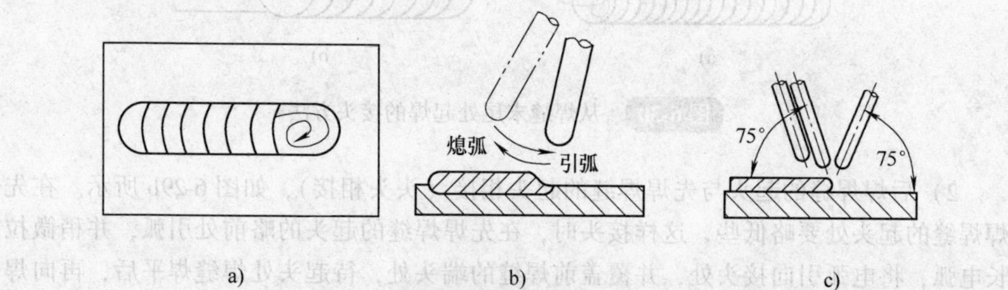

图 6-33　收尾方法

a）划圈收尾法　b）反复断弧收尾法　c）回焊收尾法

6.3.2　各种焊接位置上的操作要点

1. 平对接焊操作要点

1）焊缝处于水平位置，故允许使用较大电流和较粗直径焊条施焊，以提高劳动生产率。

2）尽可能采用短弧焊接，可有效提高焊缝质量。

3）控制好运条速度，利用电弧的吹力和长度使熔渣与液态金属分离，有效防止熔渣向前流动。

4）T形接头、角接接头、塔接平焊接头，若两钢板厚度不同，则应调整焊条角度，将电弧偏向厚板一侧，使两板受热均匀。

5）多层多道焊应注意选择层次及焊道顺序。

6）根据焊接材料和实际情况选用合适的运条方法。

7）焊条角度如图6-34所示。

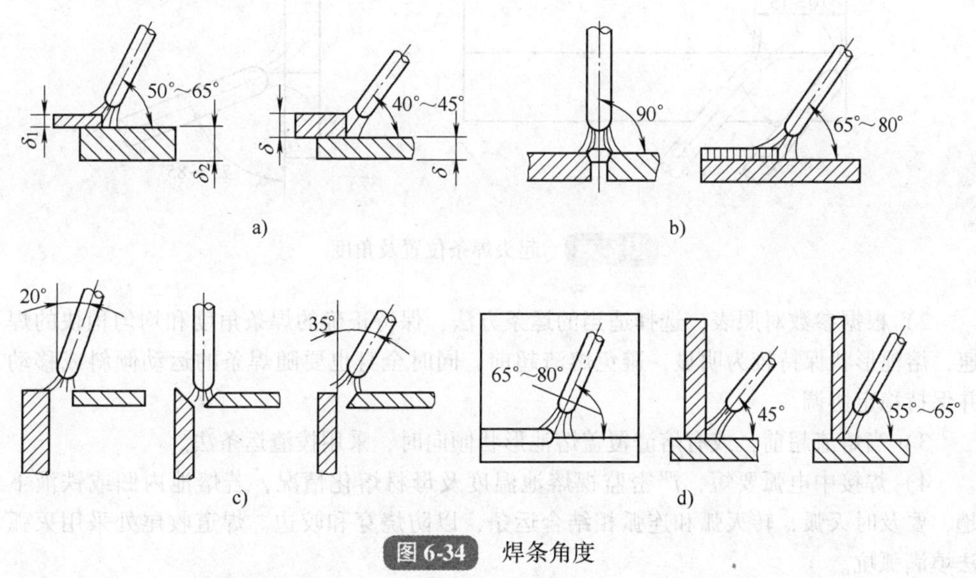

图6-34　焊条角度

a）搭接接头平角焊　b）对接平焊　c）角接接头平焊　d）T形接头平角焊

2. 立对接焊操作要点

（1）清理工件　校对坡口角度、组装、定位焊、清渣与开坡口平对接焊基本相同。组装时预留间隙以2～3mm为宜，反变形角度以2～3°为宜。

（2）打底焊　V形坡口底部较窄，焊接时若参数选择不当、操作方法不正确都会出现焊缝缺陷。为获得良好的焊缝质量，应选用直径为3.2mm的焊条，电流90～100A，焊条角度与焊缝成70°～80°，运条方法选用小三角形、小月牙形、锯齿形均可，操作方法选用跳弧焊，也可用灭弧焊。

（3）填充焊　焊前应对底层焊进行彻底清理，对于高低不平处应进行修整后再焊，否则会影响下一道焊缝质量。调整焊接参数，焊接电流95～105A，焊条角度与焊缝成60°～70°，运条方法与打底焊相同，但摆动幅度要比打底焊宽，操作方法可选择跳弧焊法或稳弧焊法（焊条横摆频率要高，到坡口两侧停顿时间要稍长），以免焊缝出现中间凸、两侧低及夹渣现象。

（4）盖面焊　焊前要彻底清理前一道焊缝及坡口上的焊渣及飞溅。盖面前一道焊缝应低于工件表面0.5～1.0mm为佳，若高出该范围值，盖面时会出现焊缝过高现象，若低于该范围值，盖面时则会出现焊缝过低现象。盖面焊焊接电流应比填充焊要小10A左右，焊条角度应稍大些，运条至坡口边缘时应尽量压低电弧且稍停片刻，中间过渡应稍快，手的运动一定要稳、准、快，只有这样才能获得良好的焊缝。

3. 横对接焊操作要点

1）起头在板端10～15mm处引弧后，立即向施焊处长弧预热2～3s后转入焊接，如图6-35所示。

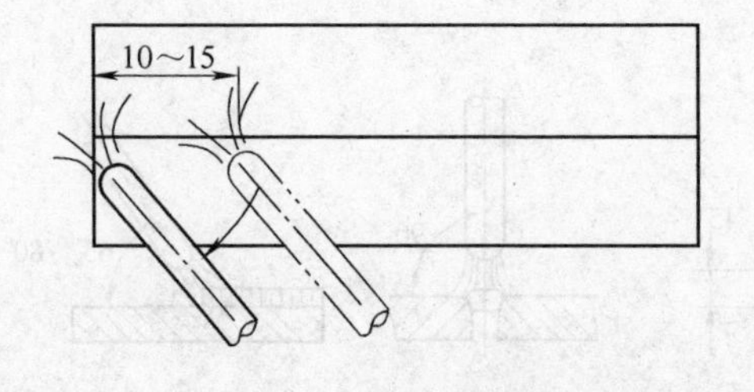

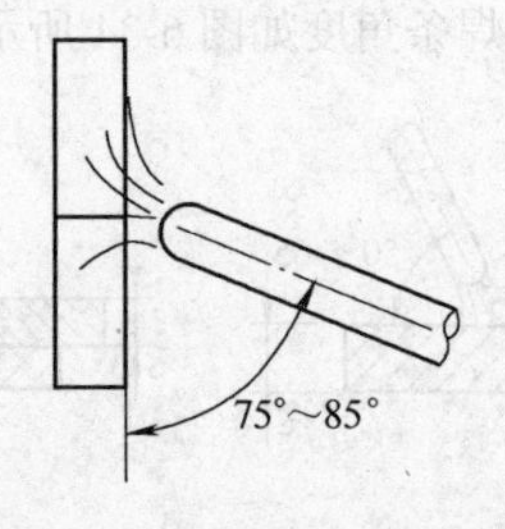

图6-35　起头焊条位置及角度

2）根据参数对照表，选择适当的运条方法，保持正确的焊条角度和均匀稍快的焊速，熔池形状保持较为明显，避免熔渣超前，同时全身也要随焊条的运动倾斜或移动并保持稳定协调。

3）当熔渣超前，或有熔渣覆盖熔池形状倾向时，采用拨渣运条法。

4）焊接中电弧要短，严密监视熔池温度及母材熔化情况，若熔池内凹或铁液下趟，要及时灭弧，转灭弧和连弧相结合运条，以防烧穿和咬边。焊道收尾处采用灭弧法填满弧坑。

4. 立角焊操作要点

1）用清理工具将工件表面上的杂物清理干净，将待焊处矫平直。

2）组装成T形接头，并用直角尺将工件测量准确后，再进行定位焊。

3）焊接，从工件下端定位焊缝处引弧，引燃电弧后拉长电弧做预热动作，当达到半熔化状态时，把焊条开始熔化的熔滴向外甩掉，勿使这些熔滴进入焊缝，立即压低电弧至2～3mm，使焊缝根部形成一个椭圆形熔池，随即迅速将电弧向上提高3～5mm，等熔池冷却为一个暗点、直径约3mm时，将电弧下降到引弧处，重新引弧焊接，新熔池与前一个熔池重叠2/3，然后再提高电弧，即采用跳弧操作手法进行施焊。第二层焊接时可选用连弧焊，但焊接时要控制好熔池温度，若出现温度过高时应随时灭弧，降低熔池温度后再起弧焊接，从而避免焊缝过高或焊瘤的出现。

4）焊缝接头应采用热接法，做到快、准、稳。若采用冷接法应彻底清理接头处焊渣，操作方法类似起头。焊后应对焊缝进行质量检查，若发现问题应及时处理。

5. 仰角焊操作要点

1）起头在板端5～10 mm处引弧，移至板端长弧预热2～3s，压低电弧正式焊接。

2）采用斜圆圈形运条时，有意识地让焊条头先指向上板，使熔滴先于上板熔合，由于运条的作用，部分铁液会自然地被拖到立面的钢板上来，这样两边就能得到均匀的熔合。

3）直线形运条时，保持0.5～1mm的短弧焊接，不要将焊条头搭在焊缝上拖着走，以防出现窄而凸的焊道。

4）保持正确的焊条角度和均匀的焊速，保持短弧，向上送进速度要与焊条燃烧速度一致。

5）施焊中，所看到的熔池表面为平或凹的为最佳，当温度较高时熔池表面会外鼓或凸，严重时将出现焊瘤，解决的方法是加快向前摆动的速度和两侧停留时间，必要时减小焊接电流。

6）接头时，换焊条要快（即热焊），在原弧坑前5～10mm处引弧移向弧坑下方，长弧预热1～2s，转入正常焊接。

7）焊缝排列对称原则。

6.4　焊条电弧焊的安全操作规程

6.4.1　焊条电弧焊的安全要求

1. 焊机

1）焊机必须符合现行有关焊机标准规定的安全要求。

2）焊机的工作环境应与焊机技术说明书上的规定相符。特殊环境条件下，如在气温过低或过高、湿度过大、气压过低以及在腐蚀性或爆炸性等特殊环境中作业，应使用适合特殊环境条件性能的焊机，或采取必要的防护措施。

3）防止焊机受到碰撞或剧烈振动（特别是整流式焊机）。室外使用的焊机必须有防雨雪的防护设施。

4）焊机必须装有独立的专用电源开关，其容量应符合要求。当焊机超负荷时，应能自动切断电源。禁止多台焊机共用一个电源开关。

① 电源控制装置应装在焊机附近人手便于操作的地方，周围留有安全通道。

② 采用起动器起动的焊机，必须先合上电源开关，再起动焊机。

③ 焊机的一次电源线长度一般不宜超过2～3m，当有临时任务需要较长的电源线时，应沿墙或立柱用瓷瓶隔离布设，其高度必须距地面2.5m以上，不允许将电源线拖在地面上。

5）焊机外露的带电部分应设有完好的防护（隔离）装置，焊机裸露接线柱必须设有防护罩。

6）使用插头插座连接的焊机，插销孔的接线端应用绝缘板隔离，并装在绝缘板平面内。

7）禁止用连接建筑物金属构架和设备等作为焊接电源回路。

8）焊机的安全使用和维护。

① 接入电源网路的焊机不允许超负荷使用。焊机运行时的温升不应超过标准规定的温升限值。

② 焊机必须平稳地安放在通风良好、干燥的地方，不准靠近高热及易燃易爆等危险的环境。

③ 要特别注意对整流式弧焊机硅整流器的保护和冷却。

④ 起动焊机前，禁止在焊机上放置任何物件和工具。焊钳与焊件不能短路。

⑤ 采用连接片改变焊接电流的焊机，调节焊接电流前应先切断电源。

⑥ 焊机必须经常保持清洁。清扫灰尘时必须断电进行。焊接现场有腐蚀性、导电性气体或粉尘时，必须对焊机进行隔离防护。

⑦ 焊机受潮，应当用人工方法进行干燥。受潮严重的，必须进行检修。

⑧ 每半年应对焊机进行一次维修保养。当发生故障时，应立即切断焊机电源，及时进行检修。

⑨ 经常检查和保持焊机电缆与焊机的接线柱接触良好，保持螺母紧固。

⑩ 工作完毕或临时离开工作场地时，必须及时切断焊机电源。

9）焊机的接地。

① 各种弧焊机（交流、直流）、电阻焊机等设备或外壳、电气控制箱、焊机组等，都应按要求接地，防止触电事故。

② 焊机的接地装置必须经常保持连接良好，定期检测接地系统的电气性能。

③ 禁用氧气管道和乙炔管道等易燃易爆气体管道作为接地装置的自然接地极，防止由于产生电阻热或引弧时冲击电流的作用，产生火花而引爆。

④ 焊机组或集装箱式电焊设备都应安装接地装置。

⑤ 专用的焊接工作台架应与接地装置连接。

10）为保护设备安全，又能在一定程度上保护人身安全，应装设熔断器、断路器（又称过载保护开关）、触电保安器（也叫漏电开关）。当焊机的空载电压较高，而又在有触电危险的场所作业时，则对焊机必须采用空载自动断电装置。当焊接引弧时电源开关自动闭合，停止焊接、更换焊条时，电源开关自动断开。这种装置不仅能避免空载时的触电，也减少了设备空载时的电能损耗。

11）不倚靠带电焊件。身体出汗而衣服潮湿时，不得靠在带电的焊件上施焊。

2. 焊接电缆

1）焊机用的软电缆线应采用多股细铜线电缆，其截面要求应根据焊接需要载流量和长度，按焊机配用电缆标准的规定选用。电缆应轻便柔软，能任意弯曲或扭转，便于操作。

2）电缆外皮必须完整、绝缘良好、柔软，绝缘电阻不得小于1MΩ，电缆外皮破损时应及时修补完好。

3）连接焊机与焊钳必须使用软电缆线，长度一般不宜超过20～30m，截面面积应根据焊接电流的大小来选取，以保证电缆不致过热而损伤绝缘层。

4）焊机的电缆线应使用整根导线，中间不应有连接接头。当工作需要接长导线时，应使用接头连接器牢固连接，连接处应保持绝缘良好，而且接头不要超过两个。

5）焊接电缆线要横过马路或通道时，必须采取保护套等保护措施，严禁搭在气瓶、乙炔发生器或其他易燃物品的容器的材料上。

6）禁止利用厂房的金属结构、轨道、管道、暖气设施或其他金属物体搭接起来作为电焊导线电缆。

7）禁止焊接电缆与油脂等易燃物料接触。

3. 焊钳

1）焊钳必须有良好的绝缘性与隔热能力，手柄要有良好的绝缘层。

2）焊钳的导电部分应采用纯铜材料制成。焊钳与电焊电缆的连接应简便牢靠，接触良好。

3）焊条在位于水平45°、90°等方向时焊钳应都能夹紧焊条，并保证更换焊条安全方便。

4）焊钳应保证操作灵便，焊钳质量不得超过600g。

5）禁止将过热的焊钳浸在水中冷却后立即继续使用。

4. 其他

1）焊接场所应有通风除尘设施，防止焊接烟尘和有害气体对焊工造成危害。

2）焊接作业人员应按LD/T 75—1995《劳动防护用品分类与代码》选用个人防护用品和合乎作业条件的遮光镜片和面罩。

3）焊接作业时，应满足防火要求，可燃、易燃物料与焊接作业点火源距离不应小于10m。

6.4.2 个人劳动保护

焊工的防护用品是保护工人在劳动过程中安全和健康所需要的、必不可少的个人预防性用品。在各种焊接与切割作业中，一定要按规定佩戴，以防造成对人体的伤害。焊接作业时使用的防护用品种类较多，有防护面罩、头盔、防护眼镜、安全帽、防噪声耳塞、耳罩、工作服、手套、绝缘鞋、安全带、防尘口罩、防毒面具及披肩等。

（1）焊接防护面罩及头盔　焊接防护面罩是一种防止焊接金属飞溅、弧光及其他辐射使面部、颈部损伤，同时通过滤光镜片保护眼睛的一种个人防护用品。常用的有手持式面罩、头盔式面罩两种。而头盔式面罩又分为普通头盔式面罩、封闭隔离式送风焊工头盔式面罩及输气式防护焊工头盔式面罩三种。

1）普通头盔式面罩：面罩主体可上下翻动，便于双手操作，适合于各种焊接作业，特别是高空焊接作业。

2）封闭隔离式送风焊工头盔式面罩：主要用于高温、弧光较强、发尘量高的焊接与切割作业，如CO_2气体保护焊、氩弧焊、空气碳弧气刨、等离子弧切割及仰焊等，该头盔呼吸畅通，既防尘又防毒。其缺点是价格太高，设备较复杂，焊工行动受送风管长度限制。

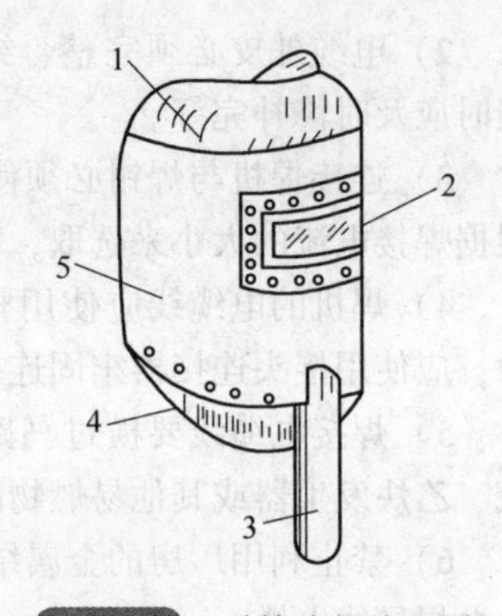

图 6-36 手持式焊接面罩

1—上弯面 2—观察窗 3—手柄
4—下弯面 5—面罩主体

3）输气式防护焊工头盔式面罩：主要用于熔化极氩弧焊，特别适用于密闭空间焊接，该头盔可使新鲜空气通达眼、鼻、口三部分，从而起到保护作用。

手持式焊接面罩如图6-36所示；普通头盔式面罩如图6-37所示；封闭隔离式送风焊工头盔式面罩如图6-38所示；输气式防护焊工头盔式面罩如图6-39所示。

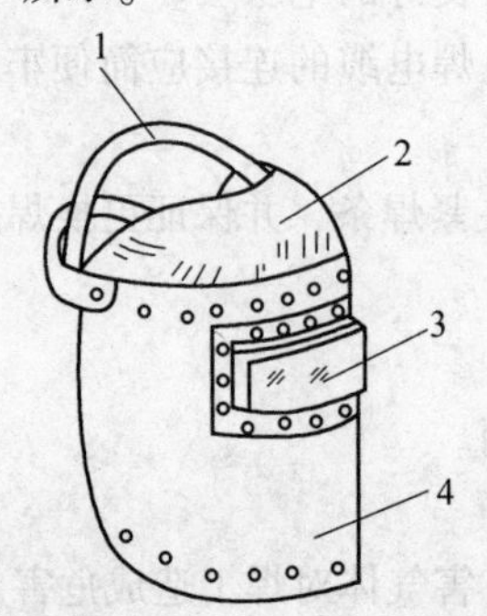

图 6-37 普通头盔式面罩

1—头箍 2—上弯面
3—观察窗 4—面罩主体

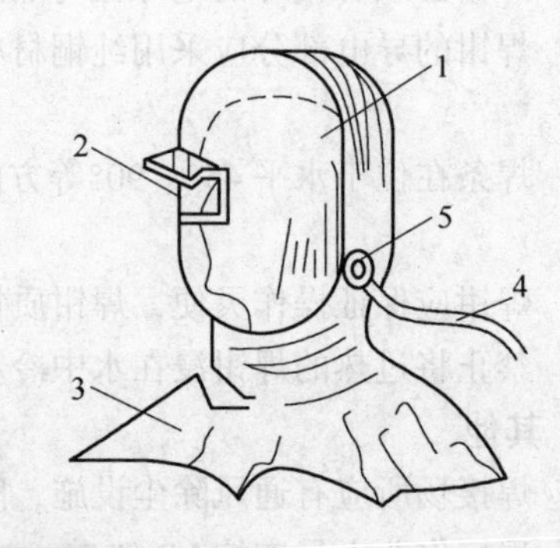

图 6-38 封闭隔离式送风焊工头盔式面罩

1—面盾 2—观察窗 3—披肩
4—送风管 5—呼吸阀

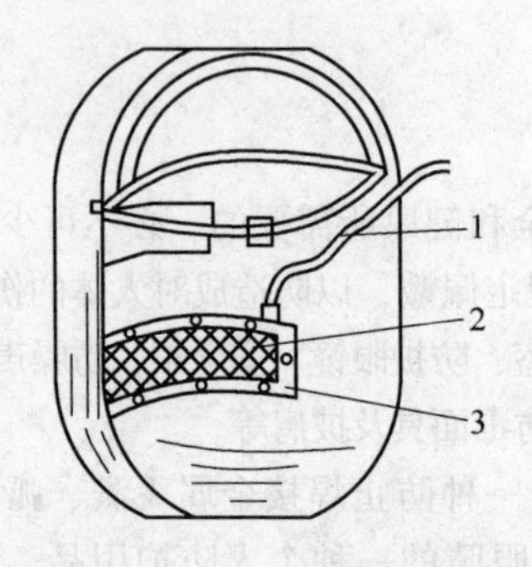

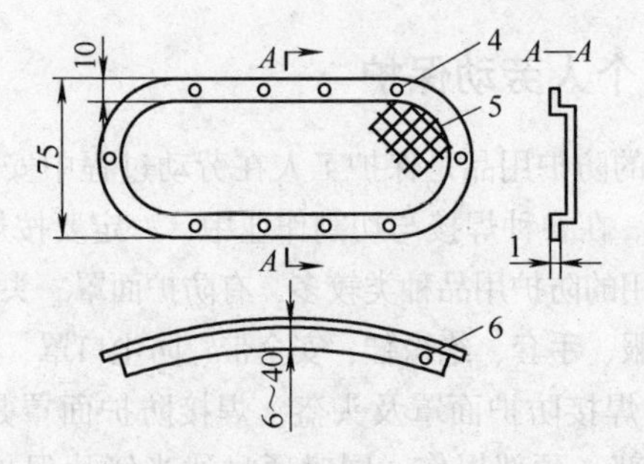

图 6-39 输气式防护焊工头盔式面罩

a）简易输气式防护头盔结构示意图 b）送风带构造示意图
1—送风管 2—小孔 3—风带 4—固定孔 5—送风孔 6—送风管插入孔

（2）防护眼镜　主要是采用防护滤光片。焊接防护滤光片的遮光编号以可见光透过率的大小决定，可见光透过率越大，编号越小，颜色越浅。工人较喜欢的滤光片的颜色为黄绿色或蓝绿色。焊接滤光片分为吸收式、吸收-反射式及电光式三种，吸收-反射式比吸收式好，电光式镜片造价高。

焊工应根据电流大小、焊接方法、照明强弱及本身视力的好坏来选择正确合适的滤光片。护目镜遮光片的选择见表6-3。

表6-3　护目镜遮光片的选择

焊接方法	焊条尺寸/mm	焊接电流/A	最低滤光号	推荐滤光号
焊条电弧焊	<2.5	<60	7	—
	2.5~4	60~160	8	10
	4~6.4	160~250	10	12
	>6.4	250~550	11	14

如果焊接、切割中的电流较大，就近又没有滤光号大的滤光片，可将两片滤光号较小的滤光片叠起来使用，效果相同。当把1片滤光片换成2片时，可根据下列公式折算：

$$N=(n_1+n_2)-1$$

式中　N——1个滤光片的遮光号；

n_1、n_2——2个滤光片各自的遮光号。

为保护操作者的视力，焊接工作累计8h后，一般要更换一次新的滤光片。

（3）防尘口罩及防毒面具　焊工在焊接与切割过程中，当采用的通风不能使焊接现场烟尘或有害气体的浓度达到卫生标准时，必须佩戴合格的防尘口罩或防毒面具。防尘口罩有隔离式和过滤式两大类，每类又分为自吸式和送风式两种。防毒面具通常可采用送风焊工头盔来代替。

（4）防噪声保护用品　防噪声防护用品主要有耳塞、耳罩、防噪声棉等。最常用的是耳塞、耳罩，最简单的是在耳内塞棉花。耳塞是插入外耳道最简便的护耳器，它分大、中、小三种规格。耳塞的平均隔声值为15~25dB，其优点是防声作用大，体积小，携带方便，易于保存，价格便宜。

1）佩戴各种耳塞时，要将塞帽部分轻推入外耳道内，使它与耳道贴合，但不要用力太猛或塞得太深，以感觉适度为止。

2）耳罩是一种以椭圆或腰圆形罩壳把耳朵全部罩起来的护耳器。耳罩对高频噪声有良好的隔离作用，平均隔声值为15~30dB。使用耳罩时，应先检查外壳有无裂纹和漏气，而后将弓架压在头顶适当位置，务必使耳壳软垫圈与周围皮肤贴合。

（5）安全帽　在多层交叉作业（或立体上下垂直作业）现场，为了预防高空和外界飞来物的危害，焊工应佩戴安全帽。安全帽必须有符合国家安全标准的出厂合格证，每次使用前都要仔细检查各部分是否完好，是否有裂纹，调整好帽箍的松紧程度，调整好帽衬与帽顶内的垂直距离，应保持在20~50mm之间。

（6）工作服　焊工用的工作服主要起到隔热、反射和吸收等屏蔽作用，使焊工身体免受焊接热辐射和飞溅物的伤害。

焊工常用白帆布制作的工作服，在焊接过程中具有隔热、反射、耐磨和透气性好等优点。在进行全位置焊接和切割时，特别是仰焊或切割时，为了防止焊接飞溅或熔渣等溅到面部或额部造成灼伤，焊工可使用石棉物制作的披肩、长套袖、围裙和鞋盖等防护用品进行防护。焊接过程中，为了防止高温飞溅物烫伤焊工，所以工作服上衣不应该系在裤子里面；工作服穿好后，要系好袖口和衣领上的衣扣，工作服上衣不要有口袋，以免高温飞溅物掉进口袋中引发燃烧，工作服上衣要做大，衣长要过腰部，不应有破损孔洞、不允许粘有油脂、不允许潮湿，工作服应较轻。

（7）手套、工作鞋和鞋盖　焊接和切割过程中，焊工必须戴防护手套，手套要求耐磨，耐辐射热，不容易燃烧和绝缘性良好。

1）手套最好采用牛（猪）绒面革制作手套。

2）焊接过程中，焊工必须穿绝缘工作鞋。工作鞋应该是耐热、不容易燃烧、耐磨、防滑的高筒绝缘鞋。工作鞋使用前，须经耐压试验500V合格，在有积水的地面上焊接时，焊工的工作鞋必须是经耐压试验600V合格的防水橡胶鞋。工作鞋是黏胶底或橡胶底，鞋底不得有铁钉。

3）焊接过程中，强烈的焊接飞溅物坠地后，四处飞溅。为了保护好脚不被高温飞溅物烫伤，焊工除了要穿工作鞋外，还要系好鞋盖。鞋盖只起隔离高温焊接飞溅物的作用，通常用帆布或皮革制作。

（8）安全带　焊工登高焊割作业时，必须系带符合国家标准的防火高空作业安全带。使用安全带前，必须检查安全带各部分是否完好，救生绳挂钩应固定在牢靠的结构上。安全带要耐高温、不容易燃烧，要高挂低用，严禁低挂高用。

6.4.3　触电、火灾原因分析及预防措施

由于工作场所差别很大，工作中伴随着热、光、电及明火的产生，因而电焊作业中存在着各种各样的危害。

1. 易引起触电事故

（1）触电事故原因分析

1）焊接过程中，因焊工要经常更换焊条和调节焊接电流，操作时要直接接触电极和极板，而焊接电源通常是220V/380V，当电气安全保护装置存在故障、劳动保护用品不合格、操作者违章作业时，就可能引起触电事故。如果在金属容器内、管道上或潮湿的场所焊接，触电的危险性更大。

2）焊机空载时，二次绕组电压一般都为60～90V，由于电压不高，易被焊工所忽视，但其电压超过规定安全电压（36V），仍有一定的危险性。假定焊机空载电压为70V，人在高温、潮湿环境中作业，此时人体电阻 R 约为1600Ω，若焊工手接触钳口，通过人体电流 I 为

$$I = U/R = (70/1600)\,\text{A} = 44\text{mA}$$

在该电流作用下，焊工手会发生痉挛，易造成触电事故。

3）因焊接作业大多在露天，焊机、焊把线及电源线多处在高温、潮湿（建筑工地）和粉尘环境中，且焊机常常超负荷运行，易使电源线、电器线路绝缘老化，绝缘性能降低，易导致漏电事故。

4）焊接设备的罩壳漏电，人体碰触罩壳而触电。

5）由于焊接设备接地错误引起的事故。例如，焊机的相线与零线错接，使外壳带电，人体碰触壳体而触电。

6）焊接操作过程中，人体触及绝缘破损的电缆、破裂的胶木盒等。

7）由于利用厂房的金属结构、管道、轨道、天车吊钩或其他金属物体搭接作为焊接回路而发生的触电事故。

（2）防触电措施　总的原则是采取绝缘、屏蔽、隔绝、漏电保护和个人防护等安全措施，避免人体触及带电体。具体方法有：

1）提高电焊设备及线路的绝缘性能。使用的焊接设备及电源电缆必须是合格品，其电气绝缘性能与所使用的电压等级、周围环境及运行条件要相适应；焊机应安排专人进行日常维护和保养，防止日晒雨淋，以免焊机电气绝缘性能降低。

2）当焊机发生故障要检修、移动工作地点、改变接头或更换保险装置时，操作前都必须要先切断电源。

3）在给焊机安装电源时不要忘记同时安装漏电保护器，以确保人一旦触电会自动断电。在潮湿或金属容器、设备、构件上焊接时，必须选用额定动作电流不大于15mA，额定动作时间小于0.1s的漏电保护器。

4）对焊机壳体和二次绕组引出线的端头应采取良好的保护接地或接零措施。当电源为三相三线制或单相制系统时应安装保护接地线，其电阻值不超过4Ω；当电源为三相四线制中性点接地系统时，应安装保护零线。

5）加强作业人员用电安全知识及自我防护意识教育，要求焊工作业时必须穿绝缘鞋、戴专用绝缘手套。禁止雨天露天施焊；在特别潮湿的场所焊接，人必须站在干燥的木板或橡胶绝缘片上。

6）禁止利用金属结构、管道、轨道和其他金属连接作为导线用。在金属容器或特别潮湿的场所焊接，行灯电源必须使用12V以下的安全电压。

2. 易引起火灾爆炸事故

（1）火灾爆炸事故原因分析　由于焊接过程中会产生电弧或明火，在有易燃物品的场所作业时，极易引发火灾。特别是在易燃易爆装置区（包括坑、沟、槽等），储存过易燃易爆介质的容器、塔、罐和管道上施焊时危险性更大。

（2）防火灾爆炸措施

1）在易燃易爆场所焊接，焊接前必须按规定事先办理动火作业许可证，经有关部门审批同意后方可作业，严格做到"三不动火"。

2）正式焊接前检查作业下方及周围是否有易燃易爆物，作业面是否有诸如油漆类防腐物质，如果有应事先做好妥善处理。对在临近运行的生产装置区、油罐区内焊接作业，必须砌筑防火墙；若有高空焊接作业，还应使用石棉板或铁板予以隔离，防止火星飞溅。

3）若在生产、储运过易燃易爆介质的容器、设备或管道上施焊，焊接前必须检查与其连通的设备、管道是否关闭或用盲板封堵隔断；并按规定对其进行吹扫、清洗、置换、取样化验，经分析合格后方可施焊。

3. 易致人灼伤

（1）致人灼伤原因分析　因焊接过程中会产生电弧、金属熔渣，如果焊工焊接时没有穿戴好电焊专用的防护工作服、手套和皮鞋，尤其是在高处进行焊接时，因焊接火花飞溅，若没有采取防护隔离措施，易造成焊工自身或作业面下方施工人员皮肤灼伤。

（2）防灼伤措施

1）焊工焊接时必须正确佩戴好焊工专用防护工作服、绝缘手套和绝缘鞋。使用大电流焊接时，焊钳应配有防护罩。

2）对刚焊接的部位应及时用石棉板等进行覆盖，防止脚、身体直接触及造成烫伤。

3）高空焊接时更换的焊条头应集中堆放，不要乱放，以免烫伤下方作业人员。

4）在清理焊渣时应戴防护镜；高空进行仰焊或横焊时，由于火星飞溅严重，应采取隔离防护措施。

4. 易引起电光性眼炎

（1）引起电光性眼炎原因分析　由于焊接时产生强烈火的可见光和大量不可见的紫外线，对人的眼睛有很强的刺激伤害作用，长时间直接照射会引起眼睛疼痛、畏光、流泪、怕风等，易导致眼睛结膜和角膜发炎（俗称电光性眼炎）。

（2）预防电光性眼炎措施　根据焊接电流的大小，应适时选用合适的面罩护目镜滤光片，配合焊工作业的其他人员在焊接时应佩戴有色防护眼睛。

5. 具有光辐射作用

（1）光辐射原因分析　焊接中产生的电弧光含有红外线、紫外线和可见光，对人体具有辐射作用。红外线具有热辐射作用，在高温环境中焊接时易导致作业人员中暑；紫外线具有光化学作用，对人的皮肤都有伤害，同时长时间照射外露的皮肤还会使皮肤脱皮，可见光长时间照射会引起眼睛视力下降。

（2）预防辐射措施　焊接时焊工及周围作业人员应穿戴好劳动保护用品。禁止不戴焊接面罩、不戴有色睛镜直接观察电弧光；尽可能减少皮肤外露，夏天禁止穿短裤和短褂从事电焊作业；有条件的可对外露的皮肤涂抹紫外线防护膏。

6. 易产生有害的气体和烟尘

（1）产生有害的气体和烟尘原因分析　由于焊接过程中产生的电弧温度达到4200℃以上，焊芯、药皮和金属焊件融熔后要发生汽化、蒸发和凝结现象，会产生大量的锰铬氧化物及有害烟尘；同时，电弧光的高温和强烈的辐射作用，还会使周围空气产生臭氧、氮氧化物等有毒气体。长时间在通风条件不良的情况下从事电焊作业，这些有毒的气体和烟尘被人体吸入，对人的身体健康有一定的影响。

（2）防有害气体及烟尘措施

1）合理设计焊接工艺，尽量采用单面焊双面成形工艺，减少在金属容器里焊接的作业量。

2）如在空间狭小或密闭的容器里焊接作业，必须采取强制通风措施，降低作业空间有害气体及烟尘的浓度。

3）尽可能采用自动焊、半自动焊代替手工焊，减少焊接人员接触有害气体及烟尘的机会。

4）采用低尘、低毒焊条，减少作业空间中有害烟尘含量。

5）焊接时，焊工及周围其他人员应佩戴防尘毒口罩，减少烟尘吸入体内。

7. 易引起高空坠落

（1）引起高空坠落原因分析　因施工需要，焊工要经常登高进行焊接作业，如果防高空坠落措施没有做好，脚手架搭设不规范，没有经过验收就使用；上下交叉作业没有采取防物体打击隔离措施；焊工个人安全防护意识不强，登高作业时不戴安全帽、不系安全带，一旦遇到行走不慎、意外物体打击作用等原因，有可能造成高空坠落事故的发生。

（2）防高空坠落措施　焊工必须做到定期体检，凡有高血压、心脏病、癫痫病等病史人员，禁止登高焊接。焊工登高作业时必须正确系挂安全带，戴好安全帽。焊接前应对登高作业点及周围环境进行检查，查看立足点是否稳定、牢靠，以及脚手架等安全防护设施是否符合安全要求，必要时应在作业下方及周围拉设安全网。涉及上下交叉作业应采取隔离防护措施。

8. 易引起中毒、窒息

（1）引起中毒、窒息原因分析　焊工经常要进入金属容器、设备、管道、塔、储罐等封闭或半封闭场所施焊，如果储运或生产过有毒有害介质及惰性气体等，一旦工作管理不善，防护措施不到位，极易造成作业人员中毒或缺氧窒息，这种现象多发生在炼油、化工等企业。

（2）防中毒、窒息措施

1）凡在储运或生产过有毒有害介质、惰性气体的容器、设备、管道、塔、罐等封闭或半封闭场所施焊，作业前必须切断与其连通的所有工艺设备，同时要对其进行清洗、吹扫、置换，并按规定办理进设备作业许可证，经取样分析，合格后方可进入作业。

2）正常情况下应做到每4h分析一次，如条件发生变化应随时取样分析；同时，现场还应配备适量的空（氧）气呼吸器，以备紧急情况下使用。

3）作业过程应有专人进行安全监护，焊工应定时轮换作业。对密闭性较强而易缺氧的作业设备，采用强制通风的办法予以补氧（禁止直接通氧气），防止缺氧窒息。

6.5 焊条电弧焊技能训练

技能训练1　低碳钢板I形坡口对接平焊的双面焊

1. 焊前准备

（1）试件材质　Q235钢。

（2）试件尺寸　300mm×100mm×6mm，数量2件。

（3）坡口形式　I形坡口，如图6-40所示。

（4）焊接要求　双面焊。

（5）焊接材料　E4303（J422），ϕ3.2mm或ϕ4.0mm。

（6）焊接设备　BX3-300型焊机或ZX5-400型焊机。

（7）辅助工具　角向打磨机、焊条保温筒、钢丝刷、锤子、扁铲、300mm钢直尺。

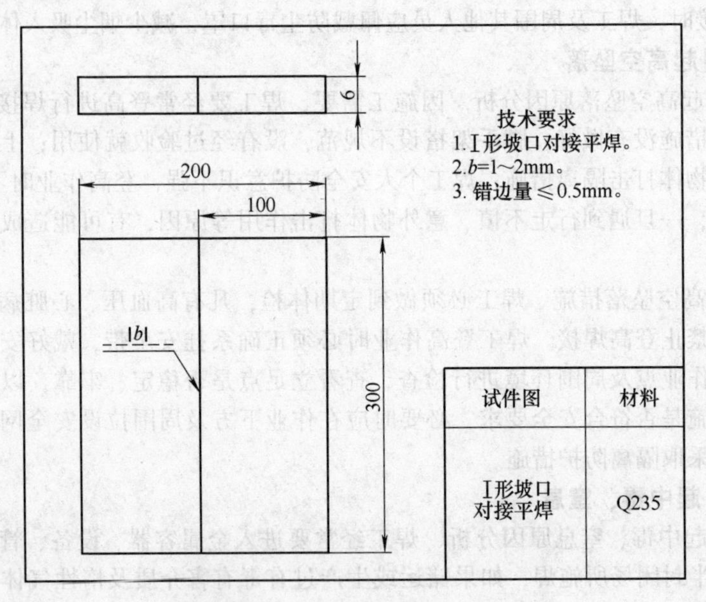

图6-40　I形坡口对接平焊试件图

2. 试件装配

（1）试件打磨及清理　清除坡口面及坡口正反面两侧各20mm范围内的油污、锈蚀、水分及其他污物，直至露出金属光泽。

（2）试件组对　装配间隙为1～2mm；错边量≤0.5mm。

（3）定位焊　采用与焊接试件相同牌号的焊条，定位焊2点，位于试件两端20mm的坡口内，定位焊缝长度10～15mm，并将定位焊缝修磨成缓坡状。

3. 焊接参数

I形坡口对接平焊双面焊的焊接参数见表6-4。

表6-4　I形坡口对接平焊双面焊的焊接参数

序号	焊接层次	焊条直径/mm	焊接电流/A	电弧电压/V	焊道分布
1	正面打底层	3.2	110～130	22～24	2 1 3
2	正面盖面层	4.0	140～150	23～25	
3	反面盖面层	4.0	150～160	24～26	

4. 操作要点及注意事项

1）正面打底层焊接。打底焊采用直径3.2mm的焊条，采用直线形运条法或直线往返形运条法，采用短弧焊接，并应使熔深达到板厚的2/3，焊条角度如图6-41所示。

2）正面盖面层焊接。盖面焊缝采用直径4.0mm的焊条，采用直线形运条法或直线往返形运条法，焊缝宽度为8～10mm，余高应小于1.5mm，焊条角度如图6-41所示。

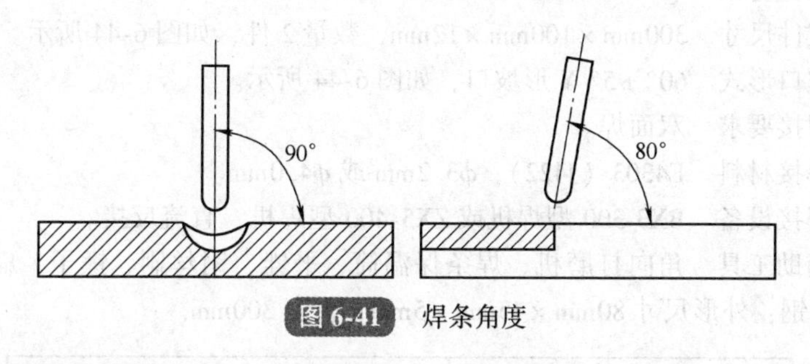

图6-41　焊条角度

3）反面盖面层焊接。正面焊缝焊完后，首先将背面熔渣清除干净，用直径4.0mm的焊条，适当加大焊接电流，保证与正面焊缝内部熔合，以免产生未焊透。运条速度应慢些，采用直线形运条或焊条做微微的搅动，以获得较大的熔深和熔宽，焊条角度如图6-42所示。

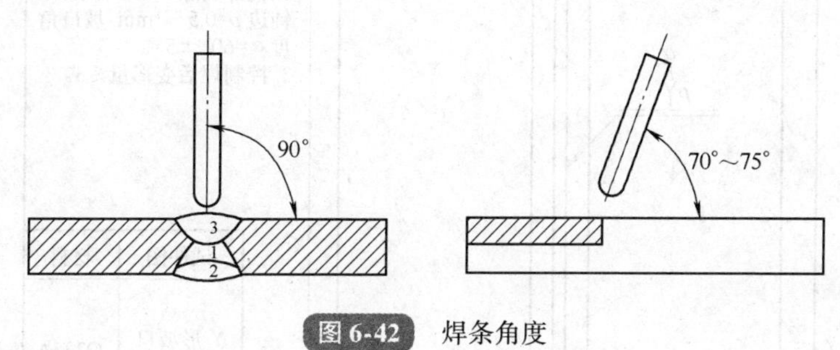

图6-42　焊条角度

4）运条过程中，若发现熔渣与熔化金属混合不清时，可把电弧拉长，同时将焊条向前倾斜，利用电弧的吹力吹动熔渣，并做向熔池后方推送熔渣的动作，如图6-43所示。动作要快捷，以免熔渣超前而产生夹渣的缺陷。

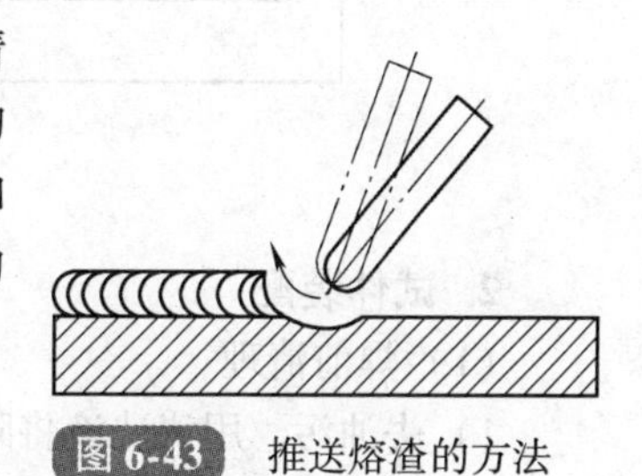

图6-43　推送熔渣的方法

5）焊后清理表面飞溅。

5. 焊缝质量检查

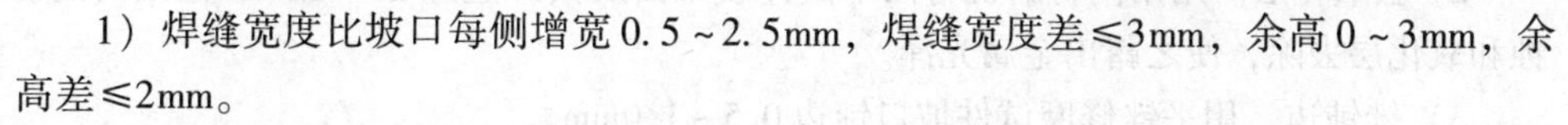

1）焊缝宽度比坡口每侧增宽0.5～2.5mm，焊缝宽度差≤3mm，余高0～3mm，余高差≤2mm。

2）咬边深度≤0.5mm，长度不得超过焊缝长度的20%。未焊透深度≤1.5mm，总长度不得超过焊缝有效长度的10%。背面凹坑深度≤1mm，总长度≤焊缝有效长度的10%。

3）内部缺陷按GB/T 3323—2005的规定，Ⅱ级为合格。

技能训练2　低碳钢板Y形坡口对接平焊的单面焊双面成形

1. 焊前准备

（1）试件材质　Q235A钢。

（2）试件尺寸　300mm×100mm×12mm，数量2件，如图6-44所示。

（3）坡口形式　60°±5° Y形坡口，如图6-44所示。

（4）焊接要求　双面焊。

（5）焊接材料　E4303（J422），ϕ3.2mm或ϕ4.0mm。

（6）焊接设备　BX3-300型焊机或ZX5-400型焊机，直流反接。

（7）辅助工具　角向打磨机、焊条保温筒、平锉、钢丝刷、锤子、扁铲、300mm钢直尺、槽钢：外形尺寸80mm×45mm×5mm，长度300mm。

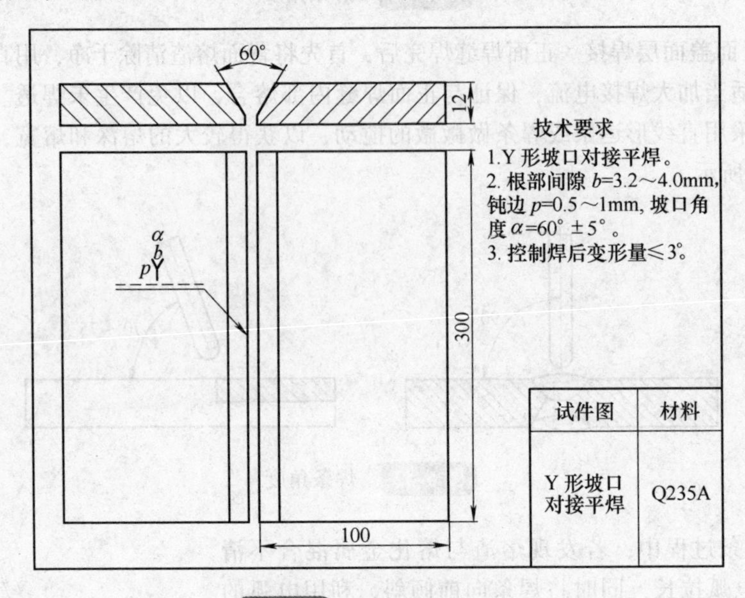

图6-44　试件及坡口尺寸

2. 试件装配

（1）焊前清理

1）去油污。用清洗液将附着在试件表面的油污去除。

2）去氧化层。用角向打磨机将两个试件坡口面及其外边缘20～30mm范围内的锈蚀和氧化层去除，使之露出金属光泽。

3）锉钝边。用平锉修磨试件坡口钝边0.5～1.0mm。

（2）定位焊及预置反变形

1）定位焊。将两试板组对成 Y 形坡口的对接接头形式，使用 ϕ3.2mm 焊条对试件两端各 20mm 的正面坡口内进行定位焊，装配间隙始端为 3.5mm，终端为 4.5mm，焊缝长度为 10～15mm，如图 6-45 所示。定位焊缝的焊接质量应与正式焊缝一样。定位焊完成后，将定位焊缝两端修磨成“缓坡”状。这样，有利于打底层焊缝与定位焊缝的接头熔合良好。定位焊时应避免错边，错边量 ≤0.1δ，即 ≤1.2mm。

2）预置反变形。为抵消因焊缝在厚度方向上的横向不均匀收缩而产生的角变形量，试件组焊完成后，必须预置反变形量，预置反变形量为 3°～4°。在实际检测中，先将试件背面（非坡口面）朝上，用钢直尺放在试件两侧，以 ϕ4mm 焊条头可以通过一侧试板的最低处为准，如图 6-46 所示。

3）将试件水平放置在导电良好的槽钢上，坡口面朝上。

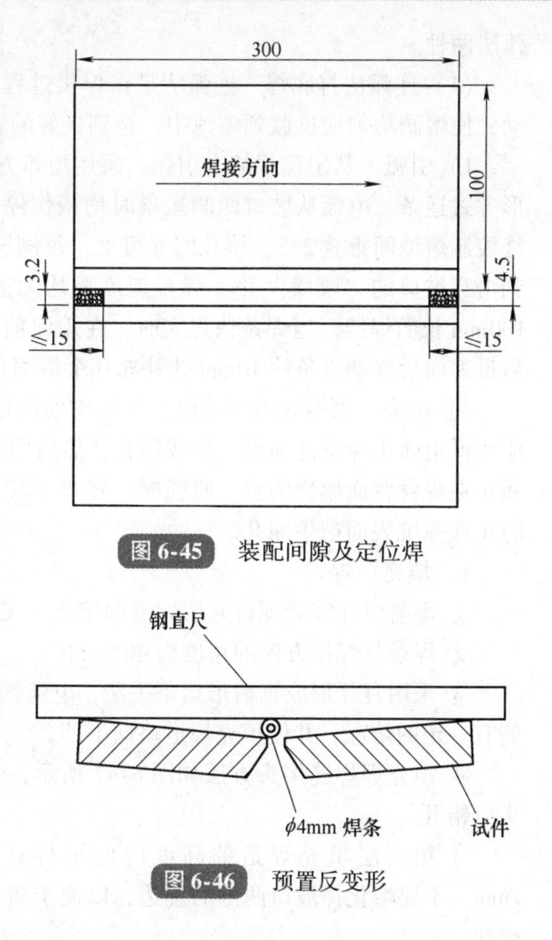

图 6-45　装配间隙及定位焊

图 6-46　预置反变形

3. 焊接参数

Y 形坡口对接平焊焊接参数见表 6-5。

表 6-5　Y 形坡口对接平焊焊接参数

序号	焊接层次	焊条直径/mm	焊接电流/A	焊条与焊接方向夹角	焊道分布
1	打底层（连弧法）	3.2	90～100	60°～70°	4 3 2 1
	打底层（断弧法）	3.2	100～105	45°～55°	
2	填充层 1	4	180～190	70°～80°	
3	填充层 2	4	170～180	70°～80°	
4	盖面层	4	160～170	70°～80°	

4. 操作及注意事项

打底层的焊接是单面焊双面成形的关键。选用灭弧法操作主要有三个重要环节，即引弧、收弧和接头。焊条与焊接前进方向的角度为 40°～50°。灭弧法又分两点击穿法和一点击穿法两种。主要是依靠电弧时燃时灭的时间长短来控制熔池的温度、形状及填充金属的薄厚，以获得良好的背面成形和内部质量。操作方式主要有连弧法和断弧法两种。

（1）连弧法打底焊　连弧法是在焊接过程中电弧持续燃烧，焊条通过有规则的摆动，使熔滴均匀地过渡到熔池中，达到良好的背面焊缝成形的方法。

1）引弧。从定位焊缝上引弧，采用短弧方式焊接，焊条在坡口内做月牙形或锯齿形方式运条。电弧从坡口两侧运条时均稍作停顿，使熔池将坡口钝边完全熔化，并始终控制熔池间重叠2/3，熔孔明显可见，每侧坡口根部熔化缺口为0.5为1mm，同时听到击穿坡口的“噗噗”声。焊接速度要均匀适当，一般直径3.2mm的焊条可焊接约100mm长的焊缝。当焊条快焊完时，在熄弧前应压低电弧在熔池前形成一个熔孔，之后迅速向后移动焊条约10mm并补充几个熔滴再熄弧。

2）接头。更换焊条应迅速，在接头处的熔池后面约10mm处引弧。焊到熔池处，应压低电弧击穿熔池前沿，形成熔孔，然后向前运条，以2/3的弧长在熔池上，1/3的弧长在焊件背面燃烧为宜。收弧时，将焊条移动到坡口面上并缓慢向后提起收弧，以防止在弧坑表面产生缩孔。

3）填充层焊。

① 焊前应仔细清理打底层焊缝的熔渣、飞溅。

② 焊条与焊接方向的角度为40°~50°。

③ 采用月牙形或锯齿形运条手法，电弧摆动到两侧坡口处要稍作停留，以保证两侧有一定的熔深，并使填充焊道略向下凹。

④ 填充焊焊缝接头方法如图6-47所示，每层接头应错开。

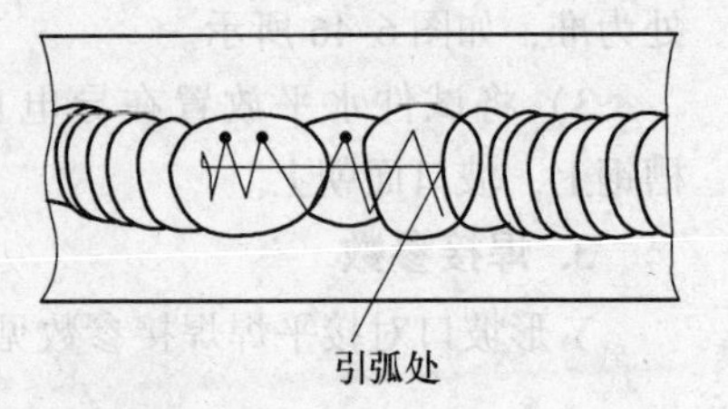

图6-47　填充焊焊缝接头方法

⑤ 第二层填充焊道的高度应低于母材0.5~1mm，不要熔化掉坡口两侧的棱边，以便于盖面层的焊接。

4）盖面层焊。采用直径4.0mm的焊条时，焊接电流应稍小些；要使熔池形状和大小保持均匀一致，焊条与焊接方向夹角应保持75°左右；采用月牙形运条法和8字形运条法；焊条摆动到坡口边缘时应稍作停顿，以免产生咬边。更换焊条收弧时应向熔池稍填熔滴，迅速更换焊条，并在弧坑前10mm左右处引弧，然后将电弧移至弧坑的2/3处，填满弧坑后正常进行焊接。焊接时注意熔池边沿不得超过坡口棱边2mm，否则焊缝超宽。采用划圈法或回焊法收弧，填满弧坑。

5）焊缝清理。试件焊完后用扁铲和锤子去除焊缝正面和背面的熔渣和飞溅，用钢丝刷去除正面和背面焊缝及焊缝两侧的烟尘附着物。

（2）断弧法打底焊　焊条通过在坡口左侧和右侧的交错摆动，依靠控制电弧燃烧的时间和电弧熄灭的时间来控制熔池的温度、形状及填充金属的厚度，以获得良好的背面焊缝成形的方法。

1）引弧。在定位焊处引弧，然后沿直线运条至定位焊缝与坡口根部相接处，以稍长电弧（弧长约为3.5mm）在该处摆动2~3个来回，进行预热。当呈现“出汗”现

象时，立即压低电弧（弧长约2mm），听到“噗噗”的电弧穿透响声，同时还看到坡口两侧、定位焊缝及坡口根部金属开始熔化，熔池前沿有熔孔形成，说明引弧结束可以进行断弧焊接。

熔池前沿形成的熔孔应熔入两侧母材0.5～1.0mm，如图6-48所示。一点击穿法采用短弧方式焊接（电弧长度约为2mm），焊条在坡口内作月牙形方式运条，从坡口左侧引弧后迅速通过熔池摆动到坡口右侧，下压电弧稍作停顿听到“噗噗”声音，形成熔孔，焊条迅速向后灭弧；通过护目镜观察到熔池的亮点约“绿豆”般大小时，迅速从坡口右侧引弧后迅速通过熔池摆动到坡口左侧，下压电弧稍作停顿听到“噗噗”声音，形成熔孔，焊条迅速向后灭弧，如图6-49所示。

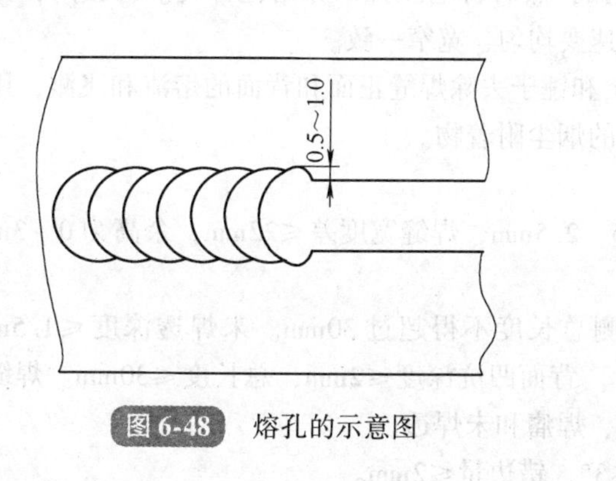

图6-48 熔孔的示意图

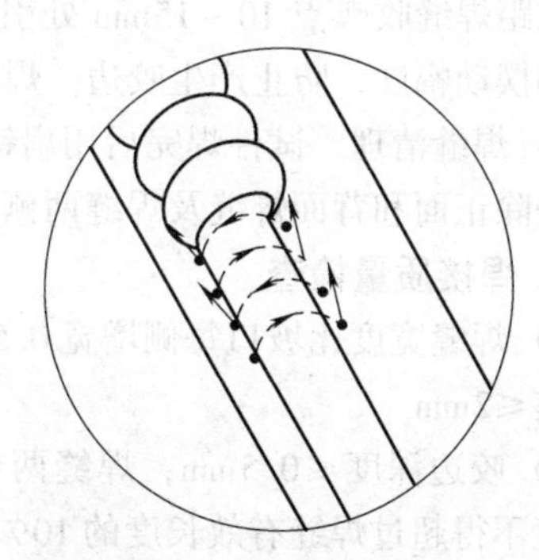

图6-49 一点击穿法运条方式及灭弧方向示意图

在焊接过程中，电弧的2/3在熔池上燃烧，电弧的1/3对着焊件背面燃烧。当焊条熔化变短而停弧时，应在停弧前先做好一个熔孔，再向尾端熔池的根部保持2～3个熔滴后停弧。这样操作可以避免接头处产生缩孔。

2）接头。采用热接法。接头时迅速更换焊条，在接头处的熔池后8～10mm处引弧，焊至熔池处拉长电弧预热，之后向下压击穿熔池前沿，当听到“噗噗”声响时，说明熔孔已形成，此时上提焊条按过渡断弧法的运条方式焊接。

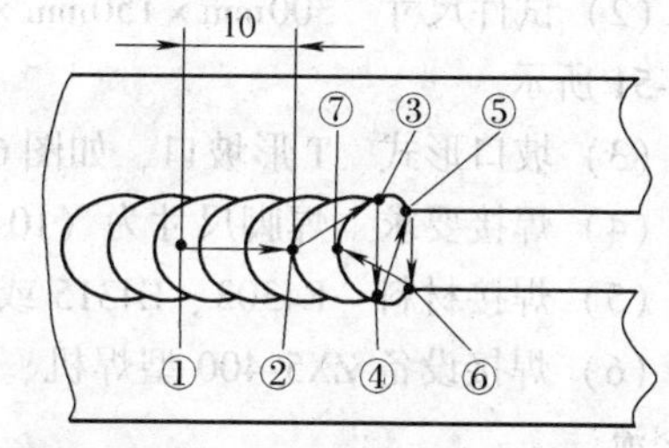

图6-50 更换焊条时电弧轨迹示意图

接头操作说明：更换焊条时电弧轨迹如图6-50所示，焊条在①位置重新引弧，移动到②位置拉长电弧（长度为3～4mm）以左右摆动（③④⑤⑥），之后在⑦位置压低电弧。当听到“噗噗”声响时，迅速灭弧。

断弧法要求每一个熔滴要准确送到预想的位置，燃弧、灭弧的节奏控制在45～55次/min。节奏过快，坡口根部焊不透；节奏过慢，熔池温度过高，熔池下塌，导致焊件背面焊缝超高，严重时出现焊瘤和烧穿现象。断弧法操作过程中要求：引弧点要准，中间过渡要快，断弧要迅速，切忌拖泥带水。

3）填充层。

① 打底层焊完成后，用扁铲和锤子去除焊道和坡口面的熔渣和飞溅物。

② 引弧应在距焊缝起始点 10～15mm 处引弧，然后将电弧拉回起始点，电弧的长度控制在 3～4mm，采用月牙形或锯齿形运条手法。焊条摆动到坡口两侧要稍作停留，使两侧温度均衡，当第三层焊缝焊完后，其焊缝表面要比试件表面低0.5～1.5mm，使焊接盖面层时，能看清坡口，保证焊缝平直。

4）盖面层。焊前仔细清理两侧焊缝与母材坡口死角及焊道表面。采用月牙形或锯齿形运条手法焊接。焊条摆动到坡口边缘时，稳住电弧使两侧边缘各熔化 1～2mm；接头时在距焊缝收弧点 10～15mm 处引弧，然后将电弧拉回原熔池即可。焊接时，控制弧长和摆动幅度，防止产生咬边。焊速要均匀，宽窄一致。

5）焊缝清理。试件焊完后用扁铲和锤子去除焊缝正面和背面的熔渣和飞溅，用钢丝刷去除正面和背面焊缝及焊缝两侧的烟尘附着物。

5. 焊接质量检查

1）焊缝宽度比坡口每侧增宽 0.5～2.5mm，焊缝宽度差≤22mm，余高为 0～3mm，余高差≤2mm。

2）咬边深度≤0.5mm，焊缝两侧总长度不得超过 30mm。未焊透深度≤1.5mm，总长度不得超过焊缝有效长度的 10%。背面凹坑深度≤2mm，总长度≤30mm。焊缝表面不得有裂纹、未熔合、夹渣、气孔、焊瘤和未焊透。

3）焊件变形。焊后变形角度 $\theta \leqslant 3°$，错边量≤2mm。

4）内部缺陷按 GB/T 3323—2005 的规定，Ⅱ级为合格。

技能训练 3　低碳钢板 T 形接头的立角焊

1. 焊前准备

（1）试件材质　Q235 钢。

（2）试件尺寸　300mm×150mm×10mm，1 件；300mm×80mm×10mm，1 件，如图 6-51 所示。

（3）坡口形式　T 形坡口，如图 6-51 所示。

（4）焊接要求　焊脚尺寸为（10±1）mm。

（5）焊接材料　E4303、E4315 或 E5015，ϕ3.2mm。

（6）焊接设备 ZX5-400 型焊机、ZX7-400 型焊机或 BX3-300 型焊机，直流反接法或交流。

（7）辅助工具　角向打磨机、焊条保温筒、平锉、钢丝刷、锤子、扁铲、300mm 钢直尺。

2. 试件装配

（1）焊前清理　清理试件装配面和立板两侧 20mm 范围内表面的油污、锈蚀、水分，直至露出金属光泽。

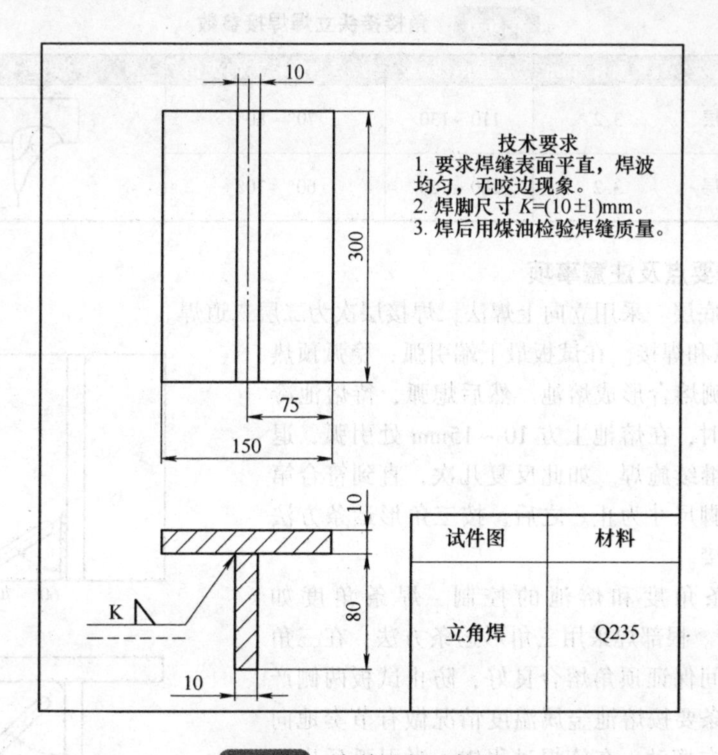

图 6-51 角接立焊试件图

（2）装配间隙　组对间隙为0～2mm，两块钢板应相互垂直。

（3）定位焊　在试件两端正面坡口内进行定位焊，焊缝长度为10～15mm。定位焊如图6-52所示。将焊缝接头预先打磨成斜坡，并校正垂直度。

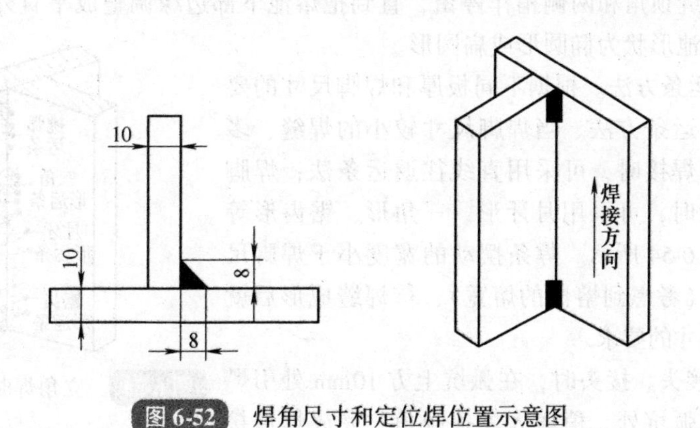

图 6-52 焊角尺寸和定位焊位置示意图

3. 焊接参数

角接接头立焊焊接参数见表6-6。

表 6-6　角接接头立焊焊接参数

序号	焊接层次	焊条直径/mm	焊接电流/A	焊条与焊接方向夹角	焊道分布
1	打底层	3.2	110～130	70°～80°	
2	盖面层	3.2	100～120	60°～70°	

4. 操作要点及注意事项

(1) 打底层　采用立向上焊法，焊接层次为二层二道焊。

1) 引弧和焊接。在试板最下端引弧，稳弧预热后，试板两侧熔合形成熔池。然后熄弧，待熔池冷却至暗红色时，在熔池上方 10～15mm 处引弧，退到原熄弧处继续施焊。如此反复几次，直到符合第一层焊道焊脚尺寸为止。之后，按三角形运条方法由下向上焊接。

2) 焊条角度和熔池的控制。焊条角度如图 6-53 所示。根部焊采用三角形运条方法，在三角形和试板之间保证顶角熔合良好，防止试板两侧产生咬边。焊条要按熔池金属温度情况做有节奏地向上运条并左右摆动。在施焊过程中，当引弧后出现第一个熔池时，电弧应较快地抬高，当看到熔池瞬间冷却成一个暗红点时，将电弧下降到弧坑处，并使熔滴下落与前一熔池重叠 2/3 形成一个新熔池，然后电弧再抬高，这样有节奏地形成立角焊缝。同时让电弧在焊缝顶角和两侧稍作停留，直到把熔池下部边缘调整成平直外形。焊接时应始终控制熔池形状为椭圆形或扁圆形。

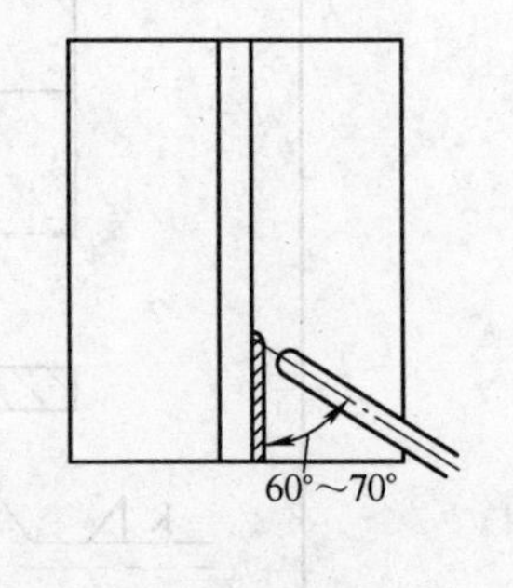

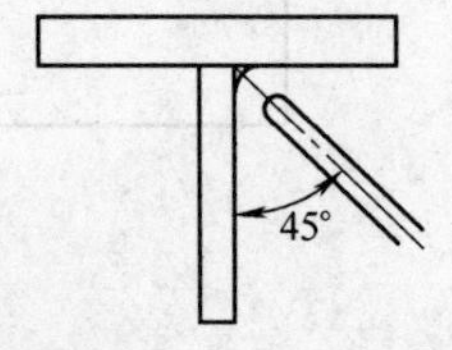

图 6-53　立角焊焊条角度

3) 焊条运条方法。根据不同板厚和焊脚尺寸的要求选择适当的运条方法。当焊脚尺寸较小的焊缝、多层焊的第一层焊接时，可采用直线往返运条法；焊脚尺寸要求较大时，可采用月牙形、三角形、锯齿形等运条法，如图 6-54 所示。焊条摆动的宽度小于焊脚尺寸 1.5～2mm（考虑到熔池的熔宽），待焊缝成形后就可达到焊脚尺寸的要求。

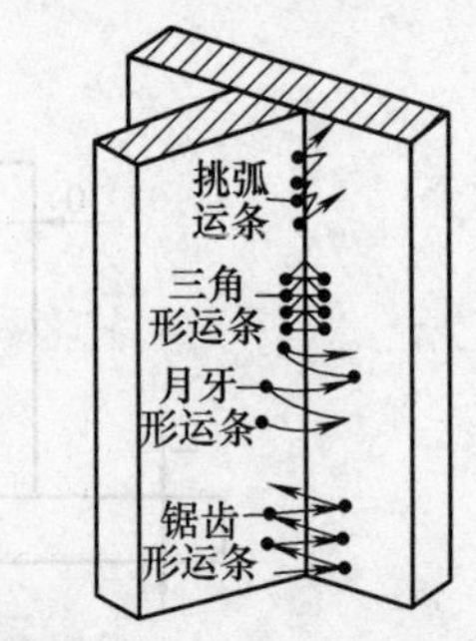

图 6-54　立角焊时焊条摆动方法

4) 焊道接头。接头时，在弧坑上方 10mm 处引燃电弧，回焊至弧坑处，稍增大焊条倾角，完成焊道接头后，恢复到正常角度再继续焊接。

(2) 盖面层焊接

1) 盖面层施焊前，应清除根部焊道焊渣和飞溅，焊缝接头局部凸起处需打磨平整。

2）在试板最下端引弧，焊条角度同打底焊，采用小间距锯齿形运条方法，横向摆动向上焊接。

3）焊缝表面应平整，避免咬边，焊脚应对称并符合尺寸要求。

5. 焊接质量检查

焊缝表面平直，焊波均匀，无夹渣、咬边等缺陷。

技能训练4　低碳钢管板（骑座式）垂直俯位焊

1. 焊前准备

（1）试件材质　Q235A钢。

（2）试件尺寸　100mm × ϕ50mm × 6mm，数量1件；100mm × 100mm × 12mm，数量1件，如图6-55所示。

（3）坡口形式　V形坡口，如图6-55所示。

（4）焊接要求　单面焊双面成形。

（5）焊接材料　E4303（J422），ϕ2.5mm或ϕ3.2mm。

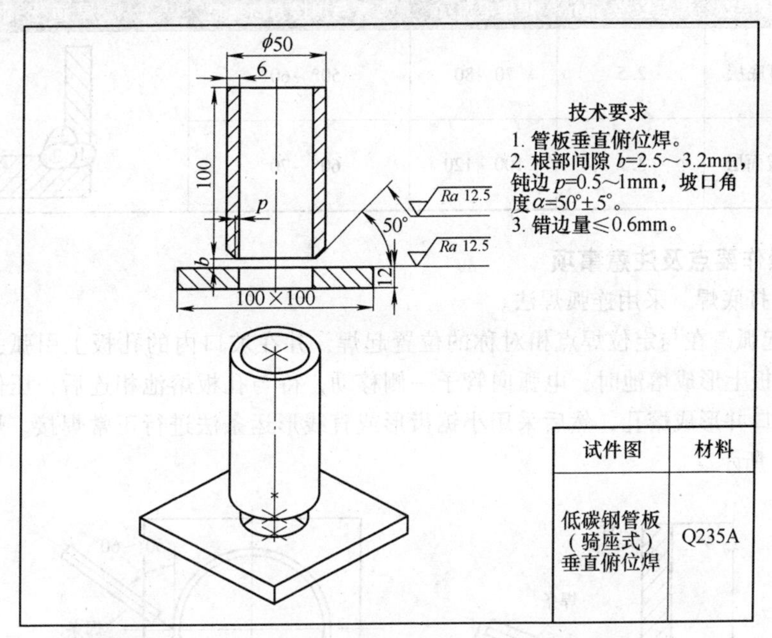

图6-55　低碳钢管板（骑座式）垂直俯位焊条电弧焊试件图

（6）焊接设备　BX3-300型焊机或ZX5-400型焊机，直流反接。

（7）辅助工具　角向打磨机、焊条保温筒、平锉、钢丝刷、锤子、扁铲、直角尺。

2. 试件装配

（1）修磨钢管　钢管修磨钝边0.5～1mm，无毛刺。

（2）焊前清理　清理焊件管板孔周围20mm和管子端部、坡口面内外表面20mm范围内的油、污、锈、垢，直至露出金属光泽。

（3）焊接要求　$K=(10\pm1)$mm。

（4）装配

1）根部间隙前端留 2.5mm，后端留 3.2mm，错边量≤0.6mm，管子内径与板孔同心，管子与孔板相垂直。

2）定位焊。采用 2 点定位，定位焊缝位于时钟 10 点和 2 点的坡口内。定位焊缝长度为 5～10mm，厚度为 2～3mm，定位焊缝要求焊透，无缺陷，两端打磨成斜坡状。

3）装配方法。先将孔板平放在工作台上，用划针在孔板正面划 ϕ50mm 的同心圆，用三块厚度与装配间隙相同的小钢板，使其距离相等地放在孔板 ϕ50mm 的圆弧上，然后将钢管放在小钢板上，并使钢管的外径与孔板上划出的圆弧重叠（用直角尺靠三个点检查），且管子内孔与板孔重合，然后焊接定位焊点，定位装配后应保证管与孔板垂直。

3. 焊接参数

骑座式管板垂直俯位焊焊接参数见表 6-7。

表 6-7　骑座式管板垂直俯位焊焊接参数

序号	焊接层次	焊条直径/mm	焊接电流/A	焊条与焊接方向夹角	焊道分布
1	打底层	2.5	70～80	50°～60°	
2	盖面层	3.2	100～120	60°～70°	

4. 操作要点及注意事项

（1）打底焊　采用连弧焊法。

1）起弧。在与定位焊点相对称的位置起焊，并在坡口内的孔板上引弧，进行预热，当孔板上形成熔池时，电弧向管子一侧移动，待与孔板熔池相连后，压低电弧击穿管子坡口并形成熔孔，然后采用小锯齿形或直线形运条法进行正常焊接。焊条角度如图 6-56 所示。

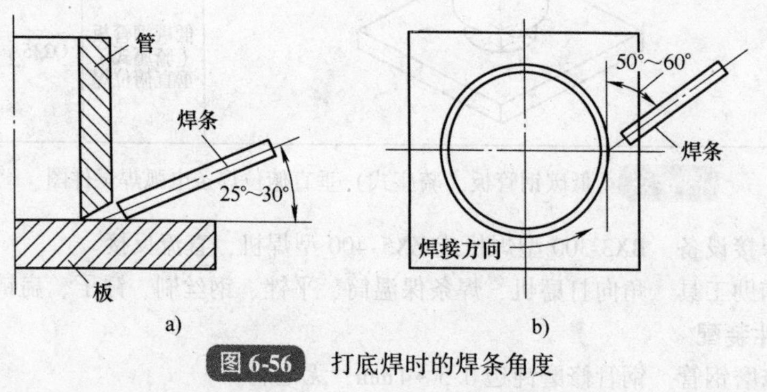

图 6-56　打底焊时的焊条角度

a）焊条与管板间夹角　b）焊条与焊缝切线间夹角

焊接过程中，焊条角度基本保持不变，运条速度要均匀平稳，电弧在坡口根部与

孔板边缘应稍作停留；要采用短弧操作，使电弧的 1/3 在熔池前，以击穿和熔化坡口根部，2/3 覆盖在熔池上。要控制好熔池温度，保持熔池形状和大小基本一致，避免产生未焊透和夹渣。

2）更换焊条的方法。当每根焊条即将焊完前，向焊接相反方向回焊约 10～15mm，并逐渐拉长电弧至熄灭，以消除收尾气孔或将其带至表面，以便在换焊条后将其熔化，接头尽量采用热接法，如图 6-57 所示。即在熔池未冷却前，在 *A* 点引弧，稍作上下摆动移至 *B* 点，压低电弧，当根部击穿并形成熔孔后，转入正常焊接。

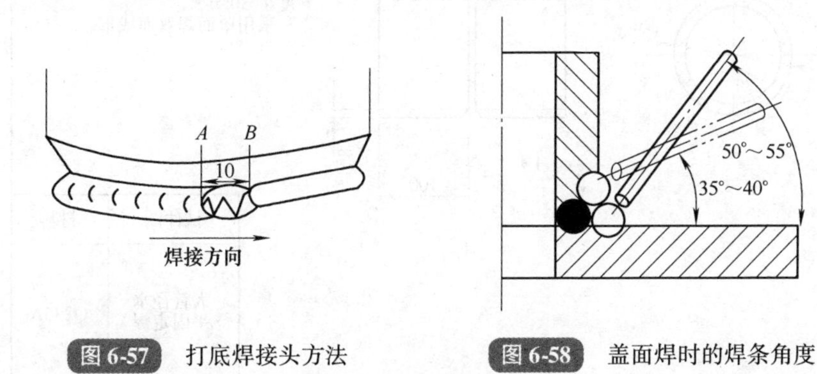

图 6-57 打底焊接头方法

图 6-58 盖面焊时的焊条角度

3）接头焊法。应先将焊缝始端修磨成斜坡形，待焊至斜坡前沿时，压低电弧，稍作停留，然后恢复正常弧长，焊至与始端焊缝重叠约为 10mm 处，填满弧坑即可熄弧。

（2）盖面焊　盖面焊必须保证管子不咬边，焊脚对称。采用两道焊，后道焊缝要覆盖前道焊缝的 1/3～2/3，应避免产生沟槽和焊缝上凸，盖面焊时焊条角度如图 6-58 所示。

5. 焊接检验

（1）外观检测　正面余高控制在 1.0～2.0mm 之间，背面余高控制在 1.0～2.0mm 之间，且焊缝的正面与背面宽窄度在 0.5mm 以内。

（2）通球试验　通过直径 38mm × 85% = 32mm 的球体的通球试验。

（3）宏观金相　在进行的宏观金相中未发现裂纹、夹渣、气孔、未熔合等缺陷，宏观金相达到压力容器焊工考试标准。

技能训练 5　低碳钢大管径水平固定焊

1. 焊前准备

（1）试件材质　Q235A 钢。

（2）试件尺寸　100mm × ϕ159mm × 8mm，数量 2 件，如图 6-59 所示。

（3）坡口形式　V 形坡口，如图 6-59 所示。

（4）焊接要求　单面焊双面成形。

（5）焊接材料　E4303（J422），ϕ3.2mm 或 ϕ4mm。

（6）焊接设备　BX3-300 型焊机或 ZX5-400 型焊机，直流反接。

（7）辅助工具　角向打磨机、焊条保温筒、平锉、钢丝刷、锤子、扁铲、300mm

钢直尺、槽钢。

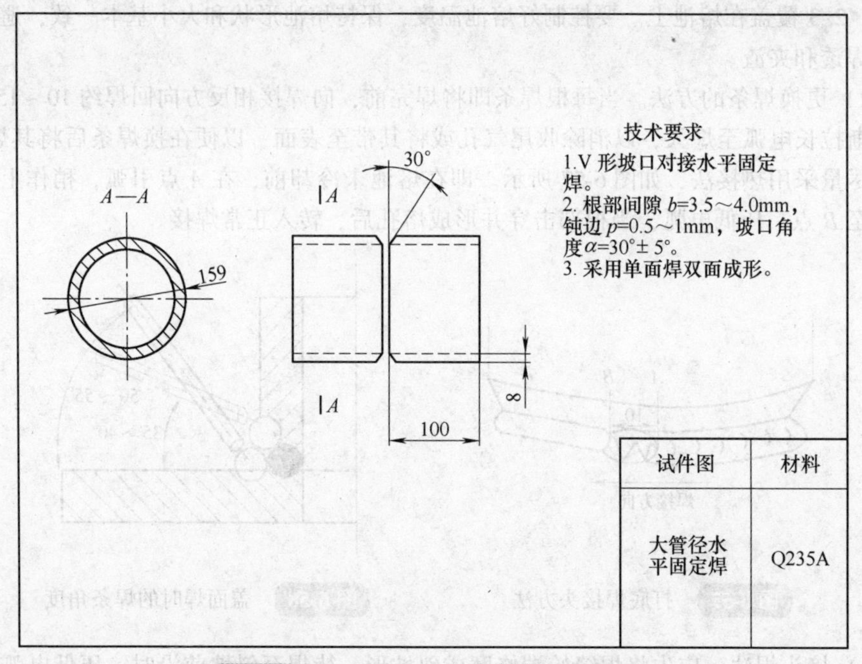

图 6-59　低碳钢大管径水平固定焊试件图

2. 试件装配

（1）修磨钢管　钢管修磨钝边 0.5～1mm，无毛刺。

（2）焊前清理　清理焊件管子周围 20mm、坡口面内外表面 20mm 范围内的油、污、锈、垢，直至露出金属光泽。

（3）焊接要求　单面焊双面成形。

（4）装配

1）焊缝的组对间隙应下端窄上端宽，下端为 3.5～4.0mm，上端为 4.0～4.5mm；错边量≤0.5mm，管子内径同心，如图 6-60 所示。

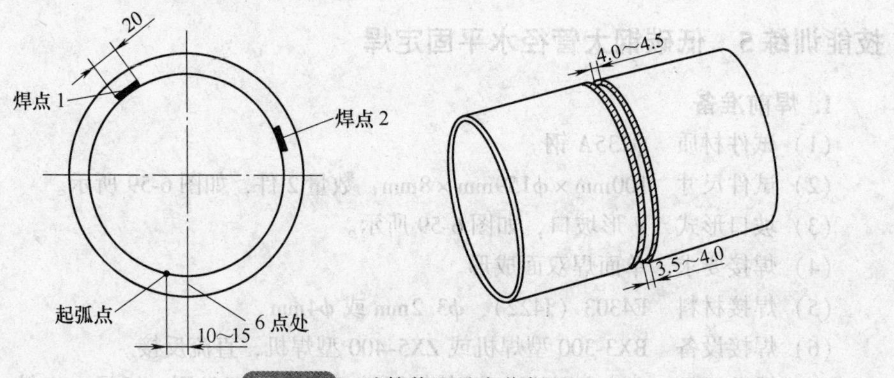

图 6-60　试件装配及定位焊

2）定位焊及预留反变形。采用2点定位，定位焊分别在焊点1、焊点2的坡口内。定位焊缝长度为15~20mm，厚度为2~3mm，定位焊缝要求焊透，无缺陷，两端打磨成斜坡状。定位焊时注意将后焊一侧焊缝做预留反变形量为1~2mm，如图6-61所示。

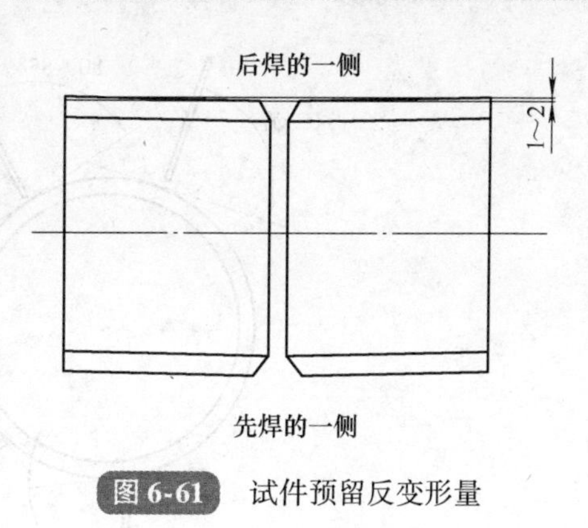

图6-61 试件预留反变形量

3）装配方法。先在工作台上放置一根槽钢，再将两根管子平放置槽钢上进行装配，定位焊前预留好装配间隙，然后焊接定位焊点，定位装配后应保证管与管同心。

3. 焊接参数

低碳钢大管径水平固定焊焊接参数见表6-8。

表6-8 低碳钢大管径水平固定焊焊接参数

序号	焊接层次	焊条直径/mm	焊接电流/A	焊条与焊接方向夹角	焊道分布
1	打底层	3.2	90~100	70°~80°	
2	填充层	3.2	110~120	60°~70°	
3	盖面层	4	120~140	60°~70°	

4. 操作要点及注意事项

（1）引弧　打底焊主要采用接触法引弧的直击法（图6-62），填充与盖面采用接触法引弧的划擦法（图6-63）。

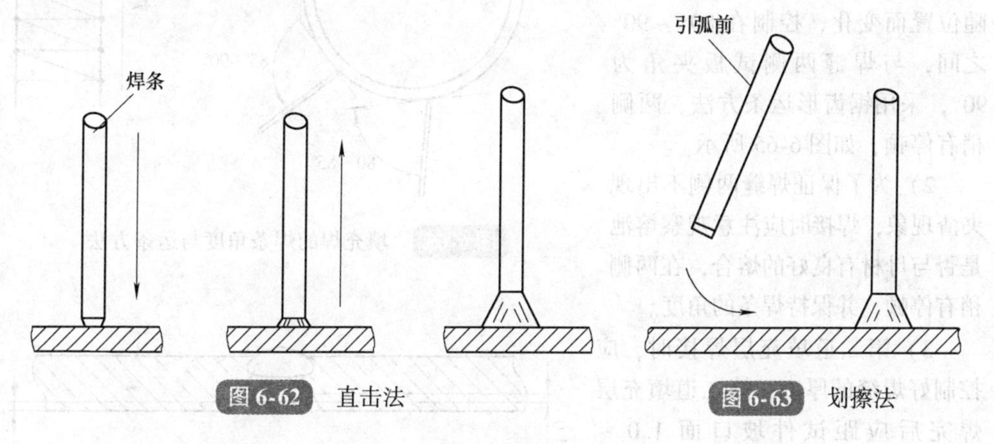

图6-62 直击法　　图6-63 划擦法

（2）打底层

1）焊枪与焊缝前进方向角度随位置而变化，控制在75°~90°之间，与焊缝两侧试板夹角为90°，运条方式采用月牙形断弧法进行焊接，两侧既是起弧点也是收弧点，如图6-64所示，每次断弧时间控制在1~2s之间。

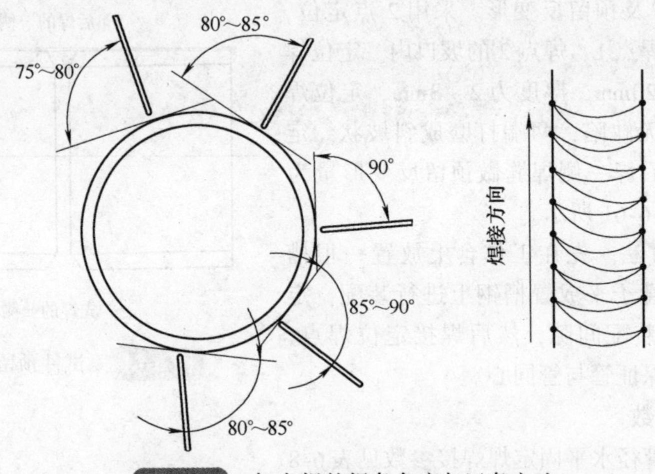

图 6-64 打底焊的焊条角度与运条方法

2）焊接时，电弧长度应保持在 2 ~ 3mm 之间，并将电弧保持在熔池前端约1/3 处，且断弧要有一定的节奏。

3）焊接接头时，为保证接头良好，应在收弧处后面 10 ~ 15mm 开始引弧。

4）为保证焊缝正面两边不产生夹沟和成形不良，在月牙的中部摆动稍快，焊缝厚度控制在3mm 左右。

（3）填充层

1）焊枪与焊缝前进方向角度随位置而变化，控制在 80° ~ 90°之间，与焊缝两侧试板夹角为90°，采用锯齿形运条方法，两侧稍有停顿，如图 6-65 所示。

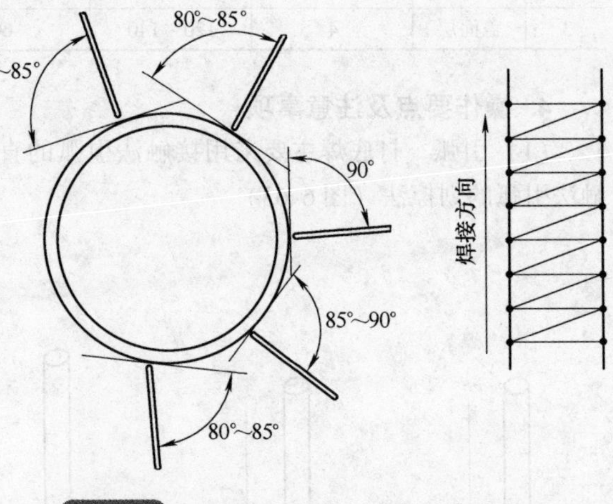

图 6-65 填充焊的焊条角度与运条方法

2）为了保证焊缝两侧不出现夹渣现象，焊接时应注意观察熔池是否与母材有良好的熔合，在两侧稍有停顿，并保持焊条的角度。

3）第二道填充层焊接时，应控制好焊缝的厚度，第二道填充层焊完后应距试件坡口面 1.0 ~ 1. 5mm，焊缝的凸度控制在1mm 左右，保证坡口的棱边不被熔化，如图 6-66 所示，以便盖面层焊接时控制焊缝的直线度，还可防止盖面

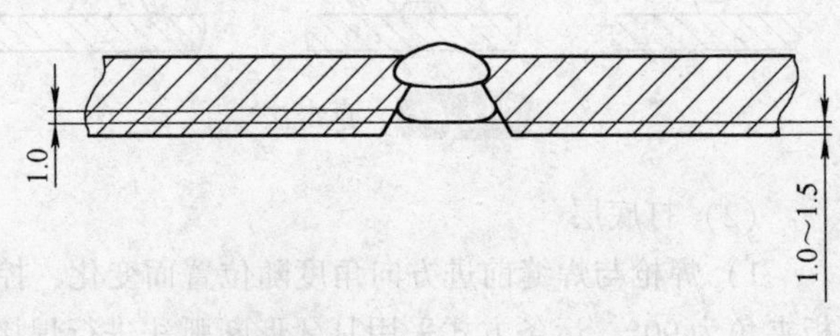

图 6-66 填充层的尺寸示意图

层过高。

(4) 盖面层

1) 焊缝的盖面与第二层的焊条角度以及运条方法基本一致，如图6-65所示。

2) 为保证焊缝的外观成形，避免焊缝两侧产生咬边，焊条运条至坡口两侧边缘时应稍有停顿，如图6-67所示，将焊缝两侧的坡口填满，然后再正常焊接。

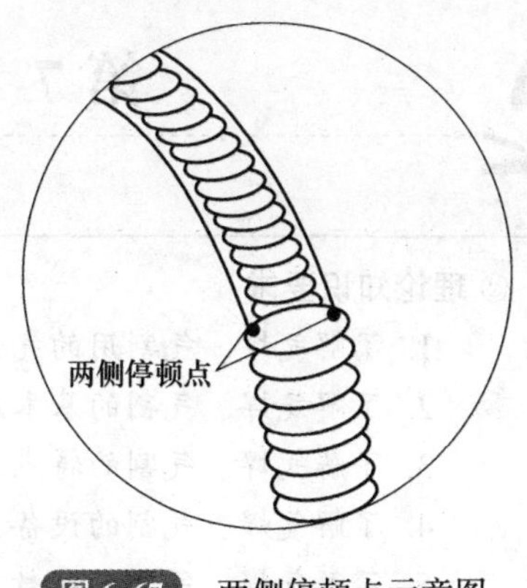

图6-67 两侧停顿点示意图

3) 为了保证焊缝表面的平整，运条时应均匀，左右运条时中间速度稍快些。

4) 为避免焊接时焊缝熔化金属因重力的作用造成下淌形成焊瘤，在焊接过程中要控制熔渣始终跟着焊条的方向前进，从而保证焊缝的外观成形。

(5) 收尾　焊缝收尾时采用立即拉断电弧收弧，会形成低于焊件表面的弧坑，容易产生应力集中与减弱金属强度，影响焊缝质量。焊条电弧焊常用的收弧方法有划圈收弧法、回焊收弧法、反复熄弧-引弧法。此次打底焊主要采用收弧采用反复熄弧-引弧法进行收弧，填充与盖面采用划圈收弧法。

5. 焊接检验

(1) 外观检测　焊缝正面余高控制在1.0~2.0mm之间，背面余高控制1.0~2.0mm之间，且焊缝的正面与背面宽窄度在0.5mm以内。

(2) 内部检验　X射线检测达到Ⅰ级。

(3) 弯曲试验　弯曲直径（D）为母材板厚的两倍，正弯、背弯试样各两块180°弯曲合格。

复习思考题

1. 什么叫焊接电弧？
2. 焊接电弧按电流种类和电极材料可分为哪几类？
3. 什么是电弧静特性曲线？
4. 简述焊接参数的含义。它主要包括哪些内容？
5. 焊接作业时使用的防护用品有哪些？
6. 防止焊接电弧偏吹的措施有哪些？
7. 焊条电弧焊有哪些优缺点？
8. 焊条运条方法有哪几种？

第 7 章 气焊与气割

☺ 理论知识要求

1. 了解气焊、气割用的气体。
2. 了解气焊、气割的基本原理。
3. 了解气焊、气割的特点及其应用范围。
4. 了解气焊、气割的设备、工具及材料。
5. 了解气焊、气割的参数。
6. 了解氧-乙炔焰的种类和特点。
7. 了解气焊、气割的基本操作技术。
8. 了解气焊接头与气割的缺陷及控制措施。
9. 了解气焊、气割的安全技术及操作规程。

☺ 操作技能要求

1. 掌握焊接低碳钢板的平、立、横、仰气焊操作方法。
2. 掌握焊接钢管的垂直、水平固定气焊操作方法。
3. 掌握焊接钢管水平转动气焊操作方法。
4. 掌握角钢、槽钢、圆钢、圆管气割操作方法。
5. 掌握碳钢薄板、中板、厚板的气割操作方法。

7.1 气焊与气割的原理及应用

7.1.1 气焊的原理及应用

1. 气焊的原理

气焊是利用可燃气体与助燃气体，通过焊炬进行混合后喷出，经点燃而发生剧烈的氧化燃烧，以此燃烧所产生的热量去熔化工件接头部位的母材和焊丝而达到金属牢固连接的方法。

气焊时，先将焊件的焊接处金属加热到熔化状态形成熔池，并不断地熔化焊丝向熔池中填充，气体火焰覆盖在熔化金属的表面起保护作用，随着焊接过程的进行，熔化金属冷却形成焊缝。气焊过程如图 7-1 所示。

2. 气焊的特点

（1）优点

1）设备简单、费用低、移动方便、使用灵活。

2）通用性强，对铸铁及某些有色金属的焊接有较好的适应性。

3）由于无需电源，因而在无电源场合和野外工作时有实用价值。

(2) 缺点

1）生产效率较低。气焊火焰温度低，加热速度慢。

2）焊接后工件变形和热影响区较大。加热区域宽，焊接热影响区宽，焊接变形大。

3）焊接过程中，熔化金属受到的保护差，焊接质量不易保证。

4）较难实现自动化。

3. 气焊的应用

气焊具有使用的设备简单、操作方便、质量可靠、成本低、适应性强等优点，但由于火焰温度低、加热分散、热影响区宽、焊件变形大且过热严重，因此，气焊接头质量不如焊条电弧焊容易保证。目前，在工业生产中，气焊主要用于焊接薄钢板、小直径薄壁管、铸铁、有色金属、低熔点金属及硬质合金等。

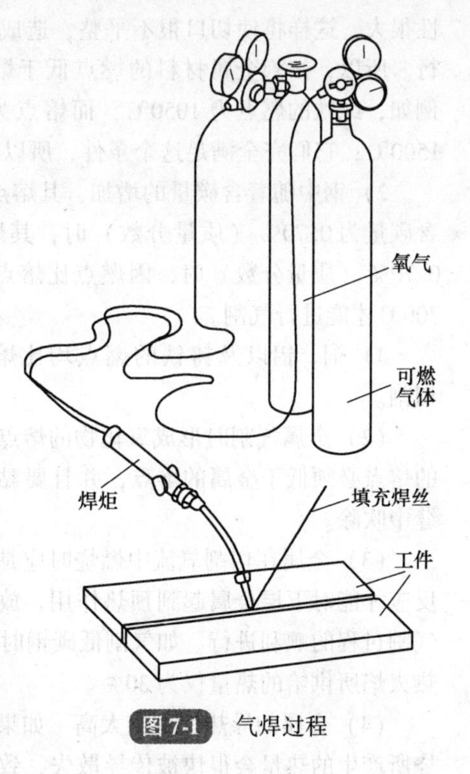

图7-1　气焊过程

7.1.2　气割的原理及应用

1. 气割的原理

气割是利用可燃气体与氧气混合燃烧的火焰热能将工件切割处预热到一定温度后，喷出高速切割氧流，使金属剧烈氧化并放出热量，利用切割氧流把熔化状态的金属氧化物吹掉，而实现切割的方法。其实质是铁在纯氧中的燃烧过程，而不是熔化过程。氧气切割过程是预热→燃烧→吹渣的过程。

气割主要包括以下三个阶段：

1）气割开始时，用预热火焰将起割处的金属预热到燃烧温度（燃点）。

2）向被加热到燃点的金属喷射切割氧，使金属在纯氧中剧烈地燃烧。

3）金属燃烧氧化后生成熔渣并产生大量的反应热，熔渣被切割氧吹除，所产生的热量和预热火焰的热量将下层金属加热到燃点，这样继续下去就将金属逐渐地割穿。随着割炬的移动，就割出了所需的形状和尺寸。

2. 气割的条件

为了使氧气切割过程能顺利地进行下去，被割金属材料应具备以下几个条件：

(1) 金属材料的燃点应低于熔点

1）如果金属材料的燃点高于熔点，则在燃烧前金属已经熔化。由于液态金属流动性很大，这样将使切口很不平整，造成切割质量低劣，严重时甚至使切割过程无法进行。所以，被割金属材料的燃点低于熔点，是保证切割过程顺利进行的最基本条件。例如，纯铁的燃点为1050℃，而熔点为1535℃；低碳钢的燃点为1350℃，而熔点为1500℃；它们完全满足这个条件，所以纯铁和低碳钢均具有良好的气割条件。

2）钢中随着含碳量的增加，其熔点降低，燃点增高故使气割不易进行。如碳钢的含碳量为0.70%（质量分数）时，其熔点和燃点差不多都等于1300℃，当含碳量>0.70%（质量分数）时，因燃点比熔点高，所以不易切割，必须将割件预热至400～700℃才能进行气割。

3）铜、铝以及铸铁的燃点均比熔点高，所以不能用普通氧气切割的方法进行切割。

（2）金属气割时形成氧化物的熔点应低于金属本身的熔点　气割时生成的氧化物的熔点必须低于金属的熔点，并且要黏度小、流动性好，这样才能把金属氧化物从割缝中吹除。

（3）金属在切割氧流中燃烧时应是放热反应　金属在切割氧流中燃烧只有是放热反应才能对下层金属起到预热作用，放出的热量越多，预热作用也就越大，越有利于气割过程的顺利进行。如气割低碳钢时，由金属燃烧所产生的热量约占70%，而由预热火焰所供给的热量仅为30%。

（4）金属的导热性不应太高　如果被割金属的导热性太高，则预热火焰及金属燃烧所产生的热量会很快被传导散失，致使切割处温度不易达到金属的燃点，这样就会使气割过程不能开始或难以继续进行。如铜、铝等有色金属，因具有较高的导热性，故不能采用普通的气割方法进行切割。

（5）金属中含阻碍切割过程进行和提高可淬性的成分及杂质要少　气割金属中，阻碍气割过程的杂质（如碳、铬以及硅等）要少；同时提高钢的可淬性的成分（如钨、钼等）也要少。这样才能保证气割过程正常进行，同时气割缝表面也不会产生裂纹等缺陷。

3. 气割的特点

（1）优点

1）切割钢铁的速度比刀片移动式机械切割工艺快。

2）对于机械切割法难以产生的切割形状和达到的切割厚度，气割可以很经济地实现。

3）设备费用比机械切割工具低。

4）设备是便携式的，可在现场使用。

5）切割过程中，可以在一个很小的半径范围内快速改变切割方向。

6）通过移动切割器而不是移动金属块来现场快速切割大金属板。

7）过程可以手动或自动操作。

（2）缺点

1）尺寸公差要明显大于机械工具切割。

2）尽管也能切割像钛这些易氧化金属，但该工艺在工业上基本限于切割钢铁和铸铁。

3）预热火焰及发出的红热熔渣对操作人员可能造成着火和烧伤的危险。

4）燃料燃烧和金属氧化需要适当的烟气控制和排风设施。

5）切割高合金钢铁和铸铁需要对工艺流程进行改进。

6）切割高硬度钢铁可能需要割前预热、割后继续加热，来控制割口边缘附近钢铁的金相结构和力学性能。

7）气割不推荐用于大范围的远距离切割。

4. 气割的应用

气割的效率高，成本低，设备简单，并能在各种位置进行切割和在钢板上切割各种外形复杂的零件，因此，广泛地用于钢板下料、开焊接坡口和铸件浇冒口的切割，切割厚度可达300mm以上。

由于金属的切割性能，目前，气割主要用于各种碳钢和低合金钢的切割。其中淬火倾向大的高碳钢和强度等级较高的低合金钢气割时，为避免切口淬硬或产生裂纹，应采取适当加大预热火焰功率和放慢切割速度，甚至割前对钢材进行预热等措施。

7.2　气焊与气割用焊接材料

7.2.1　气焊与气割用气体

气焊与气割是利用可燃气体与助燃气体混合燃烧产生的气体火焰作为热源，进行金属材料的焊接或切割的一种加工工艺方法。可燃气体有乙炔、液化石油气等，助燃气体是氧气。

1. 氧气

1）在常温和标准大气压下，氧气是一种无色、无味、无毒的气体，氧气的分子式为O_2，氧气的密度是1.429kg/m³，比空气的密度略大（空气的密度为1.293 kg/m³）。

2）氧气本身不能燃烧，但能帮助其他可燃物质燃烧。氧气的化学性质极为活泼，它几乎能与自然界一切元素（除惰性气体外）相化合，这种化合作用被为氧化反应，剧烈的氧化反应称为燃烧。氧气的化合能力是随着压力的加大和温度的升高而增加的。因此，当工业中常用的高压氧气，如果与油脂等易燃物质相接触时，就会发生剧烈的氧化反应而使易燃物自行燃烧，甚至发生爆炸。因此在使用氧气时，切不可使氧气瓶瓶阀、氧气减压器、焊炬、割炬、氧气皮管等沾染上油脂。

3）气焊与气割用的工业用氧气按纯度一般分为两级，一级纯度氧气含量不低于99.2%（体积分数），二级纯度氧气含量不低于98.5%（体积分数）。一般情况下，由氧气厂和氧气站供应的氧气可以满足气焊与气割的要求。对于质量要求较高的气焊应采用一级纯度的氧。气割时，氧气纯度不应低于98.5%（体积分数）。

2. 乙炔

1）在常温和标准大气压下，乙炔是一种无色而带有特殊臭味的碳氢化合物，其分子式为C_2H_2。乙炔的密度是1.179kg/m³，比空气的密度小。乙炔是可燃性气体，它与空气混合时所产生的火焰温度为2350℃，而与氧气混合燃烧时所产生的火焰温度为3000～3300℃，因此足以迅速熔化金属进行焊接和切割。

2）乙炔是一种具有爆炸性的危险气体，当压力在0.15MPa时，如果气体温度达到580～600℃，乙炔就会自行爆炸。压力越高，乙炔自行爆炸所需的温度就越低；温度越高，则乙炔自行爆炸的压力就越低。

3）乙炔与空气或氧气混合而成的气体也具有爆炸性，乙炔的含量（按体积计算）在2.2%～81%范围内与空气形成的混合气体，以及乙炔的含量（按体积计算）在2.8%～93%范围内与氧气形成的混合气体，只要遇到火星就会立刻爆炸。

4）乙炔与铜或银长期接触后会生成一种爆炸性的化合物，即乙炔铜（Cu_2C_2）和乙炔银（Ag_2C_2），当它们受到剧烈振动或者加热到110～120℃就会引起爆炸。所以凡是与乙炔接触的器具设备禁止用银或纯铜制造，只准用含铜量不超过70%（质量分数）的铜合金制造。乙炔和氯、次氯酸盐等化合会发生燃烧和爆炸，所以乙炔燃烧时，绝对禁止用四氯化碳来灭火。乙炔爆炸时会产生高热，特别是产生高压气浪，其破坏力很强，因此使用乙炔时必须注意安全。乙炔能大量溶解于丙酮溶液中，利用这个特性，可将乙炔装入盛有丙酮和多孔性物质的乙炔瓶内储存、运输和使用。

3. 液化石油气

1）液化石油气是油田开发或炼油厂裂化石油的副产品，其主要成分是丙烷（C_3H_8），占50%～80%（体积分数），其余是丁烷（C_4H_{10}）、丙烯（C_3H_6）等碳氢化合物。在常温和标准大气压下，液化石油气是一种略带臭味的无色气体，液化石油气的密度为1.8～2.5kg/m³，比空气的密度大。如果加上0.8～1.5MPa的压力，就变成液态，便于装入瓶中储存和运输，液化石油气由此而得名。

2）液化石油气与乙炔一样，也能与空气或氧气构成具有爆炸性的混合气体，但具有爆炸危险的混合比值范围比乙炔小得多。它在空气中爆炸范围为3.5%～16.3%（体积分数），同时由于燃点比乙炔高（500℃左右，乙炔为305℃），因此，使用时比乙炔安全得多。

目前，国内外已把液化石油气作为一种新的可燃气体来逐渐代替乙炔，广泛地应用于钢材的气割和低熔点的有色金属焊接中，如黄铜焊接、铝及铝合金焊接和铅的焊接等。

4. 其他可燃气体

随着工业的发展，人们在探索各种各样的乙炔代用气体，目前作为乙炔代用气体中液化石油气（主要是丙烷）用量最大。此外还有丙烯、天然气、焦炉煤气、氢气以及丙炔、丙烷与丙烯的混合气体、乙炔与丙烯的混合气体、乙炔与丙烷的混合气体、乙炔与乙烯的混合气体等。还有以丙烷、丙烯、液化石油气为原料，再辅以一定比例的添加剂的气体。另外汽油经雾化后也可作为可燃气体。

根据使用效果、成本、气源情况等综合分析，液化石油气（主要是丙烷）是比较理想的代用气体。

7.2.2 氧-乙炔焰的种类及特点

1. 氧-乙炔焰

乙炔与氧气混合燃烧所产生的火焰称为氧乙炔焰。它具有很高的温度，加热集中，因此是目前气焊中主要采用的火焰。氧乙炔焰的外形、构造及火焰的温度分布和氧气与乙炔的混合比大小有关。

根据氧与乙炔混合比的大小不同，氧-乙炔焰可分为三种不同性质的火焰，即中性焰、碳化焰和氧化焰。

（1）中性焰　中性焰是氧与乙炔混合比为1.1∶1.2时燃烧所形成的火焰，如图7-2所示。中性焰燃烧后的气体中既无过剩氧气，也无过剩的乙炔。中性焰由焰芯、内焰和外焰三部分组成。焰芯是火焰中靠近焊炬（或割炬）喷嘴孔的呈尖锥状而发亮的部分，中性焰的焰芯呈光亮蓝白色圆锥形，轮廓清楚，温度为800~1200℃。在焰芯的外表面分布着乙炔分解所生成的碳微粒层，因受高温而使焰芯形成光亮而明显的轮廓；在内焰处，乙炔和氧气燃烧生成的一氧化碳及氢气形成还原气氛，在与熔化金属相互作用时，能使氧化物还原。中性焰的最高温度在距焰芯2~4mm处，为3050~3150℃。用中性焰焊接时主要利用内焰这部分火焰加热焊件。

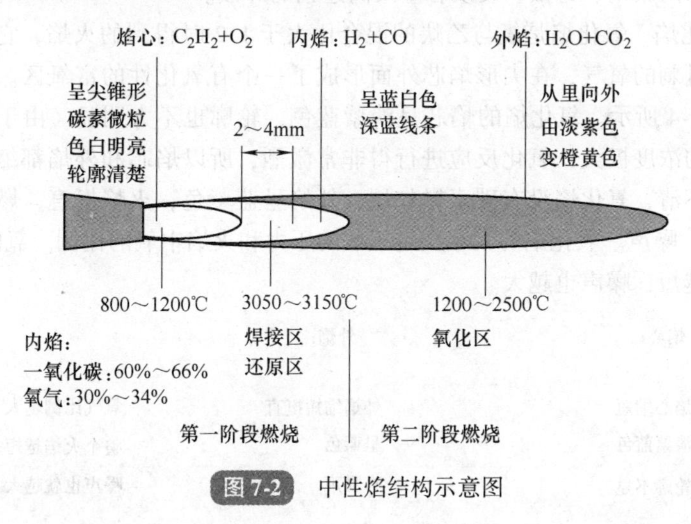

图7-2　中性焰结构示意图

由于中性焰的焰芯和外焰温度较低，而内焰温度最高，且具有还原性，可以改善焊缝的力学性能，所以采用中性焰焊接大多数金属及其合金时，均利用内焰。中性焰适用于焊接一般低碳钢和要求焊接过程对熔化金属不渗碳的金属材料，如不锈钢、纯铜、铝及铝合金等。

（2）碳化焰　碳化焰是氧与乙炔的混合比小于1.1时燃烧所形成的火焰。它燃烧后的气体中尚有过剩的乙炔。火焰中含有游离碳，具有较强的还原作用，也有一定的渗碳作用。碳化焰可明显地分为焰芯、内焰和外焰三部分，如图 7-3 所示。碳化焰整个火焰比中性焰长，碳化焰中有过剩的乙炔，并分解成游离状态的碳和氢，碳渗到熔池中使焊缝的含碳量增加，塑性下降；氢进入熔池使焊缝产生气孔和裂纹。碳化焰的最高温度为 2700 ~ 3000℃。

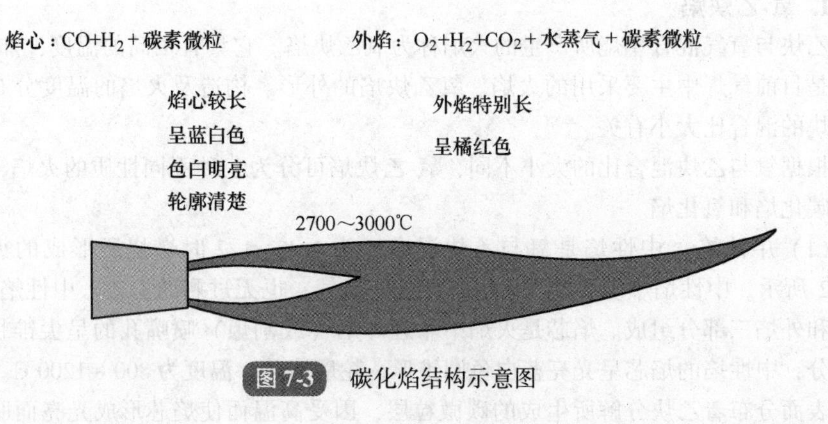

图 7-3 碳化焰结构示意图

碳化焰的焰芯呈蓝白色，内焰呈淡白色。碳化焰的最高温度为 2700 ~ 3000℃。由于碳化焰对焊缝金属具有渗碳作用，所以不能用来焊接低碳钢及低合金钢，只适用于含碳量较高的高碳钢、铸铁、硬质合金及高速钢的焊接。

（3）氧化焰　氧化焰是氧与乙炔的混合比大于 1.2 时得到的火焰，它燃烧后的气体中有部分过剩的氧气，在尖形焰芯外面形成了一个有氧化性的富氧区。其火焰构造和形状如图 7-4 所示。氧化焰的焰芯呈淡紫蓝色，轮廓也不太明显。由于氧化焰在燃烧过程中氧的浓度极大，氧化反应进行得非常激烈，所以焰芯和外焰都缩短了，内焰和外焰层次不清，氧化焰没有碳素微粒层，外焰呈蓝紫色，火焰挺直，燃烧时发生急剧的“嘶嘶”噪声。氧化焰的大小决定于氧的压力和火焰中氧的比例。氧的比例越大，则整个火焰越短，噪声也越大。

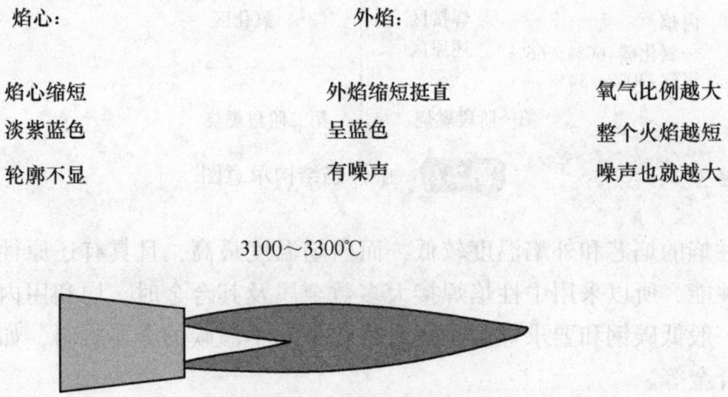

焰心：　外焰：

焰心缩短　外焰缩短挺直　氧气比例越大
淡紫蓝色　呈蓝色　整个火焰越短
轮廓不显　有噪声　噪声也就越大

3100～3300℃

图 7-4 氧化焰结构示意图

氧化焰的最高温度可达3100～3300℃。整个火焰具有氧化性。所以，这种火焰很少采用。但焊接黄铜和锡青铜时，采用含硅焊丝，利用轻微氧化焰的氧化性，生成硅的氧化物薄膜，覆盖在熔池表面，则可阻止锌、锡的蒸发。

2. 氧-液化石油气火焰

氧-液化石油气火焰的构造同氧-乙炔火焰基本一样，也分为氧化焰、碳化焰和中性焰三种。其焰心也有部分分解反应，不同的是焰心分解产物较少，内焰不像氧-乙炔焰那样明亮，而是有点发蓝，外焰则显得比氧-乙炔焰清晰而且较长。氧-液化石油气的温度比氧-乙炔焰略低，温度可达2800～2850℃。目前氧-液化石油气火焰主要用于气割，并部分地取代了氧-乙炔焰。

7.2.3 气焊焊接材料

1. 气焊焊丝

气焊用的焊丝起填充金属的作用，焊接时与熔化的母材一起组成焊缝金属。因此，焊缝金属的质量在很大程度上取决于焊丝的化学成分和质量。

（1）气焊焊丝的要求

1）焊丝的熔点等于或略低于被焊金属的熔点。

2）焊丝所焊焊缝应具有良好的力学性能，焊缝内部质量好，无裂纹、气孔、夹渣等缺陷。

3）焊丝的化学成分应基本上与焊件相符，无有害杂质，以保证焊缝有足够的力学性能。

4）焊丝熔化时应平稳，不应有强烈的飞溅或蒸发。

5）焊丝表面应洁净、无油脂、油漆和锈蚀等污物。

（2）常用的气焊焊丝及选用

1）常用的气焊焊丝有碳素结构钢焊丝、合金结构钢焊丝、不锈钢焊丝、铜及铜合金焊丝、铝及铝合金焊丝和铸铁气焊焊丝等。

2）在气焊过程中，气焊焊丝的正确选用十分重要，应根据工件的化学成分、力学性能选用相应成分或性能的焊丝，有时也可用被焊板材上切下的条料作为焊丝。

① 碳素结构钢焊丝。一般低碳钢焊件采用的焊丝有H08A，重要的低碳钢焊件用H08Mn和H08MnA，中强度焊件用H15A，强度较高的焊件用H15Mn。焊接强度等级为300～350MPa的普通碳素钢时，一般采用H08A、H08Mn和H08MnA等焊丝。

② 焊接优质碳素钢和低合金结构钢。一般采用碳素结构钢焊丝或合金结构钢焊丝，如H08Mn、H08MnA、H10Mn2及H10Mn2MoA等。

③ 铸铁用焊丝。铸铁焊丝分为灰铸铁焊丝和合金铸铁焊丝，其型号、化学成分可参见相关国家标准。

2. 气焊熔剂（焊粉）

1）为了防止金属的氧化以及消除已经形成的氧化物和其他杂质，在焊接有色金属材料时，必须采用气焊熔剂。气焊熔剂是气焊时的助熔剂。气焊熔剂熔化反应后，能与熔池内的金属氧化物或非金属夹杂物相互作用生成熔渣，覆盖在熔池表面，使熔池与空气隔离，因而能有效防止熔池金属的继续氧化，改善焊缝的质量。

对气焊熔剂的要求是：

1）气焊熔剂应具有很强的反应能力，能迅速溶解某些氧化物或与某些高熔点化合物作用后生成新的低熔点和易挥发的化合物。

2）气焊熔剂熔化后黏度要小，流动性要好，产生的熔渣熔点要低，密度要小，熔化后容易浮于熔池表面。

3）气焊熔剂能减少熔化金属的表面张力，使熔化的填充金属与焊件更容易熔合。

4）气焊熔剂不应对焊件有腐蚀等副作用，生成的熔渣要容易清除。气焊熔剂可以在焊前直接撒在焊件坡口上或者蘸在气焊焊丝上加入熔池。焊接有色金属（如铜及铜合金、铝及铝合金）、铸铁、耐热钢及不锈钢等材料时，通常必须采用气焊熔剂。

常用气焊熔剂及选用如下：

1）常用的气焊熔剂有不锈钢及耐热钢气焊熔剂、铸铁气焊熔剂、铜气焊熔剂、铝气焊熔剂。

2）气焊时，熔剂的选择要根据焊件的成分及其性质而定，以及母材金属在气焊过程中所产生的氧化物的种类来选用。所选用的熔剂应能中和或溶解这些氧化物。

气焊熔剂按所起的作用不同可分为化学作用气焊熔剂和物理溶解气焊熔剂两大类。常用气焊熔剂的种类、用途和性能见表 7-1。

表 7-1 常用气焊熔剂的种类、用途和性能

牌号	名　称	适用材料	熔点及基本性能
CJ101	不锈钢及耐热钢气焊熔剂	不锈钢及耐热钢	熔点为 900℃，有良好的湿润作用，能防止熔化金属被氧化，焊后熔渣易清除
CJ201	铸铁气焊熔剂	铸铁	熔点约为 650℃，呈碱性反应，富有潮解性，能有效地去除铸铁在气焊时产生的硅酸盐和氧化物，有加速金属熔化的功能
CJ301	铜气焊熔剂	铜及铜合金	熔点约为 650℃，呈酸性反应，能有效地溶解氧化铜和氧化亚铜
CJ401	铝气焊熔剂	铝及铝合金	熔点为 650℃，呈碱性反应，能有效地破坏氧化膜，因具有潮解性，在空气中能引起铝的腐蚀，焊后必须把熔渣清理干净

7.3 气焊与气割设备

气焊设备主要有氧气瓶、乙炔瓶或液化石油气瓶、减压器、焊炬等，其结构如图 7-5 所示。

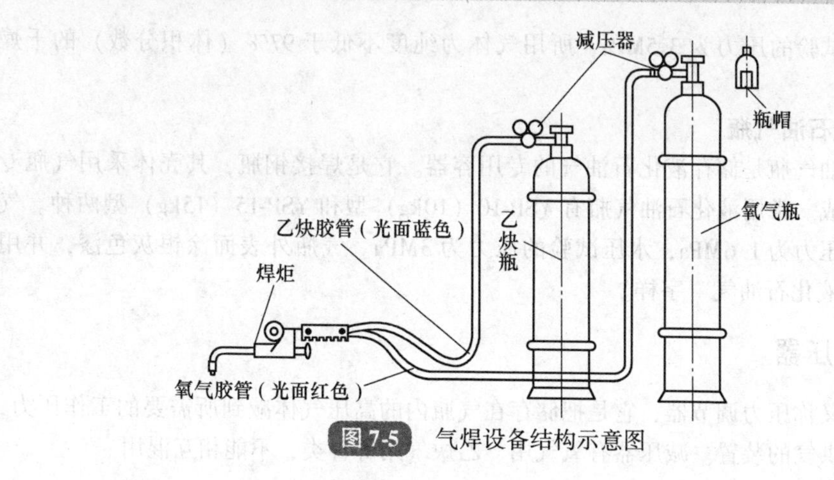

图7-5 气焊设备结构示意图

7.3.1 气瓶

1. 氧气瓶

1）氧气瓶是储存和运输氧气用的一种高压容器。它是由瓶体、瓶帽、瓶阀和瓶箍等组成，瓶阀的一侧装有安全膜，当压力超过规定值时安全膜片即自行爆破，从而保护了气瓶的安全。氧气瓶底部挤压成凹面形状的目的是为使氧气瓶能平稳竖立地放置。瓶帽的作用是为使搬运时防止氧气瓶阀意外的碰撞。

2）氧气瓶的外表涂天蓝色，瓶体上用黑漆标注“氧气”字样，如图7-6a所示。常用的气瓶容积为40L，气瓶内氧气压力为15MPa。

3）氧气瓶的试验压力一般应为工作压力的1.5倍，即15MPa×1.5＝22.5MPa。

2. 乙炔瓶

1）乙炔瓶是一种储存和运输乙炔用的压力容器。它主要由瓶体、瓶阀、瓶帽及多孔而轻质的固态填料（如活性炭、木屑、浮石及硅藻土等合成物）等组成。目前已广泛应用硅酸钙，由它吸收丙酮，丙酮用来溶解乙炔。常用的溶解乙炔瓶的容积为40L，可溶解6～7kg乙炔。瓶口装有乙炔瓶阀，但阀体旁侧没有侧接头，因此必须使用带有夹环的乙炔减压器。

2）乙炔瓶外表涂白色，并用红漆标注“乙炔”字样，如图7-6b所示。溶解乙炔瓶的最高工作压力为1.55MPa，设计压力为3MPa，一般试验的压力为设计压力的2倍，即试验压力应为6MPa。使用中的乙炔瓶，不再进行水压试验，只做气压

a)

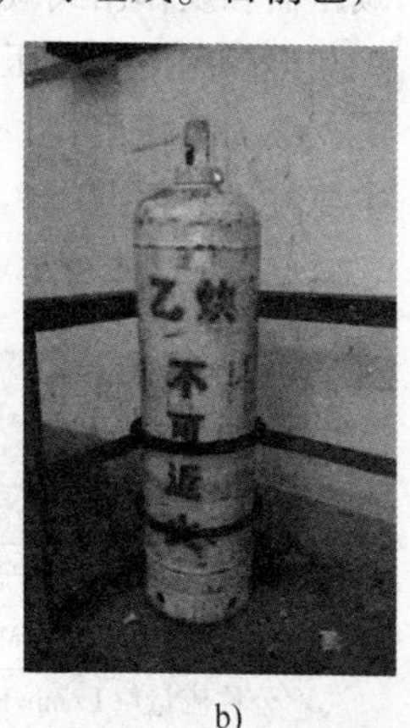

b)

图7-6 气瓶示意图

a）氧气瓶 b）乙炔瓶

试验。气压试验的压力为3.5MPa，所用气体为纯度不低于97%（体积分数）的干燥氮气。

3. 液化石油气瓶

液化石油气瓶是储存液化石油气的专用容器。它是焊接钢瓶，其壳体采用气瓶专用钢焊接而成。常用液化石油气瓶有YSP-10（10kg）型和YSP-15（15kg）型两种。气瓶最大工作压力为1.6MPa，水压试验的压力为3MPa。气瓶外表面涂银灰色漆，并用红漆写有“液化石油气”字样。

7.3.2 减压器

减压器又称压力调节器，它是把储存在气瓶内的高压气体减到所需要的工作压力，并保持稳定供气的装置。减压器有氧气用、乙炔气用等种类，不能相互混用。

1. 减压器的作用

（1）减压作用　减压器可将气瓶内的高压气体减压到工作时所需的压力。如氧气瓶内的氧气压力最高达15MPa，乙炔瓶内的乙炔压力最高达1.5MPa，而气焊气割工作中所需的气体压力一般都是比较低的，氧气的工作压力一般要求为0.1～0.4MPa，乙炔的工作压力则更低，最高也不会超过0.15MPa，因此在气焊气割工作中必须使用减压器，把气瓶内气体压力降低后才能输送到焊炬或割炬内使用。

（2）稳压作用　气瓶内气体的压力是随着气体的消耗而逐渐下降的，这就是说在气焊与气割工作中气瓶内的气体压力是时刻变化的。但是在气焊与气割工作过程中，要求气体的工作压力必须自始至终保持稳定状态，因此要求减压器能自动调节以保证气体压力的稳定。

2. 减压器的分类

减压器按气体种类不同可分为氧气减压器、乙炔减压器和液化石油气减压器。按构造不同可分为单级式减压器和双级式减压器两类。按工作原理不同可分为正作用式减压器和反作用式减压器两类。按用途不同可分为集中式减压器和岗位式减压器两类。

目前国产的减压器主要是单级反作用式减压器和双级混合式（第一级为正作用式，第二级为反作用式）减压器两类。常用的是单级反作用式氧气减压器。常用减压器的主要技术数据见表7-2。

表7-2　常用减压器的主要技术数据

型　号	QD-1	QD-2A	QD-50	QD-20	QWS-25/0.6
名　称	单级氧气减压器	单级氧气减压器	双级氧气减压器	单级乙炔减压器	单级丙烷减压器
进气最高压力/MPa	15	15	15	1.6	2.5
工作压力调节范围/MPa	0.1～2.5	0.1～1	0.5～2.5	0.01～0.15	0.01～0.06
公称流量/(L/min)	1333	667	667	150	100
出气口孔径/mm	6	5	9	4	5
安全阀泄气压力/MPa	2.9～3.9	1.15～1.6		0.18～0.24	0.07～0.12
进口连接螺纹	G5/8	G5/8	G1	夹环连接	G5/8

3. 常用减压器

(1) 氧气减压器　氧气减压器主要用于高压氧气瓶减压和稳定输送氧气。其进气口最大压力为15MPa，工作压力调节范围为0.1～2.5MPa。其构造及工作原理如图7-7所示。

减压器主要由本体、罩壳、调压螺钉、调压弹簧、弹性薄膜装置、低压活门与活门座、安全阀、进气口接头、出气口接头及高压表、低压表等部分组成。减压器进气接头处螺纹尺寸代号为G5/8，接头的内孔直径为5.5mm，出气接头的内孔直径为6mm，其最大流量为80m³/h。减压器本体上装有0～25MPa的高压氧气表和0～4MPa的低压氧气表，分别指示高压气室的压力和低压气室的压力（即工作压力）。

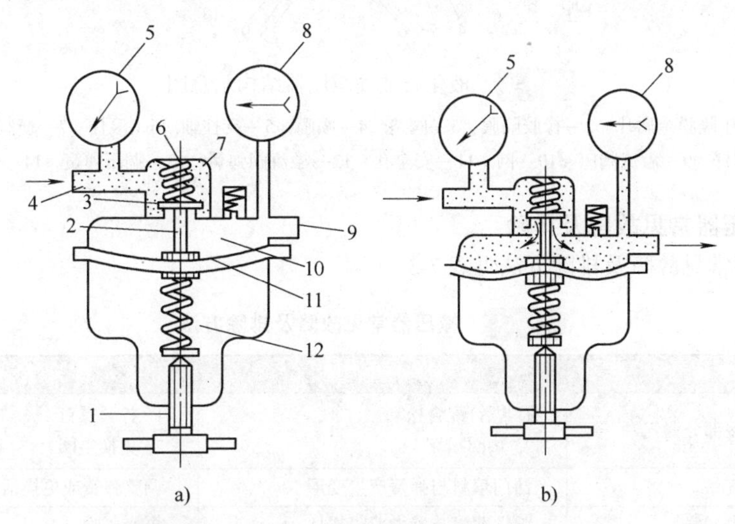

图7-7　单级反作用式减压器的构造及工作原理

a) 非工作状态　b) 工作状态

1—调压螺钉　2—活门顶杆　3—低压活门　4—进气口　5—高压表　6—副弹簧　7—高压气室　8—低压表　9—出气口　10—低压气室　11—弹簧薄膜　12—弹压弹簧

(2) 乙炔减压器　乙炔减压器主要用于高压乙炔瓶减压和稳压输送乙炔气。减压器主要由本体、罩壳、调压螺钉、调压弹簧、弹性薄膜装置、低压活门与活门座、安全阀、进气口接头、出气口接头及高压表、低压表及回火器等部分组成，如图7-8所示。与氧气减压器不同的是，乙炔减压器与乙炔瓶的连接是用特殊的夹环，并借紧固螺钉加以固定的，而且在出口处还装有回火器，以防止回火时燃烧火焰倒袭。

图7-8　乙炔减压器的外形

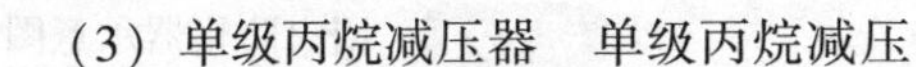

(3) 单级丙烷减压器　单级丙烷减压

器主要用于液化石油气（丙烷）瓶的减压和稳压输送液化石油气。液化石油气减压器的作用是将气瓶内的压力降至工作压力并稳定输出压力，保证供气量均匀。液化石油气减压器外壳一般涂成灰色，其结构如图 7-9 所示。

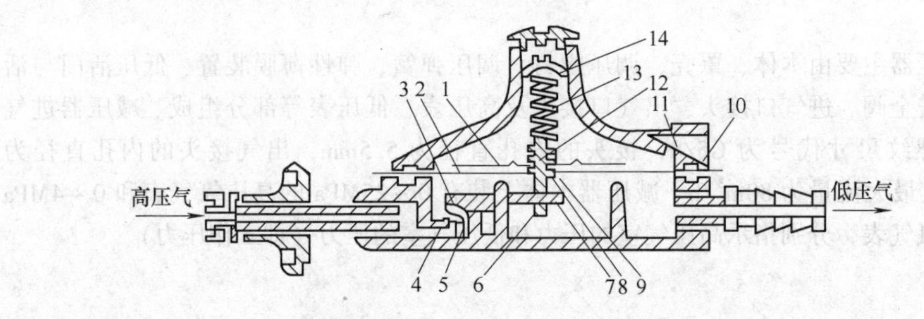

图 7-9 液化石油气减压器结构示意图

1—压隔膜金属片 2—橡胶隔膜 3—阀垫 4—喷嘴 5—支柱轴 6—滚柱 7—横阀杆 8—纵阀杆 9—溢流阀座 10—网 11—安全孔 12—溢流阀弹簧 13—调压弹簧 14—调整帽

4. 减压器常见故障及排除

减压器常见故障及排除方法见表 7-3。

表 7-3 减压器常见故障及排除方法

故障特征	可能产生原因	排除方法
减压器连接部分漏气	1. 螺钉配合松动 2. 垫圈损坏	1. 拧紧螺钉 2. 更换垫圈
安全阀漏气	活门填料与弹簧产生变形	调整弹簧或更换活门填料
减压器罩壳漏气	弹性薄膜装置中薄膜损坏	更换薄膜
调节螺钉已旋松，但压力表有缓慢上升的自流现象	1. 减压器活门或活门座上有污物 2. 减压器活门或活门座有损坏 3. 副弹簧损坏	1. 去除污物 2. 更换减压器活门 3. 更换副弹簧
减压器使用时压力下降过大	减压器活门密封不良或有堵塞	去除污物或更换密封填料
工作过程中，发现供气不足或压力表指针有较大摆动	1. 减压活门产生冻结 2. 氧气瓶阀开启不足	1. 用热水或蒸汽加热解冻 2. 加大瓶阀开启程度
高、低压力表指针不回到零值	压力表损坏	修理或更换

7.3.3 回火防止器

回火防止器是在气焊、气割过程中一旦发生回火时，能自动切断气源，有效地堵截回火气流方向回烧，防止乙炔发生器（溶解乙炔气瓶）爆炸的安全装置，如图 7-10 所示。

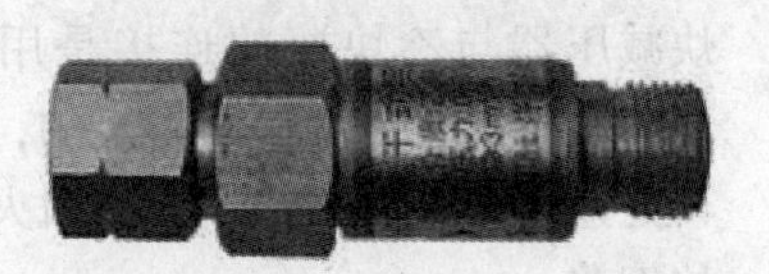

图 7-10 回火防止器示意图

1. 回火

在气焊、气割工作中有时会发生气体火焰进入喷嘴内逆向燃烧的现象，称为回火。回火可能烧毁焊（割）炬、管路及引起可燃气体储气罐的爆炸。

（1）回火种类 回火有逆火和回烧两种。一种是火焰向喷嘴孔逆行，并瞬时自行熄灭，同时伴有爆鸣声的现象称为逆火（也称爆鸣回火）。另一种是火焰向喷嘴孔逆行，并继续向混合室和气体管路燃烧的现象称为回烧（也称倒袭回火）。

（2）回火原因 发生回火的根本原因是由于混合气体从焊（割）炬的喷射孔内喷出的速度小于混合气体燃烧速度的缘故。具体原因如下：

1）在切割时铁渣崩到割嘴上，堵住了混合氧或者切割氧气通道。

2）输送气管太长、太细或曲折，导致气体在软管内流动受阻力增大，降低气体流速，从而引起回火。

3）氧气或者乙炔开得太大，火焰收得太狠。

4）气焊（切割）时间过长或焊（割）嘴离工件太近，致使焊（割）嘴温度升高，焊（割）炬内的气体压力增大，同时增大了混合气体的流动阻力，降低了气体的流速从而引起回火。

5）切割时割嘴距离板材太近，切割氧开得太大。

6）焊（割）嘴端面粘附了过多飞溅出来的熔化金属微粒阻塞了喷射孔，使混合气体不能畅通地流出而引起回火。

7）输送气体的软管内壁或焊（割）炬内部的气体通道上粘附了固体碳质微粒或其他物质，增加了气体的流动阻力，降低了气体的流速而引起回火。

8）气体管道内存在着氧-乙炔混合气体引起回火等。

9）割嘴不严实、漏气及维护不好，应该经常进行修理或更换。

（3）发生回火的处理方法

1）氧气表、乙炔表装上回火阀装置。

2）迅速关闭乙炔调节阀和氧气调节阀门，先切断乙炔，后切断氧气来源。

2. 回火防止器的作用

回火防止器也叫回火保险器，是装在燃气管路上防止火焰向气瓶回烧的安全保险装置。其作用是在气焊、气割过程中发生回火时，能有效地截住回火火焰，阻止火焰逆向燃烧到气瓶引起爆炸事故的发生。

常用的中压干式回火防止器的构造如图7-11所示。中压干式回火防止器能够有效地阻止回火，其具有体积小，质量小，不需要加水，不受气候条件限制的特点，但要求乙炔气体清洁和干燥。重点要求每月对回火防止器内的烟灰和污迹进行检查清理，保证气流畅通、工作可靠。同时，要求每一套焊炬或割炬，都必须安装独立、合格的干式回火防止器，禁止多套同时使用。

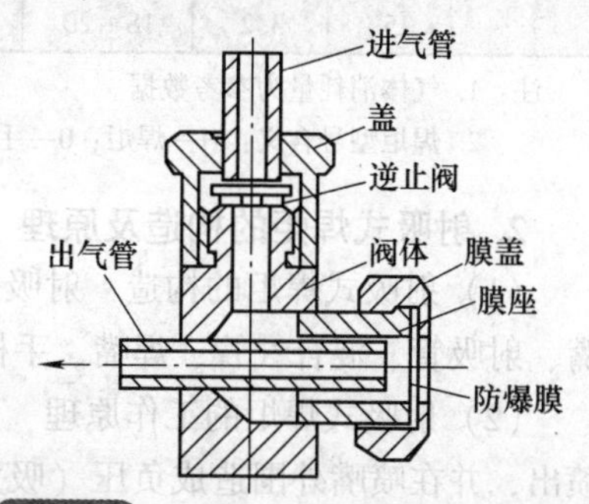

图7-11 中压干式回火防止器的构造

7.3.4 焊炬

1. 焊炬的作用及分类

焊炬是指气焊时用于控制气体混合比、流量及火焰并进行焊接的工具（又称焊枪），是气焊的主要工具。其作用是将可燃气体和氧气按一定比例均匀地混合，并以一定的速度从焊嘴喷出燃烧而生成具有一定能量、成分和形状的稳定的焊接火焰。

焊炬按可燃气体与氧气的混合方式不同可分为射吸式焊炬（也称低压焊炬）和等压式焊炬两类。目前国内使用的焊炬均为射吸式。在这种焊炬中，乙炔的流动主要靠氧气的射吸作用，所以不论使用低压乙炔或中压乙炔和溶解乙炔瓶装的乙炔，都能使焊炬正常工作。国产射吸式焊炬的主要技术数据见表7-4。

表7-4 国产射吸式焊炬的主要技术数据

焊炬型号	焊嘴号码	焊嘴孔径/mm	焊接范围/mm	氧气压力/MPa	乙炔压力/MPa	氧气消耗量/(m^3/h)	乙炔消耗量/(m^3/h)
H01-6	1	0.9	1~2	0.2	0.001~0.1	0.15	0.17
	2	1.0	2~3	0.25		0.20	0.24
	3	1.1	3~4	0.3		0.24	0.28
	4	1.2	4~5	0.35		0.28	0.33
	5	1.3	5~6	0.4		0.37	0.43
H01-12	1	1.4	6~7	0.4		0.37	0.43
	2	1.6	7~8	0.45		0.49	0.58
	3	1.8	8~9	0.5		0.65	0.78
	4	2.0	9~10	0.6		0.86	1.05
	5	2.2	10~12	0.7		1.10	1.21
H01-20	1	2.4	10~12	0.6		1.25	1.5
	2	2.6	12~14	0.65		1.45	1.7
	3	2.8	14~16	0.7		1.65	2.0
	4	3.0	16~18	0.75		1.95	2.3
	5	3.2	18~20	0.8		2.25	2.6

注：1. 气体消耗量为参考数据。
2. 焊炬型号含义：H—焊炬；0—手工；1—射吸式；6、12、20—能焊接低碳钢的最大厚度（mm）。

2. 射吸式焊炬的构造及原理

（1）射吸式焊炬的构造　射吸式焊炬主要由主体、乙炔调节阀、氧气调节阀、喷嘴、射吸管、混合气管、焊嘴、手柄、乙炔管、氧气管等部分组成，如图7-12所示。

（2）射吸式焊炬的工作原理　焊炬工作时，打开氧气调节阀，氧气即从喷嘴快速喷出，并在喷嘴外围造成负压（吸力）；再打开乙炔调节阀，乙炔气即聚集在喷嘴的外围。由于氧射流负压的作用，聚集在喷嘴外围的乙炔气很快被氧气吸出，并按一定的

比例与氧气混合，经过射吸管、混合气管从焊嘴喷出。点火后，经调节形成稳定的焊接火焰。

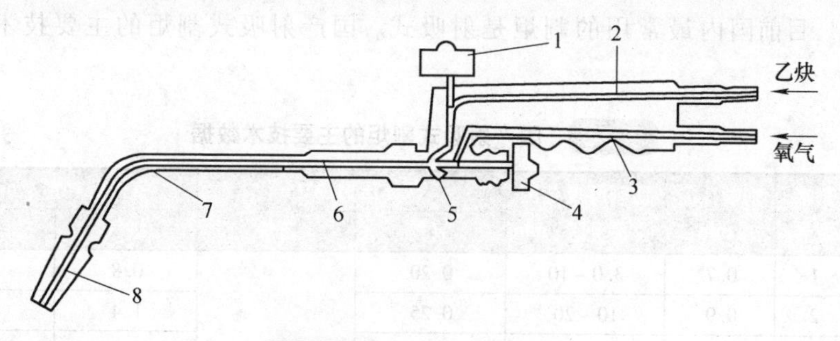

图 7-12　射吸式焊炬的构造

1—乙炔调节阀　2—乙炔管　3—氧气管　4—氧气调节阀　5—喷嘴　6—射吸管　7—混合气管　8—焊嘴

射吸式焊炬的特点是利用喷嘴的射吸作用，使高压氧气与压力较低的乙炔均匀地按一定比例（体积比约为 1 : 1）混合，并以相当高的流速喷出，所以不论是低压或中压乙炔都能保证焊炬的正常工作。射吸式焊炬应符合 JB/T 6969—1993《射吸式焊炬》的要求。由于射吸式焊炬的通用性强，因此应用较广泛。

（3）焊炬型号的表示方法　焊炬型号由汉语拼音字母 H、表示结构形式和操作方式的序号及规格组成。

例如，H01-6 表示手工操作的可焊接最大厚度为 6mm 的射吸式焊炬。

国产射吸式焊炬的型号有 H01-6（1 ~ 6mm）、H01-12（6 ~ 12mm）、H01-20（10 ~ 20mm）三种，各配有 5 只不同孔径的焊嘴以适应焊接不同厚度的需要。

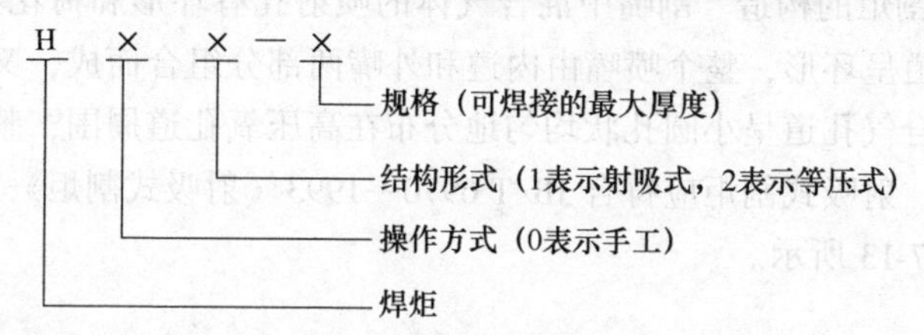

7.3.5　割炬

气割设备主要是割炬，其余与气焊相同。手工气割时使用的是手工割炬，机械化设备使用的是气割机。

1. 割炬的作用及分类

割炬是气割工艺中的主要工具，俗称割刀。割炬的作用是将可燃气体（乙炔）与助燃气体（氧气）以一定的比例和方式混合后，并以一定的速度喷出燃烧，形成具有一定热能和形状的预热火焰，并在预热火焰的中心喷射切割氧进行气割。

为了保证气割质量，要求割炬具有保持可燃气体与助燃气体混合比例和调节火焰大小的良好性能，并能使混合气体喷出速度等于燃烧速度，以便火焰稳定燃烧。同时要求割炬的重量要轻、气密性好，具有耐腐蚀和耐高温，且使用安全可靠的性能。

割炬按可燃气体与氧气的混合方式不同，可分为射吸式（低压）割炬和等压式割炬两大类。目前国内最常用的割炬是射吸式。国产射吸式割炬的主要技术数据见表7-5。

表7-5 国产射吸式割炬的主要技术数据

割炬型号	割嘴型号	割嘴孔径/mm	切割厚度范围（低碳钢）/mm	气体压力/MPa		气体消耗量/（m^3/h）	
				氧气	乙炔	氧气	乙炔
G01-30	1	0.7	3.0～10	0.20	0.001～0.1	0.8	0.21
	2	0.9	10～20	0.25		1.4	0.24
	5	1.1	20～30	0.3		2.2	0.31
G01-100	1	1.0	20～40	0.3		2.2～2.7	0.35～0.4
	2	1.3	40～60	0.4		3.5～4.2	0.4～0.5
	3	1.6	60～100	0.5		5.5～7.3	0.5～0.61
G01-300	1	1.8	100～150	0.5		9.0～10.8	0.68～0.78
	2	2.2	150～200	0.65		11～14	0.8～1.1
	3	2.6	200～250	0.8		14.5～18	1.15～1.2
	4	3.0	250～300	1.0		19～26	1.25～1.6

注：1. 气体消耗量为参考数据。

2. 割炬型号含义：G—割炬；0—手工；1—射吸式；30、100、300—能切割低碳钢的最大厚度（mm）。

2. 射吸式割炬的构造及原理

（1）射吸式割炬的构造　割嘴中混合气体的喷射孔有环形和梅花叉形两种。环形割嘴的混合气孔道呈环形，整个喷嘴由内遵和外嘴两部分组合而成，又称组合式割嘴。梅花形割嘴的混合气孔道呈小圆孔状均匀地分布在高压氧孔道周围，整个割嘴为一体，又称整体式割嘴。射吸式割炬应符合 JB/T 6970—1993《射吸式割炬》的要求。射吸式割炬的构造如图7-13所示。

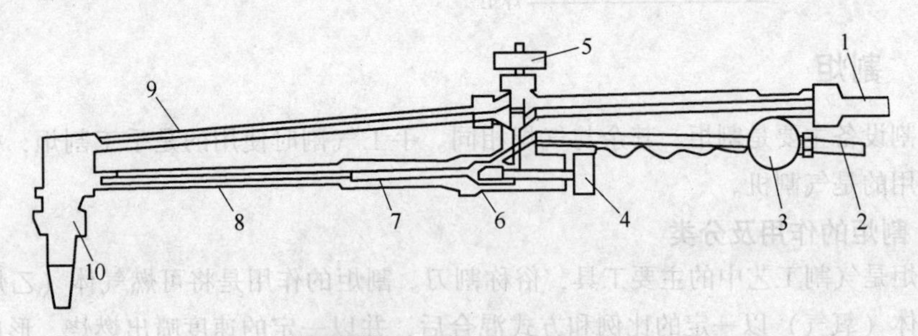

图7-13 射吸式割炬的构造

1—氧气进口 2—乙炔进口 3—乙炔调节阀 4—氧气调节阀 5—高压氧气阀 6—喷嘴 7—射吸管 8—混合气管 9—高压氧气管 10—割嘴

（2）射吸式割炬的工作原理　气割时，先逆时针方向稍微开启预热氧调节阀，再打开乙炔调节阀并立即进行点火，然后增大预热氧流量，使氧气与乙炔在喷嘴内混合后，经过混合气体通道从割嘴喷出产生环形预热火焰，对割件进行预热。待割件预热至燃点时，即逆时针方向开启切割氧调节阀，此时高速切割氧气流经切割氧气管，由割嘴的中心喷出，将割缝的金属氧化并吹除，随着割炬的不断移动即在割件上形成割缝。

3. 割炬的型号表示法

割炬的型号由汉语拼音字母G、表示结构形式和操作方法的序号及规格组成。如：

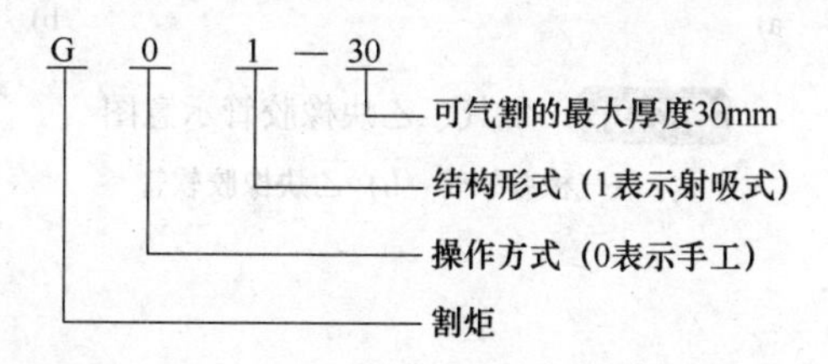

射吸式割炬的型号有G01-30、G01-100、G01-300三种。

4. 液化石油气割炬

由于液化石油气割炬与乙炔的燃烧特性不同，因此，不能直接使用乙炔用的射吸式割炬，需要进行改造，应配用液化石油气专用割嘴。如G07-100割炬就是液化石油气专用割炬。

5. 射吸式焊（割）炬的安全可靠性检查

检查时，先接上氧气皮管，乙炔皮管暂不接。然后打开乙炔调节阀和氧气调节阀，当氧气从焊炬流出时，用手指按在乙炔进气管接头上，若手指上感到有足够的吸力，则表明割炬射吸力是正常的；相反，如果没有吸力，甚至氧气从乙炔管接头中倒流出来，则表明割炬射吸能力不正常，必须进行修理，否则严禁使用。

漏气检查：关闭各气体调节阀，检查焊嘴及各气体调节阀处是否漏气。

7.3.6 橡胶软管

气焊、气割用的橡胶软管，必须符合GB/T 2550—2016《气体焊接设备　焊接、切割和类似作业用橡胶软管》。目前，国产的橡胶软管是用优质橡胶夹麻织物或棉织纤维制成的。橡胶软管的作用是将氧气瓶和乙炔发生器或乙炔瓶中的气体输送到焊炬或割炬中。根据GB/T 2550—2016《气体焊接设备　焊接、切割和类似作业用橡胶软管》的规定：氧气胶管的颜色为光面蓝色，乙炔胶管为光面红色，如图7-14所示。通常氧气胶管的内径为8mm，乙炔胶管的内径为10mm，氧气管与乙炔管强度不同，氧气胶管允许工作压力为2.0MPa，爆破压力为6.0MPa；乙炔胶管为1.0MPa，爆破压力3.0MPa。连接于焊炬或割炬的胶管长度不能短于5m，但太长了会增加气体流动的阻力，一般以10～15m为宜。焊炬用橡胶管禁止油污及漏气，并严禁互换使用。

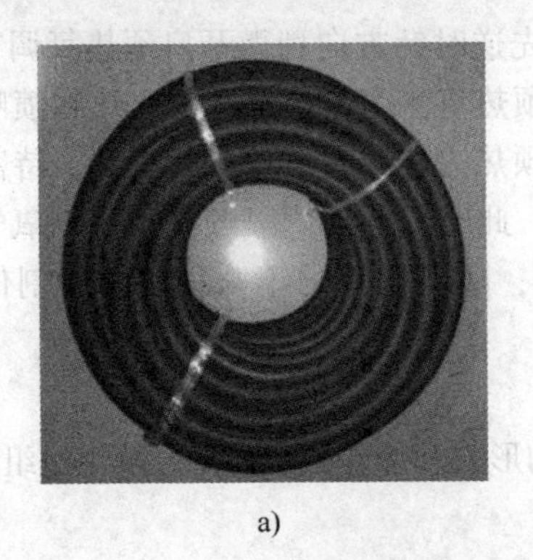

a)

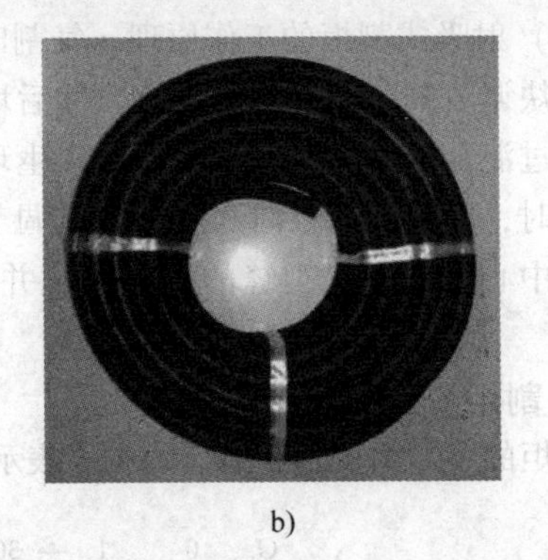

b)

图 7-14　氧气、乙炔橡胶管示意图

a）氧气橡胶软管　b）乙炔橡胶软管

7.3.7　辅助工具

1. 护目镜

气焊时使用护目镜，主要是保护焊工的眼睛不受火焰亮光的刺激，以便在焊接过程中能够仔细地观察熔池金属，又可防止飞溅金属微粒溅入眼睛内。护目镜的镜片颜色和深浅，根据焊工的需要和被焊材料性质进行选用。颜色太深或太浅都会妨碍对熔池的观察，影响工作效率，一般宜用 3～7 号的黄绿色镜片。护目镜如图 7-15 所示。

2. 点火枪

使用手枪式点火枪点火最为安全方便。当用火柴点火时，必须把划着了的火柴从焊嘴的后面送到焊嘴或割嘴上，以免手被烧伤。点火枪如图 7-16 所示。

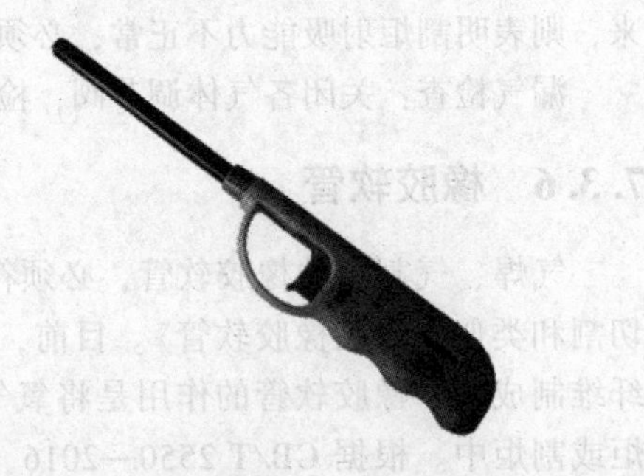

图 7-15　护目镜

图 7-16　点火枪

3. 其他工具

清理焊、割缝的工具有钢丝刷、锤子、锉刀等。连接和启闭气体通路的工具有钢丝钳、铁丝、皮管夹头、扳手等。清理焊嘴和割嘴用的通针，每个气焊（割）工都应备有粗细不等的钢质通针一组，以便清除堵塞焊嘴或割嘴的脏物。

7.4　气焊工艺及操作技术

7.4.1　气焊参数的选择

气焊参数包括焊丝的型号、牌号及直径、气焊熔剂、火焰的性质及火焰能率、焊炬倾角、焊接方向、焊接速度和接头形式等，它们是保证焊接质量的主要技术参数。

1. 接头形式

气焊的接头形式有对接接头、卷边接头、角接接头等。对接接头是气焊采用的主要接头形式，角接接头、卷边接头一般只在薄板焊接时使用，搭接接头、T形接头很少采用，因为这种接头会使焊件产生较大的变形。采用对接接头，当板厚大于5mm时应开坡口。

2. 焊丝型号、牌号及直径

气焊时，焊丝的型号、牌号选择应根据焊件材料的力学性能或化学成分，选择相应性能或成分的焊丝。焊丝直径的选用主要根据焊件的厚度、焊接接头的坡口形式以及焊缝的空间位置等因素来选择。焊件的厚度越厚，所选择的焊丝越粗。焊件厚度与焊丝直径的关系见表7-6。

表7-6　焊件厚度与焊丝直径的关系

焊件厚度/mm	1.0~2.0	2.0~3.0	3.0~5.0	5.0~10.0	10.0~15.0
焊丝直径/mm	1.0~2.0	2.0~3.0	3.0~4.0	3.0~5.0	4.0~6.0

在火焰能率确定的情况下，焊丝的粗细决定了焊丝的熔化速度。如果焊丝过细，则焊接时焊件尚未熔化，而焊丝已很快熔化下滴，容易造成未熔合、焊波高低不平、焊缝宽窄不一等缺陷；如果焊丝过粗，则熔化焊丝所需要的加热时间增长，同时增大了对焊件加热的范围，造成热影响区组织过热，使焊接接头质量降低，同时导致焊缝产生未焊透等缺陷。焊接开坡口的第一层焊缝应选用较细的焊丝，以利于焊透，以后各层可采用较粗的焊丝。

3. 气焊熔剂

气焊熔剂的选择要根据焊件的成分及其性质而定。一般是根据母材金属在焊接过程中所产生的氧化物的种类来选用的。一般碳素结构钢气焊时不需要气焊熔剂。而不锈钢、耐热钢、铸铁、铜及铜合金、铝及铝合金气焊时，则必须采用气焊熔剂，才能保证焊接质量。气焊熔剂的牌号为：不锈钢及耐热钢气焊熔剂的牌号为CJ101、铸铁气焊熔剂的牌号为CJ201、铜气焊熔剂的牌号为CJ301、铝及铝合金气焊容积的牌号为CJ401。

4. 火焰的性质及火焰能率

（1）火焰的性质　气焊火焰的性质对焊接质量影响很大，应根据焊件材料的种类及其性能合理选择。常见金属材料气焊火焰的选用见表7-7。

表7-7　常见金属材料气焊火焰的选用

焊件材料	应用火焰	焊件材料	应用火焰
低碳钢	中性焰或轻微碳化焰	铬镍不锈钢	中性焰或轻微碳化焰
中碳钢	中性焰或轻微碳化焰	纯铜	中性焰
低合金钢	中性焰	锡青铜	轻微氧化焰
高碳钢	轻微碳化焰	黄铜	氧化焰
灰铸铁	碳化焰或轻微碳化焰	铝及其合金	中性焰或轻微碳化焰
高速钢	碳化焰	铅、锡	中性焰或轻微碳化焰
锰钢	轻微氧化焰	蒙乃尔合金	碳化焰
镀锌铁皮	轻微碳化焰	镍	碳化焰或轻微碳化焰
铬不锈钢	中性焰或轻微碳化焰	硬质合金	碳化焰

（2）火焰能率　气焊火焰能率主要是根据每小时可燃气体（乙炔）的消耗量（L/h）来确定的。其物理意义是：单位时间内可燃气体所提供的能量（热能）。气体消耗量又取决于焊嘴的大小。焊嘴号码越大，火焰能率越大。

1）选用原则。火焰能率的选用，主要从以下三个方面来考虑：

① 焊接不同的焊件时，要选用不同的火焰能率。如焊接较厚的焊件、熔点较高的金属、导热性较好的材料（如铜、铝及其合金）时，就要选用较大的火焰能率，才能保证焊件焊透；反之，焊接薄板时，为防止焊件被烧穿或焊缝组织过热，火焰能率应适当减小。

② 不同的焊接位置，要选用不同的火焰能率。如平焊时就要比其他焊接位置选用稍大的火焰能率。

③ 从生产率考虑，在保证质量的前提下，应尽量选用较大的火焰能率。

2）调节方法。火焰能率的大小主要取决于氧-乙炔混合气体的流量。

① 流量的粗调靠更换焊炬型号及焊嘴号码，所以气体消耗量取决于焊嘴的大小。一般以焊炬型号及焊嘴号码大小来表示气焊火焰能率的大小。焊炬型号及焊嘴大小决定了对焊件加热的能量大小和加热的范围大小。

② 流量的细调则靠调节气体调节阀，所以焊嘴号码的选择，要根据母材的厚度、熔点和导热性能等因素来决定。

3）乙炔消耗量的计算方法。

① 焊接低碳钢和低合金钢，乙炔的消耗量可按下列经验公式计算：

$$V=(100\sim200)\delta$$

式中　V——火焰能率（L/h）；

δ——钢板厚度（mm）。

焊接黄铜、青铜、铸铁及铝合金，也可采用上述公式选用火焰能率。

② 焊接纯铜时，由于纯铜的导热性和熔点高，乙炔的消耗量可按下列经验公式计算：

$$V=(150\sim200)\delta$$

计算出乙炔的消耗量后，即可选择适当的焊炬型号和焊嘴号码（如 H01-6 焊炬的 1～5 号焊嘴，乙炔的消耗量分别为 170 L/h、240 L/h、280 L/h、330 L/h、430L/h）。

5. 焊炬倾角

焊炬倾角是指焊炬中心线与焊件平面之间的夹角。焊炬倾角的大小主要根据焊嘴的大小、焊件厚度、母材的熔点和导热性及焊缝空间位置等因素综合决定。焊炬倾角大，热量散失少，焊件得到的热量多，升温快；反之，热量散失多，焊件得到的热量少，升温慢。因此，在焊接厚度大、熔点较高或导热性较好的焊件时，应采用较大的焊炬倾角；反之，焊炬倾角可选择得小一些。焊接低碳钢时，焊炬倾角与焊件厚度的关系如图 7-17 所示。

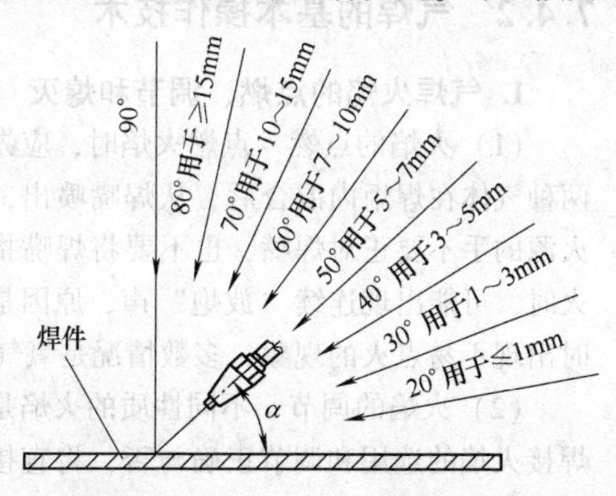

图 7-17 焊炬倾角与焊件厚度的关系

在气焊过程中，焊丝与焊件表面的倾角一般为 35°～45°，与焊炬中心线的角度为 95°～105°，如图 7-18 所示。随着焊缝的不断焊接，焊丝与焊炬、焊件的角度也随之进行变化，如图 7-19 所示。

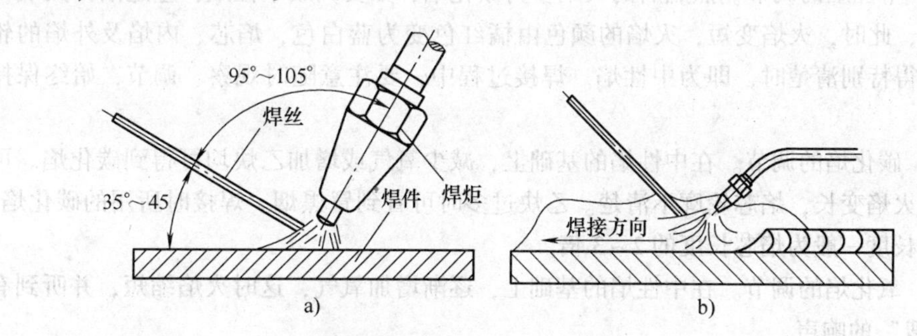

图 7-18 焊炬与焊丝的角度及位置

a）焊前预热 b）焊接过程中

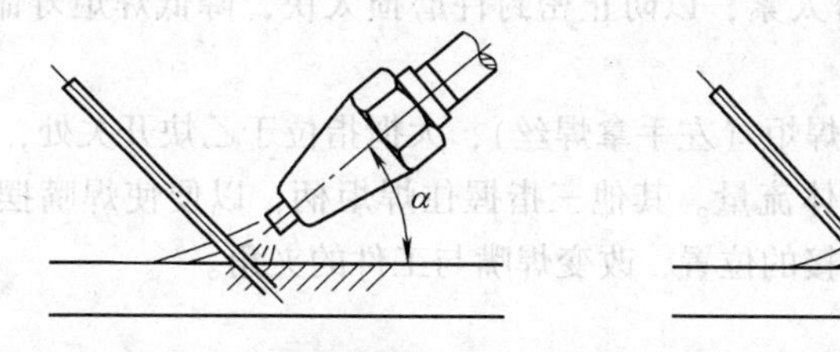

图 7-19 焊丝与焊炬、焊件角度的变化

6. 焊接速度

焊接速度对生产率和产品质量都有影响。对于厚度大、熔点高的焊件，焊接速度

要慢些，以免产生未熔合的缺陷；而对于厚度小、熔点低的焊件，焊接速度要快些，以免烧穿和使焊件过热，降低焊缝质量。焊接速度的快慢应根据焊工操作的熟练程度和焊缝位置等具体情况而定。在保证焊接质量的前提下，应尽量加快焊接速度，以提高生产率。

7.4.2 气焊的基本操作技术

1. 气焊火焰的点燃、调节和熄灭

（1）火焰的点燃　点燃火焰时，应先稍许开启氧气调节阀，然后再开乙炔调节阀，两种气体在焊炬内混合后，从焊嘴喷出，此时将焊嘴靠近火源即可点燃。点火时，拿火源的手不要正对焊嘴，也不要将焊嘴指向他人或可燃物，以防发生事故。刚开始点火时，可能出现连续“放炮”声，原因是乙炔不纯，需放出不纯的乙炔重新点火。有时出现不易点火的现象，多数情况是氧气开得过大所致，这时应将氧气调节阀关小。

（2）火焰的调节　不同性质的火焰是通过改变氧气与乙炔气的混合比值而获取的，焊接火焰的选用和调节正确与否，将直接影响焊接质量的好坏。火焰的调节，刚点燃的火焰一般为碳化焰。这时应根据所焊材料的种类和厚度，分别调节氧气调节阀和乙炔调节阀，直至获得所需要的火焰性质和火焰能率。

1）中性焰的调节。点燃后的火焰多为碳化焰，如要调成中性焰，应逐渐开大氧气调节阀，此时，火焰变短，火焰的颜色由橘红色变为蓝白色，焰芯、内焰及外焰的轮廓都变得特别清楚时，即为中性焰。焊接过程中，要注意随时观察、调节，始终保持中性焰。

2）碳化焰的调节。在中性焰的基础上，减少氧气或增加乙炔均可得到碳化焰。可以看到火焰变长，焰芯轮廓不清楚。乙炔过多时可看到冒黑烟。焊接时所用的碳化焰，其内焰长度一般为焰芯长度的2～3倍。

3）氧化焰的调节。在中性焰的基础上，逐渐增加氧气，这时火焰缩短，并听到有“嗖、嗖”的响声。

（3）火焰的熄灭　火焰熄灭的方法是：先顺时针方向旋转乙炔阀门，直至关闭乙炔，再顺时针方向旋转氧气阀门关闭氧气，这样可避免黑烟和火焰倒袭。关闭阀门时，不漏气即可，不要关得太紧，以防止密封件磨损太快，降低焊炬寿命。

2. 持焊炬的方法

焊接时，一般习惯右手拿焊炬（左手拿焊丝），大拇指位于乙炔开关处，食指位于氧气开关处，便于随时调节气体流量。其他三指握住焊炬柄，以便使焊嘴摆动，调节输入到熔池中的热量和变更焊接的位置，改变焊嘴与工件的夹角。

3. 起焊点的熔化

在起焊点处，由于刚开始加热，工件温度低，焊炬倾角应大些，这样有利于对工件进行预热。同时，在起点处应使火焰往复移动，保证焊接处加热均匀。如果两焊件厚度不同，火焰稍微偏向厚板，使焊缝两侧温度保持平衡，熔化一致，免除熔池离开焊缝的正中间，偏向温度高的一边。当起点处形成白亮而清晰的熔池时，即可加入焊丝并向前移动焊炬进行焊接。在施焊时应正确掌握火焰的喷射方向，使得焊缝两侧的温度始终保持一致，以免熔池不在焊缝正中而偏向温度较高的一侧，凝固后使焊缝成形歪斜。焊接火焰内层焰芯的尖端要距离熔池表面3~5mm，自始至终保持熔池的大小、形状不变。

起焊点的选择，一般在平焊对接接头的焊缝时，从对缝一端30mm处施焊，目的是使焊缝处于板内，传热面积大，当母材金属熔化时，周围温度已升高，从而在冷凝时不易出现裂纹。管子焊接时起焊点应在两定位焊点中间。

4. 熔池的形状及填充焊丝

为获得整齐美观的焊缝，在整个焊接过程中，应使熔池的形状和大小保持一致。焊接过程中，焊工在观察熔池形成的同时要将焊丝末端置于外层火焰下进行预热。当焊接处出现清晰的熔池后，将焊丝熔滴送入熔池，并立即将焊丝抬起，让火焰向前移动，形成新的熔池，然后再继续向熔池送入焊丝熔滴，如此循环，即可形成焊缝。

如果焊炬功率大，火焰能率大，焊件温度高，焊丝熔化速度快时，焊丝应经常保持在焰芯前端，使熔化的焊丝熔滴连续进入熔池。若焊炬功率小，火焰能率小，熔化速度慢，焊丝送进的速度应相应减小。有色金属焊接过程中使用熔剂时，焊工还应用焊丝不断地搅拌熔池，以便将熔池的氧化物和非金属夹杂物排出。

当焊接薄板或焊缝间隙大时，应将火焰焰芯直接指在焊丝上，使焊丝承受部分热量；同时焊炬上下跳动，以防止熔池前面或焊缝边缘过早地熔化。

5. 焊炬和焊丝的摆动

在焊接过程中，为了获得优质而美观的焊缝，焊炬与焊丝应做均匀协调的摆动。通过摆动，既能使焊缝金属熔透、熔匀，又避免了焊缝金属的过热和过烧。在焊接某些有色金属时，还要不断地用焊丝搅动熔池，以促使熔池中各种氧化物及有害气体的排出。

焊炬（嘴）摆动有四种基本动作：

1）沿焊缝的纵向移动，以不断地熔化焊件和焊丝形成焊缝。

2）焊丝在垂直焊缝的方向送进，并做上下移动，调节熔池的热量和焊丝的填充量。同样，在焊接时，焊嘴在沿焊缝纵向移动、横向摆动的同时，还要做上下跳动，以调节熔池的温度；焊丝除做前进运动、上下移动外，当使用熔剂时也应做横向摆动，以搅拌熔池。在正常气焊时，焊丝与焊件表面的倾斜角度一般为30°~40°，焊丝与焊嘴中心线夹角为90°~100°。焊嘴和焊丝的协调运动，使焊缝金属熔透、均匀，又能够避免焊缝出现烧穿或过热等缺陷，从而获得优质、美观的焊缝。

3）焊嘴沿焊缝做横向摆动，充分加热焊件，使液体金属搅拌均匀，得到致密性好的焊缝。在一般情况下，板厚增加、横向摆动幅度应增大。

4）焊炬画圆圈前移。在焊接过程中，焊丝随焊炬也做前进运动，但主要是做上下跳动。在使用熔剂时还要做横向摆动，搅拌熔池。即焊丝末端在高温区和低温区之间做往复跳动，但必须均匀协调，否则会造成焊缝高低不平、宽窄不一等现象。

焊炬与焊丝的摆动方法和摆动幅度与焊件的厚度、性质、空间位置及焊缝尺寸有关。平焊时，焊炬与焊丝常见的几种摆动方法如图 7-20 所示。其中 7-20a、b、c 适用于各种材料的较厚大工件的焊接及堆焊，图 7-20d 适用于各种薄件的焊接。

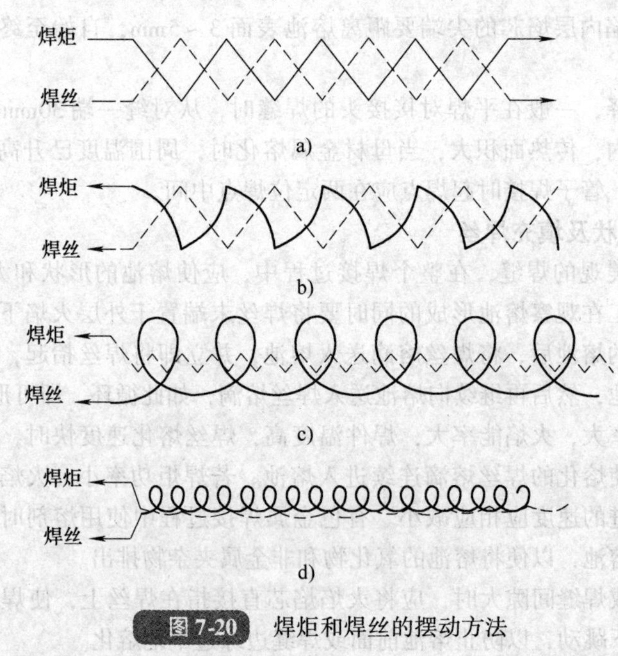

图 7-20　焊炬和焊丝的摆动方法

6. 左焊法和右焊法

气焊操作时，按照焊炬移动方向和焊炬与焊丝前后位置的不同，可分为左焊法和右焊法两种，如图 7-21 所示。

（1）左焊法　焊接过程中，焊丝与焊嘴由焊缝的右端向左端移动，焊接火焰指向未焊部分，焊丝位于火焰的前方，称为左焊法。采用左焊法时，焊炬火焰背着焊缝而指向未焊部分，并且焊炬火焰是跟着焊丝走的，焊工能够很清楚地看到熔池的上部凝固边缘，并可以获得高度和宽度较均匀的焊缝。

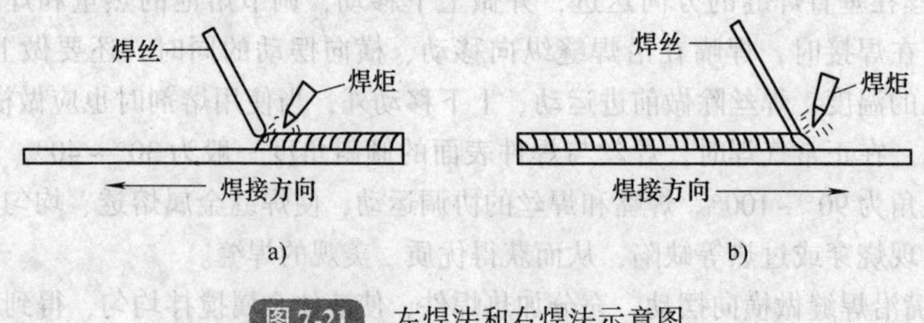

图 7-21　左焊法和右焊法示意图

a）左焊法　b）右焊法

由于焊接火焰指向未焊部分，故对金属起着预热的作用，因此焊接薄板时生产效率较高。这种焊接方法操作方便，容易掌握，应用也最普遍，但焊缝易氧化，冷却较快，热量利用率低。左焊法适用于焊接 3mm 以下的薄板和熔点低的金属。

(2) 右焊法　焊接过程中，焊丝与焊嘴由焊缝的左端向右端施焊，焊接火焰指向已焊部分，填充焊丝位于火焰的后方，称为右焊法。采用右焊法时，焊接火焰指向焊缝，始终笼罩着焊缝金属，使周围空气与熔池隔离及熔池缓慢冷却，有利于防止焊缝金属的氧化，减少气孔、夹渣的可能性，同时有效地改善了焊缝的组织。由于焰芯距熔池较近以及火焰受坡口和焊缝的阻挡，使火焰的热量较为集中，火焰能率的利用率也较高，熔深大，生产率高。但该方法对焊件没有预热作用，不易掌握，一般较少采用。右焊法适合于焊接厚度较大、熔点较高的焊件。

7. 接头与收尾

(1) 接头　焊接过程中途停顿再续焊时，应用火焰把原熔池和接近熔池的焊缝重新熔化，形成新的熔池后，即可加入焊丝。要特别注意新加入的焊丝熔滴与被熔化的原焊缝金属之间必须充分熔合。焊接重要焊件时，接头处必须与原焊缝重叠8~10mm，以保证接头的强度和致密性。

(2) 收尾　当一条焊缝焊至焊缝的终点，结束焊接的过程称为收尾。收尾时焊件温度较高，散热条件差，应减小焊炬与工件之间的夹角。加快焊接速度，并多加入一些焊丝，以防止熔池面积扩大，形成烧穿。收尾时，为了避免空气中的氧气和氮气侵入熔池，可用温度较低的外焰保护熔池，直至将熔池填满，火焰才可缓慢地离开熔池。气焊收尾时的要领是：倾角小、焊速增、加丝快、熔池满。

7.5　气割工艺及操作技术

7.5.1　气割参数的选择

气割参数主要包括切割氧压力、预热火焰性质及火焰能率、切割速度、割嘴型号、割嘴与割件的倾斜角、割嘴离割件表面的距离等。气割参数选择正确与否，直接影响切口表面的质量，而气割参数的选择又主要取决于割件厚度。

1. 切割氧压力

1) 切割氧压力与工件厚度、割矩型号、割嘴型号以及氧气纯度有关。在割件厚度、割炬型号、割嘴型以及氧气纯度都已确定的条件下，切割氧压力的大小对气割有极大的影响。当在一定的切割厚度下，若压力不足，会使切割过程的氧化反应减慢，切口下缘容易形成粘渣，甚至割不穿工件；切割氧压力过高时，则不仅造成氧气浪费，同时还会使切口变宽，切割面表面粗糙度值增大。

2) 切割氧压力随割件厚度的增加而增高，选择的割嘴型号也要相应地增大。但随氧气纯度的提高而有所降低，切割氧压力的大小要选择适当。

3) 氧气纯度对气割速度、气体消耗量和切口质量有很大影响。氧气纯度越低，金属氧化缓慢，使气割时间增加，而且气割单位长度割件的氧气消耗量也增加。如在氧气纯度为97.5%~99.5%（体积分数）的范围内，每降低1%时，气割1m长的割缝气割时间增加10%~15%，而氧气消耗量增加25%~35%。

4）切割氧压力的大小，对于普通割嘴应根据割件的厚度来确定，具体选择可见表7-8。对于快速割嘴，则取决于马赫数，具体选择可见表7-9。

表7-8　割嘴的选型

割件厚度/mm	割炬型号	割嘴型号	切割氧压力/MPa
≤4	G01～30	1～2	0.3～0.4
4.5～10		2～3	0.4～0.5
11～25	G01～100	1～2	0.5～0.7
26～50		2～3	0.5～0.7
52～100		3	0.6～0.8

表7-9　割嘴马赫数

割嘴马赫数 *Me*	1.9	2.0	2.1	2.2	2.3	2.4	2.5	2.6
切割氧压力/MPa	0.57	0.68	0.81	0.97	1.15	1.36	1.60	1.90

2. 预热火焰性质及火焰能率

1）预热作用是火焰提供足够的热量把被割工件加热到燃点。预热火焰对金属加热的温度，气割低碳钢时为1100～1150℃。目前采用的可燃气体有乙炔和液化石油气两种。

2）气割时，预热火焰均采用中性焰或轻微氧化焰，不能使用碳化焰。

3）预热火焰能率是以每小时可燃气体（乙炔）消耗量（L/h）表示的。火焰能率主要取决于割嘴孔径的大小，所以实际工作中，根据割件厚度选定了割嘴型也就确定了火焰能率。氧-乙炔切割碳钢时，割件厚度与火焰能率的关系见表7-10。

表7-10　割件厚度与火焰能率的关系

割件厚度/mm	3～12	13～25	26～40	42～60	62～100
火焰能率/（L/h）	320	340	450	840	900

4）火焰能率不宜过大或过小。若切口上缘熔化，有连续珠状钢粒产生、下缘粘渣增多等现象，说明火焰能率过大；若火焰能率过小，割件不能得到足够的热量，必将迫使切割速度减慢，甚至使切割过程发生困难。

5）预热时间与火焰能率、切割距离（割嘴与工件表面的距离）及可燃气体种类有关。当采用氧-丙烷火焰时，由于其温度较氧-乙炔火焰低，故其预热时间要稍长一些。

3. 切割速度

1）切割速度与割件厚度、切割氧纯度与压力、割嘴的气流孔道形状等有关。切割速度正确与否，主要根据割纹的后拖量大小来判断。后拖量是指切割面上的切割氧流轨迹的始点与终点在水平方向上的距离。

2）切割速度过慢会使切口上缘熔化，过快则产生较大的后拖量，甚至无法割透。为保证工件尺寸精度和切割面质量，切割速度要选择适中并保持一致。氧气纯度为99.8%（体积分数），机械直线切割时，切割速度与后拖量的关系见表7-11。

表 7-11 切割速度与后拖量的关系

割件厚度/mm	5	10	15	20	25	50
切割速度/（mm/min）	500～800	400～600	400～550	300～500	200～400	200～400
后拖量/mm	1～2.6	1.4～2.8	3～9	2～10	1～15	2～15

4. 割嘴型号

割嘴型号分为1号（切割钢材厚度1～8mm）、2号（切割钢材厚度4～20mm）、3号（切割钢材厚度12～40mm），根据被割工件厚度选择割嘴型号。

5. 割嘴与割件的倾斜角

1）割嘴倾角直接影响切割速度和后拖量，如图7-22所示。割嘴倾斜角的大小，主要根据割件厚度而定。如果倾斜角选择不当，不但不能提高气割速度，反而使气割发生困难，同时增加氧气的消耗量。

2）直线切割时割嘴倾角见表7-12。当进行曲线切割时，不论割件厚度多大，割炬必须垂直于割件表面，以使割口平齐。

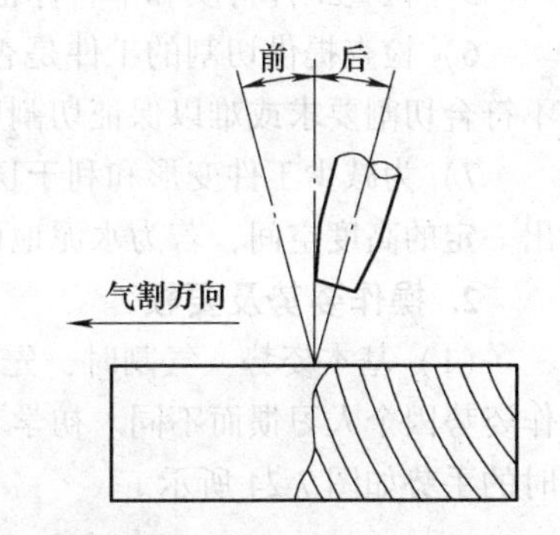

图 7-22 割嘴与割件的倾斜角

表 7-12 直线切割时割嘴倾角

割嘴类型	割件厚度/mm	割嘴倾角
普通割嘴	<6	后倾5°～10°
	6～30	垂直于工件表面
	>30	始割前倾5°～10°，割穿后垂直，割近终点后倾5°～10°
快速割嘴	10～16	后倾20°～25°
	17～22	后倾5°～15°
	23～30	后倾15°～25°

6. 割嘴离工件表面的距离

割嘴离工件表面的距离与预热焰长度、割件厚度及可燃气种类有关。对于氧-乙炔火焰，焰心末端距离工件一般以3～5mm为宜，薄件适当加大。对于氧-丙烷火焰，其距离稍近。

在气割过程中，切割距离应保持均匀。虽然割嘴与割件表面的距离越近，越能提高速度和质量；但是距离过近，预热火焰会将割缝上缘熔化，被剥离的氧化皮会蹦起来堵塞嘴孔造成回烧、逆火现象，甚至烧坏割嘴。

7.5.2 气割的基本操作技术

1. 气割前的准备

1）对设备、割炬、气瓶、减压装置等供气接头，均应仔细检查，确保为正常状态。

2）使用射吸式割炬，应检查其射吸能力；使用等压式割炬，应保持气路畅通。

3）使用半自动、仿形气割机时，工作前应进行空运转，检查机器运行是否正常，控制部分是否损坏失灵。

4）检查气体压力，使之符合切割要求。当瓶装氧气压力用至0.1～0.2MPa表压时，瓶装乙炔、丙烷用至0.1MPa表压时，应立即停用，并关阀保留其余气，以便充装时检查气样和防止其他气体进入瓶内。

5）检查工件材质和下料标记，熟悉其切割性能和切割技术要求。

6）检查提供切割的工件是否平整、干净，如果表面凹凸不平或有严重油污锈蚀，不符合切割要求或难以保证切割质量时，不得进行切割。

7）为减少工件变形和利于切割排渣，工件应垫平或放好支点位置。工件下面应留出一定的高度空间，若为水泥地面应铺铁板，防止水泥爆裂。

2. 操作姿势及要领

（1）基本姿势　气割时，先点燃割炬，调整好预热火焰，然后进行气割。气割操作姿势因个人习惯而不同。初学者可按基本的“抱切法”练习，如图7-23所示。气割时的手势如图7-24所示。

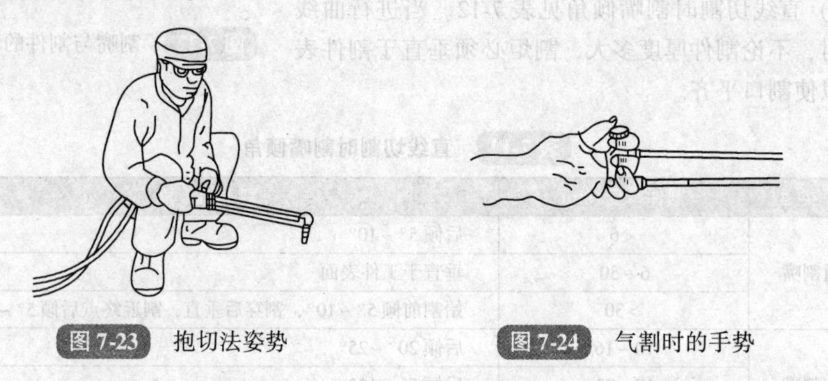

图7-23　抱切法姿势　　图7-24　气割时的手势

操作时，双脚里八字形蹲在工件一侧，右臂靠住右膝，左臂空在两脚之间，以便在切割时移动方便，右手把住割炬手把，并以大拇指和食指把住预热调节阀，以便于调整预热火焰和当回火时及时切断预热氧气。左手的拇指和食指把住开关切割氧调节阀，其余三指平稳托住射吸管掌握方向。上身不要弯得太低，呼吸要有节奏，眼睛应注视割件和割嘴，并着重注视割口前面的割线。一般从右向左切割。在整个气割过程中，割炬运行要均匀，割炬与工件间的距离保持不变。每割一段，移动身体时要暂时关闭切割氧调节阀。

（2）操作要领

1）划线割会更直，眼睛余光看割口稍远处。

2）听到噗噗声即为割透。

3）手臂尽量靠紧腿或其他牢固物。一定要学会控制呼吸，呼吸要均匀、要轻。尽量不要大声说话。

4）气割工身体移位时，应抬高割炬或关闭切割氧，正位后，对准接割处适当预

热，然后继续进行切割。

5）勤练习，做到手不抖动。

6）割把与被割工件的角度近乎为垂直角度（适当的反仰，工件厚度越厚，角度越小，工件厚度越薄角度可以稍大，最大不能超过 20°）。

7）割把沿着划线的角度根据工件厚度进行确定。

8）用普通割嘴直线切割厚板，割近终端时，割嘴可稍作后倾，以利于割件底部提前割透，保证收尾切口质量。板材手工直线切割的规范见表 7-13。

表 7-13　板材手工直线切割的规范

割件厚度/mm	割炬	割嘴型号	氧气压力/MPa	乙炔压力/MPa	切割速度/(mm/min)
3 ~ 12	G01-30	1 ~ 2	0. 4 ~ 0. 5	0. 01 ~ 0. 12	550 ~ 400
13 ~ 30		2 ~ 3	0. 5 ~ 0. 7		400 ~ 300
32 ~ 50	G01-100	1 ~ 2	0. 5 ~ 0. 7		300 ~ 250
52 ~ 100		2 ~ 3	0. 6 ~ 0. 8		250 ~ 200

3. 气割基本操作方法

（1）角钢的气割方法

1）气割角钢厚度在 5mm 以下时，一方面切口容易过热，氧化渣和熔化金属粘在切口下口，很难清理干净，另一方面直角面常常割不齐。为了防止以上缺陷，最好采用一次切割完成。气割前，将角钢两边着地架空放置，先气割一面时，将割嘴与角钢面垂直。气割到中间转向另一面时，将割嘴与角钢另一表面倾斜 35° ~ 40°，直至角钢被割断，如图 7-25 所示。此方法不仅使氧化渣容易清除，直角面容易割齐，而且效率较高。

2）气割角钢厚度在 5mm 以上时，如果采用两次气割，不仅容易产生直角面割不整齐的缺陷，而且还会产生顶角未割断的缺陷。所以最后采用一次气割。气割前，将角钢的一平面着地架空放置，并保证角钢下部留有足够的间隙，先气割水平面，割至中间直角位置时，割嘴移动速度稍慢，保证直角处割透，割嘴再由垂直转为水平再往上进行移动，直至把垂直面割断为止，如图 7-26 所示。

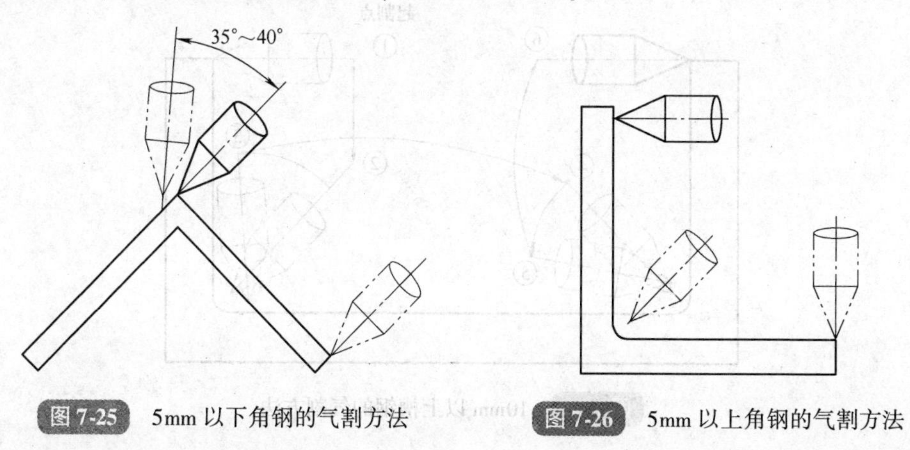

图 7-25　5mm 以下角钢的气割方法　　图 7-26　5mm 以上角钢的气割方法

（2）槽钢的气割

1）气割10mm以下槽钢时，槽钢断面常常割不整齐。故经常将开口朝下架空放置，并保证底部留有足够的间隙，采用一次气割完。

气割顺序为：先割垂直面时，割嘴可和垂直面成90°夹角；当要割至垂直面和水平面的直角处时，割嘴就需慢慢转为和水平面成40°～45°夹角，并保证直角处割透，然后再进行气割；当将要割至水平面和另一垂直面的直角处时，割嘴慢慢转为与另一垂直面成30°～35°夹角，直至槽钢被割断为止，如图7-27所示。

2）气割10mm以上槽钢时，先将槽钢开口朝天架空放置，并保证底部留有足够的间隙，采用一次气割完成。起割时，割嘴和先割的垂直面成45°左右，割至水平面时，割嘴慢慢转为垂直，然后再气割，同时割嘴慢慢转为往后倾斜25°～30°夹角，割至另一垂直面时，割嘴转为水平方向再往上移动，直至另一垂直面割断为止，如图7-28所示。

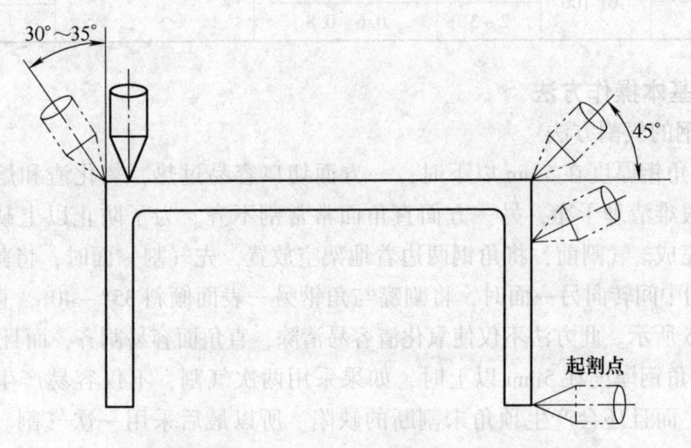

图7-27　10mm以下槽钢的气割方法

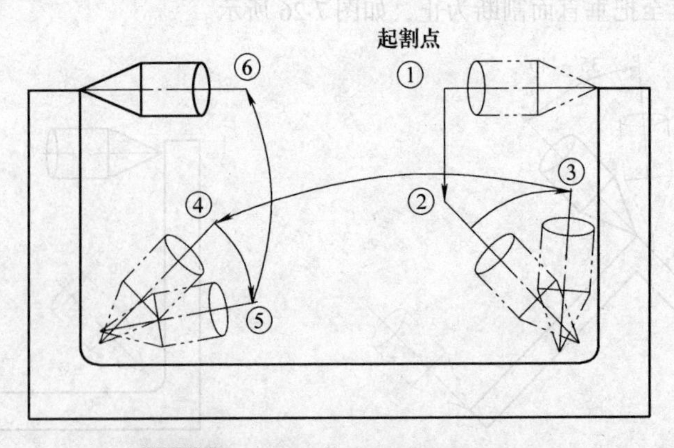

图7-28　10mm以上槽钢的气割方法

(3) 工字钢的气割　气割工字钢，一般都采用三次气割完成。先割两个垂直面，后割水平面。但三次气割断面不易割整齐，此时要求焊工在气割时力求保证割嘴垂直，如图7-29所示。

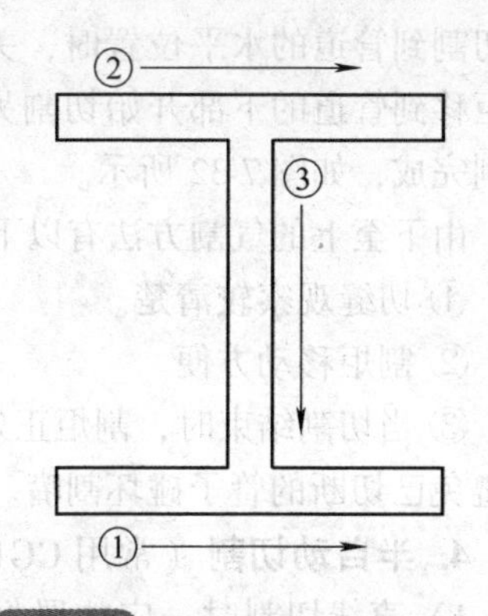

图7-29　工字钢的气割方法

①、②、③—工字钢气割顺序

(4) 圆钢的气割　侧面预热，预热火焰应垂直于圆钢表面，开始气割时，将割嘴慢慢转为与地面相垂直的方向，慢慢加大气割氧气流。圆钢直径较大，一次割不透，则可以采用分段气割，如图7-30所示。

(5) 钢管的气割　钢管的气割分为固定钢管和转动钢管的气割。不论哪一种管件的气割，预热时，火焰均应垂直于钢管的表面。待割透后，将割嘴逐渐倾斜，直到接近于管子的切线方向后，再继续切割。

1）转动钢管的气割。气割可转动管子时，可以分段进行切割。首先预热管侧部位，割嘴近似垂直于管道表面。割透后，割嘴往上倾斜一定的角度（20°~25°）继续向前切割。一般较小直径的管道可分2次或3次割完，较大直径的管道可分多次割完，但分段越少越好。切割过程中，割嘴随切口向前移动，割炬应不断改变位置，以保证割嘴倾斜角度基本不变，直至气割完成，如图7-31所示。

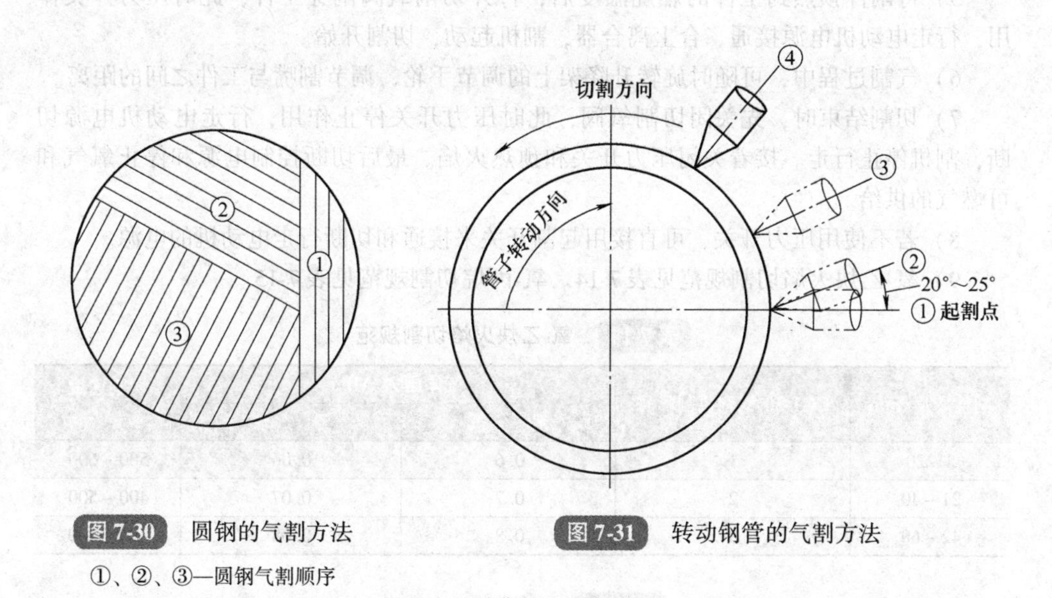

图7-30　圆钢的气割方法

①、②、③—圆钢气割顺序

图7-31　转动钢管的气割方法

2）水平固定钢管的气割。气割水平固定钢管时，首先从管道的下部（仰焊位置）开始预热，开始气割时，将割嘴慢慢转为与起割点的切线成70°~80°角。割透后，割嘴向上移动，割嘴随切口向前移动而不断变换位置，以保证割嘴倾斜角度基本不变。

当切割到管道的水平位置时，关闭切割氧，再将割炬移到管道的下部开始切割另一半，直至全部切割完成，如图 7-32 所示。

由下至上的气割方法有以下优点：

① 切缝观察较清楚。

② 割炬移动方便。

③ 当切割结束时，割炬正好在水平位置，可以避免已切断的管子碰坏割嘴。

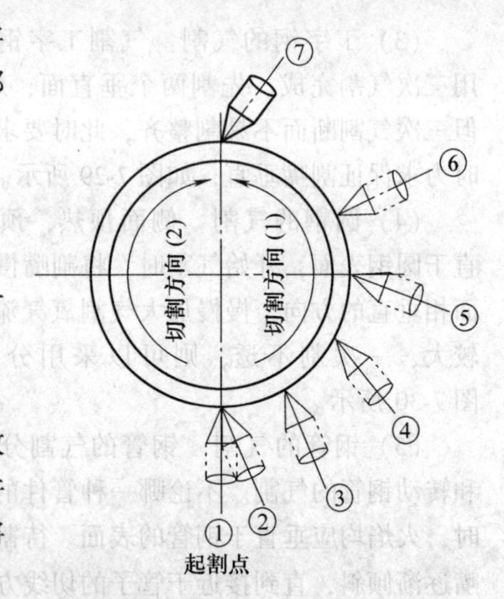

图 7-32 水平固定钢管的气割方法

4. 半自动切割（常用 CG1-30 型气割机）

1）直线切割时，应放置好导轨，气割机放在导轨上；若切割圆形工件，则装上半径杆，并松动蝶形螺母，使从动轮处于自由状态。同时将割矩调整到合适的切割位置。

2）接通控制电源、氧气和可燃气，根据割件厚度调好切割速度。

3）将倒顺开关扳至所需位置，打开乙炔和预热氧调节阀，点火并调整好预热火焰。

4）将起割开关扳到停止位置，打开压力开关阀，使切割氧与压力开关的气路相通。

5）待割件预热到工件的燃烧温度后，打开切割氧阀割穿工件，此时压力开关作用，行走电动机电源接通，合上离合器，割机起动，切割开始。

6）气割过程中，可随时旋转升降架上的调节手轮，调节割嘴与工件之间的距离。

7）切割结束时，先关闭切割氧阀，此时压力开关停止作用，行走电动机电源切断，割机停止行走。接着关闭压力开关和预热火焰。最后切断控制电源和停止氧气和可燃气的供给。

8）若不使用压力开关，可直接用起割开关来接通和切断行走电动机的电源。

9）氧-乙炔火焰切割规范见表 7-14。氧-丙烷切割规范见表 7-15。

表 7-14 氧-乙炔火焰切割规范

割件厚度/mm	CG1-30 气割机割嘴号	气体压力/MPa		切割速度/（mm/min）
		氧　气	乙　炔	
5～20	1	0.6	0.06	500～600
21～40	2	0.7	0.07	400～500
42～60	3	0.8	0.08	300～400

表 7-15 氧-丙烷切割规范

切割厚度/mm	割炬型号	割嘴号	孔径	氧气压力/MPa	丙烷压力/MPa
≤100	G07-100	1～3	1～1.3	0.7	0.03～0.05

7.6 气焊接头与气割的缺陷及控制措施

气焊接头的缺陷有外观缺陷和内部缺陷，外观缺陷检查主要以肉眼观察为主，是一种常用的、简单的、最容易的检验方法。外观质量不仅取决于焊接参数选择是否正确，而且还与焊工的操作技能水平有关。

7.6.1 气焊接头的缺陷与控制措施

常见的气焊缺陷有焊缝尺寸不符合要求、咬边、烧穿、焊瘤、夹渣、未焊透、气孔、裂纹和错边等。气焊的缺陷、产生原因与控制措施见表7-16。

表7-16 气焊的缺陷、产生原因与控制措施

气焊缺陷	产生原因	控制措施
焊缝尺寸不符合要求	工件坡口角度不当或装配间隙不均匀，火焰能率过大或过小，焊丝和焊炬的角度选择不合适和焊接速度不均匀	熟练地掌握气焊的基本操作技术，焊丝和焊炬的角度要配合好，焊接速度要力求均匀，选择适当的焊接火焰能率
咬边	火焰能率过大，焊嘴倾斜角度不当，焊嘴与焊丝摆动不当等	火焰能率选择要适当，焊嘴与焊丝摆动要适宜
烧穿	火焰能率过大，焊接速度过慢，焊件的装配间隙太大等	选择合适的火焰能率和焊接速度，焊件的装配间隙不应过大，且在整条焊缝上保持一致
焊瘤	火焰能率过大，焊接速度过慢，焊件的装配间隙太大，焊丝与焊炬角度不当等	在进行立焊和横焊时，火焰能率应比平焊时要小一些，焊件装配间隙不能过大
夹渣	工件边缘未清理干净，火焰能率太小，熔化金属和熔渣所得到的热量不足，流动性低，而且熔化金属凝固速度快，熔渣来不及浮出，焊丝和焊炬角度不当等	焊前认真清除焊件边缘铁锈和油污，选择合适的火焰能率，注意熔渣的流动方向，随时调整焊丝和焊炬角度，使熔渣能顺利浮出熔池
未焊透	接头的坡口角度过小，焊件的装配间隙过小或钝边过厚，火焰能率小或焊接速度过快	正确选用坡口形式和适当的焊接装配间隙，焊前认真清除坡口两侧污物，正确选择火焰能率，调整合适的焊接速度
气孔	焊接接头周围的空气，气焊火焰燃烧分解的气体，工件上铁锈、油污、油漆等杂质受热后产生的气体，以及使用受潮的气焊熔剂受热分解产生的气体，这些气体不断与熔池发生作用，通过化学反应或溶解等方式进入熔池，使熔池的液体金属吸收了较多的气体。在熔池结晶过程中，气体来不及排出，则留在焊缝中的气体就形成气孔	焊接前应认真清除焊缝两侧20~30mm范围内的铁锈、油污、油漆等杂质。气焊熔剂使用前应保持干燥，防止受潮。根据实际情况适当放慢焊接速度，使气体能从熔池中充分逸出。焊丝和焊炬的角度要适当，摆动要正确。提高焊工的操作技能水平
热裂纹	当熔池冷却结晶时，由于收缩受到母材的阻碍，使熔池受到了一个拉应力的作用。熔池金属中的碳、硫等元素和铁形成低熔点的化合物。这些低熔点化合物在熔池金属大部分凝固的状态下，它们还以液态存在，形成液态薄膜。在拉应力的作用下，液态薄膜被破坏，从而形成热裂纹	严格控制母材和焊接材料的化学成分，严格控制碳、硫、磷的含量。控制焊缝断面形状，焊缝宽深比要适当。对刚度大的构件，应选择合适的焊接参数及合理的焊接顺序和方向

（续）

气焊缺陷	产生原因	控制措施
冷裂纹	焊缝金属在高温时溶解氢量较多，低温时溶解氢量较少，残留在固态金属中形成氢分子，从而形成很大的内压力。焊接接头内存在较大的内应力。被焊工件的淬透性较大，则在冷却过程中会形成淬硬组织，从而形成冷裂纹	严格去除焊缝坡口附件和焊丝表面的油污、铁锈等污物，减少焊缝中氢的来源。选择合适的焊接参数，防止冷却速度过快形成淬硬组织。焊前预热和焊后缓冷，改善焊接接头的金相组织，降低热影响区的硬度和脆性，加速焊缝中的氢向外扩散，起到减少焊接应力的作用
错边	由于对接的两个焊件没有对正，从而使板或管的中心线存在平行偏差的缺陷	板或管进行定位焊时，一定要将板或管的中心线对正

7.6.2 气割的缺陷与控制措施

常见的气割缺陷有切口断面割纹粗糙、切口断面刻槽、下部出现深沟、气割厚度出现喇叭口、后拖量过大、厚板凹心大、切口不直、切口过宽、棱角熔化塌边、切割中断和割不透、切口被熔渣粘接、熔渣吹不掉、下缘挂渣不易脱落、割后变形、产生裂纹、碳化严重等。气割的缺陷、产生原因与控制措施见表7-17。

表7-17 气割的缺陷、产生原因与控制措施

气割缺陷	产生原因	控制措施
切口断面割纹粗糙	氧气纯度低，氧气压力太大，预热火焰能率小，割嘴与割件距离不稳定，切割速度不稳定或过快	气割时氧气纯度不应低于98.5%（体积分数），适当降低氧气压力，加大预热火焰能率，稳定割嘴距离，切割速度要适当
切口断面刻槽	回火或灭火后重新起割，割嘴或割件有震动	防止回火和灭火，割嘴离割件不能太近，割件表面应保持清洁，割件下部平台应能使熔渣顺利排出
下部出现深沟	切割速度太慢	加快切割速度，避免氧气流的扰动产生熔渣漩涡
气割厚度出现喇叭口	切割速度太慢，风线不好	提高切割速度，适当增大氧气流速
后拖量过大	切割速度太快，预热火焰能率不足，割嘴倾角不当	降低切割速度，增大火焰能率，调整割嘴后倾角
厚板凹心大	切割速度快或速度不均	降低切割速度，并保持速度均匀
切口不直	钢板放置不平，钢板变形，风线不正，割炬不稳定	检查气割平台，将钢板放平，切割前矫平钢板，调整割嘴的垂直度
切口过宽	割嘴号码太大，氧气压力过大，切割速度太慢	换小号割嘴，按工艺规程调整压力，加快切割速度

（续）

气割缺陷	产生原因	控制措施
棱角熔化塌边	割嘴与割件的距离太近，预热火焰能率大，切割速度过慢	抬高割嘴高度，调小火焰能率，或更换割嘴，提高切割速度
切割中断和割不透	材料有缺陷，预热火焰能率小，切割速度太快，切割氧压力小	检查材料缺陷，以相反方向重新气割，检查氧气、乙炔压力，检查管道和割炬通道有无堵塞、漏气，调整火焰能率，放慢切割速度，提高切割氧压力
切口被熔渣粘接	氧气压力小，风线太短。切割薄板时切割速度慢	增大氧气压力，检查割嘴风线，加大切割速度
熔渣吹不掉	氧气压力太小	增大氧气压力，检查减压阀通气情况
下缘挂渣不易脱落	预热火焰能率大，氧气压力低，氧气纯度低，切割速度慢	增大切割氧压力，更换纯度高的氧气，更换割嘴，调整火焰，提高切割速度
割后变形	预热火焰能率大，切割速度慢，气割顺序不合理，未采取工艺措施	调整火焰能率，提高切割速度，按工艺采用正确的切割顺序，采用工夹具，选择合理起割点等工艺措施
产生裂纹	割件含碳量高，割件厚度大	采用预热措施，预热温度250℃，或切割后退火处理
碳化严重	氧气纯度低，火焰种类不对，割嘴距割件近	更换纯度高的氧气，调整火焰种类，适当抬高割嘴高度

7.7 气焊与气割的安全技术

7.7.1 气焊与气割操作安全事故原因分析及控制措施

1. 气焊与气割操作过程中，发生爆炸事故的原因及防护措施

（1）气瓶温度过高、开气速度太快引起爆炸　气瓶内的压力随着温度的上升而上升，开气速度太快会产生静电火花而引起瓶内压力上升，当压力超过气瓶耐压极限时就会发生爆炸。因此，严禁暴晒气瓶，气瓶应放置在远离热源的地方，以避免气瓶温度升高引起爆炸。

（2）气瓶受到剧烈振动引起爆炸　搬运装卸气瓶时，严禁氧气和乙炔同车运输，并要防止碰撞和剧烈颠簸。

（3）可燃气体与空气或氧气混合比例不当或瓶阀漏气而引起爆炸　应按照规定严格控制气体的混合比例，工作中要经常检查瓶阀是否漏气，若漏气应更换气瓶，并送检修，工作场地要注意通风。

（4）可燃气体遇到明火发生燃烧爆炸　在气焊与气割过程中，要保证工作场地周围10m以内无可燃易爆物，氧气瓶和乙炔瓶的放置应距工作点10m以上，以避免气焊、气割飞溅物遇氧气或乙炔而引起爆炸。

（5）氧气与油脂类物质接触引起爆炸　严禁油脂类物质与氧气接触。

2. 气焊与气割操作过程中，发生火灾的原因及防护措施

使物质失去电子的化学反应属于氧化反应，强烈的氧化反应并有热和光发出的化学现象称为燃烧。燃烧必须同时具备三个条件，要有可燃物、助燃物、着火源。

火灾是气焊和气割中的主要危险。气焊和气割应用的乙炔、电石、液化石油气和氧气等，都是属于容易发生着火危险的物质，其设备如乙炔发生器、氧气瓶、乙炔瓶和液化石油气瓶等，是具有爆炸和着火危险的压力容器或可燃料容器，而且操作过程中的回火、四处飞溅的火星是危险的着火源，上述不安全因素的同时存在，容易构成火灾事故的条件。

1）气瓶瓶阀无瓶帽保护，受振动或使用方法不当等，造成密封不严、泄漏甚至瓶阀损坏、高压气流冲出。对气瓶瓶阀采用瓶帽进行保护，在瓶体上增加防振圈进行防振等措施对瓶体及瓶帽进行保护，防止泄漏引起火灾。

2）开气速度太快，气体迅速流经瓶阀时产生静电火花。开气时，采用慢速打开气阀，打开速度不宜过快，而造成气体迅速流经瓶阀时产生静电火花造成火灾事故发生。

3）氧气瓶瓶阀、阀门杆或减压阀等上粘有油脂，或氧气瓶内混入其他可燃气体。打开氧气瓶瓶阀、阀门杆或减压阀等，严禁使用粘有油脂的工具或手套，防止产生化学反应而造成火灾的发生。

4）可燃气瓶（乙炔、氢气、石油气瓶）发生漏气。气体使用前，对可燃气瓶（乙炔、氢气、石油气瓶）漏气情况进行全面检查，防止漏气引起火灾事故。

5）乙炔瓶处于卧放状态或大量使用乙炔时，丙酮随同流出。乙炔瓶使用时严禁处于卧放状态或同时大量使用乙炔，并防止丙酮随同流出而引起火灾事故。

6）气瓶未做定期技术检验。定期对气瓶进行技术检验，确保气瓶完好正常。

3. 烧、烫伤的原因及防护措施

气焊与气割操作时，由于飞溅的高温金属氧化物、红热的焊丝头和仰、横焊位置的高温金属熔滴，都有可能造成操作者的烧伤和烫伤。

气焊与气割操作时的防护措施：

1）操作者应严格执行“气焊、气割安全操作规程”。

2）操作者应穿戴好工作防护用品，保护好焊工以免烧伤、烫伤。

3）为了避免飞溅金属飞入裤内烫伤，上衣不能放在裤腰内。

4）裤脚要散开放置，不应扎在袜子或工作鞋内。

5）工作服口袋要盖好，手套应完好无损坏。

4. 有害气体中毒的原因及防护措施

1）在气焊、气割过程中，由于氧气与可燃气体比例调节不当，易产生一氧化碳或二氧化碳而中毒。

2）气焊各种金属材料时，会产生各种有害气体和烟尘，如铅、锌、铜、铝等的蒸气，某些熔剂也会产生氯盐和氟盐的燃烧产物，将引起焊工急性中毒。另外，乙炔和液化石油气中均含有一定量的硫化氢、磷化氢气体，也会引起中毒。

气焊与气割操作时的防护措施：

1）应加强工作场地的通风措施。

2）积极采用新技术、材料，减少有毒有害气体的释放。

3）提高焊接、气割的机械及自动化水平，减少工人的劳动强度。

4）在封闭的容器内进行焊、割作业时，应先打开容器的开口，使内部空气流通，并设专人进行监护。

5）操作者也应注意个人防护措施，并严格执行“气焊、气割安全操作规程”。

7.7.2 气瓶的安全技术

1. 氧气瓶使用的安全技术

1）氧气瓶应符合国家颁布的《气瓶安全监察规程》的规定，对氧气瓶应做定期检查、试压等，合格后才能继续使用。

2）在使用时，氧气瓶应直立放置，并设有支架固定，防止跌倒。

3）在存放、运输和使用过程中，氧气瓶应防止太阳暴晒及其他高温热源的加热，以免引起其膨胀而爆炸。

4）冬季应防止氧气瓶阀、减压器冻结，如果已经冻结，可用热水和水蒸气加热解冻，严禁使用火焰加热，更不能猛拧减压表的调节螺钉，以防氧气大量冲出，造成事故。

5）氧气瓶阀、减压器不允许沾染油脂，严禁用戴有油脂的手套搬运氧气瓶，检查氧气瓶瓶口是否泄漏时，可用肥皂水涂在瓶口上试验。

6）卸下瓶帽时，只能用手或扳手旋取，禁止用铁锤等铁器敲击。

7）氧气瓶上应装有防振橡胶圈，搬运氧气瓶时，避免碰撞和剧烈振动，装车后应妥善地加以固定，并将氧气瓶上的安全帽旋转。厂内运输应用专用小车，并固定牢。不允许把氧气瓶放在地上滚动，以免发生事故。

8）严禁使氧气瓶、乙炔瓶及其他可燃气体的瓶子放在一起；易燃品、油脂和带油污的物品，不得与氧气瓶同车运输。

9）开启氧气瓶阀时，不要面对出气口和减压器，以免受伤，且应慢慢地打开氧气阀门。

10）氧气瓶中的氧气不允许全部用完，至少应留0.1～0.3MPa的氧气，以便再次充氧时吹除瓶阀口的灰尘和鉴别原装气体的性质，防止误装混入其他气体。

2. 溶解乙炔瓶使用的安全技术

使用溶解乙炔瓶时除必须遵守氧气瓶的使用要求外，还应严格遵守下列各点：

1）溶解乙炔瓶在搬运、装卸、使用时都应直立放置，并牢固固定；禁止卧放并直接使用。因卧置时会使丙酮随乙炔流出，甚至会通过减压器而流入乙炔橡胶管和焊、割炬内，引起燃烧和爆炸。一旦要用卧放的溶解乙炔气瓶，必须将瓶直立静置20min后才能使用。

2）溶解乙炔瓶体表面的温度不应超过30～40℃，因为温度高，会降低丙酮对乙炔的溶解度，而使瓶内的乙炔压力急剧增高。

3）乙炔减压器与溶解乙炔瓶的瓶阀连接必须可靠，严禁在漏气的情况下使用。否则会形成乙炔与空气的混合气体，一触明火就会发生爆炸事故。

4）开启溶解乙炔气瓶时要缓慢，不要超过一转半，一般情况下只开3/4转。

5）溶解乙炔气瓶内的乙炔不能全部用完，应留有一定的压力，然后将瓶阀关紧，防止漏气。

6）溶解乙炔瓶不应遭受剧烈的振动和撞击，以免瓶内的多孔性填料下沉而形成空洞，影响乙炔的储存，引起溶解乙炔瓶的爆炸。

7）使用压力不得超过0.15MPa，输出流速不应超过1.5～2.5m^3/h，以免导致供气不足，甚至带走丙酮太多。

3. 液化石油气瓶使用的安全技术

1）液化石油气瓶在充装、使用、运输过程中，应严格按有关规定执行。

2）液化石油气瓶充装时，必须按规定留出汽化空间。

3）液化石油气对普通橡胶软管有腐蚀作用，应用耐油性强的橡胶软管。

4）冬季使用液化石油气瓶时，可用40℃以下的热水加温。严禁用火烤或沸水加热。

5）液化石油气比空气的密度大，易于向低处流动，所以在贮存和使用液化石油气的室内，下水道应设安全水封，电缆沟进出口应填装砂土，暖气沟进出口应抹灰，防止火灾。

6）液化石油气瓶内剩余的残液应送回充气站处理，不得自行倒出液化石油气的残液，以防火灾。

7）液化石油气在使用时，必须加装减压器，严禁用橡胶管直接同气瓶阀连接。

7.7.3 减压器使用的安全技术

1. 减压器的作用

减压器的作用是用来表示瓶内气体及减压后气体的压力，并将气体从高压降低到工作需要压力。同时，不论高压气体的压力如何变化，它能使工作压力基本保持稳定。

2. 减压器的安全使用技术

1）减压器上不得沾染油脂。如有油脂必须擦净后才能使用。

2）安装减压器之前，要略打开氧气瓶阀门，吹除污物，预防灰尘和水分带入减压器内。

3）装卸减压器时必须注意防止管接头螺纹损坏滑牙，以免旋装不牢固射出。

4）减压器出口与氧气胶管接头处必须用铁丝或管卡夹紧。

5）打开减压器时，动作必须缓慢，瓶阀嘴不应朝向人体方向。

6）在工作过程中必须注意观察工作压力表的压力数值，工作结束后应从气瓶上取下减压器，加以妥善保存。

7）减压器冻结时，要用热水和蒸汽解冻，严禁用火烘烤。在减压器加热后，应吹除其中的残留水分。

8）各种气体的减压器不能换用。

9）减压器必须定期检修，压力表必须定期校验。

7.7.4　焊、割炬使用的安全技术

1）使用焊炬（或割炬）时，必须检查其射吸能力是否良好。

2）点火时，先将乙炔气稍微打开，点火后再按工作需要调节氧气和乙炔量来调整火焰。

3）焊炬、割炬不得过分受热，若温度太高，可置于水中冷却。

4）焊炬、割炬各气体通路不允许沾染油脂，以防止燃烧爆炸。

5）正在燃烧的焊炬、割炬，严禁随意卧放在工件或地面上。

6）停止使用时，应先关闭乙炔调节阀，后关闭氧气调节阀。当发生回火时，应迅速关闭乙炔调节阀，再关闭氧气调节阀。

7）工作完毕后，应将橡胶软管拆下，焊炬或割炬放在适当的地方。

7.7.5　橡胶软管使用的安全技术

1）应按照 GB/T 2550—2016《气体焊接设备　焊接、切割和类似作业用橡胶软管》的规定保证制造质量。橡胶软管应具有足够的抗压强度和阻燃特性。

2）在保存、运输和使用橡胶软管时必须维护、保持橡胶软管的清洁和不受损坏。

3）新橡胶软管在使用前，必须先把橡胶软管内壁滑石粉吹除干净，防止焊（割）炬的通道堵塞。

4）氧气与乙炔橡胶软管不准互相代用和混用，不准用氧气吹除乙炔橡胶软管内的堵塞物。

5）气焊与气割工作前，应检查橡胶软管有无磨损、划伤、穿孔、裂纹、老化等现象，并及时修理和更换。

6）氧气、乙炔橡胶软管与回火防止器等导管连接时，管径应相互吻合，并用管卡或细铁丝夹紧。

7）严禁使用被回火烧损的橡胶软管。

8）乙炔橡胶软管在使用中脱落、破裂或着火时，应首先关闭焊炬或割炬的所有调节手轮，将火焰熄灭，然后停止供气。

7.8　气焊与气割的安全操作规程

气焊与气割的操作属于特种作业，即焊接和切割对操作者本人以及他人和周围设施的安全有重大危害。为了加强特种作业人员的安全技术培训，实现安全生产，国家颁布了《特种作业人员安全技术培训考核管理规定》，提出对从事焊接和切割作业的人员必须进行安全教育和安全技术培训，取得操作证后，才能上岗独立作业。

从以往的各种事故的原因看，多数事故是违章造成的。因此，认真遵守焊接与切割作业安全操作规程，对避免和减少事故，起着关键性的重要作用。

1）所有独立从事气焊、气割作业的人员必须经劳动安全部门或指定部门培训，经考试合格后持证上岗。

2）气焊、气割作业人员在作业中应严格按照各种设备及工具的安全使用规程操作设备和使用工具，并应备有开启各种气瓶的专用扳手。

3）所有气路、容器和接头的检漏应使用肥皂水，严禁用明火检漏。

4）操作者应按规定穿戴好个人防护用品，整理好工作场地，注意作业点距离氧气瓶、乙炔发生器和易燃易爆物品10m以上，高空作业下方不得有易燃易爆物品。

5）使用氧气瓶、乙炔瓶时应轻装轻卸，严禁抛、滑、滚、碰。夏天露天作业时，氧气瓶、乙炔瓶应避免直接受烈日暴晒。冬季如遇瓶阀或减压阀冻结时应用热水加热，不准用火烤。使用中氧气瓶、乙炔瓶必须单独存放，两者之间距离在5m以上；都必须竖立放置不可倾倒卧放，根据现场不同情况进行固定，确保氧气瓶、乙炔瓶不能歪倒。

6）施焊现场周围应清除易燃、易爆物品或进行覆盖、隔离。

7）对被焊物进行安全性确认，设备带压时不得进行焊接与切割。盛装过可燃气体和有毒物质的容器，未经清洗不得进行焊接与切割。对不明物质必须经专业人员检测，确认安全后再进行焊接与切割。焊割有易燃易爆物料的各种容器，应采取安全措施，并获得本企业和消防部门的动火证后才能进行作业。

8）高处作业时必须办理“高处作业证”，高空切割时，地面应有专人看管，或采取其他安全措施。对切割下来的物件应放在指定地点，以防掉落伤人。

9）乙炔瓶必须装设专用减压阀、回火防止器，开启时，操作者应站在瓶口的侧后方，动作要轻缓。乙炔气的使用压力不得超过1.5MPa/cm^2。检查乙炔设备，气管是否漏气时，必须用肥皂水涂于可疑处或接头处试漏，严禁用明火试漏。

10）回火防止器要经常换清水，保持水位正常。冬季若无可靠的防冻措施，工作后要及时放水。一旦冻结时，应用热水化冻，禁止用明火烘烤。

11）点火时严禁焊嘴（或割嘴）对人，操作过程中如发生回火，应立即先关乙炔阀门，后关氧气阀门。

12）安装减压器前，应先开启氧气瓶阀，将接口吹净。安装时，压力表和氧气接头螺母必须旋紧，开启时动作要缓慢，同时人员要避开压力表正面。

13）氧气瓶嘴处严禁沾上油污。气瓶禁止靠近火源，禁止露天暴晒，禁止将瓶内气体用尽，氧气瓶剩余压力至少要大于0.1MPa。气瓶应轻搬轻放。

14）在大型容器内或狭窄和通风不良的地沟、坑道、检查井、管段等半封闭场所进行气焊、气割作业时，焊炬（或割炬）与操作者应同时进同时出，严禁将焊炬（或割炬）放在容器内，以防调节阀和橡胶软管接头漏气，使容器内集聚大量的混合气体，一旦接触火种引起燃烧爆炸。

15）严禁在带有压力或带电的容器、罐、管道、设备上进行焊接和切割作业。

16）为防止水泥地面爆炸，不要直接在水泥地面上进行气割。

17）露天作业时，遇有6级以上大风或下雨时应停止焊割作业。

18）焊接切割现场禁止将气体橡胶软管与焊接电缆、钢绳绞在一起；当有生产、设备检修等平行交叉作业时，必须切断电源后设明确安全标志，并派专人看管；高空

作业时，禁止将焊割橡胶软管缠在身上作业。

19）工作完毕，应将氧气瓶、乙炔瓶的气阀关好；将减压阀的螺钉拧松；氧气带、乙炔带收回盘好；检查操作场地，确认无着火危险，方可离开。

7.9 气焊技能训练

技能训练1 低碳钢板对接平焊

1. 焊前准备

（1）试件材质 Q235A钢。

（2）试件尺寸 300mm × 50mm × 1.5mm，2件，如图7-33所示。

（3）坡口形式 I形。

（4）焊接材料 焊丝：H08A，ϕ2.5mm。

（5）焊接设备及工具 氧气瓶、减压器、乙炔瓶、焊炬（H01-6型）、橡胶软管等。

（6）辅助工具 护目镜、点火枪、通针、钢丝刷等。

2. 试件打磨及清理

将焊件表面的氧化皮、铁锈、油污、脏物等用钢丝刷、砂布或抛光的方法进行清理，直至露出金属光泽。

3. 试件组对及定位焊

将准备好的两块试板水平整齐地放置在工作台上，预留根部间隙约0.5mm。定位焊缝的长度和间距视焊件的厚度和焊缝长度而定。焊件越薄，定位焊缝的长度和间距越小；反之，则应加大。如果焊接薄件时，定位焊可由焊件中间开始向两头进行，定位焊缝长度为5～7mm，间距为50～100mm，如图7-34a所示。焊接厚件时，定位焊则由焊件两端开始向中间进行，定位焊缝长度为20～30mm，间距为200～300mm，如图7-34b所

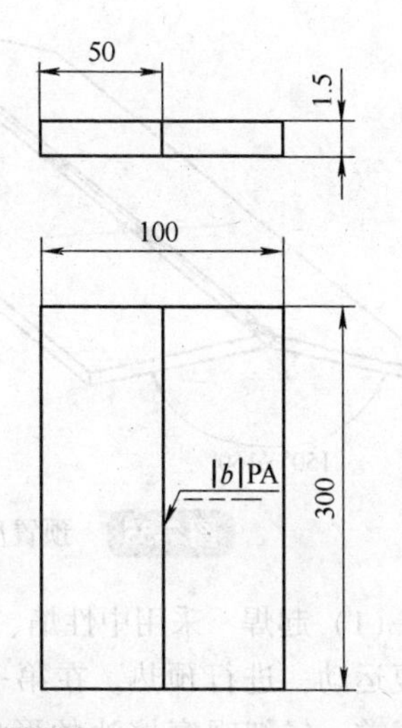

图7-33 薄板对接平焊试件图

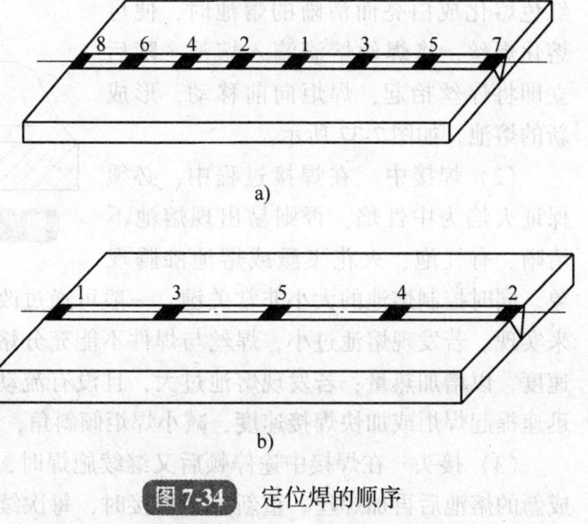

图7-34 定位焊的顺序
a）薄焊件的定位焊 b）厚焊件的定位焊

示。定位焊点不宜过长、过高或过宽，但要保证焊透。

4. 预置反变形

将焊件沿接缝处向下折成150°~160°，如图7-35所示，然后用胶木锤将接缝处校正齐平。

5. 焊接操作

平焊时多采用左焊法，焊丝、焊炬与工件的相对位置如图7-36所示，火焰焰芯的末端与焊件表面保持3~4mm。焊接时如果焊丝在熔池边缘被粘住，不要用力拔，可自然脱离。

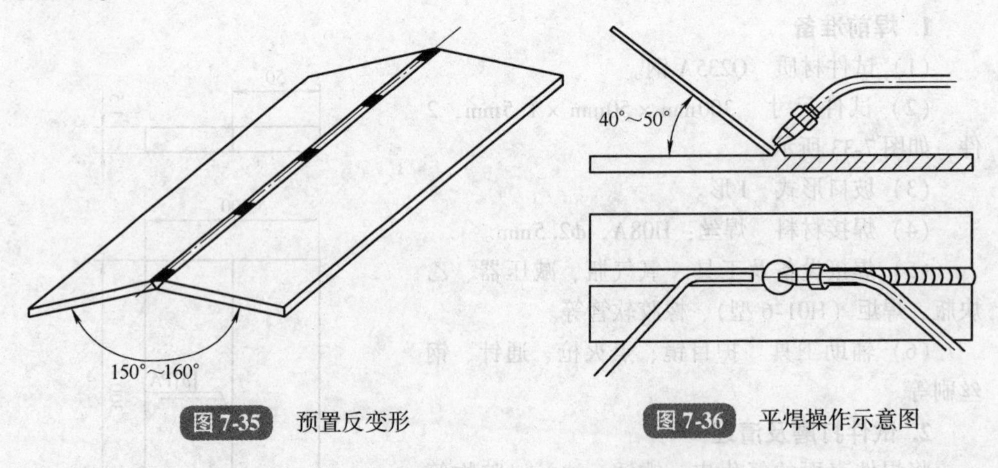

图7-35 预置反变形

图7-36 平焊操作示意图

(1) 起焊 采用中性焰、左焊法。首先增大焊炬的倾斜角，然后对准焊件始端做往复运动，进行预热。在第一个熔池未形成前，仔细观察熔池的形成，并将焊丝端部置于火焰中进行预热。当焊件由红色熔化成白亮而清晰的熔池时，便可熔化焊丝，将焊丝熔滴滴入熔池，随后立即将焊丝抬起，焊炬向前移动，形成新的熔池，如图7-37所示。

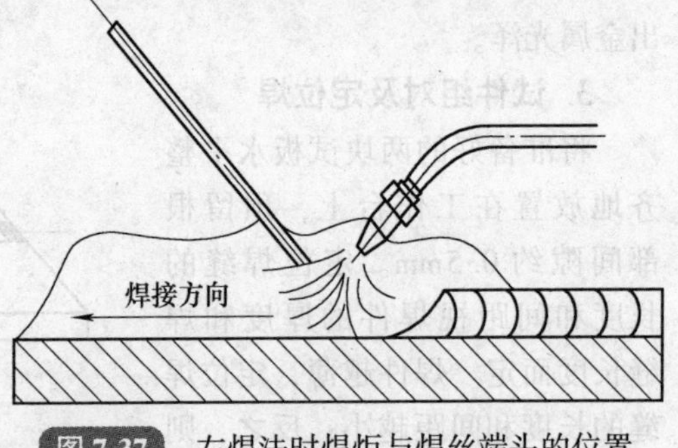

图7-37 左焊法时焊炬与焊丝端头的位置

(2) 焊接中 在焊接过程中，必须保证火焰为中性焰，否则易出现熔池不清晰、有气泡、火花飞溅或熔池沸腾现象。同时控制熔池的大小非常关键，一般可通过改变焊炬的倾斜角、高度和焊接速度来实现。若发现熔池过小，焊丝与焊件不能充分熔合，应增加焊炬倾斜角，减慢焊接速度，以增加热量；若发现熔池过大，且没有流动金属时，表明焊件被烧穿。此时应迅速提起焊炬或加快焊接速度，减小焊炬倾斜角，并多加焊丝，再继续施焊。

(3) 接头 在焊接中途停顿后又继续施焊时，应用火焰将熔池重新加热熔化，形成新的熔池后再加焊丝。重新开始焊接时，每次续焊应与前一焊道重叠5~10mm，重叠焊缝可不加焊丝或少加焊丝，以保证焊缝高度合适及均匀光滑过渡。

（4）收尾　当焊到焊件的终点时，要减小焊炬的倾斜角，增加焊接速度，并多加一些焊丝，避免熔池扩大，防止烧穿。同时，应用温度较低的外焰保护熔池，直至熔池填满，火焰才能缓慢离开熔池。

技能训练2　低碳钢板对接立焊

1. 焊前准备

（1）试件材质　Q235A钢。

（2）试件尺寸　300mm×50mm×1.5mm，2件，如图7-38所示。

（3）坡口形式　I形。

（4）焊接材料　焊丝：H08A，ϕ2.5mm。

（5）焊接设备及工具　氧气瓶、减压器、乙炔瓶、焊炬（H01-6型）、橡胶软管等。

（6）辅助工具　护目镜、点火枪、通针、钢丝刷等。

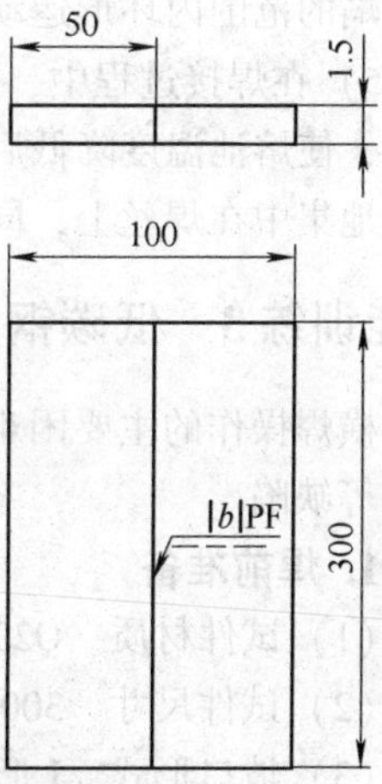

2. 试件打磨及清理

将焊件表面的氧化皮、铁锈、油污、脏物等用钢丝刷、砂布或抛光的方法进行清理，直至露出金属光泽。

图7-38　薄板对接立焊试件图

3. 试件组对及定位焊

将准备好的两块试板水平整齐地放置在工作台上，预留根部间隙约0.5mm。定位焊缝的长度和间距视焊件的厚度和焊缝长度而定。焊件越薄，定位焊缝的长度和间距越小；反之，则应加大。如果焊接薄件时，定位焊可由焊件中间开始向两头进行，定位焊缝长度为5~7mm，间距为50~100mm，如图7-34a所示。焊接厚件时，定位焊则由焊件两端开始向中间进行，定位焊缝长度为20~30mm，间距为200~300mm，如图7-34b所示。定位焊点不宜过长、过高或过宽，但要保证焊透。

4. 预置反变形

将焊件沿接缝处向下折成150°~160°，如图7-35所示，然后用胶木锤将接缝处校正齐平。

5. 焊接操作

立焊时采用由下至上焊接法，焊丝、焊炬与工件的相对位置如图7-39所示，火焰焰芯的末端与焊件表面保持3~4mm。焊接时如果焊丝在熔池边缘被粘住，不要用力拔，可自然脱离。

1）应采用能率比平焊时小一些的火焰进行焊接。

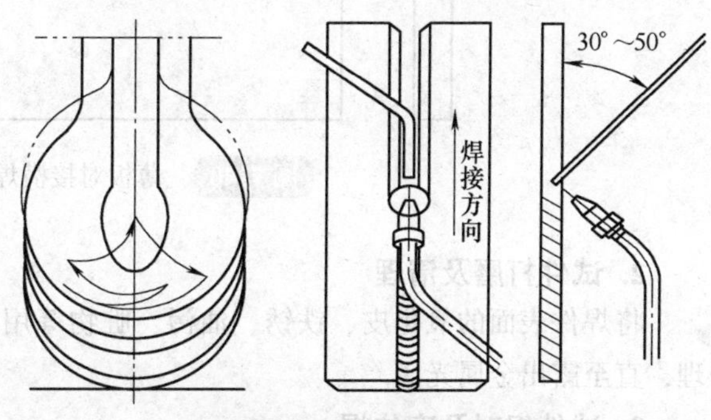

图7-39　立焊操作示意图

2）应严格控制熔池温度，熔池面积不能过大，熔池的深度也应减小。要随时掌握熔池温度的变化，控制熔池形状，使熔池金属受热适当，防止液态金属下流。

3）焊嘴要向上倾斜，与焊件夹角成60°甚至更大。借助火焰气流的压力来支撑熔池，阻止熔化金属下流。

4）焊炬与焊丝的相对位置与平焊相似，焊炬一般不做横向摆动，但为了控制熔池温度，焊炬可以随时做上下运动，使熔池有冷却的机会，保证熔池受热适当。焊丝则在火焰的范围内环形运动，使熔化的焊丝金属一层层地均匀熔敷在焊缝上。

5）在焊接过程中，当发现熔池温度过高，使熔化金属即将下流时，应立即将火焰移开，使熔池温度降低后再继续进行焊接。一般为了避免熔池温度过高，可以把火焰较多地集中在焊丝上，同时增加焊接速度，以保证焊接过程正常进行。

技能训练3　低碳钢板对接横焊

横焊操作的主要困难是熔池金属滴淌，使焊缝上方形成咬边，下方形成焊瘤和未熔合等缺陷。

1. 焊前准备

（1）试件材质　Q235A 钢。

（2）试件尺寸　300mm×50mm×1.5mm，2件，如图7-40所示。

（3）坡口形式　I形。

（4）焊接材料　焊丝：H08A，ϕ2.5mm。

（5）焊接设备及工具　氧气瓶、减压器、乙炔瓶、焊炬（H01-6型）、橡胶软管等。

（6）辅助工具　护目镜、点火枪、通针、钢丝刷等。

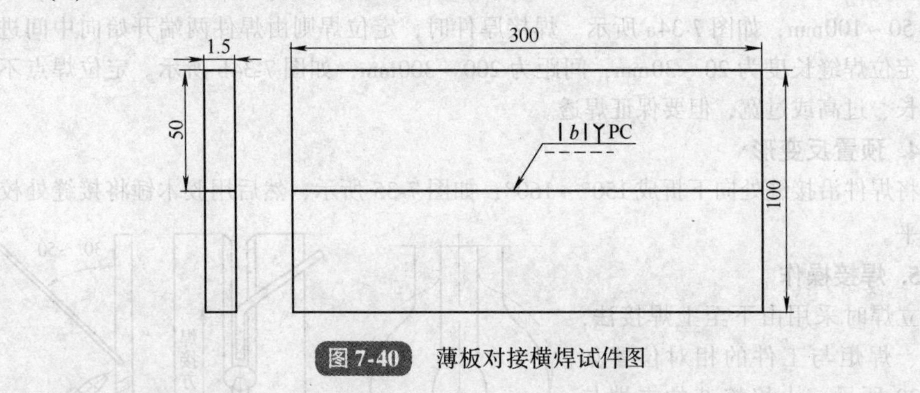

图7-40　薄板对接横焊试件图

2. 试件打磨及清理

将焊件表面的氧化皮、铁锈、油污、脏物等用钢丝刷、砂布或抛光的方法进行清理，直至露出金属光泽。

3. 试件组对及定位焊

将准备好的两块试板水平整齐地放置在工作台上，预留根部间隙约0.5mm。定位

焊缝的长度和间距视焊件的厚度和焊缝长度而定。焊件越薄，定位焊缝的长度和间距越小；反之，则应加大。定位焊由焊件中间开始向两头进行，定位焊缝长度为 5 ~ 7mm，间距为 50 ~ 100mm，定位焊点不宜过长、过高或过宽，但要保证焊透。薄焊件定位焊的顺序如图 7-34a 所示。

4. 预置反变形

将焊件沿接缝处向下折成 150° ~ 160°，如图 7-35 所示，然后用胶木锤将接缝处校正齐平。

5. 焊接操作

横焊时采用由右向左焊接法，焊丝、焊炬与工件的相对位置如图 7-41 所示，火焰焰芯的末端与焊件表面保持 3 ~ 4mm。焊接时如果焊丝在熔池边缘被粘住，不要用力拔，可自然脱离。

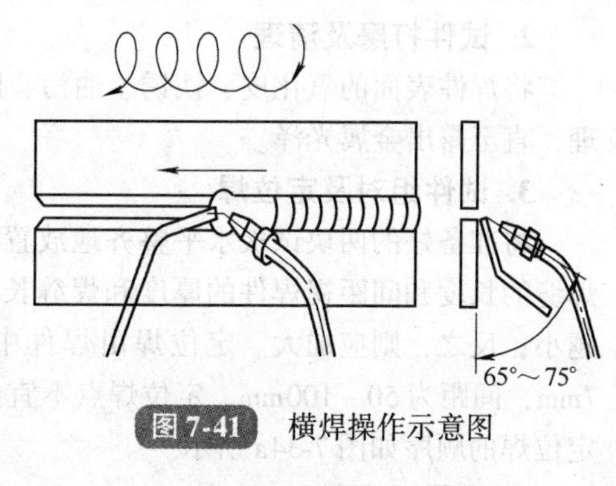

图 7-41　横焊操作示意图

1）应使用较小的火焰能率（比立焊还要稍小些）来控制熔池温度。

2）采用左焊法焊接，同时焊炬也应向上倾斜。火焰与工件间的夹角保持在 65° ~ 75°，使火焰直接朝向焊缝，焊丝头部位于熔池的上边缘，熔滴加在熔池的上边，利用火焰吹力托住熔化金属，阻止熔化金属从熔池中流出。

3）焊接时，焊炬一般不做摆动，但焊接较厚焊件时，可做小环形摆动。而焊丝要始终浸在熔池中，并不断地把熔化金属向熔池上方推去，焊丝做斜环形运动，使熔池略带些倾斜，使焊缝容易成形，并防止熔化金属形成咬边及焊瘤等缺陷。

技能训练 4　低碳钢板对接仰焊

1. 焊前准备

（1）试件材质：Q235A 钢。

（2）试件尺寸　300mm × 50mm × 1.5mm，2 件，如图 7-42 所示。

（3）坡口形式　I 形。

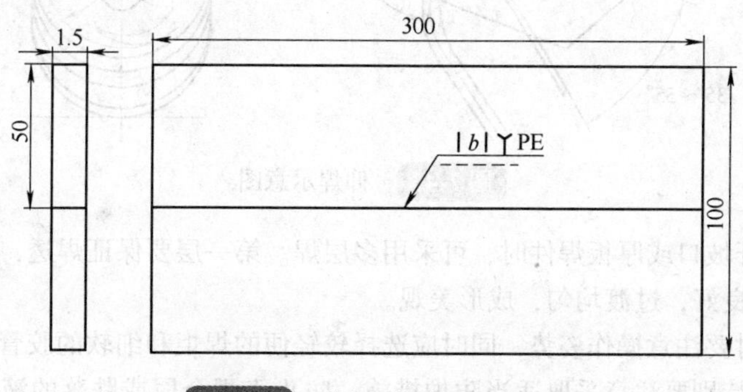

图 7-42　薄板对接仰焊试件图

（4）焊接材料　焊丝：H08A，ϕ2.5mm。

（5）焊接设备及工具　氧气瓶、减压器、乙炔瓶、焊炬（H01-6型）、橡胶软管等。

（6）辅助工具　护目镜、点火枪、通针、钢丝刷等。

2. 试件打磨及清理

将焊件表面的氧化皮、铁锈、油污、脏物等用钢丝刷、砂布或抛光的方法进行清理，直至露出金属光泽。

3. 试件组对及定位焊

将准备好的两块试板水平整齐地放置在工作台上，预留根部间隙约0.5mm。定位焊缝的长度和间距视焊件的厚度和焊缝长度而定。焊件越薄，定位焊缝的长度和间距越小；反之，则应加大。定位焊由焊件中间开始向两头进行，定位焊缝长度为5～7mm，间距为50～100mm，定位焊点不宜过长、过高或过宽，但要保证焊透。薄焊件定位焊的顺序如图7-34a所示。

4. 预置反变形

将焊件沿接缝处向下折成150°～160°，如图7-35所示，然后用胶木锤将接缝处校正齐平。

5. 焊接操作

1）采用较小的火焰能率进行焊接。

2）严格掌握熔池的大小和温度，使液体金属始终处于较稠的状态，以防止下淌。

3）焊接时采用较细的焊丝，以薄层堆敷上去，有利于控制熔池温度。

4）焊炬和焊丝具有一定角度。焊炬可做不间断运动，焊丝可做月牙形运动，并始终浸在熔池内，如图7-43所示。

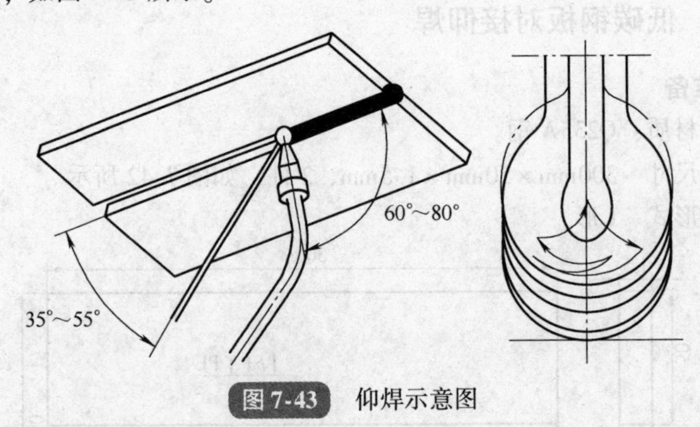

图7-43　仰焊示意图

5）焊接开坡口或厚板焊件时，可采用多层焊。第一层要保证焊透，第二层要控制焊缝两侧熔合良好，过渡均匀，成形美观。

6）仰焊时要注意操作姿势，同时应选择较轻便的焊炬和细软的胶管，以减轻焊工的劳动强度。特别要注意采取适当防护措施，防止飞溅金属或跌落的液体金属烫伤面部和身体。

技能训练5　钢管对接垂直固定焊

1. 焊前准备

（1）试件材质　20钢钢管。

（2）试件尺寸　ϕ57mm×4 mm，L=100mm，2件。

（3）坡口形式　60°V形坡口，如图7-44所示。

（4）焊接材料　焊丝：H08A，ϕ2.5mm。

（5）焊接设备及工具　氧气瓶、减压器、乙炔瓶、焊炬（H01-6型）、橡胶软管等。

（6）辅助工具　护目镜、点火枪、通针、钢丝刷等。

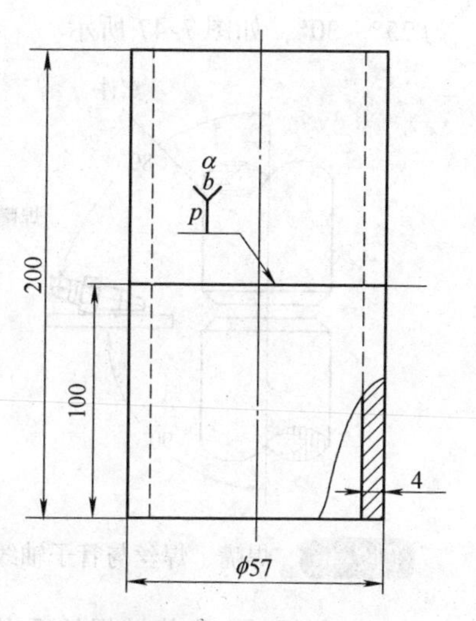

图7-44　钢管对接垂直固定焊试件示意图

2. 试件打磨及清理

将焊件坡口面及坡口两侧内外表面的氧化皮、铁锈、油污、脏物等用钢丝刷、砂布或抛光的方法进行清理，直至露出金属光泽。

3. 试件组对及定位焊

试件组对前准备一根槽钢放置在工作台上，将准备好的两根试管水平整齐地放在槽钢进行组对定位焊，修磨钝边0.5mm，无毛刺；预留根部间隙1.5～2.0mm，错边量≤0.5mm。

对直径不超过70mm的管子，一般只需定位焊2处；对直径为70～300mm的管子可定位焊4～6处；对直径超过300mm的管子可定位焊6～8处或以上。不论管子直径大小，定位焊的位置要均匀对称布置，焊接时的起焊点在两个定位焊点中间，如图7-45所示。

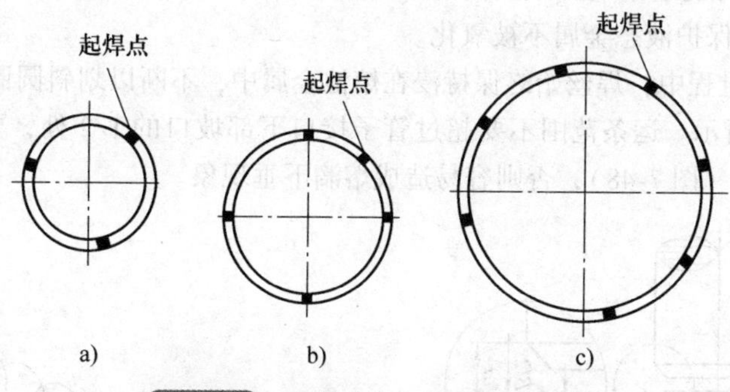

图7-45　不同管径定位焊及起焊点

a）直径小于70mm　b）直径为70～300mm　c）直径大于300mm

4. 焊接操作

1）操作手法，对开有坡口的管子若采用左向焊法，须进行多层焊。若采用右向焊法，对于壁厚在7mm以下的垂直管子焊缝，可以采用单面焊双面成形，可大大提高工作效率。

2）火焰性质一般采用中性焰或轻微碳化焰。

3）焊炬倾角与管子轴线夹角为80°~85°，焊丝角度与管子轴线的夹角约为90°，如图7-46所示；焊炬倾角与管子切线方向的夹角为60°~65°；焊丝与焊炬之间的夹角为25°~30°，如图7-47所示。

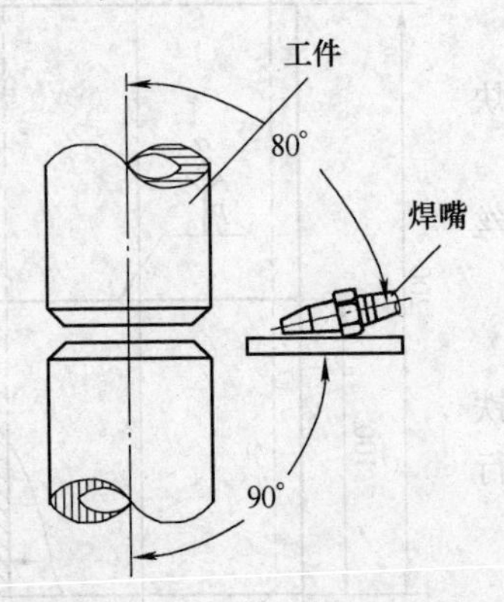

图7-46 焊嘴、焊丝与管子轴线的夹角

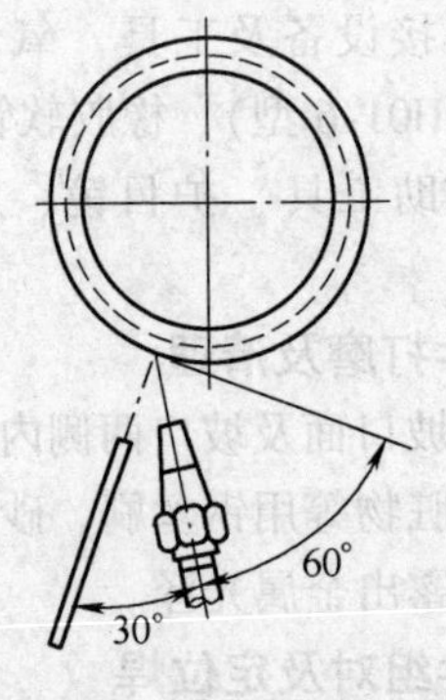

图7-47 焊嘴、焊丝与管子切线方向的夹角

4）起焊时，先将被焊处适当加热，然后将熔池烧穿，形成一个熔孔，将熔孔始终一直保持到焊接结束，如图7-48所示。

形成熔孔的目的有两个：一是使管壁熔透，以得到双面成形；二是通过熔孔的大小可以控制熔池的温度。熔孔的大小等于或稍大于焊丝直径为宜。

5）熔孔形成后，开始填充焊丝。焊接过程中焊炬一般不做横向摆动，而只在熔池和熔孔做轻微的前后摆动，以控制熔池温度。若熔池温度过高时，为使熔池冷却，此时火焰不必离开熔池，可将火焰的高温区（焰芯）朝向熔孔。此时外焰仍保持笼罩着熔池和近缝区，保护液态金属不被氧化。

6）在焊接过程中，焊丝始终保持浸在熔池金属中，不断以划斜圆圈形挑动金属熔池，如图7-49所示。运条范围不要超过管子接口下部坡口的1/2处，要控制在长度a范围内上下运条（图7-48），否则容易造成熔滴下垂现象。

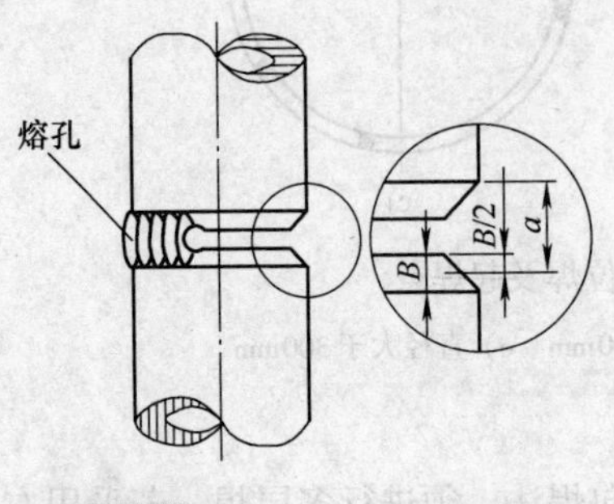

图7-48 熔孔形状和运条范围

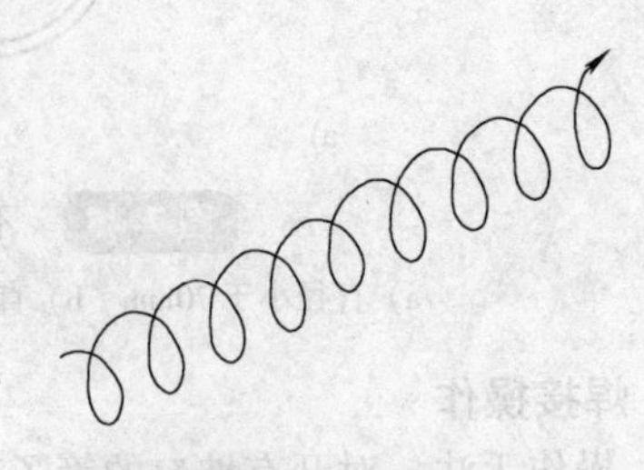

图7-49 斜环形运条法

技能训练6　钢管对接水平固定焊

水平固定钢管的气焊比较困难，主要是因为操作过程中包括了所有的焊接位置，故钢管水平固定焊又称为全位置焊，钢管水平固定焊的全位置焊接分布情况如图7-50所示。此外，由于焊缝成环形，在焊接中应随着焊缝空间位置的改变，不断地移动焊炬和焊丝，而且还要保持固定的焊炬和焊丝的夹角。

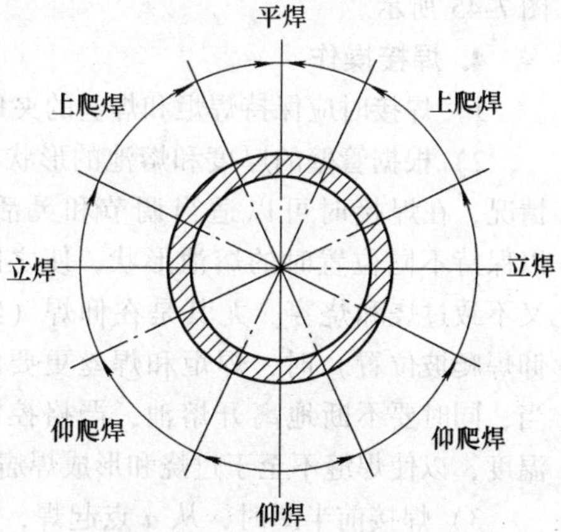

图7-50　钢管水平固定焊的全位置焊接分布情况

1. 焊前准备

（1）试件材质　20钢钢管。

（2）试件尺寸　ϕ57mm×4 mm，L=160mm，2件。

（3）坡口形式　60°V形坡口，如图7-51所示。

（4）焊接材料　焊丝：H08A，ϕ2.5mm。

（5）焊接设备及工具　氧气瓶、减压器、乙炔瓶、焊炬（H01-6型）、橡胶软管等。

（6）辅助工具　护目镜、点火枪、通针、钢丝刷等。

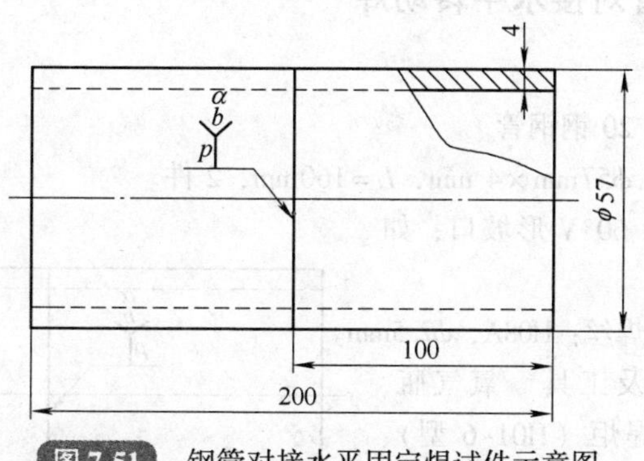

图7-51　钢管对接水平固定焊试件示意图

2. 试件打磨及清理

将焊件坡口面及坡口两侧内外表面的氧化皮、铁锈、油污、脏物等用钢丝刷、砂布或抛光的方法进行清理，直至露出金属光泽。

3. 试件组对及定位焊

试件组对前准备一根槽钢放置在工作台上，将准备好的两根试管水平整齐地放在槽钢进行组对定位焊，修磨钝边0.5mm，无毛刺；预留根部间隙1.5～2.0mm，错边量≤0.5mm。

对直径不超过70mm的管子，一般只需定位焊2处；对直径为70～300mm的管子可定位焊4~6处；对直径超过300mm的管子可定位焊6~8处或以上。不论管子直径大小，定位焊的位置要均匀对称布置，焊接时的起焊点在两个定位焊点中间，如图7-45所示。

4. 焊接操作

1）焊接时应保持焊炬和焊丝的夹角为90°；焊炬、焊丝与工件的夹角一般为45°。

2）根据管壁的厚度和熔池的形状变化的情况，在焊接时可以适当调节和灵活掌握，以保持不同位置时的熔池形状，使之既焊透又不致过烧和烧穿。尤其是在仰焊（特别是仰焊爬坡位置）时，焊炬和焊丝更要配合得当，同时要不断地离开熔池，严格控制熔池温度，以使焊缝不至于过烧和形成焊瘤。

3）焊接前半圈时，从 a 点起焊，到 b 点结束。一般都要超过管道的垂直中心线10~20mm，如图7-52所示。

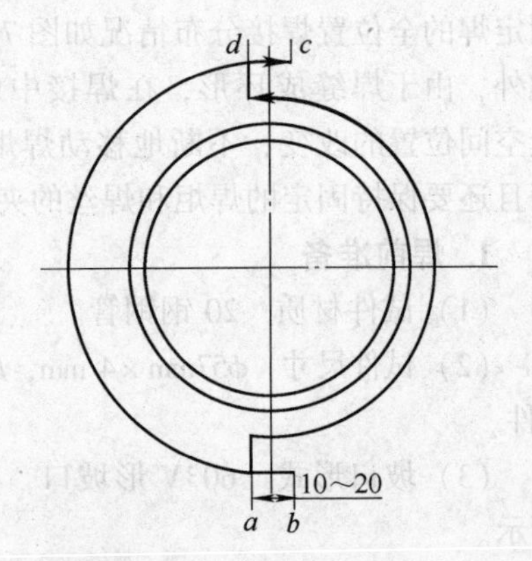

图7-52 水平固定管的焊接方法

4）焊接后半圈时，从 b 点起焊，到 c 点结束。起点和终点时要相互重叠焊接一段焊缝，焊缝长度一般为10mm，以防止起焊点和收弧点处产生缺陷，如图7-52所示。

技能训练7 钢管对接水平转动焊

1. 焊前准备

（1）试件材质 20钢钢管。

（2）试件尺寸 ϕ57mm×4 mm，L=160mm，2件。

（3）坡口形式 60°V形坡口，如图7-53所示。

（4）焊接材料 焊丝：H08A，ϕ2.5mm。

（5）焊接设备及工具 氧气瓶、减压器、乙炔瓶、焊炬（H01-6型）、橡胶软管等。

（6）辅助工具 护目镜、点火枪、通针、钢丝刷等。

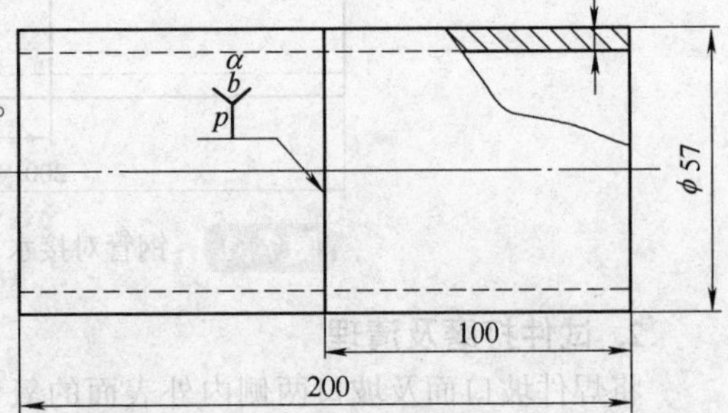

图7-53 钢管对接水平转动焊试件示意图

2. 试件打磨及清理

将焊件坡口面及坡口两侧内外表面的氧化皮、铁锈、油污、脏物等用钢丝刷、砂布或抛光的方法进行清理，直至露出金属光泽。

3. 试件组对及定位焊

试件组对前准备一根槽钢放置在工作台上，将准备好的两根试管水平整齐地放在槽钢进行组对定位焊，修磨钝边 0.5mm，无毛刺；预留根部间隙 1.5～2.0mm，错边量≤0.5mm。

对直径不超过 70mm 的管子，一般只需定位焊 2 处；对直径为 70～300mm 的管子可定位焊 4～6 处；对直径超过 300mm 的管子可定位焊 6～8 处或以上。不论管子直径大小，定位焊的位置要均匀对称布置，焊接时的起焊点在两个定位焊点中间，如图 7-45 所示。

4. 焊接操作

由于管子可以转动，故焊接熔池始终可以控制在平焊位置施焊，对管壁较厚和开坡口的管子，通常采用爬坡位置施焊。即可采用左向爬坡焊法，也可采用右向爬坡焊法，如图 7-54 所示。

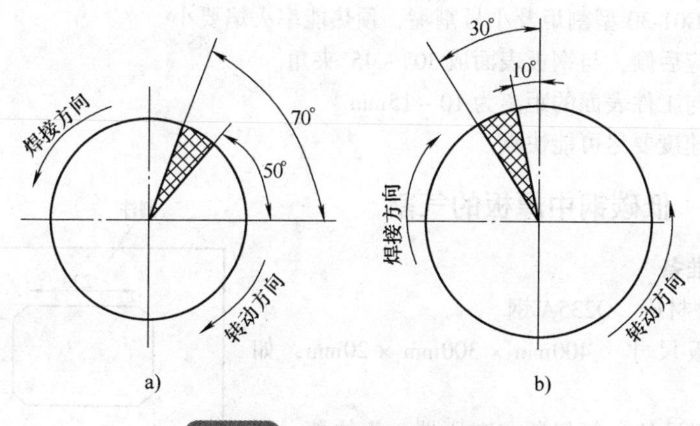

图 7-54　钢管对接水平转动焊

a）左向爬坡焊　b）右向爬坡焊

1）采用左向爬坡焊时，焊炬与水平中心线成 50°～70°夹角，此角度可有效加大熔深，保证焊接接头全部焊透，并能控制熔池形状和大小，同时被填充的熔滴金属自然流向熔池下部，焊缝堆高快，有利于控制焊缝的高低，保证焊缝的质量，如图 7-54a 所示。

2）采用右向爬坡焊时，焊炬与垂直中心线成 10°～30°夹角，如图 7-54b 所示。

3）对于开坡口的管子，可以进行多层焊接。

第一层：焊炬和管子表面的倾角为 45°左右，火焰焰芯末端距熔池 3～5mm。当看到坡口钝边熔化并形成熔池后，立即将焊丝送入熔池前沿，使其熔化填充熔池。焊炬做圆圈形移动，焊丝同时不断地向前移动，保证焊件的根部焊透。

第二层：焊接时，焊炬要做适当的摆动，使填充金属与母材充分熔合良好。

第三层：火焰能率要略小些，易控制焊缝的成形，使焊缝表面成形美观。

4）在整个焊接过程中，每一层焊道应一次焊完，并且各层的起焊点互相错开 20～30mm。每次焊接结束时，要填满熔池，火焰才慢慢地离开熔池，防止产生气孔和夹渣等缺陷。

7.10 气割技能训练

技能训练1 碳钢薄板的气割

气割4mm以下的钢板，钢板受热快，而散热慢，所以氧化铁渣不易吹掉，而且冷却后氧化铁渣粘在钢板背面不易清除。如果切割速度慢或预热火焰控制不当，易使钢板变形过大，且钢板正面菱角也被熔化，形成了前面割开而后面又熔合在一起的现象。

气割薄钢板的操作要领：

1）选用G01-30型割炬及小号割嘴，预热能率火焰要小。

2）割嘴应后倾，与钢板表面成30°~45°夹角。

3）割嘴与工件表面的距离为10~15mm。

4）切割速度要尽可能快点。

技能训练2 低碳钢中厚板的气割

1. 割前准备

（1）试件材质 Q235A钢。

（2）钢板尺寸 400mm×300mm×20mm，如图7-55所示。

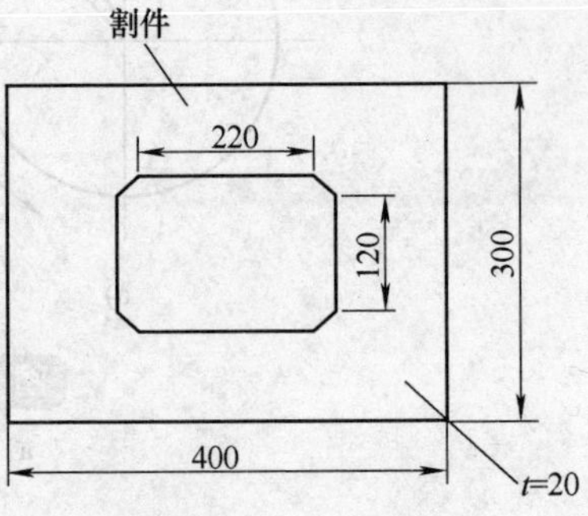

割件
220
120
300
400
t=20

图7-55 割件示意图

（3）气割设备 氧气瓶、减压器、乙炔瓶、割炬（G01-30型）、橡胶软管等。

（4）辅助工具 护目镜、点火枪、通针、钢丝刷、划针、样冲、钢直尺、锤子等。

2. 试件清理及固定

清理切割面上的氧化皮、油污等杂质。将试件垫到一定高度，并用薄板铺在试件下面，以防水泥地面爆炸。

3. 气割参数

气割板厚20mm中等厚度的低碳钢板时，应选用G01-30型（或G01-100型）割炬和2~3号环形（或梅花形）割嘴。割嘴至割件表面距离等于焰芯长度加2mm或减4mm左右，焊炬可后倾20°~30°。气割板厚大于20mm厚的钢板时，选用与钢板厚度相应的G01-100型割炬及大号割嘴，预热火焰能率要大。

4. 操作要点

（1）起割 气割时要注意气割姿势。开始起割时，先预热割件边缘，待其呈亮红色达到燃点温度后，将火焰局部移出割件边缘线以外，同时慢慢打开切割氧阀门，当见到预热的红点被氧流吹掉时，应开大切割氧阀门，当看到割件背面飞出鲜红的氧化金属渣时，表明已被割透，则可以一定的割速向前切割。

对于中厚钢板，应由割件边缘棱角处开始预热，要准确控制割嘴与割件间的垂直度，如图7-56所示。将割件预热到切割温度时，逐渐开大切割氧压力，并将割嘴稍向气割方向倾斜5°~10°，如图7-57所示。当割件边缘全部割透时，再加大切割氧流，并使割嘴垂直于割件，进入正常气割过程。

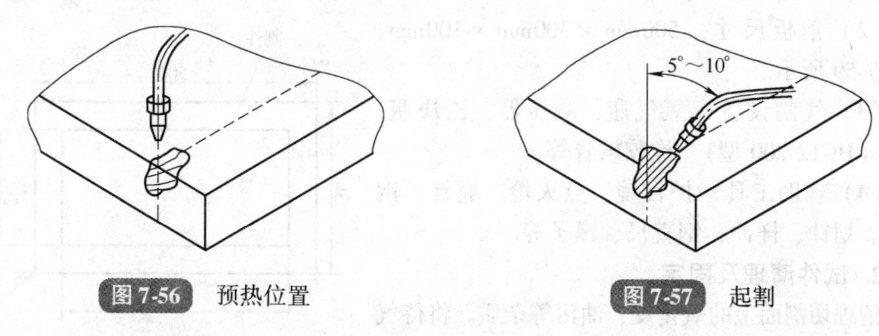

图7-56　预热位置　　图7-57　起割

（2）正常气割过程

1）起割后，为了保证割缝的质量，在整个气割过程中，割炬移动速度要均匀，割嘴离割件表面的距离要保持一定。若身体需更换位置，应先关闭切割氧气阀门，待身体的位置移好后，再将割嘴对准待割处，适当加热，然后慢慢打开切割氧气阀门，继续向前切割。

2）气割20mm厚钢板时，割炬后倾20°~30°，应注意风线的长度最好超过割件板厚的1/3。气割20~30mm中厚钢板的正常气割过程中，割嘴要始终垂直于割件做横向月牙形或“之”字形摆动，如图7-58所示。移动速度要慢，并且应连续进行，尽量不中断气割，避免割件温度下降。

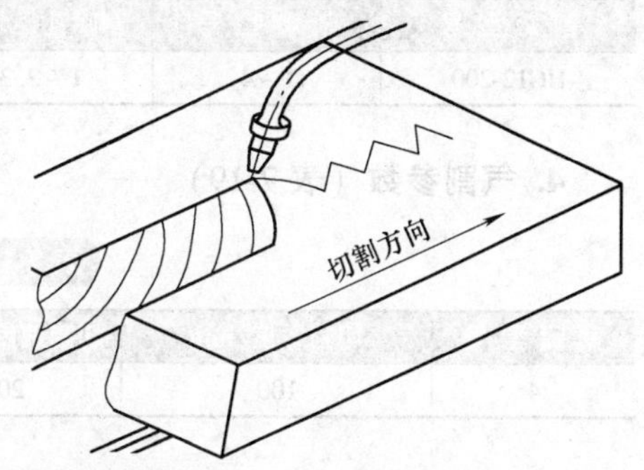

图7-58　割嘴沿切割方向横向摆动示意图

3）气割过程中，有时因割嘴过热或氧化金属渣的飞溅，使割嘴堵塞或发生回火现象，必须立即关闭预热氧和切割氧阀门，及时切断氧气。如仍听到割炬内有“嘶嘶”的响声，说明火焰没有熄灭，应迅速关闭乙炔阀们或拔下乙炔橡胶软管，使回火的火焰排出，正常后，检查割炬的射吸能力，再重新点燃火焰。

（3）停割　气割过程临近终点时，割嘴应沿气割方向的反方向倾斜一个角度，以便钢板的下部提前割透，使割缝在收尾处整齐美观。当到达终点时，应迅速关闭切割氧气阀门并将割炬抬起，再关闭乙炔阀们，最后关闭预热氧阀门。松开减压器调节螺钉，将氧气放出。停割后，要仔细清除割缝边缘的挂渣，便于以后的加工。结束工作时，应将减压器卸下并将乙炔供气阀门关闭。中厚钢板如遇到割不透时，允许停割，并从割线的另一端重新起割。

技能训练3 100mm低碳钢板的气割

1. 割前准备

（1）试件材质 Q235A钢。

（2）钢板尺寸 500mm × 300mm × 100mm，如图7-59所示。

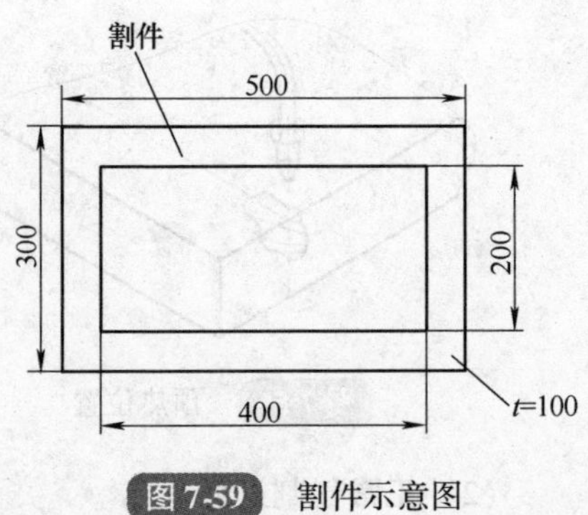

图7-59 割件示意图

（3）气割设备 氧气瓶、减压器、乙炔瓶、割炬（HG12-200型）、橡胶软管等。

（4）辅助工具 护目镜、点火枪、通针、钢丝刷、划针、样冲、钢直尺、锤子等。

2. 试件清理及固定

清理切割面上的氧化皮、油污等杂质。将待气割钢板平放在离地面200～300mm的支架上，并用薄板铺在试件下面，以防水泥地面爆炸。

3. 割炬的技术参数（表7-18）

表7-18 割炬的技术参数

割炬型号	割嘴型号	割嘴孔径/mm	氧气压力/MPa	乙炔压力/MPa	切割厚度/mm
HG12-200	1～4	1～2.3	0.2～0.7	0.001～0.1	50～200

4. 气割参数（表7-19）

表7-19 气割参数

割嘴型号	切割厚度/mm	切割速度/（mm/min）	氧气压力/MPa	乙炔压力/MPa
4	100	200～300	0.8	>0.05

5. 气割操作

（1）气割前 采用划针在钢板上划出400mm×200mm的切割线，并采用样冲在钢板上打出样冲点，同时采用石膏笔将线条描绘清楚，便于气割时的观察。

（2）起割 起割点应选择在中间部位，并且起割表面没有厚的氧化物覆盖。在起割前，首先预热火焰在工件的上角部位先进行预热，当火焰热量沿端部扩展到下部，此时开启高压氧进行切割，同时，割炬缓慢向前移动。

（3）气割过程中 在气割过程中，要时刻注意熔渣从切口中排出的状况，当熔渣火花偏向切割方向后方飞落时，此时表面切割速度有些过快，要适当放慢切割速度。

当气割过程中出现严重的后拖量时，为了避免工件底部有切不透的现象，可在切割结束前，将割炬后倾10°左右，并且放慢切割速度，减少切割后拖量，确保工件切割后能够分离。

（4）气割结束 气割过程临近终点时，割嘴应沿气割方向的反方向倾斜一个角度，以便钢板的下部提前割透，使割缝在收尾处整齐美观。当到达终点时，应迅速关闭切割氧气阀门并将割炬抬起，再关闭乙炔阀们，最后关闭预热氧阀门。松开减压器调节螺钉，将氧气放出。停割后，要仔细清除割缝边缘的挂渣，便于以后的加工。结束工作时，应将减压器卸下并将乙炔供气阀门关闭。

复习思考题

1. 什么叫气焊？气焊时发生哪些化学反应和物理反应？
2. 什么叫气割？气割需要哪些条件？
3. 气焊和气割需要哪些设备和工具？
4. 简述氧气瓶、乙炔瓶、减压器、回火保险器的使用方法及操作注意事项。
5. 简述焊炬、割炬的选择及其使用方法。
6. 简述气焊火焰的性质和结构。
7. 定位焊的作用是什么？薄板和厚板定位焊应怎样进行焊接？
8. 气焊焊接工艺主要包括哪些参数？
9. 对气焊焊丝有哪些要求？常用的气焊焊丝有哪些？
10. 气焊熔剂的作用是什么？常用的气焊熔剂有哪些？
11. 什么是火焰能率？火焰能率的大小是怎样调整的？
12. 气割参数包括哪些？
13. 焊、割炬使用的安全技术有哪些？

第8章 火焰钎焊

☺ 理论知识要求

1. 了解火焰钎焊的基本原理。
2. 了解火焰钎焊的特点及其应用。
3. 了解钎料的基本要求。
4. 了解常用钎料的种类。
5. 了解钎剂的作用及基本要求。
6. 了解火焰钎焊焊接参数。
7. 了解火焰钎焊工艺要点。
8. 了解火焰钎焊的基本操作技术。
9. 了解火焰钎焊检验方法。

☺ 操作技能要求

1. 能采用火焰钎焊对工件进行定位焊。
2. 掌握火焰钎焊的焊接操作手法。
3. 掌握低碳钢管件搭接手工火焰钎焊。
4. 能熟练掌握铝管搭接手工火焰钎焊。

8.1 火焰钎焊的概述

8.1.1 火焰钎焊的定义

火焰钎焊是利用可燃气体或液体燃料的汽化产物与氧气（或压缩空气）混合燃烧所形成的火焰进行加热的钎焊。

8.1.2 火焰钎焊的基本原理

钎焊是采用比母材金属熔点低的金属材料作为钎料，将焊件和钎料加热到高于钎料熔点，低于母材熔化温度，利用液态钎料润湿母材，填充接头间隙并与母材相互扩散实现连接焊件的方法，如图8-1所示。钎焊过程中，钎料能够填充接头间隙的条件就是具备润湿作用

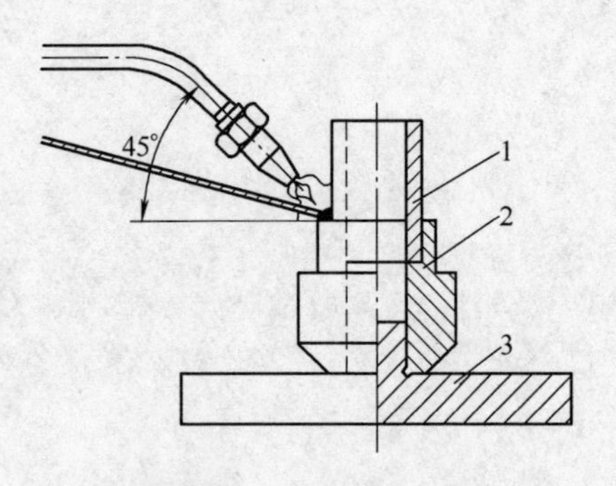

图8-1 火焰钎焊示意图

1—导管 2—套管 3—支承块

和毛细作用。

1. 钎料的润湿作用

钎料润湿就是液相取代与固相接触后相互粘附的现象。该过程按其特征可分为浸渍润湿、附着润湿和铺展润湿。衡量液态钎料对母材润湿能力的大小，可以用液相与固相接触时的接触角 θ 大小来表示，如图8-2所示。

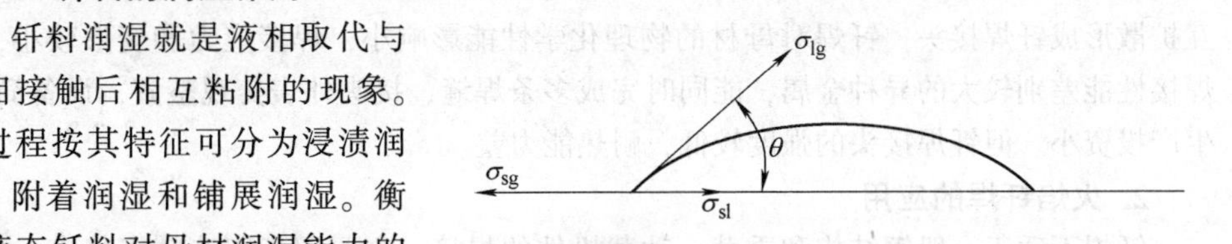

图 8-2 钎料在母材上稳定时的接触角

σ_{sg}—固相与气相间的表面张力 σ_{sl}—固相与液相间的界面张力 σ_{lg}—液相与气相间的界面张力 θ—接触角

当 $\sigma_{sg}>\sigma_{sl}$ 时，$\cos\theta$ 为正值，即 $0°<\theta<90°$，这时钎料能润湿母材。当 $\sigma_{sg}<\sigma_{sl}$ 时，$\cos\theta$ 为负值，即 $90°<\theta<180°$，这时可认为钎料不能润湿母材。当 $\theta=0°$ 时，表示钎料能完全润湿母材。当 $\theta=180°$ 时，表示钎料完全不能润湿母材。通过以上分析可以看出，钎焊时钎料的润湿角应小于20°。

2. 钎料的毛细作用

在钎焊过程中，液态钎料要沿着间隙去填满钎缝，由于间隙很小，类似毛细管，所以称为毛细流动。在钎焊过程中，只有液态钎料对母材具有很好的润湿能力时，熔化的钎料才能靠毛细作用在间隙中流动。毛细流动能力的大小决定了钎料能否填满钎缝间隙。影响液体钎料毛细流动的因素很多，主要有钎料的润湿能力和接头间隙大小等，如钎料对母材润湿性好，接头有较小的间隙，都可以得到良好的钎料流动与填充性能。

3. 钎料与母材的相互作用

液态钎料在毛细填隙过程中与母材发生相互物理化学作用，它们可以分为两种：一种是固态母材向液态钎料的溶解；另一种是液态钎料向固态母材的扩散。这些相互作用对钎焊接头的性能影响很大。

8.1.3 火焰钎焊的特点及其应用

1. 火焰钎焊的特点

1）接头表面光洁，气密性好，形状和尺寸稳定，焊件的组织和性能变化不大，可连接相同的或不相同的金属及部分非金属。钎焊时，还可对工件整体加热，一次焊完很多条焊缝，提高了生产率。但钎焊接头的强度较低，多采用搭接接头，靠通过增加搭接长度来提高接头强度；另外，钎焊前的准备工作要求较高。

2）钎料熔化而焊件不熔化。为了使钎接部分连接牢固，增强钎料的附着作用，钎焊时要用钎剂，以便清除钎料和焊件表面的氧化物。硬钎料（如铜基、银基、铝基、镍基等），具有较高的强度，可以连接承受载荷的零件，应用比较广泛，如硬质合金刀具、自行车车架。软钎料（如锡、铅、铋等），焊接强度低，主要用于焊接不承受载荷但要求密封性好的焊件，如容器、仪表元件等。

3）钎焊采用熔点低于母材的合金作为钎料，加热时钎料熔化，并靠润湿作用和毛细作用填满并保持在接头间隙内，而母材处于固态，依靠液态钎料和固态母材间的相互扩散形成钎焊接头。钎焊对母材的物理化学性能影响小，焊接应力和变形较小，可焊接性能差别较大的异种金属，能同时完成多条焊缝，接头外表美观整齐，设备简单，生产投资小。但钎焊接头的强度较低，耐热能力差。

2. 火焰钎焊的应用

钎焊不适于一般钢结构和重载、动载机件的焊接，主要用于制造精密仪表、电气零部件、异种金属构件以及复杂薄板结构，如夹层构件、蜂窝结构等，也常用于钎焊各类导管与硬质合金刀具。钎焊时，对被钎接工件接触表面经清洗后，以搭接形式进行装配，把钎料放在接合间隙附近或直接放入接合间隙中。当工件与钎料一起加热到稍高于钎料的熔化温度后，钎料将熔化并浸润焊件表面。液态钎料借助毛细作用，将沿接缝流动铺展。于是被钎接金属和钎料间进行相互溶解，相互渗透，形成合金层，冷凝后即形成钎接接头。

钎焊在机械、电机、仪表、无线电等部门都得到了广泛的应用。硬质合金刀具、钻探钻头、自行车车架、换热器、导管及各类容器等；在微波波导、电子管和电子真空器件的制造中，钎焊甚至是唯一可能的连接方法。

8.2 火焰钎焊的焊接材料

8.2.1 气体

火焰钎焊所用的可燃气体可以是乙炔、丙烷、石油气、雾化汽油、煤气等，助燃气体为氧气、压缩空气。其中，氧-乙炔火焰温度最高，应用较广泛。

8.2.2 钎料

钎料是在钎焊过程中为实现两种材料（或零件）的结合，在其间隙内或间隙旁所加的填充物。

1. 钎料的基本要求

1）钎料应具有适当的熔点。一般情况下钎料的熔点至少应比钎焊金属的熔点低40～60℃，两者熔点过于接近，会使钎焊过程不易控制，甚至导致钎焊金属晶粒长大、过烧以及局部熔化。

2）具有良好的润湿性，能在母材表面润湿铺展并充分填满钎缝间隙。钎料对于被钎焊金属应具有良好的润湿性，并能透过小的间隙沿钎焊金属表面很好地流动，能充分填满钎缝间隙。

3）能与母材发生溶解、扩散等相互作用，并形成牢固的冶金结合。钎焊时，钎料与基本金属之间应能发生一定的扩散和溶解，依靠这些扩散和溶解使钎焊接头处形成牢固地结合。但是它们之间的作用程度不宜过大，以免发生熔蚀和脆性破坏。

4）得到的钎焊接头应能满足使用要求。所获得的钎焊接头应能满足产品的技术要求，如力学性能（常温、高温或低温下的强度、塑性和冲击韧性等）和物理化学性能（导电性、导热性、抗氧化性、耐蚀性等）方面的要求。

5）应具有稳定和均匀的成分。

6）钎料金属应不容易氧化，或形成氧化物后能易于清除。

7）钎料本身应熔炼制造方便，最好能具有良好的塑性，以便加工成板、箔、丝、条、粒、棒、片、粉等各种需要的形状，也可根据需要以特殊形状，如环等成型钎料或膏状供应，以便于生产使用。

此外，还应考虑钎料的经济性，在满足工艺性能和使用性能的前提下，应尽量少用或不用稀有金属和贵金属，从而降低生产成本。

2. 钎料的分类与选用

（1）钎料的分类

1）按钎料的熔点分。通常按熔化温度来划分钎料，熔化温度低于450℃的称为软钎料，高于450℃的称为硬钎料，高于950℃的称为高温钎料。

2）按钎料的化学成分。根据组成钎料的主要元素把软钎料和硬钎料划分为各种基的钎料。如软钎料又可分为铟基、铋基、锡基、铅基、镉基、锌基等钎料；硬钎料又可分为铝基、铜基、锰基、镍基、金基等钎料。

3）按钎焊的工艺性能分。钎料可分为自钎剂钎料、电真空钎料、复合钎料。

（2）钎料的选用　正确地选择钎料不仅是一个重要的，也是一个较复杂的问题，应从经济角度、使用要求、钎料与母材的配合、钎焊加热等方面进行综合考虑。

1）经济角度。在保证焊接质量的前提下，尽量选择价格便宜的钎料。

2）使用要求。主要考虑对焊接接头的强度要求、耐蚀性要求、导电性要求，某些特殊情况下还需考虑其他限制条件。

3）钎料与母材的配合。要综合考虑钎料的润湿性，钎料与母材的相互作用，钎焊温度对母材的影响，热膨胀系数的差距等问题。

4）钎焊加热。加热方法也影响钎料的选择，要考虑钎料电阻及挥发性因素。

3. 钎料选择的影响因素

（1）钎焊母材　考虑母材与钎料的相互作用以及母材的热处理。

（2）加热方式　快速加热与慢速加热对钎料的选择。

（3）工件使用要求　工件耐蚀性或抗氧化性和在工作温度下的合适强度。

（4）钎焊温度　在指定的钎焊温度下，应选择具有最低钎焊温度的钎料。

（5）接头设计　部件体积、接头长度和接头间隙对钎料的选择。

（6）钎料形状　钎料能适应特定场合需要钎料的外形。

（7）接头外观要求　钎料能满足接头的美观要求。

（8）施工安全　避免有毒元素。

4. 钎料的编号

1）依据GB/T 6208—1995《钎料型号表示方法》的规定，钎料型号由以下两部分组成：

① 型号中的第一部分用一个大写英文字母表示钎料的型号："S" 表示软钎料；"B" 表示硬钎料。

② 型号中的第二部分由主要合金元素组分的化学元素符号组成，在这部分中第一个化学元素符号表示钎料的基体组分，其他化学元素符号按其质量分数（%）顺序排列，当几种元素具有相同质量分数时，按其原子序数顺序排列。当需要标记其他内容时，以 "-" 与第二部分隔开标记于后。

例如，B-Ag72Cu-V：B 表示硬钎料，主要元素为 Ag，其质量分数为 72%，还有 Cu 元素存在，V 表示真空级钎料。

2）原工业部 1997 年制定的《焊接材料产品样本》中钎料牌号的表示方法为：牌号前字母 "HL" 表示钎料，第一位数字表示钎料化学组成类型，其含义见表 8-1，第二、三位数字表示同一类型钎料的不同牌号。

例如，HL209 表示铜磷钎料，牌号为 09。

表 8-1 钎料牌号中第一位数字的含义

牌号	化学组成类型	牌号	化学组成类型
HL1××（料 1）	铜锌合金	HL5××（料 5）	锌镉合金
HL2××（料 2）	铜磷合金	HL6××（料 6）	锡铅合金
HL3××（料 3）	银合金	HL7××（料 7）	镍基合金
HL4××（料 4）	铝合金	—	—

5. 常用钎料的种类

常用钎料的种类主要有锡铅钎料、铝用软钎料、铝基钎料、银基钎料、铜及黄铜钎料等。

（1）锡铅钎料　锡铅钎料由于熔点低，润湿性好，耐蚀性优良，所以是应用最广泛的软钎料。当锡铅含量为 61.9%（质量分数）时，形成熔点为 183℃ 的共晶合金。加入铅可以降低钎料的熔点，改善钎料的流动性，提高钎料的强度和耐蚀性。常用锡铅钎料的成分、性能和用途见表 8-2。

表 8-2 常用锡铅钎料的成分、性能和用途

牌号		化学成分（质量分数，%）	熔化温度/℃	抗拉强度/MPa	特性及用途
原机械委	原冶金部				
HL600	HLSnPb39	Sn：59～61 Sb：≤0.8 Pb 余量	183～185	46	熔点最低，流动性好，用于无线电零件、电器开关零件、计算机零件、易熔金属制品，适于钎焊低温工作的工件

（续）

牌　号		化学成分（质量分数，%）	熔化温度/℃	抗拉强度/MPa	特性及用途
原机械委	原冶金部				
HL603	HLSnPb58-2	Sn：39～41 Sb：1.5～2.0 Pb余量	183～235	37	润湿性和流动性好，有相当好的耐蚀性，熔点也较低，应用最广，用于钎焊铜及铜合金、钢、锌、钛及钛合金，可得到光洁表面，常用来钎焊散热器、无线电设备、电器元件及各种仪表等
HL604	HLSnPb10	Sn：89～91 Sb：≤0.15 Pb余量	183～222	42	含锡量最高，耐蚀性好，可用于钎焊大多数钢材、铜材及其他许多金属。因铅含量低，特别适于食品器皿及医疗器械内部的钎缝
HL608	—	Sn：5.2～5.8 Ag：2.2～2.8 Pb余量	295～305	34	具有较高的高温强度，用于铜及铜合金、钢的烙铁钎焊及火焰钎焊
HL613	HLSnPb50	Sn：49～51 Sb：≤0.8 Pb余量	483～510	37	结晶温度区间小，流动性很好，常用于钎焊飞机散热器，计算机零件，铜、黄铜、镀锌或镀锡铁皮、钛及钛合金制品等

（2）铝用软钎料　用于铝及铝合金钎焊的软钎料为锌基钎料。锌的熔点为419℃。在锌中加入锡和镉能明显降低其熔点。加入银、铜、铝等元素可提高其耐蚀性。大部分锌基钎料的强度低，塑性差，对钢的润湿作用差，对铜及铜合金的润湿作用也较差。它主要用于钎焊铝及铝合金。按其熔化温度可分为三类：①铝用低温软钎料，是在锡或锡铅合金中加入锌，以提高钎料与铝的作用能力；②铝用中温软钎料，主要是锌锡合金及锌镉合金；③铝用高温软钎料，主要是锌基合金。部分锌基钎料的牌号、成分、性能和用途见表8-3。

表8-3　部分锌基钎料的牌号、成分、性能和用途

牌　号	名　称	化学成分（质量分数，%）	熔化温度范围/℃		特性及用途
			固相线	液相线	
HL501	锌锡钎料	Zn：58 Sn：40 Cu：2	200	350	润湿性和耐蚀性良好，主要用于铝芯导缆加热后的刮擦钎焊，可不用钎剂，也可用于软钎焊铝及铝合金、铝与铜接头
HL502	锌镉钎料	Zn：60 Cd：40	265	335	有良好的润湿性和流动性，接头的力学性能和耐蚀性均比锡铅好，适用于钎焊铝及铝合金，铝与铜等，配合QJ203使用

（续）

牌　号	名　称	化学成分（质量分数,%）	熔化温度范围/℃		特性及用途
			固相线	液相线	
HL505	锌铝钎料	Zn：75 Al：25	430	500	有良好的润湿性、流动性和较好的耐蚀性，常用于钎焊纯铝、3A21 防锈铝、2A11、2A12 硬铝和 2A50 锻铝等铝合金
HL607	铝软钎料	Zn：9 Sn：31 Cd：9 Pb：51	150	210	润湿性和耐蚀性较好，熔点低，操作方便，广泛用于铝电缆接头的软钎焊，需配合 QJ203、QJ204 使用

(3) 铝基钎料　铝基钎料主要是铝与其他金属的共晶合金。由于铝基钎料表面形成的氧化物难以除去，同时铝与铜、铁等很多金属都能形成脆性的金属化合物，影响接头质量，所以铝基钎料目前主要用来钎焊铝及铝合金。铝基钎料的成分、性能及用途见表 8-4。

表 8-4　铝基钎料的成分、性能及用途

名称	牌号	化学成分（质量分数,%）	熔化温度范围/℃		特性及用途
铝硅钎料	HL400	Si：11.7 Al 余量	577	582	有良好的润湿性和流动性，耐蚀性很好，钎料具有一定的塑性，可加工成薄片，是应用很广的一种钎料，广泛用于钎焊铝及铝合金
铝铜硅钎料	HL401	Si：5 Cu：28 Al 余量	525	535	具有较高的力学性能，在大气或水中的耐蚀性很好，熔点较低，操作容易，在火焰钎焊时应用甚广，用于铝及铝合金钎焊，修补铝铸件缺陷、3A21 铝合金散热器
	HL402	Si：10 Cu：4 Al 余量	521	585	填充能力强，钎缝强度高，在大气中有良好的耐蚀性，可以加工成片和丝，广泛用于钎焊纯铝、3A21 防锈铝、6A02 锻铝等铝及铝合金
铝硅锌钎料	HL403	Si：10 Cu：4 Zn：10 Al 余量	516	560	熔点较低，强度较高，流动性好，但耐蚀性较差，常用于钎焊纯铝、3A21、5A02 和 6A02 等铝及铝合金

(4) 银基钎料　银基钎料是应用最广的一种硬钎料。由于熔点不是很高，能润湿很多金属，并且有良好的强度、塑性、导热性、导电性和耐各种介质腐蚀的性能，因此广泛用于钎焊低碳钢、低合金钢、不锈钢、铜及铜合金、耐热合金、硬质合金等。银基钎料的成分、性能及用途见表 8-5。

表 8-5 银基钎料的成分、性能及用途

牌号	名称	化学成分（质量分数,%）	熔化温度/℃	特性及用途
HL301 HLAgCu53-37	10%银基钎料	Ag：10 Cu：53 Zn：37	815～850	熔点高，价格便宜，塑性较差，主要用于铜及铜合金，也可用于钢制品、高钛硬质合金刀头的钎焊
HL302 HLAgCu40-35	25%银基钎料	Ag：25 Cu：40 Zn：35	745～775	具有良好的润湿性和填满间隙的能力，钎焊需要表面光洁的薄工件，钎焊接头能承受冲击载荷
HL303 HLAgCu30-25	45%银基钎料	Ag：45 Cu：30 Zn：25	660～725	除具有HL302的特点外，还具有较高的强度和很好的耐蚀性，应用很广，常用于钎焊钎缝要求光洁及振动时具有较高强度的工件及电工零件等
HL306 HLAgCu20-15	65%银基钎料	Ag：65 Cu：20 Zn：15	685～720	具有较高的强度，工艺性好，钎缝光洁，用于钎焊必须保持高强度钎缝的黄铜、青铜和铜制航空零件，也用于钎焊锯条和食品用器
HL307 HLAgCu26-4	70%银基钎料	Ag：70 Cu：26 Zn：4	730～755	导电性好，适于钎焊铜、黄铜和银，常用来钎焊导线及其他导电性能较高的零件
HL312 HLAgCu26-16-18-0.2	2号银镉钎料	Ag：40 Cd：26 Cu：16 Zn：17.8 Ni：0.2	595～605	工艺性好，是银基钎料中熔点最低的，具有良好的润湿性和填缝能力，因钎焊温度低于一些合金钢的回火温度，故适于钎焊淬火合金钢及阶梯钎焊中最后一级钎焊

（5）铜及黄铜钎料　由于铜及铜合金钎料一般不含银，是极经济的硬钎料，因此在钢铁的钎焊中被广泛应用。纯铜钎料的最大缺点是熔点高，因而钎焊温度高，造成被钎焊金属的晶粒长大，力学性能变差。为了降低钎料熔点，常在铜中加入锌、锡、锰和磷等元素，其中加锌的黄铜钎料最为普遍、最常用。常用铜锌钎料的成分、性能及用途见表8-6。

表 8-6 常用铜锌钎料的成分、性能及用途

牌号	化学成分（质量分数,%）	熔化温度/℃	抗拉强度/MPa	特性及用途
HL102 HLCuZn52	Cu：48 Zn余量	860～870	205.9	钎焊接头塑性较差，适于钎焊不受冲击和弯曲的含铜量大于68%的铜合金
HL103 HLCuZn46	Cu：54 Zn余量	885～888	254.9	熔点较高，强度和塑性比HL102好，但仍不高，主要用于钎焊纯铜、青铜和钢等不受冲击和弯曲的工件

（续）

牌　　号	化学成分（质量分数，%）	熔化温度/℃	抗拉强度/MPa	特性及用途
H62	62 黄铜	900～905	313.8	具有良好的强度和塑性，是应用最广的铜锌钎料，用于钎焊受力大，需要接头塑性好的铜、镍、钢制件

8.2.3 钎剂

为了保证钎焊过程的顺利进行和获得高质量的钎焊接头，在大多数情况下都必须使用钎剂。钎剂又称为钎焊溶剂或溶剂。

1. 钎剂的作用

钎剂的作用是清除熔融钎料和母材表面的氧化物，溶解那些不希望出现的残留化合物或钎焊操作中的产物，保护母材和钎料在加热过程中不再继续氧化，以及改善钎料对母材表面的润湿性。也可理解为钎剂主要用于清除和溶解那些削弱钎料流动性的产物。

2. 钎剂的基本要求

1）钎剂应具有足够的溶解或破坏母材和钎料表面氧化膜的能力。

2）钎剂在钎焊温度范围内表面张力应小、黏度低、流动性好，以便于钎剂和液态钎料在母材表面的湿润和铺展；同时，钎剂及其作用产物的密度应小于液态钎料的密度，这样钎剂才能均匀地成薄层覆盖钎料和母材，有效地隔绝空气，起到保护作用。

3）钎剂的熔点应低于钎料的熔点，且两者相差不能过大，这样才能保证钎剂在钎料熔化之前有效地发挥作用，去除钎缝间隙和钎料表面的氧化膜，为钎料的润湿和铺展准备条件。

4）钎剂在加热过程中应保持其成分和作用稳定不变，不至于发生钎剂组分的分解、蒸发或碳化而丧失其应有的作用。一般钎剂应具有不小于100℃的热稳定范围。

5）钎剂及其作用产物的密度应小于液态钎料的密度，以利于液态钎料在填缝时将它们从间隙中排出，防止它们滞留在钎缝中形成夹渣。此外，钎剂在钎焊后所形成的残渣应容易排除。

6）钎剂及其残渣不应对母材和钎缝有强烈的腐蚀作用，也不应具有毒性或在使用过程中析出有害气体。

3. 钎剂的分类与选用

（1）钎剂的分类　钎剂的分类与钎料的分类相适应，通常分为软钎剂、硬钎剂、铝用钎剂等。

（2）钎剂的选用

1）钎剂的有效温度范围必须涉及具体钎料的钎焊温度。

2）用控制气氛可以使用低活性钎剂或减少钎剂数量。

3）对母材和钎料的腐蚀性应降到最低。

4）延长钎剂在钎焊温度下承受的时间。

5）残渣清除的难易程度。

4. 钎剂牌号的表示方法

牌号前用“QJ”表示钎剂；“QJ”后第一位数字表示钎剂的用途类型，如“1”为铜基和银基钎料用的钎剂，“2”为铝及铝合金钎料用的钎剂；“QJ”后第二、第三位数字表示同一类钎剂的不同牌号。

5. 常用钎剂的种类

（1）软钎剂　软钎剂是指在450℃以下钎焊用的钎剂，可分为无机软钎剂和有机软钎剂两种。

1）无机软钎剂。无机软钎剂主要由无机盐或（和）无机酸组成，其特点是化学活性强，热稳定性好，能有效去除焊件表面的氧化物，促进液态钎料对钎焊金属的润湿，能较好地保证钎焊质量。它可用于包括不锈钢、耐热钢和镍合金在内的黑色金属和有色金属的钎焊。但其残渣对钎焊接头有强烈的腐蚀作用，故又称为腐蚀性软钎剂，钎焊后的残渣必须清除干净。常用无机软钎剂的成分和用途见表8-7。

表8-7　常用无机软钎剂的成分和用途

名　称	化学成分（质量分数,%）	钎焊温度/℃	适用范围
氯化锌溶液	$ZnCl_2$：40，H_2O：60	290～350	锡铅钎料钎焊钢、铜及铜合金
氯化锌氯化铵溶液	$ZnCl_2$：20，NH_4Cl：15，H_2O：65	180～320	
钎剂膏	$ZnCl_2$：20，NH_4Cl：15，凡士林：65	180～320	
氯化锌盐酸溶液	$ZnCl_2$：20，H_2O：50，HCl：25	180～320	锡铅钎料钎焊铬钢、不锈钢、镍铬合金
硫酸溶液	H_3PO_4：40～60，H_2O：余量		
QJ1205	$ZnCl_2$：20，NH_4Cl：15，$CdCl_2$：30，NaF：5	250～400	镉基、锌基钎料钎焊铝青铜、铝黄铜

注：无机软钎剂消除氧化膜能力强，热稳定性好，但其残渣有强烈的腐蚀作用，焊后须清洗干净。

2）有机软钎剂。有机钎剂主要包括水溶性有机软钎剂和松香（天然树脂）类有机软钎剂两种。与无机软钎剂相比，其特点是化学活性较弱，热稳定性尚好，对焊件几乎没有腐蚀作用，故又称非腐蚀性软钎剂。在电子工业中广泛用于钎焊铜及铜合金、金、银、镉，其中活性松香钎剂还可以用于钎焊镍、钢及不锈钢等。常用有机软钎剂的成分和用途见表8-8。

表8-8　常用有机软钎剂的成分和用途

名　称	化学成分（质量分数,%）	钎焊温度/℃	适用范围
乳酸型	乳酸：15，水：85	180～280	锡铅钎料钎焊铜、黄铜、青铜
盐酸型	盐酸：5，水：95	150～300	
松香型	松香：100	150～300	钎焊镉、锡、镁
	松香：30，酒精：70	150～300	

（续）

名　称	化学成分（质量分数,%）	钎焊温度/℃	适用范围
活性松香型	松香：30，水杨酸：2.8，三乙醇胺：1.4，酒精余量	150～300	钎焊铜及铜合金
	松香：30，氯化锌：3，氯化铵：1，酒精：66	290～300	钎焊铜、铜合金、镀锌铁及镍
活性	松香：24，三乙醇胺：2，盐酸二乙胺：4，酒精余量	200～350	

注：有机软钎剂有较强的去氧化物能力，热稳定性尚好，其残渣腐蚀性较轻微，要求高的产品焊后须清洗残渣，一般产品不清洗。

（2）硬钎剂　硬钎剂是指在450℃以上钎焊用的钎剂。常用硬钎剂的成分和用途见表8-9。硬钎剂主要是以硼砂、硼酸及它们的混合物为基体，以某些碱金属或碱土金属的氟化物、氟硼酸盐等为添加剂，具有合适的活性温度范围和去除氧化物能力的高熔点钎剂。它可用于钎焊碳钢、不锈钢、铸铁、高温合金、硬质合金、铜及铜合金等多种金属材料。但此类钎剂的残渣有不同程度的腐蚀性，钎焊后应消除。

表8-9　常用硬钎剂的成分和用途

牌　号	化学组成（质量分数,%）	钎焊温度/℃	用　途
—	硼砂：100	800～1150	钎焊铜及铜合金、碳钢等
—	硼砂：30，硼酸：70	850～1150	
QJ1201	硼砂：20，硼酐：70，氟化钙：10	850～1150	
QJ101	硼酸：30，氟硼酸钾：70	550～850	钎焊铜及铜合金、碳钢、不锈钢及耐热钢等
QJ102	硼酐：35，氟化钾：42，氟硼酸钾：23	600～850	
QJ103	氟硼酸钾：100	550～750	
QJ104	硼砂：50，硼酸：35，氟化钾：15	650～850	

注：硬钎剂中含有毒的氟化物，钎焊场地必须通风良好。

（3）铝及铝合金用软钎剂　钎焊铝及铝合金用软钎剂按其组成可分为有机钎剂和反应钎剂两类。有机钎剂主要组成为有机物三乙醇胺，为了提高活性可加入氟硼酸或氟硼酸盐。钎焊时应避免温度超过275℃，因为高于此温度时，钎剂极易碳化，从而使钎剂丧失活性。反应钎剂通常含有锌、锡等重金属氯化物，为了改善润湿性，还含有氯化铵或溴化铵等。铝及铝合金用软钎剂的组成及特性见表8-10。

表8-10　铝及铝合金用软钎剂的组成及特性

类别	牌号	化学组成（质量分数,%）	钎焊温度/℃	特　性
有机钎剂	QJ204	$Cd(BF_4)_2$：10，$Zn(BF_4)_2$：2.5，NH_4BF_4：5，三乙醇胺：82.5	180～275	腐蚀性小
	—	$Zn(BF_4)_2$：10，NH_4BF_4：8，三乙醇胺：82		
	—	$Cd(BF_4)_2$：7，BF_4：10，三乙醇胺：83		

（续）

类别	牌号	化学组成（质量分数,%）	钎焊温度/℃	特　性
反应钎剂	QJ203	$ZnCl_2$：55，$SnCl_2$：28，NH_4Br：15，NaF：2	300～350	活性强
	—	$SnCl_2$：88，NH_4Cl：10，NaF：2	330～380	
	—	$ZnCl_2$：88，NH_4Cl：2，KCl：10	330～450	
	—	$SnCl_2$：88，NH_4Cl：10，NaF：2	300～350	

（4）铝基钎料用钎剂　铝基钎料主要用来钎焊铝及铝合金，配合它使用的钎剂主要由金属的卤化物组成。碱金属及碱土金属氯化物的低熔共晶是这类钎剂的基本组分。为了提高钎剂的去氧化膜作用，必须加入氟化物。铝基钎料用钎剂的组成及用途见表8-11。

表8-11　铝基钎料用钎剂的组成及用途

牌　号	化学组成（质量分数,%）	钎焊温度/℃	用　途
QJ201	LiCl：32，KCl：50，$ZnCl_2$：8，NaF：10	460～620	火焰钎焊、炉中钎焊
QJ202	LiCl：42，KCl：28，$ZnCl_2$：24，NaF：6	450～620	火焰钎焊、炉中钎焊

（5）气体钎剂　气体钎剂是炉中钎焊和火焰钎焊过程中起钎剂作用的气体（如三氟化硼、三氯化磷、硼酸甲酯等）。这类钎剂的最大优点是钎焊后无钎剂残渣，接头不需要清理。但这类钎剂及其反应物大都具有一定的毒性，使用时应采取相应的安全措施。

8.3　火焰钎焊的设备及工具

钎焊设备包括氧气瓶、乙炔瓶、焊枪（焊炬）、减压器、橡胶软管等，如图8-3所示。

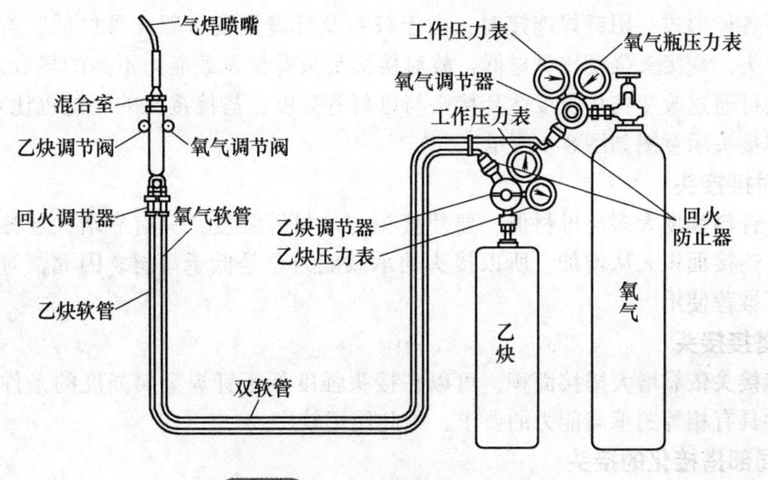

图8-3　火焰钎焊设备示意图

8.3.1 气瓶

气瓶的知识请参见 7.3.1 节的相关内容。

8.3.2 减压器

减压器的知识请参见 7.3.2 节的相关内容。

8.3.3 回火防止器

回火防止器的知识请参见 7.3.3 节的相关内容。

8.3.4 焊炬

焊炬的知识请参见 7.3.4 节的相关内容。

8.3.5 橡胶软管

橡胶软管的知识请参见 7.3.6 节的相关知识。

8.3.6 辅助工具

辅助工具的知识请参见 7.3.7 节的相关内容。

8.4 火焰钎焊工艺

8.4.1 火焰钎焊接头的形式

钎焊接头必须具有足够的强度，也就是在工作状态下接头能承受一定的外力。钎焊接头的承载能力与接头的形式有密切的关系，钎焊接头有对接接头、搭接接头、T形接头等各种形式，用钎焊连接时，由于钎料及钎缝强度一般比母材低，若采用对接的钎焊接头，则接头强度比母材低，故对接接头只有在承载能力不高的场合才可使用。采用搭接可通过改变搭接长度达到接头与母材等强度，搭接接头的装配也比对接简单。各类钎焊接头示意图如图 8-4 所示。

1. 对接接头

由于钎料强度大多比母材低，要使接头与母材等强度，只有靠增大连接面积，而对接接头连接面积无从增加，所以接头的承载能力总是低于母材。因此，对接接头在钎焊中不推荐使用。

2. 搭接接头

搭接接头依靠增大搭接面积，可以在接头强度低于钎焊金属强度的条件下达到接头与焊件具有相等的承载能力的要求，因此使用较广。

3. 局部搭接化的接头

在具体结构中，需要钎焊连接的零件的相互位置是各式各样的，不可能全部符合典型的搭接形式，为了提高接头的承载能力，设计的基本原则之一是尽可能使接头局部地具有搭接形式。

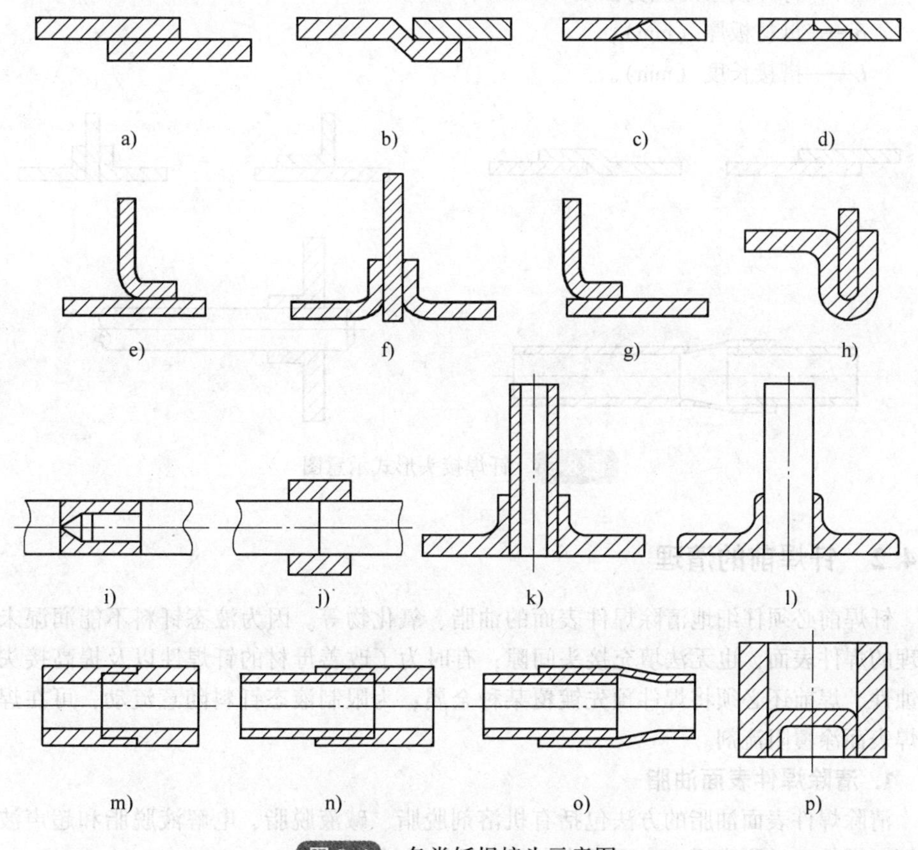

图8-4 各类钎焊接头示意图

a)、b）普通搭接接头 c)、d）对接接头局部搭接化 e)、f)、g)、h）T形接头和角接接头的局部搭接化 i)、j)、k）管件的套接接头 l）管与底板的接头形式 m)、n）杆件连接的接头形式 o)、p）管或杆与凸缘的接头形式

4. 钎焊接头的搭接长度

由于一般钎焊接头强度较低，而且对装配间隙要求较高，所以钎焊接头多采用搭接接头。通过增加搭接长度达到增强接头抗剪的能力。根据生产中的经验，搭接长度取组成此接头薄件厚度的2～5倍。对采用银基、铜基、镍基等较高强度钎料的接头，搭接长度通常取薄件厚度的2～3倍。对用锡铅等低强度钎料钎焊的搭接接头，搭接长度可取薄件厚度的4～5倍，但搭接长度$L\leqslant 15$mm。常用的钎焊接头形式如图8-5所示。

为了使搭接接头与母材具有相等的承载能力，搭接长度可按下式计算：

$$L=\alpha\frac{R_m}{\sigma_\tau}\delta$$

式中 α——安全系数；

R_m——母材的抗拉强度（MPa）；

σ_τ——钎焊接头的抗剪强度（MPa）；

δ——母材板厚（mm）；

L——搭接长度（mm）。

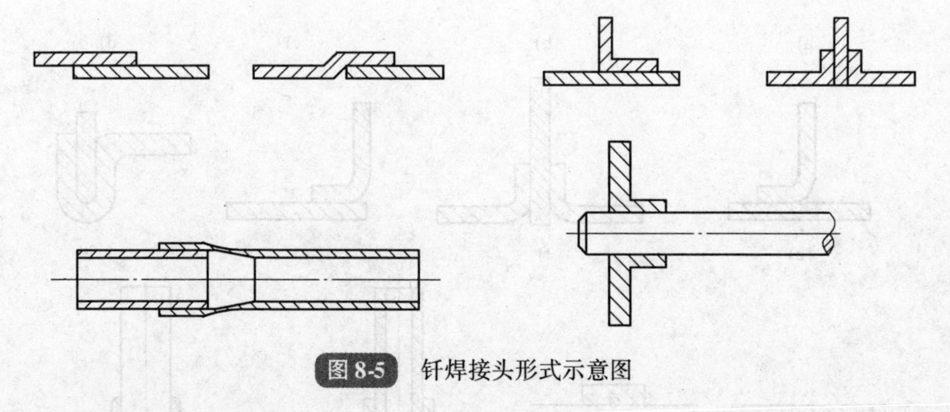

图 8-5 钎焊接头形式示意图

8.4.2 钎焊前的清理

钎焊前必须仔细地清除焊件表面的油脂、氧化物等。因为液态钎料不能润湿未经清理的焊件表面，也无法填充接头间隙；有时为了改善母材的钎焊性以及提高接头的耐蚀性，焊前还必须将焊件预先镀覆某种金属；为限制液态钎料随意流动，可在焊件非焊表面涂覆阻流剂。

1. 清除焊件表面油脂

清除焊件表面油脂的方法包括有机溶剂脱脂、碱液脱脂、电解液脱脂和超声波脱脂等。焊件经过脱脂后，应再用清水洗净，然后予以干燥。

常用的有机溶剂有乙醇、丙酮、汽油、四氯化碳、三氯乙烯、二氯乙烷和三氯乙烷等。小批量生产时可用有机溶剂脱脂，大批量生产时应用最广的是在有机溶剂的蒸气中脱脂。此外，在热的碱溶液中清洗也可得到满意的效果。例如，钢制零件可在苛性钠溶液中脱脂，铜制零件可在磷酸三钠或碳酸氢钠的溶液中清洗。对于形状复杂而数量很大的小零件，也可在专门的槽中用超声波脱脂。

2. 清洗氧化物

清除氧化物可采用机械方法、化学方法、电化学方法和超声波方法进行。

(1) 机械方法 机械方法清理时可采用锉刀、钢刷、砂纸、砂轮、喷砂等。其中，锉刀和砂纸清理用于单件生产，清理时形成的沟槽还有利于钎料的润湿和铺展。批量生产时可用砂轮、钢刷、喷砂等方法。铝及铝合金、钛合金不宜用机械清理法。

(2) 化学清理 化学清理是以酸和碱能够溶解某些氧化物为基础的。常用的有硫酸、硝酸、盐酸、氢氟酸及它们混合物的水溶液和氢氧化钠水溶液等。此方法生产效率高、去除效果好，适用于批量生产，但要防止表面的过侵蚀。常用材料表面氧化膜

的化学清理方法见表8-12。

表8-12 常用材料表面氧化膜的化学清理方法

焊件材料	清理溶液组分成分（质量分数，%）	化学清理方法
碳钢 低合金钢	1. $H_2SO_4$10%或HCl 10%的水溶液 2. H_2SO_4 6.5%或HCl 8%的水溶液，再加0.2%的缓冲剂（碘化亚钠等）	1. 在40~60℃温度下清理10~20min 2. 室温下酸洗2~10min
不锈钢	1. $H_2SO_4$16%、HCl 15%、$HNO_3$5%、水64%的溶液 2. $HNO_3$10%、$H_2SO_4$6%、HF50g/L的水溶液 3. $HNO_3$15%、NaF50g/L、水85%的溶液	1. 酸洗温度为100℃，酸洗时间为30s。酸洗后在HNO_3 5%的水溶液中进行光泽处理，温度100℃，时间10s 2. 酸洗温度20℃，酸洗时间10min。洗后在60~70℃的热水中洗涤10min，并在热空气（60~70℃）中进行干燥 3. 酸洗温度20℃，酸洗时间5~10min，酸洗后用热水洗涤，然后在100~200℃的温度下烘干
铜及铜合金	1. $H_2SO_4$10%的水溶液 2. $H_2SO_4$12.5%、$Na_2SO_4$1%~3% 3. $H_2SO_4$10%、$FeSO_4$10%	1. 酸洗温度18~40℃ 2. 酸洗温度20~75℃ 3. 酸洗温度50~60℃
铝及铝合金	1. NaOH10%的水溶液 2. $HNO_3$1%和HF1%的水溶液 3. NaOH 0~35g/L、$Na_2CO_3$20~30g/L，其余为水	1. 温度20~40℃，时间2~4min 2. 室温下酸洗 3. 温度40~55℃，时间2min

3. 母材表面的镀覆金属

在母材表面镀覆金属，其目的主要是：①改善一些材料的钎焊性，增加钎料对母材的润湿能力；②防止母材与钎料相互作用从而对接头产生不良影响，如防止产生裂纹、减少界面产生脆性金属间化合物；③作为钎料层，以简化装配过程和提高生产率。

4. 涂覆阻流剂

在零件的非焊表面上涂覆阻流剂的目的是限制液态钎料的随意流动，防止钎料的流失和形成无益的连接。阻流剂广泛用于真空或气体保护的钎焊。

8.4.3 火焰钎焊焊接参数

钎焊焊接参数主要包括钎焊温度、钎焊保温时间、钎焊间隙等。

1. 钎焊温度

随着钎焊温度的升高，钎料的润湿性提高。但钎焊温度太高，钎料对母材的溶蚀加重（溶蚀——母材表面被熔化的钎料过度熔解而形成的凹陷）、钎料流散现象加重及母材晶粒长大等。通常选择高于钎料液相线温度25~60℃，以保证钎料能填满间隙。

2. 钎焊保温时间

钎焊保温时间可根据焊件大小及钎料与母材相互作用的剧烈程度而定。较大的焊件保温时间应长些，以保证加热均匀。钎料与母材作用强烈的，保温时间要短。

3. 钎焊间隙

钎焊间隙是指在钎焊前焊件钎焊面的装配间隙。间隙太小，妨碍钎料流入；间隙太大，破坏了毛细作用。两者都使钎料不能填满间隙。因此，钎焊接头预留间隙的大小和均匀程度直接决定了接头的致密性和强度。钎焊接头推荐的间隙见表 8-13。

表 8-13　钎焊接头推荐的间隙

母材种类	钎料种类	钎焊接头间隙/mm	母材种类	钎料种类	钎焊接头间隙/mm
碳钢	铜钎料	0.01～0.05	铜及铜合金	黄铜钎料	0.07～0.25
	黄铜钎料	0.05～0.20		银基钎料	0.05～0.25
	银基钎料	0.02～0.15		锡铅钎料	0.05～0.20
	锡铅钎料	0.05～0.20		铜磷钎料	0.05～0.25
不锈钢	铜钎料	0.02～0.07	铝及铝合金	铝基钎料	0.10～0.30
	镍基钎料	0.05～0.10		锡铅钎料	0.10～0.30
	银基钎料	0.07～0.25		—	—
	锡铅钎料	0.05～0.20		—	—

8.4.4　火焰种类的选择

火焰钎焊最常用的火焰是氧-乙炔焰。由于氧-乙炔焰温度高，而钎焊温度则低得多，因此，常用火焰的外焰来进行加热，因为该区火焰的温度低而体积大，加热比较均匀。一般使用中性焰或轻微碳化焰，以防止母材金属和钎料过分氧化。

钎焊时焊件火焰的性质直接影响焊缝的质量。在焊接铜与不锈钢时，使用银基、镍基或铜基钎料时，用轻微碳化焰或轻微氧化焰的焊接质量与操作结果是不一样的。用轻微碳化焰焊接难度大，钎料流动不好，表面有沙粒样（用 30 倍放大镜）易断焊，焊缝间隙不易钎满，易出现气孔而且焊缝表面不够光滑，机械强度也不好。用轻微氧化焰就好得多。而铝及铝合金、镁合金钎焊就必须用碳化焰，否则就无法焊接。磷铜钎料的钎焊应选择中性焰或轻微氧化焰，效果很好。选择钎焊的火焰性质一般根据钎料和母材来确定，期间变化很多，但在实际的应用操作中，如果钎料润湿不好，钎缝表面也不好，就有可能是火焰性质选择不当造成的。特别是正常搭配的常见金属和钎料的焊接就可以判定是火焰性质选择不当。

8.4.5　火焰钎焊焊后清理

1）钎剂残渣大多数对钎焊接头起腐蚀作用，也妨碍对钎缝的检查，常需清除干净。

2）含松香的活性钎剂残渣可用异丙醇、酒精、三氯乙烯等有机溶剂除去。

3）由有机酸及盐组成的钎剂，一般都溶于水，可采用热水洗涤。由无机酸组成的软钎剂溶于水，因此可用热水洗涤。含碱金属及碱土金属氯化物的钎剂（例如氯化锌），可用 2% 盐酸溶液洗涤。

4）硬钎焊用的硼砂和硼酸钎剂残渣基本上不溶于水，很难去除，一般用喷砂去除。比较好的方法是将已钎焊的工件在热态下放入水中，使钎剂残渣开裂而易于去除。

5）含氟硼酸钾或氟化钾的硬钎剂（如QJ102）残渣可用水煮或在10%柠檬酸热水中清除。

6）铝用软钎剂残渣可用有机溶剂（例如甲醇）清除。

7）铝用硬钎剂残渣对铝具有很大的腐蚀性，钎焊后必须清除干净。下面列出的清洗方法，可以得到比较好的效果。

① 在60～80℃的热水中浸泡10min，用毛刷仔细清洗钎缝上的残渣，冷水冲洗，HNO_3 15%水溶液中浸泡约30min，再用冷水冲洗。

② 用60～80℃流动热水冲洗5～10min，放在65～75℃、CrO_3 2%、H_3PO_4 5%水溶液中浸泡15min，再用冷水冲洗。

8.4.6　火焰钎焊工艺要点

1）钎剂一般为干粉，用水调成糊状，将糊状钎剂预先涂在接头表面上，也可将钎料加热后沾上钎剂。

2）钎料可预先放置在接头上，钎料也应涂上钎剂。也可以将沾上钎剂的钎料手工送到已经达到钎焊温度的接头处，靠母材传热熔化钎料来填满焊缝。

3）钎焊时应先将焊件接头处均匀加热到钎焊温度，避免火焰与钎料直接接触而引起钎料过早地熔化。为了保证加热均匀，首先应使火焰来回移动，把整条钎焊缝加热到接近钎焊温度，然后再从另一端开始用火焰连续向前熔化钎料，填满钎缝间隙。

8.5　火焰钎焊操作技术

1）先用轻微碳化焰的外焰加热焊件，焰芯距焊件表面15～20mm，以增大加热面积。

2）当钎焊处被加热到接近钎料熔化温度时，可立即涂上钎剂，并用外焰加热使其熔化。

3）当钎剂熔化后，立即将钎料与被加热到高温的焊件接触，并使其熔化渗入到钎缝的间隙中。当液态钎料流入间隙后，火焰的焰芯与焊件的距离应加大到35～40mm，以防钎料过热。

4）为了增加母材和钎料之间的溶解和扩散能力，应适当提高钎焊温度。但若温度过高，会引起钎焊接头过烧，因此，钎焊温度一般应控制在高于钎料熔点30～40℃为宜。同时还应根据焊件的尺寸大小，适当控制加热持续时间。

5）钎焊后应迅速将钎剂和熔渣清除干净，以防腐蚀。对于钎焊后易出现裂纹的焊件，钎焊后应立即进行保温缓冷或做低温回火处理。

8.6　火焰钎焊检验方法

钎焊接头缺陷的检验方法可分为无损检验和破坏性检验。

1. 外观检查

外观检查是指用肉眼或低倍放大镜检查钎焊接头的表面质量，如钎料是否填满间隙，钎缝外露的一端是否形成圆角，圆角是否均匀，表面是否光滑，是否有裂纹、气孔及其他外部缺陷。

2. 表面缺陷检验

表面缺陷检验法包括荧光检验（着色检验）和磁粉检验。它们用于检查外观及检查目视发现不了的钎缝表面缺陷，如裂纹、气孔等。荧光检验一般用于小型工件的检查，大工件则用着色检验（工件的局部检查），磁粉检验只用于带有磁性的金属。

3. 内部缺陷检验

内部缺陷主要采用射线检验、超声波检验和致密性检验。

射线检验（按射线源的种类分为X射线和γ射线）是检验重要工件内部缺陷的常用方法，它可显示钎缝中的气孔、夹渣、未钎透以及钎缝和母材的开裂。超声波检验所能发现的缺陷范围与射线检验相同。而钎焊结构的致密性检验常用方法有一般的水压试验、气密试验、气渗透试验、煤油渗漏试验和质谱试验等方法。其中，水压试验用于高压容器，气密试验及气渗透试验用于低压容器，煤油渗透试验用于不受压容器，质谱试验用于真空密封接头。

8.7 钎焊接头的缺陷、产生原因及预防措施

钎焊接头的缺陷、产生原因及预防措施，见表8-14。

表8-14 钎焊接头的缺陷、产生原因及预防措施

缺陷	特征	产生原因	预防措施
钎焊未填满	接头间隙部分未填满	1. 间隙过大或过小 2. 装配时铜管歪斜 3. 焊件表面不清洁 4. 焊件加热不够 5. 钎料加入不够	1. 装配间隙要合适 2. 装配时铜管不能歪斜 3. 焊前清理焊件 4. 均匀加热到足够温度 5. 加入足够的钎料
钎缝成形不良	钎料只在一面填缝，未完成圆角，钎缝表面粗糙	1. 焊件加热不均匀 2. 保温时间过长 3. 焊件表面不清洁	1. 均匀加热焊件接头区域 2. 使钎焊保温时间适当 3. 焊前将焊件清理干净
气孔	钎缝表面或内部有气孔	1. 焊件清理不干净 2. 钎缝金属过热 3. 焊件潮湿	1. 焊前仔细清理焊件 2. 降低钎焊温度 3. 焊前烘干焊件
夹渣	钎缝中有杂质	1. 焊件清理不干净 2. 加热不均匀 3. 间隙不合适 4. 钎料杂质含量过高	1. 焊前清理焊件 2. 均匀加热 3. 采用合适的间隙 4. 采用正确的钎料

（续）

缺　陷	特　征	产生原因	预防措施
表面侵蚀	钎缝表面有凹坑或烧缺	1. 钎料过多 2. 钎缝保温时间过长	1. 加入适当的钎料 2. 保温适当时间
焊堵	钢管或毛细管全部或部分堵塞	1. 钎料加入太多 2. 保温时间过长 3. 套接长度太短 4. 间隙过大	1. 加入适当的钎料 2. 保温适当时间 3. 采用适当的套接长度 4. 采用合适的间隙
氧化	焊件表面或内部被氧化成黑色	1. 使用氧化焰加热 2. 未用雾化助焊剂 3. 内部未充氮保护或充氮不够	1. 使用中性焰加热 2. 使用雾化助焊剂 3. 内部充氮保护
钎料	钎料流到不需钎料的焊件表面或滴落	1. 钎料加入太多 2. 直接加热钎料 3. 加热方法不正确	1. 加入适量的钎料 2. 不可直接加热钎料 3. 采用正确的加热方法
泄漏	工件中出现泄漏现象	1. 加热不均匀 2. 焊缝过热而使磷被蒸发 3. 焊接火焰不正确，造成结碳或被氧化 4. 气孔或夹渣	1. 均匀加热，加入钎料 2. 控制好加热温度 3. 选择正确的火焰加热 4. 焊前清理焊件
过烧	内、外表面氧化皮过多，并有脱落现象（不靠外力，自然脱落），所焊接头形状粗糙，不光滑，发黑，严重的外套管有裂管现象	1. 钎焊温度过高（使用了氧化焰） 2. 钎焊时间过长	1. 控制好加热温度 2. 控制好加热时间

8.8　钎焊安全技术操作规程

8.8.1　钎焊操作中的通风

1）通常采用的有效防护措施是室内通风。它可将钎焊过程中所产生的有毒烟尘和毒性物质挥发气体排出室外，有效地保证操作者的健康和安全。

2）通常生产车间通风换气的方式有自然通风和机械通风两种。在工业生产厂房中，要求采用机械通风排除有害物质。机械通风又可分为全面排风和局部排风两种。

3）当钎焊过程中产生大量有毒害物质，难以用局部排风排出室外时，可采用全面排风的办法加以补充排除。一般情况下是在车间两侧安装较长的均匀排风管道，用风机作为动力，全面排除室内的含有毒物的空气，或者在屋顶上分散安装带有风帽的轴流式风机进行全面排风。但是全面排风效率较低，不经济，实用中应尽量采用局部排风。局部排风是排风系统中经济有效的排风方法。通常在有害物的发生源处设置排风罩，将钎焊时产生的有害物加以控制和排除，不使其任意扩散，因而排风效率最高。因此，凡是在生产中产生有害物的设备或工艺过程均应尽量就地设计安装局部排风罩，并应连成系统加以排除。排风罩应根据工艺生产设备的具体情况、结构及其使用条件，并考虑所产生有害物的特性进行设计。几个相同类型的排风罩可连成一个系统，以通风机为动力进行排除。当遇到各种排风罩所排除的有害气体不同时，则要考虑各有害气体混合后不致发生爆炸或燃烧，或生成毒性更大的物质时方可合并排除，否则应分别设置排风系统。此外，对具有腐蚀性气体和剧毒气体的排除，应单独设置排风系统，排入大气之前要进行预处理，达到国家规定有害物排放标准后方可排放。

8.8.2 钎焊操作中对毒物的防护

当钎焊金属和钎料中含有毒性金属成分时，要严格采取防护措施，以免操作者发生中毒，这些金属包括 Be、Cd、Pd、Zn 等。

1）Be 在核能、宇航和电子工业中应用价值很高，但它毒性大，钎焊时要特别重视安全防护措施。Be 主要通过呼吸道和有损伤的皮肤吸入人体，从体内排出速度缓慢，短期大量吸入会引起急性中毒，吸入 BeO 等难溶性化合物可引起慢性中毒铍病，数年后发病，主要表现为呼吸道病变。铍和氧化铍钎焊时，最好在密闭通风设备中进行，并应有净化装置，达到规定标准才可排出室外。

2）Cd 通常是为了改善钎焊工艺性在钎料中加入的元素，加热时易挥发，可从呼吸道和消化道吸入人体，积累在肾、肝内，多经胆汁随粪便排出，短期吸入大量 Cd 烟尘或蒸气会引起急性中毒，长期低浓度接触 Cd 烟尘蒸气，会引起肺气肿、肾损伤、嗅觉障碍症和骨质软化症等。

3）Pb 是软钎料中的主要成分，加热至 400 ~ 500℃时即可产生大量 Pb 蒸气，在空气中迅速生成氧化铅，Pb 及其化合物有相似的毒性，钎焊时主要是以烟尘或蒸气的形式经呼吸道进入人体，也可通过皮肤伤口吸收。Pb 蒸气中毒通常为慢性中毒，主要表现为神经衰弱综合征、消化系统疾病、贫血、周围神经炎、肾肝等脏器损伤等。我国现行规定车间空气中最高容许浓度，铅烟为 $0.03mg/m^3$，铅尘为 $0.05mg/m^3$。

4）Zn 及其化合物 $ZnCl_2$。在钎焊时，Zn 和 $ZnCl_2$ 会挥发生成锌烟，人体吸入可引起金属烟雾热，症状为战栗、发烧、全身出汗、恶心头痛、四肢虚弱等。接触 $ZnCl_2$ 烟雾会引起肺损伤，接触 $ZnCl_2$ 溶液会引起皮肤溃疡。因此，防止烟雾接触人体，必须应用个人防护设备和良好的通风环境，当皮肤触到 $ZnCl_2$ 溶液时要用大量清水冲洗接触部位。

在使用含有氟化物的钎剂时，必须在有通风的条件下进行钎焊，或者使用个人防护装备。当用含氟化物钎剂进行浸沾钎焊时，排风系统必须保证环境浓度在规定范围内，现行国家规定最大允许浓度为 $1mg/m^3$。

氟化物对人体的危害主要表现为骨骼疼痛、骨质疏松或变形，严重者会发生自发性骨折。对皮肤的损伤是发痒、疼痛和湿疹等。

在钎焊前清洗金属零件时，采用清洗剂，其中包括有机溶剂、酸类和碱类等化学物品，在清洗过程中会挥发出有毒的蒸气，要求通风良好，达到国家的规定要求，保证操作者的安全。

8.8.3 钎焊安全技术操作规程

1）目视检查钎焊工具，如焊枪、减压器、气管、焊剂瓶、点火器等，保证其完好。

2）用发泡剂检查钎焊工具各连接部位是否有泄漏，保证无泄漏。

3）按规定穿戴劳动保护用品，不要穿戴油污的工作服、手套。

4）点火时必须十分注意，切勿将火焰朝向人。

5）作业完成后，必须关闭LPG气体和氧气的阀门。

6）液体焊剂瓶的安全装置必须齐全，并进行定期清洗，保持洁净。

7）液体焊剂量应处于焊剂瓶视镜的中部。

8）LPG气体和氧气管道上使用的压力表，必须经检定合格且在有效期内。

9）工装、夹具、工具等必须定置摆放。

10）停止使用时，应先关闭乙炔调节阀，后关闭氧气调节阀。当发生回火时，应迅速关闭乙炔调节阀，再关闭氧气调节阀。

11）工作完毕后，应将橡胶软管拆下，焊枪放在适当的地方。

8.9 火焰钎焊技能训练

技能训练1 低碳钢管件搭接手工火焰钎焊

1. 钎焊前准备

（1）钎焊设备　氧气、乙炔各1瓶。

（2）焊枪　H01-12型焊枪，4号嘴。

（3）钎料　B-Cu62Zn、ϕ2mm，丝状。

（4）钎剂　硼酸（70%），硼砂（30%）。

（5）试件材质　20钢管接头，如图8-6所示。

（6）焊接附件　氧气表、乙炔表、氧气胶管、乙炔胶管。

（7）辅助工具　活动扳手、钢丝刷和锤子。

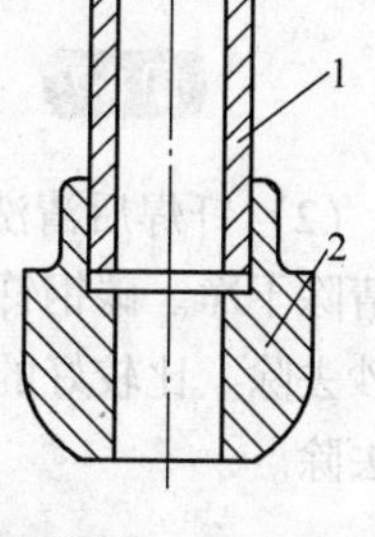

图8-6 钢管接头

1—导管　2—套接接头

2. 试件装配

（1）焊前清理　将钢管件待焊表面的氧化皮、铁锈、油污、脏物等用钢丝刷、砂布或抛光的方法进行清理，直至露出金属光泽。然后用毛刷或脱脂棉蘸酒精清洗待焊表面。同时，将钎料用15% ~20%硫酸氨水溶液在常温下清洗，或者用12.5%硫酸和1% ~3%硫酸钠水溶液在30 ~77℃下清洗，并要求在4h之内进行钎焊。

（2）试件装配　清理好的管件按图样规定进行装配，采用搭接接头，以增强接头抗剪切的能力。同时应注意钎焊间隙不能过大或过小，要均匀一致。低碳钢的钎焊间隙为0.05～0.1mm。

（3）定位焊　将装配好的低碳钢管件置于专用工作台上，用轻微的碳化焰进行定位钎焊。根据管径不同，定位钎焊1～3点。

3. 操作要点及注意事项

（1）钎焊　用中性焰或轻微碳化焰，火焰焰心距离钎焊件表面15～20mm，用火焰的外焰加热焊件。钎焊时，通常是用手进给钎料，使用钎剂去膜。一方面操作转动机构使工作台上方的焊件匀速转动；另一方面焊炬沿接头的搭接部位做上下移动，使整个接头均匀加热。当接头表面变成橘红色时（钎焊温度），用钎料蘸上钎剂，沿着接头处涂抹，钎剂便开始流动填满间隙。然后加入钎料，用焊炬的外焰沿着管件四周的搭接部分均匀加热，如图8-7所示，使钎料均匀地渗入钎焊间隙，整个钎缝形成饱满的圆根。当液态钎料流入间隙后，火焰焰心与焊件的距离应加大到20～30mm，以防钎料过热。最后，用火焰沿钎缝再加热两遍，然后慢慢地将火焰移开。钎焊结束后，不允许立即搬动焊件或将焊件的夹具卸下。

若钎焊较粗的管件，钎料可以分几次沿钎缝加入，如图8-8所示。某一段钎料渗完后，再钎焊下一段。

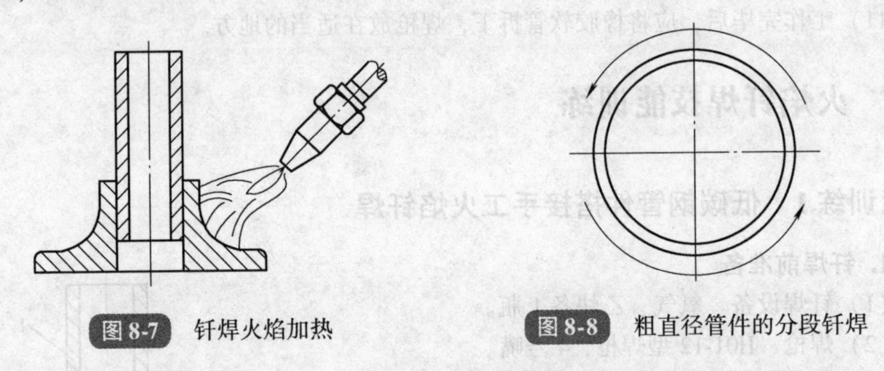

图8-7　钎焊火焰加热　　图8-8　粗直径管件的分段钎焊

（2）钎焊后清洗　钎剂残渣大多数对钎焊接头起腐蚀作用，也妨碍对钎缝的检查，需清除干净。碳钢钎焊用的硼砂和硼酸钎剂残渣基本上不溶于水，很难去除，一般用喷砂去除。比较好的方法是将已钎焊的工件在热态下放入水中，使钎剂残渣开裂而易于去除。

技能训练2　铝管搭接手工火焰钎焊

1. 钎焊前准备

（1）钎焊设备　氧气、乙炔各1瓶。

（2）焊枪　H01-12型焊枪，4号嘴。

（3）钎料牌号　B-Al67CuSi、ϕ2mm，丝状。

（4）钎剂牌号　H701。

（5）试件材质　1060 铝管件。

（6）试件规格　ϕ52mm × 3mm + ϕ45mm × 2mm，如图 8-9 所示。

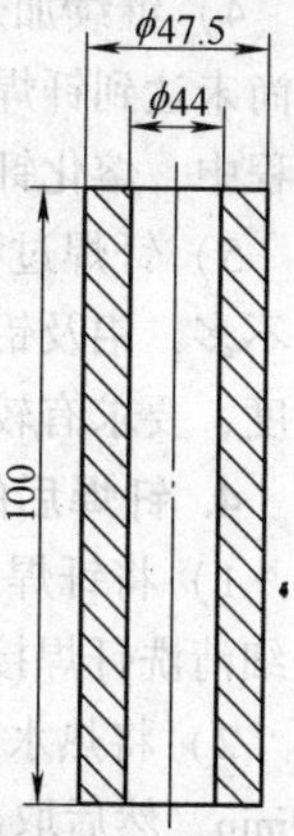

（7）焊接附件　氧气表、乙炔表、氧气胶管、乙炔胶管。

（8）辅助工具　活动扳手、钢丝刷和锤子。

2. 试件装配

（1）焊前清理

1）将铝管件放置在 60 ~ 70℃温度的 Na_2CO_3 水溶液中清洗 8 ~ 10min，然后用清水洗净 Na_2CO_3。

2）将待焊表面的氧化皮、油污、脏物等用钢丝轮（刷）、砂布或抛光的方法进行清理，直至露出金属光泽。

3）将焊件表面去除氧化膜及光泽处理并风干后，最好立即进行钎焊，最迟应控制在 4 ~ 6h 内进行钎焊。

图 8-9　铝管接头

（2）试件装配　清理好的管件按图样规定进行装配，采用搭接接头，以增强接头抗剪切的能力。同时应注意钎焊间隙不能过大或过小，要均匀一致，如图 8-10 所示。

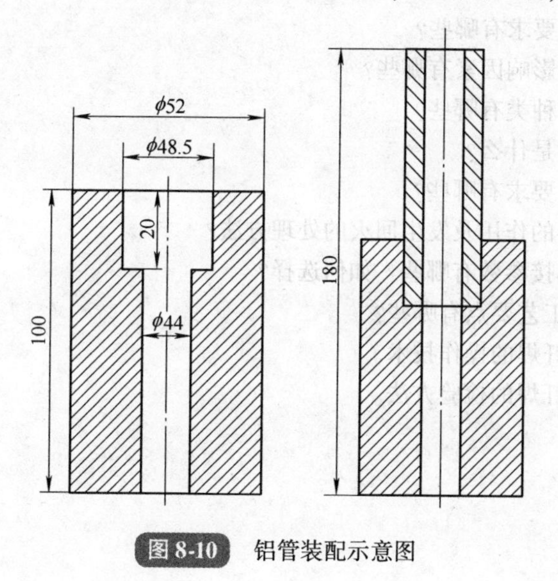

图 8-10　铝管装配示意图

3. 操作要点及注意事项

1）将待钎焊件垂直放在平台上，并在钎焊件加热前，就将用水已调成糊状的钎剂刷涂在钎焊件的装配间隙位置。

2）采用中性焰进行加热待钎焊件，焊嘴与焊件加热区的距离以控制在 65 ~ 80mm 为好，火焰要均匀围绕焊件转动。

3）当焊件温度接近焊剂 H701 的熔化温度（约 500℃）时，将蘸有 H701 钎剂的钎料 B-Al67CuSi 呈圆环状放在焊件上。

4）继续加热焊件，此时注意火焰不能直接加热钎料至熔化，以防熔化了的钎料流到尚未达到钎焊温度的焊件表面时被迅速凝固，使钎焊难以顺利进行，因此，在钎焊过程中，熔化钎料的热量应该从加热的焊件上得到为好。

5）钎焊过程中，要注意钎剂、钎料、焊件的温度变化，因为钎剂、钎料的熔点相差不多，铝及铝合金焊件在加热过程中也没有颜色的变化，使操作者难以判断焊件的温度，要求有较丰富经验的操作者进行钎焊。

4. 钎焊后的清洗

1）将钎焊后的焊件，先放在60～80℃的热水中浸泡10～15min，然后用硬质毛刷仔细清洗钎焊接头上的钎剂残渣，并用冷水进行清洗。

2）将热水浸泡过的钎焊件，再放入质量分数为15%的HNO_3水溶液中浸泡30～40min，然后取出用冷水清洗干净即可。

复习思考题

1. 简述火焰钎焊的基本原理。
2. 简述火焰钎焊的特点及其应用。
3. 钎料的基本要求有哪些？
4. 钎料选择的影响因素有哪些？
5. 常用钎料的种类有哪些？
6. 钎剂的作用是什么？
7. 钎剂的基本要求有哪些？
8. 回火防止器的作用及发生回火的处理方法？
9. 火焰钎焊焊接参数有哪些？如何选择？
10. 火焰钎焊工艺要点有哪些？
11. 简述火焰钎焊的操作技术。
12. 简述火焰钎焊的检验方法。

第9章 碳弧气刨

☺ 理论知识要求

1. 了解碳弧气刨的基本原理。
2. 了解碳弧气刨工艺的主要设备、工具。
3. 了解碳弧气刨的特点。
4. 了解碳弧气刨的主要参数。
5. 了解碳弧气刨工艺的危害及安全防护措施。
6. 了解低合金结构钢、不锈钢碳弧气刨的注意事项。

☺ 操作技能要求

1. 能对低碳钢、低合金结构钢、不锈钢进行正确的刨削操作。
2. 能对铸铁及有色金属进行碳弧切割操作。
3. 能对低碳钢单Y形坡口进行手工碳弧气刨。
4. 能对低碳钢或低合金钢板焊缝挑焊根进行手工碳弧气刨。
5. 能对低碳钢板U形槽进行手工碳弧气刨。

碳弧气刨是使用碳棒或石墨棒作为电极，与工件间产生电弧，将金属熔化，并用压缩空气将熔化金属吹除的一种表面加工沟槽的方法。在焊接生产中，它主要用来刨槽、消除焊缝缺陷和背面清根。

9.1 碳弧气刨的原理、特点及应用

9.1.1 碳弧气刨的基本原理

碳弧气刨是利用碳棒和金属之间产生的高温电流，把金属局部加热到熔化状态，同时利用压缩空气的高速气流把这些熔化金属吹掉，从而实现对金属母材进行刨削和切割的一种加工工艺方法。其工作原理如图9-1 所示。

9.1.2 碳弧气刨的特点

1. 优点

1）与用风铲或砂轮相比，效率高，噪声小，并可减轻劳动强度。

2）与等离子弧气刨相比，设备简单，压缩空气容易获得且成本低。

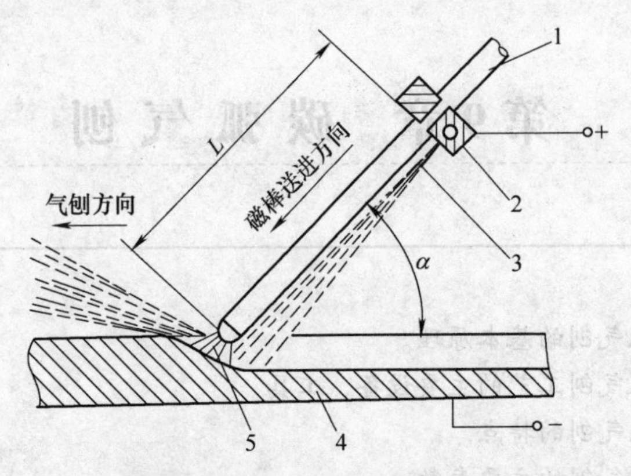

图 9-1 碳弧气刨工作原理示意图

1—碳棒 2—气刨枪夹头 3—压缩空气 4—工件 5—电弧 *L*—碳棒外伸长 *α*—碳棒与工件之间的夹角

3）由于碳弧气刨是利用高温而不是利用氧化作用刨削金属的，因而不但适用于黑色金属，而且还适用于铝、铜等有色金属及其合金。

4）由于碳弧气刨是利用压缩空气把熔化金属吹去的，因而可进行全位置操作；手工碳弧气刨的灵活性和可操作性较好，因而在狭窄工位或可达性差的部位，碳弧气刨仍可使用。

5）在清除焊缝或铸件缺陷时，被刨削面光洁铮亮，在电弧下可清楚地观察到缺陷的形状和深度，有利于清除缺陷。

2. 缺点

1）烟雾污染。

2）粉尘污染。

3）弧光辐射。

4）噪声较大。

5）操作不当易引起槽道增碳。

6）对操作者的技术要求高。

9.1.3 碳弧气刨的应用范围

碳弧气刨及切割工艺应用实例如图 9-2 所示。

1）焊缝清根。

2）清除焊缝缺陷。

3）利用碳弧气刨开坡口，尤其是 U 形坡口。

4）返修焊件时，可使用碳弧气刨消除焊接缺陷。

5）清除铸件飞边、浇冒口及铸件中的缺陷。

6）在板材工件上打孔。

7）刨削焊缝表面的余高。

8）切割低碳钢、合金钢、不锈钢、铸铁、铝及铝合金、铜及铜合金等。

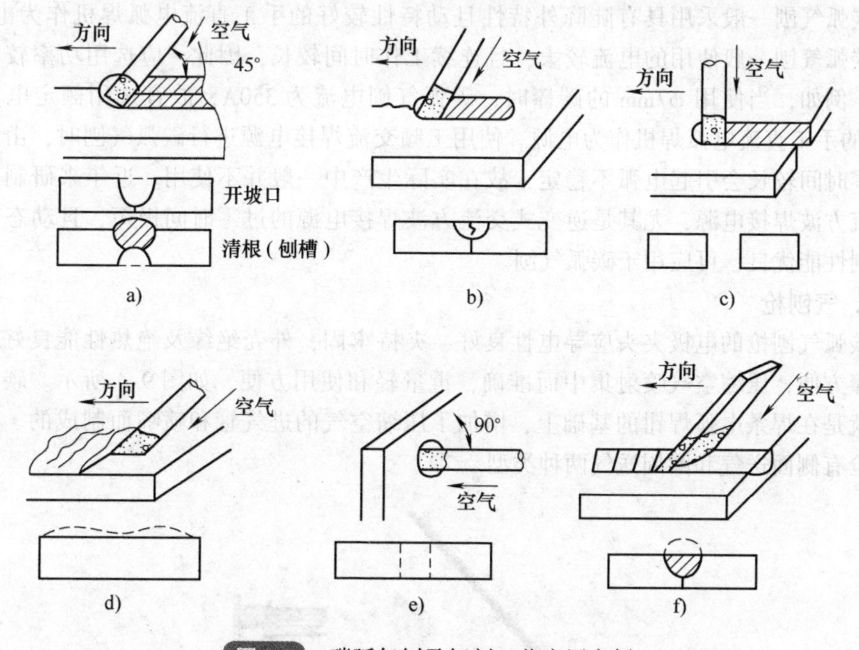

图9-2 碳弧气刨及切割工艺应用实例

a）开坡口及清根 b）清除缺陷 c）切割 d）清除表面 e）打孔 f）刨除余高

9.2 碳弧气刨的设备和材料

9.2.1 碳弧气刨的设备

碳弧气刨系统由电源、气刨枪、碳棒、电缆气管和空气压缩机等组成，如图9-3所示。

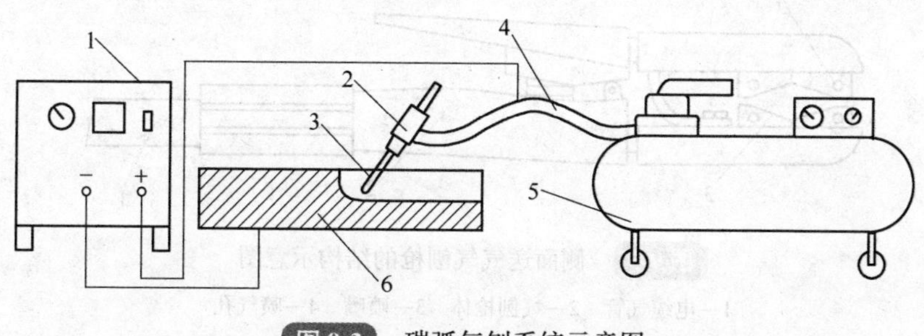

图9-3 碳弧气刨系统示意图

1—电源 2—气刨枪 3—碳棒 4—电缆气管 5—空气压缩机 6—工件

1. 电源

碳弧气刨一般采用具有陡降外特性且动特性较好的手工直流电弧焊机作为电源。由于碳弧气刨一般使用的电流较大，且连续工作时间较长，因此，应选用功率较大的焊机。例如，当使用 ϕ7mm 的碳棒时，碳弧气刨电流为 350A，故宜选用额定电流为 500A 的手工直流电弧焊机作为电源。使用工频交流焊接电源进行碳弧气刨时，由于电流过零时间较长会引起电弧不稳定，故在实际生产中一般并不使用。近年来研制成功的交流方波焊接电源，尤其是逆变式交流方波焊接电源的过零时间极短，且动态特性和控制性能优良，可应用于碳弧气刨。

2. 气刨枪

碳弧气刨枪的电极夹头应导电性良好、夹持牢固，外壳绝缘及绝热性能良好，更换碳棒方便，压缩空气喷射集中而准确，重量轻和使用方便，如图 9-4 所示。碳弧气刨枪就是在焊条电弧焊钳的基础上，增加了压缩空气的进气管和喷嘴而制成的。碳弧气刨枪有侧面送气和圆周送气两种类型。

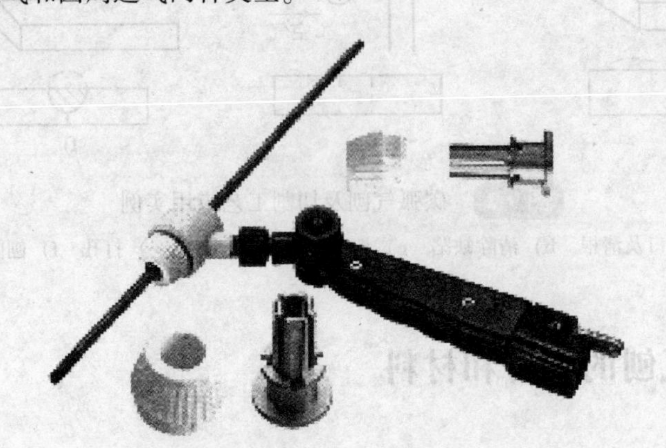

图 9-4　碳弧气刨枪示意图

（1）侧面送气气刨枪　侧面送气气刨枪结构如图 9-5 所示。侧面送气气刨枪的枪嘴结构如图 9-6 所示。

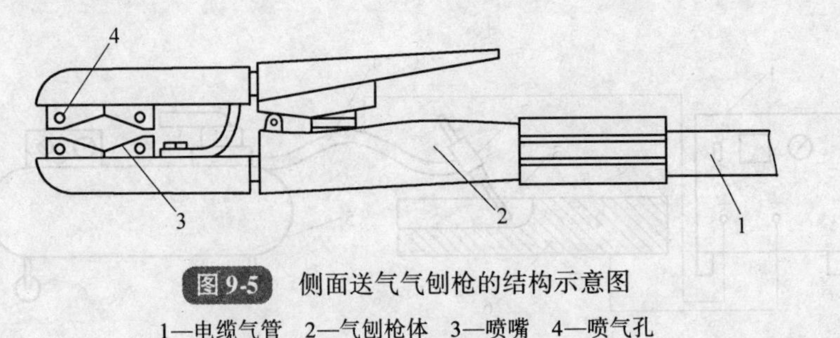

图 9-5　侧面送气气刨枪的结构示意图

1—电缆气管　2—气刨枪体　3—喷嘴　4—喷气孔

（2）圆周送气气刨枪　圆周送气气刨枪只是枪嘴的结构与侧面送气气刨枪有所不

同。圆周送气气刨枪的枪嘴结构如图9-7所示。

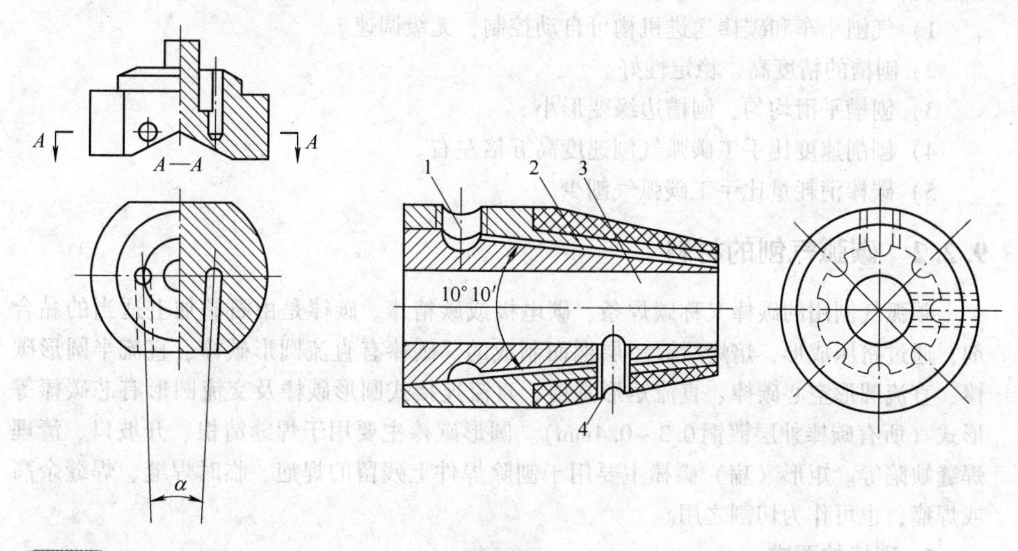

图9-6 侧面送气气刨枪的枪嘴结构示意图

图9-7 圆周送气气刨枪的枪嘴结构示意图
1—电缆气管的螺纹孔 2—气道
3—碳棒孔 4—紧固碳棒的螺纹孔

1）圆周送气气刨枪的优点：喷嘴外部与工件绝缘，压缩空气由碳棒四周喷出。碳棒冷却均匀，适合在各个方向操作。

2）圆周送气气刨枪的缺点：结构比较复杂。

3. 自动碳弧气刨设备

（1）自动碳弧气刨机与全位置行走机构 如图9-8所示。

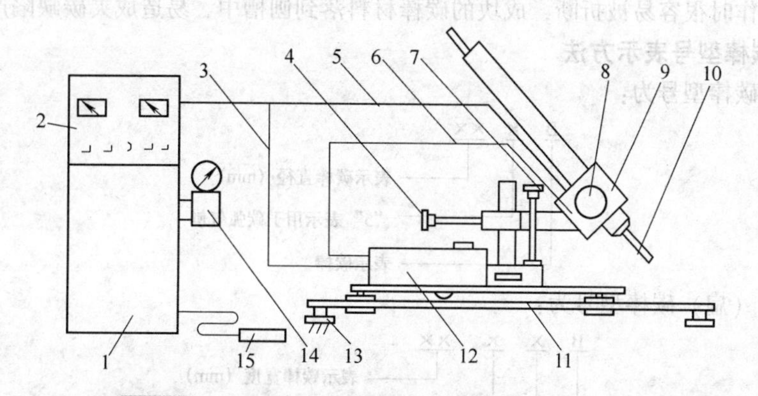

图9-8 自动碳弧气刨机与全位置行走机构示意图
1—主电路接触器（箱内） 2—控制箱 3—牵引爬行器电缆 4—水平调节器 5—电缆气管
6—电动机控制电缆 7—垂直调节器 8—伺服电动机 9—气刨头 10—碳棒 11—轨道
12—牵引爬行器 13—定位磁铁 14—压缩空气调压器 15—遥控器

（2）自动碳弧气刨的优点

1）气刨小车和碳棒送进机构可自动控制、无级调速。

2）刨槽的精度高、稳定性好。

3）刨槽平滑均匀，刨槽边缘变形小。

4）刨削速度比手工碳弧气刨速度高五倍左右。

5）碳棒消耗量比手工碳弧气刨少。

9.2.2 碳弧气刨的材料

碳弧气刨用的碳棒又称碳焊条、碳电极或碳精棒。碳棒是由石墨加上适当的黏合剂，通过挤压成形，焙烤后镀一层铜而制成的。碳棒有直流圆形碳棒、直流半圆形碳棒、直流圆形空心碳棒、直流矩形碳棒、直流连接式圆形碳棒及交流圆形有芯碳棒等形式（所有碳棒外层镀铜0.3～0.4mm）。圆形碳棒主要用于焊缝清根、开坡口、清理焊缝缺陷等。矩形（扁）碳棒主要用于刨除焊件上残留的焊疤、临时焊缝、焊缝余高或焊瘤，也可作为切割之用。

1. 碳棒的要求

（1）导电性良好　在碳弧气刨的操作过程中，全部电流都通过碳棒。如果碳棒的导电性差，电阻值大，就会产生较大的电阻热而烧损碳棒；反之，碳棒的导电性好，电阻值小，电阻热就小，因而就减少了碳棒的烧损。

（2）耐高温　在碳弧气刨的操作过程中，要求碳棒耐高温。这样不仅可减少碳棒的烧损，降低生产成本，而且也减少调整碳棒伸出长度和更换碳棒的次数及辅助工作时间，从而大大地提高生产效率。如果碳棒强度较高，不容易被折断，一方面可以减少碳棒烧损，另一方面有效减少了刨槽的缺陷。

（3）具有一定的强度　碳棒的强度对碳弧气刨的质量有较大影响。如果碳棒强度低，在操作时很容易被折断，成块的碳棒材料落到刨槽中，易造成夹碳缺陷产生。

2. 碳棒型号表示方法

圆形碳棒型号为：

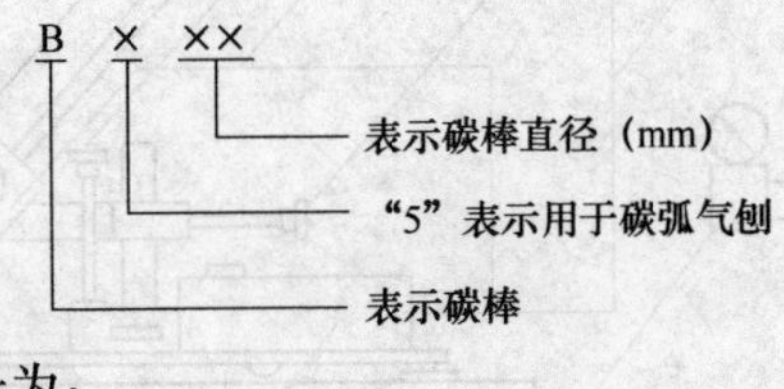

矩形（扁）碳棒型号为：

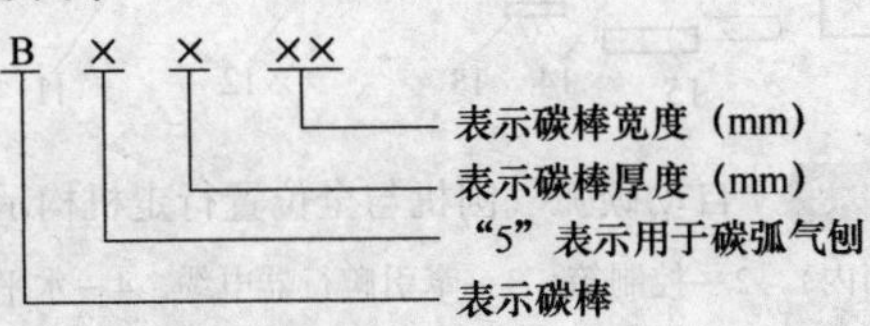

在型号后面的附加字母，其含义如下：

1）末尾带“K”，表示直流圆形空心碳棒。

2）末尾带“L”，表示直流连接式圆形碳棒。

3）末尾带“J”，表示直流圆形有芯碳棒。

3. 碳弧气刨的碳棒规格及适用电流

碳棒规格及适用电流见表9-1。

表9-1 碳棒规格及适用电流

断面形状	规格尺寸/mm	适用电流/A
圆形	$\phi3\times355$	150~180
	$\phi4\times355$	150~200
	$\phi5\times355$	150~250
	$\phi6\times355$	180~300
	$\phi7\times355$	200~350
	$\phi8\times355$	250~400
	$\phi9\times355$	350~450
	$\phi10\times355$	350~500
矩形	$3\times12\times355$	200~300
	$4\times8\times355$	180~270
	$4\times12\times355$	200~400
	$5\times10\times355$	300~400
	$5\times12\times355$	350~450
	$5\times15\times355$	400~500
	$5\times18\times355$	450~550
	$5\times20\times355$	500~600

4. 碳棒的保管

碳棒在保管时应保持干燥。使用前如发现碳棒受潮，应烘干后才能使用；烘干温度为180℃左右，保温10h。

9.3 碳弧气刨工艺

9.3.1 碳弧气刨的参数

1. 电源极性

碳素钢和普通低合金钢碳弧气刨时，一般采用直流反接，即工件接负极，碳棒接正极。如图9-9所示。这样可以使电弧稳定。试验表明，普通低合金钢采用反极性碳弧气刨，其熔化金属的碳含量高达1.44%（质量分数），这是由于碳的正离子被吸引到工件表面，被阴离

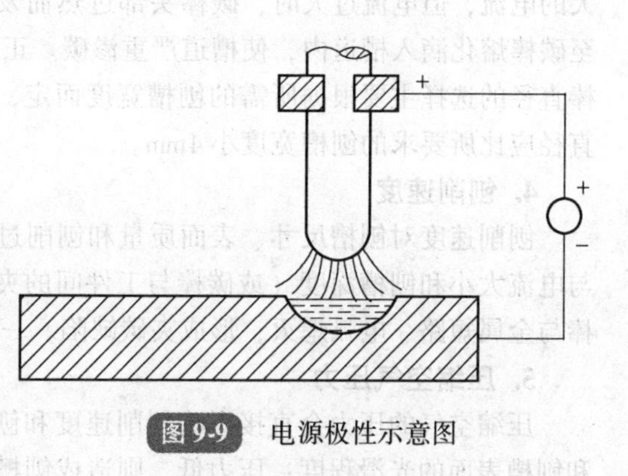

图9-9 电源极性示意图

子还原成碳原子，熔入熔化的金属中。而正极性时碳含量为0.38%（质量分数）。碳含量较高的熔化金属的流动性较好，凝固温度较低，因此反接时刨削过程稳定，电弧发出唰唰声，刨槽宽窄一致，光滑明亮。若极性接错，电弧不稳且发出断续的嘟嘟声。部分金属材料碳弧气刨时电源极性的选择要求见表9-2。

表9-2 部分金属材料碳弧气刨时电源极性的选择要求

材料	电源极性	备注	材料	电源极性	备注
碳素钢	反接	正接时电弧不稳定，刨槽表面不光滑	铜及铜合金	正接	—
合金钢	反接		铝及铝合金	正接或反接	—
铸铁	正接	反接也可，但操作性比正接差	锡及锡合金	正接或反接	—

2. 碳棒直径

碳棒直径通常根据钢板的厚度选用，但也要考虑刨槽宽度的需要，一般直径应比所需的槽宽小2~4mm。碳棒直径选用与板厚的关系见表9-3。

表9-3 碳棒直径选用与板厚的关系

板厚/mm	碳棒直径/mm	板厚/mm	碳棒直径/mm
4~6	4	>10	7~10
6~8	5~6	>15	>10
8~12	6~7		

3. 电流与碳棒直径

电流与碳棒直径成正比关系，一般可参照下面的经验公式选择电流：

$$I=(30\sim50)D$$

式中 I——电流（A）；

D——碳棒直径（mm）。

对于一定直径的碳棒，如果电流较小，则电弧不稳，且易产生夹碳缺陷；适当增大电流，可提高刨削速度，使刨槽表面光滑、宽度增大。在实际应用中，一般选用较大的电流，但电流过大时，碳棒头部过热而发红，镀铜层易脱落，碳棒烧损很快，甚至碳棒熔化滴入槽道内，使槽道严重渗碳。正常电流下，碳棒发红长度约为25mm。碳棒直径的选择主要根据所需的刨槽宽度而定，碳棒直径越大，则刨槽越宽。一般碳棒直径应比所要求的刨槽宽度小4mm。

4. 刨削速度

刨削速度对刨槽尺寸、表面质量和刨削过程的稳定性有一定的影响。刨削速度须与电流大小和刨槽深度（或碳棒与工件间的夹角）相匹配。刨削速度太快，易造成碳棒与金属短路、电弧熄灭，形成夹碳缺陷。一般刨削速度以0.5~1.2m/min为宜。

5. 压缩空气压力

压缩空气的压力会直接影响刨削速度和刨槽表面质量；压力高，可提高刨削速度和刨槽表面的光滑程度；压力低，则造成刨槽表面粘渣。碳弧气刨常用的压缩空气压力为 0.5 ~ 0.6MPa，流量为 0.85 ~ 1.7 m^3/min。压缩空气所含水分和油分可通过在压缩空气的管路中加过滤装置予以限制。

6. 碳棒的伸出长度

碳棒从导电嘴到碳棒端点的长度称为伸出长度。手工碳弧气刨时，伸出长度较长，压缩空气的喷嘴离电弧就远，造成风力不足，不能将熔渣顺利吹掉，而且碳棒也容易折断。一般伸出长度以 80 ~ 100mm 为宜。随着碳棒的烧损，碳棒的伸出长度不断减少，当伸出长度减少至 20 ~ 30mm 时，应将伸出长度重新调至80 ~ 100mm。

7. 电弧长度

电弧过长，引起操作不稳定，甚至熄弧；电弧太短，又容易引起“夹碳”缺陷。操作时要求弧长变化量小，并保持短弧。一般电弧长度约为 1 ~ 2mm。此时的生产效率高，并可提高碳棒的利用率。

8. 刨槽宽度

刨槽宽度主要由碳棒的直径和电流大小及操作技术来决定。碳棒直径大，使用电流大，刨槽变宽。

9. 碳棒与工件间的倾角

碳棒与工件间的倾角 α（图 9-1）大小，主要会影响刨槽深度和刨削速度。夹角增大，则刨槽深度增加，刨削速度减小。一般手工碳弧气刨的倾角以 45° ~ 60°为宜。碳棒倾角与刨槽深度的关系见表 9-4。

表 9-4 碳棒倾角与刨槽深度的关系

碳棒倾角/（°）	25	35	40	45	50	85
刨槽深度/mm	2.5	3.0	4.0	5.0	6.0	7 ~ 8

9.3.2 碳弧气刨的工艺特点

1. 碳弧气刨的热影响区组织和硬度

碳弧气刨过程中，热影响区的特性取决于被刨削金属的化学成分和显微组织。随着钢中碳和合金元素含量的增多，热影响区宽度及显微硬度值增大。但是奥氏体钢未发生组织变化和硬度升高现象。碳弧气刨对钢的热影响区宽度、组织和硬度的影响见表 9-5。

表 9-5 碳弧气刨对钢的热影响区宽度、组织和硬度的影响

材　料	母　材		热影响区		
	组　织	显微硬度/MPa	宽度/mm	刨削金属表面组织	显微硬度/MPa
Q235	铁素体、珠光体	1274 ~ 1450	1.0	铁素体和珠光体	1519 ~ 2156
14Mn2	铁素体、珠光体	—	1.2	索氏体	—
12CrNi3A	铁素体、珠光体	1470 ~ 2058	1.0 ~ 1.3	索氏体	4018 ~ 4606
20CrMoV	铁素体、珠光体	1421 ~ 1960	1.2	索氏体和托氏体	2940 ~ 4234
40Cr	铁素体、珠光体	1764 ~ 2156	0.9 ~ 1.5	托氏体和马氏体	4900 ~ 7840

（续）

材　料	母　材		热影响区		
	组　织	显微硬度/MPa	宽度/mm	刨削金属表面组织	显微硬度/MPa
1Cr17Ni2	马氏体、铁素体	4312～4707	1.5～1.9	马氏体、铁素体	4410～5880
1Cr17Ni13MoTi	奥氏体、碳化物	2156～2744	—	奥氏体、碳化物	1960～2744
08Cr20Ni10Mn6	奥氏体、碳化物	2254～2744	—	奥氏体、碳化物	2254～2744

2. 碳弧气刨槽道表层的增碳

碳弧气刨时，增碳主要发生在槽道表层碳的质量分数为0.23%的钢在厚0.54～0.72mm表面层中，碳的质量分数增至0.3%，即仅增加0.07%。而18-8型不锈钢槽道表面的增碳层厚度仅为0.02～0.05mm，最厚处也不超过0.11mm。18-8型不锈钢碳弧气刨区碳的质量分数的分析结果见表9-6。

表9-6　18-8型不锈钢碳弧气刨区碳的质量分数的分析结果

取样部位	碳的质量分数（%）	取样部位	碳的质量分数（%）
碳刨飞溅金属	1.3	槽道表层0.2～0.3mm处	
槽道边缘粘渣	1.2	母材	0.070～0.075

离表面深0.2～0.3mm处的碳的质量分数同母材含量十分接近，但粘渣的碳的质量分数高达1.2%。而且在刨削深槽或多层刨削时，也可能产生厚度达0.2～0.3mm的增碳层。

碳弧气刨加工的坡口或背面虽存在增碳的热影响区，但经过焊接后都被熔化，在焊缝中未发现增碳现象，其力学性能也与用机械加工的坡口相同。但是粘渣和炭灰等必须从槽道中清除，对于某些重要结构件，则需用砂轮去除厚0.5～0.8mm的表面层后才能施焊。

3. 碳弧气刨的焊接接头的力学性能

用碳弧气刨削除焊缝的余高，对接头的强度没有影响，但是会使接头的塑性降低，冷弯角低于105°。若用砂轮磨去厚0.2～0.5mm的表层后，塑性可以恢复。碳弧气刨后的零件（除不锈钢零件）通过回火处理即可消除增碳层和热影响区的组织变化。碳弧气刨对18-8型不锈钢焊接接头耐晶间腐蚀性能的影响见表9-7。

表9-7　碳弧气刨对18-8型不锈钢焊接接头耐晶间腐蚀性能的影响

碳棒直径/mm	电流/A	空气压力/MPa	刨槽清理方法	腐蚀情况
5	180～210	294	不锈钢丝刷	合格
			砂轮打磨	
5	180～210	392	不锈钢丝刷	合格
			砂轮打磨	
5	180～210	490	不锈钢丝刷	合格
			砂轮打磨	
5	180～210	539	不锈钢丝刷	合格
			砂轮打磨	

注：1. 焊缝中碳的质量分数为0.04%。

2. 腐蚀情况的结果是指焊后状态试样的腐蚀试验结果。

9.3.3 碳弧气刨的操作

1. 碳弧气刨前的准备

1）清理工作场地，在10m范围内应无易燃、易爆物品。

2）碳弧气刨前应做如下检查：

① 电源线及接地（焊件）线连接应牢固。自动碳弧气刨时，信号（电弧电压）线应可靠地接在焊件上。

② 气路连接应可靠、畅通、无泄漏现象。仪表完好。

③ 采用自动碳弧气刨时，小车导轨与焊件气刨线应平行。

④ 当气刨环缝时，液轮架运转应可靠，且不跑偏。

⑤ 碳弧气刨的电源极性、碳棒直径、气刨电流、行走速度、压缩空气的压力及碳棒的伸出长度等应符合工艺要求。

3）对于需要预热的材料，在气刨前应按相应的焊接工艺要求进行预热。

2. 碳弧气刨基本操作

（1）准备工作　刨削前应先检查电源的极性是否正确（一般刨枪接正极、工件接负极）。检查电缆及气管是否接好。根据工件厚度、槽的宽度选择碳棒直径和调节好电流。调节碳棒伸出长度为80～100mm。检查压缩空气管路和调节压力，调正风口并使其对准刨槽。

（2）引弧　引弧时，应先缓慢打开气阀，随后引燃电弧，否则易产生“夹碳”和碳棒烧红。电弧引燃瞬间，不宜拉得过长，以免熄灭。

（3）刨削

1）因为开始刨削时钢板温度低，不能很快熔化，当电弧引燃后，刨削速度应慢一点，否则易产生夹碳。当钢板熔化且被压缩空气吹去时，可适当加快刨削速度。

2）刨削过程中，碳棒不应横向摆动和前后往复移动，只能沿刨削方向做直线运动。

3）将碳棒夹持在碳弧气刨枪上，碳棒伸出长度一般为80～100mm，当烧至30～40mm时，应将碳棒重新夹持到伸出长度。

4）电弧长度应保持在1～2mm。

5）碳棒与焊件夹角一般为30°～40°。

6）引弧后的气刨速度应稍慢一点，待金属材料被充分加热后再调至正常气刨速度。

7）在垂直位置气刨时，应由上向下移动，以便焊渣流出。

8）要保持均匀的刨削速度。刨削时，均匀清脆的“嘶、嘶”声表示电弧稳定，能得到光滑均匀的刨槽。每段刨槽衔接时，应在弧坑上引弧，防止碰触刨槽或产生严重凹痕。

9）刨削结束时，应先切断电弧，过几秒后再关闭气阀，使碳棒冷却。

10）刨槽后应清除刨槽及其边缘的铁渣、毛刺和氧化皮，用钢丝刷清除刨槽内炭灰和“铜斑”，并按刨槽要求检查焊缝根部是否完全刨透，缺陷是否完全清除。

3. 碳弧气刨操作技术要求

1）开始气刨前，应检查电流极性及压缩空气情况，气路连接应可靠，选好碳棒直径，调节好电流和碳棒伸出长度。

2）刨削时，先打开气阀，随后引燃电弧，以免产生“夹碳”。

3）碳棒中心应对准刨槽中心线。刨削速度应均匀，碳棒倾角要合适。

4）刨削结束时，应先熄弧，后断气，使碳棒冷却。

5）碳弧气刨后的坡口，在焊前必须彻底清除氧化皮、铁渣、炭灰和铜斑等杂物，并仔细检查焊缝根部是否完全刨透或缺陷是否完全清除。

6）碳弧气刨的刨削方向，一般自右向左，或自上向下。

4. 刨削检查

1）气刨槽应无夹碳、粘渣、铜斑及裂纹等缺陷，否则应及时清除。

2）自动气刨刨槽尺寸允许偏差：宽度误差≤1mm，深度误差≤(1±0.5)mm，刨槽中心相对焊缝中心的偏移≤1mm。

3）手工气刨刨槽尺寸允许偏差：宽度误差≤2mm，深度误差≤(2±1)mm，刨槽中心相对焊缝中心的偏移≤2mm。

9.3.4 碳弧气刨常见缺陷及预防措施

1. 夹碳

刨削速度太快或碳棒送进过猛，使碳棒头部碰到铁液或未熔化的金属上，电弧就会因短路而熄灭。由于温度很高，当碳棒再往前送或向上提起时，头部脱落并粘在未熔化的金属上，产生夹碳缺陷。夹碳缺陷处会形成一层含碳量高达6.7%（质量分数）的硬脆的碳化铁。若夹碳残存在坡口中，焊后易产生气孔和裂纹。

预防措施：夹碳主要是操作不熟练造成的，因此应提高操作技术水平。在操作过程中要细心观察，及时调整刨削速度和碳棒送进速度。发生夹碳后，可用砂轮、风铲或重新用气刨将夹碳部分清除干净。

2. 粘渣

碳弧气刨吹出的物质俗称为渣。其实质上主要是氧化铁和碳化铁等化合物，易粘在刨槽的两侧而形成粘渣，焊接时容易形成气孔。

预防措施：粘渣主要是由于压缩空气压力小引起的，但刨槽速度与电流配合不当，刨削速度太慢也易粘渣，在采用大电流时更为明显。其次在倾角过小时也易粘渣。发生粘渣后，可用钢丝刷、砂轮或风铲等工具将其清除。

3. 铜斑

采用表面镀铜的碳棒时，有时因镀铜质量不好，会使铜皮成块剥落，剥落的铜皮成熔化状态，在刨槽的表面形成铜斑。在焊前用钢丝刷或砂轮机将铜斑清除，就可避免母材的局部渗铜。如不清除，铜渗入焊缝金属的量达到一定数值时，就会引起热裂纹。

预防措施：碳棒镀铜质量不好、电流过大都会造成铜皮成块剥落而形成铜斑。因此，应选用质量好的碳棒和选择合适的电流。已发生铜斑后，可用钢丝刷、砂轮或重新用气刨将铜斑消除干净。

4. 烧穿

对于板厚≤5mm 的薄板，容易烧穿。

预防措施：应选用较小直径的碳棒，配合较低的电流，采用较高的气刨速度和合适的倾角，可以防止烧穿。

5. 刨槽尺寸和形状不规则

在碳弧气刨操作过程中，有时会产生刨槽不正或深浅不均。碳棒歪向刨槽的一侧就会引起刨槽不正，碳棒运动时上下波动就会引起刨槽的深度不均，碳棒的角度变化同样能使刨槽的深度发生变化。

预防措施：产生这种缺陷的主要原因是操作技术不熟练，因此应从以下几个方面加以改善：

1）保持刨削速度和碳棒送进速度稳定。

2）在刨削过程中，碳棒的空间位置尤其是碳棒倾角应合理且保持稳定。

3）刨削时应集中注意力，使碳棒对准预定刨削路径。在清焊根时，应将碳棒对准装配间隙。

9.4 碳弧气刨的危害与安全操作技术

9.4.1 碳弧气刨的危害

碳弧气刨的危害是电弧辐射、烟尘、有毒气体、金属飞溅和噪声。

1）碳弧气刨工艺使用的电流比焊接电流大得多，弧光强烈，电弧辐射伤害更大。由于使用的电流大，焊机容易过载和发热，并加剧自身振动，因此，容易造成对焊接设备的损害。

2）碳弧气刨时易放出大量的有毒气体和烟尘，在容器内操作时，有毒气体和烟尘不易排出，对人体健康有较大的损害。

3）碳弧气刨时，大量的高温液态金属和氧化物被压缩空气吹出，容易引起火灾及烫伤。

4）碳弧气刨发出尖锐的噪声，对人的耳朵易造成耳鸣，听力下降。

9.4.2 碳弧气刨的安全操作技术

1）操作者应按作业特点和要求穿戴好劳动防护用品。

2）检查焊机接地是否良好，连接部位的绝缘是否良好；由于碳弧气刨时使用的电流较大，应注意防止焊机的过载和过分使用而发热。

3）检查压缩空气各管路接头是否牢固。

4）对被刨削的工件进行安全性确认，封闭的管道、容器等禁止刨削；对不明物应事先检查确认无危险后再进行操作。同时认真检查作业现场，10m 范围内严禁存放易燃易爆物品，严防火灾。

5）露天作业时，尽可能顺风向操作，防止吹散的铁液及渣烧损操作人员，并注意场地防火，雨雪天气严禁操作，以防触电。

6）碳弧气刨时，工作场地应有可靠的通风设施；在容器或舱室内部操作时，必须加强抽风及排除烟尘措施，并有专人监护才能进行操作，防止中毒或窒息。

7）工作完成后，要及时切断电源，关闭空气压缩机或空气管道开关，清理好工作场地，确认无火种后，操作者方可离开现场。

9.5 碳弧气刨技能训练

技能训练1 低碳钢单Y形坡口的手工碳弧气刨

1. 刨削前准备

（1）试件材质 Q235A钢板。

（2）试件尺寸 12mm×100mm×300mm，数量1件，如图9-10所示。

（3）气刨材料 碳棒，直径6mm。

（4）碳弧气刨设备 直流弧焊机（容量较大）、空气压缩机、气刨枪等。

（5）工、量具 钢丝钳、锤子、钢丝刷、活动扳手、钢直尺、直角尺、划针、样冲、石笔、防护眼镜、防护用品等。

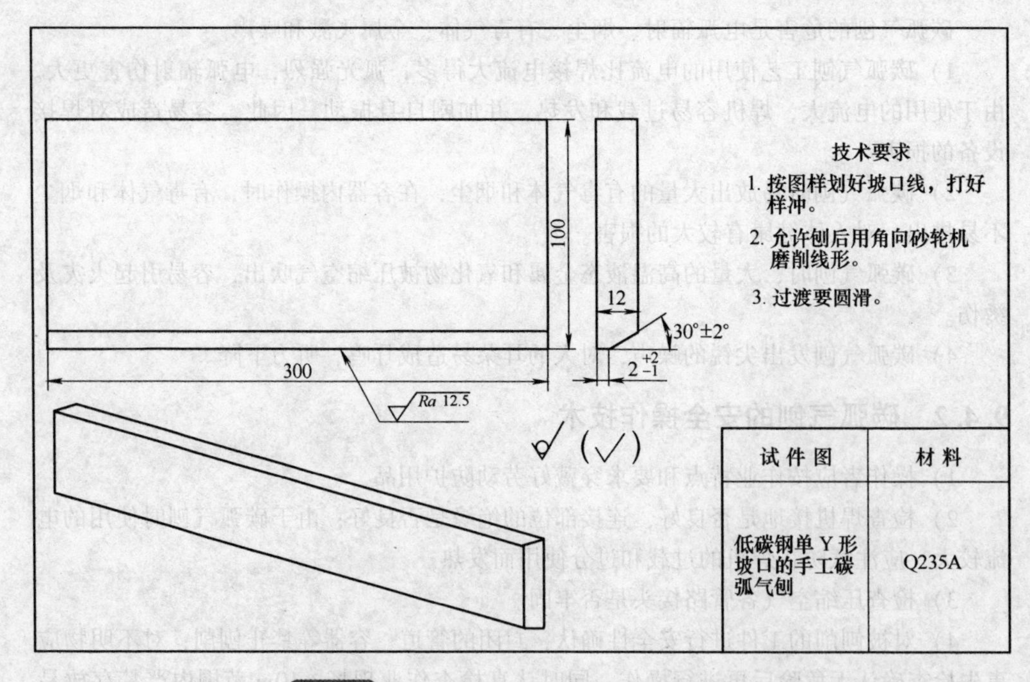

图9-10 低碳钢单Y形坡口的手工碳弧气刨

2. 操作要点及注意事项

（1）准备工作

1）刨前清理：清除钢板表面的油垢、锈蚀。

2）将待刨削的钢板放稳在操作架上或用角钢支起一定高度。按图样划好钝边高度（2mm）和坡口面角度（30°）线，打好样冲。

3）刨削前应先检查电源的极性是否正确（一般刨枪接正极、工件接负极）。检查电缆及气管是否接好。根据工件厚度、槽的宽度选择碳棒直径和调节好电流。调节碳棒伸出长度为80～100mm。检查压缩空气管路和调节压力，调正风口并使其对准刨槽。

（2）引弧　引弧时，先缓慢打开气阀，随后与工件接触引燃电弧，否则易产生“夹碳”或碳棒烧红现象。电弧引燃瞬间，不宜拉得过长，以免熄灭。

（3）刨削

1）开始刨削时钢板温度低，不能很快熔化，当电弧引燃后，刨削速度应慢一点，否则易产生夹碳；当钢板熔化且被压缩空气吹去时，可适当加快刨削速度。

2）刨削过程中，碳棒不应前后往复移动，只能沿坡口刨削方向做直线运动。

3）将碳棒夹持在碳弧气刨枪上，碳棒伸出长度一般为80～100mm，当烧至30～40mm时，应将碳棒重新夹持到伸出长度。

4）电弧长度应保持在1～2mm。

5）碳棒与工件夹角一般为45°～50°。

6）刨削时，要保持均匀的刨削速度，均匀清脆的“嘶、嘶”声表示电弧稳定，能得到光滑均匀的坡口面。

7）刨槽后应清除坡口边缘的铁渣、毛刺和氧化皮，用钢丝刷清除坡口表面的炭灰和“铜斑”。

（4）注意事项

1）刨削时，焊工应在上风部位刨削，熔渣应避开人行道，并随时注意熔渣飞溅的方向，以避免熔渣烫伤他人。

2）刨削过程中劳保用品穿戴整齐。

3）刨件刨完后，应先切断电弧，过几秒后再关闭气阀，使碳棒冷却。

4）刨削结束时，清除刨件的熔渣，关闭焊机、空气压缩机，卸下气刨枪。

3. 碳弧气刨参数

低碳钢单Y形坡口的手工碳弧气刨参数见表9-8。

表9-8　低碳钢单Y形坡口的手工碳弧气刨参数

碳棒直径/mm	刨削电流/A	压缩空气压力/MPa	碳棒刨削倾角/(°)	刨削速度/(m/min)
6	200～220	0.4～0.6	45～50	0.6～0.8

4. 刨削检验

1）坡口宽度、坡口面角度和钝边高度尺寸应符合图样技术要求。

2）坡口面是否光洁平滑，无粘渣和铜斑。

技能训练2　低碳钢或低合金钢板焊缝挑焊根的手工碳弧气刨

1. 刨削前准备

（1）试件材质　Q235A 钢板。

（2）试件尺寸　12mm×200mm×300mm 焊板，数量1件，如图9-11所示。

（3）气刨材料　碳棒，直径8mm。

（4）碳弧气刨设备　直流弧焊机（容量较大）、空气压缩机、气刨枪等。

（5）工、量具　钢丝钳、锤子、钢丝刷、活动扳手、钢直尺、直角尺、划针、样冲、石笔、防护眼镜、防护用品等。

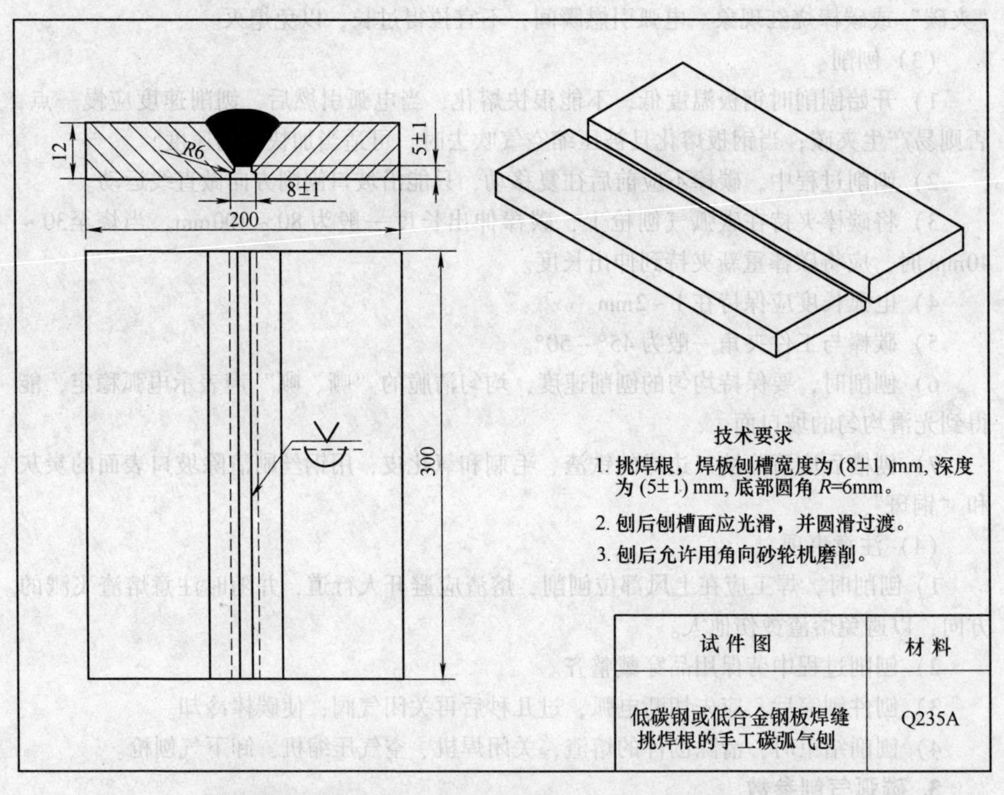

图9-11　低碳钢或低合金钢板焊缝挑焊根的手工碳弧气刨

2. 操作要点及注意事项

（1）准备工作

1）刨前清理：清除钢板表面的油垢、锈蚀。

2）将待刨削的焊板反放在操作架上或用角钢支起一定高度。按图样划好刨槽宽度［(8±1)mm］和两端刨槽深度［(5±1)mm］线，打好样冲。

3）刨削前应先检查电源的极性是否正确（一般刨枪接正极、工件接负极）。检查电缆及气管是否接好。根据工件厚度、槽的宽度选择碳棒直径和调节好电流。调节碳

棒伸出长度为80～100mm。检查压缩空气管路和调节压力，调正风口并使其对准刨槽。

（2）引弧　引弧时，先缓慢打开气阀，随后与工件接触引燃电弧，否则易产生“夹碳”或碳棒烧红现象。电弧引燃瞬间，不宜拉得过长，以免熄灭。

（3）刨削

1）开始刨削时钢板温度低，不能很快熔化，当电弧引燃后，刨削速度应慢一点，否则易产生夹碳；当钢板熔化且被压缩空气吹去时，可适当加快刨削速度。

2）刨削过程中，碳棒不应前后往复移动，只能沿焊根刨削方向做直线运动。

3）将碳棒夹持在碳弧气刨枪上，碳棒伸出长度一般为80～100mm，当烧至30～40mm时，应将碳棒重新夹持到伸出长度。

4）电弧长度应保持在1～2mm。

5）碳棒与工件夹角一般为30°～35°。

6）刨削时，要保持均匀的刨削速度，均匀清脆的“嘶、嘶”声表示电弧稳定，能得到光滑均匀的坡口面。

7）刨槽后应清除坡口边缘的铁渣、毛刺和氧化皮，用钢丝刷清除坡口内的炭灰和“铜斑”。

（4）注意事项

1）刨削时，焊工应在上风部位刨削，熔渣应避开人行道，并随时注意熔渣飞溅的方向，以避免熔渣烫伤他人。

2）刨削过程中劳保用品穿戴整齐。

3）刨件刨完后，应先切断电弧，过几秒后再关闭气阀，使碳棒冷却。

4）刨削结束时，清除刨件的熔渣，关闭焊机、空气压缩机，卸下气刨枪。

3. 碳弧气刨参数

低碳钢或低合金钢板焊缝挑焊根的手工碳弧气刨参数见表9-9。

表9-9　低碳钢或低合金钢板焊缝挑焊根的手工碳弧气刨参数

碳棒直径/mm	刨削电流/A	压缩空气压力/MPa	碳棒刨削倾角/(°)	刨削速度/(m/min)
6	200～220	0.4～0.6	30～35	0.8～1.0

4. 刨削检验

1）坡口宽度、坡口面角度和钝边高度尺寸应符合图样技术要求。

2）坡口面是否光洁平滑，无粘渣和铜斑。

技能训练3　低碳钢板U形槽的手工碳弧气刨

1. 刨削前准备

（1）试件材质　Q235A钢板。

（2）试件尺寸　12mm×210mm×400mm，数量1件，如图9-12所示。

（3）气刨材料　碳棒，直径8mm。

（4）碳弧气刨设备　直流弧焊机（容量较大）、空气压缩机、气刨枪等。

（5）工、量具　钢丝钳、锤子、钢丝刷、活动扳手、钢直尺、直角尺、划针、样冲、石笔、防护眼镜、防护用品等。

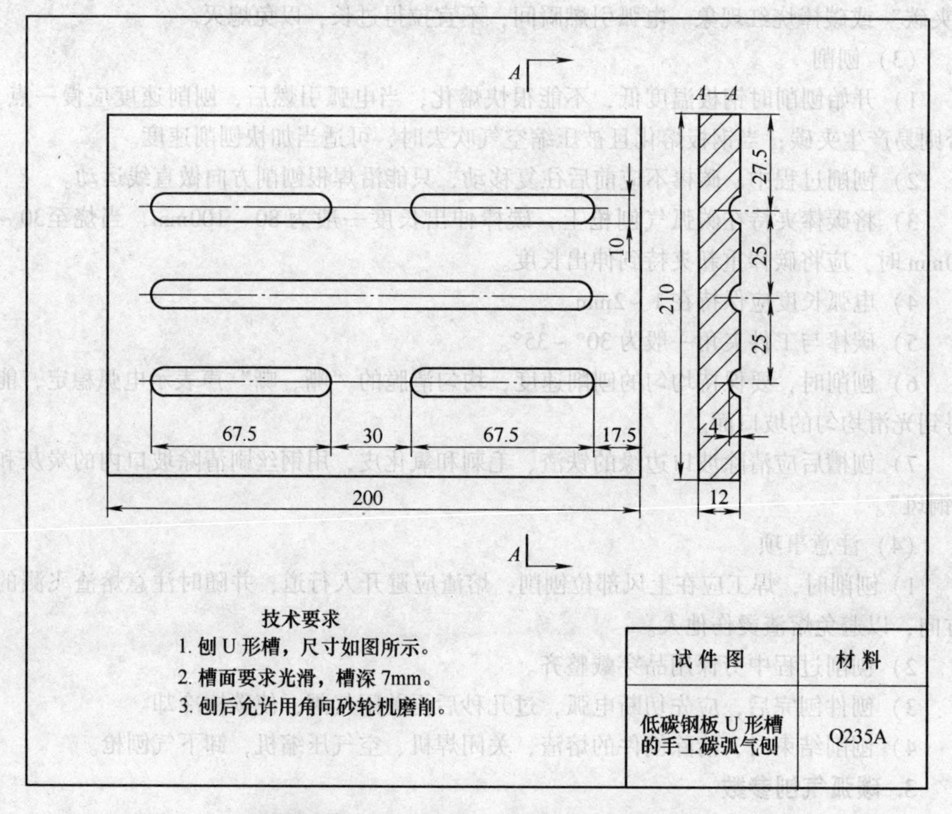

图9-12　低碳钢板U形槽的手工碳弧气刨

2. 操作要点及注意事项

（1）准备工作

1）刨前清理：清除钢板表面的油垢、锈蚀。

2）将待刨削的钢板放稳在操作架上或用角钢支起一定高度。按图样划好U形槽线，打好样冲。

3）刨削前应先检查电源的极性是否正确（一般刨枪接正极、工件接负极）。检查电缆及气管是否接好。根据工件厚度、槽的宽度选择碳棒直径和调节好电流。调节碳棒伸出长度为80～100mm。检查压缩空气管路和调节压力，调正风口并使其对准刨槽。

（2）引弧

引弧时，先缓慢打开气阀，随后与工件接触引燃电弧，否则易产生“夹碳”或碳棒烧红现象。电弧引燃瞬间，不宜拉得过长，以免熄灭。

（3）刨削

1）开始刨削时钢板温度低，不能很快熔化，当电弧引燃后，刨削速度应慢一点，

否则易产生夹碳；当钢板熔化且被压缩空气吹去时，可适当加快刨削速度。

2）刨削过程中，碳棒不应前后往复移动，只能沿焊根刨削方向做直线运动。

3）将碳棒夹持在碳弧气刨枪上，碳棒伸出长度一般为80～100mm，当烧至30～40mm时，应将碳棒重新夹持到伸出长度。

4）电弧长度应保持在1～2mm。

5）碳棒与工件夹角一般为25°～30°。

6）刨削时，要保持均匀的刨削速度，均匀清脆的“嘶、嘶”声表示电弧稳定，能得到光滑均匀的坡口面。

7）刨槽后应清除坡口边缘的铁渣、毛刺和氧化皮，用钢丝刷清除坡口内的炭灰和“铜斑”。

（4）注意事项

1）刨削时，焊工应在上风部位刨削，熔渣应避开人行道，并随时注意熔渣飞溅的方向，以避免熔渣烫伤他人。

2）刨削过程中劳保用品穿戴整齐。

3）刨件刨完后，应先切断电弧，过几秒后再关闭气阀，使碳棒冷却。

4）刨削结束时，清除刨件的熔渣，关闭焊机、空气压缩机，卸下气刨枪。

3. 碳弧气刨参数

低碳钢板U形槽的手工碳弧气刨参数见表9-10。

表9-10 低碳钢板U形槽的手工碳弧气刨参数

碳棒直径/mm	刨削电流/A	压缩空气压力/MPa	碳棒刨削倾角/(°)	刨削速度/(m/min)
8	240～260	0.4～0.6	25～30	1.0～1.2

4. 刨削检验

1）坡口宽度、坡口面角度和钝边高度尺寸应符合图样技术要求。

2）坡口面是否光洁平滑，无粘渣和铜斑。

复习思考题

1. 碳弧气刨的工作原理是什么？
2. 碳弧气刨的应用范围有哪些？
3. 碳弧气刨产生夹碳的原因及预防措施有哪些？
4. 碳弧气刨产生铜斑的原因及预防措施有哪些？

第10章 埋 弧 焊

☺ 理论知识要求

1. 了解埋弧焊的工作原理。
2. 了解埋弧焊的应用范围。
3. 了解埋弧焊的工艺特点。
4. 了解埋弧焊的工艺参数。
5. 了解埋弧焊用焊接材料及辅助材料。
6. 了解埋弧焊焊机的分类、型号及主要技术参数。
7. 了解埋弧焊的危害与安全操作技术。

☺ 操作技能要求

1. 能对埋弧焊焊机进行焊接操作。
2. 能对低碳钢、低合金钢、不锈钢板对接缝进行埋弧焊。
3. 能对筒体环焊缝对接双面焊缝进行埋弧焊。

10.1 埋弧焊概述

埋弧焊是目前广泛使用的一种电弧焊方法。它利用电弧作为热源，焊接时电弧埋在焊剂层下燃烧，电弧光不外露，埋弧焊由此得名。

10.1.1 埋弧焊的工作原理

埋弧焊的实质是在一定大小颗粒的焊剂层下，由焊丝和焊件之间放电而产生的电弧热使焊丝的端部及焊件的局部熔化，形成熔池，熔池金属凝固后形成焊缝。这个过程是在焊剂层下进行的，所以称为埋弧焊。埋弧焊焊缝的形成过程如图10-1所示，焊丝末端和焊件之间产生电弧之后，电弧的辐射热使周围的焊剂熔化，其中一部分达到沸点，并蒸发形成高温气体，这部分蒸气将电弧周围的熔化焊剂（熔渣）排开，形成一个气泡，电弧在这个气泡内燃烧，气泡的上部分被部分熔化了的焊剂及渣壳构成的外膜包围着。它不仅能很好地将熔池与空气隔开，而且可以隔绝弧光的辐射。随着电弧在气泡内连续燃烧，焊丝不断地熔化形成熔滴落入熔池。当电弧沿焊缝方向不断向前移动时，熔池也随之冷却而凝固形成焊缝，密度较小的熔渣浮在熔池的表面，冷却后成为渣壳，去除后就能得到一个具有良好力学性能、外表光滑平整的焊缝。

埋弧自动焊与焊条电弧焊的主要区别是：埋弧自动焊的引弧、维持电弧稳定燃烧和送进焊丝、电弧的移动以及焊接结束时填满弧坑等动作，全部是利用机械自动完成的。

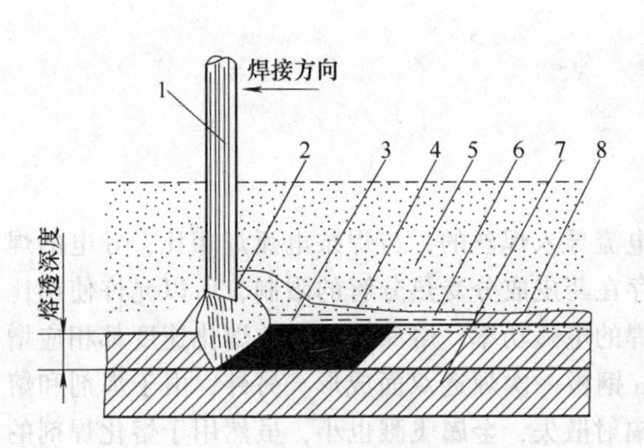

图 10-1 埋弧焊时焊缝的成形过程

1—焊丝 2—电弧 3—焊接熔池 4—熔渣 5—焊剂 6—焊缝 7—焊件 8—渣壳

10.1.2 埋弧焊的应用范围

1. 焊缝类型和焊件厚度

凡是焊缝可以保持在水平位置或倾斜度不大的焊件，不管是对接接头、角接接头和搭接接头，都可以用埋弧焊焊接，如平板的拼接焊缝、圆筒形焊件的纵缝和环缝、各种焊接结构中的角缝和搭接缝等。

埋弧焊可焊接的焊件厚度范围很大。除了厚度在5mm以下的焊件由于容易烧穿，埋弧焊用得不多外，较厚的焊件都适应埋弧焊焊接。目前，埋弧焊焊接的最大厚度已达650mm。

2. 焊接材料的种类

随着焊接冶金技术和焊接材料生产技术的发展，适合埋弧焊的材料已从碳素结构钢发展到低合金结构钢、不锈钢、耐热钢以及某些有色金属，如镍基合金、铜合金等。此外，埋弧焊还可以在基体金属表面堆焊耐磨或耐腐蚀的合金层。

铸铁一般不能用埋弧焊焊接。因为埋弧焊电弧功率大，产生的热收缩应力很大，焊后很容易形成裂纹。铝、镁、钛及其合金因还没有适当的焊剂，目前还不能使用埋弧焊焊接。铅锌等低熔点金属材料也不适合用埋弧焊焊接。

可以看出，适宜于埋弧焊的范围是很广的。最能发挥埋弧焊快速、高效特点的生产领域是造船、锅炉、化工容器、大型金属结构和工程机械等工业制造部门，是当今焊接生产中最普遍使用的焊接方法之一。

埋弧焊还在不断发展之中，如多丝埋弧焊能达到厚板一次成形；窄间隙埋弧焊可以使厚板焊接提高生产效率，降低成本；埋弧堆焊能使焊件在满足使用要求的前提下节约贵重金属或提高使用寿命。

10.2 埋弧焊的焊接工艺

10.2.1 埋弧焊的工艺特点

1. 生产效率高

因为埋弧焊是经过导电嘴将焊接电流导入焊丝的，与焊条电弧焊相比，导电的焊丝长度短，其表面又无药皮包覆，不存在药皮成分受热分解的限制，所以允许使用比焊条电弧焊大得多的电流，使得埋弧焊的电弧功率、熔深及焊丝的熔化速度都相应增大。在特定条件下，可实现 10 ~ 20mm 钢板一次焊透双面成形。另外，由于焊剂和熔渣的隔热作用，电弧基本上没有热的辐射散失，金属飞溅也小，虽然用于熔化焊剂的热量损耗较大，但总的热效率仍然大大增加。焊条电弧焊与埋弧焊的焊接电流密度比较见表 10-1。因此使埋弧焊的焊接速度大大提高，最高可达 60 ~ 150mm/h，而焊条电弧焊则不超过 6 ~ 8mm/h，故埋弧焊与焊条电弧焊相比有更高的生产率。焊条电弧焊与埋弧焊的热量平衡比较见表 10-2。

表 10-1 焊条电弧焊与埋弧焊的焊接电流密度比较

焊条或焊丝直径/mm	焊条电弧焊		埋弧焊	
	焊接电流/A	电流密度/$A \cdot mm^{-2}$	焊接电流/A	电流密度/$A \cdot mm^{-2}$
ϕ1.6	25 ~ 40	12.5 ~ 20.0	150 ~ 400	74.8 ~ 199.0
ϕ2.0	40 ~ 65	12.7 ~ 20.7	200 ~ 600	63.7 ~ 191
ϕ2.5	50 ~ 80	10.2 ~ 16.3	260 ~ 700	53.0 ~ 142.7
ϕ3.2	100 ~ 130	12.4 ~ 16.2	300 ~ 900	37.3 ~ 112.0
ϕ4.0	160 ~ 210	14.4 ~ 16.7	400 ~ 1000	31.8 ~ 79.6
ϕ5.0	200 ~ 270	10.2 ~ 13.8	520 ~ 1100	26.5 ~ 56.0
ϕ5.8	260 ~ 300	9.8 ~ 11.4	600 ~ 1200	22.7 ~ 45.4

表 10-2 焊条电弧焊与埋弧焊的热量平衡比较

焊接方法	产热（%）		耗热（%）					
	两个极区	弧柱	辐射	飞溅	熔化焊条	熔化母材	母材传热	熔化药皮或焊剂
焊条电弧焊	66	34	22	10	23	8	30	7
埋弧焊	54	46	1	1	27	45	3	25

2. 焊缝质量好

埋弧焊时，焊接区受到焊剂和渣壳的可靠保护，大大减小了有害气体的入侵机会。同时还可以降低焊缝的冷却速度，从而提高了焊缝接头的力学性能。埋弧焊焊接规范比较稳定，焊速均衡，焊缝表面粗糙度值小，化学成分和力学性能也比较均匀。由于埋弧焊熔深较深，故不易产生未焊透等缺陷。由于电流大，熔深较大，熔池中的气体往往来不及逸出，因而对气孔的敏感性较大。

3. 节省焊接材料和电能

由于熔深大，对于较厚的焊件可以不开坡口进行焊接，焊缝中焊丝的填充量显著减少，节约了焊材，也节省了由于加工坡口和填充坡口所耗的电能。由于埋弧焊受焊剂的有效保护，飞溅极少，没有像焊条电弧焊那样的焊条损失，从而提高了填充焊丝的利用率，降低了成本。

4. 劳动条件好

由于实现了焊接过程机械化，操作较简便，减少了焊工的劳工强度，而且电弧在焊剂层下燃烧，没有弧光的有害影响，放出的烟尘也较少，从而改善了焊工的劳动条件。

10.2.2 埋弧焊的焊接参数

埋弧焊需要控制的焊接参数较多，对焊缝质量和成形影响较大的焊接参数有焊接电流、电弧电压、焊接速度、焊丝直径与伸出长度、焊丝与焊件之间的倾斜度。焊剂的粒度及焊层厚度也对焊缝质量有一定影响。

1. 焊接电源及其极性

埋弧焊可采用交流和直流电源。直流电源有正极性（焊件接正）和反极性（焊件接负）两种接法。直流正接法时，焊缝的熔深和熔宽比直流反接法小，交流电的焊缝熔深和熔宽介于两种直流接法之间。

2. 焊接电流

焊接电流是埋弧焊最重要的焊接参数，它决定了焊接熔化速度、熔深和母材熔化量。在其他条件不变时，增加焊接电流，则焊缝厚度和余高都增加，而焊缝宽度几乎保持不变（或略有增加）。这是因为：

1）焊接电流增加时，电弧的热量增加，因此熔池体积和弧坑深度也增加，所以冷却后焊缝厚度（熔深）就增加。

2）焊接电流增加时，焊丝的熔化量也增加，因此焊缝余高也增加。

3）焊接电流增加时，电弧截面略有增加，导致熔宽增加。同时，电流增加促使弧坑深度增加，而电压没有变化，所以弧长不变，导致电弧深入熔池，使电弧摆动范围缩小，促使熔宽减小。两者共同作用的结果是，熔宽几乎保持不变。

3. 电弧电压

在其他焊接参数不变的情况下，电弧电压与弧长成正比关系。埋弧焊过程中，为了保持电弧稳定燃烧，若在其他条件不变时，电压增大（即弧长增加），使焊缝宽度显著增加，而焊缝余高和焊缝厚度略为减小，焊缝变得平坦。

4. 焊接速度

焊接速度对焊缝厚度和焊缝宽度有明显的影响。当焊接速度增加时，焊缝厚度和焊缝宽度都大为下降。

5. 焊丝直径

焊丝直径主要影响焊缝厚度。在其他参数不变的情况下，焊丝直径减小，焊接电流密度增大，电弧变窄，熔深增加。

6. 焊丝倾角

通常称焊丝垂直水平面的焊接为正常状态，当焊丝在焊接方向上前倾或后倾时，焊缝形状是不同的，前倾时焊缝熔深浅，焊缝宽度增加，余高减小。焊接平角焊缝时，焊丝要与垂直板成约30°的夹角。

7. 焊件倾斜

焊件倾斜有两种情况：上坡焊和下坡焊。当进行上坡焊时，熔池液体金属在重力和电弧作用下流向熔池尾部，电弧能深入到熔池底部，因而焊缝厚度和余高增加。同时，熔池前部加热作用减弱，电弧摆动范围减小，因此焊缝宽度减小。上坡焊角度越大影响也越明显，下坡焊时，熔深和余高减小，熔宽增大。

8. 焊丝伸出长度

焊丝伸出长度增加，焊丝上产生的电阻热增加，电弧电压变大，熔深减小，熔宽增加，余高略有增加。若焊丝伸出长度过长，电弧不稳定，甚至造成停弧。一般伸出长度以20~40mm为宜。

9. 焊剂堆高和粒度

堆高就是焊剂层的厚度。在正常焊接条件下，被熔化的焊剂的重量与被熔化的焊丝的重量相等，当堆高太小时，保护效果差，电弧露出，容易产生气孔；当堆高太大时，熔深和余高变大。一般焊剂堆高以30~50mm为宜。

焊剂粒度增大时，熔深和余高略有减小，熔宽略有增加。焊剂粒度的选择主要依据焊接参数：一般大电流焊接时，应选用细颗粒度焊剂，以免引起焊道外观成形变差；小电流焊接时，应选用粗颗粒度焊剂，否则气体易产生麻点、凹坑及气孔等缺陷。

10. 坡口形式

接头形式、坡口形状、装配间隙和板厚对焊缝的成形和尺寸有影响。T形角接和厚板焊接时，由于散热快，熔深和熔宽减小，余高增大。一般增大坡口深度，或增大装配间隙时，相当于焊缝位置下沉，熔深略有增加，熔宽和余高略有减小。坡口角度增大，焊缝的熔深和熔宽都增大，余高减小。当采用V形坡口时，由于焊丝不能直接在坡口根部引弧，造成熔深减小；而U形坡口，焊丝能直接在坡口根部引弧，熔深较大，适当增大装配间隙，有益于增大熔深，但间隙过大，又容易焊漏。

10.2.3 埋弧焊用焊接材料及辅助材料

1. 焊剂的分类

焊剂是埋弧焊工艺用的主要焊接材料，焊剂可按制造方法、添加脱氧剂、合金剂、

酸碱度进行分类。

(1) 按制造方法分类 焊剂根据市场工艺的不同，可分为熔炼焊剂、烧结焊剂和粘结焊剂（陶质焊剂）等。熔炼焊剂是我国目前焊接应用最多的一种焊剂。

(2) 按焊剂中添加脱氧剂、合金剂分类

1）中性焊剂。中性焊剂是指在焊接后熔敷金属化学成分与焊丝化学成分不产生明显变化的焊剂。中性焊剂多用于多道焊，特别适合于厚度大于25mm母材的焊接。

2）活性焊剂。活性焊剂是指焊剂中加入少量的锰、硅脱氧剂的焊剂，可以提高抗气孔能力和抗裂性能。活性焊剂主要用于单道焊，特别是对易氧化的材料。

3）合金焊剂。合金焊剂是指该焊剂与碳钢焊丝合用后，其熔敷金属为合金的焊剂。这类焊剂中添加了较多的合金成分，用于过渡合金，多数合金焊剂为粘结焊剂和烧结焊剂。

(3) 按焊剂的酸碱度分类 碱度是表征熔渣碱性强弱程度的一个量，计算方法有多种，粗略计算公式为

$$碱度=\frac{\sum 碱性氧化物(质量分数,\%)}{\sum 酸性氧化物(质量分数,\%)}$$

埋弧焊用焊剂按碱度的分类见表10-3。

表10-3 埋弧焊用焊剂按碱度的分类

分类	碱性	中性	酸性
碱度	≥1.5	1.0~1.5	≤1.0

2. 低合金钢埋弧焊用焊剂的型号

按照GB/T 12470—2003《埋弧焊用低合金钢焊丝和焊剂》，低合金钢埋弧焊焊剂型号是根据埋弧焊焊丝-焊剂组合的熔敷金属的力学性能、热处理状态进行划分的，具体表示方法如下：

(1) 焊剂型号的表示方法及内容

1）“F”表示为埋弧焊用焊剂。

2）第一位数字“$\times\times_1$”表示焊丝-焊剂组合的熔敷金属抗拉强度的最小值，见表10-4。

3）第二位数字“$\times_2$”表示试件的状态，“A”表示焊态，“P”表示焊后热处理状态，见表10-5。

4）第三位数字“$\times_3$”表示熔敷金属冲击吸收能量不小于27J时的最低试验温度，见表10-6。

5）“H×××”表示焊丝的牌号，焊丝的牌号按GB/T 14957—1994和GB/T 3429—2015的规定。如果需要标注熔敷金属中扩散氢含量时，可用后缀“H×”表示，见表10-7。

表 10-4 熔敷金属力学性能

焊剂型号	抗拉强度/MPa	屈服强度/MPa	伸长率（%）
F48$\times_2\times_3$-H$\times\times\times$	480～660	400	22
F55$\times_2\times_3$-H$\times\times\times$	550～770	470	20
F62$\times_2\times_3$-H$\times\times\times$	620～760	540	17
F69$\times_2\times_3$-H$\times\times\times$	690～830	610	16
F76$\times_2\times_3$-H$\times\times\times$	760～900	680	15
F83$\times_2\times_3$-H$\times\times\times$	830～970	740	14

表 10-5 试样焊后的状态

焊剂型号	试样焊后的状态
F$\times\times_1$ A$\times_3$-H$\times\times\times$	焊态下测试的力学性能
F$\times\times_1$ P$\times_3$-H$\times\times\times$	经热处理后测试的力学性能

表 10-6 熔敷金属冲击吸收能量及要求

焊剂型号	试验温度/℃	冲击吸收能量/J
F$\times\times_1\times_2$0-H$\times\times\times$	0	≥27
F$\times\times_1\times_2$2-H$\times\times\times$	-20	
F$\times\times_1\times_2$3-H$\times\times\times$	-30	
F$\times\times_1\times_2$4-H$\times\times\times$	-40	
F$\times\times_1\times_2$5-H$\times\times\times$	-50	
F$\times\times_1\times_2$6-H$\times\times\times$	-60	
F$\times\times_1\times_2$7-H$\times\times\times$	-70	
F$\times\times_1\times_2$10-H$\times\times\times$	-100	
F$\times\times_1\times_2$Z-H$\times\times\times$	不要求	

表 10-7 100g 熔敷金属中扩散氢含量

焊剂型号	扩散氢含量/（mL/g）
F$\times\times_1\times_2\times_3$-H$\times\times\times$-H16	16.0
F$\times\times_1\times_2\times_3$-H$\times\times\times$-H8	8.0
F$\times\times_1\times_2\times_3$-H$\times\times\times$-H4	4.0
F$\times\times_1\times_2\times_3$-H$\times\times\times$-H2	2.0

注：1. 表中的单值均为最大值。

2. 此分类代号为可选择的附加形型号。

3. 如标注熔敷金属扩散氢含量代号时，应注明采用的测定方法。

（2）焊剂的其他指标

1）焊剂含水的质量分数不得大于0.10%。

2）焊剂机械夹杂物（碳粒、铁屑、原材料颗粒、铁合金凝珠及其他杂物）的质量分数不大于0.30%。

3）焊剂中硫的质量分数不得大于0.060%；磷的质量分数不得大于0.080%。还可根据需方要求制造硫、磷含量更低的焊剂。

4）焊剂的粒度有两种：一种是普通粒度，粒度为40~8目（0.45~2.50mm）；另一种是细颗粒度，粒度为60~10目（0.28~2.00mm）。进行粒度检查时，对于普通颗粒度的焊剂，颗粒度小于40目（0.45mm）的质量分数不得大于5%；颗粒度大于8目（2.50mm）的质量分数不得大于2%。对于细颗粒度的焊机，颗粒度小于60目（0.28mm）的质量分数不得大于5%，颗粒度大于10目（2.00mm）的质量分数不得大于2%。

3. 不锈钢埋弧焊用焊剂

根据GB/T 17854—1999《埋弧焊用不锈钢焊丝和焊剂》的规定，不锈钢埋弧焊用焊机型号是根据焊丝-焊剂组合的熔敷金属化学成分、力学性能进行划分的，具体表示方法如下：

1）字母“F”表示焊剂。

2）字母后的数字表示熔敷金属种类代号，其化学成分见表10-8。

表10-8 熔敷金属的化学成分

<table>
<tr><th rowspan="2">焊剂型号</th><th colspan="9">化学成分（质量分数,%）</th></tr>
<tr><th>C</th><th>Si</th><th>Mn</th><th>P</th><th>S</th><th>Cr</th><th>Ni</th><th>Mo</th><th>其他</th></tr>
<tr><td>F308-H×××</td><td>0.08</td><td rowspan="10">1.00</td><td rowspan="10">0.05~2.50</td><td rowspan="4">0.040</td><td rowspan="10">0.030</td><td rowspan="2">18.0~21.0</td><td rowspan="2">9.0~11.0</td><td rowspan="3">—</td><td>—</td></tr>
<tr><td>F308L-H×××</td><td>0.04</td><td></td></tr>
<tr><td>F309-H×××</td><td>0.15</td><td rowspan="2">22.0~23.0</td><td rowspan="2">12.0~14.0</td><td rowspan="4"></td></tr>
<tr><td>F309Mo-H×××</td><td>0.12</td><td>2.0~3.0</td></tr>
<tr><td>F310-H×××</td><td>0.20</td><td>0.030</td><td>25.0~28.0</td><td>20.0~22.0</td><td>—</td></tr>
<tr><td>F316-H×××</td><td>0.08</td><td rowspan="5">0.040</td><td rowspan="3">17.0~20.0</td><td rowspan="3">11.0~14.0</td><td>2.0~3.0</td></tr>
<tr><td>F316L-H×××</td><td rowspan="2">0.04</td><td rowspan="2">1.20~2.75</td><td rowspan="2">Cu：1.0~2.5</td></tr>
<tr><td>F316CuL-H×××</td></tr>
<tr><td>F317-H×××</td><td rowspan="2">0.08</td><td rowspan="2">18.0~21.0</td><td>12.0~14.0</td><td>3.0~4.0</td><td>—</td></tr>
<tr><td>F347-H×××</td><td>9.0~11.0</td><td>—</td><td>Nb：8C~1.0</td></tr>
</table>

（续）

焊剂型号	化学成分（质量分数，%）								
	C	Si	Mn	P	S	Cr	Ni	Mo	其他
F410-H×××	0.12	1.00	1.20	0.040	0.030	11.0～13.5	0.60	—	—
F430-H×××	0.10					15.0～18.0			

注：1. 表中单值均为最大值。

2. 焊剂型号中的字母 L 表示碳的质量分数较低。

3）如有特殊要求的化学成分，该化学成分用元素符号表示，放在数字后面。

4）熔敷金属的力学性能应符合表 10-9 的规定。

5）短划“－”后表示焊丝牌号，牌号按 YB/T 5092—2005。

表 10-9　熔敷金属的力学性能

焊剂型号	抗拉强度/MPa	伸长率（%）
F308-H×××	520	30
F308L-H×××	480	25
F309-H×××	520	
F309Mo-H×××	550	
F310-H×××	520	
F316-H×××	520	
F316L-H×××	480	30
F316CuL-H×××	480	
F317-H×××	520	25
F347-H×××	520	
F410-H×××	440	20
F430-H×××	450	17

4. 焊丝

选择埋弧焊用焊丝时，既要考虑焊剂成分对焊缝的影响，又要考虑母材成分对焊缝的影响。因为，焊缝的性能主要是由焊丝和焊剂共同决定的。此外由于埋弧焊的焊接电流大，焊缝的熔深也大，所以，焊接参数的变化也会给焊缝成分和性能带来较大的影响。

埋弧焊用焊丝主要有低碳钢用焊丝、高强钢用焊丝、不锈钢用焊丝、表面堆焊用焊丝等，由于埋弧焊焊接过程用的焊接电流较大，所以焊丝的直径也较大，焊丝直径为 3.2～6.4mm。

埋弧焊用焊丝牌号与气体保护焊用焊丝牌号相同。低碳钢和低合金钢焊丝牌号及化学成分见表 10-10。不锈钢焊丝牌号及化学成分见表 10-11。

表10-10 低碳钢及低合金钢焊丝牌号及化学成分

牌号	化学成分（质量分数，%）									
	C	Mn	Si	Cr	Ni	Mo	V	Cu	其他	S	P
H08A	≤0.10	0.30～0.55	≤0.03	≤0.20	≤0.30			≤0.20		0.030	0.030
H08E	≤0.10	0.30～0.55	≤0.03	≤0.20	≤0.30			≤0.20		0.020	0.020
H08C	≤0.10	0.30～0.55	≤0.03	≤0.10	≤0.10			≤0.20		0.015	0.015
H08MnA	≤0.10	0.80～1.10	≤0.07	≤0.20	≤0.30			≤0.20		0.030	0.030
H15Mn	0.11～0.18	0.80～1.10	≤0.03	≤0.20	≤0.30			≤0.20		0.035	0.035
H10Mn2	≤0.12	1.50～1.90	≤0.07	≤0.20	≤0.30			≤0.20		0.035	0.035
H08Mn2SiA	≤0.11	1.80～2.10	0.65～0.95	≤0.20	≤0.30			≤0.20		0.030	0.030
H10MnSi	≤0.14	0.80～1.10	0.60～0.90	≤0.20	≤0.30			≤0.20		0.035	0.035
H10MnSiMo	≤0.14	0.90～1.20	0.70～1.10	≤0.20	≤0.30	0.15～0.25		≤0.20		0.035	0.035
H10MnSiMoTiA	0.08～0.12	1.00～1.30	0.40～0.70	≤0.20	≤0.30	0.20～0.40		≤0.20	Ti：0.15（加入量）	0.025	0.030
H08MnMoA	≤0.10	1.20～1.60	≤0.25	≤0.20	≤0.30	0.30～0.50		≤0.20	Ti：0.05～0.15	0.030	0.030
H10Mn2MoA	0.08～0.13	1.70～2.00	≤0.40	≤0.20	≤0.30	0.60～0.80		≤0.20	Ti：0.15（加入量）	0.030	0.030
H08Mn2MoVA	0.06～0.11	1.60～1.90	≤0.25	≤0.20	≤0.30	0.50～0.70	0.06～0.12	≤0.20	Ti：0.15（加入量）	0.030	0.030
H13CrMoA	0.11～0.16	0.40～0.70	0.15～0.35	0.80～1.10	≤0.30	0.40～0.60		≤0.20		0.030	0.030
H08CrMoVA	≤0.10	0.40～0.70	0.15～0.35	1.00～1.30	≤0.30	0.50～0.70	0.15～0.35	≤0.20		0.030	0.030
H08CrNi2MoA	0.05～0.10	0.50～0.85	0.10～0.30	0.70～1.00	1.40～1.80	0.20～0.40		≤0.20		0.025	0.030

表 10-11 不锈钢焊丝牌号及化学成分

<table>
<tr><th rowspan="2">牌　号</th><th colspan="9">化学成分（质量分数,%）</th></tr>
<tr><th>C</th><th>Si</th><th>Mn</th><th>P</th><th>S</th><th>Cr</th><th>Ni</th><th>Mo</th><th>其　他</th></tr>
<tr><td>H08Cr21Ni10</td><td>0.08</td><td rowspan="10">0.60</td><td rowspan="10">1.00 ~ 2.50</td><td rowspan="12">0.030</td><td>0.030</td><td rowspan="2">19.5 ~ 22.00</td><td rowspan="2">9.00 ~ 11.00</td><td rowspan="3">—</td><td rowspan="7">—</td></tr>
<tr><td>H06Cr21Ni10</td><td>0.03</td><td>0.020</td></tr>
<tr><td>H12Cr24Ni13</td><td>0.12</td><td rowspan="4">0.030</td><td rowspan="2">23.00 ~ 25.00</td><td rowspan="2">12.00 ~ 14.00</td></tr>
<tr><td>H12Cr24Ni13Mo2</td><td>0.12</td><td>2.00 ~ 14.00</td></tr>
<tr><td>H12Cr26Ni21</td><td>0.15</td><td>25.00 ~ 28.00</td><td>20.00 ~ 22.00</td><td>—</td></tr>
<tr><td>H08Cr19Ni12Mo2</td><td>0.08</td><td rowspan="3">18.00 ~ 20.00</td><td rowspan="3">11.00 ~ 14.00</td><td rowspan="3">2.00 ~ 3.00</td></tr>
<tr><td>H06Cr19Ni12Mo2</td><td>0.03</td><td rowspan="2">0.020</td></tr>
<tr><td>H03Cr19Ni12Mo2Cu2</td><td>0.03</td><td>Cu：1.00 ~ 2.50</td></tr>
<tr><td>H03Cr19Ni14Mo3</td><td>0.08</td><td rowspan="4">0.030</td><td>18.50 ~ 20.50</td><td>13.00 ~ 15.00</td><td>3.00 ~ 4.00</td><td>—</td></tr>
<tr><td>H08Cr20Ni10Nb</td><td>0.08</td><td>19.00 ~ 21.50</td><td>9.00 ~ 11.00</td><td rowspan="3">—</td><td>Nb：10C ~ 1.00</td></tr>
<tr><td>H12Cr13</td><td>0.12</td><td rowspan="2">0.50</td><td rowspan="2">0.60</td><td>11.50 ~ 13.50</td><td rowspan="2">0.60</td><td rowspan="2">—</td></tr>
<tr><td>H10Cr17</td><td>0.10</td><td>15.50 ~ 17.00</td></tr>
</table>

10.3 埋弧焊设备

10.3.1 埋弧焊焊机的分类及组成

1. 埋弧焊焊机的分类

埋弧焊焊机按其工作性质、结构特点、用途等不同分类如下：

1）按自动化程度分为半自动焊机和自动焊机。半自动埋弧焊的送丝由机械自动完成，电弧移动由人工完成；自动埋弧焊的焊丝送进和电弧移动由专门的机头自动完成。自动埋弧焊适合于长直焊缝和环缝的焊接，要求有较大的施焊空间；半自动埋弧焊适合于短段曲线焊缝的狭小空间的焊接。

2）按焊丝的数目分为单丝式、双丝式和多丝式埋弧自动焊焊机，目前生产中应用的大多是单丝式。

3）按焊机结构形式可分为小车式、悬挂式、车床式、门架式、悬臂式埋弧焊焊机。

4）按电极形状分为丝极式和带极式埋弧焊焊机。

5）按送丝方式可分为等速送丝式和变速送丝式埋弧焊焊机两种，前者适用于细焊丝高电流密度条件的焊接，后者则适用于粗焊丝低电流密度条件的焊接。

尽管生产中使用的焊机类型较多，但根据其自动调节的原理都可以归纳为：电弧自身调节的等速送丝式埋弧焊焊机和电弧电压自动调节的变速送丝式埋弧焊焊机。

2. 埋弧焊焊机的组成

半自动埋弧焊焊机主要由焊接电源、送丝机构、控制箱、带软管的焊接把手组成。

自动埋弧焊焊机主要由弧焊电源、控制箱、焊接机头、导轨或支架等组成，常用的自动埋弧焊焊机有等速送丝和变速送丝两种。

（1）埋弧焊用焊接电源　埋弧焊用焊接电源应按照电流类型、送丝方式和焊接电流大小进行选用。

1）单丝埋弧焊电源。单丝埋弧焊常用的电流类型见表10-12。一般直流电源用于线电流范围、快速引弧高速焊接、所用焊剂的稳定性较差以及焊接参数稳定性有较高要求的场合。当采用直流正接时，焊丝的熔敷效率高，熔深较小；当采用直流反接时，焊丝的熔敷效率较低，熔深较大。采用交流电源焊接，焊丝的熔敷效率和熔深介于直流正接和直流反接之间，电弧的偏吹小。因此交流电源多用于大电流和用直流电源焊接时磁偏吹严重的场合。

表10-12　单丝埋弧焊常用的电流类型

埋弧焊方法	焊接电流/A	焊接速度/（cm/min）	电 源 类 型
半自动埋弧焊	300～500	—	直流
自动埋弧焊	300～500	>100	直流
	600～900	3.8～75	交流或直流
	>1000	12.5～38	交流

2）电源外特性。埋弧焊电源的外特性可以是陡降外特性，也可以是缓降或平的外特性。具有陡降外特性的电源，其输出电压随着电流的增加而急剧下降，在变速送丝式（即弧压反馈自动调节系统）的埋弧焊焊机中，需配备这类电源。具有缓降或平降的外特性的电源，其输出电流增加时，电压几乎维持恒定，电源输出的多是直流电，在等速送丝（即电弧自身调节系统）的埋弧焊焊机中需配备这类电源。

（2）埋弧焊焊机的控制系统　埋弧焊焊机控制系统用来控制焊接时的电弧长度、电流及焊接速度等参数，以保证焊接质量。

1）埋弧焊电弧的自动调节原理。在埋弧焊过程中，焊丝的送进速度与其熔化速度在任何状态下能保持相等，此种理想状态可使焊接电弧稳定，焊接质量同样稳定。但实际焊接过程中，电网电压的波动、工艺条件的变化，均可使弧长变化，弧长调节系统的作用是当弧长变化时，能立即调整 $v_{送}$（送丝速度）和 $v_{熔}$（焊丝熔化速度）之间的关系，使弧长恢复至给定值。调整的方法有两种：

① 等速送丝式埋弧焊焊机的电弧自身调节。送丝速度保持不变（即等速送丝），依靠电弧自身调节作用调节焊丝的熔化速度，改变电弧长度。图 10-2 所示是电弧自调节作用示意图。设电弧在 A 点燃烧（曲线 L_0），此时 $v_{送}=v_{熔}$。若因干扰使电弧长度由 L_0 变至 L_1，工作点由 A 点移到 B 点，此时焊接电流会由 I_A 减小到 I_B，电流的变化量 $\Delta I_1=I_A-I_B$，将使焊丝熔化速度减慢。若 $v_{送}$ 不变，则 $v_{送}>v_{熔}$，使弧长变短，工作点逐渐向 A 点变化，直至 $v_{送}=v_{熔}$，弧长恢复到原来长度。

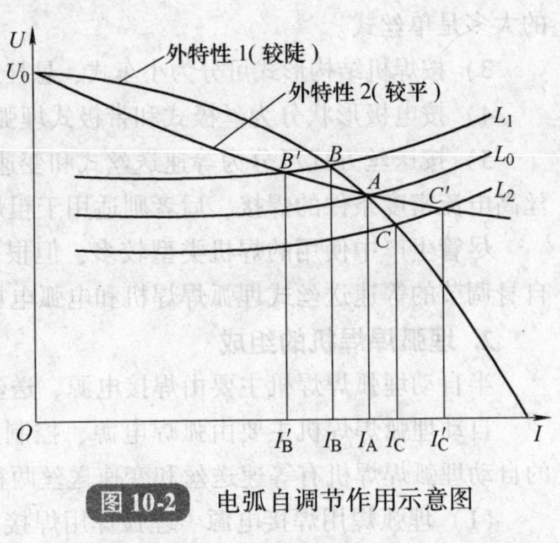

图 10-2　电弧自调节作用示意图

反之，因干扰使弧长由 L_0 降至 L_2，则电流增加会使焊丝的熔化速度变快，使弧长向 A 点变化，直至 $v_{送}=v_{熔}$，电弧长度恢复到稳定值。

由此可见，电弧的自身调节作用是靠电流变化而实现的。影响电弧自身调节作用的因素是焊接电流和电源动特性。

② 变速送丝式埋弧焊焊机的电弧电压均匀调节。电弧电压均匀调节是使送丝速度随着弧长的波动而变化来保持弧长不变的。如图 10-3 所示，M_s 是送丝电动机，线圈Ⅰ由给定电压供电，线圈Ⅱ由电弧电压供电。当受到干扰使弧长变长时，电弧电压增加，线圈Ⅰ和线圈Ⅱ产生的磁通进行比较的结果，使送丝电动机 M_s 转动加快，送丝速度相应增加，从而使弧长恢复。反之，弧长变短时，电弧电压减小，送丝电动机 M_s 转动变慢，送丝速度减小，使弧长变长。

由此可见，电弧电压均匀调节是靠送丝速度的变化而实现的。

2）埋弧焊送丝控制回路。送丝系统控制着埋弧焊焊机焊接时焊丝的送进。在等速

送丝系统中，焊丝的输送要求稳定，并且要具有一定的调速范围，满足不同规范的要求。在变速送丝系统下，焊丝的输送除上述要求外，还要有一定的响应速度，使系统以最佳状态工作。

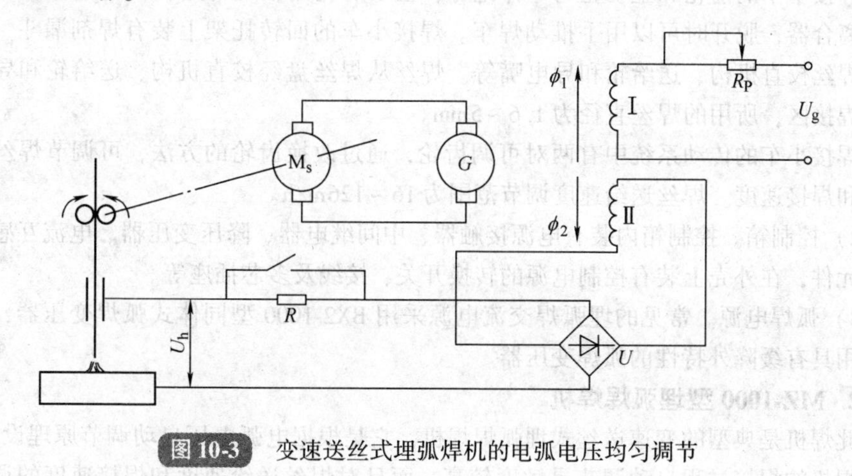

图 10-3　变速送丝式埋弧焊机的电弧电压均匀调节

送丝系统还要考虑引弧问题，埋弧焊的引弧需要使焊丝与工件短路，通过端部熔化焊丝上抽引燃电弧。

送丝速度调速方法有以下几种：

① 采用变换齿轮调速。这种调速方法结构电路简单，使用寿命长，但速度调节不方便，起弧时只能手动控制焊丝上抽，难以达到理想效果。该方法主要用于交流感应电动机调速。

② 电动机-发电机组调速。系统由交流感应电动机带动直流发电机运转，通过励磁电流控制发电机的输出，为送丝电动机提供工作电压。这种机组经久耐用，对电网要求低，是一种简单可靠的调速系统。

③ 晶闸管送丝控制电路。电路由晶体管、单结晶体管及晶闸管等电子元件组成。与电动机-发电机组调速相比，其体积小、成本低、性能好。

3）埋弧焊行走机构控制回路。行走机构常采用感应电动机驱动、变换齿轮调速；电动机-发电机组调速；晶闸管控制系统调速等几种方式。

3. 焊接机头

常用的埋弧焊焊接机头典型结构是焊接小车。

10.3.2　埋弧焊焊机的型号及主要技术参数

1. MZ1-1000 型

此焊机是典型的等速送丝式埋弧焊焊机，其控制系统比较简单，外形尺寸不大，焊接小车结构也比较简单，使用方便，可使用交流和直流焊接电源。它主要用于焊接水平位置及倾斜小于 15°的对接焊缝和角接焊缝，也可以焊接直径较大的环形焊缝。MZ1-1000 型埋弧焊焊机由焊接小车、控制箱和弧焊电源三部分组成。

1）焊接小车。交流电动机为送丝机构和行走机构共同使用，电动机有两个输出轴，一端经送丝机构减速器送给焊丝，另一端经行走机构减速器带动焊接小车。

焊接小车的前轮和主动轮与车体绝缘，主动后轮的轴与行走机构减速器之间套有摩擦离合器，脱开时可以用手推动焊车。焊接小车的回转托架上装有焊剂漏斗、控制板、焊丝校直机构、送给轮和导电嘴等。焊丝从焊丝盘经校直机构、送给轮和导电嘴送入焊接区，所用的焊丝直径为1.6～5mm。

焊接小车的传动系统中有两对可调齿轮，通过改换齿轮的方法，可调节焊丝送给速度和焊接速度。焊丝送给速度调节范围为16～126m/h。

2）控制箱。控制箱内装有电源接触器、中间继电器、降压变压器、电流互感器等电器元件，在外壳上装有控制电源的转换开关、接线及多芯插座等。

3）弧焊电源。常见的埋弧焊交流电源采用BX2-1000型同体式弧焊变压器，有时也采用具有缓降外特性的弧焊变压器。

2. MZ-1000型埋弧焊焊机

此焊机是典型的变速送丝式埋弧焊焊机，它是根据电弧电压自动调节原理设计的。这种焊机的焊接过程自动调节灵敏度较高，而且对焊丝送给速度和焊接速度的调节方便，但电气控制线路较为复杂。可使用交流和直流焊接电源，主要用于平焊位置的对接焊，也可用于船形位置的角接焊。

MZ-1000型埋弧焊焊机由焊接小车、控制箱和弧焊电源三部分组成。

（1）焊接小车　小车的横臂上悬挂着机头、焊剂漏斗、焊丝盘和控制盘。机头的功能是送给焊丝，它由一台直流电动机、减速机构和送给轮组成，焊丝从滚轮中送出，经过导电嘴进入焊接区，焊丝直径为3～6mm，焊丝送给速度可在0.5～2m/min的范围内调节。控制盘和焊丝盘安装在横臂的另一端，控制盘上有电流表、电压表，用来调节小车行走速度和焊丝送给速度的电位器，控制焊丝上下的按钮、电流增大和减小按钮等，如图10-4所示。

（2）控制箱　控制箱内装有电动机-发电机组，还有接触器、中间继电器、降压变压器、电流互感器等电气元件。

（3）弧焊电源　一般选用BX2-1000型弧焊变压器，或选用具有陡降外特性的弧焊整流器。

3. 等速送丝式埋弧焊焊机与变速送丝式埋弧焊焊机的比较

MZ1-1000型等速送丝式埋弧焊焊机与MZ-1000型变速送丝式埋弧焊焊机特性的比较见表10-13。

表10-13　MZ1-1000型焊机与MZ-1000型焊机特性的比较

比较内容	MZ1-1000型焊机	MZ-1000型焊机
自动调节原理	电弧自身调节作用	电弧电压自动调节作用
控制电路及机构	较简单	较复杂
送丝方式	等速送丝式	变速送丝式

（续）

比 较 内 容	MZ1-1000 型焊机	MZ-1000 型焊机
电源外特性	缓降外特性	陡降外特性
电流调节方式	调节送丝速度	调节电源外特性
电压调节方式	调节电源外特性	调节给定电压
使用焊丝直径	细丝，一般为 1.6～3mm	粗丝，一般为 3～5mm

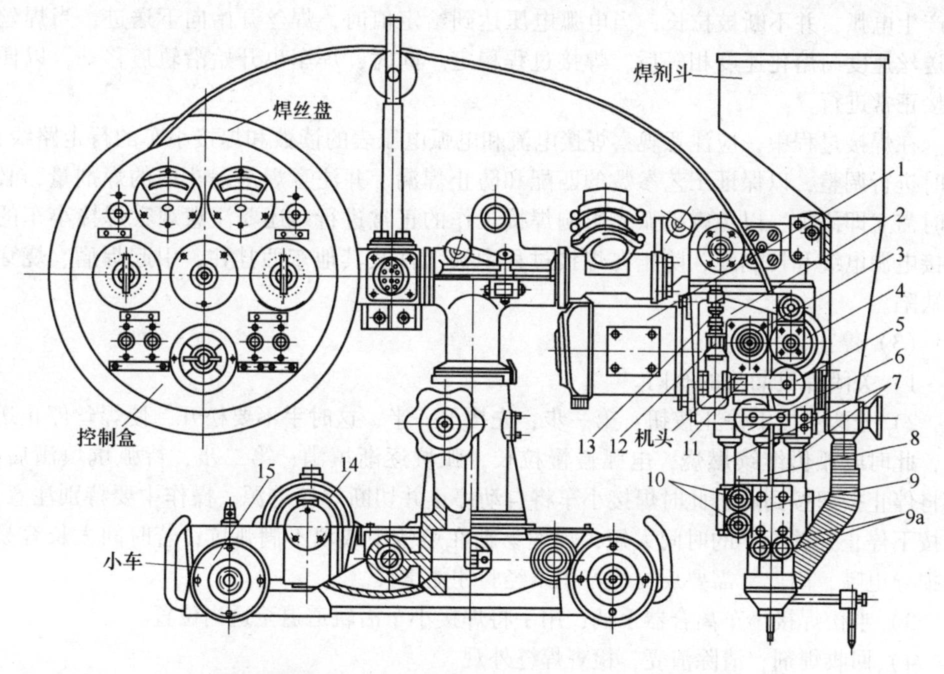

图 10-4 MZ-1000 型埋弧自动焊焊机的焊接小车

1—送丝电动机 2—杠杆 3、4—送丝滚轮 5、6—校直滚轮 7—圆柱导轨 8—螺杆 9—螺钉（压紧导电块用） 10—螺钉（接电极用） 11—螺钉 12—旋转螺钉 13—弹簧 14—小车电动机 15—小车行走轮

10.3.3 埋弧焊焊机的焊接操作

以 MZ-1000 型埋弧焊焊机为例。

（1）焊前准备

1）按焊机外部接线图检查焊机的外部接线是否正确。

2）调整轨道位置，然后将焊接小车放在轨道上。

3）把准备好的焊剂装入焊剂漏斗内；在焊丝盘上固定好焊丝。

4）合上焊接电源开关和控制线路的电源开关。

5）按动控制盘上的控制焊丝向下或向上的按钮来调整焊丝位置，使焊丝对准待焊处中心并与焊件表面轻轻接触。

6）调整导电嘴到焊件间的距离，保证焊丝的伸出长度合适。

7）转换开关按钮调到焊接位置上，并按照焊接方向，将焊接小车的换向开关按钮调到向前或向后的位置。

8）按照选定的焊接参数值设定工艺参数。

9）扳上焊接小车的离合器手柄，使主动轮与焊接小车减速器连接。

10）拧开焊剂漏斗阀门，使焊剂堆敷在待焊部位上。

（2）焊接　按下起动按钮接通焊接电源，此时焊丝向上提起，随即焊丝与焊件之间产生电弧，并不断被拉长，当电弧电压达到给定值时，焊丝开始向下送进，当焊丝的送丝速度与熔化速度相等后，焊接过程稳定。同时，焊车也开始沿轨道移动，以便焊接正常进行。

在焊接过程中，应注意观察焊接电流和电弧电压表的读数和焊接小车的行走路线，随时进行调整，以保证工艺参数的匹配和防止焊漏。并注意焊剂漏斗内的焊剂量，必要时需立即添加，以免露出弧光影响焊接工作的正常进行。还要注意观察焊接小车的焊接电源电缆和控制线，防止在焊接过程中被工件及其他东西挂住，引起焊瘤、烧穿等缺陷。

（3）停止

1）关闭焊机漏斗的阀门。

2）分两步按下停止按钮：第一步，先按下一半，这时手不要松开，使焊丝停止送进，此时电弧仍继续燃烧，电弧慢慢拉长，弧坑逐渐填满；第二步，待弧坑填满后，再将停止按钮按到底，此时焊接小车将自动停止并切断焊接电源。操作中要特别注意，若按下停止开关一半的时间太短，焊丝易粘在熔池中或填不满弧坑；若时间太长容易烧损导电嘴，因此，需要反复练习积累经验才能掌握。

3）半松焊接小车离合器手柄，用手将焊接小车沿轨道退至适当位置。

4）回收焊剂，清除渣壳，检查焊缝外观。

5）工件焊完后，必须切断一切电源，将现场清理干净，整理好设备，确定没有易燃火种后，方能离开现场。

10.4　埋弧焊的个人防护与安全操作技术

10.4.1　埋弧焊的个人防护

1. 穿戴好防护用品

焊接用防护工作服，主要起到隔热、反射和吸收等屏蔽作用，以保护人体免受焊接热辐射或飞溅物伤害。

2. 穿戴好防护口罩

在操作埋弧焊焊接过程中，清扫焊剂时会产生烟尘，焊工应戴好防尘口罩，对自身进行防护。

3. 穿绝缘工作鞋、戴好电焊手套

为了防止焊工作业时四肢触电、烫伤和砸伤，避免不必要的伤亡事故发生，要求焊工在操作时必须穿戴好绝缘工作鞋及电焊手套。

4. 戴好噪声防护耳塞或耳罩

有时为了清除埋弧焊渣皮，采用风铲或电动工具，噪声较大时，操作者应戴好耳塞或耳罩等噪声防护用品。

10.4.2 埋弧焊的安全操作技术

1）弧焊电源、控制箱及焊接小车等的壳体或机体必须可靠接地，所有电缆必须拧紧。

2）接通电源和电源控制开关后，不可触摸电缆接头、焊丝、导电嘴、焊丝盘及其支架、送丝滚轮、齿轮箱、送丝电动机支架等导电体，以免触电或因机器运动发生挤伤、碰伤。

3）停止焊接后操作工应切断电源开关。

4）搬动焊机时应切断焊接电源。

5）按下起动按钮引弧前，应施放焊剂以避免引燃电弧。

6）焊剂漏斗口相对于焊件应有足够高度，以免焊剂层堆高不足而造成漏弧。

7）消除焊机行走轨道上可能造成焊机头与焊件短路的金属构件，以免短路中断正常焊接。

8）焊工应穿绝缘鞋，以防触电；应戴防护眼镜，以免渣壳飞溅和漏弧光灼伤眼睛。

9）操作场地应设有通风设施，以便及时排走焊剂释放的粉尘、烟尘及有害气体。

10）当焊机发生电气故障时，应立即切断焊接电源，及时通知电工维修。

11）焊接大型构件时，往往有高空作业，超过安全高度必须系带安全带；同时要遵守相关安全规章制度。

12）焊后要清理工作场地，焊剂渣壳不要乱放，防止接触易燃物后起火引起火灾。

10.5 埋弧焊技能训练

技能训练1 Q235B低碳钢板I形坡口对接双面焊

1. 焊前准备

（1）试件材质 Q235B。

（2）试件尺寸 400mm×100mm×12mm，I形坡口。

（3）焊接材料 焊丝：H08A、ϕ4mm。焊剂：HJ431。定位焊焊条：E4303、ϕ4mm。焊前焊丝应去油、锈及其他污物，焊条、焊剂要烘干。

（4）焊接设备 MZ-1000型焊机。

2. 装配定位焊

1）焊前清理。将焊接区域上、下两侧15~20mm内的钢板上的油、锈、水及其他污物打磨干净，直至露出金属光泽。

2）装配不留间隙。

3）预留反变形量3°～4°，错边量≤1.5mm。

4）定位焊。定位焊两点焊在试板两端的引弧板及收弧板处。引弧板和收弧板尺寸为100mm×100mm×10mm，数量2块。焊前将试板放在水平面上进行平焊。

3. 焊接参数

Q235B低碳钢板I形坡口对接双面焊焊接参数见表10-14。

表10-14 Q235B低碳钢板I形坡口对接双面焊焊接参数

焊接顺序	焊丝直径/mm	焊接电流/A	电弧电压/V	电流种类	焊接速度/(m/h)
正面焊	4	620～660	35	直流反接	25
封底焊	4	680～720	35		24.8

4. 焊接

不留间隙双面焊就是在焊第一面时焊件背面不加任何衬垫或辅助装置，因此也叫悬空焊接法。为防止液态金属从间隙中流失或引起烧穿，要求焊件在装配时不留间隙或只留很小的间隙（一般不超过1mm）。第一面焊接时所用的焊接参数不能太大，只需使焊缝的熔深达到或略小于焊件厚度即可。而焊接反面时由于已有了第一面的焊缝作为依托且为了保证焊件焊透，便可用较大的焊接参数，要求焊缝的焊深应达到焊件厚度的60%～70%。这种焊接方法一般不用与厚度太大的焊件焊接。

（1）焊接顺序　两面单道焊，先焊正面焊缝，焊完并清渣后，将试板翻身，清理后焊背面焊道。

（2）焊接步骤　调试好焊接参数、焊丝对中、准备引弧、引弧、收弧、清渣及检查。

（3）封底焊　按照正面焊接步骤焊完封底焊道。

技能训练2　Q235B低碳钢板的对接双丝埋弧焊

1. 焊前准备

1）首先将待焊接钢板板边进行校平，从而保证钢板的平面度，有效防止两块钢板组装时发生错边现象。然后将厚度为20mm的钢板的待焊处板边进行刨边或铣边，通过机加工以保证钢板边缘的直线度，从而保证焊缝组装间隙均匀，同时可有效防止局部焊缝间隙过大而容易造成焊漏，当焊接板厚≥50mm的钢板，则需加工成V形坡口。

2）将焊缝两侧各20～30mm范围内的铁锈、油污及氧化皮清理干净，直至露出金属光泽为止，可以有效防止焊缝气孔的产生。

3）试件装配间隙及错边量要求。板厚≤20mm的V形试板其装配间隙及错边量一般控制在0～1mm之间，板厚≥20mm的V形试板其装配间隙及错边量一般控制在0～2mm之间。

4）装配定位焊。一般采用焊条电弧焊进行定位焊。定位焊缝距离正式焊缝端部30mm，定位焊间距为450～600mm，其焊缝长度为50～100mm。

5）为了防止板厚≥20mm 的 V 形试板焊漏，一般先采用 CO_2 气体保护焊在坡口根部焊接两道打底层焊缝。

6）焊接材料。

① 定位焊采用的焊条为 E4315 或 E4303，直径为 3.2mm 或 4.0mm。

② 为了防止板厚≥20mm 的 V 形试板焊漏，一般先采用 CO_2 气体保护焊在坡口根部焊接打底层焊缝，采用直径为 1.2mm 的 ER49-1 或 ER50-6 焊丝进行焊接。

③ 双丝自动埋弧焊采用 H08A 焊丝配合 HJ431，也可采用 H08MnA 焊丝配合 SJ101 焊剂进行焊接，焊丝直径为 5mm.

④ 焊条、焊剂按规定要求烘干后再进行使用。

2. Q235B 低碳钢板的对接双丝埋弧焊焊接参数

Q235B 低碳钢板的对接双丝埋弧焊焊接参数见表 10-15。

表 10-15 Q235B 低碳钢板的对接双丝埋弧焊焊接参数

板厚/mm	焊丝直径/mm	焊道	焊丝位置	极性	焊接电流/A	电弧电压/V	焊接速度/(m/h)
20	5	正面	焊缝前丝	直流反接	800~850	30~32	24~28
	5		焊缝后反面	交流	800~850	34~36	
	5	背面	焊缝前丝	直流反接	860~880	31~33	24~28
	5		焊缝后反面	交流	860~880	34~36	

3. 操作要点及注意事项

1）焊接顺序：先焊接一面焊缝，然后将试件翻身，焊接另一侧背面的焊缝。

2）焊丝的角度：焊丝与焊缝前进方向成 85°~90°角，与工件表面成垂直 90°角。

3）焊接时，注意观察焊剂是否正常，焊缝成形是否良好。

技能训练 3　筒体环焊缝对接双面埋弧焊

对接接头环缝埋弧焊是制造圆柱形容器最常用的一种焊接形式，它一般先在专用的焊剂垫上焊接内环缝，如图 10-5 所示，然后再在辊轮转胎上焊接外环缝。由于筒体内部通风较差，为改善劳动条件，环缝坡口通常不对称布置，将主要焊接工作量放在外环缝，内环缝主要起封底作用。焊接时，通常采用机头不动，让焊件匀速转动的方法进行焊接，焊件转动的切线速度即为焊剂速度。环缝埋弧焊的焊接条件可参照平板双面对接的焊接条件选取，焊接操作技术也与平板对接时的基本相同。

为了防止熔池中液态金属和熔渣从转动的焊接表面流失，无论是焊接内焊缝还是外焊缝，焊丝位置都应逆焊件转动方向偏离中心线一定距离，使焊接熔池接近于水平位置，以获得较好的成形。焊丝偏置距离随所焊筒体直径而变，一般为 30~80mm，如图 10-6 所示。

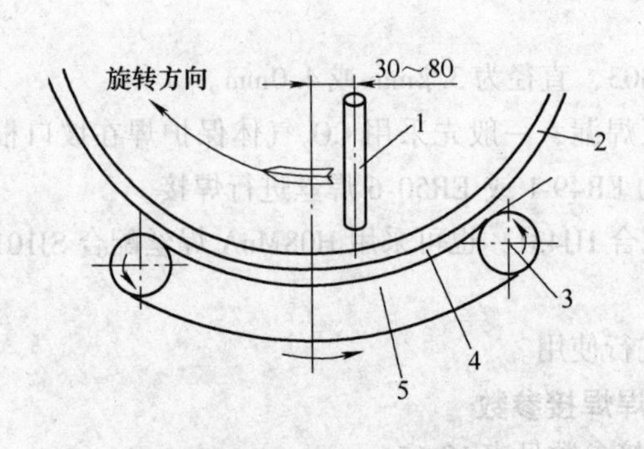

图 10-5 内环缝焊接示意图

1—焊丝 2—焊件 3—辊轮 4—焊剂垫 5—传动带

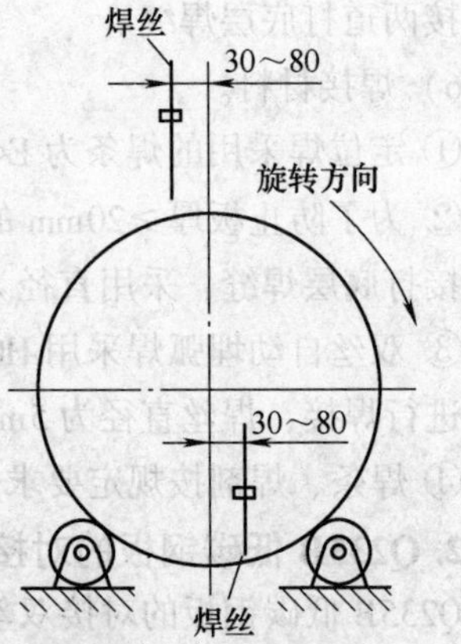

图 10-6 环缝自动焊焊丝偏移位置示意图

复习思考题

1. 简述埋弧焊的工作原理。
2. 简述埋弧焊的工艺特点。
3. 埋弧自动焊与焊条电弧焊的区别是什么？
4. 埋弧焊对焊缝质量和成形影响较大的焊接规范有哪些？
5. 焊剂的分类方法有哪些？其中按制造方法可分为哪几种？
6. 埋弧焊用焊丝有哪几种？
7. 埋弧焊送丝速度调速方法有哪些？

第 11 章 CO_2 气体保护焊

☺ 理论知识要求

1. 了解 CO_2 气体保护焊的工作原理。
2. 了解 CO_2 气体保护焊的工艺及冶金特点。
3. 了解 CO_2 气体保护焊的焊接参数。
4. 了解 CO_2 气体保护焊飞溅产生的原因及防止措施。
5. 了解 CO_2 气体保护焊焊机的分类及组成。
6. 了解 CO_2 气体保护焊焊接缺陷及控制措施。
7. 了解 CO_2 气体保护焊操作规程。

☺ 操作技能要求

1. 掌握 CO_2 气体保护焊基本操作技术。
2. 掌握 V 形坡口对接平焊单面焊双面成形操作技术。
3. 掌握低碳钢厚板仰角焊操作技术。
4. 掌握骑座式管板垂直固定仰焊操作技术。

11.1 CO_2 气体保护焊概述

CO_2 气体保护电弧焊是用 CO_2 气体作为电弧介质保护电弧和焊接区的电弧焊方法。

11.1.1 CO_2 气体保护焊的工作原理

CO_2 气体保护电弧焊依靠从喷嘴连续送出的 CO_2 气体，在电弧周围形成局部的气体保护层，使电极端部、熔滴和熔池金属与周围空气机械地隔绝开来，从而保证焊接过程的稳定性，以获得优质的焊缝。CO_2 气体保护焊的工作原理如图 11-1 所示。

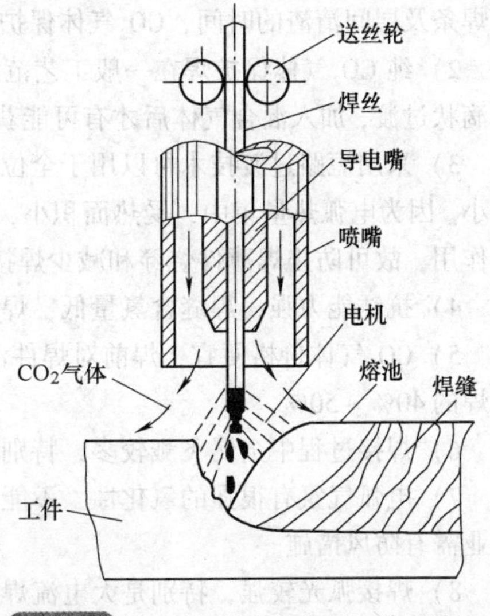

图 11-1　CO_2 气体保护焊的工作原理

11.1.2 CO_2气体保护焊的应用

CO_2气体保护电弧焊由于电流密度大，层间无须清渣，生产效率高，采用明弧焊接，易于观察熔池，操作容易等一系列优点广泛应用于机车、船泊等生产，并有逐渐取代焊条电弧焊的趋势。但由于CO_2气体保护电弧焊是以气体作为保护介质的，其焊缝内部组织相比采用渣气联合保护的焊条电弧焊内部组织要疏松，所以在一些重要的生产中一般不采用CO_2气体保护焊，如桥梁、管道等，而一般多采用焊条电弧焊或氩弧焊打底，中间层和盖面层用焊条电弧焊的操作方法。另外CO_2气体保护焊不宜在室外及有风的地方焊接，焊接设备较为复杂，不适宜现场施工。

11.2 CO_2气体保护焊焊接工艺

11.2.1 CO_2气体保护焊的分类

1）按所用焊丝直径不同，可分为细丝CO_2气体保护焊（焊丝直径≤1.2mm）及粗丝CO_2气体保护焊（焊丝直径≥1.6mm）。

2）按所用保护气体种类不同，可分为CO_2气体保护焊和混合气体保护焊。

3）按操作方法的不同，可分为半自动及自动CO_2气体保护焊。

11.2.2 CO_2气体保护焊的工艺特点

1）CO_2焊穿透能力强，厚板焊接时可增加坡口的钝边和减小坡口；焊接电流密度大（100～300A/mm^2），变形小，生产效率比焊条电弧焊高1～3倍。如果算上无须更换焊条及层间清渣的时间，CO_2气体保护焊比焊条电弧焊至少提高生产效率5倍以上。

2）纯CO_2气体保护焊在一般工艺范围内不能达到射流过渡，实际上常用短路过渡和滴状过渡，加入混合气体后才有可能获得射流过渡。

3）采用短路过渡技术可以用于全位置焊接，而且对薄壁构件焊接质量高，焊接变形小。因为电弧热量集中，受热面积小，焊接速度快，且CO_2气流对焊件起到一定的冷却作用，故可防止焊薄件烧穿和减少焊接变形。

4）抗锈能力强，焊缝含氢量低，焊接低合金高强度钢时冷裂纹的倾向小。

5）CO_2气体价格便宜，焊前对焊件清理可从简，其焊接成本只有埋弧焊和焊条电弧焊的40%～50%。

6）焊接过程中金属飞溅较多，特别是当焊接参数匹配不当时，更为严重。

7）电弧气氛有很强的氧化性，不能焊接易氧化的金属材料，抗风能力较弱，室外作业需有防风措施。

8）焊接弧光较强，特别是大电流焊接时，要注意对操作人员防弧光辐射保护。

9）熔池可见，易于观察，便于实现自动化。

11.2.3 CO_2气体保护焊的焊接参数

CO_2气体保护焊焊接参数主要包括焊丝直径、焊接电流、电弧电压（弧长）、焊丝伸出长度、气体流量、电源极性、焊接回路电感值及焊枪倾角等。

1. 焊丝直径

焊丝直径越粗，允许使用的焊接电流越大。通常根据焊件的厚度、施焊位置及生产效率来选择。焊接薄板或中厚板的立、横、仰焊时，多采用直径1.6mm以下的焊丝。焊丝直径的选择见表11-1。

表11-1 焊丝直径的选择

焊丝直径/mm	焊件厚度/mm	施焊位置	熔滴过渡形式
0.8	1~3	各种位置	短路过渡
1.0	1.5~6	各种位置	短路过渡
1.2	2~12	各种位置	短路过渡
	中厚	平焊、平角焊	细颗粒过渡
1.6	6~25	各种位置	短路过渡
	中厚	平焊、平角焊	细颗粒过渡
2.0	中厚	平焊、平角焊	细颗粒过渡

2. 焊接电流

焊接电流是重要的焊接参数之一，应根据焊件厚度、材质、焊丝直径、施焊位置、熔滴过渡形式和生产率来选择。

半自动焊通常直径为0.8~1.2mm的焊丝，短路过渡的焊接电流在40~230A范围内，细颗粒过渡的焊接电流在250~320A范围内。

焊接电流对熔深、焊丝熔化速度及工作效率影响最大。当焊接电流逐渐增大时，熔深显著增加，熔宽和余高略有增加。由于熔深的大小不同，熔敷金属对母材的稀释率也不同，因而熔敷金属的性质也随之不同。在大电流单层焊的情况下，母材稀释率大，熔敷金属容易受到母材成分的影响。在小电流多层焊的情况下，熔深小，母材稀释率小，对熔敷金属性质的影响也就小。

3. 电弧电压

电弧电压是重要的焊接参数之一。电弧电压一般根据焊丝直径、焊接电流和熔滴过渡形式来选择。送丝速度不变时，调节电源外特性，此时焊接电流几乎不变，弧长将发生变化，电弧电压也会变化。为保证焊缝成形良好，电弧电压必须与焊接电流配合适当。因此，焊接时应根据选择的焊接电流来调节电弧电压，使之与焊接电流配合适当。

4. 焊接速度

焊接速度也是重要的焊接参数之一，它和焊接电流、电弧电压一样是焊接热输入的三大要素。它对熔深和焊道形状影响最大。对焊缝区的力学性能以及是否产生裂纹、气孔等也有一定影响。

5. 焊丝伸出长度

焊丝伸出长度是指从导电端部到焊件的距离。保持焊丝伸出长度不变是保证焊接过程稳定的基本条件之一。因为 CO_2 气体保护焊采用的电流密度较高，伸出长度越大，焊丝的预热作用越强，反之亦然。

预热作用的大小与焊丝的电阻率、焊接电流和焊丝直径有关。对于不同直径、不同材料的焊丝，允许使用的焊丝伸出长度也不同。焊丝伸出长度的允许值见表 11-2。

表 11-2　焊丝伸出长度的允许值　（单位：mm）

焊丝直径/mm	H08Mn2Si	H06Cr19Ni9Ti
0.8	6 ~ 12	5 ~ 9
1.0	7 ~ 13	6 ~ 11
1.2	8 ~ 15	7 ~ 12

焊丝伸出长度小时，电阻预热作用小，电弧功率大，熔深大，飞减小；焊丝伸出长度大时，电阻对焊丝的预热作用强，电弧功率小，熔深浅，飞溅多。

6. CO_2 气体的流量

CO_2 气体的流量应根据焊接电流、电弧电压、焊接速度、焊接位置等来选取，流量过大或过小都影响保护效果。通常，细丝 CO_2 气体保护焊时气体流量为 8 ~ 15L/min；粗丝 CO_2 气体保护焊时为 15 ~ 25L/min。

7. 电源极性

1）CO_2 气体保护焊通常采用直流反接（反极性），即焊件接阴极，焊丝接阳极，焊接过程稳定，飞溅小，熔深大。

2）直流正接时（正极性），即焊件截阳极，焊丝接阴极，在焊接电流相同时，焊丝熔化速度快（其熔化速度是反极性的 1.6 倍），熔深较浅，堆高大，稀释率较小，但飞溅较大。根据这些特点，直流正接主要用于堆焊、铸铁补焊及大电流高速 CO_2 气体保护焊。

8. 焊接回路电感值

短路过渡需要在焊接回路中有合适的电感值，用以调节短路电流增长速度，使焊接过程中飞溅最小。通常细丝 CO_2 气体保护焊焊丝的熔化速度快，熔滴过渡周期短，需要较大的焊接电流增长速度；而粗丝 CO_2 气体保护焊则需要较小的焊接电流增长速度。此外，通过调节焊接回路电感值，还可以调节电弧燃烧时间，进而控制母材的熔深。增大电感值则过渡频率降低，燃烧时间增长，熔深增大。

9. 焊枪倾角

1）当焊枪倾角小于 10°时，不论是前倾还是后倾，对焊接过程及焊缝成形都没有明显的影响；但倾角过大（如前倾角大于 25°）时，将增加熔宽并减小熔深，还会增加飞溅。

2）当焊枪与焊件成后倾角时，焊缝窄，余高大，熔深较大，焊缝成形不好；当焊枪与焊件成前倾角时，焊缝宽，余高小，熔深较浅，焊缝成形好。

11.2.4　CO_2气体保护焊的冶金特点

CO_2气体保护焊焊接过程在冶金方面主要表现在CO_2是一种氧化性气体，在高温时进行分解，具有强烈的氧化作用，把合金元素氧化烧损或造成气孔和飞溅。

1. CO_2的氧化性

CO_2气体高温分解反应式为

$$CO_2 \xrightleftharpoons{（高温）} CO + 1/2O_2$$

三者同时存在，CO 气体在焊接中不溶于金属，也不与之发生作用，CO_2和O_2则使 Fe 和其他元素氧化烧损。在熔滴过渡或在熔池中的氧化反应如下：

（1）直接氧化　与CO_2作用时

$$Fe + CO_2 \rightleftharpoons FeO + CO$$

$$Si + 2CO_2 \rightleftharpoons SiO_2 + 2CO$$

$$Mn + CO_2 \rightleftharpoons MnO + CO$$

与高温分解的氧原子作用时

$$Fe + O \rightleftharpoons FeO$$

$$Si + 2O \rightleftharpoons SiO_2$$

$$Mn + O \rightleftharpoons MnO$$

FeO 可溶于液体金属内成为杂质或与其他元素发生反应，SiO_2和 MnO 成为熔渣能浮出，生成的 CO 从液体金属中逸出。

（2）间接氧化　与氧结合能力比 Fe 大的合金元素把 Fe 从 FeO 中置换出来而自身被氧化，其反应如下

$$Si + 2FeO \rightleftharpoons SiO_2 + 2Fe$$

$$Mn + FeO \rightleftharpoons MnO + Fe$$

$$C + FeO \rightleftharpoons Fe + CO\uparrow$$

生成的SiO_2和 MnO 成熔渣浮出，其结果是液体金属中 Si 和 Mn 被烧损而减少。一般CO_2气体保护焊时，焊丝中约有 $w(Mn) = 50\%$ 和 $w(Si) = 60\%$ 被氧化烧损，生成的 CO 在电弧高温下急剧膨胀，使熔滴爆破而引起金属飞溅。在熔池中的 CO，若逸不出来，便成为焊缝中的气孔。

所以直接氧化和间接氧化的结果造成了焊缝金属力学性能降低，产生气孔和金属飞溅。解决CO_2气体保护焊氧化性的措施是脱氧。具体做法是在焊丝中（或在药芯焊丝的芯料中）加入一定量的脱氧剂，它们是与氧的亲和力比 Fe 大的合金元素，如 Al、Ti、Si、Mn 等。实践表明，采用 Si – Mn 联合脱氧效果最好，可以焊出高质量的焊缝，所以目前国内外广泛应用 H08Mn2Si 焊丝。加入到焊丝中的 Si 和 Mn，在焊接过程中一部分被直接氧化和蒸发掉，一部分就用于 FeO 的脱氧，其余部分留在焊缝金属中起着提高焊缝力学性能的作用。焊接碳钢和低合金钢用的焊丝，一般 $w(Si)$ 为1%左右，经烧损和脱氧后剩 0.4%～0.5% 在焊缝金属中，Mn 在焊丝中的质量分数一般为 1%～

2%：碳（C）与氧的亲和力比 Fe 大，为了防止气孔和减少飞溅以及降低焊缝中产生裂缝倾向，焊丝中 $w(C)$ 一般都限制在 0.15% 以下。

2. 气孔问题

在熔池金属内部存在有溶解不了的或过饱和的气体，当这些气体来不及从熔池中逸出时，便随熔池的结晶凝固而留在焊缝内形成气孔。

CO_2 气体保护焊时气流对焊缝有冷却作用，又无熔渣覆盖，故熔池冷却快。此外，所用的电流密度大，焊缝窄而深，气体逸出路程长，于是增加了产生气孔的可能性。

可能产生的气孔主要有三种：一氧化碳（CO）气孔、氢气（H_2）孔和氮气（N_2）孔。

产生 CO 气孔的原因主要是焊丝中脱氧元素不足，使熔池中溶入较多的 FeO，它和 C 发生强烈的碳还原铁的反应，便产生 CO 气体。因此，只要焊丝中有足够脱氧元素 Si 和 Mn，以及限制焊丝中 C 的质量分数，就能有效地防止 CO 气孔。

产生 N_2 孔的原因主要是 CO_2 保护不良或 CO_2 纯度不高。只要加强 CO_2 的保护和控制 CO_2 的纯度，即可防止。造成保护效果不好的原因一般是过小的气体流量，喷嘴被堵塞，喷嘴距工件过大，电弧电压过高（即电弧过长），电弧不稳或作业区有风等。

产生 H_2 孔是由于在高温时溶入了大量 H_2，结晶过程中不能充分排出，而留在焊缝金属中。电弧区的 H_2 主要来自焊丝、工件表面的油污和铁锈以及 CO_2 气体中所含的水分。前者易防止和消除，故后者往往是引起 H_2 孔的主要原因，因此对 CO_2 气体进行提纯与干燥是必要的，但因 CO_2 气体具有氧化性，H_2 和 CO_2 会化合，故出现 H_2 孔的可能性相对较小，这就是 CO_2 气体保护焊被认为是低氢焊接方法的原因。

11.2.5　CO_2 气体保护焊焊接过程中的熔滴过渡

电弧焊时，在焊丝端部形成的向熔池过渡的液态金属滴称为熔滴。熔滴通过电弧空间向熔池转移的过程称为熔滴过渡。焊丝金属熔滴过渡的形式，不仅决定了焊接过程的工艺特性与应用范围，而且对电弧的稳定性、焊接冶金特性、飞溅大小以及焊缝成形尺寸和质量都有重大影响。电弧焊时，熔滴过渡的形式有短路过渡、滴状过渡和喷射过渡三种。

CO_2 气体保护焊是熔化极电弧焊，焊丝除作为电极外，其端部在电弧热作用下，熔化后形成熔滴，并以不同的形式脱离焊丝过渡到熔池。CO_2 气体保护焊熔滴过渡的特点和形式取决于焊接参数和有关条件。根据过渡的外观现象（如过渡形态、熔滴尺寸、过渡频率等），CO_2 气体保护焊熔滴过渡主要有短路过渡和滴状过渡两种形式。

1. 短路过渡

（1）短路过渡的过程　短路过渡是在采用细焊丝、小电流和低电弧电压焊接时形成的。因弧长很短，焊丝端部熔化的熔滴尚未长得很大或脱落之前，熔滴表面就和熔池相接触形成液桥，使电弧熄灭（短路），熔滴金属在各种力的作用下，液桥开始缩颈并过渡到熔池后，又会出现弧隙并使电弧复燃。这样周期性的短路-燃弧交替过程，称为短路过渡过程。

短路过渡过程包括燃弧、弧隙短路、液桥缩颈和脱落、电弧复燃四个阶段。在这

四个阶段中，有两个极限状态：第一个是短路状态，这时弧长等于零，电压等于零，短路电流逐渐增大到一定值；第二个是电弧复燃瞬间，焊接电流约等于最大短路电流，电弧电压恢复到正常状态，焊接电流下降。

CO_2气体保护焊短路过渡的焊接电流、电弧电压波形变化和熔滴过渡情况如图11-2所示。

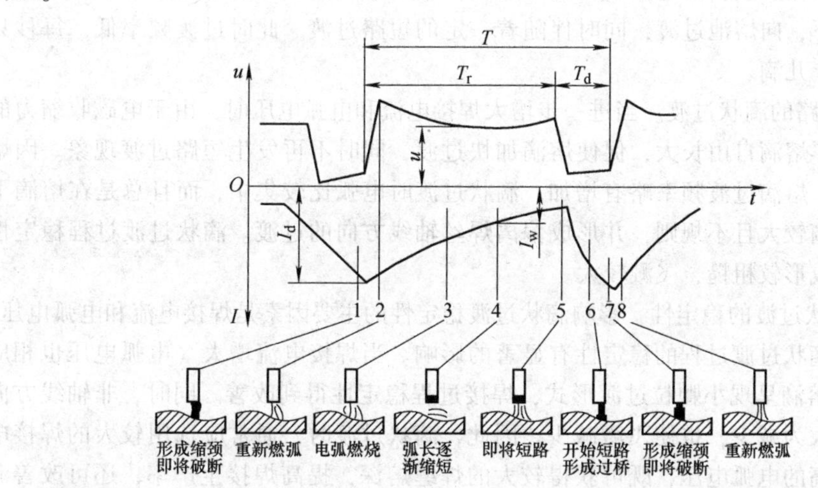

图11-2　CO_2气体保护焊短路过渡的焊接电流、电弧电压波形变化和熔滴过渡情况

T—一个短路过渡周期的时间　T_r—电弧燃烧时间　T_d—短路时间　u—电弧电压

I_d—短路最大电流　I_W—稳定的焊接电流

（2）短路过渡的稳定性　CO_2气体保护焊短路过渡过程的稳定性取决于焊接电源的动特性和焊接参数。短路过渡时要求所选用的焊接电源应具有良好的动特性。

短路过渡对焊接电源动特性的要求是：短路电流增长速度要合适，要有足够大的短路电流峰值以及足够高的焊接电压恢复速度。此三点要求已成为评定焊接电源动特性是否能适应和满足短路过渡焊接需要的指标。目前供短路焊接用的焊接电源对短路电流峰值和焊接电压恢复速度的要求通常都能满足。因此对电源动特性的调节，通常是指调节短路电流增长速度。不同直径的焊丝焊接时，所要求的短路电流增长速度是不一样的。因此，在焊接时，为了使电弧和焊接过程稳定，就要合理地选定和调节短路电流增长速度。其方法是：

1）选用合适的电源外特性，短路过渡焊接时，选用平硬特性的焊接电源比陡降特性的焊接电源可获得较大的短路电流增长速度和短路电流峰值。

2）选择合适的焊接电流和电弧电压也是维持短路过渡过程稳定的重要条件。

3）调节焊接回路中的电感值。在短路过渡焊接时，焊接回路中常串联有一个可调电感，通过调节合适的电感值来调节短路电流增长速度，同时限制了短路电流峰值，一般可根据不同的焊丝直径选择合适的电感值，以保证短路过渡焊接的稳定。

（3）短路过渡的特点　由于短路频率很高，电弧燃烧非常稳定，飞溅小，焊缝成形良好，使用的焊接电流较小，焊接热输入低，适用于焊接薄板及全位置焊缝的焊接。

2. 滴状过渡

（1）滴状过渡的过程　采用中等规范以上的焊接电流、电弧电压焊接时会出现滴状过渡。滴状过渡有两种形式：

1）有短路的滴状过渡。当焊接电流和电弧电压略高于短路过渡时，由于电弧长度增大，焊丝熔化加快，而电磁收缩力不够大，以致熔滴体积不断增大，并在熔滴自身的重力作用下，向熔池过渡，同时伴随着一定的短路过渡。此时过渡频率低，每秒只有几滴到二十几滴。

2）无短路的滴状过渡。当进一步增大焊接电流和电弧电压时，由于电磁收缩力的加强，阻止了熔滴自由长大，促使熔滴加快过渡，同时不再发生短路过渡现象。因熔滴体积减小，熔滴过渡频率略有增加。滴状过渡时电弧比较集中，而且总是在熔滴下方产生，熔滴较大且不规则，并形成偏离焊丝轴线方向的过渡。滴状过渡过程稳定性较差，焊缝成形较粗糙，飞溅较大。

（2）滴状过渡的稳定性　影响滴状过渡稳定性的主要因素是焊接电流和电弧电压。焊接电流对滴状过渡过程的稳定性有显著的影响。当焊接电流增大（电弧电压也相应增大）时，熔滴呈现小颗粒过渡形式，焊接过程稳定性得到改善。同时，非轴线方向的熔滴过渡大为减少，也使飞溅减少。因此，滴状过渡时，通常应选用较大的焊接电流，匹配较高的电弧电压，既可获得较大的焊缝熔深，提高焊接生产率，还可改善滴状过渡的稳定性。

（3）滴状过渡的特点　粗丝 CO_2 气体保护焊时，由于焊丝端部熔滴较小，一滴接一滴连续不断地过渡到熔池不发生短路现象，电弧连续燃烧，其特征是大电流、高电压、焊速快，主要用于中厚板。滴状过渡时，应选用缓降特性的焊接电源。

3. 喷射过渡

当焊接规范达到一定数值时才会出现喷射过渡。在细焊丝、小规范时不可能出现射流过渡。射流过渡（喷射过渡）熔滴过渡快。喷滴细小而过渡频率高（一般为 250 ~300l/s），此时焊缝熔深大，成形美观，飞溅小，生产效率高，焊接时有独特的“嘶嘶”声。喷射过渡主要用于厚板的焊接。

11.2.6　CO_2 气体保护焊的飞溅

CO_2 气体保护焊时很容易产生飞溅，主要是由 CO_2 气体的性质所决定的。问题在于要把飞溅减少到最低程度。滴状过渡过程中的飞溅程度要比短路过渡过程中严重得多。一般滴状过渡时飞溅损失控制在焊丝熔化量的 10% 以下，短路过渡形式的飞溅量则在 2% ~4% 范围内。

1. 金属飞溅的有害影响

1）CO_2 气体保护焊时，飞溅增大，会降低焊丝的熔敷系数，从而增加焊丝及电能的消耗，降低焊接生产率，增加焊接成本。

2）飞溅金属粘着到导电嘴端面和喷嘴内壁上，会使送丝不畅通而影响电弧稳定性，或者降低保护气的保护作用，恶化焊缝成形质量，并可能导致焊缝形成气孔。

3）飞溅金属粘着到导电嘴、喷嘴、焊缝及焊件表面上，不仅影响焊件外观质量，而且需待焊后进行清理，这就增加了焊接的辅助工时。

4）焊接过程中飞溅出的金属还容易烧坏焊工的工作服，甚至烫伤皮肤，恶化劳动条件。

因此，CO_2 气体保护焊时要重视飞溅问题，应尽量降低飞溅的不利影响。

2. 产生金属飞溅的原因及减少飞溅的措施

1）由冶金反应引起的飞溅。冶金反应引起的飞溅主要由 CO 气体造成。焊接过程中，熔滴和熔池中的碳氧化成 CO，CO 气体在电弧高温作用下，体积急剧膨胀，压力迅速增大，使熔滴和熔池金属发生爆破，从而产生大量飞溅。

防止方法：选用含锰、硅等脱氧元素的焊丝，并降低焊丝中的含碳量。例如选用含碳量低的焊丝，减少焊接过程中产生 CO 气体；选用药芯焊丝，药芯中加入脱氧剂、稳弧剂及造渣剂等，造成气-渣联合保护；长弧焊时，加入 Ar 的混合气体保护，使过渡熔滴变细，甚至得到射流过渡，改善过渡特性。

2）由斑点压力产生的飞溅。斑点压力产生的飞溅主要取决于电源极性。当采用直流正接焊接时，正离子飞向焊丝端部的熔滴，机械冲击力大，形成大颗粒飞溅。当采用直流反接焊接时，飞向焊丝端部的电子撞击力较小，因而飞溅较小。

防止方法：CO_2气体保护焊时选用直流反接（工件接正极则为直流正接，工件接负极则为直流反接）。

3）熔滴短路时引起的飞溅。熔滴短路时引起的飞溅发生在短路过程中，当焊接电源的动特性不好时，则显得更为严重。当熔滴与熔池接触时，若短路电流增长速度过快，或短路最大电流值过大时，会使缩颈处的液态金属发生爆破，产生较多的细颗粒飞溅；若短路电流增长速度过慢，则短路电流不能及时增大到所需求的电流值，此时，缩颈处就不能迅速断裂，使伸出导电嘴的焊丝在电阻热的长时间加热下，成段软化和断落，并伴随着较多的大颗粒飞溅。

防止方法：在短路过渡焊接时，合理选择焊接电源特性，并匹配合适的可调电感，以便当采用不同直径的焊丝时，能调得合适的短路电流增长速度。

4）非轴向颗粒过渡造成的飞溅。非轴向颗粒过渡造成的飞溅是在颗粒过渡时由于电弧的斥力作用而产生的。当熔滴在斑点压力和弧柱中气流压力的共同作用下，熔滴被推到焊丝端部的一边，并抛到熔池外面去，从而产生大颗粒飞溅。

防止方法：当采用不同熔滴过渡形式焊接时，要合理选择焊接参数，以获得最小的飞溅。

5）焊接参数选择不当引起的飞溅。焊接参数选择不当引起的飞溅是因焊接电流、电弧电压和回路电感值等焊接参数选择不当引起的。比如随着焊接电压的增加，电弧拉长，熔滴易长大，且在焊丝末端产生无规则摆动，致使飞溅增大。焊接电流增大，熔滴体积变小，熔敷率增大，飞溅减少。

防止方法：正确选择 CO_2气体保护焊的焊接参数，减少飞溅产生的可能性。

6）跟焊条电弧焊相比，CO_2 气体保护焊是由送丝机构把焊丝源源不断地推送到熔池中，对熔池有着强烈的搅拌作用，其熔池是在运动中冷却结晶的。这也是产生飞溅的根本原因之一。

11.2.7 CO_2气体保护焊的焊接材料

1. 保护气体（CO_2）

CO_2气体来源广，可由专门生产厂提供，也可从食品加工厂（如酒精厂）的副产品中获得。用于焊接的CO_2气体，其纯度要求>99.5%。CO_2有固态、液态和气态三种状态。气态无色，易溶于水，密度为空气密度的1.5倍，沸点为-78℃。在不加压力下冷却时，气体将直接变成固体（称干冰），增加温度，固态CO_2又直接变成气体。CO_2气体受压力后变成无色液体，其相对密度随温度而变化。当温度低于-11℃时，比水的密度大；当温度高于-11℃时，则比水的密度小。在0℃和1atm下，1kg CO_2液体可蒸发509L CO_2气体。

供焊接用的CO_2气体，通常是以液态装于钢瓶中，容量为40L的标准钢气瓶可灌入25kg的液态CO_2，25kg液态CO_2约占钢瓶容积的80%。其余20%左右的空间充满汽化了的CO_2，气瓶压力表上所指压力值，即是这部分汽化气体的饱和压力，该压力大小与环境温度有关，室温为20℃时，气体的饱和压力约为57.2×10^5Pa。注意该压力并不反映液态CO_2的贮量，只有当瓶内液态CO_2全部汽化后，瓶内气体的压力才会随CO_2气体的消耗而逐渐下降。这时压力表读数才反映瓶内气体的贮量。故正确估算瓶内CO_2贮量是采用称钢瓶质量的办法。

一瓶装25kg液化CO_2，若焊接时的流量为20L/min，则可连续使用10h左右。CO_2气钢瓶外表涂铝白色并写有黑色“CO_2”字样。

瓶装液态CO_2可溶解约占0.05%质量分数的水，其余的水则成自由状态沉于瓶底。这些水分在焊接过程中随CO_2一起挥发，以水蒸气混入CO_2气体中，影响CO_2气体的纯废。水蒸气的蒸发量与瓶中压力有关，瓶压越低，水蒸气含量越高，故当瓶压低于980kPa时，就不宜继续使用，需重新灌气。

当CO_2气体含水量较高时，减少水分的措施是：

1）将新灌气瓶倒立静置1~2h，然后开启阀门，把沉积在瓶口部的自由状态的水排出，可放水2次或3次，每次间隔30min，放水结束后，仍将气瓶放正。

2）经倒置放水后的气瓶，使用前先打开阀门放掉瓶内上部纯度低的气体，然后再套接输气管。

3）在气路中设置高压干燥器和低压干燥器，进一步减少CO_2气体中的水分，一般用硅胶或脱水硫酸铜作为干燥剂，用过的干燥剂经烘干后还可重复使用。

使用瓶装液态CO_2时，注意设置气体预热装置，因瓶中高压气体经减压降压而体积膨胀时，要吸收大量的热，使气体温度降到零度以下，会引起CO_2气中的水分在减压器内结冰而堵塞气路，故在CO_2气体未减压之前须经过预热。

2. 焊丝

CO_2气体保护焊用的焊丝对化学成分有特殊要求，主要是：

1）焊丝内必须含有足够数量的脱氧元素，以减少焊缝金属中的含氧量和防止产生气孔。

2）焊丝的含碳量要低。通常要求 w(C) <0.11%，以减少气孔和飞溅。

3）要保证焊缝具有满意的力学性能和抗裂性能。

此外，若要求得到更为致密的焊缝金属，则焊丝应含有固氮元素如 Al、Ti 等。

目前国内常用 CO_2气体保护焊焊丝的直径为 0.6mm、0.8mm、1.0mm、1.2mm、1.6mm、2.0mm 和 2.4mm。近年又发展出直径为 3～4mm 的粗焊丝。

焊丝应保证有均匀外径，其公差为 0～0.025mm，还应具有一定的硬度和刚度，一方面以防止焊丝被送丝滚轮压尖或压出深痕，另一方面焊丝从导电嘴送出后要有一定的挺直度。因此，无论是何种送丝方式，都要求焊丝以冷拔状态供应，不能使用退火焊丝。

为了防锈，焊丝保存时常采取焊丝表面镀铜或涂油的方法，在焊前则把油污清除。

低碳钢和低合金钢 CO_2气体保护焊用的焊丝应符合 GB/T 8110—2008《气体保护电弧焊用碳钢、低合金钢焊丝》的要求，根据用户需要有镀铜和不镀铜的。

11.3　CO_2 气体保护焊设备

11.3.1　CO_2气体保护焊焊机的分类及组成

1. CO_2气体保护焊设备的分类

1）CO_2气体保护焊设备的分类常以其操作方法来分，可分为半自动焊设备和自动焊设备。焊接设备送丝是自动的，焊接的前进方向需人操作的称为半自动焊设备。焊接设备送丝和焊接的前进方向都是由机械设备完成的称为自动焊设备。CO_2 气体保护焊设备如图 11-3 所示。

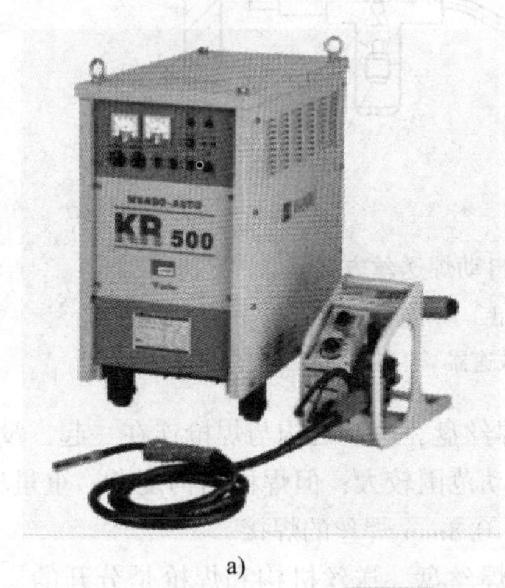

a)

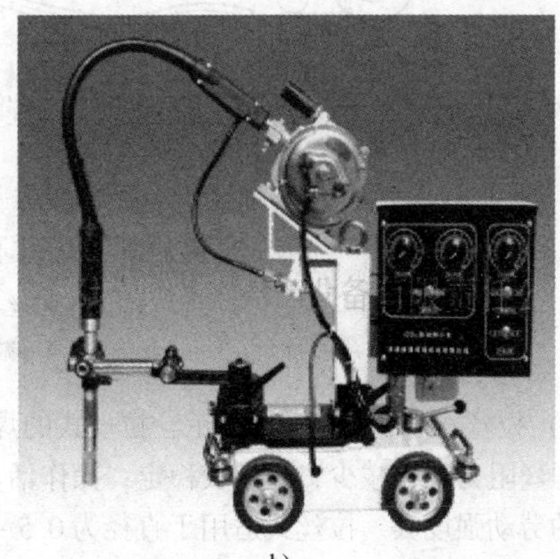

b)

图 11-3　CO_2 气体保护焊设备

a）半自动焊设备　b）自动焊设备

2）按焊接电源来分，可分为晶体管、晶闸管整流器和逆变弧焊电源。其电源外特性通常为平特性。

3）按所用电极来分，可分为熔化极气体保护焊和非熔化极气体保护焊。

4）按所用气体来分，可分为氧化性气体保护焊和惰性气体保护焊。

2. CO_2气体保护焊设备的组成

一台完整的CO_2气体保护焊设备主要由焊接电源、送丝系统、焊枪、控制系统及供气系统等部分组成。

（1）焊接电源　CO_2气体保护焊使用交流电源焊接时电弧不稳定，飞溅多，成形不良，因此只能使用直流电源，并要求焊接电源具有平硬的外特性。这是因为CO_2气体保护焊的电流密度大，加之CO_2气体对电弧有较强的冷却作用，所以电弧静特性曲线是上升的。在等速送丝的条件下，平硬特性电源的电弧自动调节灵敏度最高。

（2）送丝系统　送丝系统由送丝机（包括电动机、减速器、校直轮和送丝轮）、送丝软管、焊丝盘等组成，其送丝方式有拉丝式、推丝式和推拉丝式三种，如图11-4所示。

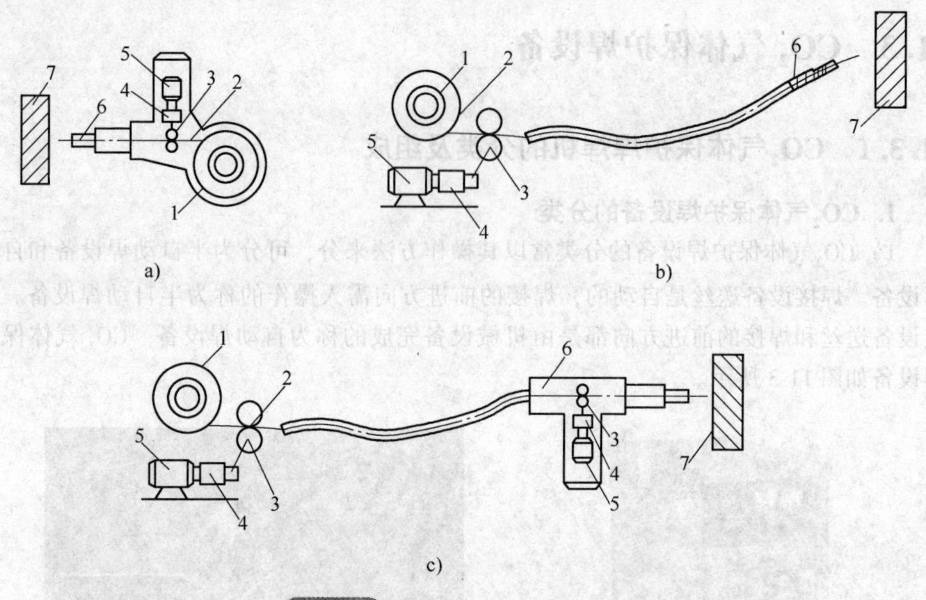

图11-4　CO_2半自动焊送丝方式

a）拉丝式　b）推丝式　c）推拉丝式

1—焊丝盘　2—焊丝　3—送丝滚轮　4—减速器　5—电动机　6—焊枪　7—焊件

1）拉丝式。如图11-4a所示，拉丝式的焊丝盘、送丝机构与焊枪连在一起，没有软管，送丝阻力大大减少，送丝较稳定；操作活动范围较大；但焊枪结构复杂，重量增加，焊工的劳动强度大。拉丝式适用于直径为0.5～0.8mm焊丝的焊接。

2）推丝式。如图11-4b所示，推丝式的焊丝盘、送丝机构和焊枪是分开的，焊丝由送丝机构推送，通过送丝软管进入焊枪，所以焊枪结构简单、轻便，但焊丝通过软管时阻力较大，软管不能过长或扭曲；否则，焊丝不能顺利送出，影响送丝稳定。一般送丝软管长度为3m。推丝式适用于直径为0.8mm以上的细焊丝焊接。

3）推拉丝式。如图 11-4c 所示，推拉丝式是以上两种送丝方式的结合，送丝时以推为主，焊枪上的送丝机构起到将焊丝拉直的作用，使软管中的送丝阻力大大减少，从而软管长度可以增加，送丝稳定，增加了送丝距离和操作灵活性。

（3）焊枪　焊枪是进行 CO_2气体保护焊焊接时直接施焊的工具。焊枪的作用是导电、导丝和导气，且是焊工直接操作的工具，所以焊枪应坚固轻便，并能适合各种位置的焊接。

焊枪按操作方式可分为半自动焊枪和自动焊枪。

焊枪按焊丝输送方式可分为推丝式焊枪和拉丝式焊枪。

焊枪按结构可分为鹅颈式焊枪和手枪式焊枪。

焊枪按冷却方式又可分为空冷式焊枪和内循环水冷式焊枪两种。细丝 CO_2气体保护焊一般选用空冷式焊枪，内循环水冷式焊枪主要用于较大电流的粗丝 CO_2气体保护焊焊接。

目前生产上用得最广泛的是鹅颈式焊枪，焊枪上的喷嘴和导电嘴是焊枪的主要零件，直接影响焊接工艺性能。

1）喷嘴。喷嘴一般为圆柱形，内孔形状和直径的大小将直接影响气体的保护效果，要求从喷嘴中喷出的气体为截头圆锥体，均匀地覆盖在熔池表面。喷嘴内孔直径为 12～25mm。为了防止飞溅物的黏附并易于清除，焊前最好在喷嘴的内外表面涂防飞溅剂（膏）或硅油。

2）导电嘴。导电嘴常用纯铜、铬青铜或磷青铜制造。通常导电嘴的孔径比焊丝直径大 0.2mm 左右。孔径太小，送丝阻力大；孔径太大，则导电效果不佳，送出的焊丝摆动得厉害，造成焊缝宽窄不一。

3）分流器。分流器用绝缘陶瓷制成，上有均匀分布的小孔，从枪体中喷出的保护气经过分流器后，从喷嘴中呈层流状均匀喷出，可有效改善保护效果。

4）导管电缆。导管电缆的外面为橡胶绝缘管，内有弹簧、纯铜导电电缆、保护气管及控制线等。常用的标准导管电缆长度为 3m。

（4）供气系统　CO_2供气系统由气瓶、干燥器、预热器、减压器、流量计和电磁气阀等组成。供气系统的作用是把钢瓶内的 CO_2液体变成气体，经过适当处理使之成为质量符合要求并具有一定的流量，然后均匀地从喷嘴中喷出，对焊接过程提供保护。

瓶装的液态 CO_2气体汽化时要吸收大量的热能，会导致气路结冰而堵塞。所以在减压器减压之前必须经预热器（75～100W）加热（一般电热预热器的电压应采用 36V）输送到焊枪的 CO_2气体。须经干燥器吸收其中的水分，以防止焊接时产生气孔。流量计用来调节和观察 CO_2气体流量。通常采用电磁气阀并由焊机的控制系统来完成。

（5）控制系统　控制系统的作用是对供气、送丝和供电等部分实现控制。

目前常用国产 CO_2气体保护半自动焊焊机的型号为 NBC 系列，如 NBC-300 型、NBC-500 型。用得最多的是合资企业生产的 KR 系列，如 KR-II-350 型、KR-II-500 型。

11.3.2　CO_2气体保护焊焊机的型号及主要技术参数

1. CO_2气体保护焊焊机型号

按照 GB/T 10249—2010 的规定，典型的 CO_2气体保护焊焊机的型号中各位置符号表示的含义见表 11-3。

CO_2气体保护焊用焊机的型号：

1	2	3	4	-	5

表 11-3　典型的 CO_2 气体保护焊焊机的型号中各位置符号表示的含义

所在位置	表示方法	表示含义
1	N	MIG/MAG 焊机
2	Z	自动焊焊机
	B	半自动焊用焊机
	D	定位焊用焊机
	U	堆焊用焊机
3	M	氩气及混合气气体保护焊
	C	CO_2气体保护焊
4	1	全位置焊车式
	2	横臂式
	3	机床式
	4	旋转焊头式
	5	台式
	6	焊机机器人
	7	变位式
5	数字	定额焊接电流式

2. 典型的 CO_2 气体保护焊焊机主要技术参数

典型的 CO_2 气体保护焊焊机的主要技术参数见表 11-4。

表 11-4　典型的 CO_2 气体保护焊焊机的主要技术参数

型号	名称	输入电压/V	相数	空载电压/V	外特性	额定输出电流/A	额定负载持续率（%）	焊丝直径/mm	送丝方式	焊枪形式	应用特点
NBC-200	CO_2半自动焊机	380	3	17.5～28.5	硅整流、平特性	200	60	0.8～1.2	推丝式	鹅颈式焊枪	可用于焊接低碳钢和不锈钢
NBC-500S				75		500	75	1.2～2.0			

11.4　CO_2气体保护焊操作技术

11.4.1　CO_2气体保护焊基本操作技术

1. CO_2气体保护焊引弧

CO_2气体保护焊与焊条电弧焊引弧的方法有所不同，主要采用碰撞引弧，一般不采

用划擦式引弧，但引弧时不必抬起焊枪。具体操作步骤如下：

引弧时，焊工应首先将焊枪喷嘴与焊件保持正确焊接时的距离，且焊丝端头距焊件表面2～4mm。随后开焊枪开关，待送气、供电和送丝后，焊丝将与焊件接触短路引弧，结果必然同时产生一个反作用力，将焊枪推离焊件。因此要求焊工在引弧时应握紧焊枪以保持喷嘴距焊件的距离，如图11-5所示。

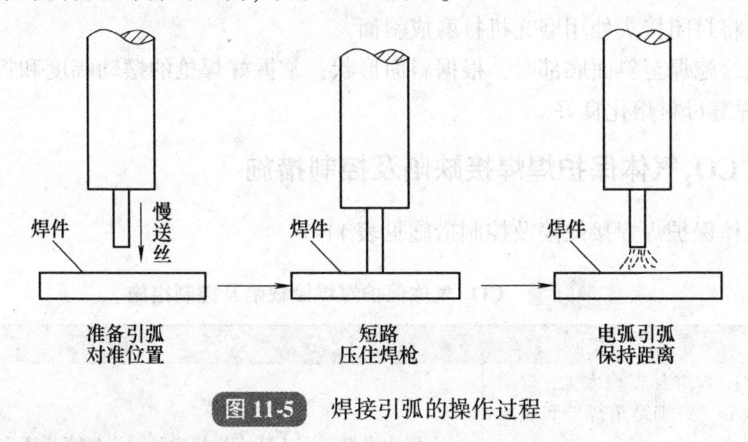

图11-5　焊接引弧的操作过程

2. CO_2气体保护焊的焊接

焊接过程中的关键是保持焊枪合适的倾角和喷嘴高度，沿焊接方向尽可能地均匀移动，当坡口较宽时，为保证两侧熔合良好，焊枪还要稍做横向摆动。

3. CO_2气体保护焊的收弧

焊接结束前必须收弧，若收弧不当容易产生弧坑，并出现弧坑裂纹、气孔等焊接缺陷。操作时可以采用以下措施进行收弧：

1）焊机自带有弧坑控制电路设置，则收弧时焊枪在收弧处停止前进，打开收弧设置功能，使焊接电路与电弧电压自动变小，待熔池填满后按下开关。

2）在焊接到收弧位置时，焊枪停止前进，并在熔池未完全凝固时，反复进行断弧、引弧几次，直至弧坑填满为止。但注意操作时动作要快，当熔池已凝固再引弧，则很容易产生未熔合及气孔等焊接缺陷。

3）无论采用以上哪种焊接收弧法，收弧时焊枪除停止前进外，还不能迅速抬高焊枪喷嘴，即使弧坑已填满，电弧熄灭后，也要让焊枪在弧坑位置停留几秒，以保证熔池凝固结晶时能得到可靠有效的焊接保护。若收弧后迅速抬高焊枪，则容易因保护不良引起焊接缺陷产生。

4. 焊道接头

为了保证焊道接头质量，在多层多道焊时，接头应尽量错开。建议对不同的焊道采用不同的接头处理方法。

（1）单面焊双面成形的打底层焊缝接头操作

1）将待焊接头处用角向磨光机打磨成斜面。

2）在斜面顶部引弧，引燃电弧后，将电弧移至斜面底部，划一个圆圈迅速返回引弧处后再继续向左进行焊接。

3）引燃电弧后向斜面底部移动时，要注意观察熔孔，若未形成熔孔时，则接头处背面未焊透；若熔孔太小，则接头处背面产生缩颈；若熔孔太大，则背面焊缝太宽或焊漏。

（2）相对焊缝接头操作

1）先将封闭接头处用磨光机打磨成斜面。

2）连续施焊至斜面底部时，根据斜面形状，掌握好焊枪的摆动幅度和控制焊接速度，保证焊缝母材熔化良好。

11.4.2 CO_2气体保护焊焊接缺陷及控制措施

CO_2气体保护焊焊接缺陷及控制措施见表11-5。

表11-5 CO_2气体保护焊焊接缺陷及控制措施

缺陷名称	产生原因	控制措施
裂纹	1. 焊缝深宽比太大；焊道太窄（特别是角焊缝和底层焊道） 2. 焊缝末端处的弧坑冷却过快 3. 焊丝或工件表面不清洁（有油、锈、漆等） 4. 焊缝中含C、S量高而Mn量低 5. 多层焊的第一道焊缝过薄	1. 增大电弧电压或减小焊接电流，以加宽焊道而减小熔深；减慢行走速度，以加大焊道的横截面 2. 采用衰减控制以减小冷却速度；适当地填充弧坑；在完成焊缝的顶部采用分段退焊技术，一直到焊缝结束 3. 焊前仔细清理 4. 检查工件和焊丝的化学成分，更换合格材料 5. 增加焊道厚度
夹渣	1. 采用多道焊短路电弧（熔焊渣型夹杂物） 2. 高的行走速度（氧化膜型夹杂物）	1. 在焊接后续焊道之前，清除掉焊缝边上的渣壳 2. 减小行走速度；采用含脱氧剂较高的焊丝；提高电弧电压
气孔	1. 保护气体覆盖不足；有风 2. 焊丝的污染 3. 工件的污染 4. 电弧电压太高 5. 喷嘴与工件距离太大 6. 气体纯度不良 7. 气体减压阀冻结而不能供气 8. 喷嘴被焊接飞溅堵塞 9. 输气管路堵塞	1. 增加保护气体流量，排除焊缝区的全部空气；减小保护气体的流量，以防止卷入空气；清除气体喷嘴内的飞溅；避免周边环境的空气流过大，破坏气体保护；降低焊接速度；减小喷嘴到工件的距离；焊接结束时应在熔池凝固之后移开焊枪喷嘴 2. 采用清洁而干燥的焊丝；清除焊丝在送丝装置中或导丝管中黏附上的润滑剂 3. 在焊接之前，清除工件表面上的全部油脂、锈、油漆和尘土；采用含脱氧剂的焊丝 4. 减小电弧电压 5. 减小焊丝的伸出长度 6. 更换气体或采用脱水措施 7. 应串接气瓶加热器 8. 仔细清除附着在喷嘴内壁的飞溅物 9. 检查气路有无堵塞和弯折处

（续）

缺陷名称	产生原因	控制措施
咬边	1. 焊接速度太高 2. 电弧电压太高 3. 电流过大 4. 停留时间不足 5. 焊枪角度不正确	1. 减慢焊接速度 2. 降低电压 3. 降低送丝速度 4. 增加在熔池边缘的停留时间 5. 改变焊枪角度，使电弧力推动金属流动
未熔合	1. 焊缝区表面有氧化膜或锈皮 2. 热输入不足 3. 焊接熔池太大 4. 焊接技术不合适 5. 接头设计不合理	1. 在焊接之前，清理全部坡口面和焊缝区表面上的轧制氧化皮或杂质 2. 提高送丝速度和电弧电压；减小焊接速度 3. 减小电弧摆动以减小焊接熔池 4. 采用摆动技术时应在靠近坡口面的熔池边缘停留；焊丝应指向熔池的前沿 5. 坡口角度应足够大，以便减少焊丝伸出长度（增大电流），使电弧直接加热熔池底部；坡口设计为 J 形或 U 形
未焊透	1. 坡口加工不合适 2. 焊接技术不合适 3. 热输入不合适	1. 接头设计必须合适，适当加大坡口角度，使焊枪能够直接作用到熔池底部，同时要保持喷到工件的距离合适；减小钝边高度；设置或增大对接接头中的底层间隙 2. 使焊丝保持适当的行走角度，以达到最大的熔深；使电弧处在熔池的前沿 3. 提高送丝速度以获得较大的焊接电流，保持喷嘴与工件的距离合适
熔透过大	1. 热输入过大 2. 坡口加工不合适	1. 减小送丝速度和电弧电压；提高焊接速度 2. 减小过大的底层间隙；增大钝边高度
蛇形焊道	1. 焊丝伸出长度过大 2. 焊丝的校正机构调整不良 3. 导电嘴磨损严重	1. 保持适合的焊丝伸出长度 2. 再仔细调整 3. 更换新导电嘴
飞溅	1. 电感量过大或过小 2. 电弧电压过低或过高 3. 导电嘴磨损严重 4. 送丝不均匀 5. 焊丝与工件清理不良 6. 焊机动特性不合适	1. 仔细调节电弧力旋钮 2. 根据焊接电流仔细调节电压；采用一元化调节焊机 3. 更换新导电嘴 4. 检查压丝轮和送丝软管（修理或更换） 5. 焊前仔细清理焊丝及坡口处 6. 对于整流式焊机应调节直流电感；对于逆变式焊机须调节控制回路的电子电抗器
电弧不稳	1. 导电嘴内孔过大 2. 导电嘴磨损过大 3. 焊丝打结 4. 送丝轮的沟槽磨耗太大引起送丝不良 5. 送丝轮压紧力不合适 6. 焊机输出电压不稳定 7. 送丝软管阻力大	1. 使用与焊丝直径相适合的导电嘴 2. 更换新导电嘴 3. 重新梳理焊丝 4. 更换送丝轮 5. 重新调整 6. 检查控制电路和焊接电缆接头，有问题及时处理 7. 更换或清理弹簧软管

11.5 CO_2气体保护焊操作规程

11.5.1 个人劳动保护

1）穿好工作服、工作裤，戴好防砸工作帽；并扎好工作服袖口、下摆、领口。工作裤放下裤脚，做到皮肤不裸露。

2）戴好耳塞，防止听力受损。

3）戴好防尘口罩或防毒面具。

4）戴好电焊手套，穿好防护鞋。

5）选用合适的焊接面罩及防护黑镜片。

6）打磨时戴好防护面具。

7）登高作业时系好安全带。安全带要高挂低用。

11.5.2 防止触电和火灾

1. 触电

触电是焊接生产中常见的安全事故。

（1）触电产生的原因

1）焊接设备绝缘破损，致使焊工合闸时，或碰到焊机外壳而引发触电。

2）焊接设备没有接地或接零而引发的触电。

3）登高作业时碰上高压电源线而引发的触电。

4）身体出汗，或工作场地潮湿造成绝缘等级下降引发的触电。如更换焊条，接线，调节电流，移动焊机等引发的触电。

（2）防止触电注意事项

1）焊工应穿好全套工作服、工作鞋，戴好电焊手套。

2）焊工在拉、合闸时，应戴好电焊手套，身体应处于侧方。

3）进行接地线、手把线等作业时，应断开焊机电源。

4）焊机电源线、焊接电缆、地线应绝缘良好，无破损。

5）在容器内部施焊如需照明时，照明电压应采用12V的安全电压。

6）登高作业或容器内作业时，严禁将焊接电缆搭在肩上或缠在身上。

2. 火灾

（1）火灾产生的原因

1）工作场地有可燃气体，如乙炔。

2）在高空作业时火花溅落地面引燃易燃物。

3）工作场地有浓度很高的粉尘。

4）在密闭的容器内有挥发的可燃性气体。

5）氧-乙炔胶管破损或接头处漏气及氧气表上沾有油脂。

（2）防止火灾注意事项

1）焊接场地 5m 范围内严禁存放易燃物品。

2）焊接场地 10m 范围内严禁存放易爆物品。

3）密闭容器、受压容器、各种油桶和管道要焊接时，必须事先进行检查，消除容器密闭状态，解除容器及管道压力，仔细清洗掉有毒、有害、易燃、易爆物品后方能进行焊接作业。

4）只能在易燃、易爆物品场地焊接作业时，必须到消防部门办理动火证，并采取防火措施。

5）作业完成后，应巡视现场，熄灭火种后方能离开现场。

11.5.3　CO_2气体保护焊的安全操作技术

1）CO_2气体保护焊弧光强烈，应穿好防护服，扎紧袖口、领口，减少皮肤的裸露。

2）CO_2气体保护焊电弧温度高，飞溅多，焊工应有完善的保护用具，以防止人体灼伤。

3）CO_2气体在焊接高温作用下会分解成对人体有害的 CO 气体，焊接时还会排出其他有害气体和烟尘，特别是在容器内施焊更应加强通风，而且要使用能供给新鲜空气的特殊面罩，容器外应有专人监护。

4）CO_2气体的气瓶应定期送检，使用时不能接近热源，并防止太阳的直射，以防瓶内气体受热膨胀发生爆炸。

5）焊机外壳应接地或接零良好，所有电缆应绝缘良好，不得裸露。

6）应使用专用地线，不得以各种管道等作为地线使用。

7）新换好的焊丝在点动送丝时，焊枪不能对着人，当焊丝遇阻力停滞时，切记不能一边按住焊枪微动开关，一边将枪口对着眼睛观察出丝情况，以防止焊丝突然送出伤及眼睛及面部。

8）焊接电缆无破损，不得将焊接电缆背在肩上焊接。

9）在容器内焊接时，必须在外留有专人监护。

10）密闭的容器内和管道内严禁焊接和氧气切割作业。

11）容器内装有不明液体或管道内充满不明气体时严禁焊接和氧气切割作业。

12）在需要照明时，其照明电压不得大于 12V。

13）在易燃易爆场地焊接或氧气切割作业时，必须到消防部门申请动火证。

14）在工作场地有很浓的烟尘和粉尘时，严禁作业，以防发生爆炸。

15）作业前要观察自己周边是否有其他人在从事危险工作，如刷油漆。

16）不要在高压线下作业。

17）严禁将各种管道作为地线使用。

18）氧气表上严禁沾有油脂。

19）夏天出汗后及工作场地潮湿时，不要将身体靠在工件上焊接，以防触电。

20）作业完成后，应关闭气源、风源、电源，熄灭火种后方能离开现场。

11.6　CO_2气体保护技能训练

技能训练1　V形坡口对接平焊单面焊双面成形

1. 焊前准备

1）试件材质　Q345（16Mn）钢。

2）试件尺寸　300mm×100mm×12mm，数量2件，如图11-6所示。

3）坡口形式　V形坡口，如图11-6所示。

4）焊接要求　单面焊双面成形。

5）焊接材料　H08Mn2SiA，焊丝直径ϕ1.2mm。

6）焊接设备　KR-500型焊机。

7）辅助工具　角向打磨机、平锉、钢丝刷、锤子、扁铲、300mm钢直尺、槽钢。

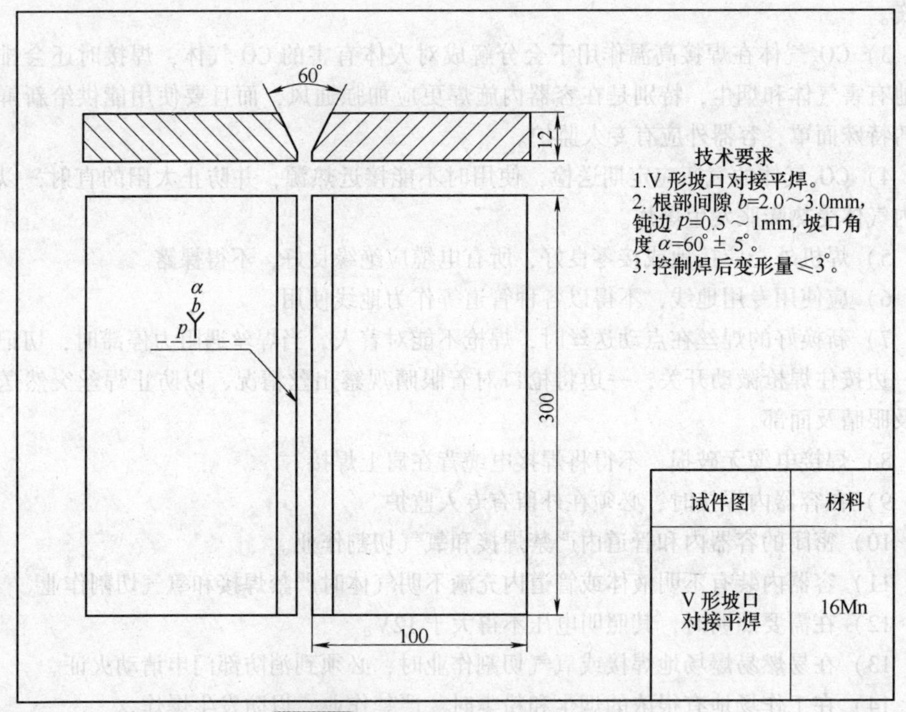

图11-6　V形坡口对接平焊试件图

2. 试件装配

（1）焊前清理

1）去油污。用清洗液将附着试件表面的油污去除。

2）去氧化层。用角磨机将两个试件坡口面及其外边缘20～30mm范围内的锈蚀和氧化层去除，使之露出金属光泽。

3）锉钝边。用平锉修磨试件坡口钝边0.5~1.0mm。

（2）定位焊及预置反变形

1）定位焊。将两试板组对成V形坡口的对接接头形式，使用$\phi2\sim\phi3$mm焊丝对试件两端各20mm的正面坡口内进行定位焊，装配间隙始端2mm，终端为3mm，焊缝长度为10~15mm，如图11-7所示。定位焊缝的焊接质量应与正式焊缝一样。定位焊完成后，将定位焊两端修磨成“缓坡”状。这样，有利于打底层焊缝与定位焊缝的接头熔合良好。定位焊时应避免错边，错边量为≤0.1δ，即≤1.2mm。其中δ为板厚。

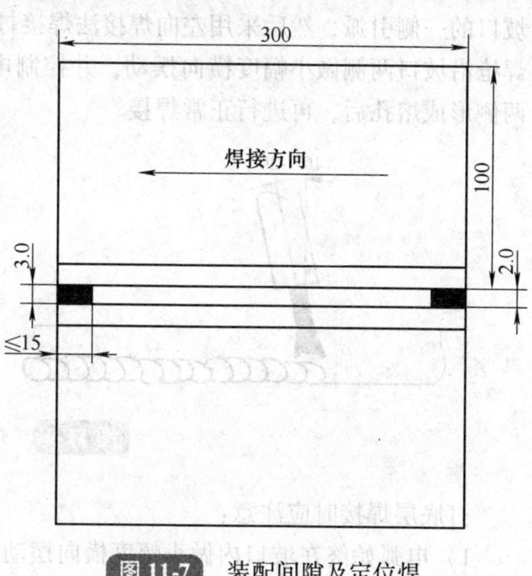

图11-7　装配间隙及定位焊

2）预置反变形。为抵消因焊缝在厚度方向上的横向不均匀收缩而产生的角变形量，试件组焊完成后，必须预置反变形量，预置反变形量为3°~4°。在实际检测中，先将试件背面（非坡口面）朝上，用钢直尺放在试件两侧，钢直尺中间位置至工件坡口最低处位置4mm，如图11-8所示。

3）将试件水平放置在导电良好的槽钢上，坡口面朝上。

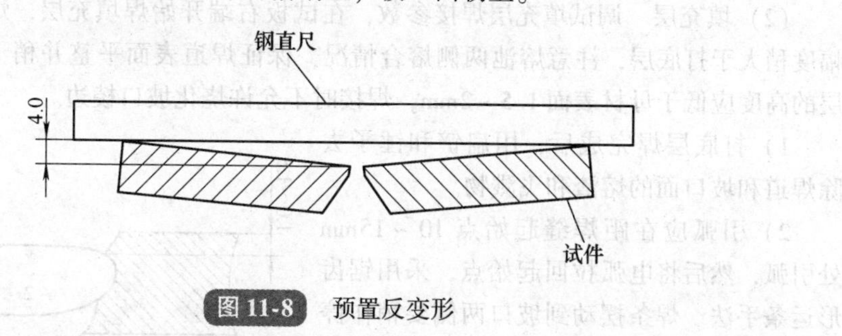

图11-8　预置反变形

3. 焊接参数

V形坡口对接平焊单面焊双面成形焊接参数见表11-6。

表11-6　V形坡口对接平焊单面焊双面成形焊接参数

焊接层次	焊丝直径/mm	焊丝伸出长度/mm	焊接电流/A	电弧电压/V	气体流量/(L/min)	焊道分布
打底焊	1.2	20~25	90~110	18~20	15~18	3 2 1
填充焊			220~230	24~26	15~18	
盖面焊			230~240	25	15~18	

4. 操作要点及注意事项

（1）打底焊　将试件间隙小的一端放于右侧。在离试件右端定位焊焊缝约 20mm 坡口的一侧引弧，然后采用左向焊接法焊接打底层，焊枪角度如图 11-9 所示。焊接时，焊枪沿坡口两侧做小幅度横向摆动，并控制电弧在 2～3mm 处进行熔化焊接，当坡口两侧形成熔孔后，再进行正常焊接。

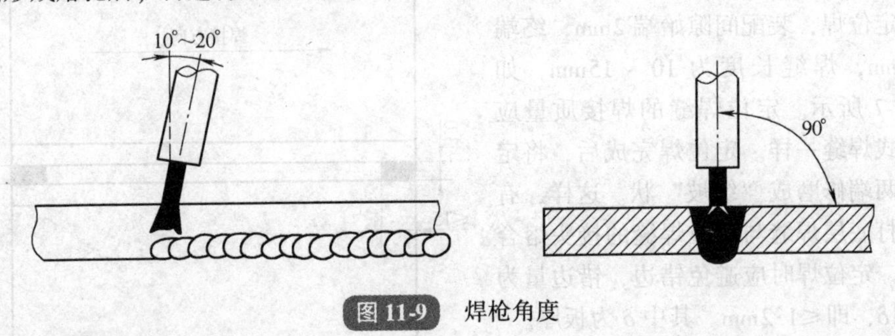

图 11-9　焊枪角度

打底层焊接时应注意：

1）电弧始终在坡口内做小幅度横向摆动，并在坡口两侧稍微停留形成熔孔，焊接时应根据间隙和熔孔直径的变化调整横向摆动幅度和焊接速度，尽可能维持熔孔的大小，确保焊缝反面成形良好。

2）打底焊时，要严格控制喷嘴的高度，电弧必须在坡口根部进行焊接，保证打底层焊透。

（2）填充层　调试填充层焊接参数，在试板右端开始焊填充层，焊枪的横向摆动幅度稍大于打底层，注意熔池两侧熔合情况，保证焊道表面平整并稍下凹，并使填充层的高度应低于母材表面 1.5～2mm，焊接时不允许烧化坡口棱边。

1）打底层焊完成后，用扁铲和锤子去除焊道和坡口面的熔渣和飞溅物。

2）引弧应在距焊缝起始点 10～15mm 处引弧，然后将电弧拉回起始点，采用锯齿形运条手法。焊条摆动到坡口两侧要稍作停留，使两侧温度均衡，当第三层焊缝焊完后，其焊缝表面要比试件表面低 1.0～1.5mm，如图 11-10 所示，使焊接盖面层时，能看清坡口，保证焊缝平直。

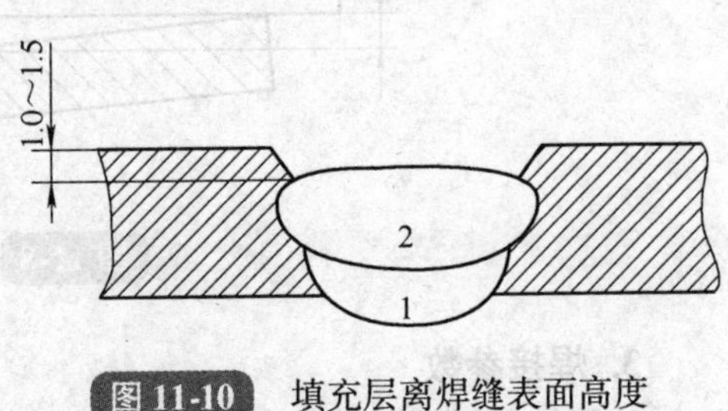

图 11-10　填充层离焊缝表面高度

（3）盖面焊　焊前仔细清理两侧焊缝与母材坡口死角及焊道表面。采用锯齿形或圆圈形运条手法焊接。焊丝摆动到坡口边缘时，稳住电弧使两侧边缘各熔化 1～2mm；接头时在距焊缝收弧点 10～15mm 处引弧，然后将电弧拉回原熔池即可。焊接时，控制电弧及摆动幅度，防止产生咬边。焊速要均匀，焊缝宽窄一致。

（4）焊缝清理　试件焊完后用扁铲和锤子去除焊缝正面和背面的熔渣和飞溅，用钢丝刷去除正面和背面焊缝及焊缝两侧的烟尘附着物。

技能训练2 低碳钢厚板仰角焊

1. 焊前准备

（1）试件材质 Q235钢。

（2）试件尺寸 300mm×150mm×10mm，1件；300mm×100mm×10mm，1件，如图11-11所示。

（3）坡口形式 I形坡口。

（4）焊接要求 焊脚8mm。

（5）焊接材料 ER50-6，ϕ1.2mm；保护气体：CO_2气体，纯度≥99.5%。

（6）焊接设备 KR-Ⅱ-350型气体保护焊机。

（7）焊接电流种类与极性 直流反接。

（8）辅助工具 角向打磨机、平锉、钢丝刷、锤子、扁铲、300mm钢直尺。

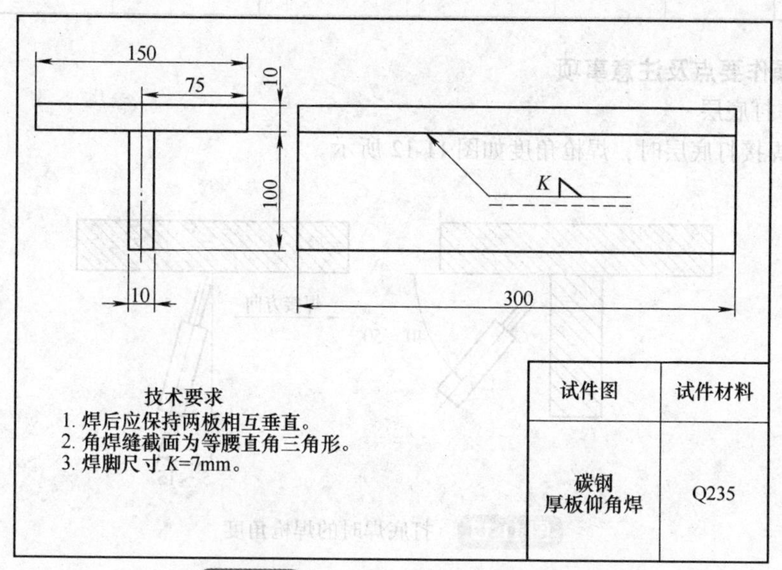

图11-11 低碳钢厚板仰角焊试件图

2. 试件装配

（1）焊前清理

1）去油污。用清洗液将附着试件表面的油污去除。

2）去氧化层。用角磨机将两个试件坡口面及其外边缘20~30mm范围内的锈蚀和氧化层去除，使之露出金属光泽。

（2）定位焊及预置反变形

1）定位焊。将两试板组对成T形接头形式，使用F形夹具将试件夹紧，在两端各20mm的反面坡口内进行定位焊，焊缝长度为10~15mm。定位焊缝的焊接质量应与正式焊缝一样。

2）预置反变形。为抵消因焊缝在焊接方向上的不均匀收缩而产生的角变形量，试件组焊完成后，必须预置反变形量，预置反变形量为3°~4°。

3）将试件水平位置固定在焊接支架上，焊接面朝下。试件高度距地面800~900mm，要保证焊工处于蹲位或站位焊接时，有足够的空间。

3. 焊接参数

低碳钢厚板仰角焊焊接参数见表11-7。

表11-7 低碳钢厚板仰角焊焊接参数

焊接层次	焊丝直径/mm	焊接电流/A	电弧电压/V	气体流量/(L/min)	焊丝伸出长度/mm	焊道分布
打底焊1	1.2	95~110	18~20	12~15	10~12	
盖面焊2、3		135~150	20~22	18~20		
		125~140				

4. 操作要点及注意事项

（1）打底层

1）焊接打底层时，焊枪角度如图11-12所示。

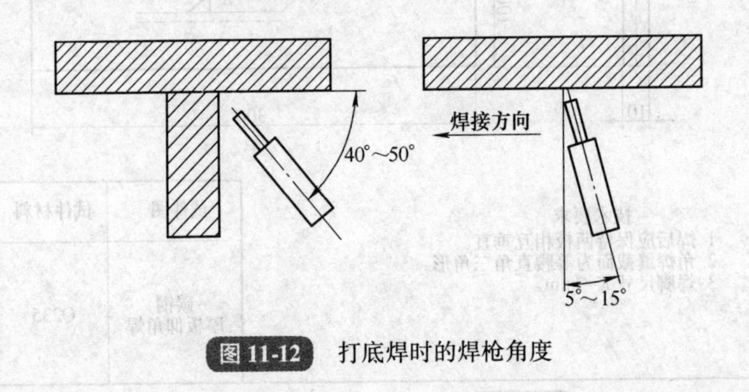

图11-12 打底焊时的焊枪角度

2）选择合适的焊接参数后，在试板的右端引弧，待坡口根部完全熔合后，开始向左进行焊接。

3）保持电弧始终对准顶角，尽可能压低电弧，采用直线或直线往返运条法，焊接过程中保证两侧与试板熔合好，焊脚对称，焊缝无咬边。

4）保持焊枪正确的角度。如果焊枪后倾角过大，则会造成凸形焊道及咬边。在焊接过程中要根据熔池的具体情况，及时调整焊接速度和摆动方式，才能有效地避免咬边、熔合不良、焊道下垂等缺陷的产生。

（2）盖面层 盖面层焊接两道。焊接时焊枪角度如图11-13所示。先焊接立板焊缝2，然后焊接顶板焊缝3。焊接立板焊缝2时，电弧对准焊缝1的下沿位置，使熔池的上沿在打底层焊缝1的1/2~1/3处，焊枪做直线运动或稍做斜直线往返运条摆动。

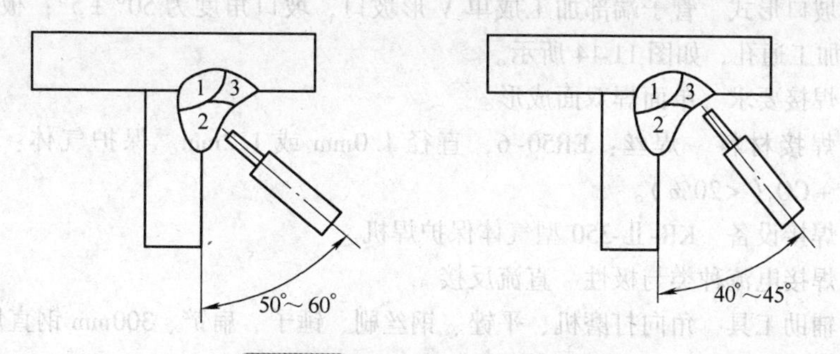

图 11-13　盖面焊时的焊枪角度

焊接顶板焊缝3时，电弧焊缝1与焊缝2中间位置，要求电弧做横向摆动的幅度稍大，采用斜锯齿或斜圆圈运条方法进行焊接，同时保证熔池与立、顶板熔合良好，保证盖面焊道表面平整。

（3）焊缝清理　试件焊完后用扁铲和锤子去除焊缝正面的熔渣和飞溅，用钢丝刷去除正面焊缝两侧的烟尘附着物。

技能训练 3　骑座式管板垂直固定仰焊

1. 焊前准备

（1）试件材质　20 钢。

（2）试件尺寸　管：ϕ108mm × 8mm × 100mm，1 件；板：200mm × 200mm × 12mm，1 件，如图 11-14 所示。

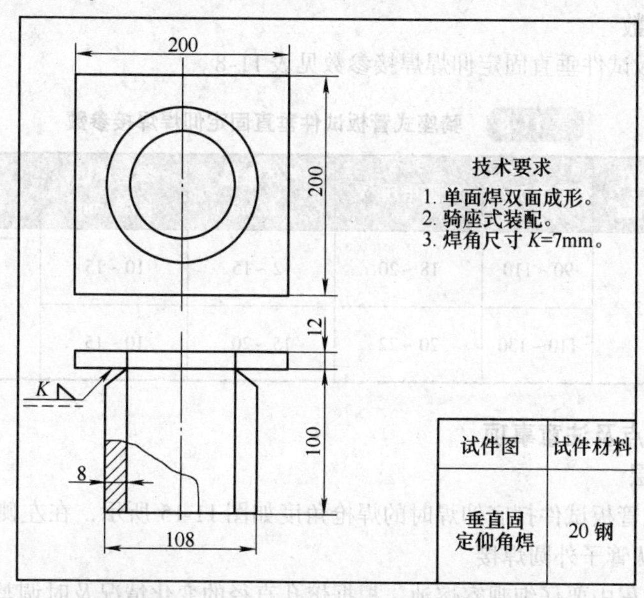

图 11-14　骑座式管板垂直固定仰位焊试件图

（3）坡口形式　管子端部加工成单V形坡口，坡口角度为50°±5°；板材中心按管子内径加工通孔，如图11-14所示。

（4）焊接要求　单面焊双面成形。

（5）焊接材料　焊丝：ER50-6，直径1.0mm或1.2mm。保护气体：CO_2或Ar（>80%）+CO_2（<20%）。

（6）焊接设备　KR-Ⅱ-350型气体保护焊机。

（7）焊接电流种类与极性　直流反接。

（8）辅助工具　角向打磨机、平锉、钢丝刷、锤子、扁铲、300mm钢直尺。

2. 试件装配

（1）焊前清理

1）去油污。用清洗液将附着试件表面的油污去除。

2）去氧化层。清理试件管板孔周围20mm和管子端部、坡口面内外表面20mm范围内的油污、锈蚀、水分及其他污物，直至露出金属光泽。

3）修磨坡口钝边为0.5～1mm，并坡口内侧无毛刺。

（2）定位焊

1）定位焊。采用两点固定试件上半部，即点固时钟2点和10点位置，装配间隙为2～3mm，采用2mm试板塞在管板之间，进行第一点定位焊，再采用3mm试板塞在管板之间，进行第二点定位焊，定位焊坡口内侧，焊缝长度为10～15mm，定位焊缝厚度为2～3mm。两端修磨成缓坡状，便于接头。要求焊透、无夹渣、气孔缺陷。

2）将试件垂直仰位固定在焊接支架上，试件高度距地面800～900mm，要保证焊工处于蹲位或站位焊接时，有足够的空间。

3. 焊接参数

骑座式管板试件垂直固定仰焊焊接参数见表11-8。

表11-8　骑座式管板试件垂直固定仰焊焊接参数

焊接层次	焊丝直径/mm	焊接电流/A	电弧电压/V	气体流量/（L/min）	焊丝伸出长度/mm	焊道分布
打底层1	1.2	90～110	18～20	12～15	10～15	1 2
盖面层2		110～130	20～22	15～20	10～15	

4. 操作要点及注意事项

（1）打底层

1）骑座式管板试件打底仰焊时的焊枪角度如图11-15所示，在左侧定位焊缝上引弧，由左向右从管子外圆焊接。

2）焊接过程中要仔细观察熔池，根据熔孔直径的变化情况及时调整焊枪角度、对中位置、焊枪的摆动幅度和焊接速度，防止烧穿和未焊透。保证熔孔直径比间隙大

0.5～1mm为宜。

3）打底焊焊脚的大小不准超过管子外表面的坡口。

4）根据焊缝的位置，焊工应随时改变体位和焊枪角度，尽可能一次完成焊道。如果断弧应立即将接头打磨成斜面或迅速引弧（不须打磨）。

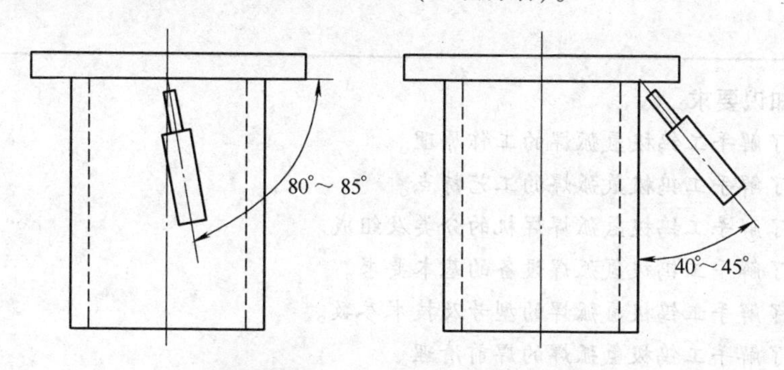

图11-15 打底仰焊时的焊枪角度

（2）盖面层

1）清除打底层焊道上的飞溅和熔渣，并将局部凸出的焊缝磨平。

2）采用打底焊的焊接方法，焊枪摆动幅度要比打底焊时大一些，焊接时要保证熔合好，焊脚对称，且没有咬边、焊瘤等缺陷。

复习思考题

1. CO_2气体保护焊的工艺特点有哪些？
2. CO_2气体保护焊焊接参数主要包括哪些？
3. 焊接电流应根据哪些因素来进行选择？
4. 防止CO_2气体保护焊时产生氮气孔的主要措施有哪些？
5. 在焊接时，如何提高电弧和焊接过程的稳定性？
6. CO_2气体保护焊时产生金属飞溅的原因有哪些？
7. CO_2气体保护焊送丝系统由哪几部分组成？其中送丝方式又分为哪几种？
8. 焊接生产中发生触电安全事故的原因有哪些？

第12章 手工钨极氩弧焊

☺ 理论知识要求

1. 了解手工钨极氩弧焊的工作原理。
2. 了解手工钨极氩弧焊的工艺特点。
3. 了解手工钨极氩弧焊焊机的分类及组成。
4. 了解手工钨极氩弧焊设备的基本要求。
5. 了解手工钨极氩弧焊的型号及技术参数。
6. 了解手工钨极氩弧焊的焊前清理。
7. 了解手工钨极氩弧焊的焊接参数。
8. 了解手工钨极氩弧焊的引弧方式。
9. 了解填丝的基本操作技术知识。
10. 了解手工钨极氩弧焊的焊接缺陷原因分析及防止措施。
11. 了解手工钨极氩弧焊的安全操作规程及维护保养。

☺ 操作技能要求

1. 能采用手工钨极氩弧焊对工件进行定位焊。
2. 掌握手工钨极氩弧焊的焊接操作手法。
3. 掌握手工钨极氩弧焊的收弧技巧。
4. 能熟练掌握低碳钢平板对接手工钨极氩弧焊焊接。
5. 能熟练掌握低碳钢小直径管对接水平转动手工钨极氩弧焊的焊接。

12.1 手工钨极氩弧焊概述

手工钨极氩弧焊就是以氩气作为保护气体，钨极作为不熔化极，借助钨电极与焊件之间产生的电弧，加热熔化母材（同时添加焊丝也被熔化）实现焊接的方法。氩气用于保护焊缝金属和钨电极熔池在电弧加热区域不被空气氧化。

12.1.1 手工钨极氩弧焊的工作原理

钨极氩弧焊又称钨极惰性气体保护焊（简称 TIG 焊），它是使用纯钨或活化钨电极，以惰性气体——氩气作为保护气体的气体保护焊方法，其工作原理如图 12-1 所示。钨极只起导电作用，不熔化，通电后在钨极和工件之间产生电弧。在焊接过程中可以填丝也可不填丝实现焊接。焊接时，氩气从焊枪喷嘴中持续喷出形成氩气流，在焊接区形成厚而密的气体保护层而隔绝空气，同时，钨极与焊件之间燃烧产生的电弧热量使被焊处熔化，并填充（或不填充）焊丝将被焊金属连接在一起，获得牢固的焊接接头。

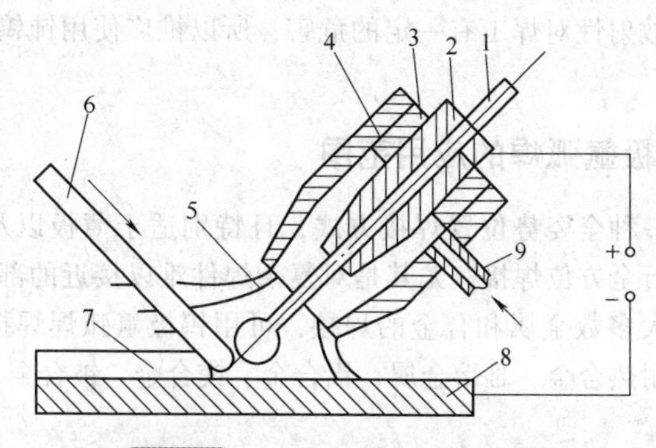

图 12-1　钨极氩弧焊工作原理图

1—钨极　2—导电嘴　3—绝缘套　4—喷嘴　5—氩气流　6—焊丝　7—焊缝　8—焊件　9—进气管

12.1.2　手工钨极氩弧焊的工艺特点

1）焊接过程气体保护效果好，因为氩气是惰性气体，高温下不进行分解，与焊缝金属不发生化学反应，也不溶于液体金属，焊接范围广，几乎所有的金属材料都可以焊接，特别适宜于焊接化学性质活泼的金属及其合金材料。常用于铝、镁、铜、钛及其合金、低合金钢、不锈钢及耐热钢等材料的焊接。

2）焊缝质量较高，由于氩气是惰性气体，可在空气与焊件间形成稳定的隔绝层，保证高温下被焊金属中合金元素不会被氧化烧损，同时氩气不溶解于液态金属，故能有效地保护熔池金属，能获得较高的焊接质量。

3）焊接变形和应力小，由于电弧受氩气流的冷却和压缩作用，电弧的热量集中且氩弧的温度高，故热影响区较窄，适用于薄板的焊接。

4）焊缝成形平滑美观，技术易于掌握，由于是明弧焊接，熔池可见性较好，便于观察和操作，且填充焊丝不通过电流，同时不会产生焊接飞溅，容易实现机械化、自动化焊接。

5）可进行全位置焊接，同时是实现单面焊双面成形的理想方法，因为钨极氩弧焊的焊接热源和填充焊丝可分别控制，因而其热输入容易调整，便于焊接操作及控制焊缝成形。

6）由于氩气的电势高，引弧困难，需要采用高频引弧及稳弧装置等。

7）钨极承载电流能力较差，过大的电流会引起钨极的熔化和蒸发，其微粒有可能进入熔池而引起夹钨。同时熔敷速度小、熔深浅、生产率低。

8）氩弧周围受气流影响较大，不适于在有风的地方或露天施焊。

9）采用氩气较贵，熔敷率低，且氩弧焊机又较复杂，和其他焊接方法（如焊条电弧焊、埋弧焊、CO_2 气体保护焊）比较，生产成本较高。

10）焊接时产生的紫外线是焊条电弧焊的 5 ~ 30 倍，生成的臭氧对焊工危害较大，需要采用相应的防护措施。

11）钍钨极的放射性对焊工有一定的危害，所以推广使用铈钨电极，对焊工的危害较小。

12.1.3 手工钨极氩弧焊的应用范围

钨极氩弧焊是一种全姿势位置焊接方式，且特别适于薄板以及超薄板（0.1mm）的焊接，同时能进行全方位焊接，尤其是对复杂焊件难以接近的部位等。钨极氩弧焊的特性使其能用于大多数金属和合金的焊接，可用钨极氩弧焊焊接的金属包括碳钢、合金钢、不锈钢、耐热合金、难熔金属、铝合金、镁合金、铍合金、铜合金、镍合金、钛合金和锆合金等。

12.2 手工钨极氩弧焊设备

12.2.1 手工钨极氩弧焊焊机的分类及组成

1. 手工钨极氩弧焊焊机的分类

手工钨极氩弧焊焊机可分为直流手工钨极氩弧焊焊机（WS 系列）、交流手工钨极氩弧焊焊机（WSJ 系列）、交直流手工钨极氩弧焊焊机（WSE 系列）及手工钨极脉冲氩弧焊焊机（WSM 系列）。

2. 钨极氩弧焊设备的组成

手工钨极氩弧焊设备主要由主电路系统、焊枪、供气和供水系统以及控制系统等部分组成。自动氩弧焊设备则在手工氩弧焊设备的基础上，再增加焊接小车（或转动设备）和焊丝送给机构等。

（1）主电路系统　主电路系统主要包括焊接电源、高频振荡器、脉冲稳弧器和消除直流分量装置，交流与直流的主电路系统部分不相同。

钨极氩弧焊可以采用直流、交流或交、直流两用电源。无论是直流还是交流都应具有陡降外特性或垂直下降外特性，以保证在弧长发生变化时减小焊接电流的波动。交流焊机电源常用动圈漏磁式变压器；直流焊机可用他励式焊接发电机或磁放大器式硅整流电源；交、直流两用焊机常采用饱和电抗器或单相整流电源。

（2）焊枪　手操作钨极氩弧焊的焊枪必须坚实、重量轻且完全绝缘，必须有手把供持压且供输送保护气体至电弧区，而且具有筒夹、夹头或其他方式能稳固地压紧钨极且导引焊接电流至钨极上。焊枪组合一般包括各种不同的缆线、软管和连接焊枪至电源、气体和水的配合件，水冷式手操作焊枪保护气体通过的整个系统必须气密，软管中接头处泄漏会使保护气体大量损失，且熔池无法得到充分的保护，空气吸入气体系统中常是主要的问题，需小心地维护以确保气密的气体系统。

钨极氩弧焊的焊枪有不同的尺寸和种类，其质量由100g到几乎500g，焊枪尺寸是依据能使用的最大焊接电流而定的，而且可配用不同尺寸的电极和不同种类与尺寸的喷嘴。电极与手把的角度也随着焊枪的不同而变化，最普通的角度约120°，但也有90°的，甚至可调整角度的焊枪，有些焊枪在其手把中设置辅助开关和气体阀。

钨极氩弧焊的焊枪主要分为气冷式和水冷式。气冷式焊枪通常质量小、体积小且坚实，且比水冷式焊枪便宜，一般用于小电流（<150A）的焊接，如图12-2所示。水冷式焊枪用于持续的大电流焊接，比气冷式焊枪重且较贵，一般用于大电流（≥150A）的焊接，如图12-3所示。常用手工钨极氩弧焊焊枪型号及技术参数见表12-1。

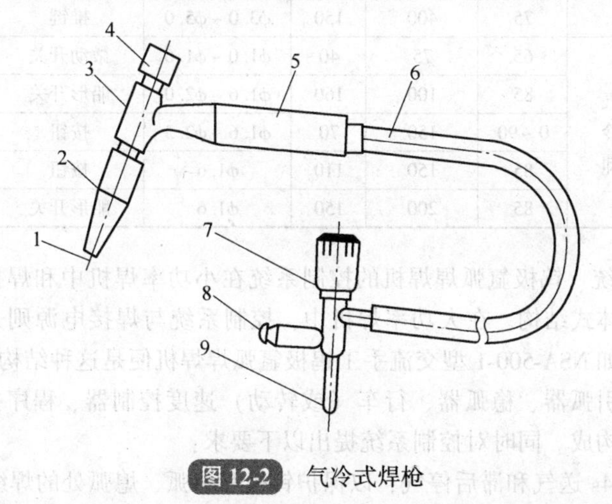

图12-2 气冷式焊枪

1—钨极 2—陶瓷喷嘴 3—枪体 4—短帽 5—手把 6—电缆 7—气体开关手轮 8—通气接头 9—通电接头

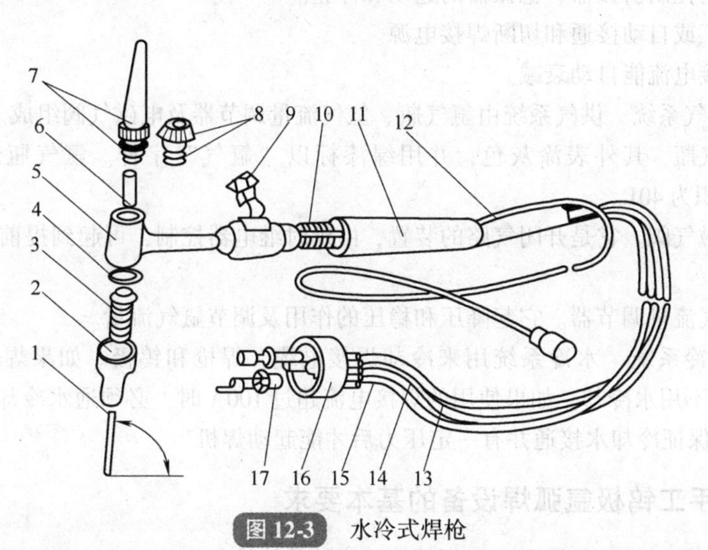

图12-3 水冷式焊枪

1—钨极 2—陶瓷喷嘴 3—导流件 4、8—密封圈 5—枪体 6—钨极夹头 7—盖帽 9—船形开关 10—扎线 11—手把 12—插圈 13—进气管 14—出水管 15—水冷缆管 16—活动接头 17—水电接头

表 12-1 常用手工钨极氩弧焊焊枪型号及技术参数

型号	冷却方式	出气角度/（°）	额定焊接电流/A	适用钨极尺寸/mm		开关形式	毛重/kg
				长度	直径		
QS-0/150	循环水冷却	0	150	90	ϕ1.6～ϕ2.5	按钮	0.14
QS-65/200		65	200	90	ϕ1.6～ϕ2.5	按钮	0.11
QS-85/250		85	250	160	ϕ2.0～ϕ4.0	船形开关	0.26
QS-65/300		65	300	160	ϕ3.0～ϕ5.0	按钮	0.26
QS-75/300		75	350	150	ϕ3.0～ϕ5.0	推键	0.30
QS-75/400		75	400	150	ϕ3.0～ϕ5.0	推键	0.40
QS-65/75	气冷却	65	75	40	ϕ1.0～ϕ1.6	微动开关	0.09
QS-85/100		85	100	160	ϕ1.6～ϕ2.0	船形开关	0.2
QS-90/150		0～90	150	70	ϕ1.6～ϕ2.3	按钮	0.15
QS-85/150		85	150	110	ϕ1.6	按钮	0.2
QS-85/200		85	200	150	ϕ1.6	船形开关	0.26

（3）控制系统　钨极氩弧焊焊机的控制系统在小功率焊机中和焊接电源装在同一箱体中，称为一体式结构。在大功率焊机中，控制系统与焊接电源则是分立的，为一单独的控制箱，如 NSA-500-1 型交流手工钨极氩弧焊焊机便是这种结构。

控制系统由引弧器、稳弧器、行车（或转动）速度控制器、程序控制器、电磁气阀和水压开关等构成。同时对控制系统提出以下要求：

1）提前 1～4s 送气和滞后停气，以保护钨极和引弧、熄弧处的焊缝。

2）自动控制引弧器、稳弧器的起动和停止。

3）手工或自动接通和切断焊接电源。

4）焊接电流能自动衰减。

（4）供气系统　供气系统由氩气瓶、氩气流量调节器及电磁气阀组成。

1）氩气瓶。其外表涂灰色，并用绿漆标以“氩气”字样。氩气瓶最大压力为 15MPa，容积为 40L。

2）电磁气阀。它是开闭气路的装置，由延时继电器控制，可起到提前供气和滞后停气的作用。

3）氩气流量调节器。它起降压和稳压的作用及调节氩气流量。

（5）水冷系统　水冷系统用来冷却焊接电缆、焊枪和钨极。如果焊接电流小于 100A，可以不用水冷却。如果使用的焊接电流超过 100A 时，必须通水冷却，并以水压开关控制，保证冷却水接通并有一定压力后才能起动焊机。

12.2.2　手工钨极氩弧焊设备的基本要求

1）钨极氩弧焊的焊接电源必须具有陡降的外特性。

2）焊前提前 1.5～4s 送保护气，以驱赶、排净管内及焊接区的空气。

3）焊后延迟 5～15s 停保护气，以保证尚未冷却的熔池和钨极能在保护气氛下冷却。

4）有自动接通和切断保护气及高频引弧和稳弧的电路。

5）有焊接电源及冷却水通断等控制电路。

6）具有焊接结束前收弧电流自动衰减时间可调节功能，以消除收弧弧坑，防止收弧缺陷。

12.2.3 手工钨极氩弧焊焊机的型号及技术参数

1. 常用氩弧焊焊机型号编制方法

应根据GB/T 10249—2010《电焊机型号编制方法》的规定，具体内容见5.1.4节和表5-3。

2. 手工钨极氩弧焊焊机型号及其技术参数

手工钨极氩弧焊焊机型号及其技术参数见表12-2。

表12-2 手工钨极氩弧焊焊机型号及其技术参数

技术参数	直流钨极氩弧焊焊机型号	交直流钨极氩弧焊焊机型号	
	NSA4-300	AEP-300	WES-315
输入电源/(V/Hz)	380/50	380/50/60	380/50
额定焊接电流/A	300	300	315
电流调节范围/A	20～300	AC：20～300 DC：5～300	AC：20～315 DC：5～315
额定工作电压/V	30	35	22.6
额定负载持续率（%）	60	40	35
钨极直径/mm	1～5	1～4	1～4
空载电压/V	70	AC：78 DC：100	AC：78 DC：100
额定输入容量/kV·A	23	24	25

12.3 手工钨极氩弧焊的焊接工艺

12.3.1 焊前清理

钨极氩弧焊时，必须对被焊材料的接缝附近及焊丝进行焊前清理，除掉金属表面的氧化膜和油污等杂质，以确保焊缝的质量。焊前清理的方法有机械清理、化学清理和化学-机械清理等方法。

（1）机械清理法　机械清理法比较简便，而且效果较好，适用于大尺寸、焊接周期长的焊接。通常使用直径细小不锈钢丝刷等工具进行打磨，也可用刮刀铲去表面氧化膜，使焊接部位露出金属光泽，然后再用消除油污的有机溶剂，对焊件接缝附近进行清洁处理。

（2）化学清理法　对于填充焊丝及小尺寸焊件，多采用化学清理法。这种方法与机械清理法相比，具有清理效率高、质量稳定均匀、保持时间长等特点。化学清理法所用的化学溶液和工序过程，应按被焊材料和焊接要求而定。

（3）化学-机械清理法　清理时先用化学清理法，焊前再对焊接部位进行机械清理。这种联合清理的方法，适用于质量要求更高的焊件。

12.3.2　气体保护

手工钨极氩弧焊最常用的惰性保护气体是氩气。它是一种无色无味的气体，在空气中的含量为0.935%（按体积计算），氩的沸点为-186℃，介于氧和氮的沸点之间。氩气是氧气厂分馏液态空气制取氧气时的副产品。我国均采用瓶装氩气用于焊接，在室温时，其充装压力为15MPa。钢瓶涂灰色漆，并标有“氩气”字样。纯氩的化学成分要求为：Ar≥99.99%，He≤0.01%，O_2≤0.0015%，H_2≤0.0005%，总碳量≤0.001%，水分≤30mg/m^3。

氩气是一种比较理想的保护气体，比空气密度大25%，在平焊时有利于对焊接电弧进行保护，降低了保护气体的消耗。氩气是一种化学性质非常不活泼的气体，即使在高温下也不和金属发生化学反应，从而没有了合金元素氧化烧损及由此带来的一系列问题。氩气也不溶于液态的金属，因而不会引起气孔。氩是一种单原子气体，以原子状态存在，在高温下没有分子分解或原子吸热的现象。氩气的比热容和热传导能力小，即本身吸收量小，向外传热也少，电弧中的热量不易散失，使焊接电弧燃烧稳定，热量集中，有利于焊接的进行。氩气的缺点是电离势较高。当电弧空间充满氩气时，电弧的引燃较为困难，但电弧一旦引燃后就非常稳定。

钨极氩弧焊时，氩气保护效果在焊接过程中会受到多种工艺因素的影响，但必须重视氩气的有效保护，防止氩气保护效果遭到干扰和破坏，否则难以获得满意的焊接质量。气体保护效果的好坏，常采用焊点试验法，通过测定氩气有效保护区大小的方法来评定。

例如，用交流手工钨极氩弧焊在铝板上进行点焊，试验过程中焊接工艺条件保持不变，这样，电弧引燃后焊枪固定不动，待燃烧5~10s后断开电源，铝板上将会留下一个熔化焊点。在焊点周围因受到“阴极破碎”作用，使铝板表面的一层氧化膜被消除了，出现有金属光泽的灰白色区域。这个去除氧化膜的部分即是氢气有效保护区。有效保护区的直径越大，说明气体保护效果越好。

此外，评定气体保护效果是否良好，还可用直接观察焊缝表面的色泽来评定。如不锈钢材料焊接，若焊缝金属表面呈现银白、金黄色时，则气体保护效果良好，而看到焊缝金属表面显出灰、黑色时，说明气体保护效果不好。

12.3.3　钨电极选择

钨电极作为氩弧焊的电极，对其基本要求是：发射电子能力要强；耐高温不易熔化烧损；有较大的许用电流。钨具有很高的熔点（3410℃）和沸点（5900℃），强度大

(850～1100MPa)，热导率小和高温挥发性小，因此适合作为非熔化电极。目前国内所使用的钨电极有钍钨电极、铈钨电极、镧钨电极、锆钨电极、钇钨电极。

1. 钍钨电极

钍钨电极是国外最常用的钨电极，引弧容易，电弧燃烧稳定；但具有微量放射性，广泛应用于直流电焊接。钍钨电极通常用于碳钢、不锈钢、镍合金和钛金属的直流电焊接。

2. 铈钨电极

铈钨电极是目前国内普遍采用的一种。电子发射能力较钍钨电极高，是理想的取代钍钨电极的非放射性材料。铈钨电极适用于直流电或交流电焊接，尤其是在小电流下对有轨管道、细小精密零件的焊接效果最佳。

3. 镧钨电极

镧钨电极对中、大电流的直流电和交流电焊接都适用。镧钨电极最接近钍钨电极的导电性能，不需改变任何的焊接参数就能方便快捷地替代钍钨电极，可发挥最大的综合使用效果。

4. 锆钨电极

锆钨电极主要用于交流电焊接，在需要防止电极污染焊缝金属的特殊条件下使用，在高负载电流下，表现依然良好。锆钨电极适用于镁、铝及其合金的交流电焊接。

5. 钇钨电极

钇钨电极在焊接时，弧束细长，压缩程度大，在中、大电流时其熔深最大。钇钨电极可以进行塑性加工制成厚 1mm 的薄板和各种规格的棒材和线材。钇钨电极主要用于军工和航空航天工业。

12.3.4　手工钨极氩弧焊的焊接参数

手工钨极氩弧焊的焊接参数主要有焊接电源的种类和极性、钨极直径、焊接电流、电弧电压、氩气流量、焊接速度、喷嘴直径及喷嘴至焊件的距离和钨极伸出长度等。

1. 焊接电源的种类和极性

钨极氩弧焊可以使用直流电源和交流电源，采用哪种电源是根据被焊材料来选择的。对于直流还存在极性的选择问题。不同材料与电源和极性的选择见表 12-3。

表 12-3　不同材料与电源和极性的选择

电源种类与极性	被焊金属材料
直流正极性	碳钢，低合金高强钢，耐热钢，不锈钢，铜、钛及其合金
直流反极性	适用各种金属的熔化极氩弧焊，钨极氩弧焊很少采用
交流电源	铝、镁及其合金

(1) 直流正极性　钨极氩弧焊采用直流正接时（即钨极为负极、焊件为正极），由于电弧在焊件阳极区产生的热量大于钨极阴极区，致使焊件的熔深增加，焊接生产率高，焊件的收缩和变形都小，而且钨极不易过热与烧损。所以对于同一焊接电流可

以采用直径较小的钨极，使钨极的许用电流增大。同时电流密度也大，使电子发射能力增强，电弧燃烧稳定性要比直流反接时好。除焊接铝、镁及其合金外，一般均采用直流正极性接法进行焊接。

(2) 直流反极性　钨极氩弧焊采用直流反接时（即钨极为正极、焊件为负极），由于电弧阳极温度高于阴极温度，使接正极的钨极容易过热而烧损，为了不使钨极熔化，需限制钨极的许用电流，同时焊件上产生的热量不多，因而焊缝有效厚度浅而宽，焊接生产率低。所以直流反接的热作用对焊接过程不利，钨极氩弧焊时，除了焊接铝、镁及其合金薄板外，很少采用直流反接。然而，直流反接有一种去除氧化膜的作用，一般称为“阴极破碎”作用。这种作用在交流电反极性半周波中也同样存在，它是焊接铝、镁及其合金的有利因素。在焊接铝、镁及其合金时，由于金属的化学性质活泼，极易氧化，形成熔点很高的氧化膜（如 Al_2O_3，熔点为2050℃，而铝的熔点为657℃），焊接时氧化膜覆盖在熔池表面，阻碍基体金属和填充金属的良好熔合，无法使焊缝很好成形。因此，必须把被焊金属表面的氧化膜去除才能进行焊接。

当用直流反接焊接时，电弧空间的氩气电离后形成大量的正离子，由钨极的阳极区飞向焊件的阴极区，撞击金属熔池表面，可将这层致密难熔的氧化膜击碎，以去除铝、镁等金属表面的氧化膜，使焊接过程顺利进行，并得到表面光亮、成形良好的高质量焊缝，这就是在反接极性时电弧所产生的“阴极破碎”作用。而在直流正接焊接时，因为焊件的阳极区只受到能量很小的电子撞击，没有去除氧化膜的条件，所以不可能有“阴极破碎”作用。直流反接时虽能将被焊金属表面的氧化膜去除，但钨极的许用电流小，同时焊件本身散热很快，温度难以升高，影响电子发射的能力，使电弧燃烧不稳定。因此，铝、镁及其合金应尽可能使用交流电来焊接。

(3) 交流电极性　由于交流电极性是不断变化的，这样在交流正极性的半周波中（钨极为阴极），钨极可以得到冷却，以减小烧损。而在交流负极性的半周波中（焊件为阴极）有“阴极破碎”作用，可以清除熔池表面的氧化膜。使两者都能兼顾，焊接过程可顺利进行。实践证明，用交流电焊接铝、镁等金属是完全可行的。但是，采用交流焊接电源时，需要采取引弧、稳弧的措施和消除所产生的直流分量。电弧电压波形与电源空载电压波形相差很大，虽对电弧供电的空载电压是正弦波，但电弧电压波形不是正弦波，而是随着电弧空间和电极表面温度发生变化。

由于交流电的焊接电流每秒有50次正、负极性变换，即电流每秒有100次通过零点，在每次经过零点时，电弧将瞬时熄灭，然后再重新引燃，电弧再引燃要求有一定的引燃电压，一般都比正常的电弧电压要高，所以当极性换向时，电源空载电压必须超过一定的引燃电压，电弧才能重新复燃。用交流电进行焊接时，焊件和钨极的极性不断变换。当正半波时，钨极为负极，由于钨极的熔点高，热导率低，且断面尺寸小，可使电极端都加热到很高的温度，同时热量损失少，这样钨极容易维持高温，电子发射能力强，因此，电弧电流较大，电弧电压较低，对引燃电压的要求不高，而在交流的负半波时，焊件为负极，由于焊件的熔点低，导热性能好，断面尺寸又大，以致金属熔池表面不能加热到很高的温度，电弧在焊件上产生的热量较少，使电子发射能力

减弱，所以电弧电流较小，电弧电压及再引燃电压都较高。也就是说负半波时，电弧的重新引燃困难，电弧稳定性很差。

2. 焊接电流

钨极氩弧焊的焊接电流通常是根据工件的材质、厚度和接头的空间位置来选择的，焊接电流增加时，熔深增大，焊缝的宽度和余高稍有增加，但增加较小。焊接电流过大或过小都会使焊缝成形不良或产生焊接缺陷。

3. 电弧电压

钨极氩弧焊的电弧电压主要是由弧长决定的，弧长增加，电弧电压增高，焊缝宽度增加，熔深减小，电弧太长、电弧电压过高时，容易引起未焊透或咬边，而且保护效果不好。但电弧也不能太短、电弧电压过低，电弧太短，焊丝送丝时容易碰到钨极引起短路，使钨极烧损，还容易夹钨，故通常使弧长约等于钨极直径。

4. 保护气体流量

随着焊接速度和弧长的增加，气体流量也应增加。当喷嘴直径、钨极伸出长度增加时，气体流量也应相应增加。若气体流量过小，保护气流软弱无力，保护效果不好，易产生气孔和焊缝被氧化等缺陷；若气体流量过大，容易产生湍流，保护效果也不好，还会影响电弧的稳定燃烧。

可按下式计算氩气的流量：

$$Q=(0.8\sim1.2)D$$

式中 Q——氩气流量（L/min）；

D——喷嘴直径（mm）。

5. 焊接速度

焊接速度增加时，熔深和熔宽减小，焊接速度过快时，容易产生未熔合及未焊透；焊接速度过慢时焊缝很宽，而且还可能产生焊漏、烧穿等缺陷。手工钨极氩弧焊时，通常根据熔池的大小、形状和两侧熔合情况随时调整焊接速度。

6. 钨极伸出长度

为防止电弧热烧坏喷嘴，钨极端部应伸出喷嘴以外。钨极端头至喷嘴端面的距离叫作钨极伸出长度，钨极伸出长度越小，喷嘴与工件的距离越近，保护效果越好，但过小会妨碍观察熔池。通常焊对接缝时，钨极伸出长度为4～6mm效果较好；焊角焊缝时，钨极伸出长度为6～8mm效果较好。

7. 喷嘴与焊件的距离

喷嘴与焊件的距离是指喷嘴端面和工件间的距离，距离越小，保护效果越好。所以，喷嘴与焊件间的距离应该尽可能地缩小，但过小将不便于观察熔池和焊接操作，因此通常取喷嘴至焊件间的距离为8～15mm。

8. 喷嘴直径

喷嘴直径（内径）增大，应增加保护气体流量，此时保护区范围大，保护效果好。但喷嘴过大时，不仅使氩气的消耗增加，而且不便于观察焊接电弧及焊接操作。因此，通常使用的喷嘴直径一般取8～20mm为宜。

9. 钨极直径

钨极的直径与焊接电流承载能力有较大的关系，焊接工件时，可根据焊接电流选择合适的钨电极直径。不同直径钨极的许用电流见表12-4。

表12-4 不同直径钨极的许用电流

钨极直径/mm	直流电流/A			交流电流/A	
	正接（电极 -）		反接（电极 +）		
	纯 钨	钍钨、铈钨	纯钨、钍钨、铈钨	纯 钨	钍钨、铈钨
1.6	40～130	60～150	10～20	45～90	60～125
2.0	75～180	100～200	15～25	65～125	85～160
2.5	130～220	160～240	17～30	80～140	120～210
3.2	160～300	220～320	20～35	150～190	150～250
4.0	270～440	340～460	35～50	180～260	240～350

10. 钨极端部形状

钨极端部形状是一个重要工艺参数。根据所用焊接电流种类，选用不同的端部形状。尖端角度 α 的大小会影响钨极的许用电流、引弧及稳弧性能。钨极尖端形状和电流范围见表12-5。小电流焊接时，选用小直径钨极和小的锥角，可使电弧容易引燃和稳定；在大电流焊接时，增大锥角可避免尖端过热熔化，减少损耗，并防止电弧往上扩展而影响阴极斑点的稳定性。

钨极尖端角度对焊缝熔深和熔宽也有一定影响。减小锥角，焊缝熔深减小，熔宽增大；反之，则熔深增大，熔宽减小。

表12-5 钨极尖端形状和电流范围（直流正接）

钨极直径/mm	尖端直径/mm	尖端角度/(°)	电流/A	
			恒定电流	脉冲电流
1.0	0.125	12	2～15	2～25
1.0	0.25	20	5～30	5～60
1.6	0.5	25	8～50	8～100
1.6	0.8	30	10～70	10～140
2.4	0.8	35	12～90	12～180
2.4	1.1	45	15～150	15～250
3.2	1.1	60	20～200	20～300
3.2	1.5	90	25～250	25～350

12.4 手工钨极氩弧焊的基本操作技术

手工钨极氩弧焊是一种需要焊工用双手同时操作的焊接方法。操作时，焊工双手需要通过互相协调配合才能焊出符合质量要求的焊缝。其操作难度比焊条电弧焊和熔化极

气体保护焊要大。其基本操作技能由引弧、焊枪的摆动、填丝、焊缝接头和收弧等组成。

12.4.1　手工钨极氩弧焊的引弧方式

手工钨极氩弧焊的引弧方式有两种。一种是依靠引弧器实现引弧，即非接触引弧；另一种是通过短路方式实现引弧，即接触短路引弧。

1. 非接触引弧

焊接时，钨极与焊件有 3mm 左右的间隙，通过利用高频振荡器产生的高频高压击穿钨极与焊件之间的间隙而引燃电弧；或者利用在钨极与焊件之间所加的高压脉冲，使两极间的气体介质电离而引燃电弧。

2. 接触短路引弧

焊接前，钨极在引弧板上轻轻接触一下并随即抬起 2mm 左右即可引燃电弧。使用普通氩弧焊焊机，只要将钨极对准待焊部位（保持 3 ~ 5mm），起动焊枪手柄上的按钮，这时高频振荡器即刻发生高频电流引起放电火花引燃电弧。其缺点是：接触引弧时，会产生很大的短路电流，很容易烧损钨极端头，降低焊件质量。

12.4.2　手工钨极氩弧焊的定位焊

装配定位焊采用与正式焊接相同的焊丝和工艺。用手工氩弧焊在坡口内进行定位焊时，以熔化根部钝边为宜，原则上不应填充焊丝。直径 ϕ60mm 以下的管子，可定位点固 1 处；直径 ϕ76 ~ ϕ159mm 的管子，定位点固 2 处或 3 处；ϕ159mm 以上，定位点固 4 处。一般定位焊缝长为 10 ~ 15mm，余高为 2 ~ 3mm，装配间隙为 1.5 ~ 2.5mm；也可采用定位板，定位焊缝应保证质量，如有缺陷应清除后重新定位焊，装配定位焊的坡口应尽量对准并平齐，定位焊两端应加工成斜坡形，以利接头。

12.4.3　手工钨极氩弧焊焊枪摆动方式

手工钨极氩弧焊的焊枪运行基本动作包括：焊枪钨极与焊件之间保持一定间隙；焊枪钨极沿焊缝轴线方向纵向移动和横向移动。在焊接生产实践中，焊工可以根据金属材料、焊接接头形式、焊接位置、装配间隙、焊丝直径及焊接参数等因素的不同，合理地选择不同的焊枪摆动方式。手工钨极氩弧焊的焊枪摆动方式及适用范围见表 12-6。

表 12-6　手工钨极氩弧焊的焊枪摆动方式及适用范围

摆动方式及示意图	特　点	适 用 范 围
直线形	焊接时，钨极应保持合适的高度，焊枪不做横向摆动，沿焊接方向匀速直线移动	适用于薄板的 I 形坡口对接，T 形接头的角接，多层多道焊缝的打底层焊接
直线往返	焊接时，焊枪停留合适时间，待电弧熔透坡口根部再填充熔滴，然后再沿着焊接方向做断断续续的直线移动	适用于 3 ~ 6mm 厚度材料的焊接

（续）

摆动方式及示意图	特　点	适用范围
锯齿形	焊接时，焊枪钨极沿焊接方向做锯齿形连续摆动，摆动到焊缝两侧时，应稍作停顿，停顿时间应根据实际情况而定，防止焊缝出现咬边缺陷	适用于全位置的对接接头和立焊的T形接头
月牙形	焊接时，喷嘴后倾轻触在坡口内，利用手腕的大幅度摆动，使喷嘴在坡口内从右坡口面侧旋滚到左坡口面，再由左坡口面侧旋滚到右坡口面，如此循环往复地向前移动，利用电弧加热熔化焊丝及坡口钝边来完成焊接	适用于壁厚较大的全位置对接接头和T形接头

12.4.4 手工钨极氩弧焊的填丝操作

手工钨极氩弧焊时，对熔池添加液态熔滴是通过操作不带电的焊丝来进行的，焊丝与钨极始终应保持适当距离，避免碰撞情况发生。焊接时，应根据具体情况对熔池添加或不添加熔滴，这对于控制熔透程度、掌握熔池大小、防止烧穿等带来很大便利，所以易于实现全位置焊接。

1. 填丝的基本操作技术

（1）连续填丝　焊接时，左手小指和无名指夹住焊丝并控制送丝方向，大拇指和食指有节奏地将焊丝送入熔池区，如图12-4所示。连续填丝时手臂动作不大，待焊丝快使用完时才向前移动。连续填丝对氩气保护层的扰动较小，焊接质量较好，但比较难掌握，多用于填充量较大的焊接。

（2）断续填丝　断续填丝又称点滴送丝。焊接时，左手大拇指、食指和中指捏紧焊丝，小指和无名指夹住焊丝并控制送丝方向，依靠手臂和手腕的上、下反复动作把焊丝端部的熔滴一滴一滴地送入熔池中，如图12-5所示。在操作过程中，为防止空气侵入熔池，送丝的动作要轻，并且焊丝端部始终处于保护层内，不得扰乱氩气保护层。全位置焊时多用此法。

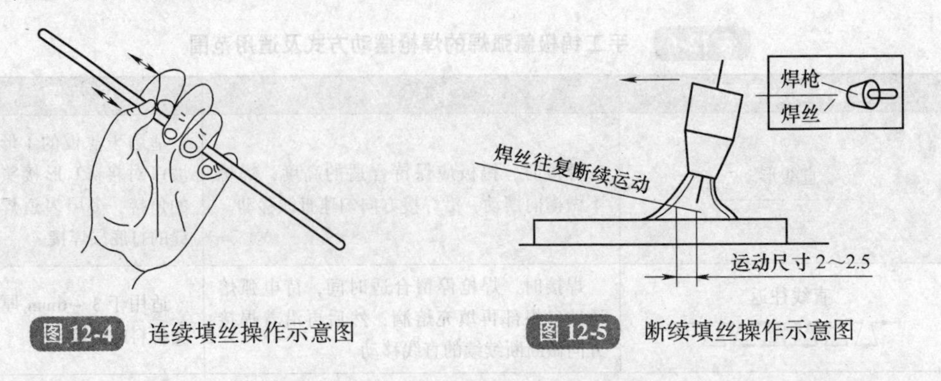

图 12-4　连续填丝操作示意图　　图 12-5　断续填丝操作示意图

(3) 特殊填丝法　焊前选择直径大于坡口根部间隙的焊丝弯成弧形，并将焊丝贴紧坡口根部间隙。焊接时，焊丝和坡口钝边同时熔化形成打底层焊缝。此方法可避免焊丝妨碍焊工对熔池的观察，适用于困难位置的焊接。

2. 填丝操作要点

1）填丝时，焊丝与焊件表面成15°~20°夹角，焊丝准确地送达熔池前沿，形成的熔滴被熔池“吸入”后，迅速撤回，如此反复进行。

2）填丝时，仔细观察焊接区的金属是否达到熔化状态，当金属熔化才能对熔池添加熔滴，以避免熔合缺陷产生。

3）填丝时，填丝要均匀，快慢适当。过快，焊缝熔敷金属加厚；过慢，产生下凹或咬边缺陷。

4）坡口根部间隙大于焊丝直径时，焊丝应与焊件电弧同步做横向摆动。无论是采用连续填丝或断续填丝，送丝速度与焊件速度应一致。

5）填丝时，不要把焊丝直接置于电弧下面，把焊丝抬得过高会导致熔滴向熔池“滴渡”状况发生。这样会出现成形不良的焊缝。填丝位置如图12-6所示。

6）填丝时，如焊丝与钨极相碰，发生短路，会造成焊缝被污染和夹钨。此时应立即停止焊接，用硬质合金旋转锉或砂轮修磨掉被污染的焊缝金属，直至修磨出金属光泽。被污染的钨极应重新修磨后方可继续焊接。

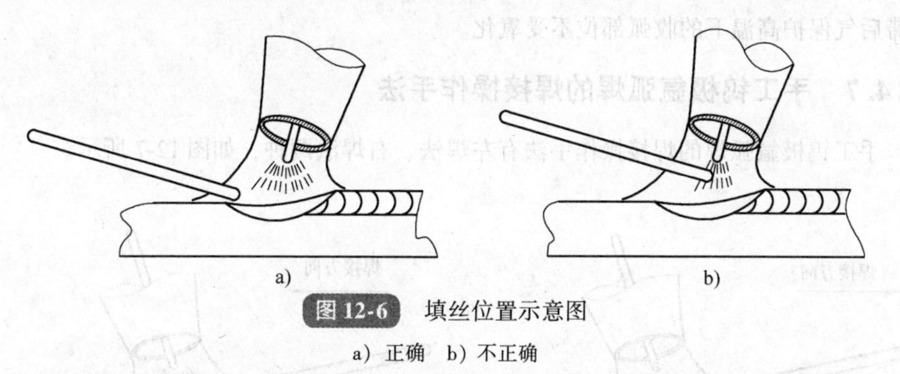

图12-6　填丝位置示意图

a）正确　b）不正确

7）回撤焊丝时，不要让焊丝端头暴露在氩气保护区之外，以避免热态的焊丝端头被氧化。如将被氧化的焊丝端头送入熔池，会造成氧化物夹渣或产生气孔缺陷。

12.4.5　手工钨极氩弧焊焊缝接头

手工钨极氩弧焊过程中，当更换焊丝或暂停焊接时，需要接头。进行接头前，应先检查接头熄弧处弧坑质量。如果无氧化物等缺陷，则可直接进行接头焊接。如果有缺陷，则必须将缺陷修磨掉，并将其前端打磨成斜面，然后在弧坑右侧15~20mm处引弧，缓慢向左移动，待弧坑处开始熔化形成熔池和熔孔后，继续填丝焊接。

12.4.6　手工钨极氩弧焊的收弧

收弧也称熄弧，是焊接终止的必需手法。收弧很重要，应高度重视。若收弧不当，易引起弧坑裂纹、缩孔等缺陷。常用的收弧方法有：

1. 焊接电流衰减法

利用衰减装置，逐渐减小焊接电流，从而使熔池逐渐缩小，以至母材不能熔化，达到收弧处无缩孔的目的，普通的手工钨极氩弧焊（GTAW）焊机都带有衰减装置。

2. 增加焊速法

在焊接终止时，焊炬前移速度逐渐加快，焊丝的给送量逐渐减少，直到母材不熔化时为止。基本要点是逐渐减少热量输入，重叠焊缝20~30mm。此法最适合于环缝，无弧坑、无缩孔。

3. 多次熄弧法

终止时焊速减慢，焊炬后倾角加大，拉长电弧，使电弧热主要集中在焊丝上，而焊丝的给送量增大，填满弧坑，并使焊缝增高，熄弧后马上再引燃电弧，重复两三次，便于熔池在凝固时能继续得到焊丝补给，使收弧处逐步冷却。但多次熄弧后收弧处往往较高，需将收弧处增高的焊缝修平。

4. 应用引出板法

平板对接时常用引出板，焊后将引出板去掉修平。

实际操作证明：有衰减装置用电流衰减法收弧最好，无衰减装置用增加焊速法收弧最好，可避免弧坑和缩孔。熄弧后不能马上把焊炬移走，应停留在收弧处2~5min，用滞后气保护高温下的收弧部位不受氧化。

12.4.7 手工钨极氩弧焊的焊接操作手法

手工钨极氩弧焊的焊接操作手法有左焊法、右焊法两种，如图12-7所示。

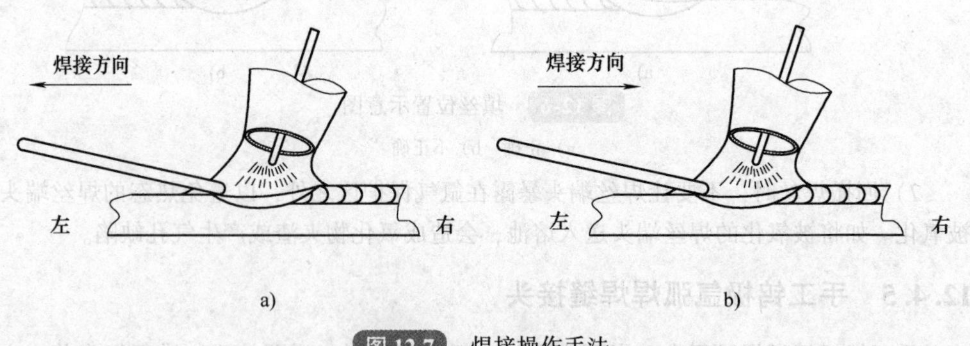

图12-7 焊接操作手法

a）左焊法 b）右焊法

1. 左焊法

左焊法应用比较普遍，焊接过程中，焊枪从右向左移动，焊接电弧指向未焊接部分，焊丝位于电弧的前面，以点滴法加入熔池。

(1) 优点 焊接过程中，焊工视野不受阻碍，便于观察和控制熔池的情况；由于焊接电弧指向未焊部位，起到预热的作用，有利于焊接壁厚较薄的焊件，特别适用于打底焊；焊接操作方便简单，对初学者较容易掌握。

（2）缺点　焊接多层多道焊、大焊件时，热量利用低，影响焊接熔敷效率。

2. 右焊法

（1）优点　焊接过程中，焊枪从左向右移动，焊接电弧指向已焊完的部分，使熔池冷却缓慢，有利于改善焊缝组织性能，减少气孔、夹渣缺陷的产生；同时，由于电弧指向已焊的金属，有效地提高了热量利用率，在相同的焊接热输入时，右焊法比左焊法熔深大。因此，右焊法特别适用于焊接厚度大、熔点较高的焊件。

（2）缺点　由于焊丝在熔池的后方，焊工观察熔池方向不如左焊法清楚，控制焊缝熔池温度比较困难，焊接过程中操作比较难以掌握。此焊接方法，无法在管道上进行焊接应用，特别是小直径管焊接尤为明显。

12.5　手工钨极氩弧焊的焊接缺陷原因分析及防止措施

手工钨极氩弧焊常见的焊接缺陷有几何形状不符合要求、未焊透和未熔合、烧穿、裂纹、气孔、夹渣和夹钨、咬边、焊道过烧和氧化等，通过采用有效的防止措施可控制焊接缺陷产生。

12.5.1　几何形状不符合要求

焊缝外形尺寸超出要求，高低宽窄不一，焊波脱节凸凹不平，成形不良，背面凹陷凸瘤等。其危害是减弱焊缝强度或造成应力集中，降低动载荷强度。造成缺陷的原因：焊接规范选择不当，操作技术欠佳，填丝走焊不均匀，熔池形状和大小控制不准等。

防止措施：焊接参数选择合适，操作技术熟练，送丝及时、位置准确，移动一致，准确控制熔池温度。

12.5.2　未焊透和未熔合

焊接时未完全熔透的现象称为未焊透，如坡口的根部或钝边未熔化。焊缝金属未透过对口间隙则称为根部未焊透。多层焊道时，后焊的焊道与先焊的焊道没有完全熔合在一起则称为层间未焊透。其危害是减少了焊缝的有效截面积，因而降低了接头的强度和耐蚀性。焊接时焊道与母材或焊道与焊道之间未完全熔化结合的部分称为未熔合。

产生未焊透和未熔合的原因：电流太小，焊速过快，间隙小，钝边厚，坡口角度小，电弧过长或电弧偏离坡口一侧，焊前清理不彻底，尤其是铝合金的氧化膜，焊丝、焊炬和工件间位置不正确，操作技术不熟练等。只要有上述一种或数种原因，就有可能产生未焊透和未熔合。

防止措施：正确选择焊接规范，选择适当的坡口形式和装配尺寸，选择合适的垫板沟槽尺寸，熟练操作技术，走焊时要平稳均匀，正确掌握熔池温度等。

12.5.3　烧穿

烧穿是指焊接中熔化金属自坡口背面流出而形成穿孔的缺陷。其产生原因与未焊透恰好相反。熔池温度过高和填丝不及时是最重要的原因。烧穿能降低焊缝强度，引起应力集中和裂纹。烧穿是不允许的，必须补好。

防止措施：正确选择焊接规范，选择适当的坡口形式和装配尺寸，选择合适的垫板沟槽尺寸，熟练操作技术，走焊时要平稳均匀，正确掌握熔池温度等。

12.5.4 裂纹

裂纹是指在焊接应力及其他致脆因素作用下，焊接接头中部的金属原子结合力遭到破坏而形成的新界面所产生的缝隙，它具有尖锐的缺口和大的长宽比的特征。裂纹有热裂纹和冷裂纹之分。焊接过程中，焊缝和热影响区金属冷却到固相线附近的高温区产生的裂纹叫作热裂纹。焊接接头冷却到较低温度下（对于钢来说为马氏体转变温度以下，大约为230℃）时产生的裂纹叫作冷裂纹。冷却到室温并在以后的一定时间内才出现的冷裂纹又叫延迟裂纹。裂纹不仅能减少焊缝金属的有效面积，降低接头的强度，影响产品的使用性能，而且会造成严重的应力集中，在产品的使用中，裂纹能继续扩展，以致发生脆性断裂。所以裂纹是最危险的缺陷，必须完全避免。热裂纹的产生是冶金因素和焊接应力共同作用的结果，可通过减少高温停留时间来改善焊接时的应力。

防止措施：限制焊缝中的扩散氢含量，降低冷却速度和减少高温停留时间以改善焊缝和热影响区的组织结构，采用合理的焊接顺序以减小焊接应力，选用合适的焊丝和焊接参数减少过热和晶粒长大倾向，采用正确的收弧方法填满弧坑，严格焊前清理，采用合理的坡口形式以减小熔合比。

12.5.5 气孔

气孔是指焊接时，熔池中的气泡在凝固时未能逸出而残留下来所形成的孔穴。常见的气孔有三种，氢气孔多呈喇叭形，一氧化碳气孔呈链状，氮气孔多呈蜂窝状。焊丝焊件表面的油污、氧化皮、潮气、保护气不纯或熔池在高温下氧化等都是产生气孔的原因。气孔的危害是降低焊接接头强度和致密性，造成应力集中时可能成为裂纹的气源。

防止措施：焊丝和焊件应清洁并干燥，保护气应符合标准要求，送丝及时，熔滴过渡要快而准，移动平稳，防止熔池过热沸腾，焊炬摆幅不能过大。焊丝、焊炬、工件间保持合适的相对位置和焊接速度。

12.5.6 夹渣和夹钨

夹渣和夹钨是由焊接冶金产生的。焊后残留在焊缝金属中的非金属杂质如氧化物、硫化物等称为夹渣。钨极因电流过大或与工件焊丝碰撞而使端头熔化落入熔池中即产生了夹钨。产生夹渣的原因：焊前清理不彻底，以及焊丝熔化端严重氧化。夹渣和夹钨均能降低接头强度和耐蚀性，必须加以限制。

防止措施：保证焊前清理质量，焊丝熔化端始终处于保护区内，保护效果要好。

选择合适的钨极直径和焊接规范，提高操作技术熟练程度，正确修磨钨极端部尖角，当发生打钨时，必须重新修磨钨极。

12.5.7 咬边

沿焊趾的母材熔化后未得到焊缝金属的补充而留下的沟槽称为咬边，有表面咬边和根部咬边两种。产生咬边的原因：电流过大，焊炬角度错误，填丝慢或位置不准，焊速过快等。钝边和坡口面熔化过深使熔化焊缝金属难以充满就会产生根部咬边，尤其是在横焊上侧。咬边多产生在立焊、横焊上侧和仰焊部位。富有流动性的金属更容易产生咬边，如含镍较高的低温钢、钛金属等。咬边的危害是降低了接头强度，容易形成应力集中。

防止措施：选择的焊接参数要合适，操作技术要熟练，严格控制熔池的形状和大小，熔池要饱满，焊速要合适，填丝要及时，位置要准确。

12.5.8 焊道过烧和氧化

焊道内外表面有严重的氧化物，产生的原因：气体的保护效果差，如气体不纯、流量小等；熔池温度过高，如电流大、焊速慢、填丝迟缓等；焊前清理不干净，钨极外伸过长，电弧长度过大，钨极和喷嘴不同心等。焊接铬镍奥氏体钢时内部产生菜花状氧化物，说明内部充气不足或密封不严实。焊道过烧能严重降低接头的使用性能，必须找出产生的原因而制订预防的措施。

12.6 手工钨极氩弧焊的安全操作规程

1）焊接工作场地必须备有防火设备，如砂箱、灭火器、消防栓、水桶等。易燃物品距离焊接场所不得小于5m。若无法满足规定距离时，可用石棉板、石棉布等妥善覆盖，防止火星落入易燃物品。易爆物品距离焊接场所不得小于10m。氩弧焊工作场地要有良好的自然通风和固定的机械通风装置，以减少氩弧焊有害气体和金属粉尘的危害。

2）手工钨极氩弧焊焊机应放置在干燥通风处，严格按照使用说明书操作。使用前应对焊机进行全面检查，确定没有隐患，再接通电源。空载运行正常后方可施焊。保证焊机接线正确，必须良好、牢固接地以保障安全。焊机电源的通、断由电源板上的开关控制，严禁负载扳动开关，以免开关触头烧损。

3）应经常检查氩弧焊枪冷却水系统的工作情况，发现堵塞或泄漏时应即刻解决，防止烧坏焊枪和影响焊接质量。

4）焊接人员离开工作场所或焊机不使用时，必须切断电源。若焊机发生故障，应由专业人员进行维修，检修时应做好防电击等安全措施。焊机应至少每年除尘清洁一次。

5）钨极氩弧焊机高频振荡器产生的高频电磁场会使人头晕、疲乏，因此焊接时应尽量减少高频电磁场作用的时间，引燃电弧后立即切断高频电源。焊枪和焊接电缆外应用软金属编织线屏蔽（软管一端接在焊枪上，另一端接地，外面不包绝缘）。如有条件，应尽量采用晶体脉冲引弧取代高频引弧。

6）氩弧焊时，紫外线强度很大，易引起电光性眼炎、电弧灼伤，同时产生臭氧和氮氧化合物刺激呼吸道。因此，焊工操作时应穿白帆布工作服，戴好口罩、面罩及防护手套、脚盖等。为了防止触电，应在工作台附近地面覆盖绝缘橡胶，工作人员应穿绝缘胶鞋。

12.7　手工钨极氩弧设备的维护保养

钨极氩弧焊设备的正确使用和维护保养是保证焊接设备具有良好的工作性能和延长使用寿命的重要因素之一。因此，必须加强对氩弧焊设备的保养工作。

1）焊机应按外部接线图正确安装，并应检查铭牌电压值与网路电压值是否相符，不相符时严禁使用。

2）焊接设备在使用前，必须检查水、气等的连接是否良好，以保证焊接时正常供水、供气。

3）焊机外壳必须接地，未接地或地线不合格时严禁使用。

4）应定期检查焊枪的钨极夹头夹紧情况和喷嘴的绝缘性能是否良好。

5）氩气瓶不能与焊接场地靠近，同时必须固定，防止倾倒。

6）工作完毕或临时离开工作场地，必须切断焊接电源，关闭水源及气瓶阀门。

7）必须建立健全焊机的一、二级设备保养制度并定期对设备进行保养。

12.8　手工钨极氩弧焊技能训练

技能训练 1　不锈钢薄板 I 形坡口对接平焊

1. 焊前准备

（1）试件材质　不锈钢 304 L。

（2）试件尺寸　300mm×100mm×1.5mm，数量 2 件，如图 12-8 所示。

（3）坡口形式　I 形坡口，如图 12-8 所示。

（4）焊接材料　308LSi，ϕ1.6mm。

（5）焊接设备　手工直流钨极氩弧焊焊机（WS-300 型）。

（6）喷嘴孔径　ϕ10mm。

（7）保护气体及气体流量　氩气，其纯度不低于 99.99%，气体流量为 8～10L/min。

（8）电极　铈钨电极，ϕ2.5mm。

（9）辅助工具　角向打磨机、平锉、钢丝刷、锤子、300mm 钢直尺、活扳手。

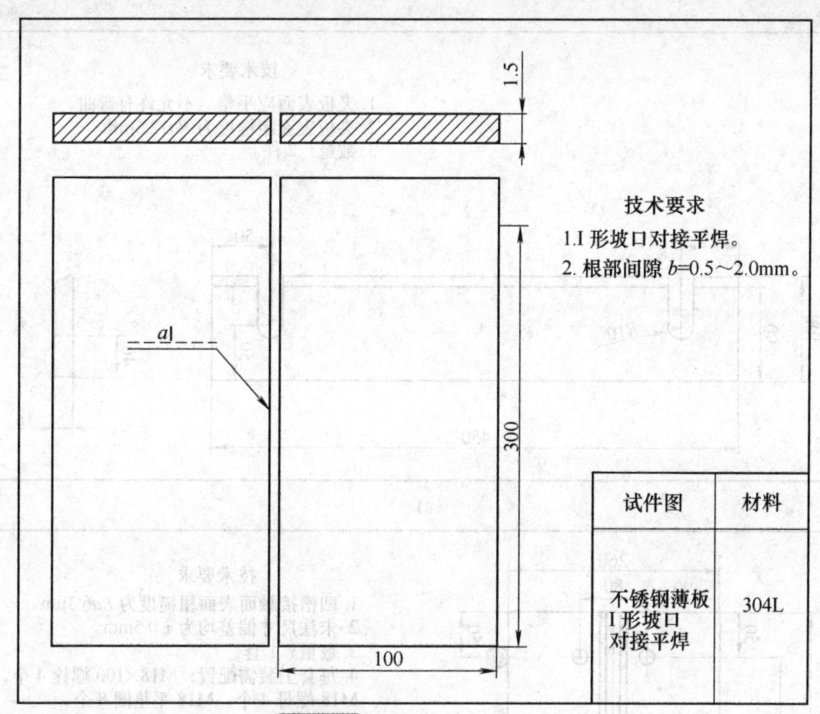

图 12-8 试件及坡口尺寸

2. 试件装配

1）用平锉修磨试件坡口去除毛刺。

2）焊前清理。采用异丙醇清洗坡口两侧 20mm 表面的油脂、污物等，减少焊接缺陷的产生。

3）焊接要求。单面焊双面成形。

4）装配。焊接过程中为保证焊缝的间隙一致性，焊缝的组对间隙应前端窄后端宽，前端 0. 5mm，后端 2. 0mm，长度为 20mm 左右，如图 12-9 所示。

5）由于不锈钢与碳钢相比具有电阻率高、热导率低、线膨胀系数大等物理性能，在焊接过程中容易产生较大的焊接变形，特别是不锈钢薄板的焊接，母材本身存在刚性不足，如果不采用焊接工装焊接，在焊接过程中很容易产生错边，从而影响焊接的正常进行。自制焊接夹具工装如图 12-10 所示。

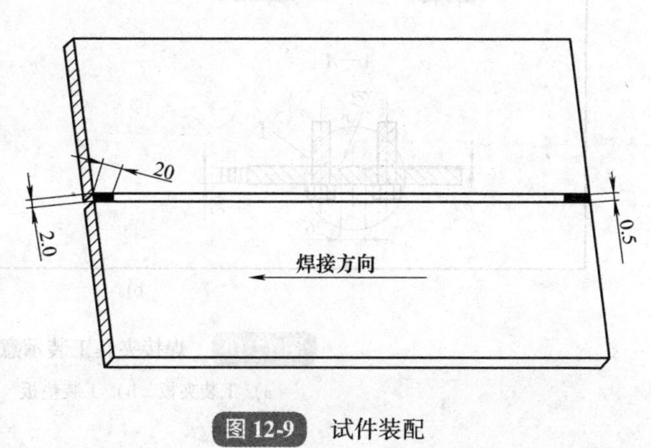

图 12-9 试件装配

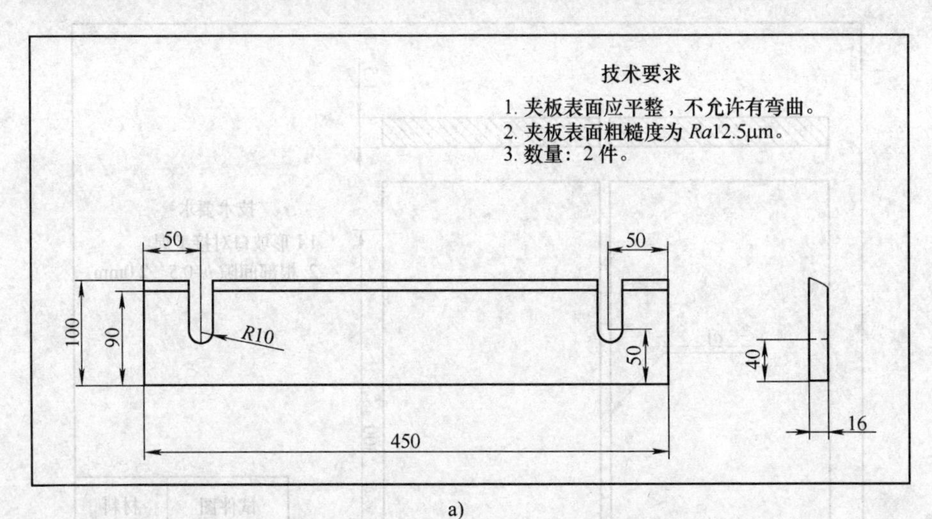

a)

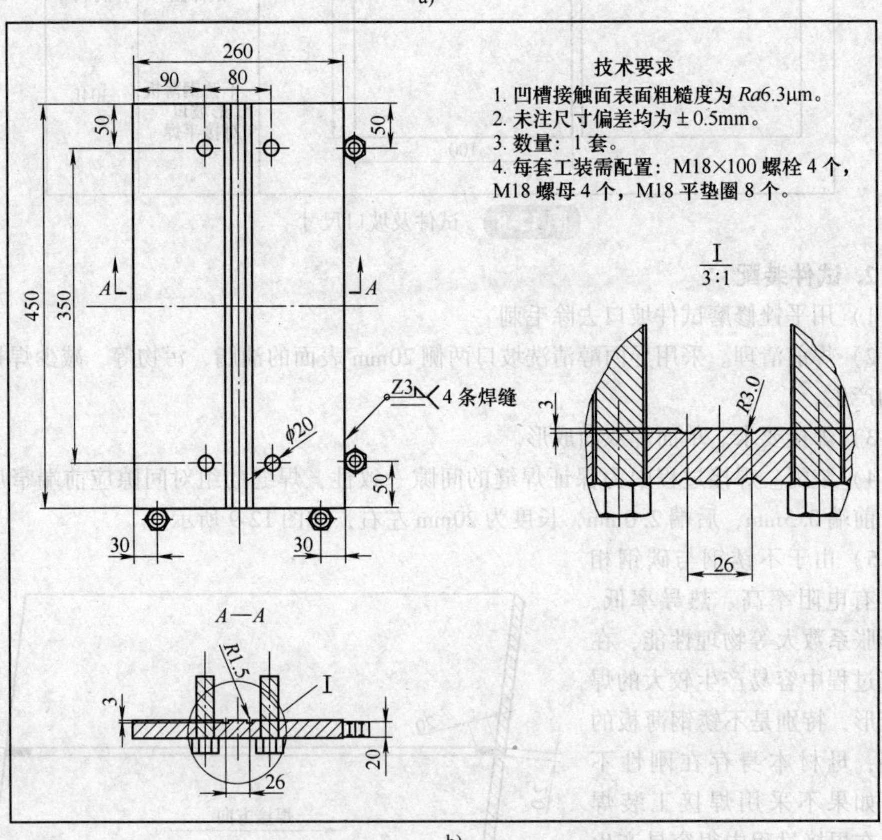

b)

图 12-10 焊接夹具工装示意图

a）工装夹板 b）工装垫板

3. 焊接参数

不锈钢薄板I形坡口对接平焊焊接参数见表12-7。

表12-7　不锈钢薄板I形坡口对接平焊焊接参数

焊接层次	电极直径/mm	焊接电流/A	焊枪与焊接方向夹角/(°)	焊道分布
1层	2.5	50~60	70~80	

4. 操作要点及注意事项

(1) 试板放入工装夹紧　将定位焊好的焊接试板放入焊接工装的垫板上，并用工装夹板与螺栓将试板夹紧。为保证焊接正常进行，试板应紧贴工装垫板上，具体夹紧方式如图12-11所示。

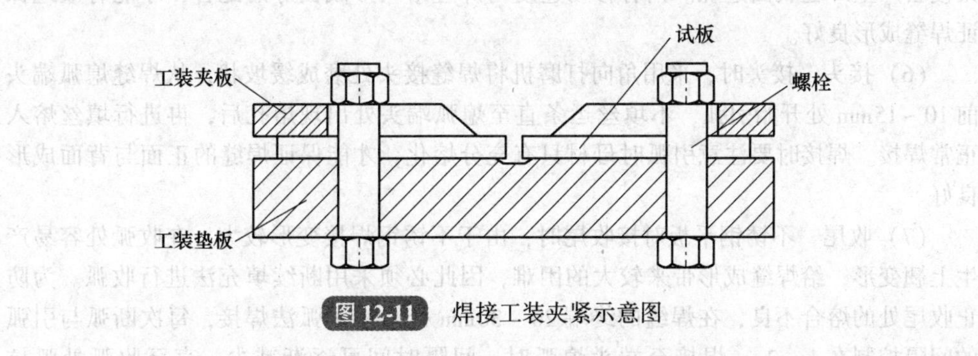

图12-11　焊接工装夹紧示意图

(2) 焊枪及焊丝角度　焊枪与焊缝成70°~80°，与母材保持在90°，焊丝与板面成10°~15°，如图12-12所示。

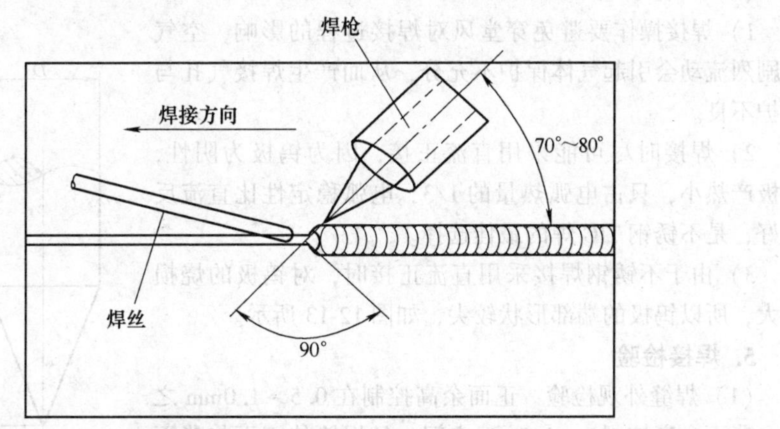

图12-12　焊枪与焊丝角度示意图

(3) 起弧

1) 为保证起头的保护效果，引弧前先对准引弧处放气8~10s。

2）为避免起弧时电极端头与工件的烧损，采用高频振荡器进行引弧。

3）起弧时要注意控制电弧长度，电弧过长气体保护效果不好，电弧过短易产生夹钨，一般应控制在2～3mm之间。

（4）填丝　由于1.5mm不锈钢平板对接钨极惰性气体保护电弧焊（TIG）为焊接夹具自带焊接垫板的平直焊缝，所以可采用连续填丝法进行焊接。

（5）焊接

1）电弧长度保持2～3mm，即为钨极到焊缝的距离。

2）焊接时，钨极要求对准焊缝根部，以保证根部焊透。

3）采用直线形运条方式进行焊接。在焊接过程中，要确认母材充分熔化后送进填丝，焊丝对准熔池前端有节奏地将填丝熔入焊缝。

4）焊接时，控制好焊接移动速度，速度太快，易产生低于母材的焊接缺陷；速度太慢会产生焊缝表面过烧。只有移动速度与焊丝熔入形成良好的配合，才能有效地保证焊缝成形良好。

（6）接头　接头时，采用角向打磨机将焊缝接头处磨成缓坡状，从焊缝熄弧端头前10～15mm处开始引弧，不填丝运条直至熄弧端头处出现熔孔后，再进行填丝熔入正常焊接。焊接时要注意引弧时母材只有充分熔化，才能保证焊缝的正面与背面成形良好。

（7）收尾　不锈钢平板对接收尾时，由于不锈钢焊接变形较大，在收弧处容易产生上翘变形，给焊缝成形带来较大的困难，因此必须采用断续填充法进行收弧。为防止收尾处的熔合不良，在焊缝的终端20～30mm处采用断弧法焊接，每次断弧与引弧的间隔控制在1～2s，焊接至端头熄弧时，间隔时间可逐渐减少，直至收弧处弧坑填满。

（8）注意事项

1）焊接操作要避免穿堂风对焊接过程的影响，空气的剧烈流动会引起气体保护不充分，从而产生焊接气孔与保护不良。

2）焊接时尽可能采用直流正接，因为钨极为阴性，阴极产热小，只占电弧热量的1/3，电弧稳定性比直流反接好，是不锈钢TIG焊的最佳选择。

3）由于不锈钢焊接采用直流正接时，对钨极的烧损不大，所以钨极的端部形状较尖，如图12-13所示。

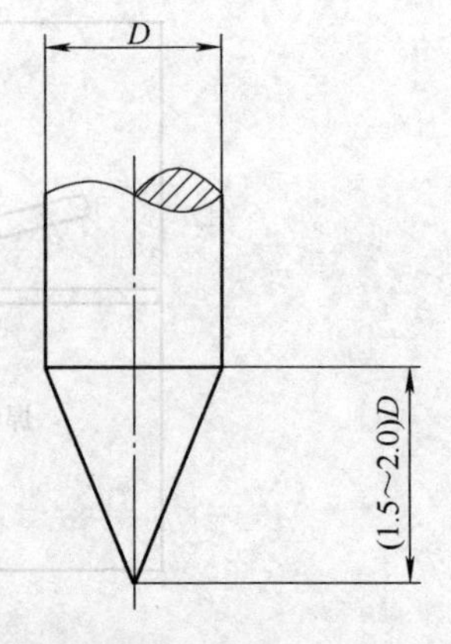

图12-13　钨极端部形状

5. 焊接检验

（1）焊缝外观检验　正面余高控制在0.5～1.0mm之间，背面余高控制0～1.0mm之间，且焊缝的正面与背面宽窄度误差在0.5mm以内。

（2）焊缝内部检验　X射线检测焊缝质量，等级应达到Ⅰ级标准。

技能训练2　不锈钢板试件仰角焊

1. 焊前准备

（1）试件材质　1Cr18Ni9Ti。

（2）试件尺寸　150mm×300mm×10mm，100mm×300mm×10mm，数量各1件，如图12-14所示。

（3）坡口形式　I形坡口，如图12-14所示。

（4）焊接材料　H0Cr19Ni9，ϕ2.5mm。

（5）焊接设备　手工直流钨极氩弧焊焊机（WS-300型）。

（6）喷嘴孔径　ϕ10mm。

（7）保护气体及气体流量　氩气，其纯度不低于99.99%，气体流量为8～10L/min。

（8）电极　铈钨电极，ϕ2.5mm。

（9）辅助工具　角向打磨机、平锉、钢丝刷、锤子、直角尺、300mm钢直尺。

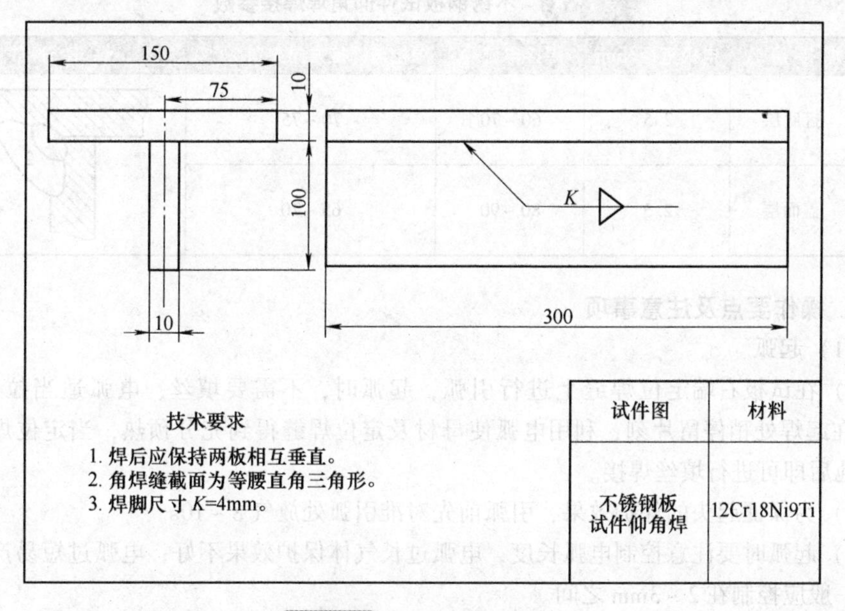

图12-14　试件及坡口尺寸

2. 试件装配

1）用平锉修磨试件坡口去除毛刺。

2）焊前清理。采用异丙醇清洗坡口两侧20mm表面的油脂、污物等，减少焊接缺陷的产生。

3）焊接要求。焊脚尺寸K=4mm。

4）装配。水平板与立板应垂直装配，采用手工钨极氩弧焊在试件两端正面坡口内进行定位焊，定位焊缝长度为15～20mm，如图12-15所示。采用角向打磨机将焊缝接头预先打磨成缓坡状，并将试件固定在焊接支架上。

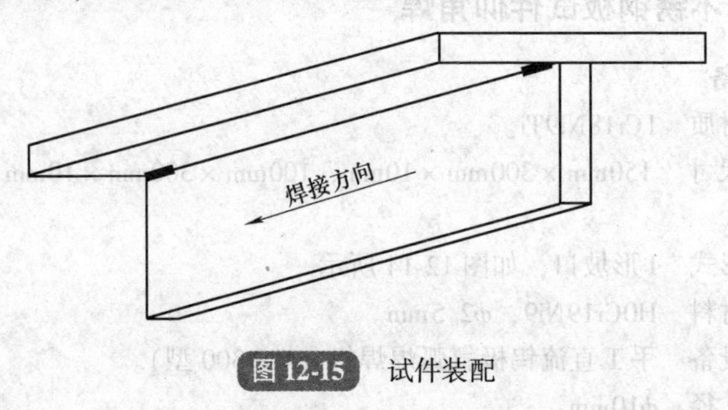

图 12-15　试件装配

3. 焊接参数

不锈钢板试件仰角焊焊接参数见表 12-8。

表 12-8　不锈钢板试件仰角焊焊接参数

序号	焊接层次	电极直径/mm	焊接电流/A	焊枪与焊接方向夹角/（°）	焊道分布
1	打底层	2.5	60 ~ 70	70 ~ 75	1 2
2	盖面层	2.5	80 ~ 90	65 ~ 70	

4. 操作要点及注意事项

（1）起弧

1）在试板右端定位焊缝上进行引弧，起弧时，不需要填丝，电弧适当拉长3 ~ 4mm 在起焊处稍停留片刻，利用电弧使母材及定位焊缝得到充分预热，当定位焊缝形成熔池后即可进行填丝焊接。

2）为保证起头的保护效果，引弧前先对准引弧处放气 8 ~ 10s。

3）起弧时要注意控制电弧长度，电弧过长气体保护效果不好；电弧过短易产生夹钨，一般应控制在 2 ~ 3mm 之间。

（2）填丝　TIG 焊填丝的好坏直接影响焊缝质量，主要的填丝方法有连续填丝法、断续填丝法、特殊填丝法等方式。由于该技能训练为全位置焊接，故采用断续填丝法进行焊接效果较好。

（3）打底层

1）焊枪与焊缝移动方向角度随着位置而变化，一般焊枪角度控制在 75° ~ 80°之间，与焊缝两侧试板夹角为 45°，焊丝与焊缝的角度控制在 15°左右，运条方式采用直线形运条方法进行焊接，钨极必须指向焊缝的中间根部位置，如图 12-16 所示。

2）焊接时，电弧与母材的间距应保持在 1 ~ 2mm 之间，并将电弧保持在熔池前端 1/2 处，同时焊丝始终保持在熔池前端，随时根据焊接的需要将焊丝送进，并控制焊接

移动速度的均匀性。

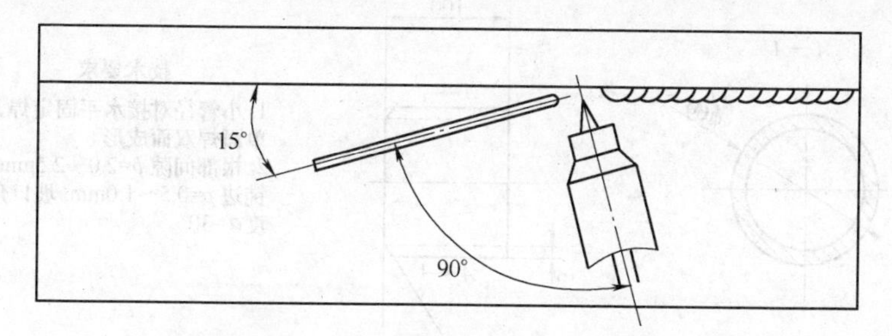

图 12-16　打底焊焊枪、焊丝角度与运条方法

3）焊接接头时，为保证接头良好，应从焊缝收弧处前 5 ~ 8mm 开始引弧，不填丝运条至收弧处出现熔孔后，填丝熔入进行正常焊接。

（4）盖面层　焊缝的盖面层与打底焊的焊枪角度基本一致，一般采用月牙形的运条方法，电弧运条至坡口两侧边缘时应稍有停顿，将焊缝两侧熔合良好。

（5）注意事项　奥氏体不锈钢焊接时应注意层间温度控制，当层间温度过高时，焊缝会变黑。实际经验是采用手背触摸到打底层焊道不烫手时，即可进行盖面层的焊接。当控制了层间温度，同时其他条件也满足时，焊缝呈银白色。

5. 焊接检验

（1）焊缝外观检验　焊缝表面不得有裂纹、未熔合、夹渣、气孔等缺陷；焊缝的正面宽窄度误差在 0.5mm 以内；焊缝的凹度或凸度应小于 1.0mm；焊脚应对称，其高宽差≤2mm。

（2）焊缝内部检验　焊缝内部进行宏观金相检验，熔深应符合工艺要求。

技能训练 3　小管径对接水平固定焊

1. 焊前准备

（1）试件材质　碳钢 20。

（2）试件尺寸　100mm × ϕ60mm，数量 2 件，如图 12-17 所示。

（3）坡口形式　V 形坡口，如图 12-17 所示。

（4）钝边　0.5 ~ 1.0mm。

（5）焊接材料　ER50，ϕ1.6mm。

（6）焊接设备　手工直流钨极氩弧焊焊机（WS-300 型）。

（7）喷嘴孔径　ϕ10mm。

（8）保护气体及气体流量　氩气，其纯度不低于 99.99%，气体流量为 8 ~ 10L/ min。

（9）电极　铈钨电极，ϕ2.5mm。

（10）辅助工具　角向打磨机、半圆锉、钢丝刷、锤子、300mm 钢直尺。

2. 试件装配

1）用角向打磨机清理坡口表面铁锈、杂质等，直至露出金属光泽。

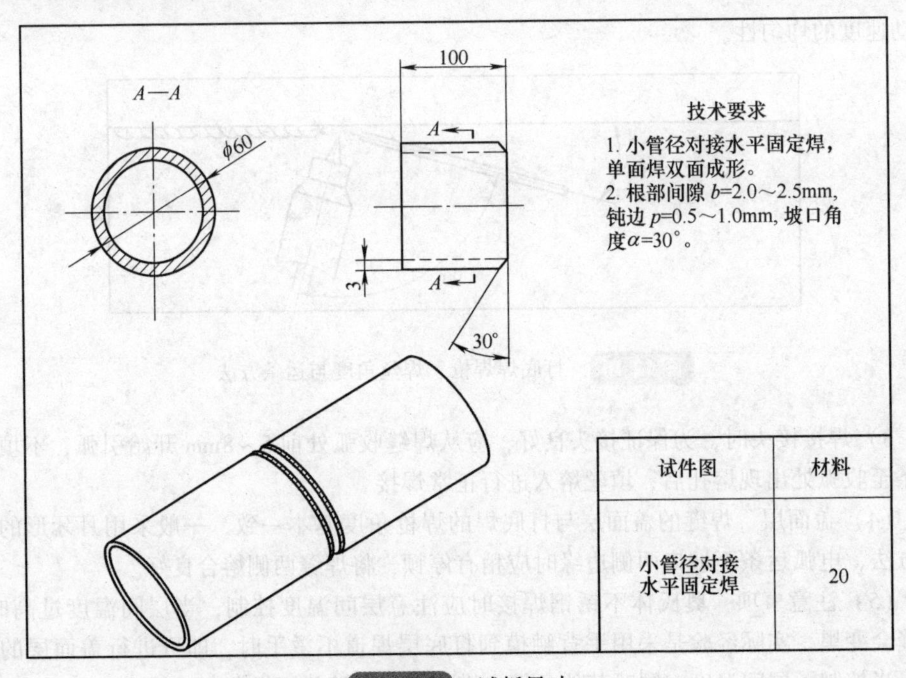

图 12-17 试板尺寸

2）半圆锉修磨试件坡口、去除毛刺。

3）焊前清理。采用异丙醇清洗坡口两侧 20mm 表面的油脂、污物等，减少焊接缺陷的产生。

4）焊接要求。单面焊双面成形。

5）装配。焊接过程中为防止焊缝收缩对焊接间隙造成影响，试件组装间隙应起弧端窄，收弧端宽，起弧端为 2. 0mm 左右，收弧端为 2. 5mm 左右；采用 2 点固定，分别在定位焊 1、2 处进行定位焊，定位焊缝长度为 10mm 左右，从过 6 点10 ~ 15mm 处开始起弧。试件装配如图 12-18 所示。

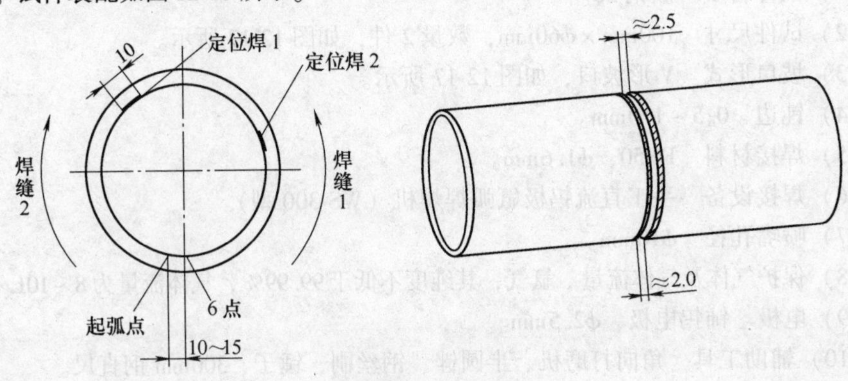

图 12-18 试件装配

3. 焊接参数

小管径对接水平固定焊焊接参数见表12-9。

表12-9 小管径对接水平固定焊焊接参数

序号	焊接层次	电极直径/mm	焊接电流/A	焊枪与焊接方向夹角/(°)	焊道分布
1	打底层	2.5	65~75	70~80	
2	盖面层	2.5	70~80	70~80	

4. 操作要点及注意事项

(1) 起弧

1) 起弧有非接触性引弧与短路接触引弧，为避免起弧时对钨极端头与工件的烧损，采用非接触性高频振荡器起弧。

2) 为保证起头的保护效果，引弧前先对准引弧处放气8~10s。

3) 起弧时要注意控制电弧长度，电弧过长气体保护效果不好；电弧过短易产生夹钨，一般应控制在2~3mm之间。

(2) 填丝 TIG焊填丝的好坏直接影响焊缝质量，主要的填丝方法有连续填丝法、断续填丝法、特殊填丝法等方式。由于该技能训练为全位置焊接，故采用断续填丝法进行焊接效果较好。

(3) 打底层

1) 焊枪与焊缝移动方向角度随着位置而变化，一般焊枪角度控制在75°~80°之间，与焊缝两侧试管夹角为90°，焊丝与焊缝的角度控制在15°左右，采用直线形运条方法进行焊接，钨极必须指向焊缝的中间根部位置，如图12-19所示。

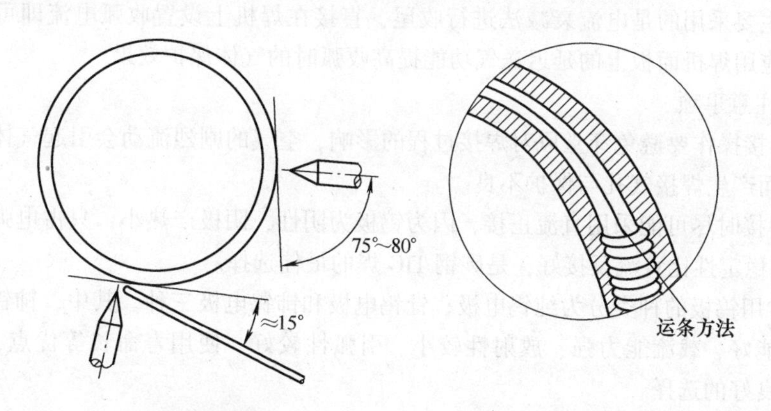

图12-19 打底焊焊枪、焊丝角度与运条方法

2) 焊接时，电弧与母材的间距应保持在1~2mm之间，并将电弧保持在熔池前端1/2处，同时焊丝始终保持在熔池前端，随时根据焊接的需要将焊丝送进，并控制焊接

移动速度的均匀性。

3）焊接接头时，为保证接头良好，应从焊缝收弧处前5～8mm开始引弧，不填丝运条至收弧处出现熔孔后，填丝熔入进行正常焊接。

4）打底焊时应控制好焊缝的厚度，保持在2～2.5mm，同时保证坡口的棱边不被熔化，以便盖面层焊接时控制焊缝的直线度，如图12-20所示。

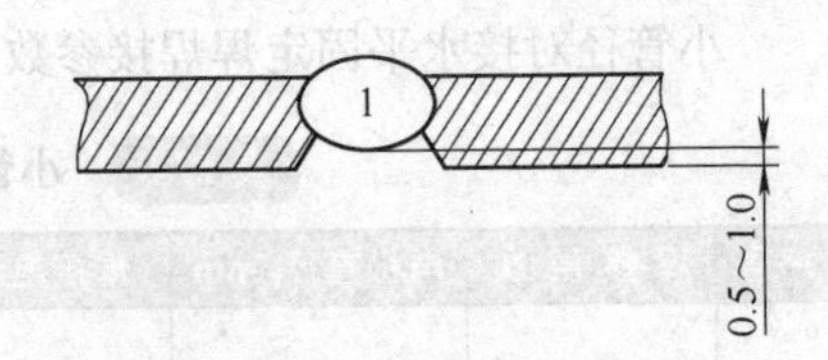

图12-20 打底焊的尺寸要求

（4）盖面层

1）焊缝的盖面层与打底焊的焊枪角度基本一致，一般采用月牙形的运条方法，电弧运条至坡口两侧边缘时应稍有停顿，将焊缝两侧的坡口填满后，正常焊接，如图12-21所示。

2）为了保证焊缝表面的平整，在往前及左右运条时应匀速，并根据熔池的情况不断地送进焊丝，焊丝送进应及时、均匀并与焊枪有良好的配合。

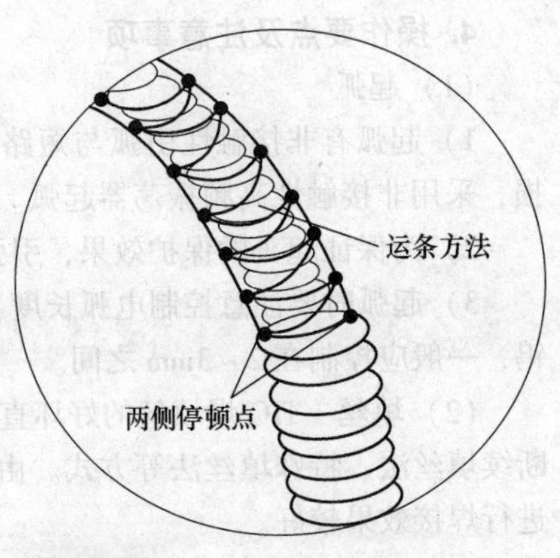

图12-21 运条方法与两侧停顿点

（5）收尾　焊缝收尾时应迅速拉断电弧进行收弧，由于焊缝在收尾时停留时间长，易产生高温，很容易造成焊件表面形成弧坑，产生应力集中及减弱金属强度，从而影响焊缝质量，所以工件收尾时要采用不同于正常焊接方法进行收弧。在实际生产过程中，TIG焊的收弧有焊接速度增加法、焊缝增高法、采用引出板法、电流衰减法、断续收弧法等方法。本技能训练主要采用的是电流衰减法进行收尾，直接在焊机上设置收弧电流即可进行收弧，同时应用焊机面板上的延迟送气功能提高收弧时的气体保护效果。

（6）注意事项

1）焊接操作要避免穿堂风对焊接过程的影响，空气的剧烈流动会引起气体保护不充分，从而产生焊接气孔与保护不良。

2）焊接时尽可能采用直流正接，因为钨极为阴性，阴极产热小，只占电弧热量的1/3，电弧稳定性比直流反接好，是碳钢TIG焊的最佳选择。

3）常用钨极的种类分为纯钨电极、钍钨电极和铈钨电极三种。其中，铈钨电极具有导电性能好、载流能力强、放射性较小、引弧性较好、使用寿命长等优点，是TIG焊接电极良好的选择。

4）喷嘴孔径主要根据钨极直径的大小选取，选择喷嘴孔径时可用钨极直径×2＋5mm来计算。

5）钨极端部的形状主要根据焊接电流种类而定，由于低碳钢采用直流正接，焊接时对钨极的烧损不太大，所以端部形状一般可打磨得较尖，有利于焊接时电弧热量集

中，如图12-22所示。

5. 焊接检验

（1）外观检测　正面余高控制在0.5～1.0mm之间，背面余高控制在0～1.0mm之间，且焊缝的正面与背面宽窄度误差在0.5mm以内，并通过直径=60mm×85%=51mm的通球试验。

（2）内部检验　通过断口试验未发现焊接缺陷。

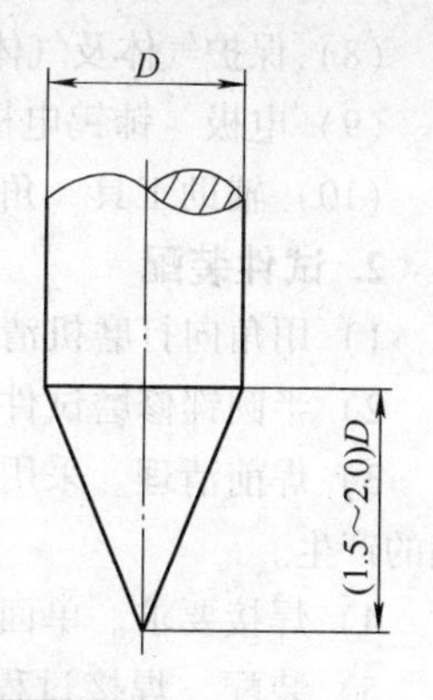

图12-22　钨极端部形状

技能训练4　小管径对接垂直固定障碍焊

1. 焊前准备

（1）试件材质　碳钢20。

（2）试件尺寸　100mm×ϕ60mm，数量2件；200mm×ϕ60mm，数量2件，如图12-23所示。

（3）坡口形式　V形坡口，如图12-23所示。

（4）钝边　0.5～1.0mm

（5）焊接材料　ER50，ϕ1.6mm。

（6）焊接设备　手工直流钨极氩弧焊焊机（WS-300型）。

（7）喷嘴孔径　ϕ10mm。

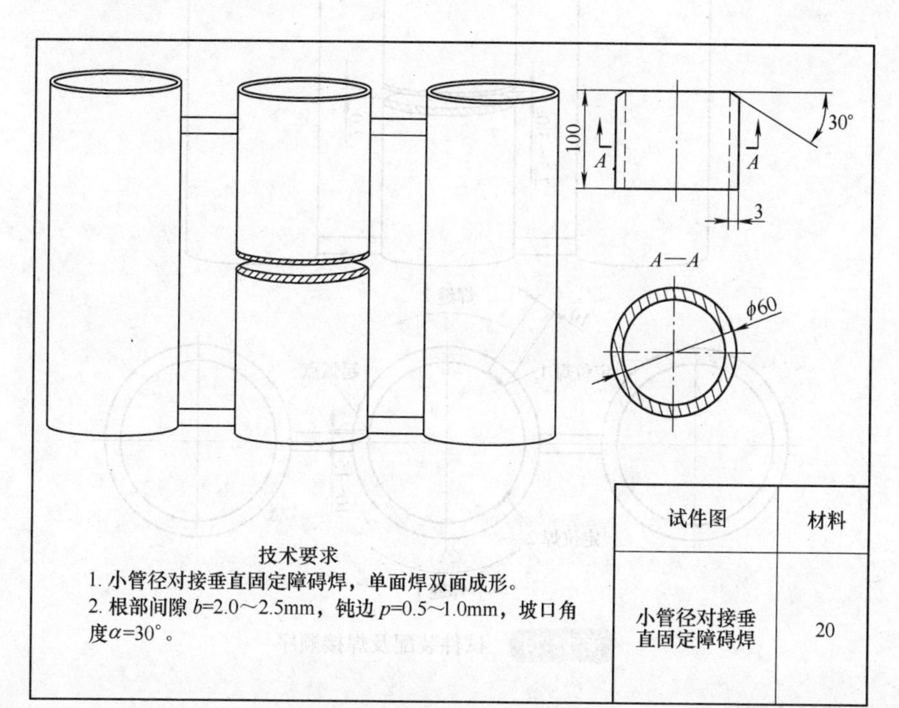

试件图	材料
小管径对接垂直固定障碍焊	20

图12-23　试板及坡口尺寸

（8）保护气体及气体流量　氩气，其纯度不低于99.99%，气体流量为8～10L/min。

（9）电极　铈钨电极，ϕ2.5mm。

（10）辅助工具　角向打磨机、半圆锉、钢丝刷、锤子、300mm钢直尺。

2. 试件装配

1）用角向打磨机清理坡口表面铁锈、杂质等，并呈现出金属光泽。

2）半圆锉修磨试件坡口、去除毛刺。

3）焊前清理。采用异丙醇清洗坡口两侧20mm表面的油脂、污物等，减少焊接缺陷的产生。

4）焊接要求。单面焊双面成形。

5）装配。焊接过程中为防止焊缝收缩对焊接间隙造成影响，试件组装间隙应起弧端窄，收弧端宽，起弧端为2.0mm左右，收弧端为2.5mm左右；采用2点进行固定，分别在定位焊1、2处进行定位焊，定位焊缝长度为10mm左右，并从中心线过去10～15mm开始起弧，向左边焊点2焊接，然后从起弧点向焊点1焊接，如图12-24所示。

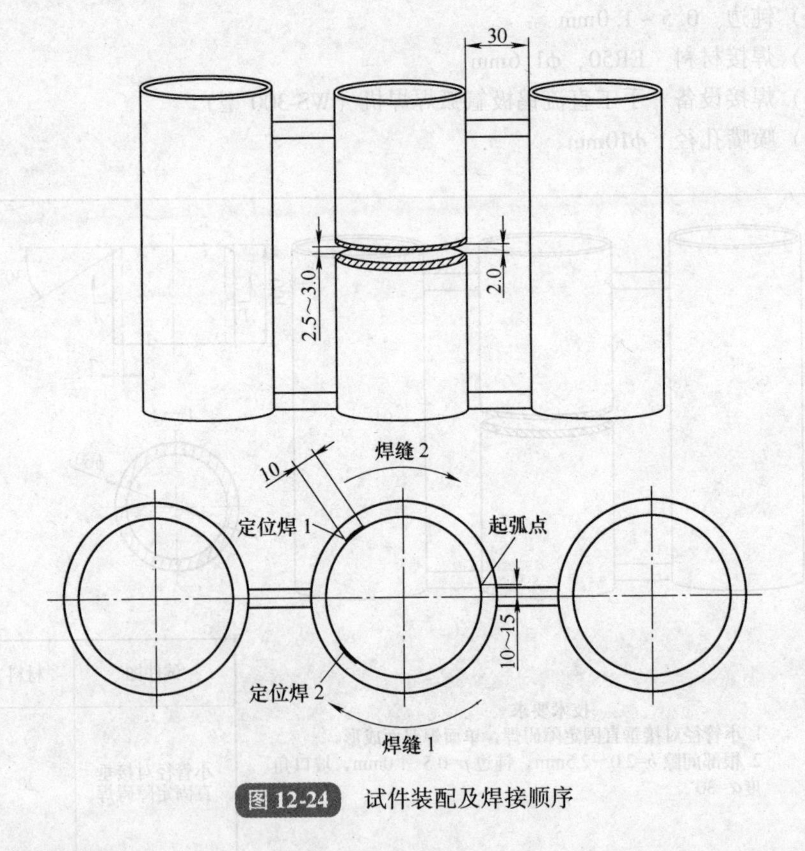

图12-24　试件装配及焊接顺序

3. 焊接参数

小管径对接垂直固定障碍焊焊接参数见表12-10。

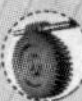

表 12-10 小管径对接垂直固定障碍焊焊接参数

序号	焊接层次	钨极直径/mm	焊接电流/A	焊枪与焊接方向夹角/(°)	焊道分布
1	打底层	2.5	70~80	80~85	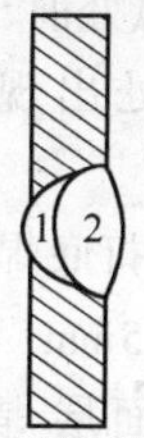
2	盖面层	2.5	80~85	75~80	

4. 操作要点及注意事项

(1) 起弧

1) 起弧有非接触性引弧与短路接触引弧，为避免起弧时对钨极端头与工件的烧损，采用非接触性高频振荡器起弧。

2) 为保证起头的保护效果，引弧前先对准引弧处放气 8~10s。

3) 起弧时要注意控制电弧长度，电弧过长气体保护效果不好；电弧过短易产生夹钨，一般应控制在 2~3mm 之间。

(2) 填丝　TIG 焊填丝的好坏直接影响焊缝质量，主要的填丝方法有连续填丝法、断续填丝法、特殊填丝法等方式。由于本技能训练为小管对接垂直固定障碍焊，焊接位置较困难，故采用断续填丝法进行焊接效果较好。

(3) 打底层

1) 采用左焊法进行焊接，焊丝与焊缝前进方向的夹角为 15°左右，焊枪与焊丝的夹角控制在 80°~85°之间，而焊枪与焊缝两侧管表面夹角为 90°~95°，采用直线形焊接运条方法进行焊接。焊接时，钨极指向焊缝的中间部位，如图 12-25 所示。

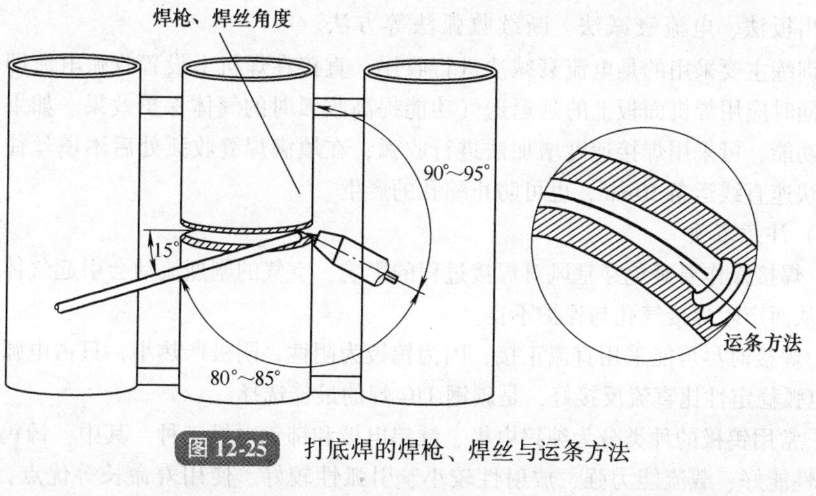

图 12-25 打底焊的焊枪、焊丝与运条方法

2) 焊接时，电弧与母材的间距应保持在 1~2mm 之间，并将电弧保持在熔池前端 1/2 处，同时焊丝始终保持在熔池前端，随时根据焊接的需要将焊丝送进，并控制焊接

移动速度的均匀性。

3）焊接接头时，为保证接头良好，应从焊缝收弧处前5～8mm开始引弧，不填丝运条至收弧处出现熔孔后，填丝熔入进行正常焊接。

4）打底焊时应控制好焊缝的厚度，保持在2～2.5mm，同时保证坡口的棱边不被熔化，以便盖面层焊接时控制焊缝的直线度，如图12-26所示。

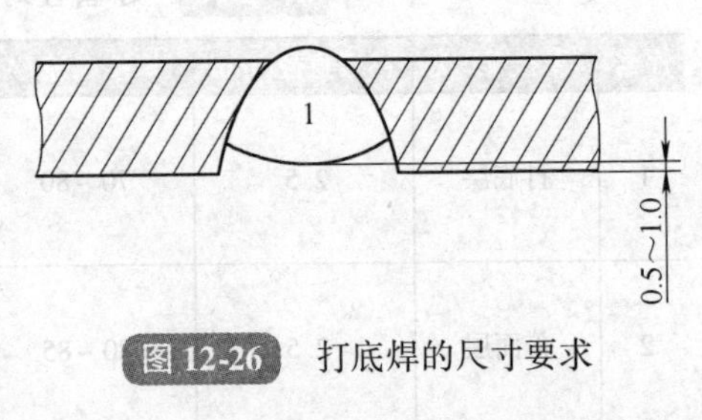

图12-26 打底焊的尺寸要求

（4）盖面层

1）焊缝的盖面层与打底焊的焊枪角度基本一致，一般采用斜圆圈形的运条方法，电弧运条至坡口两侧边缘时应稍有停顿，将焊缝两侧的坡口填满后，正常焊接，如图12-27所示。

2）为了保证焊缝表面平整，焊枪移动及左右运条时应匀速，并根据熔池的情况不断地送入焊丝，焊丝送入应及时、均匀并与焊枪有良好的配合。

3）当盖面过程出现气泡时，要用砂轮机或角向打磨机打磨干净后再进行焊接。因为产生气泡的原因是熔池进入了油、锈、污物等杂质，采用焊接操作手是很难将这些杂质排出的。

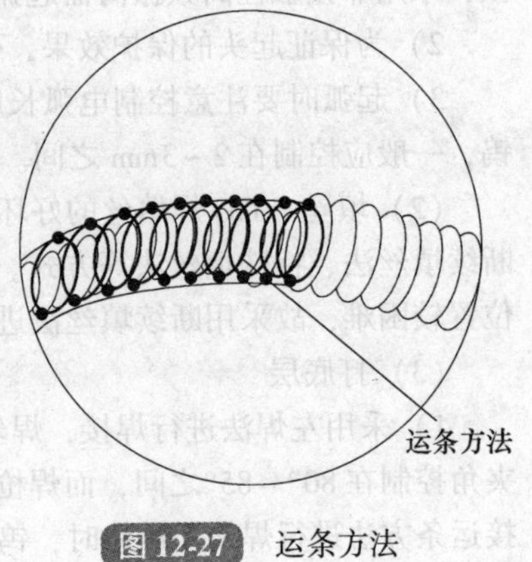

图12-27 运条方法

（5）收尾　由于焊缝在收尾处温度较高，容易产生缩孔，为保证焊缝收尾良好，在实际生产过程中，TIG焊的收弧有焊接速度增加法、焊缝增高法、采用引出板法、电流衰减法、断续收弧法等方法。本技能训练主要采用的是电流衰减法进行收尾，直接在焊机上设置收弧电流即可进行收弧，同时应用焊机面板上的延迟送气功能提高收弧时的气体保护效果。如果焊机没有收弧功能，可采用焊接速度增加法进行收弧，在填满焊缝收弧处后不填丝往焊缝前进方向快速直线运条10mm，也可防止缩孔的产生。

（6）注意事项

1）焊接操作要避免穿堂风对焊接过程的影响，空气的剧烈流动会引起气体保护不充分，从而产生焊接气孔与保护不良。

2）焊接时尽可能采用直流正接，因为钨极为阴性，阴极产热小，只占电弧热量的1/3，电弧稳定性比直流反接好，是碳钢TIG焊的最佳选择。

3）常用钨极的种类分为纯钨电极、钍钨电极和铈钨电极三种。其中，铈钨电极具有导电性能好、载流能力强、放射性较小、引弧性较好、使用寿命长等优点，是TIG焊电极良好的选择。

4）喷嘴孔径主要根据钨极直径的大小选取，选择喷嘴孔径时可用钨极直径×2+

5mm 来计算。

5）钨极端部的形状主要根据焊接电流种类而定，由于低碳钢采用直流正接，焊接时对钨极的烧损不太大，所以端部形状一般可打磨得较尖，有利于焊接时电弧热量集中，如图 12-28 所示。盖面时，由于熔池因重力引起下坠，焊缝表面成形容易形成下塌现象，影响外观成形，所以应选用将端头打磨成 $R=1.5\sim2.0$mm 半球状的钨极，如图 12-29 所示。

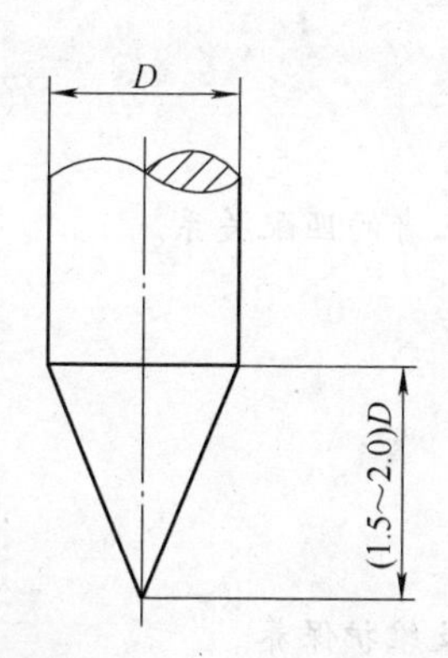

图 12-28　打底焊钨极端部形状

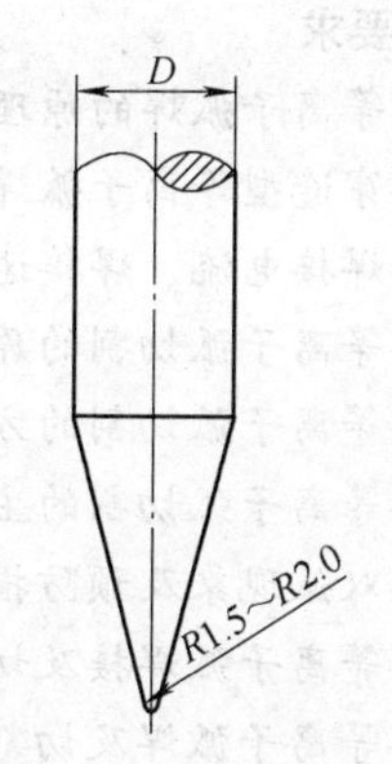

图 12-29　盖面焊钨极端部形状

5. 焊接检验

（1）外观检测　正面余高控制在 0.5～1.0mm 之间，背面余高控制在 0～1.0mm 之间，且焊缝的正面与背面宽窄度误差在 0.5mm 以内，并通过直径 = 60mm × 85% = 51mm 的通球试验。

（2）内部检验　通过断口试验无焊接缺陷。

复习思考题

1. 手工钨极氩弧焊的工艺特点有哪些？
2. 手工钨极氩弧焊设备的基本要求有哪些？
3. 手工钨极氩弧焊焊接参数有哪些？
4. 手工钨极氩弧焊的收弧方法有哪些？
5. 手工钨极氩弧焊常见的焊接缺陷有哪些？
6. 简述未焊透和未熔合的含义、产生原因及预防措施。

第13章　等离子弧焊与切割

☺ 理论知识要求

1. 了解等离子弧焊的原理、特点及分类。
2. 了解穿透型等离子弧焊的焊接参数。
3. 了解焊接电流、焊接速度和离子气流量三者的匹配关系。
4. 了解等离子弧切割的原理、特点。
5. 了解等离子弧切割的方法。
6. 了解等离子弧切割的主要参数。
7. 了解双弧现象及预防措施。
8. 了解等离子弧焊接及切割基本操作技术。
9. 了解等离子弧焊及切割的安全操作规程及维护保养。

☺ 操作技能要求

1. 能采用等离子弧焊对工件进行定位焊。
2. 掌握等离子弧焊的焊接操作手法。
3. 能熟练掌握不锈钢板的等离子弧焊。
4. 能熟练掌握碳素钢板空气等离子弧切割。

13.1　等离子弧焊与切割概述

等离子弧焊与切割是利用高温的等离子弧来进行焊接和切割的工艺方法。它不仅能焊接和切割常用工艺方法能加工的材料，而且还能切割或焊接一般工艺方法难以加工的材料，是在焊接领域中较有发展前途的先进工艺。

13.1.1　等离子弧的产生及特点

1. 等离子弧的产生

（1）等离子弧　目前，焊接领域中应用的等离子弧实际上是一种压缩电弧，如图13-1a所示，它是由钨极气体保护电弧发展而来的。钨极气体保护电弧常被称为自由电弧，如图13-1b所示，它燃烧于惰性气体保护下的钨极与焊件之间，其周围没有约束，当电弧电流增大时，弧柱直径也伴随增大，两者不能独立地进行调节，因此自由电弧弧柱的电流密度、温度和能量密度的增大均受到一定限制。试验证明，借助水冷铜喷嘴的外部拘束作用，使弧柱的横截面受到限制而不能自由扩大时，就可使电弧的

温度、能量密度和等离子体流速都显著增大。这种用外部拘束作用使弧柱受到压缩的电弧就是通常所称的等离子弧。

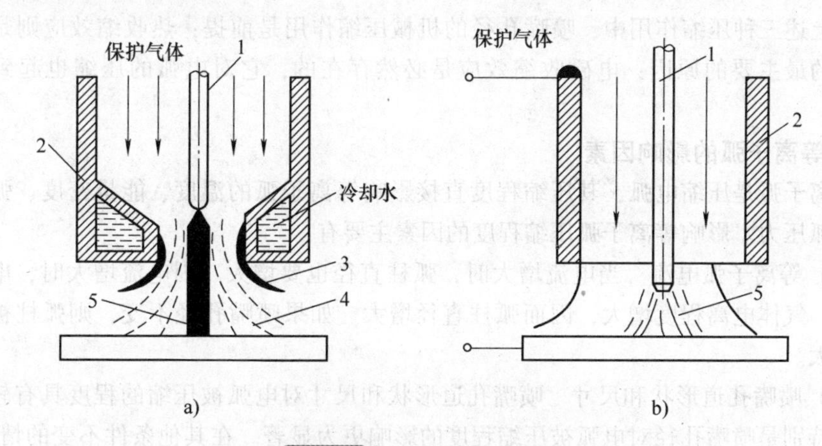

图13-1　等离子弧示意图

a）压缩电弧　b）自由电弧

1—钨极　2—喷嘴　3—冷气套　4—热气套　5—弧柱

（2）等离子弧形成原理　目前广泛采用的压缩电弧的方法是将钨极缩入喷嘴内部，并且在水冷喷嘴中通以一定压力和流量的离子气，强迫电弧通过喷嘴孔道，以形成高温、高能量密度的等离子弧，如图13-2所示。此时电弧受到下述三种压缩作用：

1）机械压缩效应。当把一个用水冷却的铜制喷嘴放置在其通道上，强迫这个“自由电弧”从细小的喷嘴孔中通过时，弧柱直径受到小孔直径的机械约束而不能自由扩大，而使电弧截面受到压缩。这种作用称为“机械压缩效应”。

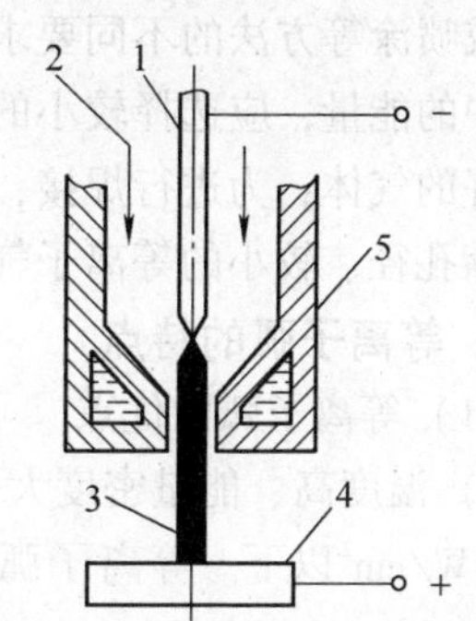

图13-2　等离子弧的形成原理示意图

1—钨极　2—离子气流　3—等离子弧

4—工件　5—水冷喷嘴

2）热收缩效应。水冷铜喷嘴的导热性很好，紧贴喷嘴孔道壁的“边界层”气体温度很低，电离度和导电性均降低。这就迫使带电粒子向温度更高、导电性更好的弧柱中心区集中，相当于外围的冷气流层迫使弧柱进一步收缩。这种作用称为“热收缩效应”。

3）电磁收缩效应。电磁收缩效应是由通电导体间相互吸引力产生的收缩作用。弧柱中带电的粒子流可被看成是无数条相互平行且通以同向电流的导体。在自身磁场作用下，产生相互吸引力，使导体相互靠近。导体间的距离越小，吸引力越大。这种导体自身磁场引起的收缩作用使弧柱进一步变细，电流密度与能量密度进一步增加。

电弧在上述三种压缩效应的作用下，直径变小、温度升高、气体的离子化程度提高、能量密度增大。最后与电弧的热扩散作用相平衡，形成稳定的压缩电弧。这就是工业中应用的等离子弧。作为热源，等离子弧获得了广泛的应用，可进行等离子弧焊接、等离子弧切割、等离子弧堆焊、等离子弧喷涂、等离子弧冶金等。

在上述三种压缩作用中，喷嘴孔径的机械压缩作用是前提；热收缩效应则是电弧被压缩的最主要的原因；电磁收缩效应是必然存在的，它对电弧的压缩也起到一定作用。

2. 等离子弧的影响因素

等离子弧是压缩电弧，其压缩程度直接影响等离子弧的温度、能量密度、弧柱挺度和电弧压力。影响等离子弧压缩程度的因素主要有：

（1）等离子弧电流　当电流增大时，弧柱直径也要增大。因电流增大时，电弧温度升高，气体电离程度增大，因而弧柱直径增大。如果喷嘴孔径不变，则弧柱被压缩程度增大。

（2）喷嘴孔道形状和尺寸　喷嘴孔道形状和尺寸对电弧被压缩的程度具有较大的影响，特别是喷嘴孔径对电弧被压缩程度的影响更为显著。在其他条件不变的情况下，随喷嘴孔径的减小，电弧被压缩程度增大。

（3）离子气体的种类及流量　离子气（工作气体）的作用主要是压缩电弧强迫通过喷嘴孔道，保护钨极不被氧化等。使用不同成分的气体作为离子气时，由于气体的热导率和热焓值不同，对电弧的冷却作用不同，故电弧被压缩的程度不同。

改变和调节这些因素可以改变等离子弧的特性，使其压缩程度适应于切割、焊接、堆焊或喷涂等方法的不同要求。例如为了进行切割，要求等离子弧有很大的吹力和高度集中的能量，应选择较小的压缩喷嘴孔径、较大的等离子气流量、较大的电流和导热性好的气体；为进行焊接，则要求等离子弧的压缩程度适中，应选择较切割时稍大的喷嘴孔径、较小的等离子气流量。

3. 等离子弧的特点

（1）等离子弧的优点

1）温度高、能量密度大。普通钨极氩弧的最高温度为10000～24000K，能量密度在104W/cm^2以下。等离子弧的最高温度可达24000～50000K，能量密度可达105～108W/cm^2，且稳定性好。

2）等离子弧的能量分布均衡。等离子弧由于弧柱被压缩，横截面减小，弧柱电场强度明显提高，因此等离子弧的最大压降是在弧柱区，加热金属时利用的主要是弧柱区的热功率，即利用弧柱等离子体的热能。所以说，等离子弧几乎在整个弧长上都具有高温。这一点和钨极氩弧是明显不同的。

3）等离子弧的挺度好、冲力大。钨极氩弧的形状一般为圆锥形，扩散角为45°左右；经过压缩后的等离子弧，其形态近似于圆柱形，电弧扩散角很小，约为5°，因此挺度和指向性明显提高。等离子弧在三种压缩作用下，横截面缩小，温度升高，喷嘴内部的气体剧烈膨胀，迫使等离子体高速从喷嘴孔中喷出，因此冲力大，挺直性好。电流越大，等离子弧的冲力也越大，挺直性也就越好。

4）等离子弧的静特性曲线仍接近于U形。由于弧柱的横截面受到限制，等离子

弧的电场强度增大，电弧电压明显提高，U形曲线上移且其平直区域明显减小。

5）等离子弧的稳定性好。等离子弧的电离度比钨极氩弧更高，因此稳定性好。外界气流和磁场对等离子弧的影响较小，不易发生电弧偏吹和漂移现象。焊接电流在10A以下时，一般的钨极氩弧很难稳定，常产生电弧漂移，指向性也常受到破坏。而采用微束等离子弧，当电流小至0.1A时，等离子弧仍可稳定燃烧，指向性和挺度均好。这些特性在用小电流焊接极薄焊件时特别有利。

（2）等离子弧的缺点

1）焊枪尺寸较大，既笨重，又影响焊工在操作时的观察。

2）焊枪的结构及电气的控制线路比较复杂。

3）采用转移弧时，如果焊接参数选择不正确或喷嘴设计不合理，就可能出现双弧现象。

① 双弧现象。在使用转移型等离子弧进行焊接或切割过程中，正常的等离子弧应稳定地在钨极与焊件之间燃烧，但由于某些原因往往还会在钨极和喷嘴及喷嘴和工件之间产生与主弧并列的电弧，这种现象就称为等离子弧的双弧现象，如图13-3所示。

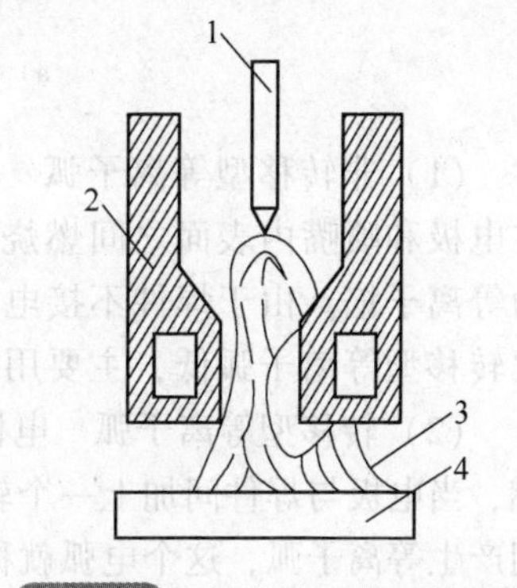

图13-3　等离子弧的双弧现象

1—电极　2—喷嘴　3—双弧　4—焊件

② 双弧形成的原因。一般认为，在等离子弧焊接或切割时，等离子弧弧柱与喷嘴孔壁之间存在着由离子气所形成的冷气膜。这层冷气膜由于铜喷嘴的冷却作用，具有比较低的温度和电离度，对弧柱向喷嘴的传热和导电都具有较强的阻滞作用。当冷气膜的阻滞作用被击穿时，绝热和绝缘作用消失，产生了双弧现象。

③ 双弧的危害。

a. 破坏等离子弧的稳定性。

b. 双弧同时存在，减小了主弧电流，降低了主弧的电功率。

c. 喷嘴受到强烈加热，容易烧坏喷嘴。

④ 防止双弧的措施。

a. 正确选择电流。

b. 选择合适的离子气成分和流量。

c. 喷嘴结构设计应合理。

d. 加强喷嘴的冷却效果。

e. 喷嘴端面至焊件表面距离不能过小。

13.1.2　等离子弧的类型和等离子弧焊的分类及应用

1. 等离子弧的类型

等离子弧按电源的供电方式和工作方式不同，可分为非转移型、转移型和联合型等离子弧三种类型，如图 13-4 所示。

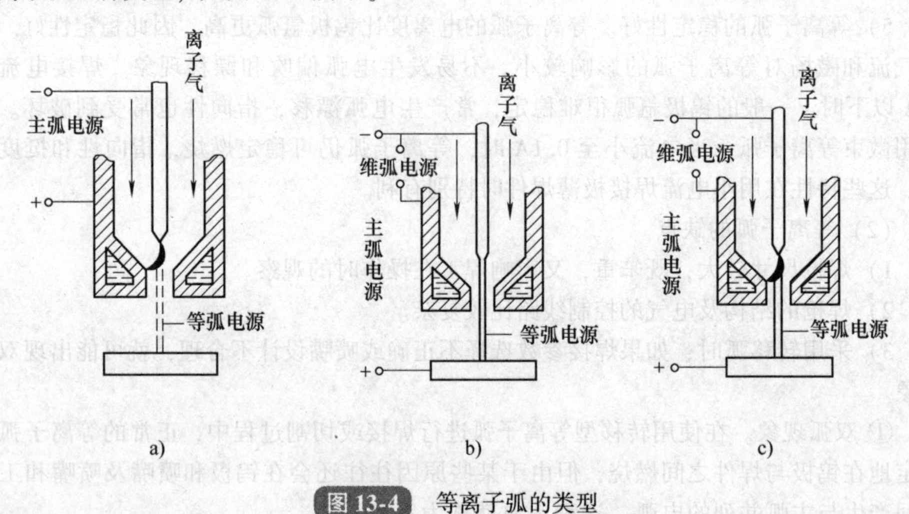

图 13-4 等离子弧的类型

a）非转移型 b）转移型 c）联合型

（1）非转移型等离子弧　电极接负极，喷嘴接正极，焊件不接电源，等离子弧在电极和喷嘴内表面之间燃烧并从喷嘴喷出，如图 13-4a 所示，这种等离子弧也称为等离子焰。由于焊件不接电源，工作时只靠等离子焰加热，所以加热能量和温度比转移型等离子弧低，主要用于喷涂、焊接、切割较薄的金属和非金属材料。

（2）转移型等离子弧　电极接负极，焊件接正极，电弧首先在电极与喷嘴之间引燃，当电极与焊件间加上一个较高的电压后，再转移到电极与焊件间，使电极与焊件间产生等离子弧，这个电弧就称为转移弧，这时电极与喷嘴间的电弧就熄灭，如图 13-4b 所示。由于高温的阳极斑点在焊件上，工件热量很高，可用作中厚板的切割、焊接和堆焊的热源。

（3）联合型等离子弧　转移弧和非转移弧同时存在，称为联合型弧，如图 13-4c 所示。这种等离子弧稳定性好，电流很小时也能保持电弧稳定，主要用于微束等离子弧焊接和粉末等离子弧堆焊。

2. 等离子弧焊的分类及应用

等离子弧焊是借助水冷喷嘴对电弧的拘束作用，获得高能量密度的等离子弧进行焊接的方法，国际统称为 PAW（Plasma Arc Welding）。按焊缝成形原理，等离子弧焊分为穿孔型等离子弧焊、熔透型等离子弧焊、微束等离子弧焊。

3. 穿透型等离子弧焊（又称小孔型等离子弧焊）

电弧在熔池前穿透焊件形成小孔，随着热源的移动，在小孔后面形成焊道的焊接方法称为穿透型等离子弧焊。该方法是利用等离子弧直径小、温度高、能量密度大、穿透力强的特点，在适当的焊接参数条件下实现的，焊缝断面呈酒杯状。焊接时，采用转移型等离子弧把焊件完全熔透并在等离子流力作用下形成一个穿透焊件的小孔，并从焊件的背面喷出部分等离子弧（称其为“尾焰”），如图 13-5 所示。熔化金属被排

挤在小孔周围，依靠表面张力的承托而不会流失。随着焊枪向前移动，小孔也跟着焊枪移动，熔池中的液态金属在电弧吹力、表面张力作用下沿熔池壁向熔池尾部流动，并逐渐收口、凝固，形成完全熔透的正反面都有波纹的焊缝，即所谓的“小孔效应”（小孔面积保持在7~8mm^2以下）。利用这种小孔效应，不用衬垫就可实现单面焊双面成形。焊接时一般不加填充金属，但如果对焊缝余高有要求的话，也可加入填充金属。目前大电流（100~500A）等离子弧焊通常采用该方法进行焊接，主要适宜于低碳钢、低合金钢、不锈钢、镍及镍合金、钛及钛合金的对接焊。

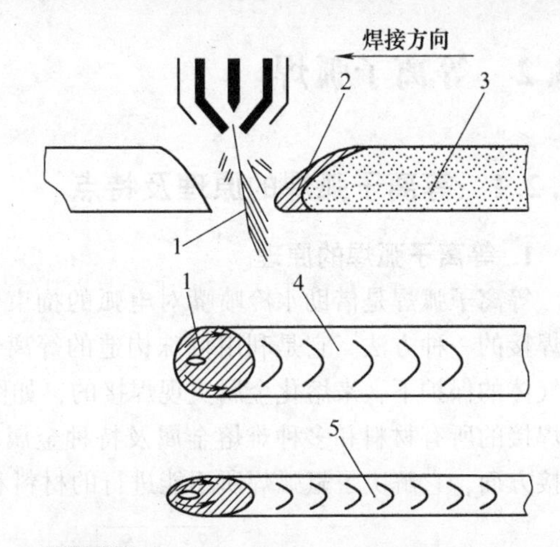

图13-5 穿透型等离子弧焊焊缝成形原理

1—小孔 2—熔池 3—焊缝 4—焊缝正面 5—焊缝背面

穿透型等离子弧焊，只有在足够的能量密度条件下才能实施。当焊件的板厚增加时，所需的能量密度也将增加，然而，等离子弧能量密度的提高具有一定的限制，所以，穿透型等离子弧只能在一定的板厚范围内实现。各种材料穿透型等离子弧焊一次能焊透的厚度见表13-1。

表13-1 各种材料穿透型等离子弧焊一次能焊透的厚度

材料	低碳钢	低合金钢	不锈钢	镍及镍合金	钛及钛合金
焊接厚度范围/mm	≤8	≤7	≤8	≤6	≤12

4. 熔透型等离子弧焊（又称溶入型焊接法）

熔透型等离子弧焊主要采用较小的焊接电流（30~100A）和较低的离子气流量，采用混合型等离子弧焊接的方法。在焊接过程中不形成小孔效应，焊件背面无“尾焰”。液态金属熔池在弧柱的下面，靠熔池金属的热传导作用熔透母材，实现焊透。熔透型等离子弧焊基本焊法与钨极氩弧焊相似。焊接时可加填充金属，也可不加填充金属。该方法主要用于薄板（0.5~2.5mm以下）的焊接、多层焊封底焊道以后各层的焊接以及角焊缝的焊接。

5. 微束等离子弧焊

焊接电流在30A以下的等离子弧焊通常称为微束等离子弧焊。有时也把焊接电流稍大的等离子弧焊归为此类。这种方法使用很小的喷嘴孔径（ϕ0.5~ϕ1.5mm），得到针状细小的等离子弧，主要用于焊接厚度在1mm以下的超薄、超小、精密的焊件。

上述三种等离子弧焊方法均可采用脉冲电流，借以提高焊接过程的稳定性，此时称为脉冲等离子弧焊。脉冲等离子弧焊易于控制热输入和熔池，适于全位置焊接，并且其焊接热影响区和焊接变形都更小。尤其是脉冲微束等离子弧焊，特点更突出，因而应用较广。

13.2 等离子弧焊

13.2.1 等离子弧焊的原理及特点

1. 等离子弧焊的原理

等离子弧焊是借助水冷喷嘴对电弧的拘束作用，获得较高能量密度的等离子弧进行焊接的一种方法。它是利用特殊构造的等离子焊枪所产生的高温等离子弧，并在保护气体的保护下，来熔化金属实现焊接的，如图 13-6 所示。它几乎可以焊接电弧焊所能焊接的所有材料和多种难熔金属及特种金属材料，并具有很多优越性。在极薄金属焊接方面，它解决了氩弧焊所不能进行的材料和焊件的焊接。

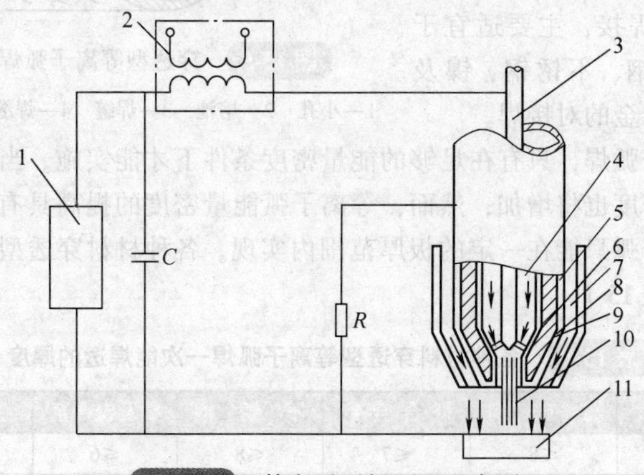

图 13-6 等离子弧焊原理示意图

1—直流电源 2—高频发生器 3—钨极 4—离子流 5—冷却水 6—小电弧 7—保护气 8—保护气喷嘴 9—等离子弧喷嘴 10—等离子弧 11—母材金属

2. 等离子弧焊的工艺特点

1）由于等离子弧的温度高、能量密度大，因此等离子弧焊熔透能力强，对于 8mm 或更厚的金属焊接可不开坡口，不加填充金属，可用比钨极氩弧焊高得多的焊接速度施焊。这不仅提高了焊接生产率，而且可减小熔宽、增大熔深，因而可减小热影响区宽度和焊接变形。

2）由于等离子弧的形态近似于圆柱形，挺度好，几乎在整个弧长上都具有高温，因此当弧长发生波动时熔池表面的加热面积变化不大，对焊缝成形的影响较小，容易得到均匀的成形焊缝。

3）由于等离子弧的稳定性好，特别是用联合型等离子弧时，使用很小的焊接电流（大于 0.1A）也能保证等离子弧的稳定，故可以焊接超薄件。

4）由于钨极内缩在喷嘴里面，焊接时钨极与焊件不接触，因此可减少钨极烧损和防止焊缝金属夹钨。

13.2.2　等离子弧焊的电源、电极及气体

1. 电源

等离子弧焊的电源绝大多数为陡降外特性，微束等离子弧焊应采用垂直陡降外特性电源，一般采用直流正接，为了便于起弧，要求空载电压在 80V 以上。镁、铝薄板焊接时可采用交流电源。

等离子弧焊的工作气体分为离子气和保护气，等离子弧电源采用纯氩或 93% Ar + 7% H_2的混合气体作为离子气时，电源的空载电压为 65 ~ 80V；如采用纯氦或 7% H_2 + He 的混合气体时，为了可靠地引弧，要采用较高的空载电压。

2. 电极

等离子弧焊的电极材料一般采用铈钨电极或钍钨电极。为了便于引弧和提高电弧的稳定性，电源极性为直流正接（焊件接正极）时，电极的端部应磨成 20° ~ 60° 的夹角，如图 13-7a、b、c 所示；在直流正接大电流焊接时，为保持电极端部形状，降低钨极烧损的程度，电极端部应磨成锥球形或球形，如图 13-7d、e 所示；在交流电源焊接时，为了稳定电弧，电极应磨成尖锥球形，如图 13-7f 所示。由于直流反接时，钨电极严重烧损，所以该方式现在已经很少应用。

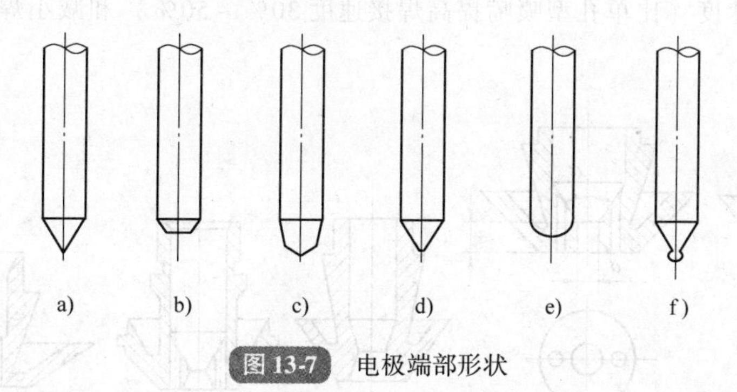

图 13-7　电极端部形状

a）尖锥形　b）圆台形　c）圆台尖锥形　d）锥球形　e）球形　f）尖锥球形

3. 电极内缩长度

等离子弧焊时，钨极一般内缩到压缩喷嘴之内，从喷嘴外表面至钨极尖端的距离被称为内缩长度 L_r。钨极内缩长度 L_r对于等离子弧的压缩和稳定性有很大的影响，为了保证电弧稳定，不产生双弧，钨极应与喷嘴保持同心，而且钨极的内缩长度 L_r要合适。一般选取 $L_r = L_0 \pm 0.2\text{mm}$（$L_0$为喷嘴孔道长度）。钨极内缩长度 L_r增大，则压缩程度提高，但若 L_r过大，则容易产生双弧现象。电极内缩长度如图 13-8 所示。

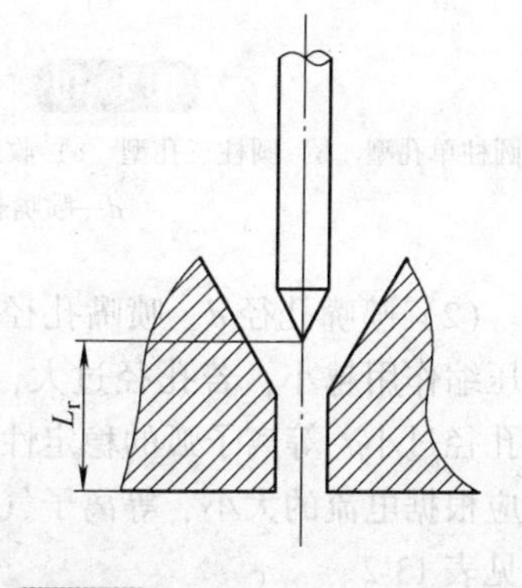

图 13-8　电极内缩长度示意图

4. 电极与喷嘴的同轴度

电极与喷嘴的同轴度对等离子弧的稳定性、焊缝成形有着重要的影响。电极的偏心会造成等离子弧偏斜，使焊缝成形不良，且容易形成双弧。电极的同轴度可根据电极与喷嘴间的高频火花分布情况进行监测，焊接时一般要求高频火花布满圆周的75%～81%以上。电极的同轴度与高频火花的分布如图13-9所示。

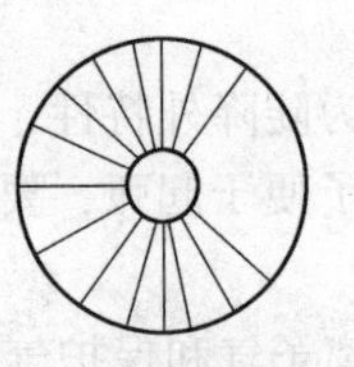
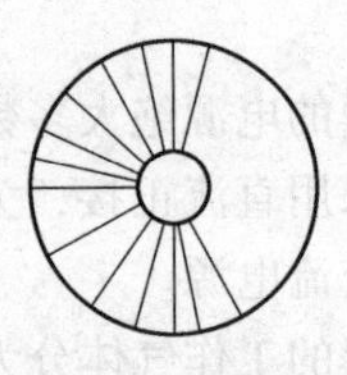
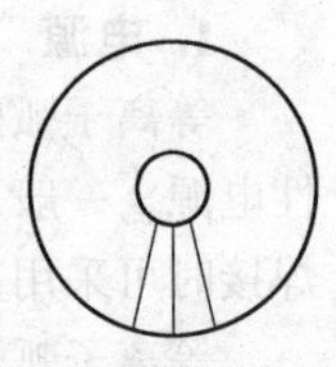

图13-9 电极的同轴度与高频火花的分布

5. 喷嘴

喷嘴是等离子弧焊枪的关键零件，喷嘴的结构类型和尺寸对等离子弧的性能起决定性的作用，其主要尺寸是喷嘴孔径d、孔道长度l_0和压缩角α。

（1）喷嘴结构　目前在实际工作中应用最广泛的喷嘴基本结构，如图13-10所示。其中，图13-10b所示为圆柱三孔型，三孔型喷嘴除了中心主孔外，其左右两侧各有一个小孔，相互对称，从这两个小孔喷出的等离子气流，可将等离子弧产生的圆形温度场改变为椭圆形。当椭圆形温度场的长轴平行于焊接方向时，可以提高焊接速度（比单孔型喷嘴提高焊接速度30%～50%）和减小焊缝热影响区宽度。

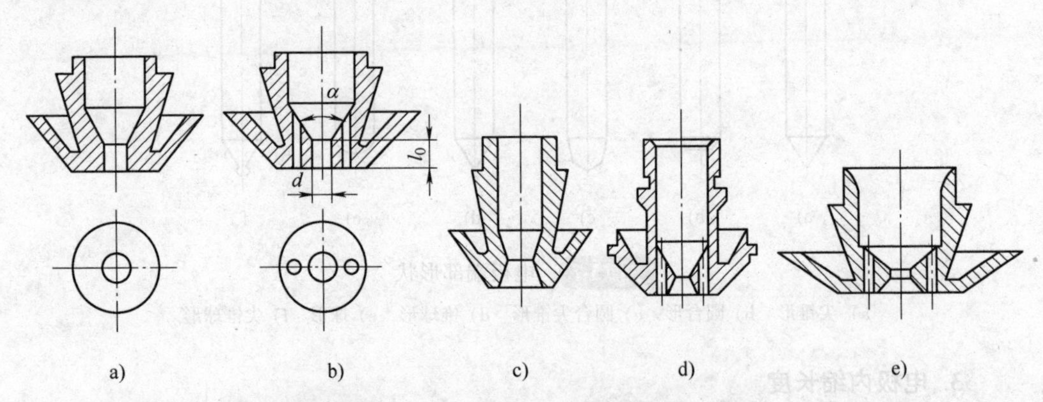

图13-10 等离子弧焊常用的压缩喷嘴结构类型

a）圆柱单孔型　b）圆柱三孔型　c）收敛扩散单孔型　d）收敛扩散三孔型　e）有压缩段的收敛扩散三孔型

d—喷嘴孔径　l_0—喷嘴孔道长度　α—压缩角

（2）喷嘴孔径d　喷嘴孔径将决定等离子弧的直径和能量密度，孔径越大，其电弧压缩作用越小；若孔径过大，将失去压缩作用。孔径过小，其电弧压缩作用越大；若孔径过小，等离子弧的稳定性下降，甚至导致引起双弧现象，烧坏喷嘴。d的大小通常应根据电流的大小、等离子气体种类及流量来选择。等离子弧电流与喷嘴孔径的关系见表13-2。

表13-2　等离子弧电流与喷嘴孔径的关系

喷嘴孔径 d/mm	0.8	1.6	2.1	2.5	3.2	4.8
等离子弧电流/A	1~25	20~75	40~100	100~200	150~300	200~500
离子气流量（Ar）/（L/min）	0.24	0.47	0.94	1.89	2.36	2.83

（3）喷嘴孔道长度 L_0　在一定的压缩孔径下，L_0越长，对等离子弧的压缩作用越强，但 L_0太大时，等离子弧不稳定，通常以 L_0/d 值表示喷嘴孔道的压缩特征，称为孔道比。当孔道比超过一定值时，会产生双弧现象。常用喷嘴孔道比见表13-3。

表13-3　常用喷嘴孔道比

喷嘴孔径 d/mm	孔道比（L_0/d）	压缩角 α/（°）	等离子弧类型
0.6~1.2	2.0~6.0	25~45	联合型
1.6~3.5	1.0~1.2	60~90	转移型

（4）压缩角 α　压缩角对等离子弧的压缩作用影响不大，一般情况下在30°~180°范围内均可，但最好与电极端部形状进行配合，保证将阳极斑点稳定在电极的顶端。焊接时，通常取 α=60°~90°，应用较多的是60°。

（5）喷嘴材料及冷却方式　喷嘴材料一般为纯铜。对于大功率喷嘴必须采用直接水冷方式，为提高冷却效果，喷嘴壁厚应不大于2~2.5mm。

13.2.3　等离子弧焊设备

等离子弧焊设备和钨极氩弧焊一样，按操作方式，等离子弧焊设备可分为手工焊设备和自动焊设备两类。手工焊设备由焊接电源、焊枪、控制电路、气路和水路等部分组成。自动焊设备则由焊接电源、焊枪、焊接小车（或转动夹具）、控制电路、气路及水路等部分组成。

1. 焊接电源

下降或垂直下降特性的整流电源或弧焊发电机均可作为等离子弧焊电源。用纯氩作为离子气时，电源空载电压只需65~80V；用氢、氩混合气时，空载电压需110~120V。大电流等离子弧都采用等离子弧，用高频引燃非转移弧，然后转移成转移弧。

30A以下的小电流微束等离子弧焊采用混合型弧，用高频或接触短路回抽引弧。由于非转移弧在非常焊接过程中不能切除，因此一般要用两个独立的电源。

2. 气路系统

等离子弧焊机供气系统应能分别给可调节离子气、保护气和背面保护气。为保证引弧和熄弧处的焊接质量，离子气可分两路供给，其中一路可经气阀放空，以实现离子气流衰减控制。采用氩气与氢气的混合气体作为等离子气时，气路中最好设有专门的引弧气路，以降低对电源空载电压的要求。

3. 控制系统

手工等离子弧焊机的控制系统比较简单，只要能保证先通离子气和保护气，然后引弧即可。自动等离子弧焊机控制系统通常由高频发生器、小车行走装置、填充焊丝进拖动电路及程控电路组成。程控电路应能满足提前送气、高频引弧和转弧、离子气递增、延迟行走、电流和气流衰减熄弧、延迟停气等控制要求。

4. 等离子弧焊枪

等离子弧焊枪是等离子弧焊设备中的关键部分（又称为等离子弧发生器），对等离子弧的性能及焊接过程稳定性起着决定性作用。焊枪结构设计由上枪体、下枪体、压缩喷嘴、中间绝缘体及冷却套组成，其中最关键的部件为喷嘴及电极。

5. 水路系统

由于等离子弧的温度在10000℃以上，为了防止烧坏喷嘴并增加对电弧的压缩作用，必须对电极及喷嘴进行有效的水冷却。冷却水的流量不得小于3L/min，水压不小于0.15~0.20MPa。水路中应设有水压开关，在水压达不到要求时，切断供电回路。

13.2.4 等离子弧焊焊接工艺

1. 接头形式

用于等离子弧焊的通用接头形式为I形对接接头、开单面V形和双面V形坡口的对接接头以及开单面U形和双面U形坡口的对接接头。除此之外，也可用角接接头和T形接头。

2. 焊接参数

等离子弧焊焊接时，焊透母材的方式主要有穿透焊和熔透焊（包括微束等离子弧焊）两种。在采用穿透型等子弧焊时，焊接过程中确保小孔的稳定是获得优质焊缝的前提。

（1）喷嘴孔径　喷嘴孔径直接决定了等离子弧的压缩程度，是选择其他焊接参数的前提。在焊接生产过程中，当焊件厚度增大时，焊接电流也应增大，但一定孔径的喷嘴其许用电流是有限制的。因此，一般应按焊件厚度和所需电流值确定喷嘴孔径。

（2）焊接电流　焊接电流应根据板厚和熔透要求来选定。电流过小，不可能成小孔；电流过大，又将因小孔直径过大而使熔池金属坠落，并有可能引起双弧现象。焊接电流的选择应与离子气流量相匹配。

（3）离子气种类及流量　目前应用最广的离子气是氩气，适用于所有金属。为提高焊接生产效率和改善接头质量，针对不同金属可在氩气中加入其他气体。例如，焊接不锈钢和镍合金时，可在氩气中加入体积分数为5%~7.5%的氢气；焊接钛及钛合金时，可在氩气中加入体积分数为50%~75%的氦气。

离子气流量过小，等离子弧的穿透能力不足以产生小孔；流量过大，小孔无法封闭。喷嘴孔径确定后，离子气流量大小视焊接电流和焊接速度而定，即离子气流量、焊接电流和焊接速度三者之间要有适当的匹配。

（4）焊接速度　焊接速度也是影响小孔效应的一个重要工艺参数。其他条件一定时，焊速增加，焊缝热输入减小，小孔直径亦随之减小，最后消失；反之，如果焊速

太低，母材过热，背面焊缝会出现下陷，甚至产生熔池泄漏等缺陷。为了获得平滑的小孔焊接焊缝，焊接电流、焊接速度和离子气流量三者之间要很好的匹配。

（5）喷嘴高度　喷嘴端面至焊件表面的距离为喷嘴高度。生产实践证明喷嘴高度应保持在 3 ~ 8mm 较为合适。如果喷嘴高度过大，会增加等离子弧的热损失，使熔透能力减小，保护效果变差；但若喷嘴高度太小，则不便操作，喷嘴也易被飞溅物堵塞，还容易产生双弧现象。不锈钢穿透型等离子弧焊焊接参数见表 13-4。

表 13-4　不锈钢穿透型等离子弧焊焊接参数

工件厚度/mm	接头形式	焊接电流/A	电弧电压/V	焊接速度/（m/h）	离子气流量/（L/h）	喷嘴孔径/mm	钨极直径/mm	保护气流量/（L/h）
3.0	I 形	170	24	36	230	2.5	2.4	1000
4.0	I 形	220	25	28	240	3.2	2.4	1000
6.0	I 形	270	26	18	90	3.2	3.2	1200
8.0	I 形	290	27	12	100	3.2	3.2	1200

（6）保护气成分及流量　等离子弧焊时，除向焊枪输入离子气外，还要输入保护气，以充分保护熔池不受大气污染。大电流等离子弧焊时保护气与离子气成分应相同，否则会影响等离子弧的稳定性。小电流等离子弧焊时，离子气与保护气成分可以相同，也可以不同，因为此时气体成分对等离子弧的稳定性影响不大。保护气一般采用氩气，通常在氩气中加一定量的氦气、氢气或二氧化碳等气体。保护气流量应与离子气流量有一个适当的比例。如果保护气流量过大，则会造成气流紊乱，影响等离子弧的稳定性和保护效果。穿透型等离子弧焊保护气流量一般在15 ~ 30L/min 范围内。等离子弧焊所用的气体主要有：

1）氩气（Ar）。用于焊接碳钢、高强度钢及活性金属（Ti、Ta、Zr 等）。

2）氩气 + 氢气（$Ar + H_2$）混合气。可提高焊接电弧温度和电弧电场强度，能更有效地将电弧热量传递给焊件，在给定的焊接电流条件下，可得到较高的焊接速度。该气体有还原性，可获得更光亮的焊缝。但是，过量的氢会使焊缝容易产生气孔和裂纹，故 H_2 的体积分数一般应控制在 7% 以下。

3）氩气 + 氦气（Ar + He）混合气。当 He 的体积分数超过 40% 以上时，电弧的热量有明显的变化，当 He 的体积分数超过 75% 时，气体的性能基本上与纯氦相同。

4）氩气 + 二氧化碳气（$Ar + CO_2$）混合气。可提高电弧的穿透力和焊丝熔化率，其流量在 10 ~ 15L/min 之间，用于焊接低碳钢和低合金钢。

5）氦气（He）。纯氦气作为离子气时，由于等离子弧温度较高，会降低喷嘴的使用寿命及承载电流的能力。此外，氦气的密度比较小，在合理的离子气流量下，难以形成小孔效应，只能用于熔透法焊接铜及铜合金。

常用金属材料大电流等离子弧焊的气体见表 13-5。常用金属材料小电流等离子弧焊的气体见表 13-6。

表 13-5　常用金属材料大电流等离子弧焊的气体

金属材料	厚度/mm	焊接方法［气体成分（体积分数,%）］	
		穿透型等离子弧焊	熔透型等离子弧焊
碳钢	<3.2	Ar	Ar
	>3.2	Ar	He75 + Ar25
低合金钢	<3.2	Ar	Ar
	>3.2	Ar	He75 + Ar25
不锈钢	<3.2	Ar、Ar92.5 + $H_2$7.5	Ar
	>3.2	Ar、Ar95 + $H_2$5	He75 + Ar25
镍及镍合金	<3.2	Ar、Ar92.5 + $H_2$7.5	Ar
	>3.2	Ar、Ar95 + $H_2$5	He75 + Ar25
活性金属	<3.2	Ar	Ar
	>3.2	Ar50 ~ 25 + He50 ~ 75	He75 + Ar25
铜及铜合金	<3.2	Ar	He75 + Ar25
	>3.2	不推荐	He

表 13-6　常用金属材料小电流等离子弧焊的气体

金属材料	厚度/mm	焊接方法［气体成分（体积分数,%）］	
		穿透型等离子弧焊	熔透型等离子弧焊
碳钢	<1.6	不推荐	Ar、He75 + Ar25
	>1.6	Ar、He75 + Ar25	
低合金钢	<1.6	不推荐	Ar、He、Ar99 ~ 95 + $H_2$1 ~ 5
	>1.6	He75 + Ar25、Ar99 ~ 95 + $H_2$1 ~ 5	—
不锈钢	所有厚度	Ar、He75 + Ar25	Ar、He、Ar99 ~ 95 + $H_2$1 ~ 5
		Ar99 ~ 95 + $H_2$1 ~ 5	—
镍及镍合金	所有厚度	Ar、He75 + Ar25	Ar、He、Ar99 ~ 95 + $H_2$1 ~ 5
		Ar99 ~ 95 + $H_2$1 ~ 5	—
活性金属	<1.6	Ar、He75 + Ar25、He	Ar
	>1.6		Ar、He75 + Ar25
铜及铜合金	<1.6	不推荐	He75 + Ar25、He
	>1.6	He75 + Ar25、He	He75 + Ar25、He
铝及铝合金	<1.6	不推荐	Ar、He
	>1.6	He	Ar、He75 + Ar25

13.2.5　等离子弧焊焊接参数的匹配规律

在焊接生产过程中，焊接电流、焊接速度、离子气流量在一定的范围内，可以采用多种的匹配组合，都能获得满意的焊缝质量。焊接参数的匹配规律如下：

1）在焊接电流一定时，离子气流量增加，同时焊接速度也相应增大。

2）在等离子气流量一定时，焊接速度增加，同时焊接电流也相应减小。

3）在焊接速度一定时，离子气流量增加，同时焊接速度也相应增大。

常用金属材料的等离子弧焊焊接参数见表13-7。微束等离子弧焊焊接参数见表13-8。不锈钢穿透型等离子弧焊焊接参数见表13-9。

表13-7 常用金属材料的等离子弧焊接参数

焊件材料	板厚/mm	焊接速度/(m/h)	焊接电流/A	电弧电压/V	气体流量/(L/h)			坡口形式	工艺特点
					种类	离子气	保护气		
低碳钢	3.0	304	185	28	Ar	364	1680	I	小孔
低合金钢	4.0	254	200	29	Ar	336	1680	I	小孔
	6.0	354	275	33	Ar	420	1680	I	小孔
不锈钢	2.0	608	115	30	Ar + $H_2$5%	140	940	I	小孔
	3.0	712	145	32	Ar + $H_2$5%	168	980	I	小孔
	4.0	358	165	36	Ar + $H_2$5%	280	980	I	小孔
	6.0	354	240	38	Ar + $H_2$5%	364	1260	I	小孔
	12.0	270	320	26	Ar	504	1400	I	小孔
钛合金	3.0	608	185	21	Ar	224	1680	I	小孔
	4.0	320	175	25	Ar	504	1680	I	小孔
	10.0	254	225	38	He75% + Ar	896	1680	I	小孔
	12.0	254	270	36	He50% + Ar	756	1680	I	小孔
	14.0	178	250	39	He50% + Ar	840	1680	V	小孔
铜	2.0	254	180	28	Ar	280	1680	I	小孔
	3.0	254	300	33	He	224	1680	I	熔透
	6.0	508	670	46	He	140	1680	I	熔透
黄铜	2.0	508	140	25	Ar	224	1680	I	小孔
	3.0	358	200	27	Ar	280	1680	I	小孔
镍	3.0	—	200	30	Ar + $H_2$5%	280	1200	I	小孔
	6.0	—	250	30	Ar + $H_2$5%	280	1200	I	小孔

表13-8 微束等离子弧焊接工艺参数

焊件材料	板厚/mm	喷嘴孔径/mm	接头形式	焊接电流/A	焊接速度/(m/h)	离子气流量/(L/h)	保护气流量/(L/h)
不锈钢	0.03	0.8	弯边对接	0.3	130	0.3 (Ar)	10 (Ar+He1%)
	0.10	0.8	弯边对接	2.5	130	0.3 (Ar)	10 (Ar+He1%)
	0.10	0.8	平头对接	1.5	100	0.3 (Ar)	10 (Ar+He1%)
	0.4	0.8	平头对接	10	150	0.3 (Ar)	10 (Ar+He1%)
	0.8	0.8	平头对接	10	130	0.3 (Ar)	10 (Ar+He1%)
钛	0.08	0.8	弯边对接	3	150	0.3 (Ar)	10 (Ar)
	0.20	0.8	平头对接	7	130	0.3 (Ar)	10 (Ar)
铜	0.08	0.8	弯边对接	10	150	0.3 (Ar)	10 (Ar+He5%)
	0.10	0.8	弯边对接	13	200	0.3 (Ar)	10 (He)

表 13-9 不锈钢穿透型等离子弧焊焊接参数

工件厚度/mm	接头形式	焊接电流/A	电弧电压/V	焊接速度/(m/h)	离子气流量/(L/h)	喷嘴孔径/mm	钨极直径/mm	保护气流量/(L/h)
3.0	I形	170	24	36	230	2.5	2.4	1000
4.0	I形	220	25	28	240	3.2	2.4	1000
6.0	I形	270	26	18	90	3.2	3.2	1200
8.0	I形	290	27	12	100	3.2	3.2	1200

13.3 等离子弧切割

13.3.1 等离子弧切割的原理及特点

1. 等离子弧切割的原理

等离子弧切割是利用等离子弧的热能实现切割的方法，国际统称为 PAC（Plasma Arc Cutting）。

等离子弧切割的原理与氧气的切割原理有着本质的不同。氧气切割主要是靠氧与部分金属的化合燃烧和氧气流的吹力，使燃烧的金属氧化物熔渣脱离基体而形成切口的。因此氧气切割不能切割熔点高、导热性好、氧化物熔点高和黏滞性大的材料。等离子弧切割过程不是依靠氧化反应，而是靠熔化来切割工件的。等离子弧的温度高(可达 50000K)，目前所有金属材料及非金属材料都能被等离子弧熔化，因而它的适用范围比氧气切割要大得多。

2. 等离子弧切割的特点

(1) 优点

1) 切割速度快，生产率高。在目前常用的切割方法中，等离子弧切割速度最快，生产率最高。例如，切割 10mm 厚的铝板时，速度可达 200～300m/h；切割 12mm 厚的不锈钢时，速度可达 100～130m/h。

2) 切口质量好。等离子弧切割时，能得到比较狭窄、光洁、整齐、无黏渣、接近于垂直的切口，而且产生的热影响区和变形都比较小，特别是切割不锈钢时能很快通过敏化温度区间，故不会降低切口处金属的耐蚀性；切割淬火倾向较大的钢材时，虽然切口处金属的硬度也会升高，甚至会出现裂纹，但由于淬硬层的深度非常小，通过焊接过程可以消除，所以切割边可直接用于装配焊接。

3) 应用面广。由于等离子弧的温度高、能量集中，所以能切割几乎各种金属材料，如不锈钢、铸铁、铝、镁、铜等，切割不锈钢、铝材等厚度可达 200mm 以上。在使用非转移型等离子弧时，还能切割非金属材料，如石块、耐火砖、水泥块等。

(2) 缺点　设备较复杂，投资较大；电源的空载电压较高，要注意安全；切割时产生的气体会影响人体的健康，操作时应注意通风。

13.3.2 等离子弧切割的分类

等离子弧切割主要有一般等离子弧切割、水再压缩等离子弧切割、空气等离子弧切割三种。而空气等离子弧切割又分为单一式空气等离子弧切割、复合式空气等离子弧切割两种形式。

1. 一般等离子弧切割

一般等离子弧切割可采用转移型弧或非转移型弧。通常，中厚板以上的金属材料等离子切割都采用转移型弧。非转移型弧的挺度差，所以切割的金属材料的厚度较小，适用于切割非金属材料。切割薄金属板时，采用微束等离子弧切割可以获得更窄的切口。

2. 水再压缩等离子弧切割

水再压缩等离子弧切割是在普通的等离子弧外围再用高速水束进行压缩。切割时，从割枪喷出的除等离子气体外，还伴有高速流动的水束，共同迅速地将熔化金属排开，形成切口。其优点是喷嘴不易烧损、切割速度快、切口窄且切边较垂直。切割时，由喷枪喷出的除工作气体外，还有高速流出的水束共同将熔化的金属排开。这种工艺水喷溅严重，一般在水槽中进行，被割件位于水面下200mm左右，这样，可使切割噪声降低15dB左右，并且能够吸收弧光、烟尘、金属粒子等，改善了劳动条件。

高速水束有三种作用：

1）增强喷嘴的冷却，从而增强等离子弧的热收缩效应。

2）一部分压缩水被蒸发，分解成氢与氧一起参与构成切割气体。

3）由于氧的存在，特别是在切割低碳钢和低合金钢时，引起剧烈的氧化反应，增强了材质的燃烧和熔化。

3. 空气等离子弧切割

采用压缩空气作为离子气的等离子弧切割称为空气等离子弧切割。

一方面由于空气来源广，因而切割成本低，为使等离子弧切割用于普通钢材开辟了广阔的前景；另一方面用空气作为离子气时，等离子弧能量大，加之在切割过程中氧与被切割金属发生氧化反应而放热，因而切割速度快，生产率高。近年来，空气等离子弧切割发展较快，应用越来越广泛。不仅能用于普通碳钢与低合金钢的切割，也可用于切割铜、不锈钢、铝及其他材料。空气等离子弧切割特别适合切割厚度在30mm以下的碳钢、低合金钢。

（1）空气等离子弧切割的特点

1）用压缩空气作为工作气体，来源广，价格低廉，可大大降低成本。

2）空气等离子弧能量大，加之在切割过程中氧与被切割金属发生氧化反应而放热，切割速度快，生产率高。

3）压缩空气中的氧极易使电极氧化损伤，使电极使用寿命大大缩短，故不能采用纯钨或含氧化物的钨极。

（2）空气等离子弧切割方法

1）单一式空气等离子弧切割。该方法利用空气压缩机提供的压缩空气作为工作气体和排除熔化金属的气流，如图 13-11a 所示。气体来源方便，切割成本低，切割速度快。但由于空气氧化性强，不能采用钨电极，一般采用纯锆或纯铪做成的镶嵌式电极。

2）复合式空气等离子弧切割。如图 13-11b 所示，增加一个内喷嘴，内喷嘴接入工作气体，单独对电极通以惰性气体加以保护，以减少电极氧化烧损，外喷嘴接入压缩空气，这样既可利用压缩空气在切割区的放热反应，提高切割速度，又可避免空气与电极的直接接触。这种形式的切割采用纯钨电极或氧化钨电极，简化了电极结构，但割炬结构复杂。

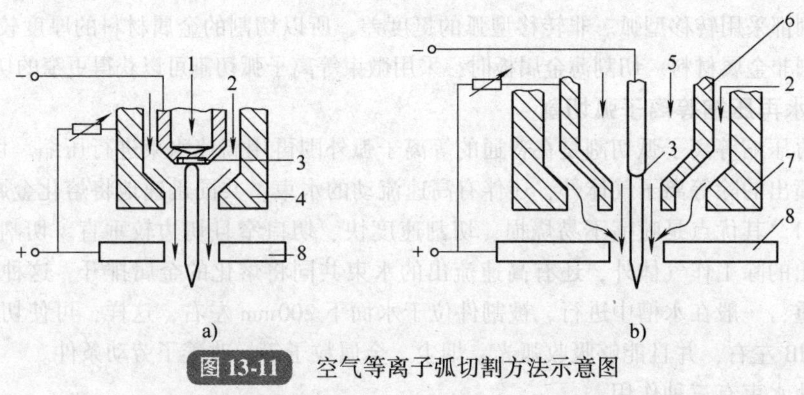

图 13-11 空气等离子弧切割方法示意图

a）单一空气式等离子弧切割 b）复合式空气等离子弧切割

1—冷却水 2—压缩空气 3—电极 4—喷嘴 5—工作气体 6—内喷嘴 7—外喷嘴 8—工件

13.3.3 等离子弧切割的设备

等离子切割设备包括电源、控制箱、水路系统、气路系统及割炬等几部分，其设备组成如图 13-12 所示。

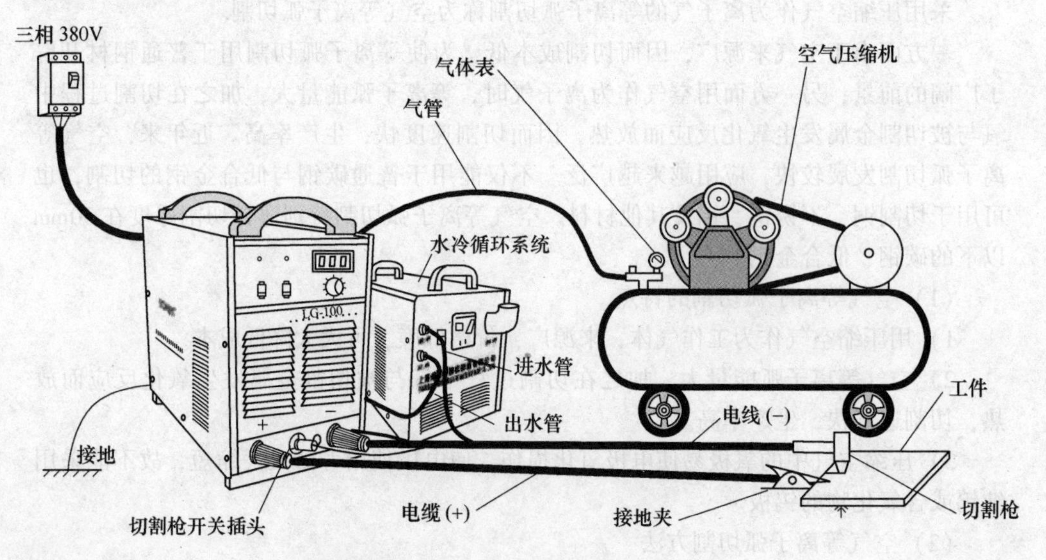

图 13-12 等离子弧切割设备组成示意图

1. 电源

等离子弧切割均采用具有陡降外特性的直流电源，并采用直流正接。要求具有较高的空载电压，一般空载电压在150~400V之间。电源类型有两种：一种是等离子弧切割设备专用弧焊整流器型电源；另一种可用两台以上普通弧焊发电机或弧焊整流器串联。

（1）专用弧焊整流器型电源　专用的切割电源如ZXG2-400型弧焊整流器，其空载电压为300V，额定电流400A，它是LG-400-1型等离子弧切割机的电源。

目前，国产等离子弧切割机电源按额定电流有100A及100A以下、250A、400A、500A和1000A等类型。前两种主要用于空气等离子弧切割。其中100A以下的也有晶体管逆变式，还有小电流等离子弧切割和焊条电弧焊两用逆变式电源。

（2）两台以上普通直流弧焊机串联使用　在没有专用等离子切割电源时可将两台以上的直流弧焊机或整流弧焊机串联使用，以获得较高的空载电压。一般当两台焊机串联时，切割厚度可达40~50mm，三台焊机串联时，切割厚度可达80~100mm。

直流弧焊机串联的方法是：只要都是陡降外特性的焊机，工作电流又在额定范围内，就可以用电缆将前一台的“+”端和后一台的“-”端连接起来，最后剩下的一个“+”端和一个“-”端分别接到工件和割炬上。但要注意的是：当用AX1—500型直流换焊机串联作为等离子弧切割电源时，应调整到每台焊机空载电压相等，否则会造成某台直流弧焊机电压反向或为零而影响切割的进行。

2. 控制箱

电气控制箱主要包括程序控制接触器、高频振荡器、电磁气阀、水压开关等。

1）等离子弧切割过程的控制程序如图13-13所示。

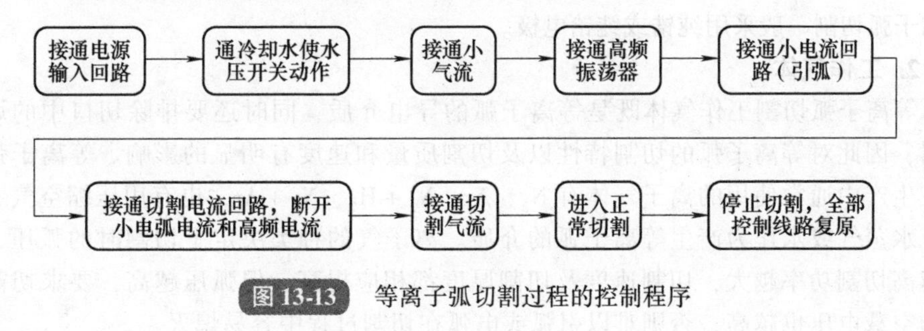

图13-13　等离子弧切割过程的控制程序

2）高频振荡器的作用。高频振荡器是用来引弧的。上述小气流是为了产生小电弧供电离气体的。在钨极与喷嘴间加上一个较低电压，当把高频加在钨极和喷嘴之间时，便引燃了电极和喷嘴间的小电弧。由于电流很小（20~50A），故喷嘴不至于烧毁。小电流被小气流吹出喷嘴，形成一定长度的焰流，用来在工件上对准切割位置。当在电极与工件间通过大电流（同时接通大气流）后，小电弧便转变成高能量的等离子弧，此时高频电路和小电弧电路全部断开，以免烧坏喷嘴。

3. 水路系统

由于等离子弧切割的割炬在10000℃以上的高温下工作，为保持正常切割必须通水冷却，用以冷却喷嘴、电极，还冷却限制非转移型弧电流的水冷电阻。冷却水流量应大于2~3L/min，水压为0.15~0.2MPa。水管设置不宜太长，一般自来水即可满足要求，也可采用循环水。要求强迫冷却的大功率等离子弧，其水流量应在10L/min以上，可用水泵供应。

为防止工作时未通水而烧坏喷嘴，通常在水路系统中有一个水压开关。水压开关出水的孔径应小于进水口孔径，通水时靠进出的压力差将橡皮薄膜顶起，使常开触头接通。断水和水流不足时，触点断开，切割机不能起动或中断正在进行的切割过程。水压开关应装在水路系统的最后，并且位置不宜过低，以防出水胶管被踩踏、受压、受阻，或者高于水压开关的出水胶管中积水形成压力差，使水压开关误动作。

4. 气路系统

气路系统的气体用于防止钨极氧化，压缩电弧和保护喷嘴不被烧毁，必须保证气路系统畅通无阻，输出气体的管路不宜太长，气体工作压力一般调到0.25~0.35MPa。流量计安装在各气阀的后面，使用的流量不要超过所用流量计量程的一半，以免电磁气阀接通瞬间冲击损坏流量计。

5. 割炬

割炬是产生等离子弧的装置，也是直接进行切割的工具，割炬分为小车（自动）割炬和手动割炬。它们的结构相同，只是前者没手柄、操作开关和隔热挡板。

13.3.4 等离子弧切割的电极与工作气体

1. 电极

等离子弧切割的电极材料一般采用铈钨电极，为减少电极强烈的氧化腐蚀，空气等离子弧切割一般采用纯锆或纯铪电极。

2. 工作气体

等离子弧切割工作气体既是等离子弧的导电介质，同时还要排除切口中的熔融金属，因此对等离子弧的切割特性以及切割质量和速度有明显的影响。等离子弧切割在生产中通常使用的离子气体有N_2、Ar、N_2+H_2、N_2+Ar，也有用压缩空气、氧气、水蒸气或水作为产生等离子弧的介质。离子气的种类决定了切割时的弧压，弧压越高切割功率越大，切割速度及切割厚度都相应提高。但弧压越高，要求切割电源的空载电压也越高，否则难以引弧或电弧在切割过程中容易熄灭。

各种工作气体在等离子弧切割中的适用性见表13-10。等离子弧切割常用气体的选择见表13-11。

表13-10 各种工作气体在等离子弧切割中的适用性

气体	主要用途	备注
Ar、$Ar+H_2$	切割不锈钢、有色金属及其合金	Ar仅用于切割薄金属
$Ar+N_2$		
$Ar+N_2+H_2$		

（续）

气 体	主要用途	备 注
N_2	切割不锈钢、有色金属及其合金	N_2作为水再压缩等离子弧的工作气体也可用于切割碳素钢
N_2+H_2		
O_2	切割碳素钢和低合金钢，也用于切割不锈钢和铝	重要的铝合金结构件一般不用
空气		

表 13-11 等离子弧切割常用气体的选择

工件厚度/mm	气体种类及含量（体积分数）	空载电压/V	切割电压/V
≤120	N_2	250～350	150～200
≤150	N_2 + Ar（$N_2$60%～80%）	200～350	120～200
≤200	N_2 + H_2（$N_2$50%～80%）	300～500	180～300
≤200	Ar + N_2（$N_2$35%）	250～500	150～300

N_2是一种广泛采用的切割离子气，氮气的热压缩效应比较强，携带性好，动能大，价廉易得，是一种被广泛应用的切割气体。但氮气用作离子气时，由于引弧性和稳弧性较差，需要有较高的空载电压，一般在 165V 以上。

氢气的携热性、导热性都很好，所需分子分解热较大，故要求更高的空载电压（350V 以上）才能产生稳定的等离子弧。由于氢气等离子弧的喷嘴很易烧损，因此氢常作为一种辅助气体而被加入，特别是大厚度工件切割时加入氢对提高切割能力和改善切口质量有显著成效。

用工业纯氩作为切割气体，只需要用较低的空载电压（70～90V），但切割厚度仅在 30mm 以下，且由于氩气费用较高，不经济，所以一般不常使用。N_2、H_2、Ar 任意两种气体混合使用，比任何一种单一气体使用时效果好，因为它们可以相互取长补短，各自发挥其特长。其中尤以 Ar + H_2及 N_2 + H_2混合气体切口质量和切割效果最好。切割较大厚度时，用 N_2 + H_2混合气体。

我国实际生产上由于氮气价格低廉，所以大多用氮气作为切割气体。压缩空气作为离子气时热焓值高，电弧电压 100V 以上，电源电压 200V 以上，在切割 30mm 以下厚度的材料时，有取代氧-乙炔火焰切割的趋势。

几种常用等离子弧切割法的适用材料和适用切割厚度见表 13-12。

表 13-12 几种常用等离子弧切割法的适用材料和适用切割厚度

切割方法	适用性			适用切割厚度/mm
Ar + H_2等离子弧	不锈钢	铝及铝合金	碳素钢、低合金钢	不锈钢：4～150
				铝及铝合金：5～85
N_2等离子弧	好	好	差（一般不选用）	0.5～100
N_2-水再压缩等离子弧	好		差（一般不选用）	不锈钢、铝合金：1～100
				低碳钢：6～50

（续）

切割方法	适用性			适用切割厚度/mm
O_2-水再压缩等离子弧	好	好	一般	6~25.4
空气等离子弧	一般	差（一般不选用）	好	低碳钢、低合金钢：0.1~30
				铝、铜：0.1~50
O_2-等离子弧	一般	一般	好	低碳钢、低合金钢：0.5~32
				不锈钢、铝合金：0.5~50

注：切割低碳钢以 O_2-等离子弧、O_2-水再压缩等离子弧切割法最为适宜。

采用上述气体时应注意的事项如下：

1）氮气中常含有氧气等杂质，随气体纯度的降低，钨极的烧损增加，会引起切割参数的变化，使切割质量降低。钨极与工件之间的距离增大，容易产生双弧，烧坏喷嘴，致使切割过程中断。氮气的纯度应在99.5%以上。

2）用氢气作为切割气体时，一般是使非转移型弧在纯 N_2 或纯 Ar 中激发，等到转移型弧激发产生后3~6s再开始供应 H_2 为好，否则非转移型弧将不易引燃，影响切割的顺利进行。

3）H_2 是一种易燃气体，与空气混合后很容易爆炸，所以储存 H_2 的钢瓶应专用，严禁用装氧的气瓶来改装。另外，通氢气的管路、接头、阀门等一定不能漏气。切割结束时，应先关闭氢气。

13.3.5 等离子弧切割工艺参数

等离子弧切割的工艺参数包括切割电流、切割电压、切割速度、气体流量以及喷嘴距工件的高度。

1. 切割电流

电流和电压决定了等离子弧的功率。切割电流与电极尺寸、喷嘴孔径、切割速度有关。切割电流过大，容易烧损电极，烧坏喷嘴，容易产生双弧现象，切割表面粗糙；切割电流过小，工件不能割透。

在其他参数给定的情况下，切割电流 I（A）与喷嘴孔径 d（mm）的关系如下

$$I=(70\sim100)d$$

对于确定厚度的板材，切割电流越大，切割速度越快。但切割电流过大，易烧损电极和喷嘴，且易产生双弧，因此对一定的电极和喷嘴有一定合适的电流。切割电流也影响切割速度和割口宽度，切割电流增大会使弧柱变粗，致使切口变宽，易形成V形割口。等离子弧切割电流与割口宽度的关系见表13-13。

表13-13 等离子弧切割电流与割口宽度的关系

切割电流/A	20	60	120	250	500
割口宽度/mm	1.0	2.0	3.0	4.5	9.0

2. 切割电压

虽然可以通过提高电流增加切割厚度及切割速度，但单纯增加电流使弧柱变粗，

切口加宽，所以切割大厚度工件时，提高切割电压的效果更好。空载电压高，易于引弧。可以通过增加气体流量和改变气体成分来提高切割电压，但一般切割电压超过空载电压的2/3后，电弧就不稳定，容易熄弧。因此，为了提高切割电压，必须选用空载电压较高的电源，所以等离子弧切割电源的空载电压不得低于150V，是一般切割电压的2倍。

切割大厚度板材和采用双原子气体时，空载电压相应要高。空载电压还与割枪结构、喷嘴至工件距离、气体流量等有关。

3. 切割速度

切割速度是切割过程中割炬与工件间的相对移动速度，是切割生产率高低的主要指标。切割速度对切割质量有较大影响，合适的切割速度是切口表面平直的重要条件。在切割功率不变的情况下，提高切割速度使切口表面粗糙不平直，使切口底部熔瘤增多，清理较困难，同时热影响区及切口宽度增加。

切割速度取决于材质板厚、切割电流、气体种类及流量、喷嘴结构和合适的后拖量等。在同样的功率下，增加切割速度将导致切口变斜。切割时割炬应垂直于工件表面，但有时为了有利于排除熔渣，也可稍带一定的后倾角。一般情况下倾斜角不大于3°是允许的，所以为提高生产率，应在保证切透的前提下尽可能选用大的切割速度。

4. 气体流量

气体流量的大小影响电弧压缩的程度及吹除熔化金属的效果。气体流量要与喷嘴孔径相适应。气体流量大，利于压缩电弧，使等离子弧的能量更为集中，提高了工作电压，有利于提高切割速度和及时吹除熔化金属。当气体流量过大时，会因冷却气流从电弧中带走过多的热量，反而使切割能力下降，电弧燃烧不稳定，甚至使切割过程无法正常进行。当流量过小时，电弧压缩程度不好，切割功率达不到要求，切口质量不高。气体流量和切割速度选择不当，会使切口和工件产生毛刺（或称熔瘤、黏渣）。

适当地增大气体流量，可加强电弧的热压缩效应，使等离子弧更加集中，同时由于气体流量的增加，切割电压也会随之增加，这对提高切割能力和切割质量是有利的。

5. 喷嘴距工件高度

喷嘴到工件表面间的距离增加时，电弧电压升高，即电弧的有效功率提高，等离子弧柱显露在空间的长度将增加，弧柱散失在空间的能量增加。结果导致有效热量减少，对熔融金属的吹力减弱，引起切口下部熔瘤增多，切割质量明显变坏，同时还增加了出现双弧的可能性。

当距离过小时，喷嘴与工件间易短路而烧坏喷嘴，破坏切割过程的正常进行。在电极内缩量一定（通常为2~4mm）时，喷嘴距离工件的高度一般为6~8mm；切割厚度较大的工件时，可增大到10~15mm；空气等离子弧切割和水再压缩等离子弧切割的喷嘴距离工件高度可略小于2~5mm，过大会降低切割能力，距离过小，容易烧坏喷嘴。除了正常切割外，空气等离子弧切割时还可以将喷嘴与工件接触，即喷嘴贴着工件表面滑动，这种切割方式称为接触切割或笔式切割，切割厚度约为正常切割时的一半。

6. 电极内缩量

电极端部与喷嘴的距离 L_y 称为电极内缩量，如图13-14所示。电极内缩量是等离子弧切割的重要参数，它极大地影响着电弧压缩效果及电极的烧损。内缩量越大，电弧压缩效果越强。但内缩量太大时，电弧稳定性反而差。内缩量太小，不仅电弧压缩效果差，而且由于电极离喷嘴孔太近或者伸进喷孔，使喷嘴容易烧损，而不能连续稳定地工作。为提高切割效率，在不致产生“双弧”及影响电弧稳定性的前提下，应尽量增大电极的内缩量，一般取8～12mm为宜。

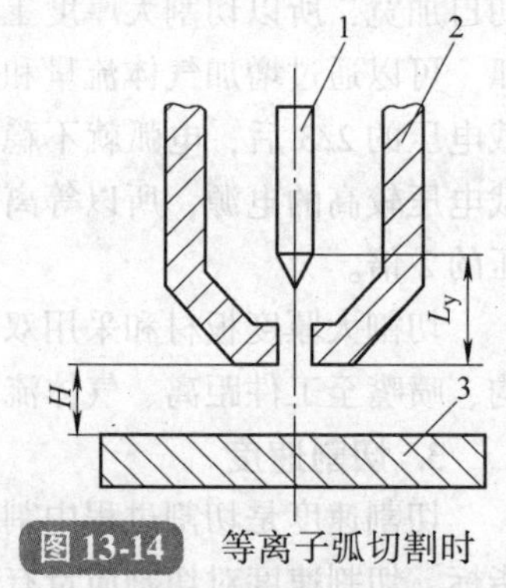

图 13-14 等离子弧切割时电极内缩量示意图

1—电极 2—喷嘴 3—割件

H—喷嘴与割件距离 L_y—电极内缩量

7. 各种不同材料的等离子弧切割工艺参数

各种不同厚度材料的等离子弧切割工艺参数见表13-14。水再压缩等离子弧切割有色金属、高合金钢的工艺参数见表3-15。水再压缩等离子弧切割碳钢的工艺参数见表13-16。

表 13-14 各种不同厚度材料的等离子弧切割工艺参数

材料	工件厚度/mm	喷嘴孔径/mm	空载电压/V	切割电流/A	切割电压/V	氮气流量/L·h^{-1}	切割速度/cm·min^{-1}
不锈钢	8	2.8	160	185	120	1200～1500	45～50
	12	2.8	160	200～210	120～130	1500～1700	130～157
	16	2.8	160	210～220	120～130	1700～1900	85～95
	20	2.8	160	220	120～125	1900～2100	70～80
	25	3	200	260～280	125～135	2100～2300	45～55
	30	3	220	280	135～140	2300～2500	35～40
	40	3.2	230	140～145	320～340	2500～2700	28～35
	45	3.2	240	340	145	2700～2900	20～25
	100	4.5	250	380	140	3000	5～6
铝及铝合金	12	2.8	215	250	125	4400	782
	21	3.0	230	300	130	4400	78
	34	3.2	240	350	140	4400	35
	80	3.5	245	350	150	4400	10
纯铜	5	—	—	310	70	1420	94
	18	3.2	180	340	84	1660	30
	38	3.2	252	304	106	1570	11.3
低碳钢	50	7	252	300	110	1050	10
	85	10	252	300	110	1230	5
铸铁	5	—	—	300	70	1450	60
	18	—	—	360	73	1510	25
	35	—	—	370	100	1500	8.4

表 13-15　水再压缩等离子弧切割有色金属、高合金钢的工艺参数

材料	工件厚度 /mm	空载电压 /V	工作电压 /V	切割电流 /A	氮气流量 $/L\cdot h^{-1}$	压缩水流量 $/L\cdot min^{-1}$	切割速度/ $cm\cdot min^{-1}$	喷嘴孔径 /mm	割缝宽度 /mm
铝合金	17	480	180	260	1800	0.75	54	4	3.5
	26	480	180	260	1800	1.0	45	4	4.0
	38	490	190	290	2100	0.75	30	4	5.0
	40	490	200	290	1350	1.0	15	4	10.0
不锈钢	14	480	170	200	1650	1.25	54	4	4.0
	18	480	180	300	1650	1.25	54	4	4.0
纯铜	15	490	200	300	1350	1.0	54	4	4.0
工具钢	40	490	200	290	2100	0.75	30	4	5.0

表 13-16　水再压缩等离子弧切割碳钢的工艺参数

工件厚度 /mm	切割电流 /A	喷嘴孔径 /mm	氮气流量 $/L\cdot h^{-1}$	压缩水流量 $/L\cdot min^{-1}$	切割速度 $/cm\cdot min^{-1}$	备　注
3.2	300	4.2	78	1.4	4.5	大功率水再压缩等离子弧能切割厚 70mm 的钢板
6.3	350	4.2	78	1.4	3.8	
12.5	400	4.2	78	1.4	2.5	
19.0	400	4.2	78	1.4	1.25	
25.0	550	4.8	78	1.4	1.5	
38.1	600	4.8	78	1.4	0.7	

13.3.6　等离子弧切割质量

等离子弧切割切口质量主要以切口宽度、切口垂直度、切口表面粗糙度、切纹深度、切口底部熔瘤及切口热影响区硬度和宽度来评定。等离子弧切口的表面质量介于氧-乙炔切割和带锯切割之间，当板厚在100mm以上时，因较低的切割速度下熔化较多的金属，往往形成粗糙的切口。

良好切口的标准是：其宽度要窄，切口横断面呈矩形，切口表面光洁，无熔渣或挂渣，切口表面硬度应不妨碍切后的机加工。

1. 切口宽度和平面度

切口宽度是指由切割束流造成的两个切割面在切口上缘的距离。在切口上缘熔化的情况下，切口宽度是指紧靠熔化层下两切割面的距离。

等离子弧往往自切口的上部较下部切去较多的金属，使切口端面稍微倾斜，上部边缘一般呈方形，但有时稍呈圆形。等离子弧切割的切口宽度比氧-乙炔切割的切口宽度宽1.5～2倍，随板厚增加，切口宽度也增加。对板厚在25mm以下的不锈钢或铝，可用小电流等离子弧切割，切口的平直度是很高的，特别是切割厚度8mm以下的板材，可以切出小的棱角，甚至不需加工就可直接进行焊接，这是大电流等离子弧切割难以得到的。这对薄板不规则曲线下料和切割非规则孔提供了方便。

切割面平面度是指所测部位切割面上的最高点和最低点按切割面倾角方向所作两条平行线的间距。

等离子弧切口表面存在 0.25～3.80mm 厚的熔化层，但切口表面化学成分没有改变。如切割含 Mg 的质量分数为 5% 的铝合金时，虽有 0.25mm 厚的熔化层，但成分未变，也未出现氧化物。若用切割表面直接进行焊接也可以得到致密的焊缝。切割不锈钢时，由于受热区很快通过 649℃ 的临界温度，使碳化铬不会沿晶界析出。因此，用等离子弧切割不锈钢是不会影响其耐蚀性的。

2. 切口熔瘤消除方法

在切割面上形成的宽度、深度及形状不规则的缺口，使均匀的切割面产生中断。切割后附着在切割面下缘的氧化铁熔渣称为挂渣。

以不锈钢为例，由于不锈钢熔化金属流动性差，在切割过程中不容易把熔化金属全部从切口吹掉。不锈钢导热性差，切口底部容易过热，这样切口内残留有未被吹掉的熔化金属，就和切口下部熔合成一体，冷却凝固后形成所谓的熔瘤或挂渣。不锈钢的韧性好，这些熔瘤十分坚韧，不容易去除，给机械加工带来很大困难。因此，去除不锈钢等离子弧切割的熔瘤是一个比较关键的问题。

在切割铜、铝及其合金时，由于其导热性好，切口底部不易和熔化金属重新熔合。这些熔瘤虽“挂”在切口下面，但很容易去除。

采用等离子弧切割工艺时，去除熔瘤的具体措施如下：

1）保证钨极与喷嘴的同心度。钨极与喷嘴的对中不好，会导致气体和电弧的对称性被破坏，使等离子弧不能很好地压缩或产生弧偏吹，切割能力下降，切口不对称，引起熔瘤增多，严重时引起双弧，使切割过程不能顺利进行。

2）保证等离子弧有足够功率。等离子弧功率提高，即等离子弧能量增加，弧柱拉长，使切割过程中熔化金属的温度提高和流动性好，这时在高速气流吹力的作用下，熔化金属很容易被吹掉。增加弧柱功率可提高切割速度和切割过程的稳定性，使得有可能采用更大的气流量来增强气流的吹力，这对消除切口熔瘤十分有利。

3）选择合适的气体流量和切割速度。气体流量过小，吹力不够，容易产生熔瘤。当其他条件不变时，随着气体流量增加，切口质量得到提高，可获得无熔瘤的切口。但过大的气体流量却导致等离子弧变短，使等离子弧对工件下部的熔化能力变差，割缝后拖量增大，切口呈 V 形，反而又容易形成熔瘤。

3. 避免双弧的产生

转移型等离子弧的双弧现象的产生与具体的工艺条件有关。等离子弧切割中，双弧的存在必然导致喷嘴的迅速烧损，轻者改变喷嘴孔道的几何形状，破坏电弧的稳定条件，影响切割质量；重者使喷嘴被烧损而漏水，迫使切割过程中断。为此，等离子弧切割与等离子弧焊接一样，必须从影响双弧形成的因素着手避免双弧的出现。

4. 大厚度切割质量

生产中已能用等离子弧切割厚度为 100 ~ 200mm 的不锈钢，为了保证大厚度板的切割质量，应注意以下工艺特点：

1）随切割厚度的增加，需熔化的金属也增加，因此所要求的等离子弧功率比较大。切割厚度 80mm 以上的板材，功率一般为 50 ~ 100kW。为了减少喷嘴与钨极的烧损，在相同功率时，以提高等离子弧的切割电压为宜。为此，要求切割电源的空载电压在 220V 以上。

2）要求等离子弧呈细长形，挺度好，弧柱维持高温的距离要长。即轴向温度梯度要小，弧柱上温度分布均匀。这样，切口底部能得到足够的热量保证割透。如果再采用热焓值较大、热传导率高的氮、氢混合气体就更好了。

3）转弧时，由于有大的电流突变，往往会引起转弧过程中电弧中断、喷嘴烧坏等现象，因此要求设备采用电流递增转弧或分极转弧的办法。一般可在切割回路中串入限流电阻（约 0.4Ω），以降低转弧时的电流值，然后再把电阻短路掉。

4）切割开始时要预热，预热时间根据被切割材料的性能和厚度确定。对于不锈钢，当工件厚度为 200mm 时，要预热 8 ~ 20s；当工件厚度为 50mm 时，要预热 2.5 ~ 3.5s。大厚度工件切割开始后，要等到沿工件厚度方向都割透后再移动割炬，实现连续切割，否则工件将切割不透。收尾时要待完全割开后才断弧。大厚度工件切割的工艺参数见表 13-17。

表 13-17　大厚度工件切割的工艺参数

材料	工件厚度/mm	喷嘴孔径/mm	空载电压/V	切割电流/A	切割电压/V	功率/kW	氮气流量/$L \cdot h^{-1}$		切割速度/$m \cdot h^{-1}$
							氮	氢	
不锈钢	110	5.5	320	500	165	82.5	3170	960	12.5
	130	5.5	320	550	175	87.5	3170	960	9.8
	150	5.5	320	440 ~ 480	190	91	3170	960	6.6
铸铁	100	5	240	400	160	64	3170	960	13.2
	120	5.5	320	500	170	85	3170	960	10.9
	140	5.5	320	500	180	91	3170	960	8.6

13.4　等离子弧焊与切割常见故障、缺陷的产生原因及改进措施

13.4.1　等离子弧焊常见缺陷的产生原因及改进措施

等离子弧焊时，由于技术不熟练或操作不当，有时会产生咬边及气孔等焊接缺陷。等离子弧焊常见缺陷的产生原因及改进措施见表 13-18。

表 13-18　等离子弧焊常见缺陷的产生原因及改进措施

缺陷	产生原因	改进措施
咬边	离子气流量过大，电流过大及焊速过高	选择合适的气流量、电流及控制焊接速度
	焊枪向一侧倾斜	适当调整焊枪的角度
	电极与压缩喷嘴不同心	控制电极与压缩喷嘴的同心度
	采用多孔喷嘴时，两侧辅助孔位置偏斜	适当调整两侧辅助孔位置偏斜度
	焊接磁性材料时，接地线缆连接位置不当，导致磁偏吹，造成单边咬边	将接地线缆连接焊接位置最近区域，尽可能减少磁偏吹
气孔	焊接速度过高，在一定的焊接电流、电压下，焊接速度过高会引起气孔，小孔焊接时甚至产生贯穿焊缝方向的长气孔	选择合适的焊接速度
	其他条件一定，电弧电压过高	选择合适的电弧电压
	填充丝送进速度太快	匀速填充焊丝
	起弧和收弧处工艺参数配合不当	选择合适的起弧和收弧工艺参数

13.4.2　等离子弧切割常见故障、缺陷的产生原因及改进措施

等离子弧切割时，由于技术不熟练或操作不当，有时会产生一些故障和切割缺陷。等离子弧切割常见故障和缺陷的产生原因及改进措施见表 13-19。

表 13-19　等离子弧切割常见故障和缺陷的产生原因及改进措施

故障和缺陷	产生原因	改进措施
产生“双弧”	电极对中不良	调整电极和喷嘴孔的同心度
	喷嘴冷却差	增加冷却水（气）流量
	切割时等离子弧气流上翻或熔渣飞溅到喷嘴上	掌握正确的起割和打孔要领，适当改变割炬角度或在工件上钻孔后起割
	钨极内缩量过大或气流量太小	减小内缩量，适当增加气体流量
	电弧电流超过临界电流	减小焊接电流
	喷嘴离工件太近	适当抬高割炬，适当增加气体流量
“小弧”引不燃	高频振荡器放电间隙不合适或放电电极端面太脏	调整高频振荡器放电间隙，打磨放电电极端部至露出金属光泽
	钨极内缩量过大或喷嘴短路	调整钨极内缩量
	引弧气路未接通	检查引弧气路系统
断弧	喷嘴高度过大	适当减小喷嘴高度
	电源空载电压偏低	提高电源空载电压或增加电源串联台数
	钨极内缩量过大	适当减小内缩量
	气体流量过大	减少气体流量
	工件表面有污垢或接工件的电缆与工件接触不良	切割前把工件表面清理干净或用小弧烘烧待切割区域，把接工件电缆与工件可靠地连接

（续）

故障和缺陷	产生原因	改进措施
钨极烧损严重	钨极材质不合适	应采用铈钨电极
	工作气体纯度较低	选用高纯度气体
	气体流量太小	选用直径大一点的钨极或减小电流
	钨极头部磨得太尖	钨极端头磨成合适的角度
喷嘴使用寿命	钨极与喷嘴对中不良	切割前调整好两者的同心度
	气体纯度较低	选用高纯度气体
	喷嘴冷却不良	增强冷却水对喷嘴的冷却
	在所用的切割电流下喷嘴孔径偏小	选用孔径大一点的喷嘴
喷嘴迅速烧坏	产生“双弧”	出现“双弧”时应立即切断电源，找出产生“双弧”的原因并加以克服
	气体严重不纯，钨极成段烧熔而使电极与喷嘴短路	选用高纯度气体
	操作不当，喷嘴与工件短路	注意操作
	忘记通水或切割过程中突然断水，转弧时未加大工作气体流量或突然停气	装置中安装水压开关，保持电磁气阀良好，所有软管应采用硬橡胶管
切口熔瘤	等离子弧功率不够	适当加大功率
	气体流量过小或过大	调节合适的气体流量
	切割速度过慢	适当提高气割速度
	切割薄板时窄边导热慢	加强窄边的散热
	电极偏心或割炬在切口中有偏斜，正切口的一侧就出现熔瘤	调整电极的同心度，把割炬保护在切口所在平面内
切口太宽	电流太大	适当减小焊接电流
	气体流量不够，电弧压缩不好	适当增加气体流量
	喷嘴孔径太大	选用孔径小点的喷嘴
	喷嘴高度过大	把割炬压低些
切割面不干净	工件有油污或锈蚀等	切割前将工件清理干净
	气体流量过小	适当增大气体流量
	切割速度和割炬高度不均匀	熟练掌握操作技术
割不透	等离子弧功率不够	增大功率
	切割速度太快	降低切割速度
	气体流量太大	适当减小气体流量
	喷嘴高度过大	把割炬压低些

13.5 等离子弧焊与切割的劳动安全防护和安全操作规程

13.5.1 等离子弧焊与切割的劳动安全防护

1. 防电击

等离子弧焊与切割所用电源的空载电压较高，一般甚至高达400V以上，尤其是在手工操作时，有电击的危险。因此，电源在使用时必须可靠接地，焊枪枪体或割枪枪体与手触摸部分必须可靠绝缘。可以采用较低电压引燃非转移型弧后再接通较高电压的转移型弧回路。如果起动开关装在手把上，必须对外露开关套上绝缘橡胶套管，避免手直接接触开关。尽可能采用自动操作方法。

2. 防电弧光辐射

电弧光辐射强度大，它主要由紫外线辐射、可见光辐射与红外线辐射组成。等离子弧较其他电弧的光辐射强度更大，尤其是紫外线强度，故对皮肤损伤严重，操作者在焊接或切割时必须带上良好的面罩、手套，最好加上吸收紫外线的镜片。自动操作时，可在操作者与操作区设置防护屏。等离子弧切割时，可采用水中切割方法，利用水来吸收光辐射。

3. 防灰尘

等离子弧焊与切割过程中伴随有大量汽化的金属蒸气、臭氧、氮化物等。尤其是切割时，由于气体流量大，致使工作场地上的灰尘大量扬起，这些烟气与灰尘对操作工人的呼吸道、肺等产生严重影响。切割时，在栅格工作台下方还可以安置排风装置，也可以采取水中切割方法。

4. 防有害气体

（1）臭氧　臭氧具有强烈的刺激气味，浓度较高（在空气中为3～30mg/m^3）时有腥臭味。臭氧是一种淡蓝色的气体，它对人类的呼吸系统会造成不利的刺激作用。

（2）氮氧化物　氮氧化物成分比较复杂，常用NO_x来表示，其中NO_2在室温下呈棕红色，受热后呈深褐色，在空气中浓度达5 mg/m^{3}以上，具有特殊的臭味。人类长期吸入低浓度的NO_2除了刺激上呼吸道外，还可能导致患上神经衰弱症。

（3）一氧化碳（CO）一氧化碳是窒息性气体，在空气不流通或流通不好的环境下焊接或切割，轻者容易使操作者昏迷，重者使人窒息死亡。

5. 防噪声

等离子弧会产生高强度、高频率的噪声，噪声强度可达120～130dB以上，尤其是采用大功率等离子弧切割时，其噪声更大，这对操作者的听觉系统和神经系统非常有害。其噪声能量集中在2000～8000Hz范围内。要求操作者必须戴耳塞。在可能的条件下，尽量采用自动化切割，使操作者在隔音良好的操作室内工作，也可以采取水中切割方法，利用水来吸收噪声。

6. 防高频电磁场

等离子弧焊与切割，用高频振荡器来引弧，产生的电磁辐射对人体有致热的作用，长期从事该工作，会危害操作者的身体健康。

（1）尽量缩短高频对人体的作用时间　高频对人体的作用时间越短，对人体的危害越低，所以，在转移型弧引燃后，应该立即切断高频振荡器电源。

（2）选择合适的高频振荡器频率　当高频振荡器的频率为120～160kHz时，产生的电场强度为3V/m，该频率既能击穿火花发生器，又能较其他频率范围产生的电磁场强度低，危害也相对较小。

13.5.2　等离子弧焊与切割的安全操作规程

1）应检查并确认电源、气源、水源无漏电、漏气、漏水，接地或接零安全可靠。

2）小车、工件应放在适当位置，并应使工件和切割电路正极接通，切割工作面下应设有熔渣坑。

3）应根据工件材质、种类和厚度选定喷嘴孔径，调整切割电源、气体流量和电极的内缩量。

4）自动切割小车应经空车运转，并选定切割速度。

5）操作人员必须戴好防护面罩、电焊手套、帽子、滤膜防尘口罩和隔音耳罩。不戴防护镜的人员严禁直接观察等离子弧，裸露的皮肤严禁接近等离子弧。

6）切割时，操作人员应站在上风处操作。可从工作台下部抽风，并宜缩小操作台上的敞开面积。

7）切割时，当空载电压过高时，应检查电器接地、接零和割炬手把绝缘情况，应将工作台与地面绝缘，或在电气控制系统中安装空载断路断电器。

8）高频发生器应设有屏蔽护罩，用高频引弧后，应立即切断高频电路。

9）使用钍、钨电极应符合JGJ 33—2012《建筑机械使用安全技术规程》中第12.3.6条的规定。

10）切割操作及配合人员必须按规定穿戴劳动防护用品，并必须采取防止触电、高空坠落、瓦斯中毒和火灾等事故的安全措施。

11）现场使用的电焊机，应设有防雨、防潮、防晒的机棚，并应装设相应的消防器材。

12）高空焊接或切割时，必须系好安全带，焊接与切割周围和下方应采取防火措施，并应有专人监护。

13）当需施焊受压容器、密封容器、油桶、管道、沾有可燃气体和溶液的工件时，应先消除容器及管道内压力，消除可燃气体和溶液，然后冲洗有毒、有害、易燃物质；对存有残余油脂的容器，应先用蒸汽、碱水冲洗，并打开盖口，确认容器清洗干净后，再灌满清水方可进行焊接。在容器内焊割应采取防止触电、中毒和窒息的措施。焊、割密封容器应留出气孔，必要时在进、出气口处装设备通风设备；容器内照明电压不得超过12V，焊工与焊件间应绝缘；容器外应设专人监护。严禁在已喷涂过油漆和塑料的容器内焊接。

14）对承压状态的压力容器及管道、带电设备、承载结构的受力部位和装有易燃、易爆物品的容器严禁进行焊接和切割。

15）雨天不得在露天处电焊。在潮湿地带作业时，操作人员应站在铺有绝缘物品的地方，并应穿绝缘鞋。

16）作业后，应切断电源，关闭气源和水源。

13.6　等离子弧切割设备的维护保养

1. 正确地装配割炬

正确、仔细地安装割炬，确保所有零件配合良好，确保气体及冷却气流通。安装时将所有的部件放在干净的绒布上，避免脏物粘到部件上。在O形环上加适当的润滑油，以O形环变亮为准，不可多加。

2. 消耗件在完全损坏前要及时更换

消耗件不要在完全损坏后再更换，因为严重磨损的电极、喷嘴和涡流环将产生不可控制的等离子弧，极易造成割炬的严重损坏。所以当第一次发现切割质量下降时，就应该及时检查消耗件。

3. 清洗割炬的连接螺纹

在更换消耗件或日常维修检查时，一定要保证割炬内、外螺纹清洁，如有必要，应清洗或修复连接螺纹。

4. 清洗电极和喷嘴的接触面

在很多割炬中，喷嘴和电极的接触面是带电的接触面，如果这些接触面有脏物，割炬则不能正常工作，应使用过氧化氢类清洗剂清洗。

5. 每天检查气体和冷却气

每天检查气体和冷却气流的流动和压力，如果发现流动不充分或有泄漏，应立即停机排除故障。

6. 避免割炬碰撞损坏

为了避免割炬碰撞损坏，应该正确地编程避免系统超限行走，安装防撞装置能有效地避免碰撞时割炬的损坏。

7. 割炬损坏最常见的原因

1）割炬碰撞。

2）由于消耗件损坏造成破坏性的等离子弧。

3）脏物引起的破坏性等离子弧。

4）松动的零部件引起的破坏性等离子弧。

8. 注意事项

1）不要在割炬上涂油脂。

2）不要过度使用O形环的润滑剂。

3）在保护套还留在割炬上时不要喷防溅化学剂。

4）不要拿手动割炬当锤子使用。

13.7　等离子弧焊与切割技能训练

技能训练1　不锈钢板的等离子弧焊

1. 焊前准备

（1）焊前清理　清理焊缝正、反面两侧20mm范围内的油、锈及其他污物，直至露出金属光泽，再用丙酮或其他清洗剂清洗。

（2）装配、定位焊

1）为保证焊接过程的稳定性，装配间隙、错边量必须严格控制，装配间隙为0～0.2mm，错边量≤0.1mm。

2）可采用等离子弧焊进行定位焊，也可采用手工钨极氩弧焊进行定位焊。定位焊缝应从中间向两头进行，焊点间距为60mm左右，定位焊缝长度为5mm左右，定位焊后焊件应校平。

（3）焊接设备　LH-300型自动等离子弧焊焊机。

2. 焊接参数

板厚1mm的不锈钢板等离子弧焊焊接参数见表13-20。

表13-20　板厚1mm的不锈钢板等离子弧焊焊接参数

材料厚度/mm	氩气流量/(L/min)		焊接电流/A	电弧电压/V	焊接速度/(mm/min)	钨极直径/mm	喷嘴孔道长/mm	喷嘴孔径/mm	钨极内缩量/mm	喷嘴至工件距离/mm
	离子气	保护气								
1	1.9	15	100	19.5	930	2.5	2.2	2	2	3～3.4

3. 操作要点及注意事项

薄板的等离子弧焊可不加填充焊丝，一次焊接双面成形。由于板较薄可不用小孔焊接，而采用熔透法焊接。

1）将工件水平夹在定位夹具上，以防止焊接过程中工件的移动，为保证焊透和背面成形，可采用铜垫板。

2）调整好各焊接参数。在焊前要检查气路、水路是否畅；焊炬不得有任何渗漏；喷嘴端面应保持清洁；钨极尖端包角为30°～45°。

3）由于采用不加填充焊丝的焊接，焊缝的熔化区域比较小，等离子弧的偏离将严重影响背面焊缝的成形和产生未熔合缺陷，故要求等离子弧严格对中。焊接前要进行调正。可通过引燃维持电弧，通过小弧来对准焊缝。

4）引弧焊接。在焊接过程中应注意各焊接参数的变化，特别要注意电弧的对中和喷嘴到工件的距离，并随时加以修正。

5）收弧停止焊接。当焊接熔池达到离焊件端部5mm左右时，应按停止按钮结束焊接。

技能训练2　碳素钢板空气等离子弧切割

1. 焊前准备

（1）割件材质及尺寸　Q235低碳钢板，400mm×200mm×8mm。

（2）割前清理　对切割工件表面的起点及待割处仔细清理，去除油、污垢、锈斑。

（3）切割设备　LG8-25型空气等离子弧切割机。

（4）辅助工具及量具　钢丝刷、敲渣锤、焊缝万能量规、三用游标卡尺、活动扳手等。

2. 等离子弧切割操作

（1）空气等离子弧切割步骤

1）把割件放在工作台上，检查切割机的线路接法是否正确。

2）开启排尘系统。

3）检查切割机的气路表压、控制系统。

4）碳素钢板空气等离子弧切割参数见表13-21。

表13-21　碳素钢板空气等离子弧切割参数

板厚/mm	喷嘴孔径/mm	切割电流/A	空气流量/（L/min）	切割速度/（mm/min）	空气压力/MPa
8	1.0	25	8	200	0.35

5）按起动按钮，割枪对准工件的端面开始切割。

6）切割完毕，按停止按钮，切断电源。

（2）等离子弧切割操作步骤

1）把割件放在工作台上，使接地线与割件接触良好，开启排尘装置。

2）根据割件，调整好切割电流、工作电压，检查冷却水系统是否畅通和漏水。

3）检查控制系统，接通控制电源，检查高频振荡器工作情况，调整电极与喷嘴的同心度。

4）检查气体流通情况，并调节好气体的压力和流量。

5）按起动引弧按钮，产生“小电弧”，使之与割件接触。

6）按切割按钮，产生大电弧（切割电弧），待切割件形成切口后，移动割炬，进行正常切割。

7）切割完毕，按停止按钮，切断电源。

3. 割缝清理

工件切割完毕，用敲渣锤去除切口处的割渣，用钢丝刷清理割缝正、反两面的飞溅物。

4. 割缝检查

1）检查切口及切割面的形状。碳素钢板空气等离子弧切割切口及割面质量见表

13-22。

2）尺寸应符合要求。

3）无割瘤，无割伤母材。

表13-22 碳素钢板空气等离子弧切割切口及切割面质量

切口宽度/mm	切口宽度差/mm		后拖量/mm
	上口	下口	
<1.2	<1.2	<1.0	<2

复习思考题

1. 什么是等离子弧？其特点是什么？
2. 简述等离子弧焊原理、特点及分类。
3. 穿透型等离子弧焊的焊接参数有哪些？
4. 焊接电流、焊接速度和离子气流量三者的匹配关系如何？
5. 简述等离子弧切割的原理、特点。
6. 等离子弧切割方法有哪些？
7. 等离子弧切割的主要参数有哪些？
8. 什么是双弧现象？防止产生双弧的措施有哪些？

第14章　电　阻　焊

☺ 理论知识要求

1. 了解电阻焊的工作原理及分类。
2. 了解电阻焊的特点。
3. 了解电阻焊设备的基本构成。
4. 了解电阻焊焊接电源。
5. 了解电阻点焊工艺特性。
6. 了解电阻缝焊工艺特性。
7. 了解电阻焊的焊接缺陷。
8. 了解电阻焊的安全操作。

☺ 操作技能要求

1. 掌握不锈钢点焊的基本操作技能。
2. 掌握低碳钢的缝焊的基本操作技能。
3. 掌握钢筋闪光对焊的基本操作技能。

14.1　电阻焊概述

电阻焊是将工件压紧于两电极之间，利用电流在工件接触面及邻近区域的电阻上产生热量，并将其加热到熔化或塑性状态，使之形成金属结合的一种方法。

电阻焊以其独特的优势，广泛应用于航空航天、电子、汽车、轨道车辆、家用电器等制造行业。

电阻焊主要有点焊、缝焊、凸焊、对焊四种。

14.1.1　电阻焊的原理及分类

1. 电阻焊的原理

电阻焊是将被焊工件压紧于两电极之间，并通以电流，利用电流流经工件接触面及临近区域产生的电阻热将其加热到熔化或塑性状态，使之形成金属结合的一种方法。在电阻焊过程中，焊件间接触面上产生的电阻热是电阻焊的主要热源。接触电阻的大小与电极压力、材料性质、焊件表面状况以及温度有关。任何能够增大实际接触面积的因素，都会减小接触电阻，如增加电极压力、降低材料硬度、增加焊件温度等。焊件表面存在着氧化物和其他脏物时，则会显著增加接触电阻。

焊接循环是指在电阻焊中，完成一个焊点（缝）所包括的全部过程，如图14-1所示。一个完整的焊接循环由加压、热量递增、加热1程序、加热2程序、冷却2程序、加热3程序、热量递减程序、维持程序、休止程序组成。

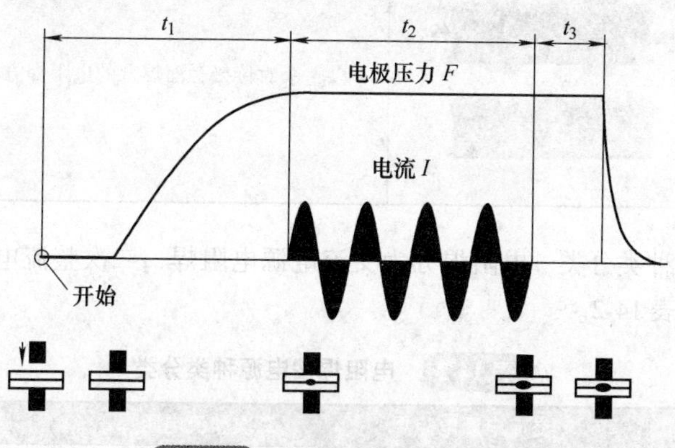

图14-1 点焊焊接循环示意图

2. 电阻焊的分类

电阻焊的分类方法很多，常见的分类方法如下：

（1）按工艺方法分类 电阻焊分为点焊、缝焊、对焊和凸焊四种，见表14-1。

表14-1 电阻焊按工艺方法分类

类 别	图 示	说 明
点焊		点焊是一种高速、经济的连接方法。它适用于制造可以采用搭接接头、不要求气密、厚度小于3mm的冲压、轧制的薄板构件
凸焊		凸焊是点焊的一种特殊形式。在焊接过程中充分利用“凸点”的作用，使焊接易于达成且表面平整无压痕
缝焊		工件装配成搭接接头，并置于两滚轮电极之间，滚轮加压工件并滚动，连续或断续送电，形成一条连续焊缝的电阻焊方法

（续）

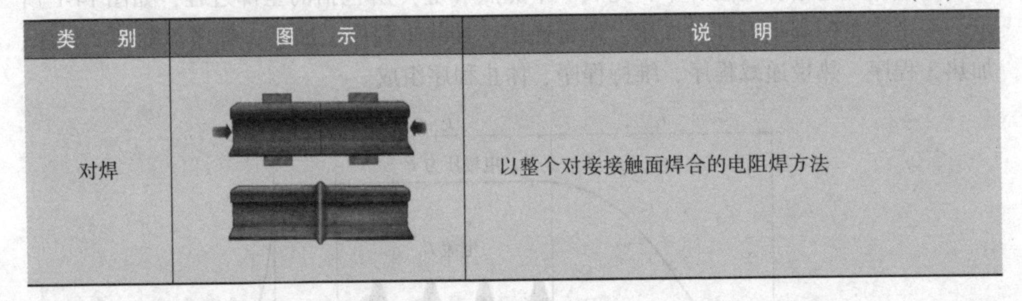

类　别	图　示	说　明
对焊		以整个对接接触面焊合的电阻焊方法

（2）按电源种类分类　电阻焊分为交流电源电阻焊、二次整流电阻焊、脉冲电源电阻焊三种，见表14-2。

表14-2　电阻焊按电源种类分类

种　类	交流电源电阻焊	二次整流电阻焊	脉冲电源电阻焊
分　类	工频	一次侧单相	电容储能
	低频	一次侧三相	直流冲击波
	中频	一次侧变频	—
	高频	—	—

14.1.2　电阻焊的特点

1. 优点

1）熔核形成时，始终被塑性环包围，熔化金属与空气隔绝，冶金过程简单。

2）加热时间短、热量集中，故热影响区小，变形与应力也小，通常在焊后不必安排校正和热处理工序。

3）不需要焊丝、焊条等填充金属，以及氧气、乙炔、氩气等焊接材料，焊接成本低。

4）操作简单，易于实现机械化和自动化，改善了劳动条件。

5）生产效率高，且无噪声及有害气体，在大批量生产中，可以和其他制造工序一起编到组装线上。但闪光对焊因有火花喷溅，需要隔离。

2. 缺点

1）目前还缺乏可靠的无损检测方法，焊接质量只能靠工艺试样和工件的破坏性试验来检查以及靠各种监控技术来保证。

2）点焊、缝焊的搭接接头不仅增加了构件的重量，且因在两板间熔核周围形成夹角，致使接头的抗拉强度和疲劳强度均较低。

3）设备功率大，机械化、自动化程度较高，使设备成本较高、维修较困难，并且常用的大功率单相交流焊机不利于电网的正常运行。

虽然电阻焊焊件的接头形式受到一定限制，但适用于电阻焊的构件仍然非常广泛，它能够焊接碳素钢、合金钢、铝、铜及其合金等，因此广泛应用于航空、航天、能源、电子、汽车、轻工等各工业部门，是重要的焊接工艺之一。

14.2 电阻焊设备

14.2.1 点焊机的分类及组成

1. 点焊机的分类

1）点焊机按电源性质分为工频点焊机（50Hz 的交流电源）、脉冲点焊机（交流脉冲点焊机、直流脉冲点焊机、电容储能点焊机）以及变频点焊机（高频点焊机、低频点焊机）等。

2）按加压机构的传动装置分为脚踏式点焊机、电动凸轮式点焊机、气压传动式点焊机、液压传动式点焊机以及复合式（气压-液压传动式）点焊机。

3）按活动电极的移动方式分为垂直行程式点焊机和圆弧行程式点焊机。

4）按安装方式分为固定式点焊机、移动式点焊机或悬挂式点焊机等。

5）按用途可分为通用型点焊机、专用型点焊机、特殊型点焊机。

6）按焊点数目可分为单点式点焊机、双点式点焊机和多点式点焊机。

2. 点焊机的组成

电阻点焊机一般均由焊接电源、加压机构、电极、焊接回路、机架、传动与减速机构和开关与调节装置等部件组成。

因各种产品要求不同，电阻点焊机上有多种形式的加压机构。小型薄箔零件多用弹簧杠杆式加压机构；无气源焊机，则常用马达凸轮加压机构；而更多采用的是气压式和气液压式加压机构。一种用于多点焊机、焊钳的气液压式加压机构如图 14-2 所示，压缩空气进入增压器，推动活塞前进，利用活塞杆前端面积作为小活塞压向液压器，因为油是不可压缩的，油压按活塞与活塞两面积之比提高，通过焊钳上的小油缸对电极施压，能获得很高的电极压力。这类机构压力稳定、体积小，但结构较复杂，用于 DN5-200 型焊机上。

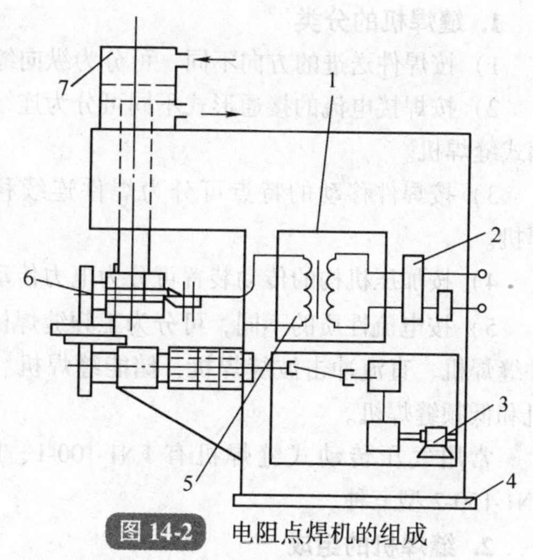

图 14-2 电阻点焊机的组成

1—焊接电源 2—开关与调节装置 3—传动与减速机构 4—机架 5—焊接回路 6—电极 7—加压机构

14.2.2 对焊机的分类及组成

1. 对焊机的分类

1）按送进机构分为弹簧顶锻式对焊机、杠杆式对焊机、电动凸轮式对焊机、气压送进液压阻尼式对焊机和液压式对焊机。目前常用的送进机构有手动杠杆式，多用于100kW以下的中小功率焊机中。弹簧式送进机构，多用于压力小于750～1000N的电阻对焊机上。电动凸轮式送进机构，多用于大、中功率自动对焊机上。

2）按用途分为通用对焊机和专用对焊机。

3）按自动化程度分为手动对焊机、半自动对焊机和自动对焊机。

4）按工艺方法分为电阻对焊机和闪光对焊机。

常用杠杆弹簧顶锻式对焊机有UN1-25、UN1-75、UN1-100型三种。

2. 对焊机的组成

通常对焊机由机身、固定座板、夹紧机构、活动座板、送进机构和冷却系统组成机械部分及控制设备、焊接回路、阻焊变压器、功率调节装置和主电力开关等组成。对焊机的机械装置主要是夹紧机构和送进机构。钢筋闪光对焊机如图14-3所示。

UN-100型

图14-3 钢筋闪光对焊机

14.2.3 缝焊机的分类及组成

缝焊是用一对滚盘电极代替点焊圆柱形电极，在焊接过程中与焊件做相对运动，从而产生一个个熔核相互搭叠的密封焊缝的焊接方法。

1. 缝焊机的分类

1）按焊件送进的方向不同，可分为纵向缝焊机、横向缝焊机和通用缝焊机。

2）按焊接电流的接通形式不同可分为连续接通式缝焊机、断续接通式缝焊机和调幅式缝焊机。

3）按焊件移动的特点可分为焊件连续移动的缝焊机和焊件做步进式移动的缝焊机。

4）按加压机构的传动装置可分为电力传动式缝焊机和气压传动式缝焊机。

5）按电流性质的不同，可分为工频缝焊机、交流脉冲缝焊机、直流冲击波缝焊机、储能缝焊机、高频缝焊机和低频缝焊机。

常用气压传动式缝焊机有FN1-100-1、FN1-150-1、FN1-150-2型三种。

2. 缝焊机的组成

缝焊机通常由机架、加压机构、焊轮（电极）、修整刀、焊接电源、调速传动机构及控制器组成。常见纵缝缝焊机如图14-4所示。

图14-4 纵缝缝焊机

加压机构：传递压力、均匀调节焊轮间压力并能补偿电极磨损。

焊轮及修整刀：焊轮采用内、外水冷，导电块采用银刷结构，导电性能好并有自动补偿银刷磨损的功能；修整刀能对焊轮外圆成形切削，以确保焊轮工作面的形状良好。

焊接电源：分交流和次级整流式直流两种。按工件对象、焊接工艺要求选定。

调速传动机构及控制器：采用变频调速、齿轮减速器传动；控制器是用作焊接全过程控制的一个重要单元。

14.2.4 凸焊机的分类及组成

1. 凸焊机的分类

与点焊机相比，凸焊机的压力机构要求较高，功率较大，一般都是垂直加压的固定式结构，故其分类主要是按焊接电源类型来分的，主要有交流工频凸焊机、二次整流凸焊机、电容储能凸焊机等。按输入相数也有三相凸焊机和单相凸焊机之分。

2. 凸焊机的组成

凸焊机主要由机身、焊接变压器、压力传动装置、微机控制器等组成。常见凸焊机如图 14-5 和图 14-6 所示。

图 14-5 双头凸焊机

图 14-6 中频逆变凸焊机

凸焊机是采用气动加压，轴承导向的。其焊接程序由微机控制箱自动控制。它具有焊点控制精确、电极随动性好的特点，广泛应用在汽配等机械零部件的多点凸焊和点焊上。其工作行程和辅助行程可均匀调节。下电极可在垂直方向进行有级调节，保证电极间压力稳定。凸焊机多为固定式焊机。

14.2.5 电阻焊电源

电阻焊常采用工频变压器作为电源，电阻焊变压器的外特性采用下降的外特性，与常用变压器及弧焊变压器相比，电阻焊变压器具有以下特点：

1. 电流大、电压低

电阻焊是以电阻热为热源的，为了使工件加热到足够的温度，必须施加很大的焊接电流，常用的电流为2～40kA，在铝合金点焊或钢轨对焊时甚至可达150～200kA。由于焊件焊接回路电阻通常只有若干微欧，所以电源电压低，固定式焊机通常在10V以内，悬挂式点焊机因焊接回路很长，焊机电压才可达24V左右。

2. 功率大、可调节

由于焊接电流很大，虽然电压不高，焊机仍可达到较大的功率，一般电阻焊电源的容量均可达几十千瓦，大功率电源甚至高达1000kW以上，并且为了适应各种不同焊件的需要，还要求焊机的功率应能方便地调节。

3. 断续工作状态、无空载运行

电阻焊通常是在焊件装配好了之后才接通电源的，电源一旦接通，变压器便在负载状态下运行，一般无空载运行的情况发生。其他工作如装卸、夹紧等，一般不接通电源，因此，变压器处于断续工作状态。

14.2.6 电阻焊电极

电极用于导电与加压，并决定主要散热量，所以电极材料、形状、工作断面尺寸和冷却条件对焊接质量及生产率都有很大影响。电极材料主要是加入Cr、Be、Al、Zn、Mg等合金元素的铜合金加工制作的。

点焊电极的工作表面可以加工成平面、弧形或球形。平面电极常用于结构钢的焊接，这种电极制造和修锉容易，如图14-7所示。使用球面电极，焊点表面压坑浅，散热也好，所以焊接轻合金和厚度大于2～3mm的焊件时，都采用球面电极，球面电极的球面半径一般为40～100mm。对焊电极需要根据不同的焊件尺寸来选择电极的形状。

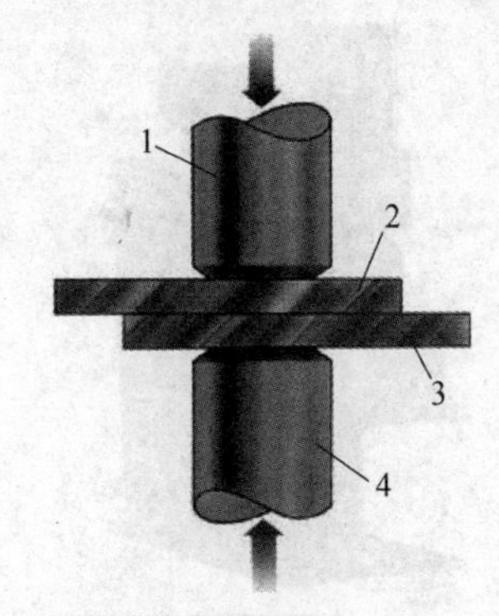

图14-7 电极工作示意图

1—上电极 2—工件1 3—工件2 4—下电极

14.3 电阻焊工艺

14.3.1 点焊工艺

电阻点焊是指焊件装配成接头，并压紧在两电极之间，利用电阻热熔化母材金属，形成焊点的电阻焊方法（代号21，英文缩写RP）。

1. 点焊的工作原理、特点及应用范围

（1）工作原理　点焊时，将焊件搭接装配后，压紧在两圆柱形电极间，并通以很大的电流，如图14-8所示。利用两焊件接触电阻较大，产生大量热量，迅速将焊件接触处加热到熔化状态，形成似透镜状的液态熔池（焊核），当液态金属达到一定数量后断电，在压力作用下冷却、凝固形成焊点。

点焊时，焊点形成过程可分为彼此相接的三个阶段：焊件压紧、通电加热进行焊接、断电（断压）。

点焊时，按对工件供电的方向，可分为单面点焊和双面点焊；按一次形成的焊点数，点焊又分为单点点焊、双点点焊和多点点焊，如图14-9和图14-10所示。

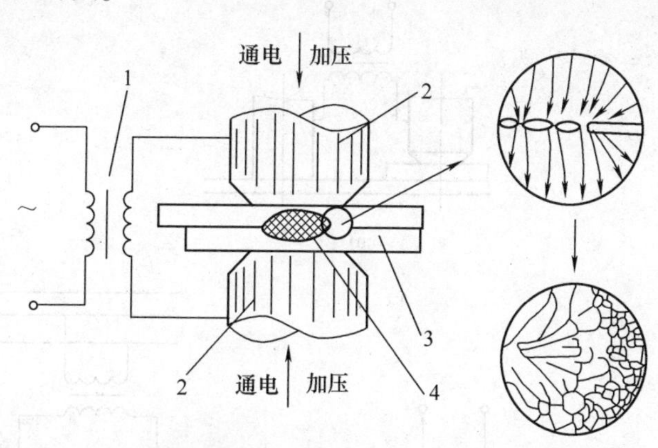

图14-8 电阻点焊的工作原理

1—阻焊变压器 2—电极 3—焊件 4—熔核

（2）特点

1）点焊的加热速度快，仅需要千分之几秒到几秒。

2）点焊焊接时不用填充金属、焊剂，焊接成本低。

3）点焊机械化程度高，操作简单。

（3）应用范围

1）点焊广泛应用于飞机、汽车制造、建筑等行业。

点焊主要用于带蒙皮的骨架结构（如汽车驾驶室、客车厢体、飞机翼尖、翼肋等）、铁丝网布和钢筋交叉点等的焊接。

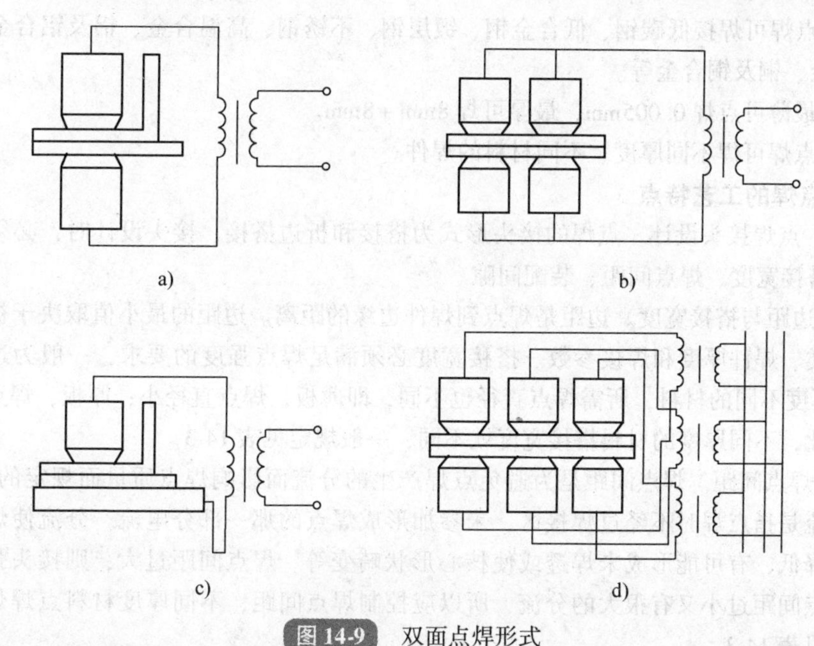

图14-9 双面点焊形式

a）双面单点焊 b）双面双点焊 c）小（无）压痕双面单点焊 d）双面多点焊

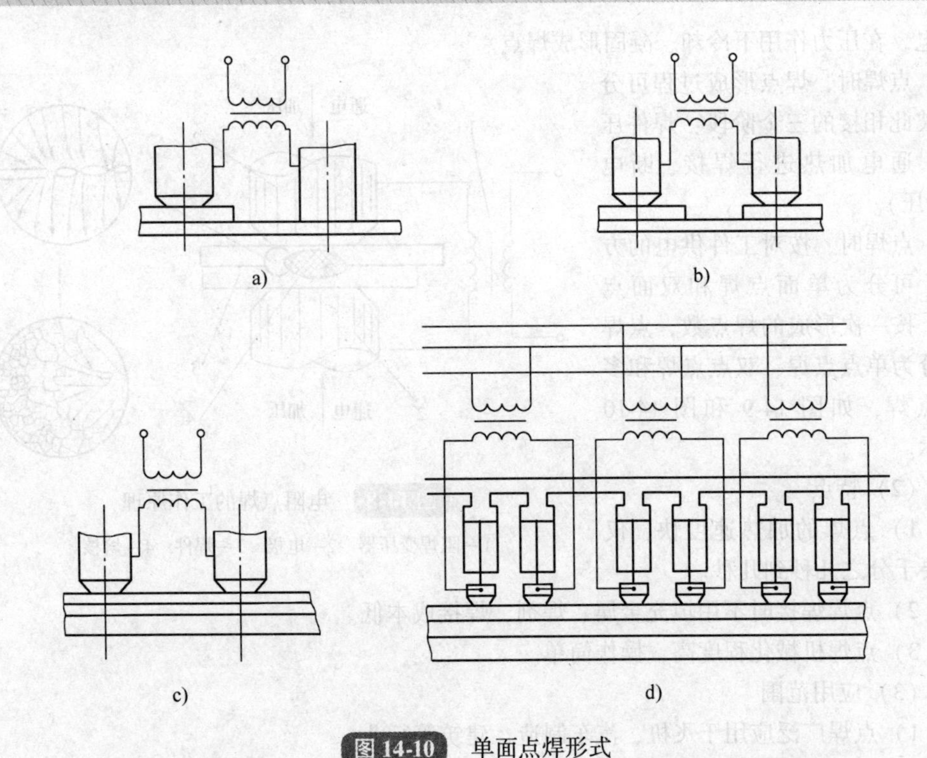

图 14-10 单面点焊形式

a）双面单点焊 b）无分流单面的双点焊 c）有分流单面双点焊 d）单面多点焊

2）点焊可焊接低碳钢、低合金钢、镀层钢、不锈钢、高温合金、铝及铝合金、钛及钛合金、铜及铜合金等。

3）最薄可点焊 0.005mm，最厚可焊 8mm + 8mm。

4）点焊可焊不同厚度、不同材料的焊件。

2. 点焊的工艺特点

（1）点焊接头设计 点焊的接头形式为搭接和折边搭接，接头设计时，必须考虑边距、搭接宽度、焊点间距、装配间隙。

1）边距与搭接宽度。边距是焊点到焊件边缘的距离。边距的最小值取决于被焊金属的种类、焊件厚度和焊接参数。搭接宽度必须满足焊点强度的要求，一般为边距的两倍。厚度不同的材料，所需焊点直径也不同，即薄板，焊点直径小；厚板，焊点直径大。因此，不同厚度的材料搭接宽度就不同，一般规定见表 14-3。

2）焊点间距。焊点间距是为避免点焊产生的分流而影响焊点质量而规定的数值。所谓分流是指点焊时不经过焊接区，未参加形成焊点的那一部分电流。分流使焊接区的电流降低，有可能形成未焊透或使核心形状畸变等。焊点间距过大，则接头强度不足；焊点间距过小又有很大的分流，所以应控制焊点间距，不同厚度材料点焊焊点间距要求见表 14-3。

3）装配间隙。接头的装配间隙尽可能小，一般装配间隙为 0.1 ~1mm。

表14-3 点焊搭接宽度和焊点间距最小值 （单位：mm）

材料厚度	结构钢		不锈钢		铝合金	
	搭接宽度	焊点间距	搭接宽度	焊点间距	搭接宽度	焊点间距
0.3+0.3	6	10	6	7		
0.5+0.5	8	11	7	8	12	15
0.8+0.8	9	12	9	9	12	15
1.0+1.0	12	14	10	10	14	15
1.2+1.2	12	14	10	12	14	15
1.5+1.5	14	15	12	12	18	20
2.0+2.0	18	17	12	14	20	25
2.5+2.5	18	20	14	16	24	25
3.0+3.0	20	24	18	18	26	30
4.0+4.0	22	26	20	22	30	35

（2）熔核偏移及其防止

1）熔核偏移。熔核偏移是不等厚度、不同材料点焊时，熔核不对称于交界面而向厚板或导电、导热性差的一边偏移的现象。其结果造成导电、导热性好的工件焊透率小，焊点强度降低。为防止熔核偏移造成焊点强度大大下降，一般规定工件厚度比不赢超过1∶3。不同材料点焊时，由于材料不同而存在热导率不同，要采取措施防止熔核向导热差的一边偏移，才可以进行点焊。

2）防止熔核偏移的原则。增加薄板或导电、导热性好的工件的产热，还要加强厚板或导电、导热性差的工件的散热。常用方法有：

① 采用强规范。强规范电流大，通电时间短，加大了工件间接触电阻产热的影响，降低了电极散热的影响，有利于克服熔核偏移。

② 采用工艺垫片。在薄件或导电、导热好的工件一侧，垫一块由导电、导热差的金属支撑的垫片（厚度为0.2~0.3mm），以减少这一侧的散热。

③ 采用不同接触表面直径的电极。在薄板或导热、导电好的工件一侧，采用较小直径的电极，以增加该面的电流密度，同时减小其电极的散热影响。

④ 采用不同的电极材料。在薄件或导热好的材料一面选用导热差的铜合金，以减少这一侧的热损失。

（3）焊前表面清理　点焊工件的表面必须清理，去除表面的油污、氧化膜。冷轧钢板的工件，表面无锈，只需去油，薄板点焊件最好采用化学清理方法，且必须在清理后规定的时间内进行焊接。焊前表面清理可分机械清理和化学清理。机械清理采用旋转钢丝刷、金刚砂毡轮抛光等，或者采用喷丸、喷砂处理。化学清理包括去油、酸洗、钝化等。化学清理腐蚀液成分及工艺见表14-4。电解抛光可用于板厚<0.5mm的不锈钢件，质量稳定。清理后的焊件存放时间不可太长，一般铝合金清理后存放时间应<96h。

表 14-4 化学清理腐蚀液成分及工艺

工件材质	溶液成分及温度	中和溶液
冷轧低合金钢	（除油用）	先在 70～80℃热水，后在冷水中洗净
	工业用磷酸三钠 Na_3PO_4　50kg/m³	
	煅烧苏打 Na_2CO_3　25kg/m³	
	苛性钠 NaOH　40kg/m³	
	温度 60～70℃	
	（酸洗用）	常温下在 50～70kg/m³ 氢氧化钠或氢氧化钾溶液中中和
	硫酸 H_2SO_4 0.11m³	
	氯化钠 NaCl 10kg	
	KCl 填充剂 1kg	
	温度 50～60℃	
热轧低合金钢、不锈钢、耐热钢及高温合金钢	（酸洗用）	先在 60～70℃质量分数为10%的 Na_2CO_3 溶液中，后在冷水中冲净
	硫酸 H_2SO_4 0.085m³	
	盐酸 HCl 0.215m³	
	硝酸 HNO_3 0.01m³	
	温度 50～60℃	
带氧化膜的钛合金	（酸洗用）	在 40～50℃热水中冲净
	盐酸 HCl 0.35m³	
	硝酸 HNO_3 0.06m³	
	氟化钠 NaF 50kg	
	温度 40～50℃	
黄铜、青铜	（除油用）	先在 40～50℃热水，后在冷水中冲洗
	工业用磷酸三钠 Na_3PO_4　15kg	
	煅烧苏打 Na_2CO_3　15kg	
	苛性钠 NaOH　15kg	
	温度 40～50℃	
	（酸洗用）	室温下在 50～70kg/m³ 的 NaOH 或 KOH 溶液中中和
	硫酸 H_2SO_4 0.1m³	
	盐酸　HCl 0.001m³	
	硝酸　HNO_3 0.075m³	
	室温	

（4）点焊顺序　为防止焊接变形必须进行定位焊，并安排好正确的焊接顺序。

（5）点焊焊接参数　点焊规范有软规范和硬规范之分。软规范是当焊机功率不足，板件材料厚度大，变形困难或塑性温度区过窄，并有易淬火组织时，可采用加热时间较长，电流较小的规范。软规范温度分布平缓，塑性区宽，在压力作用下易变形，可消除缩孔，降低内应力。正由于加热速度缓慢，故对规范波动敏感性低，对机械系统要求不高，加热区宽使软化区也增宽，热影响区晶粒长大严重，一些材料可能因某些成分的析出而使接头性能变坏。

硬规范是电流大，时间短，加热速度很快，焊接区温度分布陡，加热区窄，表面质量好，接头过热组织少，接头综合性能好，生产率高。只要规范控制较精确，焊机功率足够（包括电与机械两方面），便可采用。但因加热速度快，如果控制不当，易出现飞溅等缺陷，所以必须相应提高电极压力，以避免出现缺陷，并获得较稳定的接头质量。

1）焊接电流。焊接电流是决定产热大小的关键因素，将直接影响熔核直径与焊透率，必然影响焊点的强度。电流太小则能量过小，无法形成熔核或熔核过小。电流太大则能量过大，容易引起飞溅。在合理的点焊过程中，熔核直径应根据焊件的厚度来确定，并满足下列关系式：

$$d_{核} = 2\delta + 3\text{mm}$$

式中　δ——两焊件中薄件的厚度（mm）。

2）焊接通电时间。焊接通电时间对产热与散热均产生一定的影响，在焊接通电时间内，焊接区产出的热量除部分散失外，将逐步积累，用来加热焊接区，使熔核扩大到所要求的尺寸。如焊接通电时间太短，则难以形成熔核或熔核过小。要想获得所要求的熔核，应使焊接通电时间有一个合适的范围，并与焊接电流相配合。

3）电极压力。电极压力大小将影响焊接区的加热程度和塑性变形程度。随着电极压力的增大，接触电阻减小，使电流密度降低，从而减慢加热速度，导致焊点熔核直径减小。如在增大电极压力的同时，适当延长焊接时间或增大焊接电流，可使焊点熔核增加，从而提高焊点的强度。

4）电极端面的形状和尺寸。根据焊件结构形式、焊件厚度及表面质量等的不同，应使用不同形状的电极。

14.3.2　缝焊工艺

1. 缝焊的工作原理、特点及应用范围

（1）工作原理　缝焊与点焊相似，也是搭接形式。缝焊时，以旋转的滚盘代替点焊时的圆柱形电极，如图14-11所示。焊件在旋转盘的带动下向前移动，电流断续或连续地由滚盘流过焊件时，即形成缝焊焊缝。因此，缝焊的焊缝实质上是由许多彼此相重叠的焊点组成的。

（2）特点

1）缝焊时焊件不是处在静止的电极压力下，而是处在滚轮旋转的情况下，因此会降低加压效果。

2）缝焊时焊件的接触电阻比点焊小，而焊件与滚轮之间的接触电阻比点焊时大。

3）前一个焊点对后一个焊点的

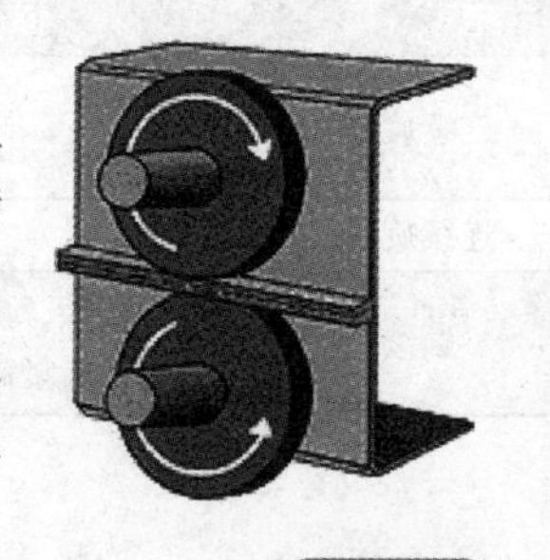

图14-11　缝焊焊接示意图

加热有一定的影响。这种影响主要反映在以下两个方面：

① 分流的影响。缝焊时有一部分焊接电流流经已经焊好的焊点，削弱了对下一个正在焊接的焊点加热。

② 热作用。由于焊点靠得很近，上一个焊点焊接时会对下一个焊点有预热作用，有利于加热。

4）缝焊散热效果比点焊差。由于滚轮同焊件表面上每一个点接触都是短暂的，因此散热的效果要差些，使其焊接表面更容易过热，容易与滚轮粘结而影响表面质量。

（3）应用范围

1）缝焊广泛应用于要求气密性的薄壁容器，如油桶、罐头桶、飞机和汽车油箱。由于它的焊点重叠，故分流很大，因此焊件不能太厚，一般不超过2mm。

2）缝焊可焊接低碳钢、合金钢、镀层钢、不锈钢、耐热钢、铜和铝等金属。

2. 缝焊的分类

1）缝焊按滚轮转动与馈电方式分为连续缝焊、断续缝焊和步进缝焊三类。

① 连续缝焊时，滚轮连续转动，焊接电流不断通过焊件。滚轮易发热和磨损，焊缝易下凹，熔核周围易过热，一般很少采用。

② 断续缝焊就是利用缝焊的焊接方法来完成点焊作业，能大大提高点焊的工作效率。焊接时，滚轮连续转动，焊接电流断续通过焊件。滚轮和焊件在电流休止时间内得到冷却，可避免连续缝焊的缺点，提高滚轮的使用寿命，减小热影响区的宽度和焊件的变形，从而获得较好的焊接质量。但焊接某些金属时，会出现缩孔甚至裂纹。可采用加大焊点之间的搭接量和在收尾时逐点减小焊接电流的方法来防止。

③ 步进缝焊时，滚轮连续转动，在焊件不动时通过焊接电流，由于金属的熔化和熔核的结晶均处于滚轮不动时进行，从而改善了散热及锻压条件，提高了焊接质量和滚轮的使用寿命。这种方法广泛用于铝、镁合金和焊件厚度大于4mm的其他金属。

缝焊的分类和应用见表14-5。

2）按焊接接头形式分为搭接缝焊、压平缝焊、垫箔对接缝焊和铜线电极缝焊四种。其中，搭接缝焊又可分为双面缝焊、单面单缝缝焊、单面双缝缝焊以及小直径圆周缝焊等。

表14-5　缝焊的分类和应用

形　式	电　流	电　极	特　点	应　用
连续缝焊	连续导通	连续旋转	设备简单、生产率高，但电极磨损严重	小功率焊机，非重要结构
断续缝焊	断续导通	连续旋转		应用广泛，黑色金属
步进缝焊	断续	断续	设备复杂，要求高，电极磨损少，焊接质量高	多用于铝、镁合金

3. 缝焊的工艺特点

1）缝焊的接头形式与点焊相似，最适用的有平板搭接、卷边搭接、平板-卷边搭接。设计搭接接头应注意要充分考虑焊接的可达性，使滚轮能达到焊接部位；要留出适当的搭接量，除保证所需的焊缝宽度外，还需留出适当的边距，以防止电极挤坏板材边缘，影响焊缝质量。

2）装配。采用定位销或夹具进行装配，夹具常用铜合金制造，以保证必要的导电性及散热能力。

3）定位焊点焊的定位。定位焊一般采用电阻点焊或在缝焊机上采用脉冲方式进行定位，定位点焊的焊接参数小于正式点焊的焊接参数。焊点间距为75～150mm，定位焊点的数量应根据焊件能固定住。定位焊的焊点直径应不大于焊缝的宽度，压痕深度小于焊件厚度的10%。低碳钢定位点焊偏离焊缝轴线不超过2mm。

4）定位焊后的间隙。

① 低碳钢和低合金结构钢。一般低碳钢间隙为0.5～0.7mm。当焊件厚度小于0.8mm时，间隙要小于0.3mm；当焊件厚度大于0.8mm时，间隙要小于0.5mm。重要结构的环缝应小于0.1mm。

② 不锈钢。一般间隙为0.3～0.5mm。当焊件厚度小于0.8mm时，间隙要小于0.3mm，重要结构的环缝应小于0.1mm。

③ 铝及铝合金。间隙小于较薄焊件厚度的10%。

5）焊接参数。

① 焊点间距。要求气密性的缝焊接头，各焊点之间必须有一定的重叠，故焊点间距应比焊点直径小30%～50%。一般低碳钢的焊点间距为板厚的2.8～3.2倍；非气密性接头，焊点间距可在很宽的范围内变化，甚至可以使各相邻焊点相互分离，成为缝点焊。

② 焊接电流。缝焊形成熔核所需的热量来源是利用电流通过焊接区电阻产生的热量。在其他条件给定的情况下，焊接电流的大小决定了熔核的焊透率和重叠量（低碳钢的焊透率一般为焊件厚度的30%～70%，以40%～50%为最佳。有气密要求的焊接重叠量不得小于15%～20%。随着焊接电流的增加，焊透率和重叠量随之增加，但电流过大会产生压痕过深和焊穿等缺陷。

由于缝焊焊点间距小，焊接时分流大，故对同一焊件焊接时，焊接电流要比点焊时大，考虑缝焊时的分流现象，焊接电流比点焊时大20%～40%，故其焊机功率比点焊大。

③ 焊接周期（焊接通电时间和休止时间）。从前一焊点开始通电至下一焊点开始通电所经历的时间称为焊接周期，即焊接通电时间与休止时间之和。通电时间的长短决定了熔核尺寸的大小，而休止时间则影响熔核的重叠量。因此，焊接通电时间和休止时间应有一个适当的匹配比例。对低碳钢来说，一般要求焊接通电时间与其焊接周期的比值为0.5～0.7，如果比值过大，便会引起焊件和滚盘表面过热。在焊接速度较低时，焊接通电时间与休止时间之比为1.25：1；在焊接速度较高时其比例为3：1或更高。

④ 焊接速度。焊接速度的快慢决定了滚轮与焊件的接触时间，从而直接影响接头的加热和散热。当焊接速度增加时，为了获得较高的焊接质量必须增大焊接电流，则焊机的功率也要增大，如过快的焊接速度则会引起表面烧损、电极黏附而影响焊缝质

量。焊接速度应根据焊件金属的性质、厚度、焊缝强度和致密性要求来选择。一般低碳钢的焊接速度通常在 1.5m/min 左右。在焊接不锈钢、高温合金和有色金属时，为了避免产生飞溅和获得致密性好的焊缝，应选择较低的焊接速度或步进缝焊。

⑤ 电极压力。电极压力对熔核尺寸的影响和点焊相同，电极压力过高使压痕过深，并会加速滚轮的变形和磨损，而压力不足则会产生缩孔和烧损滚轮。

⑥ 滚轮（缝焊电极）。滚轮所用材料与点焊电极相同，应根据焊件金属的不同而选择不同的电极材料。滚轮工作面分平面和球面两种。滚轮直径的大小，应根据焊件结构形式及可达性来选择，一般在 300mm 以内，工作面宽度一般为 3 ~ 6mm，应尽可能选较大直径的滚轮以使提高散热效果和降低磨损。修整滚轮时，其工作面应在车床上加工，而非工作面可用锉刀来修整。

14.3.3 对焊工艺

对焊是电阻焊的另一大类，对焊焊件均为对接接头，按加压和通电方式分为压力对焊和闪光对焊。压力对焊是指工件装配成对接接头，使其端面紧密接触，利用电阻加热至塑性状态，然后迅速施加顶锻力使之完成焊接的方法。闪光对焊是指工件装配成对接接头，接通电源，并使其端面逐渐移近达到局部接触，利用电阻加热这些接触点（产生闪光），使端面金属熔化，直至端部在一定深度范围内达到预定温度时，迅速施加顶锻力完成焊接的方法，它是对焊的主要形式，在生产中应用十分广泛。

闪光对焊又分为连续闪光对焊和预热闪光对焊。连续闪光对焊过程由两个主要阶段组成：闪光阶段和顶锻阶段。预热闪光对焊过程由三个主要阶段组成：预热阶段、闪光阶段和顶锻阶段。

1. 对焊工作原理、特点及应用范围

（1）工作原理

1）压力对焊的工作原理。先将两焊件的焊接面对齐装配成对接接头且压紧，并通以很大的焊接电流，由于焊件接触电阻较焊件内的电阻大得多，大部分热量集中在焊接面附近，从而迅速使焊接区加热到塑性状态，断电后立即施加顶锻压力，使两焊件接触面的焊接区产生塑性变形，两焊件间金属原子在高温高压下相互扩散，形成牢固的接头，如图 14-12 所示。

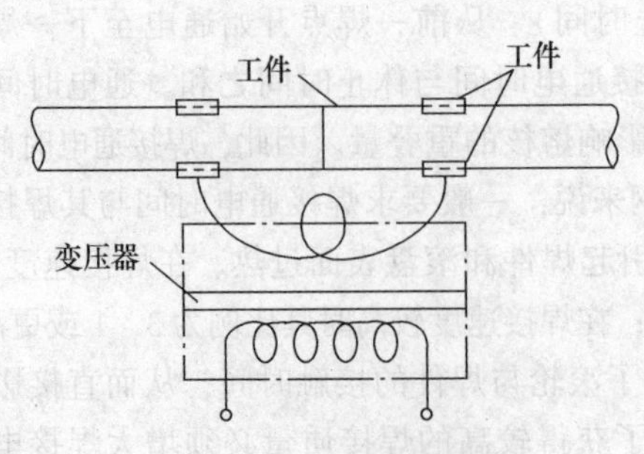

图 14-12 压力对焊示意图

2）闪光对焊的工作原理。在闭合焊接电源后，将夹在电极中两焊件移近到相互接触状态，但不能压紧，这时两焊件仅有一些点接触，接触电阻很大，当电流通过时，由于接触电阻大和电流密度大，因此迅速将接触处的金属加热熔化，形成一些熔化金属“过梁”，形成的过梁在焊接电流的作用下，被迅速加热到沸点而引起蒸发，形成过梁爆破，使金属微粒从接触面以很高的初速度（约50m/s）做火状射出，即进入闪光阶段。随着动电极的缓慢推进，过梁不断充实和爆破，同时焊件逐渐缩短，接触面的温度也逐渐升高，过梁爆破速度逐渐加快，动电极的移动速度也必须逐渐加快，直到焊接面形成一层液态金属，并在一定深度上使金属达到塑性变形温度，这时就可以进入顶锻阶段。在顶锻阶段必须对焊件施加足够的顶锻压力，使接口间隙迅速见效，过梁停止爆破，然后切断焊接电流。在顶锻力的作用下挤出接触面的液态金属及氧化物等杂质，使洁净的塑性金属紧密接触，并使接头部位产生一定的塑性变形，形成共晶晶粒，获得牢固的焊接接头。预热闪光对焊则是在闪光阶段前先以断续的电流脉冲加热焊件，然后再进入闪光和顶锻阶段。闪光对焊如图14-13所示。

图14-13　闪光对焊

（2）特点

1）压力对焊的特点。压力对焊是先加压力后通电的，焊件电阻的析热占很大比例，温度沿轴向分布较平缓。在可焊范围内，不论截面大小，均可在同一瞬间完成整个端面的焊接。最高温度始终低于熔点温度，约为熔点的90%。只存在接口的塑性变形而几乎无烧损，焊件焊后缩短量较小，接头表面较光滑，无毛刺。其缺点是对焊的接触面加工要求较高，且只能焊接断面伸长率较好的材料，对接面易受空气侵袭而形成氧化物，使接头冲击性能降低，所以受力要求高的焊件应在保护气氛中进行焊接。

2）闪光对焊的特点。

① 闪光对焊是先接通焊接电流后使焊件接触形成闪光的，最后再加顶锻压力并逐渐增加顶锻压力。

② 闪光对焊的接头加热区窄，端面加热均匀，接头质量高，生产率也高。

③ 预热闪光对焊与连续闪光对焊相比，具有可用功率较小的焊机焊接大断面焊件；降低焊后的冷却速度，有利于防止淬火钢接头在冷却时产生淬火组织和裂纹；缩短闪光阶段的时间，减少闪光数量，可以节约贵重金属等优点。其缺点是焊接周期长，预热控制困难，影响接头质量的稳定，另外还使焊接过程自动化更加复杂。

④ 闪光对焊时，两焊件的截面形状必须一致，尺寸差别应加以严格控制，一般来说直径差别不大于15%，厚度差别不大于10%。

（3）应用范围

1）对焊最小可焊ϕ0.4mm的金属丝，最大可焊截面积超过100000mm^{2}的钢坯（压力对焊为250mm^{2}以下的焊件）。

2）所有的钢件和有色金属基本上都可以对焊。

3）压力对焊在管道、拉杆以及小链环焊接中采用。闪光对焊常用于重要的受力对接件，如蜗轮轴、锅炉管道等。

总之，对焊在造船、汽车及一般机械工业中占有重要位置，如船用锚链、汽车曲轴、飞机上操纵用拉杆、建筑业用的钢筋等焊接中均有应用。

2. 对焊的工艺特点

（1）焊前准备

1）压力对焊的焊前准备。

① 两焊件的端面形状和尺寸应相同，否则难以保证两焊件的加热和塑性变形一致。

② 焊件的端面以及与夹具接触面必须清理干净，否则断面的氧化物和脏物会增大接触处电阻，使焊件表面烧伤、夹具磨损加快及增大功率消耗。可用砂布、砂轮、钢丝刷等机械方法清理，也可使用化学清理方法。

③ 压力对焊接头中易产生氧化物夹杂，对于焊接质量要求高的稀有金属、某些合金钢和有色金属时，可采用氩气、氦气等保护气体来解决。

2）闪光对焊的焊前准备。闪光对焊时，由于端部金属在闪光时被烧掉，所以对端面清理要求不高，但对夹具和焊件接触面的清理要求应和压力对焊相同。

3）对大截面焊件进行闪光对焊时，最好将一个焊件的端部倒角，使电流密度增大，以利于激发闪光。

4）两焊件断面形状和尺寸应基本相同，其直径之差不应大于15%，其他形状偏差不应大于10%。对焊接头均设计成等截面的对接接头。

（2）焊接参数

1）压力对焊的焊接参数。压力对焊的焊接参数包括伸出长度、焊接电流、焊接通电时间、焊接压力和顶锻压力。

① 伸出长度。伸出长度是指焊件伸出夹具电极断面的长度。选择伸出长度时要从两个方面考虑：一是顶锻时焊件的稳定性，二是向夹具散热。如过长则压弯，过短则向夹具散热增加，造成焊件冷却过快，导致产生塑性变形困难。伸出长度应根据不同金属材料来决定。如低碳钢为 $(0.5\sim1)D$，铝和黄铜为 $(1\sim2)D$，铜为 $(1.5\sim2.5)D$（其中，D 为焊件的直径）。

② 焊接电流。焊接电流是决定焊件加热的主要参数，电流密度大则焊接通电时间短，如电流密度太大则容易产生未焊透，电流密度小则会使接口端面严重氧化，接头区晶粒粗大，影响接头强度。对于不同的材质和截面尺寸应采用不同的电流密度，如导热性好的材料应采用较大的电流密度，如焊接直径增加时可适当降低电流密度。

③ 焊接通电时间。这也是决定焊件加热的主要参数。它应和焊接电流配合。通电时间太短则容易产生未焊透，通电时间太长则氧化严重。

④ 焊接压力和顶锻压力。它们对接头处的产热和塑性变形都有影响。如减小焊接压力则有利于产热，但不利于塑性变形，反之，则相反。因此，应采用较小的焊接压力进行加热，而采用较大的顶锻压力进行顶锻。但焊接压力不宜太低，否则会产生飞溅，增加端面氧化。

2）闪光对焊的焊接参数。闪光对焊的焊接参数包括伸出长度、闪光电流、闪光流量、闪光速度、顶锻留量、顶锻速度、顶锻压力、顶锻电流、夹钳夹持力等。

① 伸出长度 l_0。l_0 影响沿工件轴向的温度分布和接头的塑性变形。l_0 数值的确定按如下公式选择：

棒材和厚壁管材　　　　$l_0=(0.7\sim1)d$（d 为直径）

薄板　　　　　　　　　$l_0=(4\sim5)\delta$（$\delta=1\sim4\text{mm}$）

② 闪光电流 I_f 和顶锻电流 I_u。闪光电流 I_f 取决于工件的断面面积和闪光所需要的电流密度 J_f（J_f 的大小又与被焊金属的物理性能、闪光速度及工件断面的加热状态有关）。

在闪光过程中，随着闪光速度 v_f 的逐渐提高和接触电阻 R_t 的逐渐减小，闪光电流密度 J_f 将增大，顶锻时接触电阻 R_e 迅速消失，电流将急剧增加到顶锻电流 I_u。断面面积为 200～1000mm^2 的工件闪光对焊时，J_f、J_u（顶锻电流密度）的参考值见表14-6。

表14-6　闪光对焊时 J_f、J_u（顶锻电流密度）的参考值

金属种类	J_f/（A/m^2）		J_u/（A/m^2）
	平均值	最大值	
低碳钢	5～15	20～30	40～60
高合金钢	10～20	25～35	35～50
铝合金	15～25	40～60	70～150
铜合金	20～30	50～80	100～200
钛合金	4～10	15～25	20～40

③ 闪光留量 δ_f。选择闪光留量 δ_f 应满足在闪光结束时，整个工件断面有一层熔化金属层，同时在一定深度上达到塑性变形温度。δ_f 过小，影响接头质量；δ_f 过大，浪费金属，降低生产率。

④ 闪光速度 v_f。有足够的闪光速度才能保证闪光的强烈和稳定。v_f 过大，使加热区窄，增加塑性变形困难，而且此时需要的焊接电流增加，增加爆破后的火口深度，会降低接头质量。所以选择 v_f 时要注意：容易氧化元素多的或导热性好的材料，v_f 应较大；预热所选 v_f 较大；顶锻前有强烈闪光，v_f 应较大。

⑤ 顶锻留量 δ_u。δ_u 影响液态金属排除和塑性变形的大小。δ_u 包括有电流顶锻留量和无电流顶锻留量，有电流顶锻留量为无电流顶锻留量的 50%～100%。δ_u 的大小也影响接头质量。

⑥ 顶端速度 v_u。v_u 影响液态金属排除和塑性变形的难易，要求 v_u 越大越好。对导热性好的材料需要很大的顶锻速度，对于碳钢顶锻速度一般为 60～80mm/s。

⑦ 顶锻压力 F_u。F_u 的大小应保证能挤出接口内的液态金属，并在接头处产生一定的塑性变形。F_u 的大小用顶锻压强来表示，顶锻压力过小，则变形不足，接头强度下降；顶锻压力过大，则变形量过大，晶纹弯曲严重，又会降低接头冲击韧度。顶锻压力的大小取决于金属性能、温度分布特点、顶锻留量和顶锻速度、工件断面形状因素

等。导热性好的金属，需要大的顶锻压强（150~400MPa）。

⑧ 夹钳夹持力 F_c。F_c 的大小应保证在顶锻时不打滑，通常 $F_c=(1.5\sim4.0)F_u$。

14.3.4 凸焊工艺

凸焊的特点是在焊接处事先加工出一个或多个凸起点，这些凸起点在焊接时和另一被焊工件紧密接触。通电后，凸起点被加热，压塌后形成焊点，如图 14-14 所示。由于凸起点接触提高了凸焊时焊点的压强，并使接触电流比较集中，所以凸焊可以焊接厚度相差较大的工件。多点凸焊可以提高生产率，并且焊点的距离可以设计得比较小。

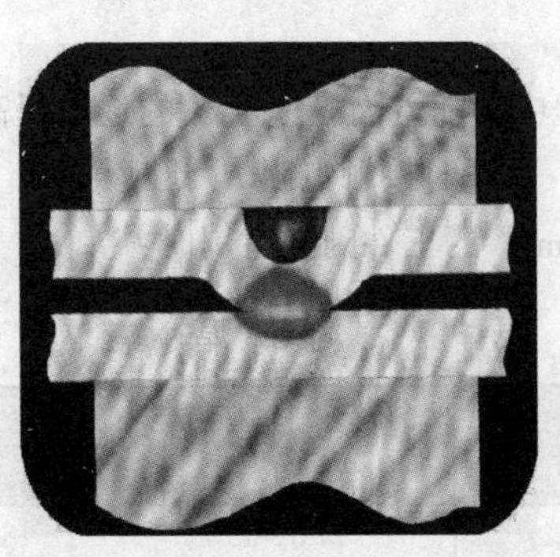

图 14-14 凸焊焊接示意图

1. 凸焊的工作原理和适用范围

凸焊是点焊的一种特殊形式。在焊接过程中充分利用“凸点”的作用，使焊接易于达成且表面平整无压痕。

凸焊分为单点凸焊、多点凸焊、环焊、T 形焊、滚凸焊和线材交叉焊。

凸焊主要用于焊接低碳钢和低合金钢的冲压件，最适宜的厚度为 0.5~4mm。另外，铁线制品等的焊接也属于凸焊。

2. 凸焊的工艺特点

(1) 优点　凸焊时多个焊点可同时焊接，生产率高；小电流焊接可以可靠地形成小熔核凸点位置、尺寸准确，强度均匀；压痕浅，电极磨损少；焊前对表面质量要求（比点焊）低。

(2) 缺点　凸焊时需要有凸点（往往需要专门冲制）、电极复杂，需要高电极压力、高精度、大功率焊机。

14.4 电阻焊的焊接缺陷及防止措施

14.4.1 点焊和缝焊的主要焊接问题

点焊和缝焊的主要焊接问题见表 14-7。

表 14-7 点焊和缝焊的主要焊接质量问题

名称	质量问题	产生的可能原因	改进措施
熔核焊缝尺寸缺陷	未焊透或熔核尺寸小	焊接电流小，通电时间短，电极压力过大	调整焊接参数
		电极接触面积过大	修整电极
		表面清理不良	清理表面
	焊透率过大	焊接电流过大，通电时间过长，电极压力不足，缝焊速度过快	调整焊接参数
		电极冷却条件差	加强冷却，改换导热好的电极材料
	重叠量不够（缝焊）	焊接电流小，脉冲持续时间短，间隔时间长	修整焊接参数
		焊点间距不当，缝焊速度过快	调整焊点间距和缝焊速度
外部缺陷	焊点压痕过深及表面过热	电极接触面积过小	修整电极
		焊接电流过大，通电时间过长，电极压力不足	调整焊接参数
		电极冷却条件差	加强冷却
	表面局部烧穿、溢出、表面飞溅	电极修整太尖锐	修整电极
		电极或表面有异物	表面清理
		电极压力不足或电极与焊件虚接触	提高电极压力，调整行程
		缝焊速度过快，滚轮电极过热	调整焊接速度，加速冷却
	表面压痕形状及波纹度不均匀（缝焊）	电极表面形状不正确或磨损不均匀	修整滚轮电极
		焊件与滚轮电极相互倾斜	检查机头刚度，调整滚轮电极倾角
		焊接速度过快或焊接参数不稳定	调整焊接速度，检查控制装置
	焊点表面径向裂纹	电极压力不足，顶锻力不足或加得不及时	调整焊接参数
		电极冷却作用差	加强冷却
	焊点表面环形裂纹	焊接时间过长	调整焊接参数
	焊点表面黏损	电极材料选择不当	调换合适的电极材料
		电极端面倾斜	修整电极
	焊点表面发黑，包覆层破坏	电极、焊件表面清理不良	修整电极
		焊接电流过大，焊接时间过长，电极压力不足	调整焊接参数
	接头边缘压溃或开裂	边距过小	改进接头设计
		大量飞溅	调整焊接参数
		电极未对中	调整电极同轴度
	焊点脱开	焊件刚度大且装配不良	调整板件间隙，注意装配；调整焊接参数

（续）

名称	质量问题	产生的可能原因	改进措施
内部缺陷	裂纹、缩孔、缩松	焊接时间过长，电极压力不足，顶锻力加得不及时	调整焊接参数
		熔核及近缝区淬硬	选用合适的焊接循环
		大量飞溅	清理表面，增加电极压力
		焊接速度过快	调整焊接速度
	核心偏移	热场分布对贴合面不对称	调整热平衡（采用不等电极端面和不同电极材料，改为凸焊等）
	结合线伸入	表面氧化膜清理不净	高熔点氧化膜应严格清理并防止焊前再氧化
	板缝间有金属溢出	焊接电流过大，电极压力不足	调整焊接参数
		板间有异物或贴合不紧密	清理表面、提高压力或用调幅电流波形
		边距过小	改进接头设计
	脆性接头	熔核及近缝区淬硬	选择合适的焊接循环
	熔核成分宏观偏析（旋流）	焊接时间短	调整焊接参数
	环形层状花纹	焊接时间长	调整焊接参数
	气孔	表面有异物	清理表面
	胡须	耐热合金焊接规范过软	调整焊接参数

14.4.2 点焊焊接结构问题

点焊焊接结构问题见表14-8。

表14-8 点焊焊接结构问题

缺陷种类	产生的可能原因	改进措施
焊点间板件起皱或鼓起	装配不良、板间间隙过大	精心装配、调整
	焊接顺序不当	采用合理的焊接顺序
	机臂刚度差	增强刚度
搭接边错移	没有定位点焊或定位点焊不牢	调整定位点焊焊接参数
	定位焊点间距过大	增加定位焊点数量
	夹具不能保证夹紧焊件	更换夹具
接头过分翘曲	装配不良或定位焊距离过大	精心装配、增加定位焊点数
	参数过软、冷却不良	调整焊接参数
	焊接顺序选择不合适	调整焊接顺序

14.5 电阻焊的安全问题与安全操作规程

14.5.1 电阻焊的安全问题

电阻焊时的主要危险是触电，这种事故主要是在变压器的一次绕组绝缘损坏时发生。熔融金属的飞溅及火花的燃烧，或由于超载过热以及冷却水管堵塞、停供，使冷却作用失效都有可能造成一次绕组的绝缘破坏。电阻焊操作也可能引起灼伤和火灾。在进行闪光对焊时，大的电流密度使电阻点及其周围的金属在瞬间熔化，甚至形成汽化状态，往往还会引起电阻点的爆裂和液体金属的溅出。点焊和滚焊时也有熔化金属溢出。这些金属飞溅和四处喷射火花，是造成焊工灼伤与引起火灾的原因。电阻焊虽无电弧焊那样强烈的弧光，但闪光过程喷射的赤热金属及粉尘、有毒气体（如CO等），都将危害人身安全并破坏周围环境。在电阻焊时，由于焊件的夹持和顶锻等频繁操作，可能发生夹伤、挤伤和碰伤等机械性伤害。

14.5.2 电阻焊的安全操作规程

电阻焊的安全操作规程主要是为了保护电阻焊焊工，在焊接过程中防止触电、被压伤和撞伤，防止焊工被喷溅的火花灼伤，防止焊接过程中环境被污染。其主要内容有：

1）电阻焊设备上的起动按钮、脚踏开关等应布置在安全部位，并且有防止误操作的防护装置。

2）在多点焊机上，应该装置防碰传感器、制动器、双手控制器等有效的防护装置，防止工人因意外操作或误操作而造成的伤害。

3）与设备有关的链、齿轮、操作杆和带等，都应有防护装置。

4）操作者应戴专用防护镜，保护操作者的眼睛不受伤害。限制喷溅火花外溢的防护罩要用防火材料支撑。

5）每台焊机都应装置一个或多个紧急停机按钮（至少每个操作者位置上都应有一个），在发生意外事故时，可紧急停机。

6）焊机必须安装牢固、可靠，其周围15m以内不允许有易燃、易爆物品，并备有消防器材。

7）焊机安装应高出地面30～40cm，周围还要有排水沟。

8）焊机变压器一次绕组及其他与电源线路连接的部分，对地的绝缘电阻不小于1MΩ。焊机中不与地线相连接、电压等于或小于交流36V或直流48V的电气装置上的任一回路，其对地绝缘电阻应不小于0.4MΩ。当电压大于交流36V或直流48V时，则其对地绝缘电阻应小于1MΩ。

9）装有高压电容器的焊机和控制面板必须有合适的电绝缘，并且完全封闭，而且所有的机壳门都有合适的联锁装置，保证门或面板打开时，联锁装置可有效地切断电源，并使所有的电压电容器向适当的电阻性负载放电。

10）焊机必须可靠接地。

11）检修焊机的控制箱时，必须切断电源。

14.6 电阻焊技能训练

14.6.1 低碳钢的点焊

1）厚度为0.25~6mm的低碳钢可用交流点焊机进行点焊。超过该范围的低碳钢需采用特殊的点焊机和特殊的工艺进行点焊。当厚度>6mm时，由于焊件的刚性大，要使两焊件可靠接触，必须要有很大的电极压力，另外，核心压实所需的锻压力也很大。

2）低碳钢点焊的焊接参数见表14-9。

表14-9 低碳钢点焊的焊接参数

板厚/mm	电极端部直径/mm	电极压力/kN	焊接时间/周波	熔核直径/mm	焊接电流/kA
0.3	3.2	0.75	8	3.6	34.5
0.5	4.8	0.90	9	4.0	5.0
0.8	4.8	1.25	13	4.8	6.5
1.0	6.4	1.50	17	5.4	7.2
1.2	6.4	1.75	19	5.8	7.7
1.5	6.4	2.40	25	6.7	9.0
2.0	8.0	3.00	30	7.6	10.3

14.6.2 薄板的点焊

薄板点焊时容易造成烧穿或未焊透、压痕深、焊件变形等问题，使接头质量下降或不稳定。因此，点焊过程的操作要采取如下措施：

1）焊前焊件表面清理。清理时最好用化学方法清理，以免机械清理造成表面划伤。清理过的工件距点焊时的时间有一定的限制。

2）优选焊接参数。根据材料厚度和结构形式进行点焊试片试验，确定最佳焊接参数。

3）修磨、调整电极端头。修磨好电极端头直径，尽量使表面光滑；调整好上、下电极的位置，保证电极端头平面平行，轴线对中。

4）定位焊。零件较大的应有定位焊工装，保证焊点位置准确，防止变形。

5）确定正确的点焊顺序。点焊时要将工件放平。焊接顺序的安排要使焊点交叉分布，将可能产生的变形均匀分布，避免变形积累。

6）随时观察焊点表面状态，及时修理电极端头，防止工件表面粘住电极或擦伤。

7）对于工件表面要求无压痕或压痕很小时，则使表面要求高的一面放于下电极上，尽可能加大下电极表面直径，或选用在平板定位焊机上进行焊接。

8）焊前和焊接过程中及焊接结束前，应分阶段进行点焊试层检验。

9）焊接工作结束后，应关闭焊接电源开关，以及气路和冷却水。

技能训练1 S304不锈钢点焊

1. 焊前准备

（1）试件材质 S304不锈钢。

（2）试件尺寸 0.8mm×105mm×45mm，1.5mm×105mm×45mm，2.0mm×105mm×45mm，各若干件。

（3）缝焊设备 采用丰进PJH006点焊系统，如图14-15所示。

图14-15 丰进PJH006点焊系统

2. 焊前清理

不锈钢焊接前一般选用化学清理，使用异炳醇和白棉布对试板面进行清洗。

3. 焊接参数

S304不锈钢点焊焊接参数见表14-10。

表14-10 S304不锈钢点焊焊接参数

焊件厚度/mm	1.5+1.5	1.5+2.0	0.8+2.0	1.5+2.0
电极压力/kN	7.0	8.5	6.0	6.0
预压时间/ms	1000	2000	1800	1800
预焊接时间/ms	—	—	500	500
预焊接电流/kA	—	—	7.5	7.5
冷却时间/ms	—	—	300	300
上坡时间/ms	400	250	—	—
下坡时间/ms	4.0	2.0	—	—
焊接时间/ms	700	800	500	700
焊接电流/kA	8.0	9.0	9.5	11.0
保压时间/ms	1000	1000	700	700

4. 焊接

焊接时应穿戴好劳动防护用品，特别是防护眼睛，使用辅助工具夹持试板（如大力钳），不能直接用手抓，选定好焊接参数后开始焊接，其整个过程为：压紧→加压→通电焊接→保压→休止。

5. 焊后清理

不锈钢电阻焊点清理一般采用化学清理的方式进行清理，同时可采用焊道清洗机配合清洗液对焊点进行清理。

14.6.3 低碳钢的缝焊

低碳钢的缝焊性最好。对于没有油和锈的冷轧钢，焊前可以不进行特殊处理，而热轧低碳钢则应焊前进行喷丸或酸洗。对于较长的焊缝，由于在缝焊过程中会引起焊接电流的变化而影响焊缝质量，因此，应采取从中间向两端焊、用不同的焊接参数分段焊、采用次级整流式焊机、采用具有恒流控制功能的控制箱等措施。低碳钢薄板的缝焊焊接参数见表 14-11。

表 14-11 低碳钢薄板的缝焊焊接参数

焊件厚度/mm	0.5	0.8	1.0	1.2	2.0	3.2
焊接电流/kA	8.5~10.0	11.0~12.0	12.5~13.5	13.5~14.5	16.0~17.0	190.0~210.0
焊接速度/（m/min）	1.2	1.1	1.0	0.9	0.7	0.6
电极压力/kN	2.0~2.5	2.5~3.5	3.5~4.0	4.5~5.0	6.5~8.0	9.0~11.0
焊接通电时间/s	0.04	0.06	0.06	0.08	0.10	0.22
点数/（点/10mm）	4.9	4.5	3.4	3.0	2.5	1.8
休止时间/s	0.04	0.04	0.06	0.06	0.10	0.14
最小搭边/mm	10	12	13	14	17	22
滚轮工作面宽/mm	5	6	7	7	10	13

技能训练 2 20 钢搭接缝焊

1. 焊前准备

（1）试件材质 20 钢。

（2）试件尺寸 300mm×150mm×1.0mm，2 件。

（3）缝焊设备 采用电动式横向缝焊机 FN-25-1。

2. 试件装配

（1）焊件清理 焊前用细砂布把薄板上的氧化物、铁锈等污物清理干净，直至露出金属光泽。

（2）试件组对 采用夹具对焊件进行组对，组对间隙为 0.2mm，其余定位焊要求与电阻焊工艺中定位焊点焊的定位相同。

3. 焊接参数

20钢搭接缝焊焊接参数见表14-12。

表14-12 20钢搭接缝焊焊接参数

焊接电流/kA	焊接压力/MPa	焊接速度/(m/min)	焊接通电时间/s	休止时间/s	最小搭边/mm	滚轮工作面宽/mm
10~14	3.5~4.0	0.6~1.0	0.08	0.06	13	6.5

4. 焊接

调节控制器的焊接能量至合适的焊接规范，根据焊接工件的厚度调节控制器的焊接工作时间和停歇时间。将控制器的运行调试开关扳到运行状态，开始进行样料的焊接工作，焊接时踏下脚踏开关，焊机会按照原来设定的焊接参数及时间顺序自动执行整个焊接过程。其工作顺序为：压紧（气缸控制上焊轮向下动作压紧工件及下焊轮）→焊接（焊轮行走同时加电焊接）→焊接到位（焊够长度松开脚踏开关）→休止（气缸控制上焊轮回位）。

5. 焊后清理

用砂布清理焊缝周围的飞溅、氧化物等杂物。

技能训练3 钢筋闪光对焊

1. 焊前准备

焊前对接头处进行表面处理，清除端部的油污、锈蚀；弯曲的端头不能装夹，必须切除。

2. 焊接参数

钢筋闪光对焊焊接参数见表14-13。

表14-13 钢筋闪光对焊焊接参数

钢筋直径/mm	顶锻压力/MPa	伸出长度/mm	烧化留量/mm	预锻留量/mm	烧化时间/s
5	60	9	3	1	1.5
6	60	11	3.5	1.3	1.9
8	60	13	4	1.5	2.25
10	60	17	5	2	3.25
12	60	22	6.5	2.5	4.25
14	70	24	7	2.8	5.00
16	70	28	8	3	6.75
18	70	30	9	3.3	7.50
20	70	34	10	3.6	9.00
25	80	42	12.5	4.0	13.00
30	80	50	15	4.6	20.00
40	80	66	20	6.0	45.00

3. 对焊操作

1）按焊件的形状调整钳口，使两钳口中心线对准。

2）调整好钳口距离。

3）调整行程螺钉。

4）将钢筋放在两钳口上，并将两个夹头夹紧、压实。

5）手握手柄将两钢筋接头端面顶紧并通电，利用电阻热对接头部位预热，加热至塑性状态后，拉开钢筋，使两接头中间有 1 ~ 2mm 的空隙。焊接过程进入闪光阶段，火花飞溅喷出，排出接头间的杂质，露出新的金属表面。这时，迅速将钢筋端头顶紧，并断电继续加压，但不能造成接头错位、弯曲。加压使接头处形成焊包，焊包的最大凸出量高于母材 2mm 左右为宜。

6）结束后卸下钢筋。

复习思考题

1. 什么是电阻焊？常用的电阻焊有哪几种？它的特点是什么？
2. 什么是接触电阻？它受哪些因素影响？
3. 预压的作用是什么？为提高预压质量，应采用什么附加措施？
4. 点焊的焊接参数是怎样确定的？
5. 试述压力对焊及闪光对焊的操作过程。
6. 什么是预热闪光对焊？预热的作用是什么？
7. 如何防止电阻焊点焊的熔核偏移问题？
8. 在电阻焊中产生未焊透或熔核尺寸小的原因有哪些？
9. 电阻点焊的电极如何加工及选用？